绿色化学前沿丛书

二氧化碳化学转化

刘志敏　编著

科学出版社
北　京

内 容 简 介

作为自然界碳循环的有力补充，CO_2的化学转化对可持续发展意义重大。本书针对温和条件下CO_2的资源化利用，以其化学转化中化学键活化和转化为基础，围绕其转化为能源产品、化学品和功能材料展开论述，主要内容涉及CO_2催化加氢转化为低碳醇、低碳烃等能源产品，催化转化为酯类、酰胺类、羧酸类、氮杂环化合物等化学品，以及催化转化制备聚合物材料和矿化材料等。着重介绍了CO_2活化的催化基础，催化体系包括金属纳米催化体系、离子液体无金属催化体系、介质与催化剂耦合催化体系等，揭示了CO_2化学转化的反应机制和化学键转化规律。

本书层次清晰，集科学性、应用性、时效性于一体，注重引入最新科研成果，跟踪本领域的发展动态，旨在为从事相关研究的科学工作者提供参考，也可以作为高等学校化学、化工、制药、环境、材料等相关专业本科生或研究生的教材。

图书在版编目(CIP)数据

二氧化碳化学转化/刘志敏编著.—北京：科学出版社，2018.10
(绿色化学前沿丛书/韩布兴总主编)
ISBN 978-7-03-058522-6

Ⅰ.①二… Ⅱ.①刘… Ⅲ.①二氧化碳-转化 Ⅳ.①O613.71

中国版本图书馆CIP数据核字(2018)第187048号

责任编辑：翁靖一/责任校对：杜子昂
责任印制：赵 博/封面设计：东方人华

科学出版社出版
北京东黄城根北街16号
邮政编码：100717
http://www.sciencep.com
北京厚诚则铭印刷科技有限公司印刷
科学出版社发行 各地新华书店经销
*
2018年10月第 一 版 开本：720×1000 1/16
2025年 7 月第五次印刷 印张：23
字数：448 000

定价：138.00元

(如有印装质量问题，我社负责调换)

绿色化学前沿丛书

编　委　会

总　序

化学工业生产人类所需的各种能源产品、化学品和材料，为人类社会进步作出了巨大贡献。无论是现在还是将来，化学工业都具有不可替代的作用。然而，许多传统的化学工业造成严重的资源浪费和环境污染，甚至存在安全隐患。资源与环境是人类生存和发展的基础，目前资源短缺和环境问题日趋严重。如何使化学工业在创造物质财富的同时，不破坏人类赖以生存的环境，并充分节省资源和能源，实现可持续发展，是人类面临的重大挑战。

绿色化学是在保护生态环境、实现可持续发展的背景下发展起来的重要前沿领域，其核心是在生产和使用化工产品的过程中，从源头上防止污染，节约能源和资源。主体思想是采用无毒无害和可再生的原料、采用原子利用率高的反应，通过高效绿色的生产过程，制备对环境友好的产品，并且经济合理。绿色化学旨在实现原料绿色化、生产过程绿色化和产品绿色化，以提高经济效益和社会效益。它是对传统化学思维方式的更新和发展，是与生态环境协调发展、符合经济可持续发展要求的化学。绿色化学仅有二十多年的历史，其内涵、原理、内容和目标在不断充实和完善。它不仅涉及对现有化学化工过程的改进，更要求发展新原理、新理论、新方法、新工艺、新技术和新产业。绿色化学涉及化学、化工和相关产业的融合，并与生态环境、物理、材料、生物、信息等领域交叉渗透。

绿色化学是未来最重要的领域之一，是化学工业可持续发展的科学和技术基础，是提高效益、节约资源和能源、保护环境的有效途径。绿色化学的发展将带来化学及相关学科的发展和生产方式的变革。在解决经济、资源、环境三者矛盾的过程中，绿色化学具有举足轻重的地位和作用。由于来自社会需求和学科自身发展需求两方面的巨大推动力，学术界、工业界和政府部门对绿色化学都十分重视。发展绿色化学必须解决一系列重大科学和技术问题，需要不断创造和创新，这是一项长期而艰巨的任务。通过化学工作者与社会各界的共同努力，未来的化学工业一定是无污染、可持续、与生态环境协调的产业。

为了推动绿色化学的学科发展和优秀科研成果的总结与传播，科学出版社邀请我组织编写了“绿色化学前沿丛书”，包括《绿色化学与可持续发展》、《绿色化学基本原理》、《绿色溶剂》、《绿色催化》、《二氧化碳化学转化》、《生物质转化利用》、《绿色化学产品》、《绿色精细化工》、《绿色分离科学与技术》、《绿色介质与过程工程》十册。丛书具有综合系统性强、学术水平高、引领性强等特点，对相关领域的广大科技工作者、企业家、教师、学生、政府管理部门都有参考价值。相信本套丛书的出版对绿色化学和相关产业的发展具有积极的推动作用。

最后，衷心感谢丛书编委会成员、作者、出版社领导和编辑等对此丛书出版所作出的贡献。

中国科学院院士

2018 年 3 月于北京

前　　言

自工业革命以来，二氧化碳大量排放导致空气中其浓度逐年升高，目前已达到约 400ppm(400mg/L，0.04%)，由此带来一系列严重的环境和社会问题，因此二氧化碳减排和资源化利用引起了全球的广泛关注。二氧化碳作为一种廉价易得、环境友好的可再生碳一资源，其资源化利用不仅可减少二氧化碳排放，而且可提供绿色的技术路线，因此对绿色与可持续发展意义重大。迄今，二氧化碳尤其是超临界二氧化碳已经广泛应用于化工、电子、食品等行业，在萃取分离、印染、清洗、化学反应、材料制备与加工等诸多领域发挥了重要作用。目前，全球范围内 CO_2 的年资源化利用量已经达到 1 亿多吨，主要用于生产尿素、水杨酸、碳酸酯系列产品，以及作为溶剂等，但其利用量远远小于其排放量。

无论是从资源利用还是从环境保护的角度考虑，将二氧化碳转化为能源产品、化学品和材料，符合绿色与可持续发展的要求，因此相关科学和技术研究引起了人们的广泛兴趣，各国政府纷纷投入人力、物力开展相关研究工作。二氧化碳热力学稳定、动力学惰性，其活化与化学转化通常需要较高的能量输入，如高温高压、高活性催化剂或反应底物等。通过热催化化学方法，将二氧化碳加氢制一氧化碳、甲酸、甲醇、烷烃、烯烃等能源产品是二氧化碳资源化利用的重要方面。随着科学技术的发展，尤其是新型催化材料的涌现，这方面的研究不断取得新突破，正在向产业化迈进，如二氧化碳加氢制甲醇技术已经进入工业放大阶段。二氧化碳用作羧化、羰化、甲酰化和甲基化试剂制取高附加值化学品是二氧化碳化学转化研究中最活跃的部分。通过构筑碳-氧、碳-氮和碳-碳等化学键，二氧化碳在羧酸/酯、碳酸酯、甲酰胺/酯、脲等化学品合成中得到广泛应用，基于二氧化碳的化学品合成新路线不断增加，尤其是高效催化体系和新合成路线的不断发展，使二氧化碳的化学转化在相对温和条件下得以实现。并且，随着新型表征技术和理论化学的发展，相关机理研究更加深入，在揭示二氧化碳中碳-氧键活化和转化及反应机理方面取得重要进展。近年来，光/电催化领域不断取得新进展，给二氧化碳的光/电催化转化带来了发展机遇，成为二氧化碳转化研究的热点，并且不断取得突破。利用光/电催化进行二氧化碳还原制能源产品，可以解决二氧化碳加氢反应中氢的来源问题。但目前，其光/电还原普遍存在效率低等问题，因此开发高效光/电催化材料是亟须解决的问题。

近二十年来，二氧化碳化学转化研究发展迅速，尤其是纳米材料、离子液体等新型功能材料为二氧化碳的化学转化提供了新的发展契机，不断取得新的重大进展。二氧化碳化学转化是绿色与可持续化学的重要组成部分，系统归纳和总结其原理、方法、成果，展望未来方向对该领域发展具有重要意义。本书针对二氧化碳的资源化利用，以其化学转化中化学键活化和转化为基础，围绕其转化为能源产品、化学品和功能材料展开论述，内容主要涉及二氧化碳催化加氢转化为低碳醇、低碳烃等能源产品，催化转化为酯类、酰胺类、羧酸类、氮杂环化合物等化学品，以及催化转化制备聚合物材料和矿化材料等。着重介绍二氧化碳活化的催化基础，揭示二氧化碳化学转化的反应机制和化学键转化规律。

全书共分为七章。第 1 章绪论介绍了二氧化碳的结构、性质和活化方法；第 2 章主要介绍二氧化碳热催化转化制能源产品；第 3 章介绍二氧化碳参与合成化学品；第 4 章介绍二氧化碳电催化还原制备能源产品和电催化合成化学品；第 5 章介绍二氧化碳光催化还原制备能源产品和光催化合成化学品；第 6 章介绍二氧化碳制备聚合物的研究进展；第 7 章介绍二氧化碳矿化制备无机材料。本书在对本领域二氧化碳化学转化的前沿进展进行系统总结的同时，对编著者团队的相关工作进行了重点介绍。团队成员杨珍珍、赵燕飞、罗小颖、张宏晔、于博、郭世恩、张峰涛等在文献收集、文字整理、图片绘制等方面做了大量工作。在此对他们付出的努力和所做的贡献一并表示感谢。同时，非常感谢丛书总主编韩布兴院士给予的支持，感谢科学出版社翁靖一编辑的帮助。

在本书编写过程中，参阅了大量的文献资料和学术著作，借此机会谨向原文献作者表示衷心的感谢。由于二氧化碳资源化利用发展迅速，二氧化碳化学转化的研究成果很多，相关文献浩如烟海，仅选取部分代表性工作编写在本书中。鉴于编著者水平有限，书中不妥之处在所难免，敬请广大读者批评指正。

最后，诚挚感谢国家自然科学基金委重点基金项目（离子液体催化体系中二氧化碳转化的物理化学问题研究；编号：21533011）对本书出版的支持。

2018 年 8 月于北京中关村

目　　录

第1章 绪 论

在自然界中CO_2通过光合作用实现碳的自然循环，为人类提供了赖以生存的食物和可再生碳资源，在人类文明发展进程中发挥了不可替代的作用。但自工业革命以来，大量CO_2排放导致空气中CO_2浓度逐年升高，目前空气中CO_2浓度已达到约400ppm(1ppm=1mg/L)，由此带来一系列严重的环境和社会问题，引起了全球广泛关注。无论是从资源利用还是从环境保护的角度考虑，将CO_2转化为能源产品、化学品和材料，符合可持续发展的要求，其相关科学和技术研究具有重要意义[1]。

1.1 二氧化碳的结构与性质

CO_2分子中，碳原子的两个sp杂化轨道分别与两个氧原子生成σ键。碳原子上两个未参与杂化的p轨道与sp杂化轨道呈直角，并且在侧面同氧原子的p轨道分别肩并肩地发生重叠，生成两个三中心四电子的离域π键(图1.1)。正常C═O和C≡O的键长分别为122pm和110pm，而CO_2中C═O键长为116.3pm，即碳氧原子间的距离缩短，因此CO_2中C═O具有一定程度的三键特征。CO_2为典型的直线型三原子分子，决定分子形状的是sp杂化轨道，其基态电子构型为$(1\sigma_g)^2(1\sigma_u)^2(2\sigma_g)^2(2\sigma_u)^2(1\pi_u)^4(1\pi_g)^4(2\pi_u)^0$，其中，$(1\sigma_g)^2(1\sigma_u)^2(1\pi_u)^4$为成键轨道，$(2\sigma_g)^2(2\sigma_u)^2(1\pi_g)^4$为非键轨道。$CO_2$羰基不对称伸缩振动的红外吸收在$2349cm^{-1}$；弯曲振动在$666cm^{-1}$；拉曼光谱信号在$1388cm^{-1}$；其溶解状态的核磁共振碳谱信号位于126ppm。

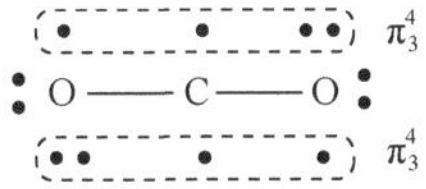

图1.1 CO_2电荷排布示意图

CO_2的标准生成吉布斯自由能($\Delta_f G_m^\ominus$)为$-394.38kJ\cdot mol^{-1}$，分子中的碳原子处于最高氧化价态，整个分子处于最低能量态，化学性质稳定，是一种惰性分子。因此，CO_2活化需要克服热力学能垒，通常需要催化剂、高温和高压等条件。

CO_2的第一电离能(13.97eV)较大，难以提供电子；而CO_2分子具有较低能级的空轨道和较高的电子亲和能(38eV)，相对而言更容易接受电子。因此，活化 CO_2 分子最有效的手段是采用合适的方式输入电子，即外界提供富电子物质与 CO_2 作用，这也是有机合成中最常见活化分子的方法。

CO_2 熔点为–78℃，沸点为–56.6℃，密度为 1.977g·cm^{-3}(0℃, 1×10^{5}Pa, 气态)，黏度为 0.07cP(–78℃, 1cP=10^{-3}Pa·s)，水中溶解度为 1.45g/mL(25℃, 1×10^{5}Pa)。它无色，无味，无毒，不可燃，性质稳定，在灭火、制冷、制造充气饮料、金属保护焊接和油田驱油等方面得到广泛应用。

CO_2 的临界温度(T_c)为 31.1℃，临界压力(P_c)*为 7.38MPa，临界密度为 0.466g·cm^{-3}。当温度和压力高于临界温度和临界压力时，CO_2 处于超临界状态[2]，如图 1.2 所示。超临界 CO_2($scCO_2$)具有独特的物化性质。首先，它具有超临界流体的共性，既有类似液体的密度、溶解能力和传热系数，又有气体的低黏度和高扩散性，并且性质(如密度等)在很大范围内可调。同时，$scCO_2$ 又有自身特性，其介电常数随着压力的升高而增大，这种变化趋势在临界点附近更加明显。在一定的相对温度(T_r, $T_r=T/T_c$)和相对压力(P_r, $P_r=P/P_c$)范围内($1.00<T_r<1.10$, $1.00<P_r<2.00$)，$scCO_2$ 显示非极性溶剂性质，适于溶解非极性物质，其溶解性能与正己烷类似。特别地，$scCO_2$ 与一些非晶态有机高分子具有较强的相互作用，尽管它只溶解极少数聚合物(主要是含氟和含硅的聚合物)，而它在聚合物中却有较高的溶解度，并能使大多数聚合物溶胀。目前，$scCO_2$ 已广泛应用于萃取分离、化学反应、材料加工/合成等领域[3]。尤其，$scCO_2$ 作为反应介质，可实现反应分离一体化，显示了广阔的应用前景。

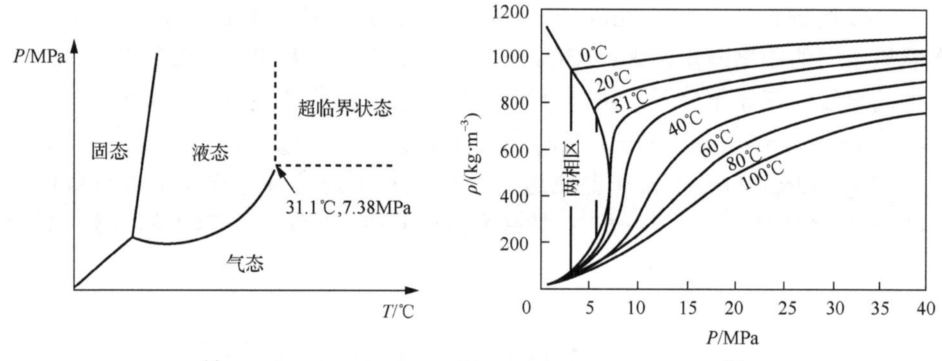

(a)　　(b)

图 1.2　(a) CO_2 压力-温度相图；(b) CO_2 密度随温度和压力的变化曲线

在 CO_2 的化学转化中，体系处于超临界状态可高效促进反应进行，提高目标产物收率。例如，以均相 RuCl(dppe)$_2$ 为催化剂，在反应温度为 120℃、气体压力为 15MPa(CO_2 与 H_2 摩尔比大约为 3∶2)条件下，邻苯二胺、CO_2 和 H_2 三组分环

* 本书的压力均指单位面积的压力。

化反应得到苯并咪唑的收率(87%)远远大于其在相同温度、气体压力为5MPa时的收率(4%)[4]。这是由于一方面CO_2本身就是反应原料，另一方面$scCO_2$对H_2的溶解度较大，可以降低传质阻力，增加反应相中反应物的溶解度，从而促进反应进行。

1.2 二氧化碳的活化方法

CO_2是十六电子的直线型分子，具有D_h对称形式。尽管CO_2具有两个极性C═O双键，但其分子整体呈非极性。早期研究认为CO_2是配位能力较弱的配体，很难通过配位活化。随着CO_2化学研究的深入，人们逐渐发现CO_2分子也具有一定配位能力，能够与某些过渡金属和有机分子以多种方式络合。总体来说，CO_2分子具有两个活性位点，其碳原子[最低未占分子轨道(LUMO)]具有Lewis酸性，可以作为亲电试剂；而其两个氧原子[最高占据分子轨道(HOMO)]则显示弱Lewis碱性，可以作为亲核试剂。绝大多数CO_2化学转化需要至少一种形式的CO_2配位活化，或者是亲电络合(与其氧原子配位)，或者是亲核络合(与其碳原子配位)，也可以是二者兼有(与其氧原子和碳原子同时配位)。另外，CO_2的π电子还可以与过渡金属空d轨道发生Dewar-Chatt-Duncanson络合作用。一旦CO_2的LUMO通过电子转移被占据(与过渡金属配位或受激发而得失电子)，那么直线型的CO_2分子将转变为弯曲结构。例如，CO_2负电子自由基$CO_2^-\cdot$就处于弯曲状态，键角为134°。

在CO_2配位研究基础上，主要发展了以下四种化学活化方法(图1.3)，以及光电活化策略：

(1)胺活化：CO_2能够与碱性基团发生酸碱作用，生成酸碱加合物，而被活化，其分子构型由直线型变为弯曲型。例如，CO_2与仲胺反应，生成氨基甲酸铵盐形式的活化结构[图1.3(a)]。叔胺和CO_2形成的氨基甲酸铵内盐可被看作是CO_2的活化载体，用以合成氨基甲酸酯、噁唑啉酮、环状碳酸酯和甲酰胺等。此外，一些具备强亲核性阴离子(如钨酸根、氟离子、唑类阴离子、酚羟基阴离子等)的季铵盐、季鏻盐和离子液体等，也可以通过形成氨基甲酸盐的形式实现CO_2的有效活化。例如，含有三氟乙醇阴离子的功能型离子液体，通过对CO_2的有效吸附和活化，能够在室温室压的条件下催化CO_2和邻氨基苯腈反应[5]。

(2)受阻的Lewis酸碱对(frustrated Lewis pairs, FLPs)试剂活化：FLPs通过酸碱作用与具有Lewis酸碱两性的CO_2发生络合作用，实现CO_2活化[图1.3(b)][6-9]。例如，2,2,6,6-四甲基哌啶/$B(C_6F_5)_3$组成的FLP体系，能够活化CO_2，催化其氢化制备甲醇[7]。

(3)氮杂卡宾(*N*-heterocyclic carbenes, NHCs)活化：NHCs可与CO_2发生更强的亲核配位作用，生成的卡宾羧酸盐可作为羧基化试剂参与许多化学转化

[图 1.3(c)][10]。例如，以氢硅烷为还原剂，NHCs 能够催化 CO_2 还原制备甲醇。在反应体系中引入芳香醛作为氧受体，NHCs 能催化 CO_2 裂分生成 CO。NHCs-CO_2 可以作为 CO_2 载体，与甲醇反应得到单甲基碳酸盐，或与其他具有活泼氢的底物(如酮类、苯乙腈等)发生羧化反应。NHCs 还可以催化炔醇和 CO_2 的羧环化反应得到相应的 α-亚甲基环状碳酸酯。

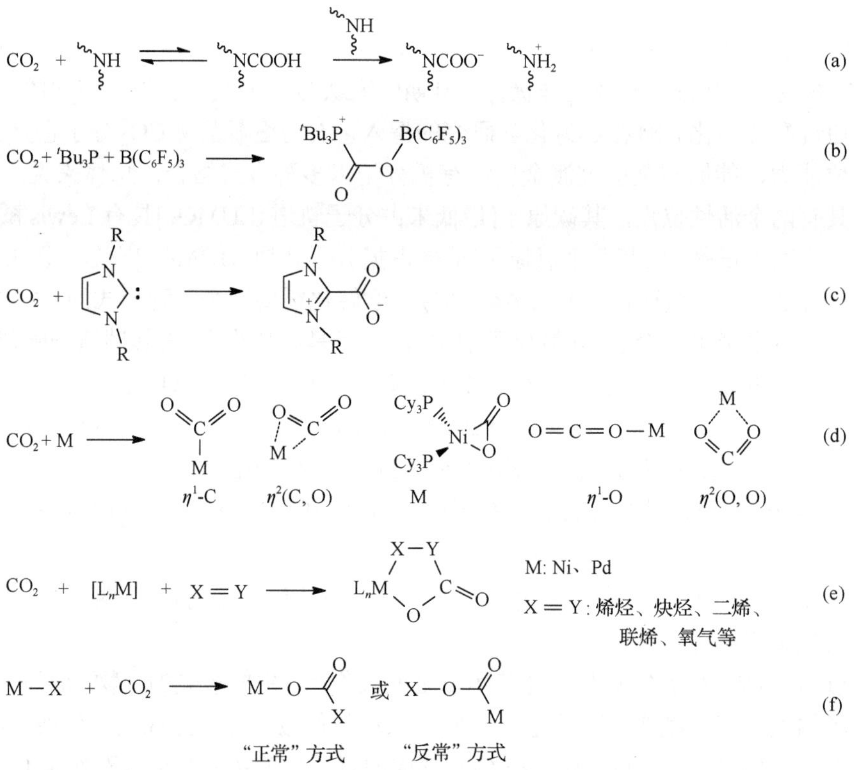

图 1.3 CO_2 的化学活化策略

(4)过渡金属活化：过渡金属能以其空 d 轨道与 CO_2 分子的 π 电子作用，活化 CO_2[11]。常见金属有铜、锌、铝、钛、钨、锡、铑、镍等，配体主要是羧酸、醚、酯、胺、膦等。在很多情况下，引入位阻大的配位基团能够有效改善其活化性能。过渡金属与 CO_2 有四种络合形式，包括 η^1-C、η^2(C,O)、η^1-O 和 η^2(O,O)[图 1.3(d)]。η^1-C 络合，过渡金属的空 d_{z^2} 轨道与 CO_2 反键 π^*轨道发生较强的电荷迁移，富电子金属一般容易与 CO_2 以此种形式络合。η^2(C,O)络合，过渡金属的空 d_{z^2} 轨道与 CO_2 分子的 π 轨道形成 σ 键，同时过渡金属被占据的 d_{xy} 轨道与 CO_2 分子的 π^*轨道形成反馈键。Aresta 配合物(Aresta's complex)是典型的以 η^2(C,O)络合形式活化 CO_2 的策略[图 1.3(d)][12]。η^1-O 模式一般出现在缺电子过渡

金属与 CO_2 的络合过程中，此时 CO_2 仍处于直线型或稍显弯曲。而 η^2(O,O) 结构则类似于羧酸盐($M^+CO_2^-$)，该络合形式广泛存在于碱金属阳离子与 CO_2 的络合过程中。

金属配位活化 CO_2 的另一有效方式是与烯烃、炔烃、二烯、联烯或氧气等不饱和化合物、金属络合物通过氧化偶联方式，形成五元环状中间体，然后，在还原剂存在条件下将五元环状中间体转化为相应的目标产物。该类型催化转化的金属主要有 Ni(0) 和 Pd(0) [图 1.3(e)]。

在一定条件下，CO_2 可以顺利插入 M—C、M—H、M—O、M—N、M—P、M—S、M—Si 等化学键中[13]。这类插入反应主要有两种方式，一种是 CO_2 的碳原子与富电子端成键，形成类似 M—O—C═O 的羧酸酯，此为“正常”方式；另一种是 CO_2 的碳与缺电子端连接，形成具有 M—C 键、含有羧酸的络合物，此为“反常”方式[图 1.3(f)]。

(5) 光电活化：利用光能或电能将 CO_2 转化为燃料或基本化学原料是 CO_2 利用的理想途径。从能量转换的角度考虑，光电条件下催化还原 CO_2 是将 CO_2 还原的同时，将光能或电能转变成化学能的过程。在 CO_2 的光化学活化中，各种无机/有机半导体、过渡金属络合物、大环络合物或芳香烃用作光敏剂或共催化剂，CO_2 接受光生电子生成 CO_2^-，进一步参与化学反应，生成多电子还原产物(包括 CO、甲酸盐、CH_4、甲醇等)。在电化学活化中，CO_2 在阴极表面接受电子生成 CO_2^-，进一步被还原[14-17]。电极材料和电解液均对 CO_2 的还原反应有重要影响。

在对 CO_2 分子结构和化学活化手段深入研究基础上，日本产业技术综合研究所 Sakakura 教授提出的 CO_2 活化转化策略被广为接受[18]。首先，设计合适的催化剂以较低的活化能活化 CO_2，如过渡金属催化剂、FLPs 试剂、NHCs 和胺类等；然后，使用高能起始原料，将 CO_2 固定为低能产物。例如，使用胺类、不饱和烃类、环氧(氮)化物和金属有机试剂等与 CO_2 反应。另外，借助可再生能源(如太阳能)产生高能光电等物理激发，以实现 CO_2 活化转化。例如，等离子体可促进 CO_2 还原为 CO。

综上所述，虽然 CO_2 具有很高的热力学稳定性和动力学惰性，其化学活化转化需要大量能量，但通过建立适当的催化体系或活化转化策略，可实现 CO_2 转化为化学品、能源产品或高分子材料。迄今，在发展 CO_2 化学转化新方法和相关技术基础上，研究获得了一系列高附加值化学品，包括氨基甲酸酯、环状碳酸酯、碳酸二甲酯、芳香/脂肪羧酸、异氰酸酯、甲醇、甲酸等，以及基于 CO_2 的聚合物材料(如聚碳酸酯、聚氨酯、聚脲等)。虽然 CO_2 的化学转化途径和产物多种多样，但目前实现工业生产的仅限于尿素、水杨酸、环状碳酸酯等几种产品，其中尿素生产占最大份额。当前正处于实验室研发阶段、有工业化前途的转化路线包括 CO_2 与环氧化物反应生产环状碳酸酯、加氢制甲酸和甲醇，以及 CO_2 和乙烯反应合成工业原料丙烯酸等。目前，CO_2 的年资源化利用量仅有 1 亿多吨，远远小于其排放量(>300 亿吨)，CO_2化学利用还面临产品结构单一和转化效率不高等问题，更大规模CO_2资源化利用技术的发展取决于相关科学和技术的突破。将CO_2高效转化为能源产品、重要化学品和材料，拓展CO_2的转化利用途径，开发CO_2转化新技术，将是一项长期的重要工作。

参 考 文 献

[1] He M Y, Sun Y H, Han B X. Green carbon science: scientific basis for integrating carbon resource processing, utilization, and recycling. Angew Chem Int Ed, 2013, 52(37): 9620-9633.

[2] Leitner W. Supercritical carbon dioxide as a green reaction medium for catalysis. Acc Chem Res, 2002, 35 (9): 746-756.

[3] 韩布兴, 等. 超临界流体科学与技术. 北京: 中国石化出版社. 2004.

[4] Yu B, Zhang H Y, Zhao Y F, et al. Cyclization of *o*-phenylenediamines by CO_2 in the presence of H_2 for the synthesis of benzimidazoles. Green Chem, 2013, 15(1): 95-99.

[5] Zhao Y F, Yu B, Yang Z Z, et al. A protic ionic liquid catalyzes CO_2 conversion at atmospheric pressure and room temperature: synthesis of quinazoline-2,4(1*H*,3*H*)-diones. Angew Chem Int Ed, 2014, 53(23): 5922-5925.

[6] Mömming C M, Otten E, Kehr G, et al. Reversible metal-free carbon dioxide binding by frustrated lewis pairs. Angew Chem Int Ed, 2009,48 (36): 6643-6646.

[7] Ashley A E, Thompson A L, O'Hare D. Non-metal-mediated homogeneous hydrogenation of CO_2 to CH_3OH. Angew Chem Int Ed, 2009,48 (52): 9839-9843.

[8] Ménard G, Stephan D W. Room temperature reduction of CO_2 to methanol by Al-based frustrated lewis pairs and ammonia borane. J Am Chem Soc, 2010,132 (6): 1796-1797.

[9] Wang T, Stephan D W. Carbene-9-BBN ring expansions as a route to intramolecular frustrated lewis pairs for CO_2 reduction. Chem Eur J, 2014,20 (11): 3036-3039.

[10] Duong H A, Tekavec T N, Arif A M, et al. Reversible carboxylation of *N*-heterocyclic carbenes. Chem Commun, 2004,(1): 112-113.

[11] Yin X, Moss J R. Recent developments in the activation of carbon dioxide by metal complexes. Coord Chem Rev, 1999,181 (1): 27-59.

[12] Aresta M, Nobile C F, Albano V G, et al. New nickel-carbon dioxide complex: synthesis, properties, and crystallographic characterization of (carbon dioxide)-bis(tricyclohexylphosphine) nickel. Chem Commun, 1975,(15): 636-637.

[13] 杨瑞娜, 侯益民, 胡晓院, 等. 过渡金属配合物催化的二氧化碳的固定. 化学进展, 2000,12 (1): 41-50.

[14] Fujita E. Photochemical carbon dioxide reduction with metal complexes. Coord Chem Rev, 1999,185-186 (Supplement C): 373-384.

[15] Indrakanti V P, Kubicki J D, Schobert H H. Photoinduced activation of CO_2 on Ti-based heterogeneous catalysts: current state, chemical physics-based insights and outlook. Energy Environ Sci, 2009,2 (7): 745-758.

[16] Benson E E, Kubiak C P, Sathrum A J, et al. Electrocatalytic and homogeneous approaches to conversion of CO_2 to liquid fuels. Chem Soc Rev, 2009,38 (1): 89-99.

[17] Savéant J M. Molecular catalysis of electrochemical reactions. Mechanistic aspects. Chem Rev, 2008,108 (7): 2348-2378.

[18] Sakakura T, Choi J C, Yasuda H. Transformation of carbon dioxide. Chem Rev, 2007,107 (6): 2365-2387.

第 2 章
二氧化碳催化转化制备能源产品

CO_2催化还原制备能源产品是其资源化利用的重要方面。H_2是一种高能燃料，被视为可引发CO_2还原反应的理想试剂。随着催化、表面科学、纳米技术、生物技术等多学科领域的迅速发展，关于CO_2加氢的科学研究和技术研发发展迅猛，涌现一大批创新性成果。此外，氢硅烷、氢硼烷等还原剂也用于CO_2的还原反应，在相对温和条件下实现CO_2还原生成能源产品。本章主要关注热催化过程实现CO_2还原制备能源产品的相关研究，产品包括一氧化碳(CO)、甲烷及长链烃、甲醇及C_{2+}醇、甲酸及低碳有机酸，以及CO_2与甲醇反应制乙酸等。

2.1　二氧化碳加氢制备能源产品

2.1.1　一氧化碳

CO 是一种重要的气体工业原料，由 CO 出发可以制备几乎所有的液体燃料或基础化学品。随着石油资源的日趋枯竭和合成化学的发展，由 CO 出发的碳一(C_1)化学路线已成为一种重要的化学品生产途径。虽然 CO 已经可由多种技术路线生产，但低耗、绿色 CO 生产技术的研发仍具有重要现实意义。

将低值CO_2转化为 CO 是CO_2高值利用的重要途径，从节约资源和能源的角度考虑，是生产 CO 的绿色途径。CO_2转化为 CO 包括CO_2高温裂解和CO_2还原两类方法。高温裂解法是指在高温条件下(通常是 1300～1600℃)，首先使氧载体(一般为金属氧化物，如Fe_3O_4、CeO_2等)热分解，释放出O_2；然后，还原态的氧载体在较低温度下与CO_2反应产生 CO，同时氧载体被氧化再生，并进入第一步反应实现循环。通过两步反应可连续地将CO_2裂解成为 CO 和O_2。CO_2加氢制 CO 包括热催化还原、光催化还原或电催化还原三条途径，包含不同的还原原理，这里将介绍热催化还原制备 CO 的研究成果，而电催化还原和光催化还原CO_2制 CO 的相关内容将在第 4 章和第 5 章分别进行介绍。

1. 逆水煤气变换反应

CO_2热催化加氢制 CO 是水煤气变换(water gas shift, WGS)反应的逆过程，称为逆水煤气变换(reverse water gas shift, RWGS)反应，是利用CO_2生成 CO 的有效方法之一。其反应方程式为

$$H_2+CO_2 \longrightarrow CO+H_2O \qquad \Delta H^{\ominus}=+41kJ \cdot mol^{-1} \tag{2.1}$$

这是一个吸热反应过程，需要高的反应温度，在300℃、1MPa条件下，CO_2的平衡转化率约维持在23%[1]。当H_2∶CO_2为3∶1时，在200℃条件下，CO_2的最大转化率达到10%；而在500℃时，CO_2的最大转化率达到50%。目前，催化剂普遍存在稳定性较差的问题。例如，Cu催化剂在高温下易烧结，氧化失活，工业应用中易发生硫中毒；Al/Zn催化剂易高温还原失活；Pt/Ce催化剂易积炭失活。因此，研究开发高活性和高稳定性的RWGS反应催化剂，以高效快速制备CO，是实现RWGS反应过程制备CO的关键。

1）逆水煤气变换反应机理

关于RWGS反应机理，没有统一的观点，与催化剂和反应条件密切相关。Cu是典型的RWGS反应催化剂，其催化CO_2加氢生成CO有两种可能的反应机理：①表面氧化还原机理；②甲酸盐中间体分解机理，以下分别予以介绍。

（1）表面氧化还原机理[2]。在Cu催化剂表面发生式（2.2）和式（2.3）反应，金属Cu提供反应所需的活性位。

$$CO_2(g)+2Cu^0(s) \longrightarrow CO(g)+Cu_2O(s) \tag{2.2}$$

$$H_2(g)+Cu_2O \longrightarrow H_2O(g)+2Cu^0(s) \tag{2.3}$$

以$CuO/ZnO/Al_2O_3$为催化剂，研究RWGS反应的机理[2]。在230℃和常压下，CO_2在催化剂表面的解吸附是反应速率的控制步骤，在$P^0_{H_2}/P_{CO_2} \geqslant 3$时，催化剂对$CO_2$的解吸附效果较好。当向催化体系通入$CO_2/N_2$混合气体时，只有CO生成，与式（2.2）反应结果一致；而只通入H_2时，有H_2O生成，与式（2.3）结果一致。采用热重法测试发现，反应体系中通入CO_2后，所得物质的总质量符合O/Cu（s）=0.4～0.5的氧原子吸附比率，这与式（2.3）预测的O/Cu（s）=0.5的饱和吸附率相接近。此外，通入H_2，所获得物质的实际质量与催化剂损失的质量相同。这一结果与图2.1所表示的总体氧化还原机理相吻合。

基元反应：

$$CO_2(g)+2L \longrightarrow CO \cdot L+O \cdot L$$

$$CO \cdot L \longrightarrow CO(g)+L$$

$$H_2(g)+2L \longrightarrow 2H \cdot L$$

$$2H \cdot L+O \cdot L \longrightarrow H_2O \cdot L+2L$$

$$H_2O \cdot L \longrightarrow H_2O(s)+L$$

图2.1　表面氧化还原机理及其基元反应

L表示空活性位，并且与吸附物之间没有相互作用以 Cu/ZnO 为催化剂，采用蒙特卡罗（Monte Carlo）方法模拟 RWGS 反应过程，也得到一致的结果[3]，证实了 CO_2 与 H_2 之间发生了可化学计量的氧化还原反应，生成 CO。傅里叶变换红外光谱仪（FTIR）检测到 CO 的生成[4]，为该机理提供了直接证据，同时检测到甲酸盐的存在。不同的 Cu 晶面对 RWGS 反应显示不同的催化性能。密度泛函理论（DFT）计算结果表明，表面较为开阔的 Cu(110) 晶面对 RWGS 反应催化性能较好，而致密度高、热力学稳定的 Cu(111) 晶面催化效率较差[5]。

(2) 甲酸盐中间体分解机理。该机理的核心思想是 CO_2 首先氢化生成甲酸盐中间体，然后中间体的 C═O 键断裂，生成 CO。因此，RWGS 催化剂必须同时具备催化加氢和催化 C═O 键断裂的功能。一般地，金属氧化物（如 Al_2O_3 等）负载的纳米金属（如 Cu 纳米粒子）是有效的催化剂。分散的金属颗粒解离 H_2，得到高活性的氢原子分散于载体表面，用以催化还原吸附在金属氧化物表面的 CO_2 分子。采用 Cu/Al_2O_3 纳米催化剂，在 500℃条件下进行 RWGS 反应，检测到式(2.2)和式(2.3)及甲酸盐的分解反应同时存在[6]。反应后对 Cu/Al_2O_3 进行程序升温还原（TPR）表征，研究发现反应过程中 H_2 主要参与了催化剂对 CO_2 的裂解过程，并在催化剂表面与 CO_2 反应生成了大量的甲酸盐中间体。在以 Cu/SiO_2 为催化剂进行的 RWGS 研究中，直接检测到大量的甲酸盐中间体存在。对于中间体的形成，Cu^0 和 Cu^+ 是催化剂活性中心，前者的主要作用是活化 CO_2 和 H_2，催化氢原子与 CO_2 结合形成甲酸盐中间体；Cu^+ 的作用是为中间体的形成和分解提供活性位。在 K 助剂存在下，中间体形成可能经历如下路径：$K—CO_2+Cu—H \longrightarrow K—HCOO+Cu \longrightarrow K+Cu—HCOO$。因此，甲酸盐中间体的分解机理对 CO 的形成至关重要。

除以上反应机理外，在以 Pt/CeO_2 为催化剂进行 RWGS 研究中，检测到碳酸盐、Pt-羰基物种和甲酸盐三种中间体。研究表明，催化剂表面的碳酸盐是形成 CO(g) 的主要中间体，而甲酸盐中间体和 Pt-羰基中间体是次要中间体；Pt-Ce 界面的 CeO_x 是反应的活性位点之一。碳酸盐分解生成 CO 可能有两种方式：其一，H_2 被 Pt 吸附解离，生成 H 溢流到 CeO_x 表面，将载体还原形成氧空位；碳酸盐与 CeO_x 上氧空位发生反应，释放出 CO。RWGS 反应速率控制步骤是碳酸盐与氧空位的结合或氧空位的扩散。其二，碳酸盐向 $Pt-CeO_2$ 界面迁移，通过 Pt-羰基物种分解释放 CO，控制步骤为 CO 的脱附[7]。

2) 逆水煤气变换反应催化剂

对于 RWGS 反应，理想的催化剂应该能够同时催化 CO_2 加氢和中间体 C═O 键的断裂，高选择性生成 CO。RWGS 反应的高效、高选择性催化剂主要为负载型金属/金属氧化物纳米催化剂，其中金属纳米粒子为催化活性中心，金属氧化物为载体，在反应过程中两者共同作用，催化 RWGS 反应进行。载体主要为具有还原性的金属氧化物，包括 CeO_2、Al_2O_3、TiO_2、La_2O_3 等；而金属则涉及 Cu、Fe、Co、Ni、Mo 等廉价过渡金属和 Pt、Rh、Pd 等贵金属及一些合金。对于金属/金属氧化物催化剂，金属和载体的结合需要形成具有活性的稳定界面区域。表 2.1 列出了一些代表性的催化材料及其催化性能。

表 2.1　RWGS 催化剂在不同反应条件下的 CO_2 转化率和 CO 选择性

催化剂	H_2 ∶ CO_2	温度/℃	压力/MPa	转化率/%	选择性/%
NiO/CeO_2[8]	1∶1	700	0.1	～40	～100
$PtCo/CeO_2$[9]	3∶1	300	0.1	3.3	71.0
Co/CeO_2[9]	3∶1	300	0.1	3.8	39.4
Cu/Al_2O_3[6]	1∶9	500	N/A	～60	N/A
$Cu\text{-}Ni/\gamma\text{-}Al_2O_3$[10]	1∶1	600	0.1	28.7	79.7
$Fe\text{-}Mo/\gamma\text{-}Al_2O_3$[11]	1∶1	600	1	～45	～100
$Mo/\gamma\text{-}Al_2O_3$[12]	1∶1	600	1	34.2	97
Pd/Al_2O_3[13]	1∶1	260	0.1	N/A	78
$Pd/CeO_2/Al_2O_3$[13]	1∶1	260	0.1	N/A	87
$Pd/La_2O_3/Al_2O_3$[13]	1∶1	260	0.1	N/A	70
Pt/Al_2O_3[14]	1.4∶1	400	N/A	～20	N/A
$PtCo/\gamma\text{-}Al_2O_3$[9]	3∶1	300	0.1	5.1	89.4
$Co/\gamma\text{-}Al_2O_3$[9]	3∶1	300	0.1	3.8	67.0
Co/MCF-17[15]	3∶1	200～300	0.55	～5	～90
Pt-Co/MCF-17[15]	3∶1	200～300	0.55	～5	～99
Cu/SiO_2[16]	1∶1	600	0.1	5.3	N/A
$Cu/K/SiO_2$[16]	1∶1	600	0.1	12.8	N/A
$Cu\text{-}Fe/SiO_2$[17]	1∶1	600	0.1	15	N/A
Rh/SiO_2[18]	3∶1	200	5	0.52	88.1
Rh/TiO_2[19]	1∶1	270	2	7.9	14.5
Fe/TiO_2[19]	1∶1	270	2	2.7	73.0
$Rh\text{-}Fe/TiO_2$[19]	1∶1	270	2	9.2	28.4
Pt/TiO_2[14]	1.4∶1	400	N/A	～30	N/A
$CeO_2\text{-}Ga_2O_3$[20]	1∶1	500	0.1	11.0	N/A
Li/RhY[21]	3∶1	250	3	13.1	86.6
Mo_2C[9]	3∶1	300	0.1	8.7	93.9
Mo_2C[22]	5∶1	250	2	17	34
$Cu\text{-}Mo_2C$[22]	5∶1	250	2	13	40
$Ni\text{-}Mo_2C$[22]	5∶1	250	2	21	29
$Co\text{-}Mo_2C$[22]	5∶1	250	2	23	24

注：N/A 表示未受影响的，下同。

贵金属催化剂有较好的活性和选择性，但其价格昂贵，不适于 CO_2 的大规模转化。廉价的过渡金属催化剂中，Fe 基催化剂有较高的活性和选择性[19]。尤其，Fe-Mo 双金属催化剂通过形成 $Fe_2(MoO_4)_3$ 相，稳定性得到提升；而颗粒尺寸降低，Fe 分散度更高，催化剂性能更好[11]。Ni-Mo 双金属催化剂表现出与 Fe-Mo

相似的催化性能[12]，NiO 高度分散于介孔 CeO_2 载体时，表现出较高的 CO 选择性[8]。

金属氧化物载体性质对催化剂活性有重要影响。一般地，具有还原性和对 CO_2/H_2 有较强吸附的金属氧化物有更好的催化效果。CeO_2 易形成氧缺陷，具有还原性和交换氧的能力，是 RWGS 过程中常用的添加剂载体。DFT 研究表明，CeO_2(110)晶面比 CeO_2(100)和 CeO_2(111)晶面活性高，可能是由于 CeO_2(110)晶面更容易形成氧空位[23]。以 Pt/CeO_2 为催化剂，同位素标记的 $^{13}CO_2$ 为原料，对产物进行实时分析。结果表明，H_2 和 CO_2 在催化剂表面的吸附是反应发生的关键，Pt 促进了 CO_2 与 CeO_2 中氧缺陷的氧原子交换[24]。Ir 与 CeO_2 有强的相互作用，Ir/CeO_2 纳米催化剂中 Ir 呈现部分氧化态，金属态的 Ir 纳米颗粒有利于 CO_2 还原生成 CH_4，而部分氧化的 Ir 颗粒则有利于选择性生成 CO[25]。由于 CeO_2 具有交换氧的能力，在非还原性氧化物负载的催化剂中加入 CeO_2 可以增加反应活性。例如，Pd/CeO_2-γ-Al_2O_3 的催化活性高于 Pd/γ-Al_2O_3[13]。

其他还原性载体，如 In_2O_3、Ga_2O_3、TiO_2 等，在 RWGS 过程中也得到应用。CO_2 以弯曲构型吸附在 In_2O_3 表面，吸附过程放热，In_2O_3 负载型金属催化剂显示较高的催化活性[26]。Ga_2O_3 也是有效载体，加入 CeO_2，以 Ga_2O_3-CeO_2 为载体，催化剂活性进一步提升，促进碳酸氢根中间体的生成，再进一步转化为 CO 和 H_2O[20]。TiO_2 是 RWGS 过程中的另一种还原型载体，Pt/TiO_2 的催化活性远高于非还原性载体 γ-Al_2O_3 负载的 Pt 催化剂 Pt/γ-Al_2O_3[14]。

过渡金属碳化物(TMCs)有优异的催化性能，在 CO_2 参与的反应中有较好的活性[27]。对于 RWGS 反应，最有吸引力的过渡金属碳化物是 Mo_2C。它价格低廉，具有解离 H_2 和断裂 C═O 键的双重功能，并且表现出与还原性氧化物如 CeO_2 相似的性质[9]。如图 2.2 所示，Mo_2C 比 CeO_2 负载的 Pt 基双金属催化剂有更优异的 CO_2 转化率和 CO 选择性。

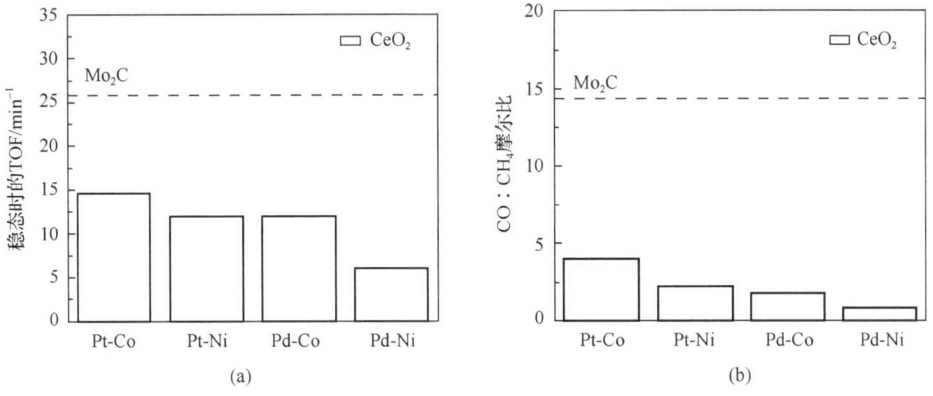

图 2.2 CeO_2(柱状)和 Mo_2C(虚线)负载的双金属催化剂在 300℃时的 CO_2 转化频数(TOF)(a)和 CO_2 转化率为～5%时 CO：CH_4 的摩尔比(b)[9]

关于 Mo_2C 活化 CO_2 的机理研究有很多。研究表明，CO_2 以弯曲构型与 Mo_2C 结合，其中一个 C═O 键自发断裂，在催化剂表面形成吸附的 CO 和 O[9, 28]。吸附的 CO 可以解吸附，但吸附的 O 以碳氧化物的形式存在(Mo_2C—O)，必须通过 H_2 移除完成催化循环。由于 TMCs 对 CO_2 的活化，CO_2 形成碳氧化物的形式，TMCs 表面的氧结合能是判断 RWGS 反应活性的重要指标[29]。

3)催化剂的稳定性

催化剂的高稳定性对 RWGS 反应非常重要。因为 RWGS 是吸热反应，只有高温才可能有高的转化率。在 400～700℃范围，研究 ZnO、Al_2O_3、ZnO/Al_2O_3 及 $ZnAl_2O_4$ 催化剂在 RWGS 反应中的稳定性。结果表明，具有尖晶石结构特征的 $ZnAl_2O_4$ 催化剂稳定性最好[30]。在 H_2/CO_2=3、体积空速(GHSV)= 150000 $mL \cdot g_{cat.}^{-1} \cdot h^{-1}$ (cat.表示催化剂)条件下，采用 600℃和 700℃两种反应温度进行 RWGS 反应，$ZnAl_2O_4$ 在 210h 内保持了较好的催化活性，CO_2 转化率分别达到约 10%和 30%，CO 的选择性均接近 100%。其他催化剂稳定性较差，分别在高温反应中失活。经 TPR 谱图分析，催化剂失活是高温下氧化物发生还原所致。$ZnAl_2O_4$ 的较高稳定性在于尖晶石结构能有效阻止催化剂发生还原反应。其催化性能研究表明，600℃时，CO_2 转化率接近平衡转化率。

采用色谱法和质谱法对 Pt/CeO_2 在 RWGS 反应中的活性进行分析，结果表明[7]，CO_2 转化率初始时为 13.7%，接近平衡转化率(15.2%)，CO 选择性高于 99%。但使用一段时间后，Pt/CeO_2 催化活性逐渐下降。程序升温脱附(TPD)检测发现，催化剂存在显著的积炭特征峰，峰值随着催化剂与 RWGS 反应混合气的接触时间的延长而升高。在 RWGS 反应前后及不同气体氛围中对 2wt% Pt/CeO_2 催化剂进行 TPD 循环测试显示[31]，催化剂的失活程度与积炭量之间存在线性关系。积炭最初发生在 Pt/CeO_2 界面的载体部位，该部位在反应中处于活跃状态，Pt 催化剂的失活是通过积炭对该部位逐渐覆盖而产生的。如果能有效降低并消除催化剂的积炭现象，对提高催化剂稳定性将具有重要的现实意义。

RWGS 反应所需温度较高，一般金属催化剂在高温中易于烧结或氧化而失活，即热稳定性差。通过添加助剂可以改善这一现象。例如，在常压及 600℃高温的 RWGS 反应中，Cu/SiO_2、Cu/Al_2O_3 易于氧化和烧结，催化性能随反应时间的延长而下降。加入 0.3%～0.8%微量 Fe 助剂后，Cu/SiO_2、Cu/Al_2O_3 催化剂活性和稳定性有较大改善[16-17]，Cu 的表面积、粒径及分散度在反应前后变化较小，CO_2 转化率从约 5%提高到 14%～16%，催化剂活性在 120h 内保持了相对的稳定性。究其原因，发现 Cu-Fe 形成了新的稳定物种，反应中 Cu 表面释放的氧通过溢流形成 Fe 的氧化物，使 Cu 依然保持还原状态(还原状态是 Cu 的活性位)；并且，Cu 粒子周围形成的 Fe 物种有效阻止了 Cu 的高温烧结，防止了 Cu 表面积降低，提高了 Cu 催化剂的稳定性。因此，向 Cu 基催化剂中添加 Fe 助剂是提高其催化活性和热稳定性的有效手段。类似地，Co、Ni 基催化剂也存在热稳定性差的问题。这些廉价的过渡金属催化剂，尽管催化活性和对 CO 的选择性较高，但 RWGS 反应的 CO_2 的转化率远未达到平衡转化率，需进一步提高。

2. 其他 CO 制备路径

H_2 还原 CO_2 制备 CO 的 RWGS 反应通常需要高温（＞200℃）反应条件，并且 CO_2 转化率较低。近年来，一些活泼氢源如氢硅烷、氢硼烷等被用于 CO_2 的还原反应，实现了温和条件下 CO_2 转化制 CO。

以 CsF 为催化剂，二甲基亚砜（DMSO）为溶剂，二硅烷为还原剂，在室温下即可将 CO_2 高选择性（100%）还原为 CO[图 2.3（a）][32]。多种氢硅烷如 $(Ph_2MeSi)_2$、$(PhMe_2Si)_2$ 和 $(Me_3Si)_3SiH$ 表现出相似的反应活性。采用非吸水性的氟化物如 KHF_2，无需惰性气氛亦可使反应进行。用硅硼烷（pinacolato）$BSiMe_2Ph$ 代替氢硅烷，依然能够保持体系的高活性。

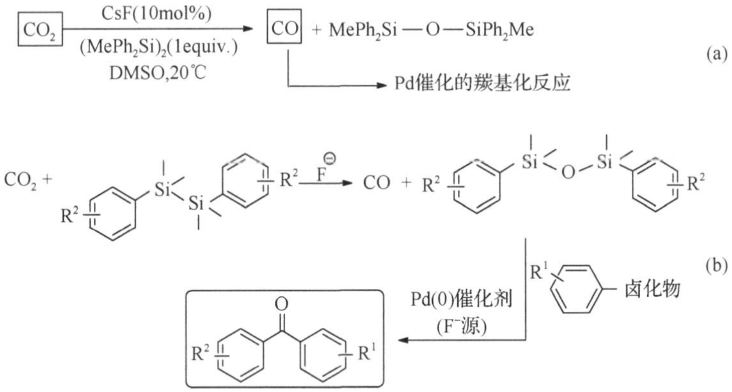

图 2.3 CsF 催化 CO_2 转化制备 CO[32-33]

equiv.表示当量；mol%表示摩尔分数

以二芳基硅烷为还原剂，通过氧化还原反应，可同时得到 CO 和二芳基硅氧烷[图 2.3（b）][33]。而二芳基硅氧烷可进一步通过 Pd 催化的 Hiyama-Denmark 羰基化偶联，生成与药物分子相关的二芳基酮。这里，二芳基硅烷试剂用于夺取 CO_2 中的氧，通过氧插入 Si—Si 键生成含硅副产物；而含硅副产物作为试剂应用于羰基偶联反应。这一氧化还原反应协同活化理念为 CO_2 的转化提供了新思路。

类似地，利用氨基/双齿膦 pincer PNP 配体负载的 Pd(Ⅰ)-Pd(Ⅰ)二聚体为催化剂，以 Me_3SiCl 和 Me_3SiOTf 为还原剂，亦可将 CO_2 还原生成 CO(图 2.4)[34]。

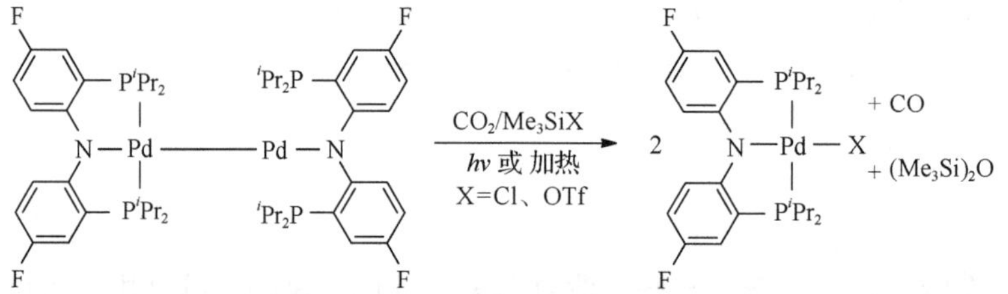

图 2.4　Pd 二聚体催化 CO_2 转化制备 CO[34]

采用以上氟化物催化的二芳基硅烷还原 CO_2 的反应路线，以回旋加速器产生的 ^{11}C 标记的 CO_2($^{11}CO_2$)为原料，可快速制备 ^{11}C 标记 CO(^{11}CO)[35]。利用商业化试剂为原料，在室温条件下，$^{11}CO_2$ 转化为 ^{11}CO 的转化率达到 74%。并且，以 ^{11}CO 为原料，10min 内即可获得放射化学纯的[^{11}C]*N*-苄基苯酰胺，其放射化学产率达到 74%，放射化学纯度＞99%。

2.1.2　甲烷及长链烃

1. CO_2 甲烷化反应

法国化学家 Paul Sabatier 较早提出 CO_2 的甲烷化技术，因此 CO_2 甲烷化反应又称为 Sabatier 反应[36]。随后 Hashimoto 等提出了 CO_2 循环策略来解决全球的 CO_2 排放问题[37]，该策略主要包括三个环节。第一，利用太阳能发电，然后电解水产生 H_2；第二，H_2 和 CO_2 反应生成 CH_4 和少量其他碳氢化合物；第三，生成的 CH_4 作为能源消耗又生成了 CO_2，如此循环往复。其中的核心环节是利用太阳能发电和 CO_2 催化加氢甲烷化反应。不仅如此，甲烷化反应还被广泛应用于混合气体中 CO_2 和 CO 的脱除。例如，氨合成气(氢氮混合气)中微量 CO_2 和 CO 的脱除。利用水煤气的甲烷化反应生成城市煤气。法国蒙彼利埃的瓦拉格国际工程公司开发了一种对生活垃圾进行甲烷化处理的工艺，将垃圾变成肥料和沼气。因此，CO_2 催化加氢甲烷化因其战略性意义和实用性成为 C_1 化学研究中引人注目的课题。

1) CO_2 甲烷化反应的原理及热力学

CO_2 甲烷化反应方程式：

$$CO_2 + 4H_2 \longrightarrow CH_4 + 2H_2O \qquad (2.4)$$

该反应为放热反应，每消耗 1kg CO_2 释放出 4160kJ 的热量。反应的具体热力学数据如表 2.2 所示。

表 2.2 CO_2 甲烷化反应的热力学数据[38]

温度/K	$\Delta H_m^\ominus$ / (kJ · mol^{-1})	$\Delta G_m^\ominus$ / (kJ · mol^{-1})	$\lg K_P^\ominus$
300	−152.55	−113.29	19.724
400	−170.08	−95.26	12.440
500	−174.80	−76.01	7.940
600	−179.04	−5.84	4.861
700	−182.76	−35.00	2.611
800	−186.15	−13.68	0.893
900	−188.72	8.04	−0.466
1000	−191.01	30.01	−1.568

由表 2.2 可知，在相当宽的温度范围内，CO_2 甲烷化反应 $\Delta G_m^\ominus$ 为负值，且绝对值较大，这表明该反应在热力学上可行。$\Delta G_m^\ominus$ 和 $\lg K_P^\ominus$ 受温度影响较大，平衡常数随温度上升而减小；在 625℃左右时，$\Delta G_m^\ominus$ 趋于零，较低的温度有利于 CH_4 的生成。CO_2 甲烷化反应是强放热反应，大量的反应热可能导致催化剂失活，使反应难以继续进行。该反应还与原料气的组成密切相关，较高的 H_2/CO_2 比例有利于提高 CH_4 产率。一般情况下，压力对反应影响不大；但在温度超过 425℃时，压力对反应有较大的影响。较高的压力可使反应在较低的 H_2/CO_2 比下进行，而不发生催化剂的表面积炭，但可能使放热增多而造成催化剂失活。因此，进行 CO_2 甲烷化反应需综合考虑各因素，控制反应条件，保持较低的温度、较高的 H_2/CO_2 比、适当的压力范围及良好的散热条件等。

2) CO_2 甲烷化反应的催化剂

(1) Ni 基催化剂。

众所周知，Ni 基催化剂具有良好的催化加氢性能。Raney Ni 是一种经典的 Ni 基催化剂，是 Ni-Al 合金的细小晶粒在酸溶液淋洗过程中形成的具有三维多孔结构的固态非均相催化剂。其孔结构和尺寸都不规则，对 H_2 有很强的吸附性，因而有很高的加氢活性，被广泛用于多种催化加氢过程。Raney Ni 是有效的 CO_2 甲烷化反应催化剂[39]，在一定范围内减少 Al 含量时，催化活性更好，对 CH_4 的选择性更高。其主要原因是相比于 Al，Ni 具有更好的 CO 分解能力，故 Ni 含量升高有利于 CO 分解，从而提高 CH_4 选择性[40]。

大多数 Ni 基催化剂为负载型纳米催化剂。为了提高 Ni 的分散性，一般选用具有高比表面积的金属氧化物、多孔 SiO_2 或碳材料作为金属 Ni 的载体。催化剂性质不仅取决于金属的尺寸，在很大程度上也依赖于载体的性能。CO_2 分解生成 CO 被认为是 CO_2 甲烷化反应的决速步，提高其反应速率有利于提高甲烷化效率。CeO_2 和 V_2O_5 由于富含氧空位而有利于 CO_2 活化，并能将其分解成 CO，所以这两种金属氧化物常被用作催化剂载体。由浸渍法制备的 10wt%(质量分数) Ni/CeO_2 催化剂，在 CO_2 甲烷化反应中表现出优异的催化性能[41]。在 300℃温度条件下，它能获得 100%的 CH_4 选择性。值得指出的是，该催化剂在相对较低的温度条件下即有很高的催化活性，是性能优良的 CO_2 甲烷化催化剂。同时，该催化剂对 CO 甲烷化也显示很高的催化活性。

ZrO_2 具有两性特征和良好的 CO_2 吸附性能，也常被用作 CO_2 甲烷化的催化剂载体。采用氧化还原方法处理无定形 Ni-Zr 合金，获得不同晶相 ZrO_2 负载的 Ni/ZrO_2 纳米催化剂[42]。研究发现，载体 ZrO_2 晶相影响催化剂活性。四方晶相 ZrO_2 负载的 Ni 催化剂比单斜晶相 ZrO_2 负载的 Ni 催化剂显示更好的催化性能，在 200℃时有更好的 CO_2 吸附能力，获得更高的甲烷化 TOF($5.43s^{-1}$)。

用沉淀沉积法制备 TiO_2 负载的 Ni 催化剂 15wt% Ni/TiO_2，在相对较低的温度条件下显示优异的催化活性。在 260℃下，CO_2 转化率和 CH_4 选择性分别达到 96%和 99%。研究发现，TiO_2 载体具有高度不饱和的 Ni 纳米颗粒，Ni 纳米颗粒高分散性有利于活性位点的暴露，加速了表面吸附氢的分解及随后表面羰基 Ni 物种的氢化移除[32]。

La_2O_3 的六方晶系结构能够捕获电子，以其为载体制备的 Ni 催化剂 10wt% Ni/La_2O_3，在 350℃、1.5MPa 和 GHSV 为 $30000h^{-1}$ 条件下，CH_4 的时空收率(STY)可达 $3000g \cdot kg^{-1} \cdot h^{-1}$，且对 CH_4 的选择性为 100%[43]。机理研究表明，在反应过程中 CO_2 在载体表面的氧空位被活化，形成 $La_2O_2CO_3$ 中间物种，与在 Ni 和 La 互相作用活性位点上活化的氢原子发生反应，生成 CH_4。

双金属氧化物载体能够克服单一金属氧化物的不足而显示更优良的性能，在甲烷化反应中得到应用。例如，与 $Ni/\gamma\text{-}Al_2O_3$ 相比，$Ni/ZrO_2\text{-}Al_2O_3$ 在甲烷化中显示更高的活性和稳定性[44]。经研究证实，Al_2O_3 表面高度分散的 ZrO_2 阻止了镍铝尖晶石的形成，有利于 Ni 物种的分散及 NiO 的还原，从而提高了催化剂的催化活性。$Ce_{0.72}Zr_{0.28}O_2$ 固溶体有较高的储氧能力，以其为载体获得的 10wt% $Ni/Ce_{0.72}Zr_{0.28}O_2$，Ni 物种高度分散，对 CO_2 的甲烷化反应有很好的催化活性和催化剂稳定性。在 350℃温度条件下，反应 150h，CO_2 转化率和 CH_4 选择性分别达到 75.9%和 99.1%[45]。

高比表面积的多孔 SiO_2 载体在 CO_2 甲烷化反应中得到广泛应用。与 Ni/SiO_2 催化剂相比，具有规整孔结构、高比表面积的 MCM-41 负载的 Ni 催化剂 3wt% Ni/MCM-41，在 $5760kg^{-1} \cdot h^{-1}$ 的空速下表现出更好的 CH_4 选择性(99%)和时空收率($91.4g \cdot kg^{-1} \cdot h^{-1}$)，这一结果甚至与 Ru/SiO_2 的催化结果相当[46]。即使在更高的温度下(如 400℃)，催化剂依然保有很高的选择性，并且时空收率也增加到 $633g \cdot kg^{-1} \cdot h^{-1}$。MCM-41 表面对金属 Ni 良好的固定效应使金属在高温条件下被还原为高分散的 Ni^0 颗粒，使 Ni/MCM-41 催化剂表现出非常好的活性和选择性。

通过溶胶凝胶法和浸渍法制备的介孔 SiO_2 纳米颗粒(MSN)负载的 Ni 催化剂 Ni/MSN[47]，比 Ni/SiO_2、Ni/MCM-41、Ni/γ-Al_2O_3 和 Ni/HY 有更好的催化活性，这源于载体独特的表面结构和组成。颗粒间的孔结构在反应过程中有利于反应物和产物分子的输送，Ni/MSN 的表面碱性有利于 CO_2 吸附，在 MSN 上的氧缺陷处形成表面碳物种；与此同时，Ni 活性中心分解 H_2 生成氢原子，还原碳物种生成 CH_4。Ni/MSN 催化剂表现出较好的稳定性和循环利用效果。

以笼型介孔二氧化硅 SBA-16 为载体，通过湿法浸渍-煅烧-还原过程负载 Ni 纳米颗粒，得到材料 Ni@SBA-16[48]，Ni 颗粒尺寸在 4nm 左右，负载量高达 22.9wt%，催化 CO_2 氢化高选择性地得到 CH_4。笼型 SBA-16 具备独特的规整 3D 结构、高比表面积($233m^2 \cdot g^{-1}$)、大的孔体积($0.23cm^3 \cdot g^{-1}$)和窄的孔径分布。Zeta 电位测试结果表明，SBA-16 表面带负电，更有利于通过静电相互作用固定 Ni^{2+}，从而进一步使 Ni^{2+}在介孔内被还原形成纳米颗粒。催化剂的高活性与载体 SBA-16 的结构、性质和 Ni 纳米颗粒在载体中的限域有关。

此外，碳纳米材料(如碳纳米管)也常作为载体制备催化剂，用于 CO_2 甲烷化反应[49]。

(2)贵金属催化剂。

Ni 基催化剂的主要缺陷是在低温下与 CO 反应生成羰基镍而失活，而贵金属催化剂则可避免这样的问题。Ru[50]、Rh[51]和 Pd[52]是 CO_2 甲烷化中常用的贵金属催化剂。Rh/γ-Al_2O_3 催化 CO_2 甲烷化反应的 CH_4 选择性达到 100%，其产量取决于反应温度、压力及原料气中气体促进剂(如 CO 和 O_2)的添加与否。机理研究发现，CO_2 分解造成 Rh 氧化，而氧化态的 Rh 促进了吸附在催化剂上物种的分解，最终促使 CH_4 生成[51]。

用离子溅射方法制备的 Ru/TiO_2(B)，在 160℃即可获得 100%的 CH_4 产率，甚至在室温下也能达到 $0.04\mu mol \cdot min^{-1} \cdot g^{-1}$ 的反应速率[53]。将 Ni、Co、Pd 和 Ru 掺杂到 CeO_2 中，用于催化 CO_2 甲烷化反应。结果表明，在 450℃温度条件下，$Ce_{0.96}Ru_{0.04}O_2$ 和 $Ce_{0.95}Ru_{0.05}O_2$ 催化效果最好，能获得 55%的 CO_2 转化率和 99%的 CH_4 选择性[54]。

还原性金属氧化物(包括 CeO_2、ZrO_2 和 TiO_2)负载的 Pt-Co 双金属催化剂可实现 CO_2 加氢产物选择性的调控[55]。Pt-Co/TiO_2 倾向于将 CO_2 还原为 CO；而 Pt-Co/ZrO_2 或 Pt-Co/CeO_2 则能够进一步将 CO 还原为 CH_4，其中关键的中间产物甲氧基在实验中被证实。通过密度泛函理论计算可获得各个基元反应中间态与始末态之间的能量变化，继而得出各反应阶段的活化能，阐明了氧化物载体调控催化反应路径继而改变 CO_2 加氢产物选择性的机理。这项研究阐述并论证了通过改变关键中间产物吸附强度实现调控 CO_2 加氢产物选择性的可行性。

3) CO_2 甲烷化反应机理

关于 CO_2 甲烷化的催化反应机理，一般认为 CO_2 先通过与催化剂及其他反应物的作用，生成吸附于催化剂表面的含碳中间体，再进一步转化为 CH_4[56]。根据反应中间体的不同，反应机理大体可分为如下三类。

(1) 基于 CO 中间体的反应机理。

CO_2 甲烷化过程常伴有 CO 产生，而且 CO 可在完全相同的催化条件下甲烷化。由此推断，CO_2 甲烷化过程可能经历 CO 中间体，即 CO_2 首先在催化剂上分解为 CO 和氧原子，CO 再进一步氢化为 CH_4。具有代表性的反应机理是 Weatherbee 等提出的机理，如图 2.5 所示[57]。

$$H_2(g) + 2Sur \longrightarrow 2H\text{-}Sur$$
$$CO_2(g) + 2Sur \longrightarrow CO\text{-}Sur + O\text{-}Sur$$
$$CO\text{-}Sur \longrightarrow CO(g) + Sur$$
$$CO\text{-}Sur + Sur \longrightarrow C\text{-}Sur + O\text{-}Sur$$
$$C\text{-}Sur + H\text{-}Sur \longrightarrow CH\text{-}Sur + Sur$$
$$CH\text{-}Sur + H\text{-}Sur \longrightarrow CH_2\text{-}Sur + Sur$$
$$CH_2\text{-}Sur + H\text{-}Sur \longrightarrow CH_3\text{-}Sur + Sur$$
$$CH_3\text{-}Sur + H\text{-}Sur \longrightarrow CH_4\text{-}Sur + Sur$$
$$CH_4\text{-}Sur \longrightarrow CH_4(g) + Sur$$
$$O\text{-}Sur + H\text{-}Sur \longrightarrow OH\text{-}Sur + Sur$$
$$OH\text{-}Sur + H\text{-}Sur \longrightarrow H_2O\text{-}Sur + Sur$$
$$H_2O\text{-}Sur \longrightarrow H_2O(g) + Sur$$

图 2.5　基于 CO 中间体的 CO_2 甲烷化反应机理示意图

Sur 表示催化剂表面催化活性位点

(2) 基于 CO 和含氧酸中间体的反应机理。

用红外光谱技术研究 Ni/ZrO_2 催化剂对 CO_2 和 H_2 的共吸附发现，在 $1600cm^{-1}$ 和 $1350cm^{-1}$ 出现了对应于表面吸附的碳酸盐和甲酸盐中间体的特征峰，同时观测到 $2060cm^{-1}$ 附近出现线式 CO 吸附态的特征峰，尽管实验中并未获得 CO 产物[58]。因此，总反应有可能经历 CO 中间体和含氧酸中间体两条平行反应路径，可能的反应机理如图 2.6 所示[59]。

$$CO_2(g) \longrightarrow CO_2(i)$$

$$H_2(g) \longrightarrow 2H(m)$$

$$CO_2(i) + 2H(m) \longrightarrow HCOOH(i)$$

$$HCOOH(i) \longrightarrow H^+(s) + HCOO^-(s)$$

$$HCOOH(i) \longrightarrow CO(m) + H_2O(g)$$

$$CO(m) + 6H(m) \longrightarrow CH_4(g) + H_2O(g)(1/2\text{步})$$

图 2.6 基于 CO 和含氧酸中间体的 CO_2 甲烷化反应机理示意图

m、s、i 分别表示金属上、载体上及未能确定吸附点的吸附物种

(3)不经历 CO 的反应机理。

对比 CO_2 甲烷化反应和 CO 甲烷化反应发现，前者选择性高于后者，CO_2 中 CO 的存在对 CO_2 甲烷化有阻碍作用，CO_2 甲烷化反应温度低于 CO 甲烷化反应温度。因此，研究者提出了不经历 CO 中间体的反应机理，代表性的两种反应途径如图 2.7 所示。Medsford 认为，CO_2 甲烷化反应按图 2.7(a)所示途径进行[14]。Vlasenko 和 Yuzefovich 认为[60]，吸附于催化剂表面的 H_2 与气相中的 CO_2 相互作用，通过表面的含氧 C 物种生成产物 CH_4[图 2.7(b)]。

(a) $$CO_2 \xrightarrow{+2H_2} CH_2(OH)_2 \xrightarrow{-H_2O} CH_2O \xrightarrow{+H_2} CH_3OH \xrightarrow{-H_2O} CH_2 \xrightarrow{+H_2} CH_4$$

(b) $$2[\,] + 2e^- + H_2 \longrightarrow 2[H]^-$$

$$2[H]^- + CO_2 \longrightarrow [HCOOH]^{2-} \longrightarrow 2[\,] + C(OH)_2 + 2e^-$$

$$C(OH)_2 + H_2 \longrightarrow HCOH + H_2O$$

$$HCOH + H_2 \longrightarrow CH_2 + H_2O$$

$$CH_2 + H_2 \longrightarrow CH_4$$

图 2.7 不经历 CO 的 CO_2 甲烷化反应机理示意图

[ ]表示活性位

虽然以上三种机理有所不同，但总体上都遵循以下原则：H_2 和 CO_2 分别吸附于催化剂表面的活性中心，前者分解为 H，而后者转化为含碳中间体；中间体可能是吸附态的 CO、甲酸根、碳酸根及含氢的吸附态 CO，它们进一步氢化为 CH_4。

2. 生成甲烷的其他路径

采用合适的催化体系，氢硅烷与 CO_2 的氧化还原反应能够在温和条件下高选择性地生成 CO 或 CH_4。利用$(L^3)Zr(CH_2Ph)_2$与 $B(C_6F_5)_3$ 原位生成的催化剂[图 2.8(a)]催化 CO_2 和 $PhMe_2SiH$ 的反应时，检测到了 CH_4 的生成。在 1.5h 的反应时间内，甲烷的 TOF 达到 $150h^{-1}$，转化数(TON)为 225，产率达到 98%[61]。考察氢硅烷对反应

的影响，发现氢硅烷中 Si—H 键的空间位阻对 $(L^3)Zr(CH_2Ph)_2/B(C_6F_5)_3$ 的催化活性影响显著。例如，Et_3SiH 的反应速率比 Et_2MeSiH 慢，而空间位阻更大的 Ph_3SiH 不能参与反应。

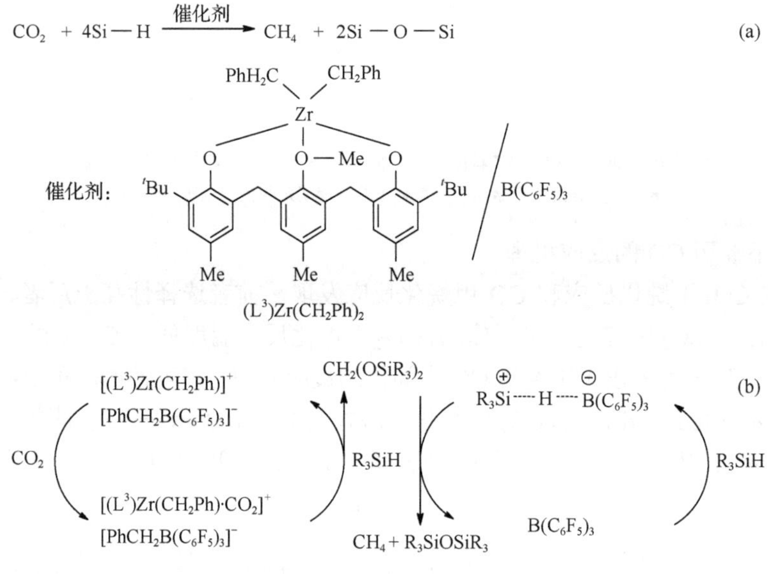

图 2.8　(a) $(L^3)Zr(CH_2Ph)_2/B(C_6F_5)_3$ 催化 CO_2 和氢硅烷的还原反应生成 CH_4；(b) 可能的反应机理示意图

可能的反应机理是[图 2.8(b)]：首先，酚氧负离子络合的 Zr(Ⅳ)阳离子具有强亲核性，与 CO_2 反应生成加合物。在无 Zr 络合物情况下，CO_2 与氢硅烷不能发生反应，表明 CO_2 与 Zr 配合物间的相互作用非常重要，能促进 CO_2 与氢硅烷反应，生成中间体 $CH_2(OSiR_3)_2$。对应阴离子的性质也非常关键，当 $[B(C_6F_5)_4]^-$ 代替阴离子 $[PhCH_2B(C_6F_5)_3]^-$ 时，氢硅烷发生歧化反应。阴离子在 CO_2 和 R_3SiH 反应生成 $CH_2(OSiR_3)$ 的过程中有重要的作用，促进生成的二(硅烷基)缩醛进一步被 R_3SiH 还原生成 CH_4 和 $(R_3Si)_2O$，这个步骤可以通过催化量的 $B(C_6F_5)_3$ 实现。通过 ^{19}F 核磁共振(NMR)检测发现，阴离子 $[PhCH_2B(C_6F_5)_3]^-$ 能够缓慢分解产生 $B(C_6F_5)_3$。当 $(L^3)Zr(CH_2Ph)_2/B(C_6F_5)_3$ 的摩尔比为 1.96∶1 时，$B(C_6F_5)_3$ 的释放受到抑制，二(硅烷基)缩醛产率增加。加入过量 $B(C_6F_5)_3$ 能促进 $CH_2(OSiEt_3)_2$ 转化为 CH_4 和 $(Et_3Si)_2O$。

构建主族 Lewis 酸 $Al(C_6F_5)_3$ ([Al])和 $B(C_6F_5)_3$([B])组成双组分、双功能催化剂体系 $[Al(C_6F_5)_3+B(C_6F_5)_3]$ ([Al]+[B])，通过串联氢硅烷化反应机理，可以高选择性地把 CO_2 还原为 CH_4[62]。实验和理论研究证实，在这个特别的串联催化体系中，[Al]能够有效地催化整个还原过程的第 1 步(图 2.9)，即通过 Lewis 酸催化的 C═O 活化，实现 CO_2 的固定，生成 $HCOOSiEt_3$ 中间体。另外，通过受阻 Lewis 酸碱对(FLP)模式的 Si—H 活化，[B]催化 2～4 步的还原反应，即催化碱性更强的中间体的氢硅烷化，使中间体 $HCOOSiEt_3$ 依次还原为 $H_2C(OSiEt_3)_2$、$H_3COSiEt_3$ 和终产物 CH_4。在整个 CO_2 还原过程中，[Al]和[B]协同作用，高选择性地实现 CO_2 的氢硅烷还原反应，以高达 94%的产率得到 CH_4。[Al]和[B]之间完全不同的催化活性，主要归因于[Al]有较高的总 Lewis 酸性，能与 CO_2 及中间体[$HCOOSiEt_3$、$H_2C(OSiEt_3)_2$ 和 $H_3COSiEt_3$]形成稳定的加合物，使得[B]催化这些加合物的氢硅烷还原反应得以实现。

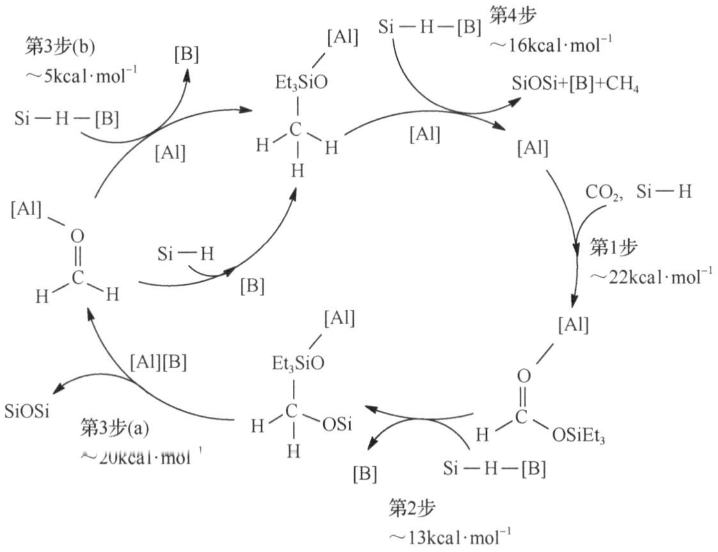

图 2.9 [Al]和[B]催化 CO_2 的氢硅烷化反应生成 CH_4

采用[Et_2Al]-[$CH_6B_{11}I_6$]双组分 Lewis 酸催化体系，在 CO_2 与氢硅烷的反应中，不仅获得了 CH_4，还检测到甲基化产物[63]。例如，以 Et_3SiH 为还原剂，C_6D_6 为溶剂，在 80℃和 0.13MPa 条件下，反应 216h，获得如下结果：Et_3SiH 转化率达到 58%，生成产物以 CH_4(90%)为主，同时含有[D_5]甲苯(8%)和[D_{10}]二苯基甲烷(2%)。当采用氢硅烷 ^{t}BuMe$_2$SiH 时，[D_{10}]二苯基甲烷产率升高，而 CH_4 产率降低。而采用 C_6D_5Br 作溶剂时，在室温下催化 CO_2 与 Et_3SiH 反应 40h，Et_3SiH 转化率达到 25%；随后，升温至 80℃，反应 24h，生成了 CH_4(>95%)和少量的溴代甲苯(<1%)。以上结果表明，在合适的催化体系下，氢硅烷不仅能高效还原 CO_2 生成 CH_4，同时能催化 CO_2 与芳香化合物发生甲基化反应。因此，以 CH_4 为目标产物时，需慎重选择催化剂、氢硅烷及溶剂等。

3. CO_2-费托合成制备长链烷烃和烯烃

另一个有效的CO_2氢化路径是通过CO_2和H_2的费托合成(Fischer-Tropsch, FT)直接制备长链碳氢化合物，包括烷烃和烯烃。实现CO_2-FT过程的关键是高效催化剂，它需同时具备RWGS反应和FT反应的催化活性。热力学研究表明，生成较长链的化合物对CO_2-FT过程是有利的，这是因为RWGS反应是轻微吸热的，而FT过程是放热的。并且，只有FT过程足够快时CO_2才能达到较高的转化率，克服RWGS反应的热力学限制，这也是CO_2-FT过程的主要难题。CO_2-FT过程催化剂的设计还需要考虑以下两点：①CO_2能轻微毒化CO氢化的催化剂；②副产物H_2O也具有一定的毒化催化剂的作用，影响其催化活性和产物选择性[64]。

在经典的合成气FT反应中，常用的金属催化剂主要为Fe基和Co基催化剂。将CO-FT催化剂应用于CO_2-FT反应，一般情况下CO_2的转化率(约45%)远低于CO的转化率(约87%)，这说明目前所发展的CO-FT催化剂不能充分实现CO_2-FT反应。并且，在CO_2-FT反应中，Co催化剂(如Co/SiO_2和$Co\text{-}Pt/\gamma\text{-}Al_2O_3$)通常导致高的$CH_4$产量，偏离Anderson-Schultz-Flory(ASF)分布[65-66]。因此，进行CO_2-FT反应需重新设计高效催化剂。

表2.3列出了一些CO_2-FT反应的代表性催化剂及其催化性能。其中，有效催化剂主要为Fe基催化剂。关于Fe基催化剂的活性位点存在很大的争议。一些研究者认为FeC相是活性位点[67]，而另一些研究者认为FeO相是活性位点，并且与载体有强的相互作用[68]。CO_2还原制备长链碳氢化合物在很大程度上也受添加剂的影响。例如，K促进剂有利于Fe基催化剂中FeC相的稳定，而加入B导致小分子烯烃的生成[69]。一个可能的推测是K促进CO_2的结合而阻止H_2的吸附[70]，从而抑制CH_4的形成，提高烯烃/烷烃的比例[71]。在$Fe/\gamma\text{-}Al_2O_3$催化剂中加入Mn也促进长链烯烃的合成，抑制CH_4的形成。

表2.3　CO_2-FT反应的代表性催化剂与在不同条件下的CO_2转化率和产物选择性

催化剂	H_2∶CO_2	温度/℃	压力/MPa	转化率/%	选择性/%
$Fe\text{-}La\text{-}Cu\text{-}K/TiO_2$[71]	3∶1	300	1	27	40(C_5～C_{15})
$Fe\text{-}Ru\text{-}Zn\text{-}K/TiO_2$[71]	3∶1	300	1	27	37(C_5～C_{15})
$Fe\text{-}Zr\text{-}Cu\text{-}K/TiO_2$[71]	3∶1	300	1	25	30(C_5～C_{15})
$Co\text{-}Pt/Al_2O_3$[65]	1∶1	220	1.9	6.8	93.1(CH_4), 6.8(C_2～C_4)
Fe/Al_2O_3[73]	3∶1	290	1.4	18.2	34.9(C_2～C_{5+})
$Mn\text{-}Fe/Al_2O_3$[73]	3∶1	290	1.4	37.7	55.3(C_2～C_{5+})
$K\text{-}Mn\text{-}Fe/Al_2O_3$[73]	3∶1	290	1.4	41.4	62.4(C_2～C_{5+})

续表

催化剂	H_2：CO_2	温度/℃	压力/MPa	转化率/%	选择性/%
Fe/Al_2O_3[74]	3：1	300	1.1	12.1	38 (C_2～C_7)
Fe/K-OMS-2[67]	2：1	120～320	13.7	45	68.7 (C_2～C_6)
$Fe\text{-}K/Al_2O_3\text{-}MgO$[68]	3：1	300	1.01	27.5	58.5 (C_2～C_{5+})
$Fe\text{-}Co\text{-}K/Al_2O_3$[70]	3：1	300	1.1	31	69 (C_{2+})
Co/Al_2O_3[75]	6：1	260	0.1	2.5	N/A
Co/MgO[75]	6：1	260	0.1	2.0	N/A
Co/SiO_2[75]	6：1	260	0.1	1.5	N/A
Ni/SiO_2[76]	4：1	350	0.1	28.4	86.7 (CH_4)
$Ni/Ce_xZr_{1-x}O_2$[76-77]	4：1	350	0.1	70.6	98.6 (CH_4)
Ni/CeO_2[41]	4：1	350	0.1	～90	～100 (CH_4)
$Ru/\gamma\text{-}Al_2O_3$[78]	4：1	150～325	0.1	N/A	～100 (CH_4)
Ru/TiO_2[50]	4：1	160	0.1	100	100 (CH_4)
$Pd\text{-}Mg/SiO_2$[79]	4：1	450	0.1	59.2	95.3 (CH_4)
$Pd\text{-}Ni/SiO_2$[79]	4：1	450	0.1	50.5	89.0 (CH_4)
$Pd\text{-}Li/SiO_2$[79]	4：1	450	0.1	42.6	88.5 (CH_4)

$Na\text{-}Fe_3O_4$/HZSM-5 可直接把 CO_2 加氢转化为汽油馏分(C_5～C_{11})的碳氢化合物，主要为高辛烷值的异构烷烃和芳烃，基本满足“国Ⅴ”标准对苯、芳烃和烯烃组成的要求。在接近工业生产条件下(320℃、3MPa 及 H_2/CO_2=3)，可以取得超过 30%的 CO_2 转化率，CO 选择性仅有 15%左右，烃类产物中汽油馏分烃(C_5～C_{11})的选择性高达 78%，CH_4 的比例较低(10%左右)。研究发现，双组分催化剂的空间结构对产物分布有显著的影响；在反应条件下部分 $Na\text{-}Fe_3O_4$ 会转变为 Fe_5C_2，因此催化剂提供了三种协同催化的活性位：Fe_3O_4、Fe_5C_2 和酸性位。对多活性位的结构及其亲密性效应(proximity effect)的精准调控是实现 CO_2 加氢制汽油的关键。可能的反应机理如图 2.10 所示。CO_2 首先在 Fe_3O_4 活性位上经 RWGS 反应还原为 CO；生成的 CO 在 Fe_5C_2 活性位上进行 FT 反应，转化为 α-烯烃；之后，该烯烃中间物迁移到分子筛的酸性位，进行齐聚、异构化和芳构化等反应，选择性生成汽油馏分的异构烷烃和芳烃。该催化剂具有优异的稳定性，可连续稳定运转 1000h 以上，具有潜在的工业应用前景[72]。

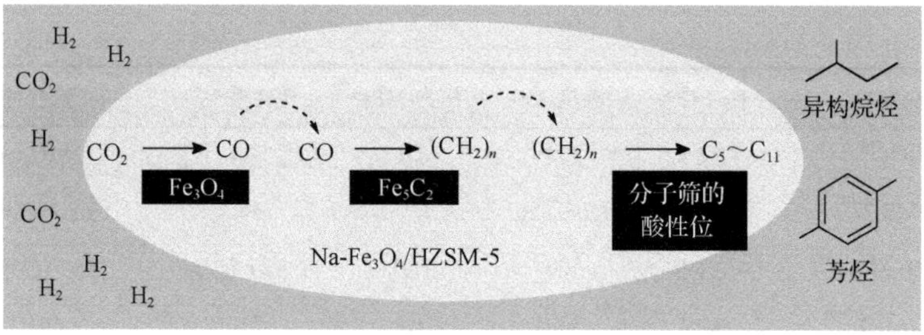

图 2.10 催化 CO_2 加氢制烃类化合物路径示意图

将～10nm 的高比表面 In_2O_3 负载到介孔 HZSM-5 分子筛上，获得双功能催化剂 In_2O_3/HZSM-5。该材料可实现 CO_2 加氢制取汽油馏分烃。在 340℃、3MPa 的反应条件下，可获得～13%的 CO_2 转化率，以及 40%～50%的 CO 选择性；在碳氢化合物产物中，C_{5+}产物选择性达到 78.6%，仅有 1%的甲烷。可能的反应机理为，CO_2 首先在部分还原的 In_2O_3 上加氢生成甲醇，然后在 HZSM-5 中进行甲醇到烃类产物的转变。在 In_2O_3/HZSM-5 体系中，双组分催化剂的空间结构对产物也有显著影响。通过调变两个组分的空间分布，可以调控产物中不同碳氢化合物的分布。因此，这种亲密性效应似乎在氧化物-分子筛双功能催化剂中是普遍存在的。该催化剂可以制备放大，得到高机械强度的工业尺寸颗粒催化剂。通过对反应尾气的循环利用，CO_2 的转化率可以从 8.7%提高到 18.2%。同时，C_{5+} 烃类产物的收率可以从 78%提高到 84%。添加适量的 CO 会促进 CO_2 的转化，同时提高 C_{5+}产物的收率。这是因为，CO 能够更加有效地还原 In_2O_3，产生高反应性能的氧空位，从而促进 CO_2 加氢。通过选择其他分子筛，可以控制产物中烯烃/烷烃的分布。例如，采用 SAPO-34 分子筛，可以得到较高比例的 C_2～C_4 的烯烃；而使用 Beta 分子筛，则产物中出现较多的低碳烷烃，可以作为液化气燃料。当然，氧化物组分也是可以调控的对象。如果换成其他的氧化物，产物的分布及反应性能也会有差异[80]。

CO_2-FT 技术的发展取决于催化材料的突破，因此迫切需要设计合成在 100～300℃范围内具备高活性、高选择性和耐水性的新型高效催化材料。SiO_2 能够增加催化剂在水中的稳定性，如 HZSM-5 分子筛[81]和 Fe 基催化剂[82]。不同类型的载体材料能够阻止活性金属相的烧结，保证催化剂的稳定性[73]。例如，通过糖类浸渍沉积在介孔碳上制备的碳复合材料是一类有效的载体，能够通过增加金属的分散性和阻止金属流失进入水相提高反应活性。用于 CO_2-FT 反应的催化剂制备方法和金属选择有很多，利用 DFT 计算快速初步筛选有利于新型高活性催化剂的发展。

2.1.3 甲醇及 C_{2+}醇

1. CO_2 加氢合成甲醇

甲醇是基本有机化工原料，广泛用于有机合成、医药、农药、涂料、染料、汽车和国防等工业中，它也是汽油的替代燃料。目前，工业主要采用以煤炭为原料经过气化合成甲醇的技术路线，不仅浪费了大量的煤炭资源，还排放了大量的 CO_2。CO_2 加氢合成甲醇是指在一定温度、压力下，利用 H_2 与 CO_2 作为原料气，通过在催化剂上的加氢反应生产甲醇。

CO_2 加氢合成甲醇一般采用气固相固定床催化反应器进行加氢反应，主要涉及的化学反应如式(2.5)～式(2.7)所示。其中，主反应式(2.5)为放热反应，副反应式(2.6)为吸热反应。副反应式(2.6)产生的 CO 进一步加氢合成甲醇[式(2.7)]，这也是工业生产中合成甲醇的主要方法之一。反应式(2.5)和式(2.7)都是体积减小的反应，增加反应压力有利于反应正向进行；而副反应式(2.6)是等体积反应，压力变化对该反应没有影响。因此，在工艺条件允许情况下，增大反应压力有利于获得更高的甲醇产率。在反应总压力不变的情况下，反应气 H_2∶CO_2 进料摩尔比影响 H_2 和 CO_2 的分压，因而对反应有较大影响。随着 H_2∶CO_2 摩尔比增大，体系中 H_2 含量增加且其平衡转化率下降，导致 CO 和 CO_2 含量降低，甲醇的含量增加；当 H_2∶CO_2 摩尔比大于 4 之后，甲醇平衡收率基本保持不变。因此，依据 CO_2 加氢合成甲醇反应化学计量关系，H_2∶CO_2 摩尔比为 3.0 左右较适宜，甲醇产率较高。主反应式(2.5)与副反应式(2.6)都有 H_2O 生成，在反应体系达到化学平衡时，产物中 H_2O 的含量比较高。H_2O 的存在直接影响反应进行的程度及平衡时甲醇的含量，而脱除 H_2O 可以打破原有的化学反应平衡，使平衡向有利于甲醇生成的方向移动。CO_2 加氢合成甲醇反应过程中，副产物 H_2O 可以从系统中脱出，而未反应的 H_2、CO_2 和 CO 可循环回反应器中进一步反应转化为甲醇。因此，CO_2 加氢合成甲醇可以最大限度地利用 CO_2 资源，尽可能地消除反应过程中废物的排放，是环境友好的绿色化学合成过程。

$$CO_2 + 3H_2 \rightleftharpoons CH_3OH + H_2O \qquad \Delta H^{\ominus}_{298K} = -49.01 kJ \cdot mol^{-1} \tag{2.5}$$

$$CO_2 + H_2 \rightleftharpoons CO + H_2O \qquad \Delta H^{\ominus}_{298K} = 41.17 kJ \cdot mol^{-1} \tag{2.6}$$

$$CO + 2H_2 \rightleftharpoons CH_3OH \qquad \Delta H^{\ominus}_{298K} = -9001 kJ \cdot mol^{-1} \tag{2.7}$$

CO_2 加氢合成甲醇研究可以追溯到 20 世纪 40 年代。1945 年，Ipatieff 和 Monroe[83]首次报道了 Cu-Al 催化剂上 CO_2 加氢合成甲醇的研究，讨论了催化剂组成、反应温度、H_2/CO_2 配比及反应压力等因素对甲醇合成反应的影响。20 世纪

60 年代以来，合成甲醇催化剂的研究日益受到广泛重视。Cu 基催化剂的诞生，实现了低温、低压合成甲醇的工艺技术，是一次重大突破。20 世纪 80 年代初期，Holder Topsφe 公司利用炼油厂废气中含有的 H_2 和 CO_2 为反应原料气，开发了一种以 Cu-Zn 为主的 CO_2 加氢合成甲醇催化剂，并建立中试装置完成甲醇合成反应。在 280℃的反应条件下，将 H_2 和 CO_2 通过装有催化剂的绝热反应器，进行甲醇合成，同时产生少量醚及酯等副产物。德国南方化学公司、德国鲁奇公司也相继在反应器设计和低压反应催化剂体系研究方面取得突破。在 260～270℃的反应温度下，利用 H_2 和 CO_2 合成甲醇，同时伴有生成 CO 和 H_2O 的副反应[84]。多年来，各国对低压合成甲醇催化剂制备方法的研究非常活跃，取得重要进展。

1) CO_2 加氢合成甲醇的非均相催化剂

目前，以 CO_2 和 H_2 为原料制备甲醇的催化剂为 Cu-Zn 催化剂，表 2.4 比较了各种催化剂的催化性能。尽管 $Cu/ZnO/Al_2O_3$ 在特定条件下（H_2∶CO_2=10∶1，36MPa）具有好的催化活性（时空收率达到 7729$g_{MeOH}\cdot kg_{cat.}^{-1}\cdot h^{-1}$），但所需 CO_2 压力过高，经济性不佳[85]。

表 2.4　不同反应条件下一些甲醇合成催化剂的催化性能

催化剂	H_2∶CO_2	温度/℃	压力/MPa	转化率/%	选择性/%	时空收率 /($g_{MeOH}\cdot kg_{cat.}^{-1}\cdot h^{-1}$)
$Cu/ZnO/Al_2O_3$[85]	10∶1	260	36	22.7	77.3	7729
$CuO\text{-}ZnO/Al_2O_3$[86]	3.89∶1	280	5	19.5	37	311
$CuO\text{-}ZnO/CeO_2$[86]	3.89∶1	280	5	12.8	37	210
Cu-Zn-Ga[87]	3∶1	270	3	15.9	29.7	135.9
$Cu/ZrO_2/CNF$[88]	3∶1	180	3	14	N/A	34
$Cu/ZnO/Al_2O_3$[89]	2.2∶1	270	4.5	10.9	72.7	N/A
$Cu/\gamma\text{-}Al_2O_3$[90]	3.8∶1	200	36	8.4	37.3	103.4
$Cu\text{-}K/\gamma\text{-}Al_2O_3$[90]	3.8∶1	280	36	28.6	2.1	18.2
$Cu\text{-}Ba/\gamma\text{-}Al_2O_3$[90]	3.8∶1	280	10	25.2	9.3	70.7
Pd-CaO/MCM-41[91]	3∶1	250	3	12.1	65.2	N/A
Mo_2C[92]	1∶3	220	6	4.6	17.7	～21.5
WC[92]	1∶3	220	6	1.4	22.4	～8.3
$Cu\text{-}Mo_2C$[92]	1∶3	220	6	4	31.5	～33.3
Cu-WC[92]	1∶3	220	6	0.6	21.3	～3.4
$Cu\text{-}SiO_2$[92]	1∶3	220	6	5.3	34.2	～47.9
$Cu\text{-}ZnO/ZrO_2$[93]	3∶1	240	3	17.0	41.5	～48.8
$Cu\text{-}ZnO/TiO_2\text{-}ZrO_2$[93]	3∶1	240	3	17.4	43.8	～52.7
$CuO\text{-}ZnO/ZrO_2$[94]	3∶1	240	3	18.0	51.2	305
Fe-Cu/MCM-41[95]	3∶1	200	1	～2	99.97*	N/A

续表

催化剂	H_2∶CO_2	温度/℃	压力/MPa	转化率/%	选择性/%	时空收率 /($g_{MeOH}\cdot kg_{cat.}^{-1}\cdot h^{-1}$)
Pd-Cu/SiO_2[96]	3∶1	250	4.1	6.6	34.0	35.7
Pd-Cu/SBA-15[96]	3∶1	250	4.1	6.5	23.0	23.0
CoMoS[97]	3∶1	310	10.4	28	31	N/A
Rh-Sn/SiO_2[98]	3∶1	240	5	2.8	43.1	～23.5
NiGa/SiO_2[99]	3∶1	160～260	0.1	N/A	N/A	90～125
Cu-ZnO/γ-Al_2O_3[100]	3∶1	250	3	10.1	78.2	76.8
Cu/ZnO[101]	9∶1	165	0.1	N/A	61.3	5.2
Cu@ZnO[102]	3∶1	250	3	2.3	100	147.2
La-Mn-Zn-Cu-O[103]	3∶1	270	5	13.1	54.5	100
Cu-ZnO-TiO_2[104]	3∶1	220	3	14.8	50.5	51.5
CuO/ZnO[105]	3∶1	240	3	16.5	78.2	550
Au/ZrO_2[106]	3∶1	240	0.5	9.3	3.4	21.1
Cu/ZrO_2/CNT[107]	3∶1	260	3	16.3	43.5	84.0
Pd-ZnO/CNT[108]	3∶1	270	5	19.63	35.5	343
Pd/Ga_2O_3[109]	3∶1	250	5	17.33	51.62	～175.6
La-Zr-Cu-Zn-O[110]	3∶1	250	5	12.6	52.5	100
Cu/Zn/Al/Y[111]	3∶1	250	5	26.9	52.4	520
Ga-Cu-ZnO-ZrO_2[112]	3∶1	250	7	22	72	704
Cu-ZnO-ZrO_2[113]	3∶1	240	5	9.7	62	1200
La-Cu/ZrO_2[114]	3∶1	220	3	6.2	66	N/A
Pd-Ga/CNT[115]	3∶1	250	5	16.5	52.5	512
$LaCr_{0.5}Cu_{0.5}O_3$[116]	3∶1	250	2	10.4	90.8	～278
Ga_2O_3-Pd/SiO_2[117]	3∶1	250	3	1.34	58.9	283.4
Cu/ZnO-ZrO_2[118]	3∶1	220	8	21	68	181
Au/ZnO-ZrO_2[118]	3∶1	220	8	2	100	19
PdO-CuO-ZnO[119]	3∶1	240	6	9.19	66.2	322
Cu-Ga/ZnO[120]	3∶1	270	2	6.0	88	378
$YBa_2Cu_3O_7$[121]	3∶1	240	3	3.4	50.7	N/A
CuZn@UiO-bpy[122]	3∶1	250	4	3.3	100	2.59

CO_2 加氢合成甲醇的催化剂大多数是在 CO 加氢合成甲醇催化剂基础上研发而成，主要包括铜基催化剂、贵金属为主要活性组分的负载型催化剂及其他类型的催化剂。铜基催化剂以 Cu-Zn 系催化剂为主，典型的有 CuO-ZnO-Al_2O_3、CuO-ZnO-ZrO_2 及 CuO-ZnO-SiO_2 等。通过添加金属组分(如 Fe、V、Pd、Ga、Mn 等)、变换助剂及改变载体(如 Al_2O_3[123]、ZrO_2[124]、SiO_2[125])等手段，可有效改善催化剂的结构与性能，获得性能更优良的催化剂。催化剂制备方法也对催化剂的

结构与性能有影响，常用方法主要包括共沉淀法、浸渍法、溶胶-凝胶法、燃烧合成法等，其中共沉淀法最为常用。

为促进 CO_2 在催化剂表面的吸附，通常需向催化体系中加入助剂或促进剂，其同时起到稳定反应中间体的作用，进而有效增强催化剂性能。例如，在 Cu/Al_2O_3 催化剂中加入 K 促进剂，能够稳定催化剂表面的反应中间体，增强甲酸盐的解离。在 Cu/ZrO_2 掺杂 La，能够促进甲酸盐的氢化，并抑制其解离生成 CO[114]。Ba 促进剂抑制甲酸盐的解离，促进甲醇的合成[90]。在 Pd/MCM-41 中加入 CaO，促进 CO_2 的吸附，得到较高的 CO_2 转化率和甲醇选择性[91]。添加过渡金属碳化物，也产生相似的催化效果[92]。在 Au/TiO_2 中添加 CeO_x 可以增加 CO_2 的转化率和甲醇的选择性[126]。原位 X 射线光电子能谱法(AP-XPS)测试表明，Au 带部分负电荷，CeO_x 以 Ce^{3+}的状态存在。邻近的带负电荷的 Au 和 Ce^{3+}位点增加了 CO_2 的吸附强度，得到较高的甲醇产率。TiC(001)负载的 Cu 和 Au 纳米颗粒是电荷极化的，增强了对 CO_2 的吸附，使这些体系的活性高于传统的 Cu/ZnO 催化剂[127]。

催化剂尺寸、结构与其制备方法密切相关，由不同方法制备的同种催化剂往往显示不同的催化效果。例如，由沉积-沉淀法制备的 CuO/ZrO_2 颗粒尺寸较小，与用浸渍或共沉淀法制备的催化剂相比，有更高的活性[128]。由凝胶-草酸盐共沉淀法制备的 Cu-Zn-Zr 催化剂，与 $NaHCO_3$ 共沉淀和与柠檬酸络合制备的催化剂相比，有更高的界面表面积和甲醇产率[94]。对 Fe-Cu/MCM-41 催化性能的研究表明，颗粒尺寸大、金属-载体相互作用弱有利于 CO_2 氢化制备醇类化合物[95]。

在高温高压的反应条件下，催化剂的表面重构和颗粒生长易降低其催化活性和甲醇选择性。为克服这一问题，研究者采取了多种策略构筑特殊结构的纳米催化材料。例如，金属有机框架(MOF)具有开放的骨架和规整的孔道结构，是可官能化的催化剂载体。以含有 Zr_6 簇金属连接点及 Zn^{2+}后修饰的 UiO-bpy(bpy 为 2,2′-联吡啶)MOF 为载体，利用 MOF 结构对生成 Cu 和 ZnO_x 纳米粒子的分散作用，原位还原得到超小 Cu/ZnO_x 纳米粒子(＜2nm)，且限域在 MOF 的纳米空腔中，获得 MOF 负载的纳米催化剂 CuZn@UiO-bpy。该催化剂在催化 CO_2 氢化制甲醇的反应中表现出高活性(STY 为 $2.59g_{MeOH} \cdot kg_{Cu}^{-1} \cdot h^{-1}$)和 100%的甲醇选择性，比商用的 $Cu/ZnO/Al_2O_3$ 催化剂活性高 3 倍。通过原位表征，证实了催化过程中存在低价态的 Zn(0)和 Zr(III)，并发现催化剂界面的氢溢流在 CO_2 氢化中起到重要作用。可喜的是，催化剂有良好的使用稳定性，可连续使用 100h[122]。ZrO_2 负载的 In_2O_3 纳米催化剂 9wt% In_2O_3/ZrO_2，在近乎工业生产的条件下(图 2.11)，对催化 CO_2 氢化制甲醇具有很高的催化活性和 100%的甲醇选择性，以及极高的稳定性，可连续稳定使用 1000h，性能远胜于常用的 $Cu/ZnO/Al_2O_3$ 非均相催化体系[129]。机理研究证明，催化剂表面的氧空位是反应发生的关键所在。

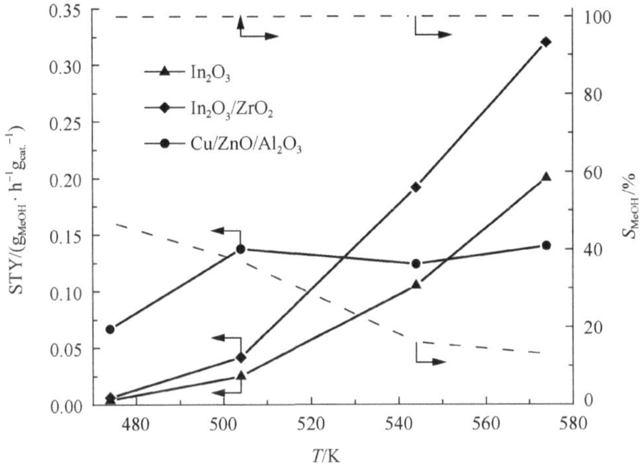

图 2.11 不同催化条件下 CO_2 加氢生产甲醇的 STY 和选择性

Cu 基催化剂的失活可能由多种因素引起，如过量的表面羟基、Cu 烧结及 Cu 固定于单一氧化价态从而降低催化剂还原性等[130]。为了进一步提高催化剂的催化活性和选择性，Graciani 等在 Cu(111)上负载了还原性的氧化物 CeO_x[131]。AP-XPS 和红外吸收光谱实验表明金属-氧化物 Cu-Ce 界面直接活化 CO_2，生成不稳定的高活性羧酸盐中间体($CO_2^{\delta-}$)。$CO_2^{\delta-}$ 中间体在 $CeO_x/Cu(111)$ 和 $Cu/CeO_x/TiO_2(110)$ 催化过程中的低稳定性导致甲醇合成速率明显快于传统的 Cu/ZnO 催化剂，如图 2.12 所示。

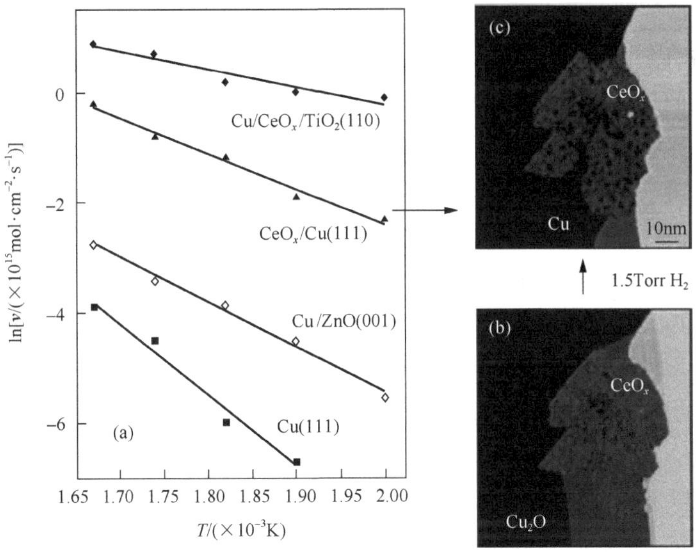

图 2.12 (a)在 Cu(111)上合成甲醇的阿伦尼乌斯(Arrhenius)曲线；(b)$CeO_x/Cu(111)$表面的扫描隧道显微镜(STM)图像；(c)反应 26h 后 $CeO_x/Cu(111)$在 27℃暴露于 1.5Torr H_2 (1Torr=1.3322×10^2Pa)中的原位 STM 图像

2) CO_2加氢合成甲醇反应机理

关于 Cu 基催化剂催化 CO_2 加氢合成甲醇的反应机理，主要考虑以下因素：反应活性中心的确定、反应中间物种的确定及碳源是 CO_2 还是 CO 等。催化活性中心研究对设计与开发催化剂非常重要。迄今，对 Cu 催化剂活性中心没有统一说法，归纳起来主要有如下观点：Cu^0 活性中心、Cu^+活性中心及 Cu^0-Cu^+共同活性中心。Cu-ZnO 催化剂的研究结果表明，金属 Cu^0 是催化活性中心，载体 ZnO 使金属 Cu^0 簇保持高度分散[109]。超细 Cu-ZnO-ZrO_2 催化剂的研究结果也支持这一观点[111]。$LaMn_{1-x}Cu_xO_3$ ($0\leqslant x<1$) 催化剂经过 H_2 还原后，Cu 以 Cu^+物种状态存在，H_2 吸附在 Cu^+物种上，由于 Cu^+和 Mn 之间存在较强的相互作用，抑制了 Cu^+还原为 Cu^0，改善了碱性位的分散性，有利于 CO_2 的吸附[110, 132]。因此，在这一催化剂中 Cu^+是活性中心。也有研究发现，催化剂表面的 Cu^+/Cu^0 物种数目比例决定催化剂活性，即 Cu^0-Cu^+为共同活性中心[133]。

CO_2 加氢过程涉及多个基元反应，催化体系和反应条件均影响中间体的形成。随着原位表征技术的发展，可以容易地监测反应过程的中间体。目前，检测到的中间物种主要有 CO、甲酸盐、甲醛、碳酸盐、甲酰基、甲氧基及羧基中间体等[134]。基于不同的反应中间体，研究者提出了不同的可能反应机理。大多数研究者认为甲醇合成的第一步是 CO_2 通过甲酸盐中间体直接氢化，反应路径是 RWGS 及随后的 CO 氢化反应，最终得到甲醇。例如，在 Cu-Zn 基催化剂上检测到甲酸盐物种[135]，Cu-ZnO/SiO_2 催化剂表面上甲酸盐的分解是反应的控制步骤，金属活性中心加速中间物种的分解。在 Ga_2O_3-Pd/SiO_2 催化剂上进行 CO_2 加氢合成甲醇反应，在获得甲醇的同时，伴有 RWGS 产物。反应动力学与红外光谱分析表明，反应的速控步骤分别是甲酸盐物种的加氢及其在 Ga 表面上的分解过程[136]。对 Rh 基双金属催化剂的研究表明 CO 是中间体[98]。Rh-Co/SiO_2 的 XPS 测试结果表明，Rh 含量丰富的表面有益于 CO 稳定，拥有更高的甲醇选择性，有利于反应[137]。对 Cu/SiO_2[138]和 Cu/CeO_x/TiO_2(110)[137]体系的红外光谱研究表明，羧酸基团是反应中间体。CeO_x/Cu(111) 的研究为 CO_2 合成甲醇提供了不同的机理[139]。

模拟计算为机理研究提供了有力手段。通过 Monte Carlo 动力学模拟研究 Cu/ZrO_2 表面上的 CO_2 加氢机理，以甲酸盐为控制路径，获得的产物不仅有甲醇，还有 CO[140]。DFT 计算结果表明，在 Cu(111) 上的甲醇合成过程中，有 H_2O 存在的条件下，以羧基(反式—COOH) 为中间体比甲酸盐为中间体从能量上更有利于甲醇生成[141]。对 Mo_6S_8(MoS_2 的结构构成) 的 DFT 计算表明，甲醇通过 RWGS 和后续的 CO 氢化得到[142]，与对 CoMoS 的研究结果一致[97]。DFT 计算结合超高真空实验，通过对 Cu 基模型表面的研究，确认酰基的稳定、甲酸盐和—OCH_2O—的氢化对得到高产率的甲醇非常关键[143]。理想的催化剂应该能够降低—OCH_2O—氢化的能垒和具有中等的 CO 结合能。在 Cu(111) 负载的不同金属催化剂中(如 Pt、Rh、Pd、Cu 和 Au)，Ni/Cu(111) 具有最低的—OCH_2O—氢化能垒和中等的 CO 结合能，因此得到的甲醇产量最高[144]。BEEF-vdW 泛函[145]的研究结果表明，甲醇合成的所有相关能量动力学参数都能与氧吸附能相关联。

关于 CO_2 加氢合成甲醇的碳源是 CO_2 还是 CO，一直有争议。有研究认为 CO_2 或 CO 是直接碳源，也有研究认为 CO_2 和 CO 共同为直接碳源。Pd-Cu/SiO_2 的催化结果表明，由 RWGS 产生的 CO 是合成甲醇的碳源[96]；而 CuO/ZnO 的催化结果表明[146]，甲醇直接由 CO_2 加氢获得，而 RWGS 反应的发生对催化剂有毒害作用。采用同位素实验研究($^{14}CO_2$ 或 ^{14}CO)发现[147]，在 Cu-ZnO/Al_2O_3 催化剂上，甲醇主要由 CO_2 直接加氢产生；而在 Ni、Pd 等催化剂上，RWGS 生成的 CO 是生成甲醇的直接碳源。负载型 Pd 催化剂上 CO_2 加氢合成甲醇的研究结果也证实了这一观点[148]。通过动力学 Monte Carlo 模拟[149]，研究在 Cu/ZrO_2 催化剂表面上 CO_2 加氢合成甲醇过程。假定两种反应路径：一种是在催化剂表面 CO_2 解离成 CO 和氧原子的 RWGS，再由 CO 加氢合成甲醇；另一种是 CO_2 吸附在催化剂表面形成甲酸盐中间物种，再经过加氢生成甲醇。模拟结果表明，经这两种途径均能实现 CO_2 加氢合成甲醇。应用质谱-程序升温表面反应(MS-TPSR)和质谱-程序升温脱附(MS-TPD)技术分别对不同粒度的超细 Cu-ZnO-ZrO_2 催化剂上 CO_2 和 CO 加氢合成甲醇的吸附活化特征和反应过程进行了研究[150]。结果表明，CO_2 和 CO 都可以直接加氢合成甲醇。在 CO_2 加氢反应过程中甲醇的主要碳源是原料气 CO_2；在 CO 加氢反应过程中，不仅 CO 可直接加氢合成甲醇，CO_2 也可通过 RWGS 参与甲醇的合成，即 CO_2 也可以作为 CO 加氢合成甲醇的间接碳源。

3) CO_2 加氢合成甲醇的均相催化剂

由[Ru(triphos)(tmm)](triphos=1,1,1-三(二苯基膦基甲基)乙烷，tmm=三亚甲基甲烷)和 $HNTf_2$[二(三氟甲基)磺酰亚胺]组成均相催化体系，能够在相对温和条件下实现 CO_2 氢化制备甲醇[151]。例如，以四氢呋喃-乙醇混合溶剂为介质，在 140℃、CO_2 和 H_2 室温压力分别为 20bar(1bar=10^5Pa) 和 60bar 条件下，生成甲醇的 TON 高达 221。降温至 90℃，甲醇生成速率大大降低，TON 降至 15。在最优反应条件下(CO_2 ∶ H_2=1 ∶ 3，总压 120bar，压力保持不变，140℃)，无需任何添加剂，反应 64h，TON 高达 895。催化剂的初始活性(TOF=70h^{-1})与非均相 Cu/ZnO 基催化剂活性位点的活性相当。

基于实验研究结果和检测到的反应中间体阳离子型甲酸酯络合物 [Ru(κ^2-O_2CH)(triphos)(S)]NTf_2(S 表示溶剂)，研究者提出如图 2.13 所示的可能机理[152]。CO_2 插入 Ru-H 络合物（Ⅰ）形成甲酸盐络合物（Ⅱ）；Ⅱ与等当量的 H_2 反应，还原羧酸酯，形成 Ru-羟基甲氧基中间体(Ⅲ)；Ⅲ进一步转化为 Ru-甲氧基络合物(Ⅳ)，并消耗 2 当量的 H_2，形成甲醛中间体；$P_3Ru\text{-}OCH_3$ 氢解，释放出产物甲醇，完成整个催化循环。CO_2 转化生成甲醇包括一系列氢负转移和质子化步骤，还原步骤通过经典的 Ru-H 配体迁移转化。Ru—O 键的氢解在分子内发生，通过络合的 H_2 分子发生异裂。反应溶剂能大大降低质子转移步骤的能垒。Ru-triphos 络合物的特殊反应性主要与 triphos 配体的表面络合有关，所形成的几何构型有利于氢负向羧酸单元的转移，并且与 Ru-triphos 络合物的高热稳定性有关[152-153]。

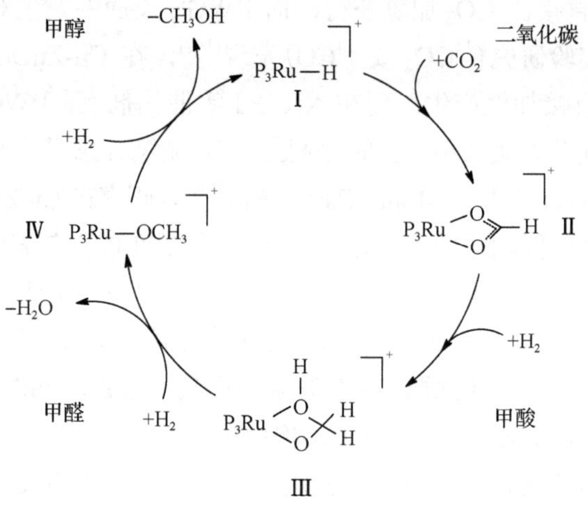

图 2.13 Ru-triphos 体系催化 CO_2 氢化合成甲醇的基本催化循环[152]

P_3Ru 表示 Ru-triphos

均相的非贵金属催化剂在 CO_2 氢化反应制甲醇中也得到了应用[154]。由 Co(acac)$_3$、triphos 和 $HNTf_2$ 原位生成的催化剂，在 H_2 压力为 6MPa、CO_2 压力为 2MPa、140℃的条件下，以乙醇/四氢呋喃为混合溶剂，生成甲醇的 TON 达到 31；即使温度降至 100℃，生成甲醇的 TON 仍为 40。这个均相催化体系能够在 4d 内保持稳定和活性。

Sanford 教授在 2015 年报道了 Ru-PNP pincer 络合物催化 CO_2 氢化反应制备甲醇的方法，首次使用二甲胺捕获 CO_2[155]。Olah 教授和其合作者同样使用 Ru-PNP pincer 络合物，将二甲胺改为高沸点、高含氮量的五乙烯六胺(PEHA)来捕获 CO_2，可以直接将空气中 CO_2 转化为甲醇[156]。他们认为反应可能发生如下过程：首先胺捕获 CO_2 生成自由基正离子，然后在催化剂作用下发生氢化反应生成甲酸铵盐，再脱水生成酰胺类化合物，该酰胺类化合物最后被 H_2 还原生成甲醇完成催化循环。

利用 DFT 研究 Fe、Co 和 Mg 的环戊二烯酮络合物催化 CO_2 氢化生成甲醇的反应历程[157]，结果表明，反应经过自促进反应机理，甲醇或水分子协助质子转移和 H_2 的异裂。以甲醇为溶剂，Fe 环戊二烯酮络合物$[2,5\text{-}(SiMe_3)_2\text{-}3,4\text{-}(CH_2)_4(\eta^5\text{-}C_4COH)]Fe(CO)_2H$ 催化 CO_2 和 H_2 形成甲醇的总自由能能垒为 $26.0kcal\cdot mol^{-1}$（1cal=4.1868J）。对 Fe、Co 和 Mg 环戊二烯酮络合物的催化活性进行研究，总体来看，Fe 和 Mg 络合物的催化活性相对较高。在计算研究的所有络合物中，$[2,5\text{-}(SiMe_3)_2\text{-}3,4\text{-}CH_3CHSCH_2(\eta^5\text{-}C_4COH)]Fe(CO)_2H$ 的活性最高。以甲醇为溶剂，总自由能能垒为 $25.1kcal\cdot mol^{-1}$，这说明该催化剂可能是温和条件下 CO_2 加氢生成甲醇的廉价高效催化体系。

2. CO_2 间接合成甲醇

CO_2 加氢还原直接合成甲醇通常需要很高的温度条件。而借助于 CO_2 与胺、醇、环氧化物等反应生成中间化合物(如甲酸甲酯、碳酸二甲酯、氨基甲酸甲酯、脲、甲酰胺等)，经加氢反应，则可实现温和条件下 CO_2 间接加氢合成甲醇。如图 2.14 所示，Ru-PNN pincer 络合物能够高效催化甲酸甲酯[158]、碳酸二甲酯[158]、氨基甲酸甲酯[158]、脲类衍生物[159]和甲酰胺[160]的加氢反应，生成甲醇和相应的醇、胺等。碳酸二甲酯还原为甲醇的 TOF 达到 $2500h^{-1}$（H_2 压力为 60bar，145℃）[158]，而甲酸甲酯氢化的 TOF 达到 $531h^{-1}$（H_2 压力为 50bar，110℃）[158]。烷基和芳基脲衍生物，如 1,3-二正己基脲，在 110℃和 H_2 压力为 13.6bar 的条件下，也能够通过加氢反应生成甲醇，产率为 46%～94%[159]。在 H_2 压力为 10bar、温度为 110℃时，甲酰基吗啉的氢化反应得到甲醇的产率为 97%[160]。

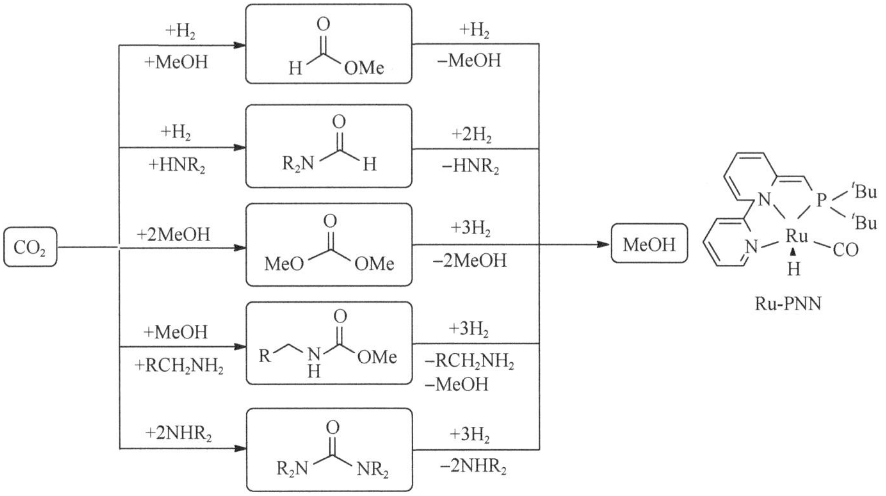

图 2.14　以 CO_2 为原料的非直接路径合成甲醇

CO_2 与环氧乙烷反应生成碳酸乙烯酯，而碳酸乙烯酯加氢，在得到乙二醇的同时，副产物为甲醇(图 2.15)[161]。Ru-PNP 可高效催化碳酸乙烯酯加氢反应，生成甲醇的 TON 和 TOF 分别可达 87000h^{-1} 和 1200h^{-1}。类似地，聚碳酸丙烯酯[重均分子量(M_w)=100698, 重均分子量/数均分子量(M_w/M_n)=1.77，碳酸酯链结含量>99%]氢化裂解，也能够得到甲醇和 1, 2-丙二醇，甲醇产率为 99%。

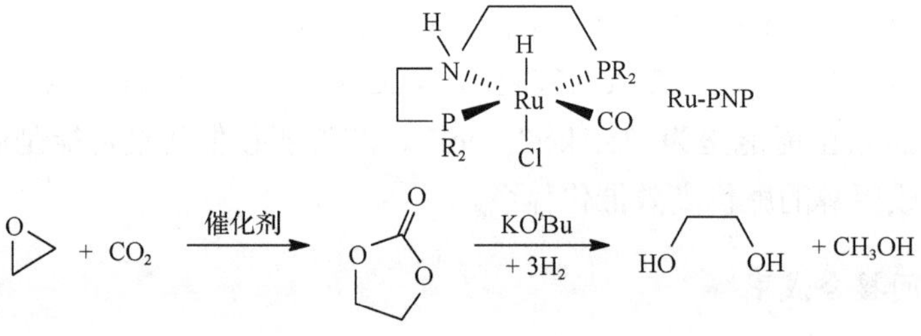

图 2.15　以 CO_2 为原料合成甲醇[161]

构建多功能、多组分催化体系，通过多级串联反应策略，可实现 CO_2 加氢制甲醇。如图 2.16 所示，将催化剂[RuCl(OAc)$(PMe_3)_4$]与 Ru-PNN 和 Lewis 酸 Sc$(OTf)_3$ 助剂组成三组分催化体系，用于 CO_2 加氢反应，可生成甲醇。在 135℃、CO_2 和 H_2 压力分别为 10bar 和 30bar 条件下，反应 1h，TOF 可达 32h^{-1}。该反应经历三个过程：①CO_2 氢化生成甲酸；②甲酸发生酯化反应生成甲酸甲酯；③甲酸甲酯氢化生成甲醇。催化剂的三个组分分别有不同的功能。[RuCl(OAc)$(PMe_3)_4$]主要用于催化 CO_2 加氢生成甲酸，Lewis 酸 Sc$(OTf)_3$ 促进甲酸酯化生成甲酸甲酯，而 Ru-PNN 络合物催化甲酸甲酯加氢生成甲醇。虽然整个催化体系能够催化 CO_2 加氢生成甲醇，但其活性远低于 Ru-PNN 络合物催化甲酸甲酯氢化生成甲醇的活性，主要原因是 Ru-PNN 催化剂被 CO_2 和 Sc$(OTf)_3$ 抑制失活[162]。因此，在构建多组分催化体系时，不仅需考虑各组分的独立作用，还需考虑组分间的相互作用，以获得各组分相互协同的高效催化体系。

在二甲胺($HNMe_2$)存在下，CO_2 经甲酰胺(DMF)中间体，通过二级串联反应，也能实现 CO_2 氢化制甲醇，如图 2.16 所示[155]。以 Ru-MACHO-BH_4 络合物为催化剂，$HNMe_2$ 与 CO_2/H_2 发生三组分反应，高活性和高选择性生成 DMF[163]；而 DMF 可在较高温度条件下进一步氢化生成甲醇。采取分段升温方式，使 DMF 的生成和进一步转化在不同的温度条件下进行。例如，在 95℃下进行 CO_2 氢化反应，生成 DMF；18h 后，反应温度升至 155℃，使 DMF 氢化生成甲醇。采用此策略，CO_2 的转化率可达 96%，TON 达到 550。但甲醇的选择性只有 30%，副产物为 DMF 和二甲基氨基甲酸盐。

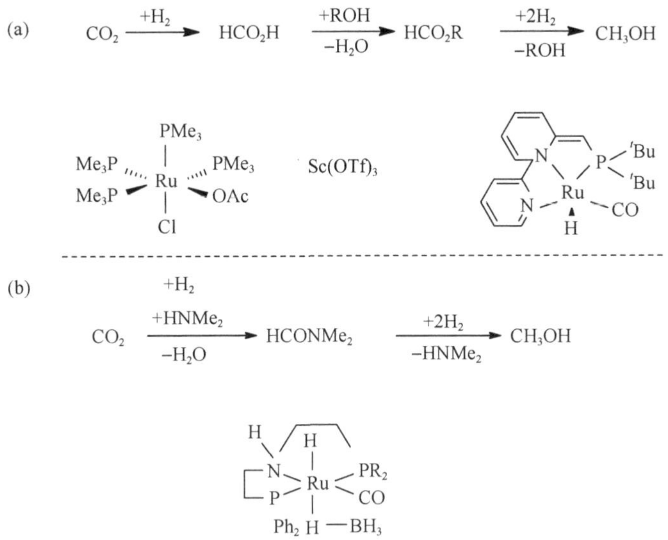

图 2.16　CO_2通过烷基甲酸酯(a)或 DMF(b)发生氢化串联反应生成甲醇[155, 162]

采用类似的策略和催化体系，由 $HNMe_2$ 吸收 CO_2 生成的[Me_2NH_2][Me_2NCO_2]为反应物，通过加氢反应，也能生成甲醇。相对于 $HNMe_2$ 与 CO_2/H_2 反应生成 DMF，$HNMe_2$ 吸收 CO_2 生成[Me_2NH_2][Me_2NCO_2]可在常压低温下发生，因此这种 CO_2 吸收与进一步转化相结合的策略更受关注[155]。

甲酸的歧化反应也能用于生成甲醇[164]。例如，[Ru(cod)(methylallyl)$_2$]/triphos/甲基磺酸催化体系，在 150℃温度条件下，能够实现甲酸分解生成甲醇，产率达到 50%(TON=83)。Ru-triphos 催化剂具有多功能性，可同时催化甲酸分解生成 CO_2 和 H_2 的反应、CO_2 加氢生成甲醇的反应，以及甲酸直接转移氢化生成甲醇的反应。在甲酸歧化反应过程中，这些反应可能同时存在，导致甲醇的生成，如图 2.17 所示。

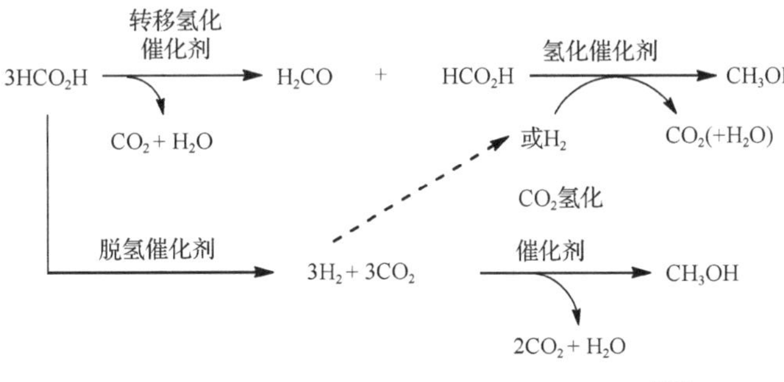

图 2.17　甲酸歧化反应生成甲醇的可能路径[164]

此外，采用 H_2 以外的还原剂，如硼烷、氢硅烷等，在适当的催化体系下也可实现 CO_2 还原合成甲醇。例如，以 Ni-pincer 络合物为催化剂，当量硼烷为还原剂，

可催化还原 CO_2 生成甲醇[165]。无金属的催化剂体系，如 FLPs[166]、氮杂卡宾(NHCs)[167]或者硅烷基阳离子[168]，对氢硼烷和氢硅烷还原 CO_2 合成甲醇显示良好的催化活性。但是，在这些反应中，中间体需要水解，会生成大量的废物，易使催化剂失活，并且还原剂价格昂贵。因此，这些反应路线实用价值低。

3. CO_2 加氢合成 C_{2+}醇

乙醇和长链醇(C_{2+}醇)用途广泛，由 CO_2 加氢合成 C_{2+}醇具有重要意义。但是，通过 CO_2 加氢合成 C_{2+}醇比合成甲醇更加困难，不仅需要更为苛刻的反应条件，还需要特别的催化体系。不同于甲醇合成，C_{2+}醇合成涉及 C—C 键形成，因此要求催化剂具有催化 C—C 键生成的功能。迄今报道的非均相催化剂种类繁多，没有统一的规律。例如，在碱促进下，Mo/SiO_2 能够催化 CO_2 的氢化生成 C_{2+}醇，所需温度条件较为温和(如 250℃)，C_{2+}醇在醇混合物中的含量达到 75.6%[169]。负载型的 Rh-Fe-Cu 催化剂，在 330～370℃条件下，能够有效地催化 CO_2 加氢反应，主要生成乙醇，C_{2+}醇在醇中的最高选择性达到 70%[170]。$[Rh_{10}Se]/TiO_2$ 能够催化 CO_2 氢化生成乙醇(250～450℃)，最高选择性可达 83%[171]。CoMoS 催化 CO_2 氢化合成 C_1～C_3 醇(反应温度为 340℃)，C_{2+}醇在醇混合物中的最高含量为 35.6%[97]。以 K/Cu-Zn-Fe 为催化剂，得到 C_{2+}醇的选择性达到 87.1%(300℃)[172]。但是，非均相催化剂普遍存在活性低、C_{2+}醇选择性低和反应温度高等缺点。相对而言，均相催化体系可在相对温和的条件下，催化 CO_2 加氢生成 C_{2+}醇。例如，Ru-Co 均相催化剂，在 200℃温度条件下催化 CO_2 氢化生成甲醇和乙醇，产物中乙醇含量为 26.4%[173]。CO_2 氢化合成 C_{2+}醇受到很多研究者的关注，但是温和条件下高选择性催化该反应仍然是挑战性课题。

采用 Ru-Rh 均相催化剂，以 LiI 为促进剂，1,3-二甲基-2-咪唑啉酮(DMI)作溶剂，可在小于或等于 200℃温度条件下实现 CO_2 氢化，高选择性生成 $C_{1\sim5}$ 醇(甲醇、乙醇、正丙醇、2-甲基丙醇、正丁醇和 2-甲基丁醇)[174](图 2.18)。采用 $Ru_3(CO)_{12}/Rh_2(CO)_4Cl_2$ 催化剂，在 CO_2 和 H_2 压力均为 4MPa、200℃时反应 12h，醇的时空收率为 $12.86mmol\cdot L^{-1}\cdot h^{-1}$，$C_{2+}$醇的选择性达到 96.4%。LiI 在反应中有重要作用，Li^+有较强的 Lewis 酸性，能稳定金属催化剂；而 I^-有较强的亲核性，能促进反应链增长。分别采用 $Ru_3(CO)_{12}$ 或者 $Rh_2(CO)_4Cl_2$ 单独作为催化剂，产物的产率和 C_{2+}醇的选择性都大大降低，这说明两个催化剂对反应有协同效应。

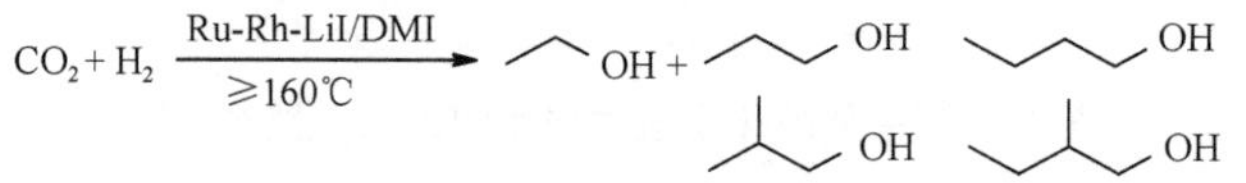

图 2.18　CO_2 氢化合成 C_{2+}醇

考察温度和压力对反应的影响。如图 2.19(a)所示，在 150℃时，反应只有甲醇和乙醇生成，以甲醇为主产物；当温度升至 160℃，甲醇和乙醇的产率都增加，检测到 C_{3+}醇；继续升温至 200℃时，甲醇产率大大降低，但 C_{2+}醇的产率升高；而温度进一步升至 220℃时，甲醇和乙醇的产率基本保持不变，但是其他醇的产率随着温度的升高不断增加。这主要是由于生成的甲醇可以被进一步转化为乙醇，乙醇又进一步转化为更长链的醇。CO_2 和 H_2 的压力比固定为 1∶1，总压由 2MPa 升高到 10MPa 时，醇的总产率和 C_{2+}醇的选择性大大升高。而在总压不变时，醇的总产率随 H_2 分压的升高而增大，当 CO_2∶H_2 的压力比为 1∶1 时，C_{2+}醇的选择性最高。反应后，将生成的醇通过抽真空移除后，催化剂+DMI+LiI 组成的催化体系，可重复使用，循环利用五次后，醇的总产率和 C_{2+}醇的选择性没有明显的变化。

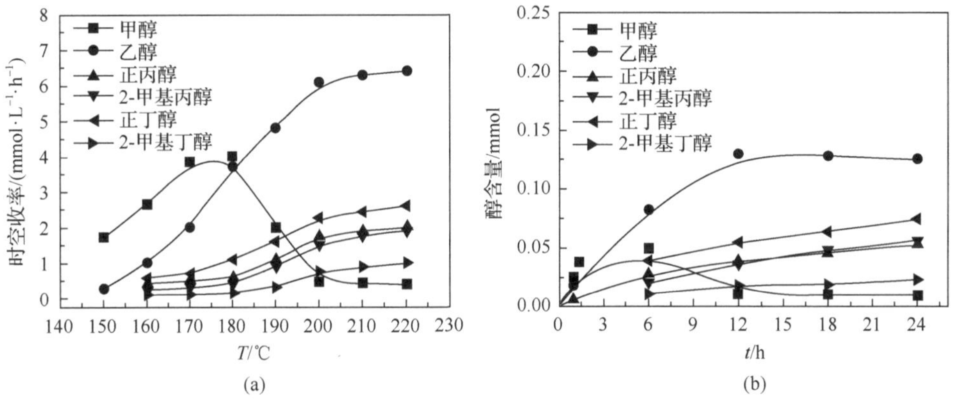

图 2.19 (a)不同温度下醇的时空收率；(b)醇的生成量随时间的变化

反应条件：$Ru_3(CO)_{12}$ 28.2μmol, $Rh_2(CO)_4Cl_2$ 51.5μmol（按金属含量计算），LiI 2.26 mmol, DMI 2mL, CO_2 压力 4MPa, H_2 压力 4MPa；(a)反应时间为 12h；(b)反应温度为 200℃

检测不同反应时间的反应产物，如图 2.19(b)所示，在反应开始 1h 后，体系中有甲醇、乙醇和正丙醇生成，并且产物时空收率随着反应的进行不断增大；6h 后，检测到大量 2-甲基丙醇、丁醇和 2-甲基丁醇的生成，并且甲醇的含量迅速降低，长链醇的含量随反应时间的延长不断升高；12h 后，甲醇的含量很低，并且不随反应时间的延长而变化，而乙醇的含量开始缓慢降低，C_{3+}醇的含量不断升高。在反应体系中加入少量同位素标记的 $^{13}CH_3OH$ 或 $^{13}C_2H_5OH$，通过气相色谱-质谱(GC-MS)对产物进行分析，发现 C_{2+}醇中含有 ^{13}C。这说明在 CO_2 氢化反应中，甲醇和乙醇是生成长链醇的碳源。

将由 Ru-Co 双金属均相催化剂、LiBr 促进剂、PPNCl 助催化剂组成的催化体系应用于 CO_2 的氢化反应，在较温和的条件下获得甲醇、乙醇、正丙醇和异丁醇，如图 2.20(a)所示[175]。在最优反应条件下[$Ru_2(CO)_{12}$ 40μmol, $Co_4(CO)_{12}$ 20μmol, LiBr 4mmol, PPNCl 0.15mmol, DMI 2mL, CO_2 压力 3MPa, H_2 压力 6MPa, 200℃,

12h]，C_{2+}醇的选择性达到 90.8%，醇的总时空收率达到 33.7mmol·L^{-1}·h^{-1}。在这一催化体系中，LiBr 与 PPNCl 协同，具有比 LiI 更好的促进能力，因此获得更高的 C_{2+}醇产率。可能的反应机理如图 2.20(b)所示。Ru 催化 CO_2 氢化生成甲醇和 CO(第 1 步)，而甲醇进一步通过还原羰基化反应生成乙醇(第 2～5 步)；通过类似的路径，乙醇进一步转化为正丙醇；少量的异丙醇，可由甲醇和正丙醇通过 Guerbet 反应而生成[176]。在反应过程中，Ru 催化剂具有多种功能，首先催化 CO_2 氢化合成甲醇和 CO，并在 Br^-促进下催化甲醇转化为乙醇，同时能催化乙醛氢化生成乙醇；Co 络合物主要作用是催化甲醇的还原羰基化反应，生成乙醇和乙醛，加速 C_{2+}醇的生成。Ru 活性中心(Ru*)和 PPNCl 中的 Cl^-配位，促进氧化加成步骤(第 3 步)[177]。同时，Ru*电子云密度增加能促进氢化步骤(第 5 步)[178]。

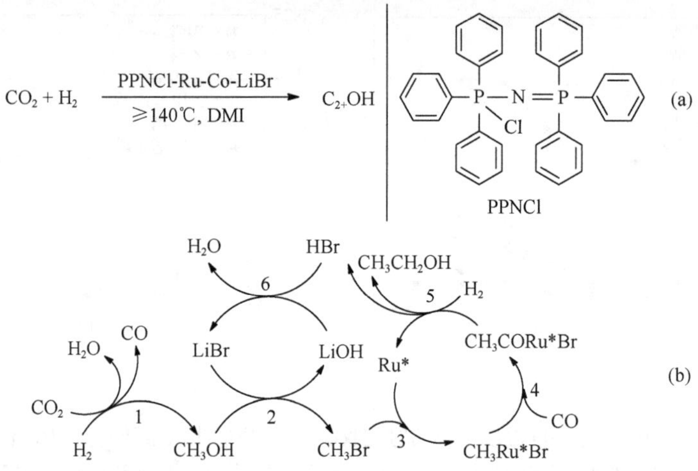

图 2.20 (a)Ru-Co 体系催化 CO_2 氢化合成 C_{2+}醇；(b)可能的反应机理示意图[175]

除催化剂外，溶剂对反应产物也有重要影响。采用 1wt% Pt/Co_3O_4 催化剂，在 DMI 混合溶剂中进行 CO_2 氢化反应，发现水的加入不仅能增强催化剂的活性，还可以极大提高 C_{2+}醇(主要为乙醇、丙醇和丁醇)的选择性[179]。如图 2.21 所示，在不同的反应温度(180℃、200℃和 220℃)条件下，反应均获得类似的规律，即 C_{2+}醇的选择性随水体积分数的增加而增大，在水含量达到 15vol%～20vol%(体积分数)时，选择性达到最高值。尤其，在 200℃、水含量为 15vol%时，C_{2+}醇的选择性可达 82.5%，醇的总时空收率达 0.509mmol·$g_{cat.}^{-1}$·h^{-1}。继续增加水含量，C_{2+}醇的选择性稍微降低。催化剂重复利用五次后，催化活性基本保持不变。

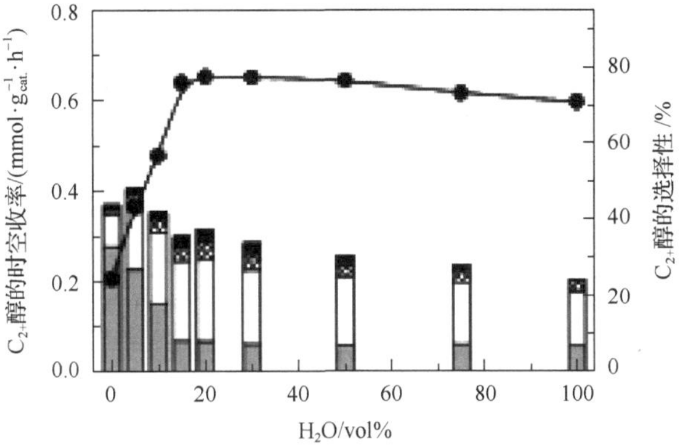

0.8
0.6
0.4
0.2
0.0
C_{2+}醇的时空收率/($mmol \cdot g_{cat.}^{-1} \cdot h^{-1}$)
80
60
40
20
0
C_{2+}醇的选择性/%
0
20
40
60
80
100
H_2O/vol%

(a)

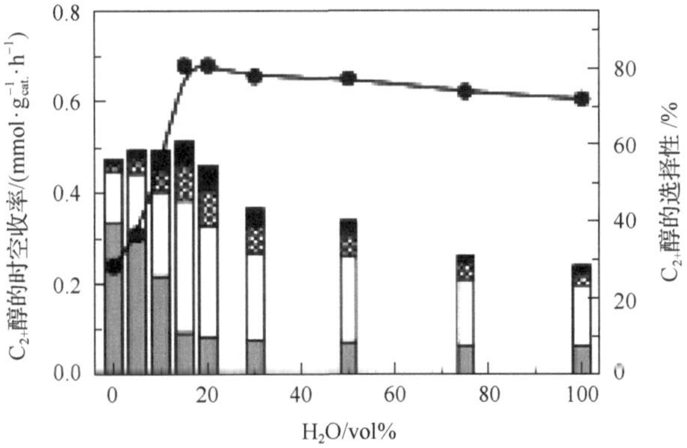

0.8
0.6
0.4
0.2
0.0
C_{2+}醇的时空收率/($mmol \cdot g_{cat.}^{-1} \cdot h^{-1}$)
80
60
40
20
0
C_{2+}醇的选择性/%
0
20
40
60
80
100
H_2O/vol%

(b)

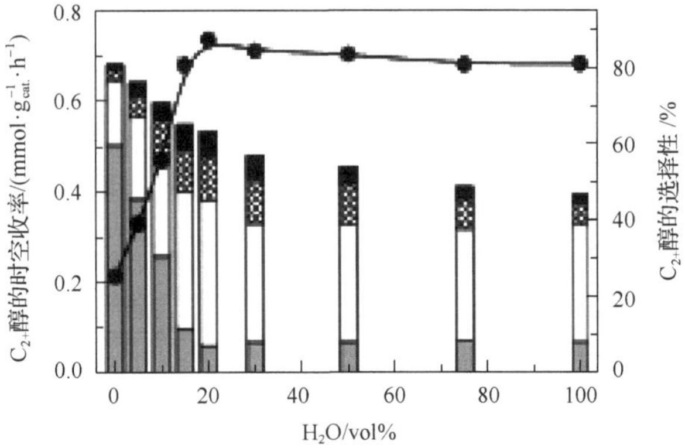

0.8
0.6
0.4
0.2
0.0
C_{2+}醇的时空收率/($mmol \cdot g_{cat.}^{-1} \cdot h^{-1}$)
80
60
40
20
0
C_{2+}醇的选择性/%
0
20
40
60
80
100
H_2O/vol%

(c)

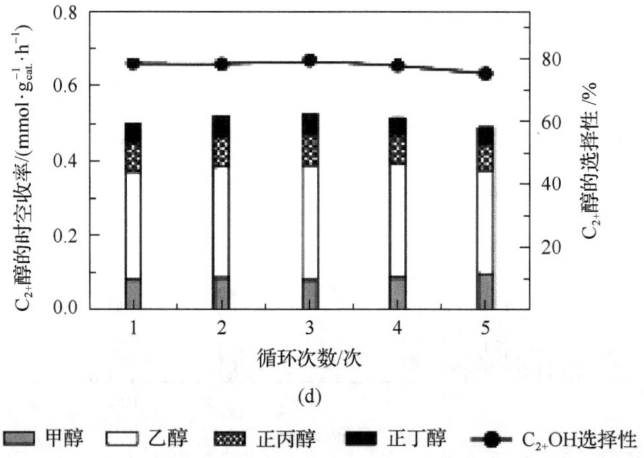

(d)

图 2.21 (a)～(c)H_2O/DMI 混合溶剂中 H_2O 的体积分数对 C_{2+}醇的时空收率和 C_{2+}醇选择性的影响[(a)180℃，(b)200℃，(c)220℃]；(d)Pt/Co_3O_4 催化剂的循环利用

反应条件：催化剂 20mg，初始压力 8MPa(H_2∶CO_2=3∶1)，15h

对 Pt/Co_3O_4 进行表征显示，Pt^0 纳米颗粒尺寸在 2～6nm 的范围内，均匀分散在载体上；载体中 Co^0、CoO 和 Co_3O_4 同时存在。还原性气氛下，Co_3O_4 载体可形成氧空位，而氧空位和金属在氧化物-金属界面可将水分子解离成 H^+ 和 OH^-[180]。采用 D_2O 标记实验，在产物中检测到 C_2H_5OD、C_2H_4DOH、$C_2H_4D_2O$ 和 $C_2H_3D_3O$，这说明 D_2O 参与了反应。

C_{2+}醇的生成涉及 C—C 偶联和 C—OH 的形成[163, 170b]。以乙醇的合成为例，CO_2 首先被氢化形成 CH_3*(*表示吸附在催化剂表面)；然后 CO 插入，通过逆水煤气合成反应形成 CH_3CO*；而 CH_3CO*进一步氢化形成乙醇。$^{13}CH_3OH$ 标记实验证明，CH_3OH 是合成乙醇的碳源。水促进 C_{2+}醇的形成，可能是由于水使甲醇质子化，更易解离成 CH_3*、OH*和 H*等。CH_3*进一步与 CO 耦合生成 CH_3CO*，而后在 Pt/Co_3O_4 的活性位点氢化生成乙醇。因此，水主要作用是促进甲醇的解离，生成 CH_3*，并发生 H 交换。而 C_{3+}醇的合成可能是通过乙醇的解离，但是反应条件更加苛刻。

2.1.4 甲酸及低碳有机酸

甲酸作为最简单的脂肪酸，是一种基本化工原料，在工业中有重要用途。甲酸亦可视为液态储氢材料，应用于能源领域。传统的甲酸合成方法主要包括甲醇羰基合成法(又称为甲酸甲酯法)、甲酰胺法等，采用 CO 作为羰基源。自 20 世纪 90 年代开始，以 CO_2 为碳源，经过还原反应制备甲酸、甲酸盐或者甲酸酯的过程引起了研究人员的兴趣，涌现了大量研究成果。

CO_2 加氢合成甲酸，是原子经济性为 100%的反应，其反应方程式如式(2.8)所示。

$$
\begin{gathered}
CO_2(g) + H_2(g) \rightleftharpoons HCOOH(l) \\
\Delta G_m^\ominus = 32.9\text{kJ}\cdot\text{mol}^{-1}; \Delta H_m^\ominus = -31.2\text{kJ}\cdot\text{mol}^{-1}; \Delta S_m^\ominus = -215\text{J}\cdot\text{mol}^{-1}\cdot\text{K}^{-1}
\end{gathered}
\tag{2.8}
$$

由反应的热力学性质可知，CO_2 加氢生产甲酸的过程是热力学受限的。因此，通常需要加入有机碱或者无机碱，捕获甲酸生成甲酸盐，使反应平衡正向移动，促进反应进行[式(2.9)]。在反应体系中加入伯胺/仲胺，在一定条件下可脱水生成甲酰胺；而加入醇则可生成甲酸酯。

$$
\begin{gathered}
CO_2(g) + H_2(g) + NH_3(aq) \rightleftharpoons HCO_2^-(aq) + NH_4^+(aq) \\
\Delta G_m^\ominus = -9.5\text{kJ}\cdot\text{mol}^{-1}; \Delta H_m^\ominus = -84.3\text{kJ}\cdot\text{mol}^{-1}; \Delta S_m^\ominus = -250\text{J}\cdot\text{mol}^{-1}\cdot\text{K}^{-1}
\end{gathered}
\tag{2.9}
$$

与 CO_2 的气固相催化氢化反应相比，利用金属配合物均相催化的 CO_2 氢化，反应条件相对温和，体系更为高效。所涉及的金属配合物催化剂主要有 Ni 配合物、Rh 配合物、Ru 配合物、Ir 配合物和其他非贵金属配合物等。表 2.5 列举了部分金属配合物均相催化体系及其催化性能。

表 2.5　CO_2 氢化制甲酸/甲酸盐的代表性催化体系

催化剂前体	溶剂	添加剂	P_{H_2}/P_{CO_2}	温度/℃	TON	TOF/h^{-1}
$RhCl(PPh_3)_3$[181]	MeOH	PPh_3, NEt_3	20/40	25	2700	125
$[RhCl(cod)_2]_2$[182]	DMS	NEt_3+dppb	20/20	RT	1150	52
[(dcpb)Rh(hfacac)][183]	DMSO	NEt_3	20/20	RT	267	1335
$Ru_2(CO)_5(dppm)_2$[184]	CH_3COCH_3	NEt_3	38/38	RT	207	207
CpRu(CO)(μ-dppm)Mo$(CO)_2$Cp[185]	C_6H_6	NEt_3	30/30	120	43	1
$TpRu(PPh_3)(CH_3CN)H$[186]	THF	NEt_3, H_2O	25/25	100	760	48
$TpRu(PPh_3)(CH_3CN)H$[187]	CF_3CH_2OH	NEt_3	25/25	100	1815	113
$RuCl_2(PMe_3)_4$[188]	$scCO_2$	NEt_3, H_2O	80/140	50	7200	153
$RuH_2(PMe_3)_4$[188,189]	$scCO_2$	MeOH	80/120	50	2000	4000
$RuCl(OAc)(PMe_3)_4$[190]	$scCO_2$	NEt_3/C_6F_5OH	70/120	50	31667	95000
(η^6-arene)Ru(oxinato)[191]	H_2O	NEt_3	49/49	100	400	40
(η^6-arene)Ru(bis-NHC)[192]	H_2O	KOH	20/20	200	23000	306
[Cp*Ir(phen)Cl]Cl[193]	H_2O	KOH	29/29	120	222000	33000
PNP-Ir(Ⅲ)[194]	H_2O	KOH, THF	29/29	120	3500000	73000
Cp*Ir(NHC)[195]	H_2O	KOH	30/30	80	1600	88
$NiCl_2(dcpe)$[196]	DMSO	DBU	40/160	50	4400	20
Si-$(CH_2)_3NH(CSCH_3)$-Ru[197]	C_2H_5OH	PPh_3, NEt_3	39/117	80	1384	1384
Si-$(CH_2)_3NH(CSCH_3)$-$[RuCl_3(PPh_3)]$[198]	H_2O	IL	88/88	80	1840	920

注：dppm=$Ph_2PCH_2PPh_2$；Tp=hydrotris(pyrazolyl)borate；NHC=氮杂卡宾；dcpe=$Cy_2PCH_2CH_2PCy_2$；THF=四氢呋喃；DMSO=二甲基亚砜；DBU=1,8-二氮杂双环[5.4.0]十一碳-7-烯。

1) Raney Ni 催化体系

早在 1935 年，研究者在研究 Raney Ni 催化合成氨基甲酸酯的反应时，探索了 CO_2 氢化生成甲酸的反应[199]。在该反应中，CO_2 首先被还原成甲酸，在伯胺和仲胺存在下发生酸碱反应，获得甲酸盐；当温度高于 100℃时，甲酸盐脱水，生成相应的甲酰胺。

由 Ni 二齿膦配体络合物[NiL_2](BF_4)$_2${L=1,2-[双(二甲氧基)膦基]乙烷}与氢负络合物[HNiL]BF_4 组成的水溶性催化体系，可在水溶液中实现 CO_2 氢化生成甲酸(图 2.22)[200]。$HNiL^{2+}$的亲氢性($\Delta G_H^\ominus$)是 23.3kcal·mol^{-1}，而甲酸盐的亲氢性是 24.1kcal·mol^{-1}，因此，由 $HNiL^{2+}$转移一个 H^-到 CO_2 生成甲酸盐是热力学可行的。在水中反应以 NiL_2^{2+} 或 $HNiL^{2+}$为催化剂，只加入 $NaHCO_3$(0.8mol·L^{-1})为添加剂，均能检测到 CO_2 的催化氢化产物。在 80℃、CO_2 和 H_2 摩尔比为 1∶1、总压力为 34atm 时，最大的 TOF 为 0.40(5)h^{-1}。

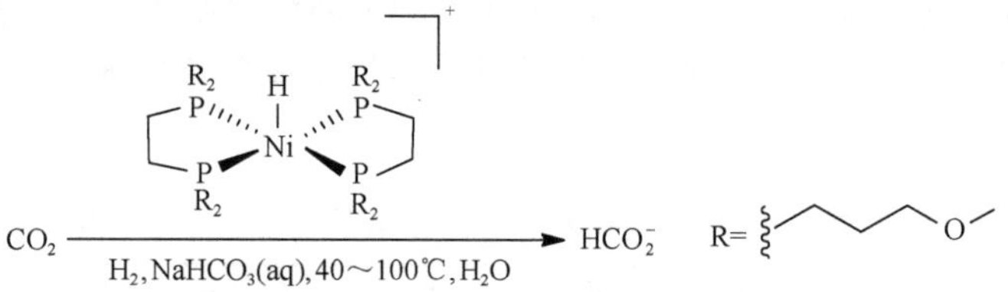

图 2.22　Ni/有机膦体系催化水相中 CO_2 的氢化合成甲酸[200]

2) Rh 催化体系

RhCl(PPh_3)$_3$ 作为经典的 CO_2 还原反应催化剂，于 1976 年[201]首次用于 CO_2 加氢制甲酸反应中。RhCl(PPh_3)$_2$(NEt_3)催化该反应，其活性在很大程度上依赖于溶剂和配体的用量。过量的 PPh_3 可抑制 RhCl(PPh_3)$_2$(NEt_3)的分解，使之保持催化活性；而二甲基亚砜(DMSO)或 MeOH 等极性溶剂使催化剂显示良好的催化效果。水作为质子供体和助催化剂，可调控 pH 值，形成甲酸盐，在一定程度上促进 CO_2 催化氢化生成甲酸的反应进行[181]。

在研究[(Rh(cod)Cl)$_2$](cod=1, 5-环辛二烯)和双齿膦配体 $Ph_2P(CH_2)_4PPh_2$ 催化体系的基础上[202]，研究人员模仿烟道气吸收 CO_2 的方式，发展了水/胺体系中 CO_2 还原生成甲酸的反应模式。分别采用[(cod)Rh(μ-Cl)]$_2$/(C_6H_4-*m*-SO_3—Na^+)$_3$P、[(cod)Rh(μ-H)]$_4$/(C_6H_4-*m*-SO_3—Na^+)$_3$P、[(C_6H_4-*m*-SO_3—Na^+)$_3$P]$_3$RhCl 三种水溶性的催化体系，可使反应在室温水相条件下进行。总压 8MPa，H_2 和 CO_2 分压比为 1∶1 时，加入三乙胺或二甲胺，反应 12h 后，产物甲酸的 TON 达 3439。在反应体系中，铑-膦配合物形成了铑氢化物活性组分 $Ph_2P(CH_2)_4PPh_2RhH$)，它能不受少量水影响而稳定存在(图 2.23)。采用 Rh(NBD)(PMe_2Ph)$_3$]BF_4(NBD=降冰片二烯)催化剂[203]，可检测到活性组分 Rh(Ⅲ)氢化物[Rh(H)$_2$(PMe_2Ph)$_3$S]BF_4

(S=H_2O 或四氢呋喃)和 Rh(Ⅲ)的金属甲酸配合物。反应遵循 CO_2 插入 Rh(Ⅲ)—H 键、甲酸的还原消除、氢气对 Rh(Ⅰ)中心的氧化加成的循环机理[203, 204]。水溶性的二氮杂卡宾 Rh 络合物也能够催化碳酸氢盐的氢化生成甲酸盐，以及甲酸分解生成 H_2[205]。

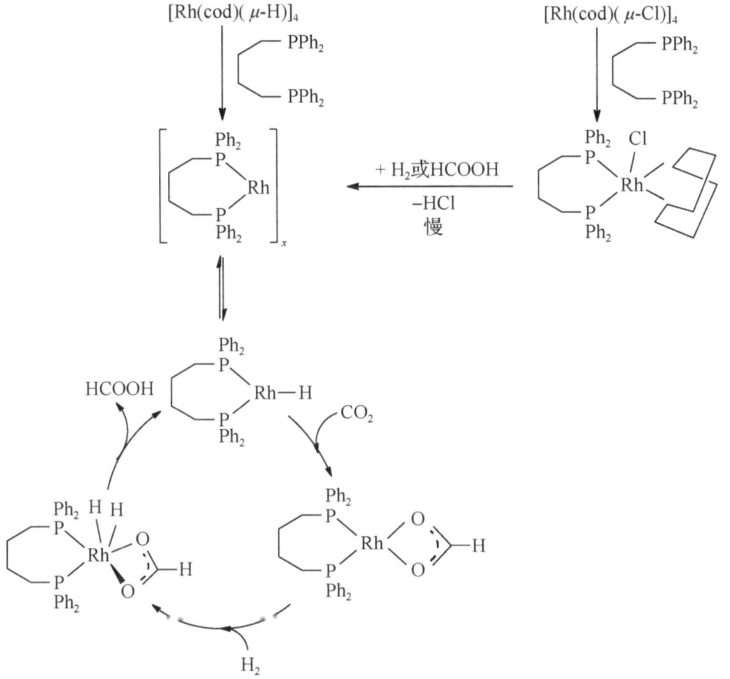

图 2.23　Rh(Ⅰ)氢化物作为催化循环活性中间体

3) Ru 催化体系

与 Rh 催化剂相比，金属 Ru 催化氢化反应更高效，在 CO_2 还原反应中得到广泛应用。自报道 K[Ru(Ⅲ)-(EDTA-H)Cl]·$2H_2O$ 催化 CO_2 还原反应后[206]，钌乙腈金属配合物和钌-烷基膦配合物的应用极大提高了生成甲酸的 TON。其中，$RuCl_2[P(CH_3)_3]_4$ 催化 $scCO_2$ 的加氢反应，可使生成甲酸的 TON 达到 3.7×10^5[207]。

Ru(Acriphos)(PPh_3)(Cl)($PhCO_2$)[Acriphos=4,5-二(二苯基膦基)吖啶]，在 DMSO 或 DMSO/H_2O 溶液中，无需额外加入胺等碱性物质，即可催化 CO_2 氢化生成甲酸(图 2.24)，TON 高达 4200，TOF 高达 260h^{-1}[208]。DFT 计算表明，甲酸与溶剂簇或水分子间有强的氢键作用，反应介质能稳定产物。在实验条件下，甲酸的最终浓度相对较低，这主要是受限于产物对催化剂活性的抑制，而不是热力学限制。因此，可通过加入少量的乙酸盐缓冲液克服上述问题，得到游离甲酸的最高浓度为 1.27mol·L^{-1}，对应的最优 TON 和平均 TOF 分别为 $16\times10^4h^{-1}$ 和 $1\times10^3h^{-1}$。

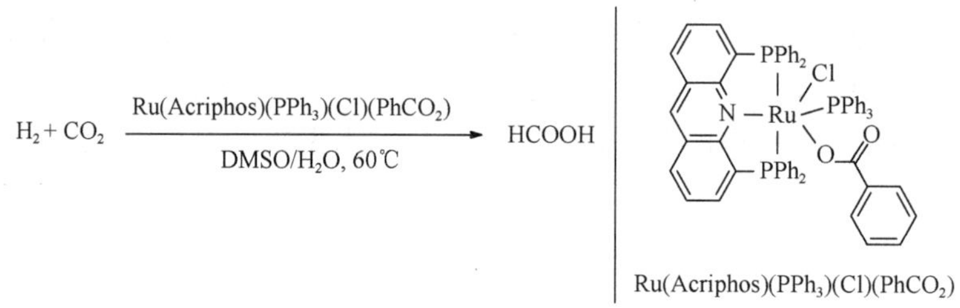

图 2.24　Ru 络合物催化 CO_2 的氢化制备甲酸

由于 CO_2 和 H_2 反应生成甲酸是可逆反应，体系中往往需加入无机碱或有机碱稳定生成的甲酸，以促进反应平衡向右移动。加入三级胺，可形成酸碱加合物，便于甲酸的分离。采用三级胺功能化的碱性离子液体（图 2.25 中 IL1 和 IL2））作为碱[209]，以硅胶负载的钌配合物为非均相催化剂[“Si”-$(CH_2)_3$-NH$(CSCH_3)$-$RuCl_3$-PPh_3][210]，在水溶液中高活性、高选择性地实现 CO_2 的催化加氢反应制甲酸。该体系最大的特点在于反应条件下碱性 ILs 与甲酸形成加合物；反应完毕，升高温度，加合物分解，释放出甲酸，IL 可循环使用（图 2.25）。双官能团功能化的碱性 IL2 效果更佳[198]。为实现体系的连续循环利用，将催化剂和氨基功能化的 IL 作为固定相[211]，反应能在 $scCO_2$ 流动氛围中实现还原过程。不断循环的 $scCO_2$ 气流既作为反应物，又作为流动萃取相，反应后用加热加压的方式得到纯品甲酸。

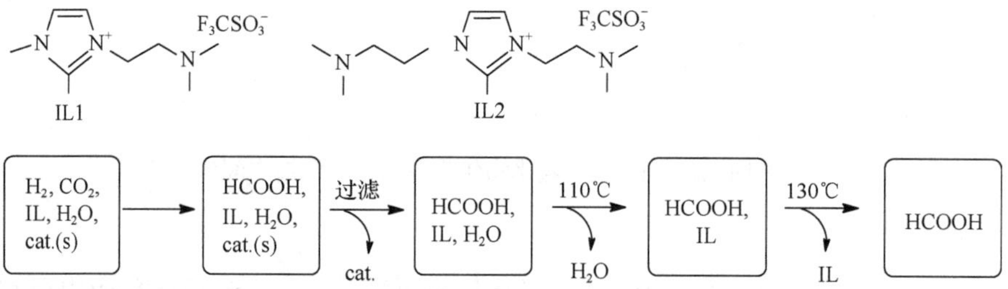

图 2.25　碱性离子液体及其在 CO_2 氢化制甲酸反应中的应用

醇和水组成的两相溶液体系可用于金属催化的 CO_2 氢化制备甲酸盐-胺加合物[212]。采用不同的疏水性有机溶剂和离子液体作为固定相，以 *cis*-Ru(dppm)$_2$$Cl_2$ 为催化剂时，由 4-甲基-2-戊醇和水组成的溶剂效果最好，总 TON 达到 150000，反应开始时的 TOF 为 180000h^{-1}。胺在两相间的分配与其结构相关，形成的甲酸盐-胺加合物完全被萃取到水相中。利用工业化 CO_2 洗涤过程中使用的甲基二乙醇胺（Aminosol CST 115®）和单乙醇胺时产量最高。饱和的单乙醇胺水溶液（CO_2 压力 5～10bar）被转化为相应的甲酸盐加合物，平均 TOF 达到 $14\times10^5h^{-1}$，基于胺的总产率达到 70%，循环利用十一次后总 TON 为 150000。这使 CO_2 捕集和利用相结合成为可能。例如，Ru 氢负络合物为催化剂，DBU/正己醇体系吸收的 CO_2

为原料，能实现 CO_2 捕集和转化相结合，制备甲酸盐[213]。

单原子 Ru 均匀负载于水滑石后，在碱性条件下，能有效高选择性催化 CO_2 氢化生成甲酸(2.0MPa，100℃)[214]。金属-载体的电子相互作用和 CO_2 浓度效应对催化活性有显著的影响。

4) Ir 催化体系

在气态下，H_2 与 CO_2 反应生成液体甲酸反应的标准吉布斯自由能变为 $+33kJ\cdot mol^{-1}$，反应不能自发进行。而在水相体系中，反应的标准吉布斯自由能变降低到负值(25℃，$-4kJ\cdot mol^{-1}$)，使反应在热力学上可行。采用图 2.26 所示的 PNP-Ir(III)螯合型氢化物，催化 CO_2 的氢化反应，可高效获得甲酸[194]。该 PNP 型三齿配体有很强的供电子效应，使甲酸的 TON 可达 3500000，TOF 达 $150000h^{-1}$，是目前最高效的催化体系。通过 ^1H NMR 和 ^{13}C NMR 检测发现，在 KOH 水溶液中，0.1MPa CO_2 和 25℃条件下，配合物 **3** 迅速与配合物 **4**(δ_H 为 7.88 ppm，δ_C 为 168ppm)建立平衡，还原消除，获得甲酸根；同时发生去质子化和芳构化反应，得到铱的二氢化物 **5**；而 H_2 氧化加成，生成化合物 **3**，完成催化循环。三齿的 PNP 型螯合配体的去质子化作用促使该反应高效进行。

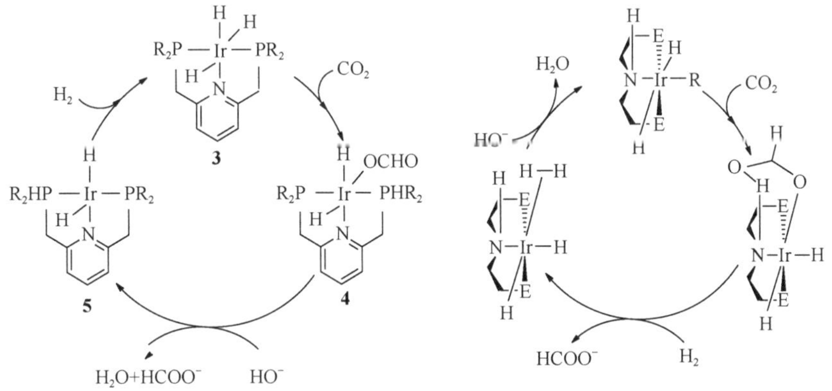

图 2.26 Ir(III)催化 CO_2 氢化模型和循环机理

在 CO_2 氢化反应的催化体系中，膦的强配位作用不可或缺。铱的氮配位配合物用于 CO_2 的催化氢化反应中[215]，邻菲咯啉作为供电子配体加速了 CO_2 氢化反应的进行，同时能够调节催化活性和催化剂的水溶性，进而实现了均相催化剂的回收利用。邻菲咯啉酚羟基脱质子得到的氧负离子具有很强的供电性和极性，促进了反应的进行。在 6MPa、120℃条件下甲酸的 TON 可达 222000，TOF 为 $42000h^{-1}$。反应结束以后，由于酸碱条件的改变,该催化剂可以在水相体系中沉淀下来，便于分离回收。该催化剂循环利用四次仍旧能保持很高的催化活性。该体系提供了铱催化的高效水相反应体系，实现了均相催化剂的循环利用。

一系列基于咪唑啉酮的 Ir 络合物也应用于 CO_2 的氢化反应制备甲酸[216]。其中，在邻位和对位含有两个—OH 基团的质子响应型络合物，在温和条件、碱性水溶液中，能够催化常压 CO_2 的氢化反应，生成甲酸。反应温度为 25℃时，TOF 为 $106h^{-1}$，TON 达 7280。并且，该催化剂也能催化水溶液中甲酸的分解，制备纯净的 H_2。

以上均相催化体系，需要在碱存在下，才能高效催化 CO_2 氢化生成甲酸。[Cp*Ir(N,N′)Cl]Cl[(N,N′)=2, 2′-二-1, 4, 5, 6-四氢嘧啶]，由于其结构的特殊性，可直接用于无碱水溶液中 CO_2 的氢化反应，获得甲酸(图 2.27)[217]。在 80℃、总压力 5.0MPa、H_2/CO_2 分压比为 1∶1 的条件下，初始 TOF 达到 $13000h^{-1}$；在 40℃、7.6MPa 的条件下，TON 超过 10000。原位 ^1H NMR 和反应动力学研究表明，反应主要受 CO_2 插入的限制。通过动力学同位素效应研究了水对反应的影响，结果表明 Ir 络合物对水分子的解离影响催化循环的动力学。

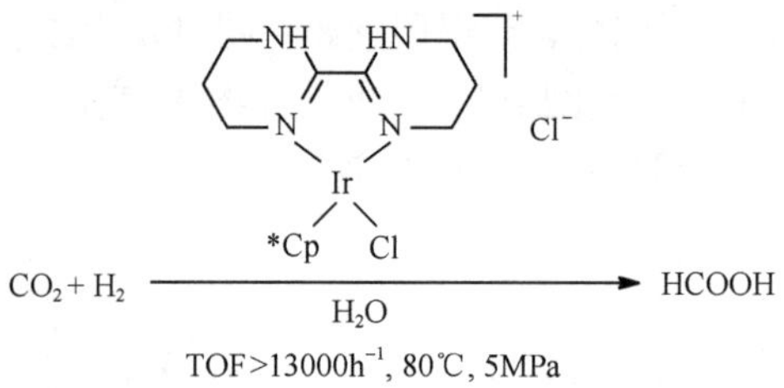

图 2.27　Ir 络合物催化 CO_2 氢化制备甲酸

此外，以含有联吡啶官能团的金属有机框架材料负载的 Ir 络合物作催化剂，放置于索氏提取器中，使 CO_2、H_2 和 H_2O 不断通过金属有机框架材料，在 1atm 压力和 85℃的条件下，生成甲酸的 TOF 可达 $410h^{-1}$[218]。

5) 非贵金属催化体系

采用铁、锌、镁、铜等非贵金属催化剂代替贵金属钌、铱、铑等，是金属催化领域的一个长期目标。早在 1978 年，关于铁的羰基氢化物，如$[N(P(C_6H_5)_3)_2][HFe_3(CO)_{11}]$、$[N(C_2H_5)_2][HFe_3(CO)_{11}]$，催化甲酸酯的氢化反应就有报道[219]，但是甲酸收率非常低。2000 年后，利用一釜多反应器的特殊装置，采用铁盐 $Fe(OAc)_2$ 或 $FeCl_3$/配体催化体系，实现了铁催化的 CO_2 氢化生成甲酸[196]。从生物催化的角度出发，尝试 $Fe(BF_4)_2\cdot 6H_2O$/四齿的膦配体 $PP_3[P(CH_2CH_2PPh_2)_3]$催化 CO_2[220]、碳酸氢盐的氢化反应。在胺存在下，反应温度为 80～100℃，H_2 与 CO_2 压力分别为 6MPa 和 3MPa 时，反应 20h，可获得收率 77%的甲酰胺，最高 TON 可达 727。原位高压核磁共振波谱和单晶 X 射线衍射分析证明在该反应过程中形成了铁氢配合物$[FeH(PP_3)]BF_4$ 和$[FeH(H_2)(PP_3)]BF_4$，发现铁盐与多齿膦配体催化剂可原位形成活性中心，提高了铁催化氢化反应效率。

采用含仲胺/叔胺的双功能化 PNP 配体，与 Fe(Ⅱ)羰基氢负络合物组成催化体系，在 Brønsted 碱存在时，能够促进 CO_2 氢化生成甲酸盐(图 2.28)[221]。加入 Lewis 酸助催化剂时，催化活性大大增加。对于含仲胺 PNP 配体的催化体系，生成甲酸盐的 TON 达到 9000；而含叔胺 PNP 配体的催化体系，TON 为 60000。机理研究表明，Lewis 酸阻碍了 PNP 配体中 N—H 官能团和甲酸盐配体中羰基氧之间的分子内氢键。Fe-甲酸盐复合物的不稳定性加速了产物的解离，这也是催化过程的决速步。

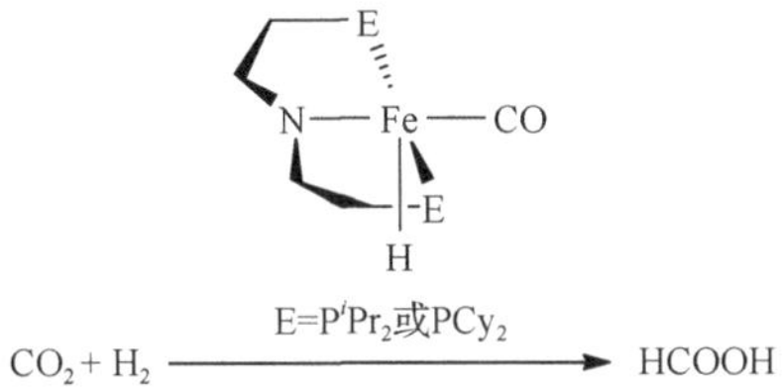

图 2.28　Fe 络合物催化 CO_2 氢化生成甲酸

Pincer 配体 MeN[CH$_2$CH$_2$(P^{i}Pr$_2$)]$_2$(^{i}PrPNP)与 Co(Ⅰ)络合物配位，可形成具有特定晶体结构的配合物，能够催化 CO_2 氢化制甲酸。如图 2.29 所示，二羰基钴单氯络合物(^{i}PrPNP)Co(CO)$_2$Cl 与 Lewis 酸 CF_3SO_3Li 组成离子对后，可高效催化 CO_2 氢化制备甲酸盐，TON 达到 30000(6.9MPa，45℃)，其活性远高于之前报道的均相 Co 催化剂[222]。

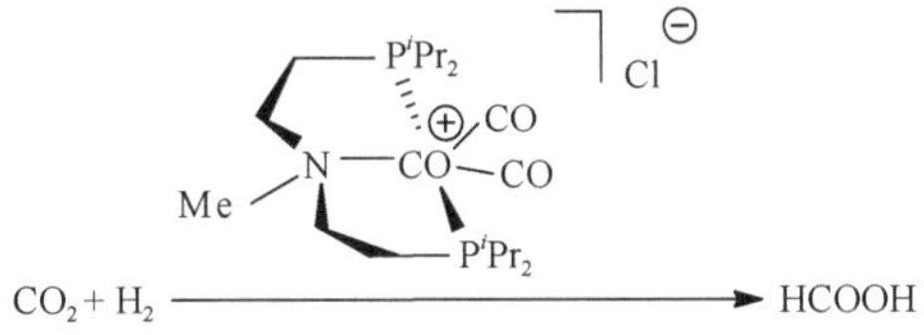

图 2.29　Co 络合物催化 CO_2 氢化生成甲酸

Cu(Ⅰ)-三齿膦配体络合物 LCu(MeCN)PF_6[L=1,1,1-三(二苯基膦基甲基)乙烷]作为活性催化剂前体被用于 CO_2 氢化生成甲酸盐[223]。在碱存在下，LCu(MeCN)PF_6 与 H_2 反应形成阳离子二铜氢负络合物[(LCu)$_2$H]PF_6。[(LCu)$_2$H]$^+$ 是催化 CO_2 氢化的活性前体，与 LCu(MeCN)$^+$的活性相当。[(LCu)$_2$H]$^+$与当量的 CO_2 反应，产生甲酸盐络合物 LCuO$_2$CH 和包含溶剂的络合物 LCu(MeCN)$^+$。在碱(如 DBU 和四甲基胍)存在情况下，通过与 Cu 中心的强配位，[(LCu)$_2$H]$^+$与当量 CO_2 反应的速率大大增加。无 CO_2 时，把过量 DBU 加入[(LCu)$_2$H]$^+$中，达到平衡时形成 LCu(DBU)$^+$。在催化条件下，[(LCu)$_2$H]$^+$与 CO_2 的反应活性大大增加，因此可推断 LCuH 可能是具有催化活性的金属氢负中间体。

在非均相催化体系中，Cu 催化的 CO_2 氢化制甲酸已具备成熟工艺[89, 224]。采用原位形成的铜氢化物能催化 CO_2 的硅氢化反应[225]。以 Cu(OAc)$_2$·3H_2O 和双齿膦配体[1,2-双(二苯基膦)苯，dppb]为催化剂，在常压 CO_2 和 60℃条件下，CO_2 与氢硅烷反应，可生成甲酸硅酯类化合物，水解后得到 95%收率的甲酸(TON=8100)。此外，具有活泼氢的硼烷也可用于还原 CO_2 生成甲酸，反应条件更温和。例如，在 35℃温度条件下，Cu-NHC 催化常压 CO_2 与硼烷反应即可生成甲酸硼酯类化合物，酸化后获得甲酸[226]。

6)有机小分子催化体系

有机小分子催化体系在氢硅烷还原 CO_2 制甲酸中得到应用，显示良好的催化性能。例如，强碱 1,5,7-三叠氮双环[4.4.0]癸-5-烯(TBD)或者氮杂卡宾(NHC)作为催化剂，以二级胺捕捉生成的甲酸，反应在无溶剂条件下能够得到 100%的甲酰胺收率。DFT 理论计算结果表明，TBD 活化了 CO_2，与之形成了拓扑结构的加合物。该加合物易与氢硅烷作用，促进还原反应的进行[227]。TBD 等强碱虽然可活化 CO_2，但并不是一个理想的活化氢硅烷的亲核试剂。NHC 作为有机小分子催化剂，能够催化多种氢硅烷还原的 CO_2 转化反应[228]。这是因为 NHC 对 CO_2 和硅烷均具有活化作用，其应用大大扩展了 CO_2 参与的反应类型[229]。

2.2 二氧化碳与甲烷重整反应

CO_2 与 CH_4 是典型的温室气体，又是重要的含碳资源。将 CO_2 与 CH_4 在一定条件下转化为合成气[式(2.10)]，称为甲烷二氧化碳重整或者干重整(dry reforming of methane，DRM)。DRM 直接将 CO_2 与 CH_4 中的碳、氢、氧传递到能源产品中，提供了一条综合利用碳源、氢源和转化两种难活化小分子并消除两种主要温室气体的技术路线，对于高效利用 C_1 资源、减缓日益严重的环境问题有着重要意义。

$$CH_4(g) + CO_2(g) \longrightarrow 2CO(g) + 2H_2(g) \qquad \Delta H^{\ominus} = 247 kJ \cdot mol^{-1} \qquad (2.10)$$

相较于传统的甲烷水蒸气重整，DRM 反应产生的 H_2/CO 摩尔比约为 1，可以直接作为羰基合成或 Fischer-Tropsch 合成的原料，弥补了水蒸气重整过程中合成气 H_2/CO 摩尔比较高的不足。1928 年，Fischer 和 Tropsch 首次对 DRM 反应进行了研究[230]。随着人类对可持续清洁能源需求的日益增长，DRM 引起了世界范围内研究者的广泛兴趣。从催化剂、工艺条件、反应装置、反应热力学、反应动力学等方面对 DRM 反应进行了大量的研究和探索，取得了重要进展[231]。2017 年，中国科学院上海高等研究院、山西潞安矿业(集团)有限责任公司和荷兰皇家壳牌石油公司通过研发高效纳米镍基催化剂和专用反应器，优化工艺路线，建成了国际首套万 Nm^3/h 级规模 DRM 制合成气工业侧线装置并稳定运行，实现了 CO_2 的高效资源化利用以及产品气 H_2/CO 的灵活可调。

1. DRM 反应热力学

DRM 反应过程主要包含以下四个反应：甲烷二氧化碳重整制合成气主反应[式(2.10)]、逆水煤气变换反应[式(2.11)]、甲烷裂解反应[式(2.12)]和 CO_2 歧化反应[式(2.13)]。

$$CO_2(g)+H_2(g) \longrightarrow CO(g)+H_2O(g) \qquad \Delta H^{\ominus}=41.2kJ\cdot mol^{-1} \tag{2.11}$$

$$CH_4(g) \longrightarrow 2H_2(g)+C(s) \qquad \Delta H^{\ominus}=74.8kJ\cdot mol^{-1} \tag{2.12}$$

$$2CO(g) \longrightarrow C(s)+CO_2(g) \qquad \Delta H^{\ominus}=-172.2kJ\cdot mol^{-1} \tag{2.13}$$

DRM 反应需要吸收大量的热，根据标准吉布斯自由能计算可知，当反应温度大于 463℃时，该反应在热力学上才是可行的，因此高温利于 DRM 反应发生。一方面，逆水煤气变换反应可以消耗 DRM 反应产生的氢气，促进该反应平衡向右移动，另一方面，CO_2 和产物水有助于消除积炭，因此高的 CO_2/CH_4 进料比也利于反应进行。CH_4 裂解反应和 CO_2 歧化反应是 DRM 反应过程中积炭的主要原因。由于 CH_4 的裂解反应是较强的吸热反应，CO_2 歧化反应是强放热反应，高温会阻碍歧化反应的进行。因此，当温度很高时，甲烷的深度裂解是催化剂表面积炭的主要来源。从热力学角度来讲，积炭是不可避免的，因此催化剂的设计至关重要。

2. DRM 反应催化剂

目前报道的 DRM 反应催化剂的活性组分主要是 Ni、Co 等过渡金属和 Pd、Pt、Rh、Ru 等贵金属，载体主要是耐高温的 Al_2O_3、ZrO_2、TiO_2、SiO_2 等氧化物，助剂主要是碱金属和碱土金属氧化物，如 K_2O、MgO 和 CaO，还有部分稀土金属氧化物，如 CeO_2、La_2O_3 等。

贵金属催化剂在 DRM 反应中具有良好的催化活性和抗积炭性[232]，得到广泛应用。然而贵金属资源匮乏，价格高昂，因此，研究者越来越多地关注非贵金属(Ni、Co、Cu 等)催化剂的研发，尤其是负载型 Ni 基催化剂和 Co 基催化剂。Ni 基催化剂受到广泛研究，在相同的分散度下，Ni 基催化剂的催化效率仅次于 Pt 和 Ir，因此成为最有可能取代贵金属的 DRM 催化剂[233]。Ni 基催化剂的一个显著缺陷是抗积炭能力差。反应过程中，甲烷裂解及 CO_2 的歧化反应所形成的积炭会在孔道、孔口处累积并覆盖于活化位点上，导致催化剂失活。

通过调整工艺参数和改善催化剂可在一定程度上抑制 Ni 催化剂失活。理论计算表明，较高的反应温度和高的 CO_2/CH_4 进料比可增加产物中 H_2O 的含量，从而通过气化消除积炭。然而，该条件不仅对设备要求更高，还需要消耗更多的能量

来活化过量的 CO_2，限制了其工业化应用。因此，通过改善 Ni 基催化剂抑制积炭使该反应在较低的温度和接近 CO_2/CH_4 化学计量比的条件反应才更符合实际。通常采用选择性钝化积炭位、改善活性金属分散度、改变载体酸碱度、减小活性组分尺寸及提高 Ni 颗粒稳定性等策略对 Ni 基催化剂进行改善。例如，掺杂少量 Pd（0.2wt%）金属修饰的 Ni/MgO 催化剂比相应单金属催化剂显示出更佳的催化活性和稳定性，在 750℃、100h 的稳定性测试中，催化剂没有失活，产生的 H_2/CO 摩尔比为 0.97～0.99，接近理论值[234]。一锅法共组装和嫁接制备方法能使 Ni 活性颗粒获得较好的分散度和较小的颗粒尺寸，从而有效提升催化剂的抗积炭性能。

由于重整反应在高温条件下才能进行，所以选用的载体必须具有良好的热稳定性。研究表明，负载型催化剂上的 DMR 反应是通过双功能机理进行的，即甲烷通过活性金属活化，而二氧化碳通过载体活化。在酸性载体上，CO_2 可以与表面羟基形成甲酸盐中间体；在碱性载体上，CO_2 可以形成碳酸盐。然而，对于一些比较惰性的载体，如 SiO_2，被认为是通过单功能机理进行活化的，即两种反应气体都是通过活性金属活化。惰性载体与弱酸性载体（Al_2O_3）或碱性载体（CaO、MgO、La_2O_3、CeO_2）相比，金属与载体之间的相互作用及稳定性都相对较弱。因此，很多研究者将碱金属、碱土金属及稀土金属氧化物作为催化剂的载体或助剂来改善活性金属与载体之间的相互作用，从而增强了催化剂的稳定性和抗积炭性。其中，研究比较多的载体是 Al_2O_3、MgO、SiO_2 和相应复合氧化物。例如，介孔 SiO_2 壳和复合氧化物 MgO-Al_2O_3 纳米片组合的负载型模块式催化剂 Ni-MgO-Al_2O_3@*m*-SiO_2，由于双重限域效应的存在，对 DRM 反应显示出优异的催化活性和稳定性[235]。复合氧化物纳米片中的 MgO 不仅可以改善 Ni 纳米颗粒的分散性，而且可以促进 CO_2 的化学吸附和活化，从而通过限域作用抑制积炭和 Ni 生长；另外，介孔 SiO_2 壳的限域效应也有利于提高催化剂的稳定性。在 60h 的稳定性测试中，这种催化剂的积炭量仅为 2.5%。

助剂对提高催化剂的活性和增强其稳定性具有重要作用。一方面，助剂可以改变催化剂的氧化还原性质，调控金属原子的电子密度，从而影响甲烷解离；另一方面，助剂可以改善活性组分的分散性抑制其烧结，还可以在一定范围内调控催化剂表面酸碱性，增强对 CO_2 等反应气体分子的吸附和活化。碱性助剂如 MgO 有助于提高 Ni/ZrO_2 催化剂中 Ni 颗粒的稳定性，阻止 Ni 颗粒晶体的聚集结焦，而且可以降低 CH_4 的解离速率并改善活化 CO_2 的性能。稀土助剂 CeO_2 和 La_2O_3 的添加能够显著提高 Ni/MgO 催化剂对 DRM 反应的催化性能。其中，CeO_2 和 La_2O_3 分别主要作为电子助剂和结构助剂用来增强催化剂的抗积炭性。此外，这两种助剂均能提高 CO_2 的活化能力，CeO_2 的效果更为显著。

3. DRM 反应机理

DMR 反应过程非常复杂，伴随着催化剂和工艺参数的不同所呈现的反应机制也有所差异。DMR 反应机理主要有解离机理和蒸气重整机理两种。目前普遍认可解离机理，该机理为 CO_2 分子直接解离产生 CO 和中间激发态 O，CH_4 分子在金属活性位上裂解生成激发态 CH_x 和 H，CH_x 再与激发态 O 重整得到 CO 和 H_2（图 2.30）。其中，水分子并未参与 DRM 反应过程，CH_4 和 CO_2 的活化过程是相互独立的。而蒸气重整机理为 CO_2 与激发态 H 形成羟基或水，进而发生重整反应。

$$CO_2(g) \longrightarrow CO(ads) + O(ads)$$

$$CH_4(g) \longrightarrow CH_x(ads) + (4-x)H(ads)$$

$$CH_x(ads) + O(ads) \longrightarrow CO(ads) + xH(ads)$$

$$CO(ads) \longrightarrow CO(g)$$

$$xH(ads) \longrightarrow x/2H_2(g)$$

图 2.30 DMR 反应解离机理

4. 等离子体协同催化技术

等离子体是不同于固体、液体和气体的第四态物质，主要是由电子、离子、原子、分子和自由基等粒子组成的电离化混合体。等离子体是一种十分有效的分子活化物质，由于能产生高活性状态的粒子，成为实现 DRM 反应的有效手段。然而该技术存在反应物转化率低、产物种类多和目标产物选择性低等不足。针对这些不足，研究者提出等离子体与催化剂协同处理 DRM 反应，从而提高反应转化率、减少副产物种类和提高目标产物选择性。研究发现该协同作用能够实现 CH_4 和 CO_2 的高值化利用，得到多种能源产品如合成气、醇、醛、酮、有机酸等。由于协同反应过程极其复杂，研究人员迄今为止还无法对其协同催化机理形成统一认识。研究者普遍认为，等离子体与催化剂的协同机制是自由基反应和催化反应相耦合的过程，即 CH_4 分子在等离子体场中断键分解成激发态自由基 $CH_3\cdot$、$CH_2\cdot$、$CH\cdot$、$C\cdot$ 和 $H\cdot$ 等；CO_2 分子解离成活性态物质 CO 和 O，这些活性物种选择性吸附于催化剂表面发生催化反应导致产物生成。

催化剂的理化性质、反应器的结构和电极材质等是影响催化剂和等离子体协同效应的重要因素。研究人员对此进行了大量研究，取得了重要进展。最近，英国利物浦大学的屠昕教授团队利用低温等离子体协同催化技术，突破了 CH_4 和 CO_2 的重整反应极高的热力学能垒，成功地实现了常温常压条件下 CH_4 和 CO_2 一步催化转化合成高附加值的液体燃料和化工产品（图 2.31）[236]。该技术采用水电极将反应温度控制在室温(～30℃)，利用一种具有特殊结构介质阻挡的放电反应器和催化剂耦合，实现了常温、常压条件下 CH_4 和 CO_2 一步催化转化合成液体产物(乙酸、甲醇、乙醇、丙酮和甲醛)，总选择性最高可达 59.1%。等离子体与 $Cu/\gamma\text{-}Al_2O_3$ 协同作用时，液体产物为乙酸、甲醇、乙醇和丙酮，乙酸的选择性最高，达到 40.2%。当等离子体与贵金属基(Au 和 Pt)催化剂协同作用时，除上述产物，同时伴随甲醛生成，其中 Pt 基催化剂甲醛选择性最高。

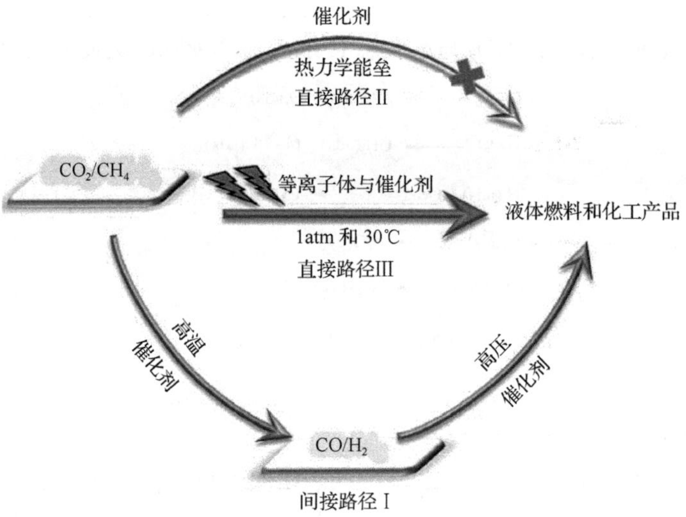

图 2.31　低温等离子体协同催化 CH_4 和 CO_2 的重整反应

5. 甲烷超干重整

DRM 过程涉及式(2.14)和式(2.15)的反应：

$$CO(g) + H_2O(g) \rightleftharpoons CO_2(g) + H_2(g) \tag{2.14}$$

$$CH_4(g) + 3CO_2(g) \longrightarrow 4CO(g) + 2H_2O(g) \tag{2.15}$$

基于平衡移动原理，Galvita 与合作者提出了一条“甲烷-二氧化碳超干重整”(super-dry reforming of methane and carbon dioxide)的新工艺，以获得富含一氧化碳的产物。他们采用 Ni 催化剂，以及 CaO/Al_2O_3 和 $Fe_3O_4/MgAl_2O_4$，利用氧化还原反应过程将水与含碳物种分离，拉动了反应平衡，在提高二氧化碳转化率的同时，获得富含一氧化碳的产物。反应过程如图 2.32 所示，甲烷和二氧化碳混合气在 Ni 基催化剂表面重整，生成一氧化碳和氢气[式(2.10)]。上述产物经过了 CaO/Al_2O_3 和 $Fe_3O_4/MgAl_2O_4$ 的催化剂床层，一氧化碳被 Fe_3O_4 氧化成二氧化碳，并被 CaO/Al_2O_3 吸收，生成了 $CaCO_3$ 储存；而 Fe_3O_4 则被还原，生成的水则被排出而脱离了体系，完成了氢物种与含碳物种的分离。之后在相同温度下通入惰性吹扫气，$CaCO_3$ 发生分解，放出了二氧化碳，还原 Fe 物种将二氧化碳还原得到了一氧化碳，而催化剂也被氧化回到了 Fe_3O_4[237]。

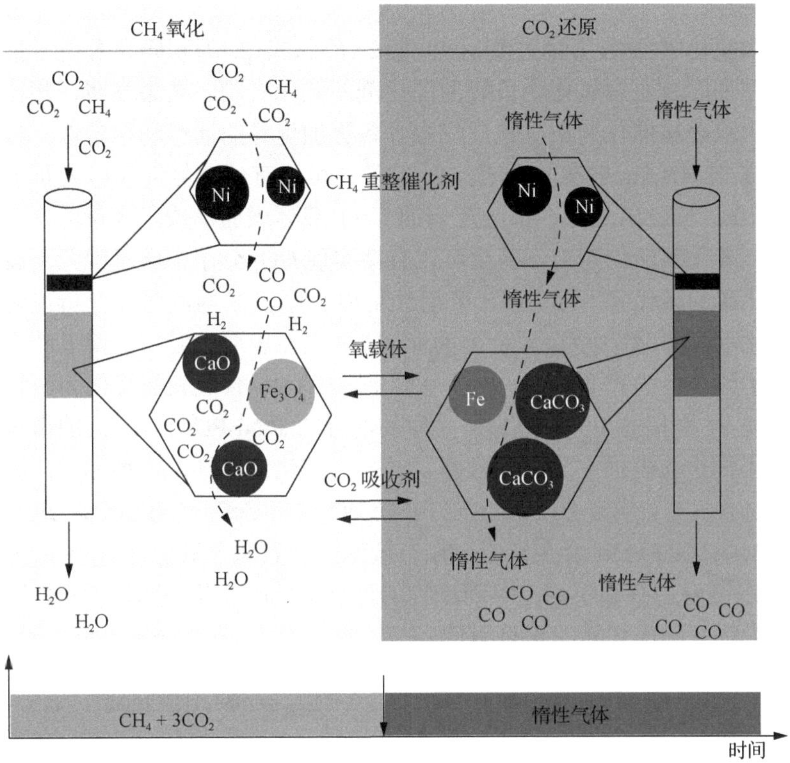

图 2.32 甲烷和二氧化碳“超干”重整示意图

整个过程的总反应式如式(2.15)所示。理论上，一个甲烷分子与三个二氧化碳分子生成了四个一氧化碳分子。在这一过程中，Ni 基催化剂起到了重整催化中心的作用；Fe 物种则起到了氧化还原中心的作用；CaO 捕获和释放二氧化碳，使氢物种与含碳物种分离，并使主反应的表观平衡向右移动，提高二氧化碳的利用率。通过热力学数据分析可知，这一过程转化 1mol 二氧化碳分子需要 110kJ 能量，比常规 DRM 所需的 247kJ 要低。同时，这一过程大大提高了二氧化碳的转化率，一氧化碳收率也高于传统工艺。相比于传统的 DRM 工艺，“超干”重整在 1023K 的较低温度下能得到较高的一氧化碳收率，并防止了积炭的产生，而转化单位二氧化碳所需的能量也较低。

6. CO_2与乙烷等低碳烷烃的重整

除二氧化碳与甲烷 DRM 过程外，二氧化碳与乙烷等低碳烷烃的重整也引起了人们的关注。

针对二氧化碳乙烷/丁烷重整反应[式(2.16)和式(2.17)]，研究人员考察了 PtNi 双金属模型表面及金属氧化物负载型催化剂的催化机制。结果表明，相比于单一金属组分，双金属催化剂在重整反应中具备更加优异的活性和稳定性。程序升温还原及原位 X 射线衍射实验表明，Pt 的存在可以有效地促进载体表面 CeO_2(从 Ce^{4+}到 Ce^{3+})及 NiO 的还原。部分还原的 CeO_2 载体表面形成了大量的氧空位，具有很强的二氧化碳活化能力，甚至可以直接实现 CO_2 分子中碳氧键的断裂，从而提高二氧化碳的转化率。通过原位 X 射线衍射和原位 X 射线吸收分析证明了反应条件下催化剂表面 PtNi 双金属合金的形成，并进一步通过漫反射傅里叶变换红外光谱确定了该合金的表面结构。在此基础上，将 PtNi 合金表面简化为两种简单模型表面，即 Pt 富集的 PtNi-Pt(111)晶面及混合的 PtNi-Pt(111)晶面的组合；采用 DFT 计算不同金属表面上重整反应路径的能量变化。如图 2.33 所示，计算结果与实验结果符合良好，重整反应活化能 $PtNi/CeO_2 < Pt/CeO_2 < Ni/CeO_2$。进一步的计算表明，Pt 富集的 PtNi 合金表面可以有效地降低表面含氧物种(如$^*OC_2H_5$等)的结合能/吸附强度，有利于相关中间产物的进一步反应，从而降低 C—C 键断裂的活化能，最终表现出优异的重整活性[238]。

$$C_2H_6+2CO_2 = 4CO+3H_2 \qquad \Delta H^{\ominus}_{298K} = 428.1 kJ \cdot mol^{-1} \tag{2.16}$$

$$C_4H_{10}+4CO_2 = 8CO+5H_2 \qquad \Delta H^{\ominus}_{298K} = 817.1 kJ \cdot mol^{-1} \tag{2.17}$$

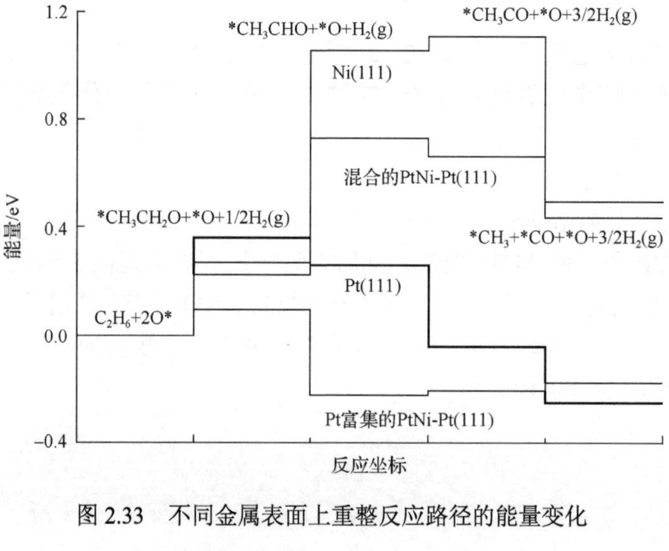

图 2.33　不同金属表面上重整反应路径的能量变化

2.3 二氧化碳与甲醇反应制乙酸

乙酸是重要的大宗化学品，目前主要通过甲醇的羰基化反应($CH_3OH+CO \longrightarrow CH_3COOH$)制备。以 CO_2 为原料制备乙酸是具有挑战性的课题。尽管在一些 CO_2 的加氢反应中检测到乙酸的存在[239]，但由于热力学限制，直接由 CO_2 加氢制乙酸未见成功实例。因此，科学家们另辟蹊径，发展了以 CO_2 为原料合成乙酸的新途径。

以 CO_2 为羰基化试剂，通过甲醇的加氢羰基化反应制备乙酸的新路线，如式(2.18)所示[240]。

$$CH_3OH + CO_2 + H_2 \xrightarrow[\geqslant 180^\circ C,\ DMI]{Ru_3(CO)_{12}/Rh_2(OAc)_4,\ \text{咪唑},\ LiI} CH_3COOH + H_2O \quad \Delta H^{\ominus}_{298K} = -137.6 kJ \cdot mol^{-1} \quad \Delta G^{\ominus}_{298K} = -66.4 kJ \cdot mol^{-1} \tag{2.18}$$

这一反应在热力学上可行，高收率获得乙酸的关键在于催化体系。以 $Ru_3(CO)_{12}/Rh_2(OAc)_4$ 为催化剂，DMI 为溶剂，咪唑为配体，LiI 为促进剂，在 200℃和 CO_2、H_2 压力均为 4MPa 条件下，反应 12h，反应高收率获得乙酸，其 TOF 达到 $30.8h^{-1}$，基于甲醇的乙酸产率为 70.3%，气体产物主要为 CH_4，未检测到 CO。

考察催化体系各组分的作用。在不加入配体，或以吡啶、2, 2'-联吡啶、三苯基膦、PPN-Cl 为配体时，反应活性明显降低。这表明咪唑配体与活性催化中心的配位作用对反应有重要影响。不加入促进剂，或利用其他阳离子(Na^+、K^+、Sn^{4+})或阴离子(Cl^-、Br^-)组成的盐为促进剂时，反应活性也明显降低。这表明 Li^+较强的 Lewis 酸性和合适的离子大小，能够促进反应进行；而 I^-有较强的亲核性，有利于促进 C—C 键的形成。使用单一 $Ru_3(CO)_{12}$ 催化剂时，没有乙酸生成；而使用单一 $Rh_2(OAc)_4$ 催化剂时，乙酸的生成速率明显减慢。由此推断，二者之间存在协同作用，使反应能够高效地进行。其他溶剂，如 *N, N*-二甲基甲酰胺、四氢呋喃、环己烷和水，在反应过程中导致金属催化剂分解，致使反应活性降低。而 DMI 具有稳定金属催化剂的作用，并且作为 Lewis 碱，DMI 也能吸附并活化酸性的 CO_2 分子。

考察反应温度、气体压力和催化剂用量对反应的影响。如图 2.34(a)所示，在 170℃时未检测到乙酸的生成；当温度由 180℃升至 200℃时，乙酸的 TOF 不断增加，在 200℃时达到 $30.8h^{-1}$；继续升温至 210℃，TOF 基本保持不变。固定 CO_2 和 H_2 的压力比为 1∶1，总压从 2MPa 升高到 10MPa 时，乙酸的产率得到大幅度提高(0.2%～75.0%)。当总压固定在 8MPa，CO_2 和 H_2 的压力比对反应活性也有较大的影响，在二者压力比为 1∶1 时乙酸产率最高(75.0%)。

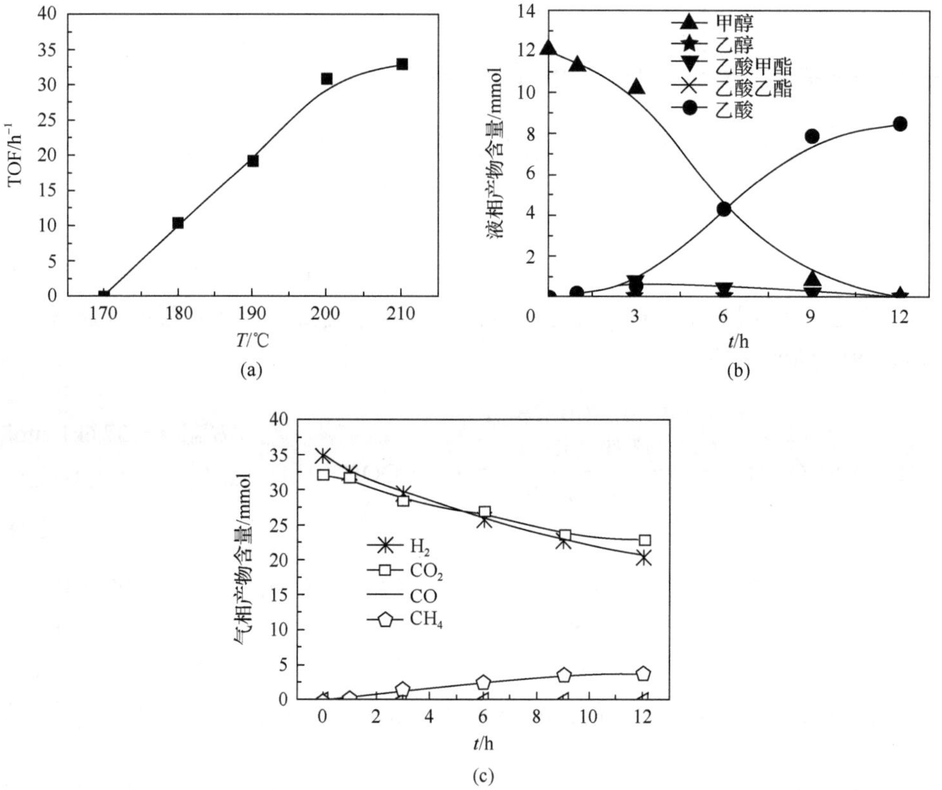

图 2.34 (a)不同温度下生成乙酸的 TOF；(b)液体产物的产量变化；(c)气体产物的产量变化

反应条件：$Ru_3(CO)_{12}$ 40μmol，$Rh_2(OAc)_4$ 40μmol(以金属的含量计算)，咪唑 0.75 mmol，LiI 3mmol，DMI 2mL，MeOH 12mmol，CO_2 压力 4MPa，H_2 压力 4MPa；(a)的反应时间为 12h，(b)～(c)的反应温度为 200℃；TOF 为每摩尔 Rh 催化剂每小时生成乙酸的物质的量(mol)

考察反应时间对反应体系组成的影响。如图 2.34(b)和图 2.34 (c)所示，在反应初始阶段(0～3h)，检测到液相产物有乙酸甲酯、乙酸乙酯和乙酸，气相产物有甲烷。随着反应进行，甲醇逐渐被消耗，乙酸产量稳定增长。进行至 9～12h 时，反应速率明显降低，液相产物中乙酸甲酯消失。反应中生成的 CH_4 量很少，并且在整个反应过程中几乎没有检测到 CO，而乙醇的生成量也可以忽略不计。

通过研究，排除了 CO 路径的可能性(即 CO_2 氢化生成 CO，然后通过甲醇羰基化反应生成乙酸)，提出可能的反应路径，如图 2.35 所示。首先，甲醇在 Li^+的促进作用下原位转化为碘甲烷。利用 CH_3OD 和 $CH_3{}^{18}OH$ 为原料的同位素标记实验也证明了 CH_3OH 中 O—H 键的断裂，证明了碘甲烷的生成。然后，CH_3I 与活性 Rh 粒子(Rh*)发生氧化加成得到 CH_3Rh^*I；随后，CO_2 插入 CH_3Rh^*I 形成 CH_3COORh^*I。增加 Rh 原子的电子云密度能够促进该步骤的进行，而咪唑的配位能够增加 Rh*的电子云密度，从而增加反应活性。最后，在 H_2 存在的条件下，

CH_3COORh^*I 发生还原消除反应，生成乙酸；而原位形成的 LiOH 和 HI 发生中和反应，生成 LiI 和 H_2O。利用 $^{13}CH_3OH$ 为反应原料的同位素标记实验结果表明乙酸分子中的 CH_3 基团来自甲醇。

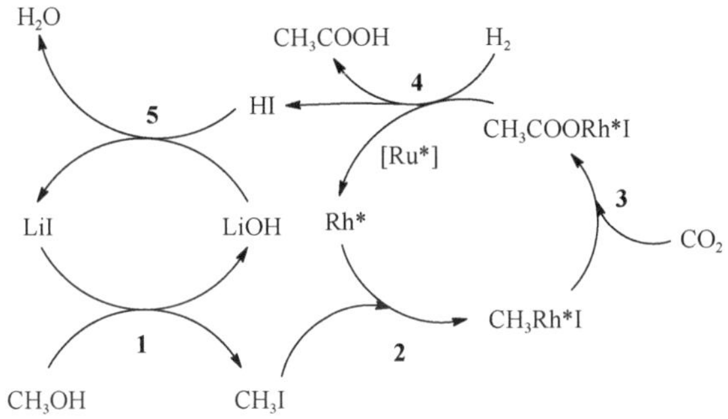

图 2.35 以 CO_2、H_2 和甲醇为原料合成乙酸的可能反应机理示意图

Ru*和 Rh*表示反应过程中的活性 Ru 和 Rh 粒子

在此工作的基础上，研究人员发展了 $Rh_2(CO)_4Cl_2$/4-甲基咪唑/LiI 催化体系。该体系应用于甲醇与 CO_2、H_2 的三组分反应；在反应温度为 150℃时，就有乙酸生成；在 180℃时，反应的 TOF 达到 $26.2h^{-1}$，乙酸的产率达到 81.8%。该催化体系更简单、反应条件更加温和[241]。

2.4 小结与展望

综上所述，CO_2 催化加氢制备能源产品已经取得了重大进展。通过发展高效催化体系，成功地将 CO_2 转化为一氧化碳、甲烷及长链烃、甲醇及 C_{2+}醇和甲酸及低碳有机酸等，实现了相对温和条件下的 CO_2 还原转化。同时，表征技术手段和理论计算方法的发展为揭示反应中间体结构、认识反应机理提供了便利。氢硅烷、氢硼烷等非 H_2 还原剂的应用，为温和条件下 CO_2 还原制能源产品提供了新的反应路线。

尽管 CO_2 催化氢化制备能源产品得到长足发展，但是大量研究仍然处于实验室研发阶段。实现其工业化应用，仍然需要研发新型稳定高效催化剂和经济可行的工艺路线。针对有效缓解温室气体引起的环境问题和有效碳资源利用问题，今后，开发更加经济且在温和条件下仍表现出高活性、高选择性的新型催化剂，以及为避免高温高压条件下气体反应带来的不安全性，寻找高效经济的供氢体代替氢气，以实现 CO_2 的高效催化转化制备能源产品依然会是本领域的重要研究方向。

参 考 文 献

[1] Riedel T, Schaub G, Jun K W, et al. Kinetics of CO_2 hydrogenation on a K-promoted Fe catalyst. Ind Eng Chem Res,2001, 40 (5): 1355-1363.

[2] Ginés M J L, Marchi A J, Apesteguía C R. Kinetic study of the reverse water-gas shift reaction over $CuO/ZnO/Al_2O_3$ catalysts. Appl Catal A: Gen,1997, 154 (1-2): 155-171.

[3] 崔永斌, 王贵昌, 孙予罕, 等. Cu/ZnO 催化剂上逆向水煤气变换反应反应机理的 Monte Carlo 模拟. 燃料化学学报,1997, 25 (5): 385-388.

[4] Fujita S I, Usui M, Takezawa N. Mechanism of the reverse water gas shift reaction over Cu/ZnO catalyst. J Catal,1992, 134 (1): 220-225.

[5] Wang G C, Jiang L, Zhou Y H, et al. Investigation of the kinetic properties for the forward and reverse WGS reaction by energetic analysis. J Mol Struc-Theochem,2003, 634 (1-3): 23-30.

[6] Chen C S, Cheng W H, Lin S S. Mechanism of CO formation in reverse water-gas shift reaction over Cu/Al_2O_3 catalyst. Catal Lett,2000, 68 (1): 45-48.

[7] Goguet A, Meunier F C, Tibiletti D, et al. Spectrokinetic investigation of reverse water-gas-shift reaction intermediates over a Pt/CeO_2 catalyst. J Phys Chem B,2004, 108 (52): 20240-20246.

[8] Lu B W, Kawamoto K. Preparation of mesoporous CeO_2 and monodispersed NiO particles in CeO_2, and enhanced selectivity of NiO/CeO_2 for reverse water gas shift reaction. Mater Res Bull,2014, 53: 70-78.

[9] Porosoff M D, Yang X, Boscoboinik J A, et al. Molybdenum carbide as alternative catalysts to precious metals for highly selective reduction of CO_2 to CO. Angew Chem Int Ed,2014, 53 (26): 6705-6709.

[10] Liu Y, Liu D Z. Study of bimetallic Cu-Ni/γ-Al_2O_3 catalysts for carbon dioxide hydrogenation. Int J Hydrogen Energ,1999, 24 (4): 351-354.

[11] Kharaji A G, Shariati A, Takassi M A. A novel γ-alumina supported Fe-Mo bimetallic batalyst for reverse water gas shift reaction. Chin J Chem Eng,2013, 21 (9): 1007-1014.

[12] Kharaji A G, Shariati A, Ostadi M. Development of Ni-Mo/Al_2O_3 catalyst for reverse water gas shift (RWGS) reaction. J Nanosci Nanotech,2014, 14 (9): 6841-6847.

[13] Pettigrew D J, Trimm D L, Cant N W. The effects of rare earth oxides on the reverse water-gas shift reaction on palladium/alumina. Catal Lett,1994, 28 (2): 313-319.

[14] Kim S S, Lee H H, Hong S C. A study on the effect of support's reducibility on the reverse water-gas shift reaction over Pt catalysts. Appl Catal A: Gen,2012, 423-424: 100-107.

[15] Alayoglu S, Beaumont S K, Zheng F, et al. CO_2 hydrogenation studies on Co and CoPt bimetallic nanoparticles under reaction conditions using TEM, XPS and NEXAFS. Top Catal,2011, 54 (13): 778-785.

[16] Chen C S, Cheng W H, Lin S S. Study of reverse water gas shift reaction by TPD, TPR and CO_2 hydrogenation over potassium-promoted Cu/SiO_2 catalyst. Appl Catal A: Gen,2003, 238 (1): 55-67.

[17] Chen C S, Cheng W H, Lin S S. Study of iron-promoted Cu/SiO_2 catalyst on high temperature reverse water gas shift reaction. Appl Catal A: Gen,2004, 257 (1): 97-106.

[18] Kusama H, Bando K K, Okabe K, et al. CO_2 hydrogenation reactivity and structure of Rh/SiO_2 catalysts prepared from acetate, chloride and nitrate precursors. Appl Catal A: Gen,2001, 205 (1-2): 285-294.

[19] Gogate M R, Davis R J. Comparative study of CO and CO_2 hydrogenation over supported Rh-Fe catalysts. Catal Commun,2010, 11 (10): 901-906.

[20] Zhao B R, Pan Y X, Liu C J. The promotion effect of CeO_2 on CO_2 adsorption and hydrogenation over Ga_2O_3. Catal Today,2012, 194 (1): 60-64.

[21] Kitamura B K, Soga K, Kunimori K, et al. Effect of Li additive on CO_2 hydrogenation reactivity of zeolite supported Rh catalysts. Appl Catal A: Gen,1998, 175 (1-2): 67-81.

[22] Xu W, Ramírez P J, Stacchiola D, et al. The carburization of transition metal molybdates (M_xMoO_4, M=Cu, Ni or Co) and the generation of highly active metal/carbide catalysts for CO_2 hydrogenation. Catal Lett,2015, 145 (7): 1365-1373.

[23] Cheng Z, Sherman B J, Lo C S. Carbon dioxide activation and dissociation on ceria (110): a density functional theory study. J Chem Phys,2013, 138 (1): 014702.

[24] Bueno-López A, Krishna K, Makkee M. Oxygen exchange mechanism between isotopic CO_2 and Pt/CeO_2. Appl Catal A: Gen,2008, 342 (1-2): 144-149.

[25] Li S, Xu Y, Chen Y, et al. Tuning the selectivity of catalytic carbon dioxide hydrogenation over iridium/cerium oxide catalysts with a strong metal-support interaction. Angew Chem Int Ed,2017, 56 (36): 10761-10765.

[26] Sun Q, Ye J, Liu C J, et al. In_2O_3 as a promising catalyst for CO_2 utilization: a case study with reverse water gas shift over In_2O_3. Greenhouse Gas Sci Technol,2014, 4 (1): 140-144.

[27] Rodriguez J A, Evans J, Feria L, et al. CO_2 hydrogenation on Au/TiC, Cu/TiC, and Ni/TiC catalysts: production of CO, methanol, and methane. J Catal,2013, 307: 162-169.

[28] Posada-Perez S, Vines F, Ramirez P J, et al. The bending machine: CO_2 activation and hydrogenation on δ-MoC(001) and β-Mo_2C(001) surfaces. Phys Chem Chem Phys,2014, 16 (28): 14912-14921.

[29] Porosoff M D, Kattel S, Li W, et al. Identifying trends and descriptors for selective CO_2 conversion to CO over transition metal carbides. Chem Commun,2015, 51 (32): 6988-6991.

[30] (a) Park S W, Joo O S, Jung K D, et al. Development of ZnO/Al_2O_3 catalyst for reverse-water-gas-shift reaction of CAMERE (carbon dioxide hydrogenation to form methanol via a reverse-water-gas-shift reaction) process. Appl Catal A: Gen,2001, 211 (1): 81-90;(b) Joo O S, Jung K D. Stability of $ZnAl_2O_4$ catalyst for reverse-water-gas-shift reaction (RWGSR). B Kor Chem Soc,2003, 24 (1): 86-90.

[31] Goguet A, Meunier F, Breen J P, et al. Study of the origin of the deactivation of a Pt/CeO_2 catalyst during reverse water gas shift (RWGS) reaction. J Catal,2004, 226 (2): 382-392.

[32] Lescot C, Nielsen D U, Makarov I S, et al. Efficient fluoride-catalyzed conversion of CO_2 to CO at room temperature. J Am Chem Soc,2014, 136 (16): 6142-6147.

[33] Lian Z, Nielsen D U, Lindhardt A T, et al. Cooperative redox activation for carbon dioxide conversion. Nat Commun,2016, 7: 13782.

[34] Palit C M, Graham D J, Chen C H, et al. Reduction of CO_2 to free CO by a Pd(Ⅰ)-Pd(Ⅰ) dimer. Chem Commun,2014, 50 (85): 12840-12842.

[35] Taddei C, Bongarzone S, Gee A D. Instantaneous conversion of $[^{11}C]CO_2$ to $[^{11}C]CO$ via fluoride-activated disilane species. Chem Eur J,2017, 23 (32): 7682-7685.

[36] 靳治良，钱玲，吕功煊. 二氧化碳化学：现状及展望. 化学进展,2010, 22 (6): 1102-1115.

[37] Hashimoto K, Yamasaki M, Meguro S, et al. Materials for global carbon dioxide recycling. Corros Sci,2002, 44 (2): 371-386.

[38] Mills G A, Steffgen F W. Catalytic methanation. Catal Rev,1973, 8 (2): 159-210.

[39] Sane S, Bonnier J M, Damon J P, et al. Raney metal catalysts: Ⅰ. comparative properties of raney nickel proceeding from Ni-Al intermetallic phases. Appl Catal,1984, 9 (1): 69-83.

[40] Lee G D, Moon M J, Park J H, et al. Raney Ni catalysts derived from different alloy precursors. Part Ⅱ. CO and CO_2 methanation activity. Korean J Chem Eng,2005, 22（4）: 541-546.

[41] Tada S, Shimizu T, Kameyama H, et al. Ni/CeO_2 catalysts with high CO_2 methanation activity and high CH_4 selectivity at low temperatures. Int J Hydrogen Energ,2012, 37（7）: 5527-5531.

[42] Yamasaki M, Habazaki H, Asami K, et al. Effect of tetragonal ZrO_2 on the catalytic activity of Ni/ZrO_2 catalyst prepared from amorphous Ni-Zr alloys. Catal Commun,2006, 7（1）: 24-28.

[43] Gao J, Jia L S, Fang W P, et al. Methanation of carbon dioxide over the $LaNiO_3$ perovskite catalysts activated under the reactant stream. J Fuel Chem Technol,2009, 37（5）: 573-577.

[44] Cai M D, Wen J, Chu W, et al. Methanation of carbon dioxide on Ni/ZrO_2-Al_2O_3 catalysts: effects of ZrO_2 promoter and preparation method of novel ZrO_2-Al_2O_3 carrier. J Nat Gas Chem,2011, 20（3）: 318-324.

[45] Ocampo F, Louis B Roger A C. Methanation of carbon dioxide over nickel-based $Ce_{0.72}Zr_{0.28}O_2$ mixed oxide catalysts prepared by sol-gel method. Appl Catal A: Gen,2009, 369（1-2）: 90-96.

[46]（a）Vance C K, Bartholomew C H. Hydrogenation of carbon dioxide on group Ⅷ metals. Ⅲ. Effects of support on activity/selectivity and adsorption properties of nickel. Appl Catal,1983, 7（2）: 169-177;（b）Weatherbee G D, Bartholomew C H. Hydrogenation of CO_2 on group Ⅷ metals. Ⅰ. Specific activity of $NiSiO_2$. J Catal,1981, 68（1）: 67-76.

[47] Aziz M A A, Jalil A A, Triwahyono S, et al. Highly active Ni-promoted mesostructured silica nanoparticles for CO_2 methanation. Appl Catal B: Environ,2014, 147: 359-368.

[48] Budi C S, Wu H C, Chen C S, et al. Ni nanoparticles supported on cage-type mesoporous silica for CO_2 hydrogenation with high CH_4 selectivity. ChemSusChem,2016, 9（17）: 2326-2331.

[49] Zhang R B, Liang L, Zeng X R, et al. Catalytic properties of Ni/MWCNT and La-promoted Ni/MWCNT for methanation of carbon dioxide reaction. Acta Phys-Chim Sin,2012, 28（08）: 1951-1956.

[50] Abe T, Tanizawa M, Watanabe K, et al. CO_2 methanation property of Ru nanoparticle-loaded TiO_2 prepared by a polygonal barrel-sputtering method. Energy Environ Sci,2009, 2（3）: 315-321.

[51] Beuls A, Swalus C, Jacquemin M, et al. Methanation of CO_2: further insight into the mechanism over Rh/γ-Al_2O_3 catalyst. Appl Catal B: Environ,2012, 113-114: 2-10.

[52] Kim H Y, Lee H M, Park J N. Bifunctional mechanism of CO_2 methanation on Pd-MgO/SiO_2 catalyst: independent roles of MgO and Pd on CO_2 methanation. J Phys Chem C,2010, 114（15）: 7128-7131.

[53] 孟运余，尚传勋. 二氧化碳甲烷化还原技术研究. 航天医学与医学工程,1994, 7（2）: 115-120.

[54] Sharma S, Hu Z, Zhang P, et al. CO_2 methanation on Ru-doped ceria. J Catal,2011, 278（2）: 297-309.

[55] Kattel S, Yu W, Yang X, et al. CO_2 hydrogenation over oxide-supported PtCo catalysts: the role of the oxide support in determining the product selectivity. Angew Chem Int Ed,2016, 55（28）: 7968-7973.

[56] Darensbourg D J, Bauch C G, Ovalles C. Mechanistic aspects of catalytic carbon dioxide methanation. Rev Inorg Chem,1985, 7（4）: 315-340.

[57] Weatherbee G D, Bartholomew C H. Hydrogenation of CO_2 on group Ⅷ metals. J Catal,1982, 77（2）: 460-472.

[58] 江琦，林强 黄仲涛，等. 二氧化碳甲烷化催化剂研究Ⅲ. Ni-Ru-稀土/ZrO_2 作用下的催化反应机理. 催化学报,1997, 18（3）: 189-193.

[59] Prairie M R, Renken A, Highfield J G, et al. A fourier transform infrared spectroscopic study of CO_2 methanation on supported ruthenium. J Catal,1991, 129（1）: 130-144.

[60] Chang F W, Kuo M S, Tsay M T, et al. Hydrogenation of CO_2 over nickel catalysts on rice husk ash-alumina prepared by incipient wetness impregnation. Appl Catal A: Gen,2003, 247（2）: 309-320.

[61] Matsuo T, Kawaguchi H. From carbon dioxide to methane: homogeneous reduction of carbon dioxide with hydrosilanes catalyzed by zirconium-borane complexes. J Am Chem Soc,2006, 128 (38): 12362-12363.

[62] Chen J W, Falivene L, Caporaso L, et al. Selective reduction of CO_2 to CH_4 by tandem hydrosilylation with mixed Al/B catalysts. J Am Chem Soc,2016, 138 (16): 5321-5333.

[63] Khandelwal M, Wehmschulte R J. Deoxygenative reduction of carbon dioxide to methane, toluene, and diphenylmethane with $[Et_2Al]^+$ as catalyst. Angew Chem Int Ed,2012, 51 (29): 7323-7326.

[64] Pan Y X, Liu C J, Ge Q. Effect of surface hydroxyls on selective CO_2 hydrogenation over Ni_4/γ-Al_2O_3: a density functional theory study. J Catal,2010, 272 (2): 227-234.

[65] Dorner R W, Hardy D R, Williams F W, et al. Influence of gas feed composition and pressure on the catalytic conversion of CO_2 to hydrocarbons using a traditional cobalt-based Fischer-Tropsch catalyst. Energ Fuel,2009, 23 (8): 4190-4195.

[66] Zhang Y, Jacobs G, Sparks D E, et al. CO and CO_2 hydrogenation study on supported cobalt Fischer-Tropsch synthesis catalysts. Catal Today,2002, 71 (3-4): 411-418.

[67] Hu B, Frueh S, Garces H F, et al. Selective hydrogenation of CO_2 and CO to useful light olefins over octahedral molecular sieve manganese oxide supported iron catalysts. Appl Catal B: Environ,2013, 132-133: 54-61.

[68] Kishan G, Lee M W, Nam S S, et al. The catalytic conversion of CO_2 to hydrocarbons over Fe-K supported on Al_2O_3-MgO mixed oxides. Catal Lett,1998, 56 (4): 215-219.

[69] You Z Y, Deng W P, Zhang Q H, et al. Hydrogenation of carbon dioxide to light olefins over non-supported iron catalyst. Chinese J Catal,2013, 34 (5): 956-963.

[70] Satthawong R, Koizumi N, Song C, et al. Light olefin synthesis from CO_2 hydrogenation over K-promoted Fe-Co bimetallic catalysts. Catal Today,2015, 251: 34-40.

[71] Rodemerck U, Holeňa M, Wagner E, et al. Catalyst development for CO_2 hydrogenation to fuels. ChemCatChem,2013, 5 (7): 1948-1955.

[72] Wei J, Ge Q J, Yao R W, et al. Directly converting CO_2 into a gasoline fuel. Nat Commun,2017, 8: 15174.

[73] Dorner R W, Hardy D R, Williams F W, et al. K and Mn doped iron-based CO_2 hydrogenation catalysts: detection of $KAlH_4$ as part of the catalyst's active phase. Appl Catal A: Gen,2010, 373 (1-2): 112-121.

[74] Satthawong R, Koizumi N, Song C, et al. Comparative study on CO_2 hydrogenation to higher hydrocarbons over Fe-based bimetallic catalysts. Top Catal,2014, 57 (6): 588-594.

[75] Das T, Deo G. Synthesis, characterization and *in situ* DRIFTS during the CO_2 hydrogenation reaction over supported cobalt catalysts. J Mol Catal A: Chem,2011, 350 (1-2): 75-82.

[76] Aldana P A U, Ocampo F, Kobl K, et al. Catalytic CO_2 valorization into CH_4 on Ni-based ceria-zirconia. Reaction mechanism by operando IR spectroscopy. Catal Today,2013, 215: 201-207.

[77] Ocampo F, Louis B, Kiwi-Minsker L, et al. Effect of Ce/Zr composition and noble metal promotion on nickel based $Ce_xZr_{1-x}O_2$ catalysts for carbon dioxide methanation. Appl Catal A: Gen,2011, 392 (1-2): 36-44.

[78] Janke C, Duyar M S, Hoskins M, et al. Catalytic and adsorption studies for the hydrogenation of CO_2 to methane. Appl Catal B: Environ,2014, 152-153: 184-191.

[79] Park J N, McFarland E W. A highly dispersed Pd-Mg/SiO_2 catalyst active for methanation of CO_2. J Catal,2009, 266 (1): 92-97.

[80] Gao P, Li S G, Bu X N, et al. Direct conversion of CO_2 into liquid fuels with high selectivity over a bifunctional catalyst. Nat Chem,2017, 9 (10): 1019-1024.

[81] Zhao Y, Wu H Y, Tan W, et al. Effect of metal modification of HZSM-5 on catalyst stability in the shape-selective methylation of toluene. Catal Today,2010, 156 (1-2): 69-73.

[82] Herranz T, Rojas S, Pérez-Alonso F J, et al. Carbon oxide hydrogenation over silica-supported iron-based catalysts: influence of the preparation route. Appl Catal A: Gen,2006, 308: 19-30.

[83] Ipatieff V N, Monroe G S. Synthesis of methanol from carbon dioxide and hydrogen over copper-alumina catalysts. Mechanism of reaction. J Am Chem Soc,1945, 67 (12): 2168-2171.

[84] 张忠涛, 李方伟, 迟克彬, 等. 甲醇工艺新进展. 辽宁化工,2001, 30 (11): 477-480.

[85] Bansode A, Urakawa A. Towards full one-pass conversion of carbon dioxide to methanol and methanol-derived products. J Catal,2014, 309: 66-70.

[86] Angelo L, Kobl K, Tejada L M M, et al. Study of CuZnMO$_x$ oxides (M = Al, Zr, Ce, CeZr) for the catalytic hydrogenation of CO_2 into methanol. C R Chim,2015, 18 (3): 250-260.

[87] Cai W, de la Piscina P R, Toyir J, et al. CO_2 hydrogenation to methanol over CuZnGa catalysts prepared using microwave-assisted methods. Catal Today,2015, 242, Part A: 193-199.

[88] Ud Din I, Shaharun M S, Subbarao D, et al. Synthesis, characterization and activity pattern of carbon nanofibers based copper/zirconia catalysts for carbon dioxide hydrogenation to methanol: influence of calcination temperature. J Power Sources,2015, 274: 619-628.

[89] Liao F, Huang Y, Ge J, et al. Morphology-dependent interactions of ZnO with Cu nanoparticles at the materials' interface in selective hydrogenation of CO_2 to CH_3OH. Angew Chem Int Ed,2011, 50 (9): 2162-2165.

[90] Bansode A, Tidona B, von Rohr P R, et al. Impact of K and Ba promoters on CO_2 hydrogenation over Cu/Al_2O_3 catalysts at high pressure. Catal Sci Technol,2013, 3 (3): 767-778.

[91] Song Y Q, Liu X R, Xiao L F, et al. Pd-promoter/MCM-41: a highly effective bifunctional catalyst for conversion of carbon dioxide. Catal Lett,2015, 145 (6): 1272-1280.

[92] Dubois J L, Sayama K, Arakawa H. CO_2 hydrogenation over carbide catalysts. Chem Lett,1992, 21 (1): 5-8.

[93] Xiao J, Mao D S, Guo X M, et al. Effect of TiO_2, ZrO_2, and TiO_2-ZrO_2 on the performance of CuO-ZnO catalyst for CO_2 hydrogenation to methanol. Appl Surf Sci,2015, 338: 146-153.

[94] Bonura G, Cordaro M, Cannilla C, et al. The changing nature of the active site of Cu-Zn-Zr catalysts for the CO_2 hydrogenation reaction to methanol. Appl Catal B: Environ,2014, 152-153: 152-161.

[95] Kiatphuengporn S, Chareonpanich M, Limtrakul J. Effect of unimodal and bimodal MCM-41 mesoporous silica supports on activity of Fe-Cu catalysts for CO_2 hydrogenation. Chem Eng J,2014, 240: 527-533.

[96] Jiang X, Koizumi N, Guo X W, et al. Bimetallic Pd-Cu catalysts for selective CO_2 hydrogenation to methanol. Appl Catal B: Environ,2015, 170-171: 173-185.

[97] Nieskens D L S, Ferrari D, Liu Y, et al. The conversion of carbon dioxide and hydrogen into methanol and higher alcohols. Catal Commun,2011, 14 (1): 111-113.

[98] Kusama H, Okabe K, Sayama K, et al. CO_2 hydrogenation to ethanol over promoted Rh/SiO_2 catalysts. Catal Today,1996, 28 (3): 261-266.

[99] Studt F, Sharafutdinov I, Abild-Pedersen F, et al. Discovery of a Ni-Ga catalyst for carbon dioxide reduction to methanol. Nat Chem,2014, 6 (4): 320-324.

[100] Ahouari H, Soualah A, Le Valant A, et al. Methanol synthesis from CO_2 hydrogenation over copper based catalysts. React Kint Mech Cat, 2013, 110 (1): 131-145.

[101] Fujita S I, Kanamori Y, Satriyo A M, et al. Methanol synthesis from CO_2 over Cu/ZnO catalysts prepared from various coprecipitated precursors. Catal Today,1998, 45 (1-4): 241-244.

[102] Le Valant A, Comminges C, Tisseraud C, et al. The Cu-ZnO synergy in methanol synthesis from CO_2, part 1: origin of active site explained by experimental studies and a sphere contact quantification model on Cu + ZnO mechanical mixtures. J Catal,2015, 324: 41-49.

[103] Zhan H J, Li F, Xin C L, et al. Performance of the La-Mn-Zn-Cu-O based perovskite precursors for methanol synthesis from CO_2 hydrogenation. Catal Lett,2015, 145（5）: 1177-1185.

[104] Xiao J, Mao D S, Guo X M, et al. Methanol synthesis from CO_2 hydrogenation over CuO-ZnO-TiO_2 catalysts: the influence of TiO_2 content. Energy Technology,2015, 3（1）: 32-39.

[105] Lei H, Nie R F, Wu G Q, et al. Hydrogenation of CO_2 to CH_3OH over Cu/ZnO catalysts with different ZnO morphology. Fuel,2015, 154: 161-166.

[106] Hartadi Y, Widmann D, Behm R J. CO_2 hydrogenation to methanol on supported Au catalysts under moderate reaction conditions: support and particle size effects. ChemSusChem,2015, 8（3）: 456-465.

[107] Wang G N, Chen L M, Sun Y H, et al. Carbon dioxide hydrogenation to methanol over Cu/ZrO_2/CNTs: effect of carbon surface chemistry. RSC Adv,2015, 5（56）: 45320-45330.

[108] Liang X L, Xie J R, Liu Z M. A novel Pd-decorated carbon nanotubes-promoted Pd-ZnO catalyst for CO_2 hydrogenation to methanol. Catal Lett,2015, 145（5）: 1138-1147.

[109] Qu J, Zhou X, Xu F, et al. Shape effect of Pd-promoted Ga_2O_3 nanocatalysts for methanol synthesis by CO_2 hydrogenation. J Phys Chem C,2014, 118（42）: 24452-24466.

[110] Zhan H J, Li F, Gao P, et al. Methanol synthesis from CO_2 hydrogenation over La-M-Cu-Zn-O（M = Y, Ce, Mg, Zr）catalysts derived from perovskite-type precursors. J Power Sources,2014, 251: 113-121.

[111] Gao P, Li F, Zhao N, et al. Influence of modifier（Mn, La, Ce, Zr and Y）on the performance of Cu/Zn/Al catalysts via hydrotalcite-like precursors for CO_2 hydrogenation to methanol. Appl Catal A: Gen,2013, 468: 442-452.

[112] Ladera R, Pérez-Alonso F J, González-Carballo J M, et al. Catalytic valorization of CO_2 via methanol synthesis with Ga-promoted Cu-ZnO-ZrO_2 catalysts. Appl Catal B: Environ,2013, 142-143: 241-248.

[113] Arena F, Mezzatesta G, Zafarana G, et al. Effects of oxide carriers on surface functionality and process performance of the Cu-ZnO system in the synthesis of methanol via CO_2 hydrogenation. J Catal,2013, 300: 141-151.

[114] Guo X M, Mao D S, Lu G Z, et al. The influence of La doping on the catalytic behavior of Cu/ZrO_2 for methanol synthesis from CO_2 hydrogenation. J Mol Catal A: Chem,2011, 345（1-2）: 60-68.

[115] Kong H, Li H Y, Lin G D, et al. Pd-decorated CNT-promoted Pd-Ga_2O_3 catalyst for hydrogenation of CO_2 to methanol. Catal Lett,2011, 141（6）: 886-894.

[116] Jia L S, Gao J, Fang W P, et al. Carbon dioxide hydrogenation to methanol over the pre-reduced $LaCr_{0.5}Cu_{0.5}O_3$ catalyst. Catal Commun,2009, 10（15）: 2000-2003.

[117] Chiavassa D L, Barrandeguy J, Bonivardi A L, et al. Methanol synthesis from CO_2/H_2 using Ga_2O_3-Pd/silica catalysts: impact of reaction products. Catal Today,2008, 133-135: 780-786.

[118] Słoczyński J, Grabowski R, Kozłowska A, et al. Catalytic activity of the M/（3ZnO · ZrO_2）system（M = Cu, Ag, Au）in the hydrogenation of CO_2 to methanol. Appl Catal A: Gen,2004, 278（1）: 11-23.

[119] Melián-Cabrera I, López Granados M, Fierro J L G. Effect of Pd on Cu-Zn catalysts for the hydrogenation of CO_2 to methanol: stabilization of Cu metal against CO_2 oxidation. Catal Lett,2002, 79（1）: 165-170.

[120] Toyir J, Ramírez de la Piscina P, Fierro J L G, et al. Catalytic performance for CO_2 conversion to methanol of gallium-promoted copper-based catalysts: influence of metallic precursors. Appl Catal B: Environ,2001, 34（4）: 255-266.

[121] Gao L Z, Au C T. CO_2 hydrogenation to methanol on a $YBa_2Cu_3O_7$ catalyst. J Catal,2000, 189（1）: 1-15.

[122] An B, Zhang J Z, Cheng K, et al. Confinement of ultrasmall Cu/ZnO_x nanoparticles in metal-organic frameworks for selective methanol synthesis from catalytic hydrogenation of CO_2. J Am Chem Soc,2017, 139 (10): 3834-3840.

[123] (a) Zhang Y L, Sun Q, Deng J F, et al. A high activity Cu/ZnO/Al_2O_3 catalyst for methanol synthesis: preparation and catalytic properties. Appl Catal A: Gen,1997, 158 (1): 105-120; (b) Qi G X, Fei J H, Hou Z Y, et al. Methanol synthesis by CO_2 hydrogenation over titanium modified γ-Al_2O_3 supported copper catalysts. React Kinet Catal Lett,2001, 73 (1): 151-160.

[124] 刘源, 钟炳, 王琴, 等. 氧化铜/氧化锆甲醇合成催化剂的性能研究. 催化学报,1995, 16 (6): 442-446.

[125] 邵昌平, 杨秀芝, 王捷宇. SiO_2负载的Pt-M、Rh-M异双核络合物催化剂催化CO_2氢化反应. 分子催化,1996, 10 (5): 363-367.

[126] Yang X, Kattel S, Senanayake S D, et al. Low pressure CO_2 hydrogenation to methanol over gold nanoparticles activated on a CeO_x/TiO_2 interface. J Am Chem Soc,2015, 137 (32): 10104-10107.

[127] Vidal A B, Feria L, Evans J, et al. CO_2 activation and methanol synthesis on novel Au/TiC and Cu/TiC catalysts. J Phys Chem Lett,2012, 3 (16): 2275-2280.

[128] Liu J Y, Shi J L, He D H, et al. Surface active structure of ultra-fine Cu/ZrO_2 catalysts used for the CO_2+H_2 to methanol reaction. Appl Catal A: Gen,2001, 218 (1-2): 113-119.

[129] Martin O, Martín A J, Mondelli C, et al. Indium oxide as a superior catalyst for methanol synthesis by CO_2 hydrogenation. Angew Chem Int Ed,2016, 55 (21): 6261-6265.

[130] Martin O, Perez-Ramirez J. New and revisited insights into the promotion of methanol synthesis catalysts by CO_2. Catal Sci Technol,2013, 3 (12): 3343-3352.

[131] Graciani J, Mudiyanselage K, Xu F, et al. Highly active copper-ceria and copper-ceria-titania catalysts for methanol synthesis from CO_2. Science,2014, 345 (6196): 546-550.

[132] Behrens M, Studt F, Kasatkin I, et al. The active site of methanol synthesis over Cu/ZnO/Al_2O_3: industrial catalysts. Science,2012, 336 (6083): 893-897.

[133] Wang G C, Zhao Y Z, Cai Z S, et al. Investigation of the active sites of CO_2 hydrogenation to methanol over a Cu-based catalyst by the UBI-QEP approach. Surf Sci,2000, 465 (1-2): 51-58.

[134] (a) Uzunova E L, Seriani N, Mikosch H. CO_2 conversion to methanol on Cu(Ⅰ) oxide nanolayers and clusters: an electronic structure insight into the reaction mechanism. Phys Chem Chem Phys,2015, 17 (16): 11088-11094; (b) 殷永泉, 肖天存, 苏继新. CO 和 CO_2在 CuO/ZnO/Al_2O_3催化剂上加氢反应机理的原位红外研究. 燃料化学学报,1999, 27 (6): 565-571; (c) French S A, Sokol A A, To J, et al. Active sites for heterogeneous catalysis by functionalisation of internal and external surfaces. Catal Today,2004, 93-95: 535-540.

[135] Fujitani T, Nakamura I, Uchijima T, et al. The kinetics and mechanism of methanol synthesis by hydrogenation of CO_2 over a Zn-deposited Cu(111) surface. Surf Sci,1997, 383 (2-3): 285-298.

[136] Chiavassa D L, Collins S E, Bonivardi A L, et al. Methanol synthesis from CO_2/H_2 using Ga_2O_3-Pd/silica catalysts: kinetic modeling. Chem Eng J,2009, 150 (1): 204-212.

[137] Kusama H, Okabe K, Arakawa H. Characterization of Rh-Co/SiO_2 catalysts for CO_2 hydrogenation with TEM, XPS and FT-IR. Appl Catal A: Gen,2001, 207 (1-2): 85-94.

[138] Yang Y, Mims C A, Mei D H, et al. Mechanistic studies of methanol synthesis over Cu from CO/CO_2/H_2/H_2O mixtures: the source of C in methanol and the role of water. J Catal,2013, 298: 10-17.

[139] Behrens M. Heterogeneous catalysis of CO_2 conversion to methanol on copper surfaces. Angew Chem Int Ed,2014, 53 (45): 12022-12024.

[140] Hong Q J, Liu Z P. Mechanism of CO_2 hydrogenation over $Cu/ZrO_2(\bar{2}12)$ interface from first-principles kinetics Monte Carlo simulations. Surf Sci,2010, 604 (21-22): 1869-1876.

[141] Zhao Y F, Yang Y, Mims C, et al. Insight into methanol synthesis from CO_2 hydrogenation on Cu(111): complex reaction network and the effects of H_2O. J Catal,2011, 281 (2): 199-211.

[142] Liu P, Choi Y, Yang Y, et al. Methanol synthesis from H_2 and CO_2 on a Mo_6S_8 cluster: a density functional study. J Phys Chem A,2010, 114 (11): 3888-3895.

[143] Yang Y, Evans J, Rodriguez J A, et al. Fundamental studies of methanol synthesis from CO_2 hydrogenation on Cu(111), Cu clusters, and Cu/ZnO(0001). Phys Chem Chem Phys,2010, 12 (33): 9909-9917.

[144] Yang Y, White M G, Liu P. Theoretical study of methanol synthesis from CO_2 hydrogenation on metal-doped Cu(111) surfaces. J Phys Chem C,2012, 116 (1): 248-256.

[145] Studt F, Abild-Pedersen F, Varley J B, et al. CO and CO_2 hydrogenation to methanol calculated using the BEEF-vdW functional. Catal Lett,2013, 143 (1): 71-73.

[146] Saito M, Murata K. Development of high performance Cu/ZnO-based catalysts for methanol synthesis and the water-gas shift reaction. Catal Surv Asia,2004, 8 (4): 285-294.

[147] Chinchen G C, Denny P J, Parker D G, et al. Mechanism of methanol synthesis from $CO_2/CO/H_2$ mixtures over copper/zinc oxide/alumina catalysts: use of ^{14}C-labelled reactants. Appl Catal,1987, 30 (2): 333-338.

[148] Erdöhelyi A, Pásztor M, Solymosi F. Catalytic hydrogenation of CO_2 over supported palladium. J Catal,1986, 98 (1): 166-177.

[149] Tang Q L, Hong Q J, Liu Z P. CO_2 fixation into methanol at Cu/ZrO_2 interface from first principles kinetic Monte Carlo. J Catal,2009, 263 (1): 114-122.

[150] 丛昱, 包信和, 张涛. 超细$Cu\text{-}ZnO\text{-}ZrO_2$催化剂上甲醇合成的TPSR和TPD研究. 燃料化学学报,2000, 28 (3): 238-243.

[151] Wesselbaum S, vom Stein T, Klankermayer J, et al. Hydrogenation of carbon dioxide to methanol by using a homogeneous ruthenium-phosphine catalyst. Angew Chem Int Ed,2012, 51 (30): 7499-7502.

[152] Wesselbaum S, Moha V, Meuresch M, et al. Hydrogenation of carbon dioxide to methanol using a homogeneous ruthenium-Triphos catalyst: from mechanistic investigations to multiphase catalysis. Chem Sci,2015, 6 (1): 693-704.

[153] Geilen F M A, Engendahl B, Hölscher M, et al. Selective homogeneous hydrogenation of biogenic carboxylic acids with $[Ru(TriPhos)H]^+$: a mechanistic study. J Am Chem Soc,2011, 133 (36): 14349-14358.

[154] Schneidewind J, Adam R, Baumann W, et al. Low-temperature hydrogenation of carbon dioxide to methanol with a homogeneous cobalt catalyst. Angew Chem Int Ed,2017, 56 (7): 1890-1893.

[155] Rezayee N M, Huff C A, Sanford M S. Tandem amine and ruthenium-catalyzed hydrogenation of CO_2 to methanol. J Am Chem Soc,2015, 137 (3): 1028-1031.

[156] Kothandaraman J, Goeppert A, Czaun M, et al. Conversion of CO_2 from air into methanol using a polyamine and a homogeneous ruthenium catalyst. J Am Chem Soc,2015, 138 (3): 778-781.

[157] Ge H Y, Chen X Y, Yang X Z. Hydrogenation of carbon dioxide to methanol catalyzed by iron, cobalt, and manganese cyclopentadienone complexes: mechanistic insights and computational design. Chem Eur J, 2017, 23(37): 8850-8856.

[158] Balaraman E, Gunanathan C, Zhang J, et al. Efficient hydrogenation of organic carbonates, carbamates and formates indicates alternative routes to methanol based on CO_2 and CO. Nat Chem,2011, 3 (8): 609-614.

[159] Balaraman E, Ben-David Y, Milstein D. Unprecedented catalytic hydrogenation of urea derivatives to amines and methanol. Angew Chem Int Ed,2011, 50 (49): 11702-11705.

[160] Balaraman E, Gnanaprakasam B, Shimon L J W, et al. Direct hydrogenation of amides to alcohols and amines under mild conditions. J Am Chem Soc,2010, 132 (47): 16756-16758.

[161] Han Z B, Rong L C, Wu J, et al. Catalytic hydrogenation of cyclic carbonates: a practical approach from CO_2 and epoxides to methanol and diols. Angew Chem Int Ed,2012, 51 (52): 13041-13045.

[162] Huff C A, Sanford M S. Cascade catalysis for the homogeneous hydrogenation of CO_2 to methanol. J Am Chem Soc,2011, 133 (45): 18122-18125.

[163] Wang W, Wang S P, Ma X B, et al. Recent advances in catalytic hydrogenation of carbon dioxide. Chem Soc Rev,2011, 40 (7): 3703-3727.

[164] Savourey S, Lefèvre G, Berthet J C, et al. Efficient disproportionation of formic acid to methanol using molecular ruthenium catalysts. Angew Chem Int Ed,2014, 53 (39): 10466-10470.

[165] (a) Chakraborty S, Zhang J, Krause J A, et al. An efficient nickel catalyst for the reduction of carbon dioxide with a borane. J Am Chem Soc,2010, 132 (26): 8872-8873; (b) Chakraborty S, Patel Y J, Krause J A, et al. Catalytic properties of nickel bis(phosphinite) pincer complexes in the reduction of CO_2 to methanol derivatives. Polyhedron,2012, 32 (1): 30-34.

[166] (a) Ashley A E, Thompson A L, O'Hare D. Non-metal-mediated homogeneous hydrogenation of CO_2 to CH_3OH. Angew Chem Int Ed,2009, 48 (52): 9839-9843; (b) Ménard G, Stephan D W. Room temperature reduction of CO_2 to methanol by Al-based frustrated lewis pairs and ammonia borane. J Am Chem Soc,2010, 132 (6): 1796-1797; (c) Sgro M J, Domer J, Stephan D W. Stoichiometric CO_2 reductions using a bis-borane-based frustrated Lewis pair. Chem Commun,2012, 48 (58): 7253-7255; (d) Menard G, Stephan D W. CO_2 reduction via aluminum complexes of ammonia boranes. Dalton Trans,2013, 42 (15): 5447-5453; (e) Courtemanche M A, Larouche J, Légaré M A, et al. A tris(triphenylphosphine) aluminum ambiphilic precatalyst for the reduction of carbon dioxide with catecholborane. Organometallics,2013, 32 (22): 6804-6811; (f) Bontemps S, Sabo-Etienne S. Trapping formaldehyde in the homogeneous catalytic reduction of carbon dioxide. Angew Chem Int Ed,2013, 52 (39): 10253-10255; (g) Courtemanche M A, Légaré M A, Maron L, et al. A highly active phosphine-borane organocatalyst SI. J Am Chem Soc,2013, 135 (25): 9326-9329.

[167] Riduan S N, Zhang Y, Ying J Y. Conversion of carbon dioxide into methanol with silanes over *N*-heterocyclic carbene catalysts. Angew Chem Int Ed,2009, 48 (18): 3322-3325.

[168] Schäfer A, Saak W, Haase D, et al. Silyl cation mediated conversion of CO_2 into benzoic acid, formic acid, and methanol. Angew Chem Int Ed,2012, 51 (12): 2981-2984.

[169] Yoneyama H, Wakamoto K, Hatanaka N, et al. Photoelectrochemical reduction of carbon monoxide on iron(Ⅱ) tetraphenylporphyrin-coated *p*-type GaP electrodes. Chem Lett,1985, 14 (4): 539-542.

[170] (a) Inui T, Yamamoto T. Effective synthesis of ethanol from CO_2 on polyfunctional composite catalysts. Catal Today,1998, 45 (1-4): 209-214; (b) Inui T, Yamamoto T, Inoue M, et al. Highly effective synthesis of ethanol by CO_2-hydrogenation on well balanced multi-functional FT-type composite catalysts. Appl Catal A: Gen,1999, 186 (1-2): 395-406.

[171] Kurakata H, Izumi Y, Aika K I. Ethanol synthesis from carbon dioxide on TiO_2-supported [$Rh_{10}Se$] catalyst. Chem Commun,1996, (3): 389-390.

[172] Li S G, Guo H J, Luo C R, et al. Effect of iron promoter on structure and performance of K/Cu-Zn catalyst for higher alcohols synthesis from CO_2 hydrogenation. Catal Lett,2013, 143 (4): 345-355.

[173] Tominaga K I, Sasaki Y, Saito M, et al. Homogeneous Ru-Co bimetallic catalysis in CO_2 hydrogenation: the formation of ethanol. J Mol Catal A: Chem,1994, 89 (1): 51-55.

[174] Qian Q L, Cui M, He Z H, et al. Highly selective hydrogenation of CO_2 into C_{2+} alcohols by homogeneous catalysis. Chem Sci,2015, 6 (10): 5685-5689.

[175] Cui M, Qian Q L, He Z H, et al. Bromide promoted hydrogenation of CO_2 to higher alcohols using Ru-Co homogeneous catalyst. Chem Sci,2016, 7 (8): 5200-5205.

[176] Veibel S, Nielsen J I. On the mechanism of the Guerbet reaction. Tetrahedron,1967, 23 (4): 1723-1733.

[177] Thomas C M, Süss-Fink G. Ligand effects in the rhodium-catalyzed carbonylation of methanol. Coord Chem Rev,2003, 243 (1-2): 125-142.

[178] Fakley M E, Head R A. The catalytic hydrocarbonylation of alcohols-a review. Appl Catal,1983, 5 (1): 3-18.

[179] He Z H, Qian Q L, Ma J, et al. Water-enhanced synthesis of higher alcohols from CO_2 hydrogenation over a Pt/Co_3O_4 catalyst under milder conditions. Angew Chem Int Ed,2016, 55 (2): 737-741.

[180] Zhang S, Shan J J, Zhu Y, et al. WGS catalysis and *in situ* studies of CoO_{1-x}, $PtCo_n/Co_3O_4$, and $Pt_mCo_{m'}/CoO_{1-x}$ nanorod catalysts. J Am Chem Soc,2013, 135 (22): 8283-8293.

[181] Zhang Z B, Sun Q S, Xia C G, et al. CO_2 as a C_1 source: $B(C_6F_5)_3$-catalyzed cyclization of *o*-phenylene-diamines to construct benzimidazoles in the presence of hydrosilane. Org Lett,2016, 18 (24): 6316-6319.

[182] Graf E, Leitner W. Direct formation of formic acid from carbon dioxide and dihydrogen using the $[\{Rh(cod)Cl\}_2]$-$Ph_2P(CH_2)_4PPh_2$ catalyst system. Chem Commun,1992, (8): 623-624.

[183] Fornika R, Gorls H, Seemann B, et al. Complexes $[(P_2)Rh(hfacac)]$(P_2=bidentate chelating phosphane, hfacac=hexafluoroacetylacetonate) as catalysts for CO_2 hydrogenation: correlations between solid state structures, ^{103}Rh NMR shifts and catalytic activities. J Chem Soc, Chem Commun, 1995, 14: 1479-1481.

[184] Feng F, Ye J, Cheng Z, et al. Cu-Pd/γ-Al_2O_3 catalyzed the coupling of multi-step reactions: direct synthesis of benzimidazole derivatives. RSC Adv,2016, 6 (76): 72750-72755.

[185] Bala M, Verma P K, Sharma U, et al. Iron phthalocyanine as an efficient and versatile catalyst for *N*-alkylation of heterocyclic amines with alcohols: one-pot synthesis of 2-substituted benzimidazoles, benzothiazoles and benzoxazoles. Green Chem,2013, 15 (6): 1687-1693.

[186] Shiraishi Y, Sugano Y, Tanaka S, et al. One-pot synthesis of benzimidazoles by simultaneous photocatalytic and catalytic reactions on Pt@TiO_2 nanoparticles. Angew Chem Int Ed,2010, 49 (9): 1656-1660.

[187] Rajenahally J, Natte K, Neumann H, et al. Transition cetal-catalyzed utilization of methanol as C_1 source in organic synthesis. Angew Chem Int Ed,2017, 56 (23): 6384-6394.

[188] Jessop P G, Hsiao Y, Ikariya T, et al. Homogeneous catalysis in supercritical fluids: hydrogenation of supercritical carbon dioxide to formic acid, alkyl formates, and formamides. J Am Chem Soc,1996, 118 (2): 344-355.

[189] Zhang X, Wu Z S, Zhang X, et al. Highly selective and active CO_2 reduction electrocatalysts based on cobalt phthalocyanine/carbon nanotube hybrid structures. Nat Commun,2017, 8: 14675.

[190] Yue H F, Guo L, Liao H H, et al. Catalytic ester and amide to amine interconversion: nickel-catalyzed decarbonylative amination of esters and amides by C—O and C—C bond activation. Angew Chem Int Ed,2017, 56(15): 4282-4285.

[191] Liang Q, Osten K M, Song D. Iron-catalyzed gem-specific dimerization of terminal alkynes. Angew Chem Int Ed,2017, 56(22): 6317-6320.

[192] Zhang H, Wu G, Yi H, et al. Copper(Ⅰ)-catalyzed chemoselective coupling of cyclopropanols with diazoesters: ring-opening C—C bond formations. Angew Chem Int Ed, 2017, 56(14): 3945-3950.

[193] Himeda Y. Conversion of CO_2 into formate by homogeneously catalyzed hydrogenation in water: tuning catalytic activity and water solubility through the acid-base equilibrium of the ligand. Eur J Inorg Chem,2007, 2007 (25): 3927-3941.

[194] Tanaka R, Yamashita M, Nozaki K. Catalytic hydrogenation of carbon dioxide using Ir(III)-pincer complexes. J Am Chem Soc,2009, 131 (40): 14168-14169.

[195] Hao S, Liu Y, Shang C, et al. CO_2 adsorption and catalytic application of imidazole ionic liquid functionalized porous organic polymers. Polym Chem,2017, 8 (11): 1833-1839.

[196] Li Q, Fu J, Zhu W, et al. Tuning Sn-catalysis for electrochemical reduction of CO_2 to CO via the core/shell Cu/SnO_2 structure. J Am Chem Soc, 2017, 139(12): 4290-4293.

[197] Zhang Y, Fei J, Yu Y, et al. Silica immobilized ruthenium catalyst used for carbon dioxide hydrogenation to formic acid (Ⅰ): the effect of functionalizing group and additive on the catalyst performance. Catal Commun,2004, 5 (10): 643-646.

[198] Zhang Z, Hu S, Song J, et al. Hydrogenation of CO_2 to formic acid promoted by a diamine-functionalized ionic liquid. ChemSusChem,2009, 2 (3): 234-238.

[199] Long R, Li Y, Liu Y, et al. Isolation of Cu atoms in Pd lattice: forming highly selective sites for photocatalytic conversion of CO_2 to CH_4. J Am Chem Soc,2017, 139 (12): 4486-4492.

[200] Burgess S A, Kendall A J, Tyler D R, et al. Hydrogenation of CO_2 in water using a bis(diphosphine) Ni—H complex. ACS Catal,2017, 7 (4): 3089-3096.

[201] Inoue Y, Izumida H, Sasaki Y. Catalytic fixation of carbon dioxide to formic acid by transtion-metal complexes under mild conditions. Chem Lett,1976, 5: 863-864.

[202] Gassner F, Leitner W. Hydrogenation of carbon dioxide to formic acid using water-soluble rhodium catalystst. J Chem Soc Chem Commun,1993, 1993: 1465-1466.

[203] Tsai J C, Nicholas K M. Rhodium-catalyzed hydrogenation of carbon dioxide to formic acid. J Am Chem Soc,1992, 114 (13): 5117-5124.

[204] Musashi Y, Sakaki S. Theoretical study of Rhodium(III)-catalyzed hydrogenation of carbon dioxide into formic acid. Significant differences in reactivity among Rhodium(III), Rhodium(Ⅰ), and Ruthenium(Ⅱ) complexes. J Am Chem Soc,2002, 124 (25): 7588-7603.

[205] Jantke D, Pardatscher L, Drees M, et al. Hydrogen production and storage on a formic acid/bicarbonate platform using water-soluble *N*-heterocyclic carbene complexes of late transition metals. ChemSusChem,2016, 9 (19): 2849-2854.

[206] Khan M M T, Halligudi S B, Shukla S. Stoichiometric reduction of carbon dioxide to HCHO and HCOOH by $K[Ru^{III}(EDTA\text{-}H)Cl]\cdot 2H_2O$. J Mol Catal A: Chem,1989, 53 (3): 305-313.

[207] Jessop P G, Hsiao Y, Ikariya T, et al. Catalytic production of dimethylformamide from supercritical carbon dioxide. J Am Chem Soc,1994, 116 (19): 8851-8852.

[208] Rohmann K, Kothe J, Haenel M W, et al. Hydrogenation of CO_2 to formic acid with a highly active ruthenium acriphos complex in DMSO and DMSO/water. Angew Chem Int Ed,2016, 55 (31): 8966-8969.

[209] Zhang Z, Xie Y, Li W, et al. Hydrogenation of carbon dioxide is promoted by a task-specific ionic liquid. Angew Chem Int Ed,2008, 47 (6): 1127-1129.

[210] Yu Y M, Zhang Y P, Fei J H, et al. Silica immobilized ruthenium catalyst for formic acid synthesis from supercritical carbon dioxide hydrogenation. Ⅱ: Effect of reaction conditions on the catalyst performance. Chin J Chem,2005, 23 (8): 977-982.

[211] Wesselbaum S, Hintermair U, Leitner W. Continuous-flow hydrogenation of carbon dioxide to pure formic acid using an integrated scCO_2 process with immobilized catalyst and base. Angew Chem Int Ed,2012, 51 (34): 8585-8588.

[212] Scott M, Molinos B B, Westhues C, et al. Aqueous biphasic systems for the synthesis of formates by catalytic CO_2 hydrogenation: integrated reaction and catalyst separation for CO_2-scrubbing solutions. ChemSusChem,2017, 10 (6): 1085-1093.

[213] Lao D B, Galan B R, Linehan J C, et al. The steps of activating a prospective CO_2 hydrogenation catalyst with combined CO_2 capture and reduction. Green Chem,2016, 18 (18): 4871-4874.

[214] Mori K, Taga T, Yamashita H. Isolated single-atomic Ru catalyst bound on a layered double hydroxide for hydrogenation of CO_2 to formic acid. ACS Catal,2017,7(5): 3147-3151.

[215] Himeda Y, Onozawa-Komatsuzaki N, Sugihara H, et al. Simultaneous tuning of activity and water solubility of complex catalysts by acid-base equilibrium of ligands for conversion of carbon dioxide. Organometallics,2007, 26 (3): 702-712.

[216] Wang L, Onishi N, Murata K, et al. Efficient hydrogen storage and production using a catalyst with an imidazoline-based, proton-responsive ligand. ChemSusChem,2017, 10 (6): 1071-1075.

[217] Lu S M, Wang Z, Li J, et al. Base-free hydrogenation of CO_2 to formic acid in water with an iridium complex bearing a *N,N'*-diimine ligand. Green Chem,2016, 18 (16): 4553-4558.

[218] An B, Zeng L Z, Jia M, et al. Molecular iridium complexes in metal-organic frameworks catalyze CO_2 hydrogenation via concerted proton and hydride transfer. J Am Chem Soc,2017, 139(49): 17747-17750.

[219] Evans G O, Newell C J. Conversion of CO_2, H_2, and alcohols into formate esters using anionic iron carbonyl hydrides. Inorg Chim Acta,1978, 31: L387-L389.

[220] Federsel C, Boddien A, Jackstell R, et al. A well-defined iron catalyst for the reduction of bicarbonates and carbon dioxide to formates, alkyl formates, and formamides. Angew Chem Int Ed,2010, 49 (50): 9777-9780.

[221] Zhang Y, MacIntosh A D, Wong J L, et al. Iron catalyzed CO_2 hydrogenation to formate enhanced by Lewis acid co-catalysts. Chem Sci,2015, 6 (7): 4291-4299.

[222] Spentzos A Z, Barnes C L, Bernskoetter W H. Effective pincer cobalt precatalysts for lewis acid assisted CO_2 hydrogenation. Inorg Chem,2016, 55 (16): 8225-8233.

[223] Zall C M, Linehan J C, Appel A M. Triphosphine-ligated copper hydrides for CO_2 hydrogenation: structure, reactivity, and thermodynamic studies. J Am Chem Soc,2016, 138 (31): 9968-9977.

[224] Guo X, Mao D, Lu G, et al. CO_2 hydrogenation to methanol over Cu/ZnO/ZrO_2 catalysts prepared via a route of solid-state reaction. Catal Commun,2011, 12 (12): 1095-1098.

[225] Motokura K, Kashiwame D, Miyaji A, et al. Copper-catalyzed formic acid synthesis from CO_2 with hydrosilanes and H_2O. Org Lett,2012, 14 (10): 2642-2645.

[226] Shintani R, Nozaki K. Copper-catalyzed hydroboration of carbon dioxide. Organometallics,2013, 32 (8): 2459-2462.

[227] Das Neves Gomes C, Jacquet O, Villiers C, et al. A diagonal approach to chemical recycling of carbon dioxide: organocatalytic transformation for the reductive functionalization of CO_2. Angew Chem Int Ed,2012, 51 (1): 187-190.

[228] Fuchter M J. *N*-heterocyclic carbene mediated activation of tetravalent silicon compounds: a critical evaluation. Chem Eur J,2010, 16 (41): 12286-12294.

[229] Jacquet O, Das Neves Gomes C, Ephritikhine M, et al. Recycling of carbon and silicon wastes: room temperature formylation of N—H bonds using carbon dioxide and polymethylhydrosiloxane. J Am Chem Soc, 2012, 134（6）: 2934-2937.

[230] Fisher F, Tropsch H. Conversion of methane into hydrogen and carbon monoxide. Brennst-Chem,1928, 3（9）: 39-46.

[231] Ashcroft A T, Cheetham A K, Green M L H, et al. Partial oxidation of methane to synthesis gas using carbon dioxide. Nature,1991, 352（352）: 225-226.

[232] Pakhare D, Spivey J. A review of dry（CO_2）reforming of methane over noble metal catalysts. Chem Soc Rev,2014, 43（22）: 7813-7837.

[233] 王明智, 张秋林 张腾飞, 等. Ni 基甲烷二氧化碳重整催化剂研究进展. 化工进展,2015, 3（8）: 3027-3039.

[234] Singha R K, Shukla A, Sandupatla A, et al. Synthesis and catalytic activity of a Pd doped Ni-MgO catalyst for dry reforming of methane. J Mater Chem A,2017, 5（30）: 15688-15699.

[235] Du X J, Zhang D S, Gao R H, et al. Design of modular catalysts derived from NiMgAl-LDH@*m*-SiO_2 with dual confinement effects for dry reforming of methane. Chem Commun,2013, 49（60）: 6770-6772.

[236] Wang L, Yi Y, Wu C, et al. One-step reforming of CO_2 and CH_4 into high-value liquid chemicals and fuels at room temperature by plasma-driven catalysis. Angew Chem Int Ed, 2017, 56（44）: 13679-13683.

[237] Buelens L C, Galvita V V, Poelman H, et al. Super-dry reforming of methane intensifies CO_2 utilization via Le Chatelier's principle. Science, 2016, 354（6311）: 449-452.

[238] Yan B, Yang X, Yao S, et al. Dry reforming of ethane and butane with CO_2 over PtNi/CeO_2 bimetallic catalysts. ACS Catal,2016, 6（11）: 7283-7292.

[239]（a）He C, Tian G, Liu Z, et al. A mild hydrothermal route to fix carbon dioxide to simple carboxylic acids. Org Lett,2010, 12（4）: 649-651;（b）Huang W, Xie K C, Wang J P, et al. Possibility of direct conversion of CH_4 and CO_2 to high-value products. J Catal, 2001, 201（1）: 100-104;（c）Wu J F, Yu S M, Wang W D, et al. Mechanistic insight into the formation of acetic acid from the direct conversion of methane and carbon dioxide on zinc-modified H-ZSM-5 zeolite. J Am Chem Soc, 2013, 135（36）: 13567-13573;（d）Maruoka K, Concepcion A B, Yamamoto H. Selective homologation of ketones and aldehydes with diazoalkanes promoted by organoaluminum reagents. Synthesis,1994, 1994（12）: 1283-1290;（e）Bromberg L, Cheng W K. Methanol as an alternative transportion fuel in the US: options for sustainable and /or energy-secure transportation. http://www.afdc.energy.gov/pdfs/mit_methanol_white_paper.pdf.

[240] Qian Q, Zhang J, Cui M, et al. Synthesis of acetic acid via methanol hydrocarboxylation with CO_2 and H_2. Nat Commun,2016, 7: 11481.

[241] Cui M, Qian Q, Zhang J, et al. Efficient synthesis of acetic acid via Rh catalyzed methanol hydrocarboxylation with CO_2 and H_2 under milder conditions. Green Chem,2017, 19（15）: 3558-3565.

第3章 二氧化碳催化转化合成化学品

CO_2作为来源丰富、廉价无毒、可再生的C_1资源，在化学品合成中得到广泛应用。目前，已经实现商业化的技术主要包括CO_2与氨气合成尿素、CO_2与氯化钠生产纯碱、CO_2与环氧烷烃合成碳酸酯及CO_2合成水杨酸等。CO_2的大规模资源化利用，取决于科学和技术的重大突破。近年来，围绕CO_2转化为化学品，开展了大量研究工作。通过CO_2参与的C—N、C—O、C—C等化学键的构筑，合成了不同种类的化学品，包括碳酸酯类、酰胺类、氮杂环类、羧酸类等，为化学品的合成提供了新的绿色路线，展示了广阔的应用前景。本章将介绍相关研究进展。

3.1 CO_2参与合成酯类化合物

3.1.1 氨基甲酸酯

氨基甲酸酯类化合物是一类重要的有机化合物，在农业(杀虫剂、杀真菌剂和除草剂)、药物(临床药物)及有机合成中有重要的应用。另外，氨基甲酸酯作为胺基的保护基团在蛋白质化学研究中也有重要的应用。以CO_2为羰基源，制备氨基甲酸酯类化合物的主要方法有胺和CO_2与卤代烷、醇、炔烃、碳酸二甲酯等亲电试剂的反应，如式(3.1)～式(3.5)所示。其中，通过炔丙醇、二级胺和CO_2制备氨基甲酸酯类化合物的三组分“一锅”反应，具有原料易得、步骤简单、原子经济性高等较多优点，是近年来研究较多的一条反应路径。

$$R_2NH + CO_2 + R^1X \xrightarrow{\text{碱}} R_2NCOOR^1 + R_2NR^1 \tag{3.1}$$

(3.2)

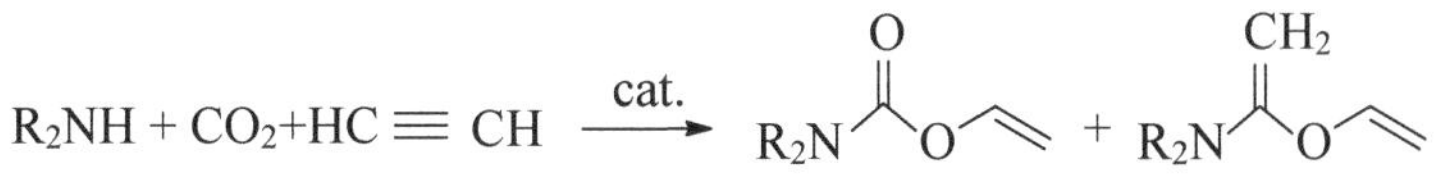
(3.3)

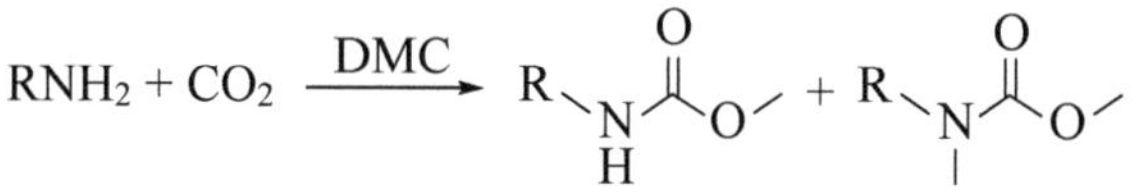

(3.4)

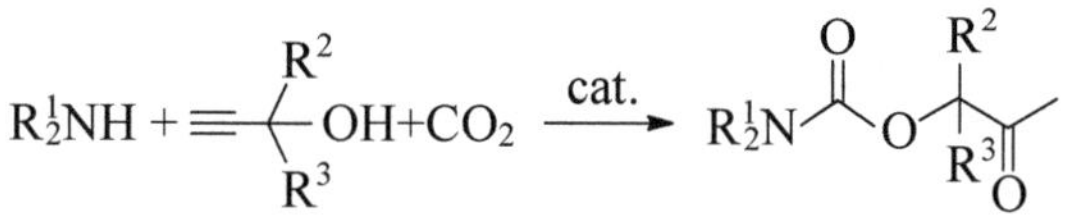

(3.5)

胺、CO_2与卤代烃反应[式(3.1)]路线。该反应可以生成相应的*N*-取代氨基甲酸酯，并伴随部分胺与卤代烃直接反应的产物。通常，大位阻有机碱的加入有利于提高氨基甲酸酯的产率和选择性。以Cs_2CO_3/$^nBu_4NI$为催化剂[1]，^nBuBr为反应原料，能够实现各类胺羰基化合成*N*-取代氨基甲酸酯的反应。其中，以苯胺为反应物，苯胺基甲酸丁酯的收率可以达到98%。但是，该方法所使用的催化剂结构和组成复杂，大多价格昂贵，且反应中需要大量的碱来中和产生的酸性废物，增加了反应成本。

胺、CO_2与醇反应[式(3.2)]路线。该反应副产物只有水，是一条环境友好的反应路线。采用锡基配合物催化剂[2]，在CO_2压力30MPa、200℃条件下，由叔丁胺与CO_2和乙醇反应能够制备相应的*N*-取代氨基甲酸酯，但胺的转化率仅为16%，*N*-取代氨基甲酸酯的选择性为89%。加入2倍计量比的化学脱水剂缩酮，则大大促进了反应，在其他条件相同情况下，胺的转化率提高至100%。在相对温和的条件下，碱性催化剂能够催化一系列线型和支链型脂肪族胺合成相应的*N*-取代氨基甲酸酯。例如，以Cs_2CO_3为催化剂，在不加任何脱水剂的情况下，辛胺、丙醇和CO_2发生三组分反应，胺的转化率为51%，*N*-取代氨基甲酸酯的选择性为67%，副产物为相应的二辛基脲。加入脱水剂和提高醇胺比，胺的转化率提高至82%，*N*-取代氨基甲酸酯选择性提高至84%[3]。采用非均相催化剂CeO_2，无需脱水剂，甲醇、苄胺和CO_2反应，一锅法高效合成苄胺基甲酸甲酯，苄胺的转化率达到99%，苄胺基甲酸甲酯的收率达到92%；催化剂经600℃焙烧3h后可重复使用，活性几乎没有下降[4]。

由胺、CO_2和$Ti(OR)_4$($R = {}^nBu$、Me、Et、^nPr)能够直接合成氨基甲酸酯[5]。在CO_2压力为5MPa条件下，苯胺与$Ti(O\,{}^nBu)_4$反应生成*N*-苯基氨基甲酸正丁酯，在20min内得到99%的产物收率。

胺、CO_2与炔烃反应[式(3.3)]路线。在钌催化作用下，反应可有效合成*o*-烯基取代的*N*-取代氨基甲酸酯[6-7]。$Ru_3(CO)_{12}$为催化剂，在CO_2压力为5MPa、125~140℃条件下，可以高效催化炔烃、CO_2与二乙胺反应生成乙烯基氨基甲酸酯；以$RuCl_2(PR_3)$(arene)、$RuCl_2$(norboradiene)(pyridine)$_2$为催化剂，苯乙炔、己炔、乙炔等端炔与二烷基胺、吗啉、哌啶、吡咯烷等仲胺，可在CO_2压力为5MPa、

100～125℃条件下反应生成烯基氨基甲酸酯；对于乙炔，在 $RuCl_2$(norboradiene)$_n$ 和 $RuCl_3 \cdot H_2O$ 为催化剂、90℃条件下，可与仲胺和 CO_2 反应。

胺、CO_2 与碳酸二烷基酯反应[式(3.4)]路线[8]。该反应可同时合成两种氨基甲酸烷基酯。碳酸二烷基酯作为一种绿色试剂，消除了传统合成方法中，因使用氯甲酸酯所产生的毒性和腐蚀性。在气态 CO_2 条件下，反应以中等产率(35%～55%)得到氨基甲酸酯产物；在超临界 CO_2($scCO_2$)条件下，氨基甲酸酯产率明显提升。脂肪伯胺与碳酸二甲酯发生反应，生成相应的氨基甲酸酯，产率可提升至 77%～83%；与碳酸二乙酯反应，可生成相应的氨基甲酸乙酯，但由于碳酸二乙酯活性低于碳酸二甲酯，产物收率略低。在此反应体系中，CO_2 压力对该反应有较大影响，升高 CO_2 压力，不仅能够获得高的产物收率，而且 CO_2 能够抑制胺的烷基化，提高反应选择性。

二级胺、CO_2 与炔丙醇反应[式(3.5)]路线。该反应可合成氨基甲酸酯酮，是近年来研究最多的一条合成氨基甲酸酯的路线。针对该反应发展了多种催化体系，包括金属配合物、有机碱、无机盐等。羰基钌能够有效催化这类反应，但是氨基甲酸酯产物收率较低。例如，以[$RuCl_2$(NBD)]$_n$(NBD 表示降冰片二烯)为催化剂，CH_3CN 为溶剂，在 70℃、5MPa 条件下，反应 20h，反应只能得到 12%～40%的产物收率。研究人员使用[$RuCl_2$(NBD)]$_n$ 和 $RuCl_2$(PMe_2Ph)(*p*-cymene)两种催化剂分别研究了反应的历程，推断可能存在两种不同的反应途径[9]。路径Ⅰ，先生成 *α*-亚甲基环状碳酸酯，再经过氨解，生成最终产物。路径Ⅱ，氨基甲酸铵盐和 Ru 化合物先生成氨基甲酸 Ru 化合物，再与炔丙醇反应，经分子内酯交换、质子化，最后经烯醇式重排得到目标化合物。Fe 的配合物 1,1′-双(二苯基膦)茂铁(BPPF)应用于催化炔丙醇、CO_2 和二级胺反应，得到了 65%的氨基甲酸酯收率[10]。反应机理类似 Ru 催化机理，即生成 Fe 联烯中间体($Fe=C=CHR$)。在此基础上，还发展了六氟磷酸 Cu 配合物催化剂，其催化效率大幅度提升，对于部分反应底物，能够得到当量的产物收率[11]。

胍类有机碱能有效催化炔丙醇、二级胺和 CO_2 的三组分反应[12]。以 1-甲基-1,5,7-三叠氮双环[4.4.0]癸-5-烯(MTBD)为催化剂，在相对较优的实验条件下(MTBD 10mol%，100℃，$scCO_2$，24h)，多种端炔叔醇类炔丙醇都有很高的转化率，但是产物选择性不理想，副产物较多，最高的产物收率达到 82%。而增加反应物二级胺的用量(如 2 倍当量)，无需额外添加催化剂，在适当的温度和压力条件下，反应可高收率获得氨基甲酸酯类化合物。例如，在超临界条件(14MPa，130℃)反应 48h，能够得到 82%的收率。对反应的底物适用范围进行考察，结果表明脂肪类的二级胺有很好的适用性，产物收率为 35%～88%。但是由于反应条件苛刻，部分反应底物发生了分解。在反应过程中，过量的有机胺可有效促进 α-亚甲基环状碳酸酯的合成，进而促进反应正向进行[13]。

AgOAc/1,8-二氮杂双环[5.4.0]十一碳-7-烯（DBU）双组分催化体系，对内炔型炔丙醇、二级胺和 CO_2 的三组分反应有良好的催化性能[14]。在最优反应条件（AgOAc 15mol%，DBU 30mol%，CO_2 压力 2MPa，90℃，15h，1,4-二氧六环作溶剂）下，该体系对链状二级胺均有很好的适用性，产物收率为 74%～93%。而当使用位阻比较大的二异丙胺时，该反应不能发生。该催化体系对醇的适用类型较广，对于内炔型的伯、仲、叔醇均有很好的反应性，产物收率为 70%～90%。反应经过环状碳酸酯的历程，Ag 盐和 DBU 协同作用是该反应顺利进行的关键。

基于碱性银配合物能够在多个位点对反应底物进行活化，Ag_2CO_3/PPh_3 催化体系得到发展，克服了以往催化体系反应条件苛刻的缺陷，使反应能够在常温常压下进行[式（3.6）][15]。Ag_2CO_3/PPh_3 催化体系适用于多种脂肪型的二级胺和端炔型炔丙醇底物，获得良好的目标产物收率（51%～98%）。该催化体系也适用于“克级”制备反应，能够以 86%的收率得到目标产物。借助同位素 ^{13}C 标记、核磁共振波谱、红外光谱等方法确定了产物酯羰基碳来源于 CO_2 分子，并验证了反应经历 α-亚甲基环状碳酸酯中间体的历程。

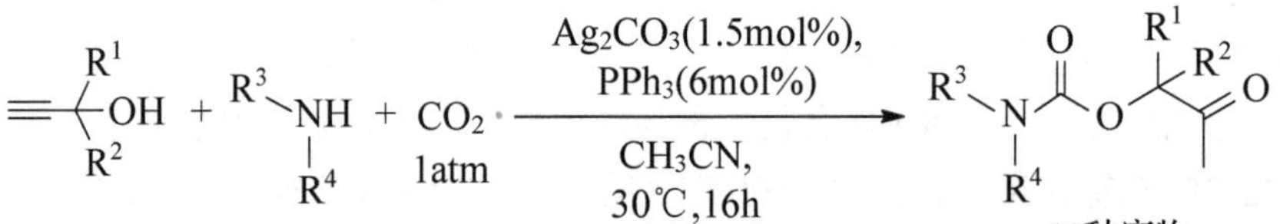

17种底物
分离收率高达97%

(3.6)

炔丙醇与氨基甲酸铵盐反应合成氨基甲酸酯类化合物[16]，是一条由 CO_2 间接合成氨基甲酸酯的反应路线，其中氨基甲酸铵盐可由 CO_2 与胺反应直接获得。使用 2mol% Ag_2O+8mol% PPh_3 催化体系，1.5 倍当量的氨基甲酸铵盐作为氮源和碳源，在 60℃下反应 12h，可获得一系列氨基甲酸酯化合物，最高产物收率达 96%。该方法使用定量的氨基甲酸铵盐，无需额外引入 CO_2 气体。实验验证，反应经历 α-亚甲基环状碳酸酯中间体历程，可能的反应机理如图 3.1 所示。炔醇与氨基甲酸铵盐作用生成中间体 **B**，释放出一分子胺；在 Ag 配合物 **A** 催化作用下，**B** 转化为中间体 **C**，释放出另一分子胺；**C** 经过分子内环化生成 α-亚甲基环状碳酸酯中间体，释放出 Ag 配合物 **A**；该中间体与胺反应生成最终产物。

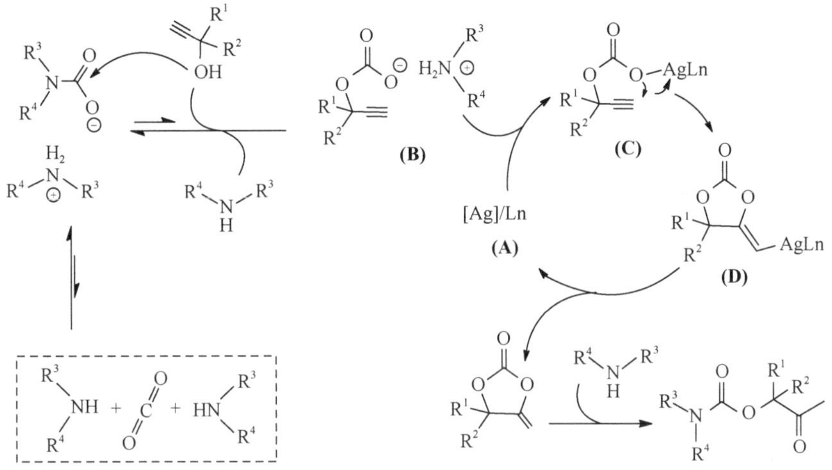

图 3.1 Ag 配合物催化炔丙醇和氨基甲酸铵盐反应的可能历程

3.1.2 异氰酸酯

异氰酸酯是一类含有—N═C═O 基团的重要化合物，广泛用于合成高附加值化学品的反应。传统合成方法主要采用 CO 或光气为羰基源。以 CO_2 为羰基源，与伯胺或仲胺、三氯氧磷或亚硫酰氯三组分反应合成异氰酸酯，是一条制备异氰酸酯的新路线(图 3.2)。在碱催化下，反应可中等收率获得异氰酸酯(45%～75%)[17]。

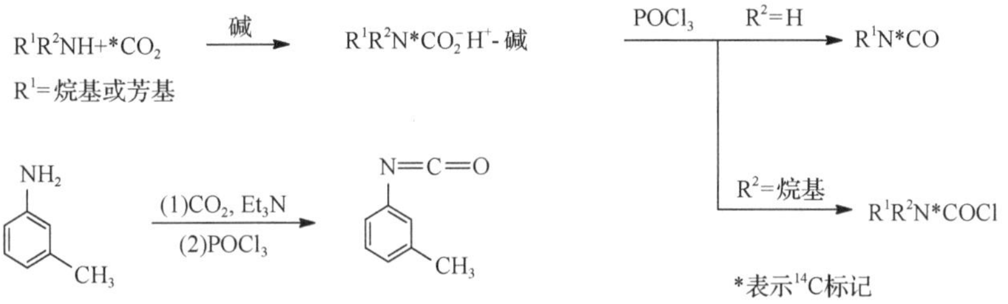

图 3.2 碱催化 CO_2 参与异氰酸酯的合成

Mitsunobu 试剂催化伯胺与 CO_2 反应，得到烷基和芳基异氰酸酯化合物(图 3.3)[18]。在 CH_2Cl_2 溶液中，伯胺与 CO_2 反应生成氨基甲酸盐；将偶氮二羧酸二异丙酯加入 $^nBu_3P$ 或 Ph_3P 的 CH_2Cl_2 溶液中，生成 Mitsunobu 两性离子，再与氨基甲酸反应得到异氰酸酯。

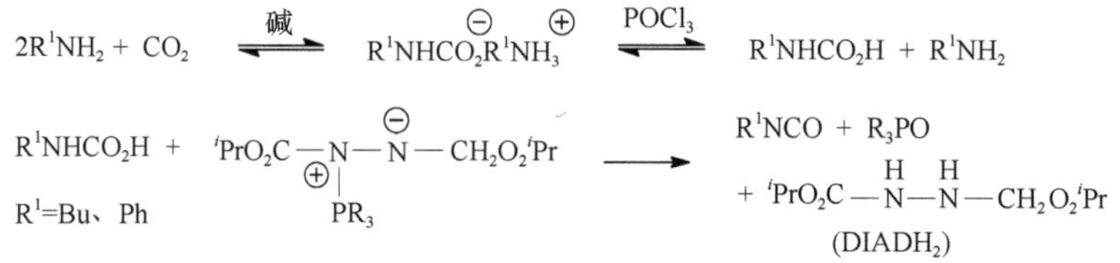

图 3.3 Mitsunobu 试剂在异氰酸酯合成中的应用

二烃基锡二烷氧基试剂[$R_2Sn(OR')_2$]与 CO_2 和苯胺反应，可生成苯胺基甲酸酯。将产物分离后，通过简单的热解反应即可制备异氰酸苯酯(图 3.4)[19]。其中，烷基锡试剂可通过反应中产生的氧化锡与醇反应再生，从而实现重复循环利用。产物异氰酸苯酯可用于聚脲的制备。

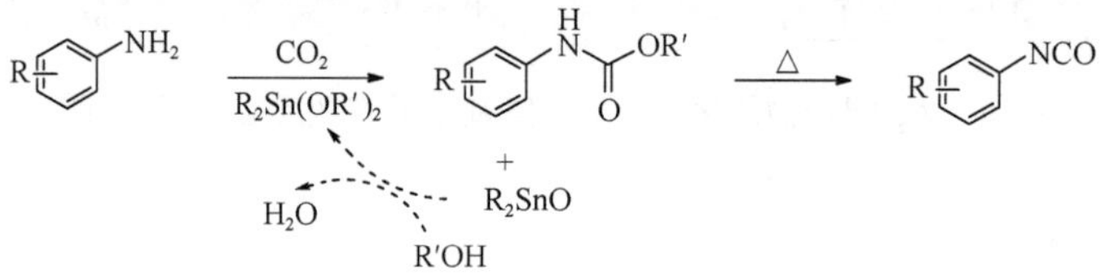

图 3.4 烷基锡试剂在异氰酸酯中的应用

3.1.3 链状碳酸酯

有机碳酸酯(包括链状碳酸酯和环状碳酸酯)是一类重要的化工产品，用途广泛。其用途主要包括以下几方面：①用作溶解能力强、毒性相对低的溶剂，在油漆、萃取分离、化学反应、材料合成加工等领域均有广泛应用；②用作生产聚碳酸酯和聚氨酯的单体；③用作锂离子电池的电解质溶剂；④用作燃料添加剂，在汽油中添加有机碳酸酯可以有效提高其辛烷值；⑤用作绿色试剂，在药物和精细化工中间体的合成过程中有广泛的应用。例如，碳酸二甲酯(DMC)可以取代有毒的硫酸二甲酯、氯甲酸甲酯，用作甲基化、甲酸甲酯化试剂等。目前全球有机碳酸酯的年产量远远不能满足日益增大的市场需求，因此迫切需要有机碳酸酯的绿色技术。

以 CO_2 为原料合成有机碳酸酯，目前已经发展了一系列较为成熟的合成路线，主要包括 CO_2 与环氧化物加成法、CO_2 与醇直接合成法及 CO_2 与醇、卤代烃合成法等。其中，通过 CO_2 与环氧化物反应制备碳酸乙烯酯和聚碳酸酯(PC)已经实现工业化生产。催化剂主要有季铵盐、季鏻盐、碱金属盐、过渡金属配合物、金属氧化物和离子液体等。CO_2 与醇直接合成法，生产过程洁净环保、工艺路线最短，是合成有机碳酸酯最优途径之一。CO_2 与醇、卤代烃合成法，可制备各种不对称有机碳酸酯。

1. CO_2 与醇反应

DMC 是应用最为广泛的一种链状碳酸酯。其分子中含有—CO、—CO—OCH_3、—OCH_3、—CH_3 等活性基团，因此可用作羰基化试剂、甲氧基化试剂、甲基化试剂等，用于合成高附加值的医药、农药等精细化工产品。DMC 含氧量高达 53.3%，可替代甲基叔丁基醚(MTBE)，用作绿色环保型汽油添加剂，其性能优于 MTBE。同时，DMC 还是性能优良的绿色溶剂。因此，在以 CO_2 为原料合成链状碳酸酯的研究中，针对 DMC 合成的研究最多。DMC 的合成路线主要有两种：CO_2 与甲醇反应直接合成 DMC[式(3.7)]和环状碳酸酯与甲醇的酯交换生成 DMC[式(3.8)]，这里环状碳酸酯可由环氧化物与 CO_2 反应制得。

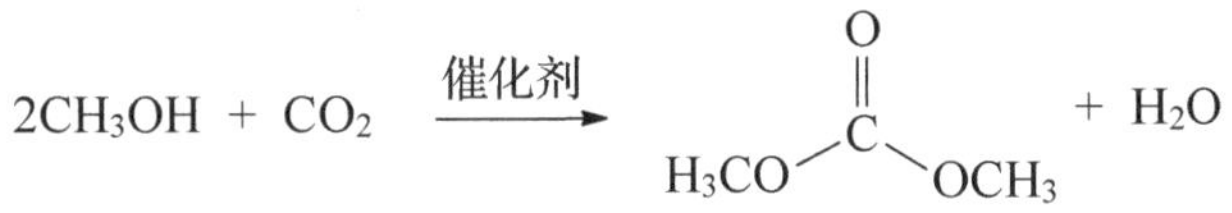

(3.7)

(3.8)

甲醇与 CO_2 直接反应合成 DMC 具有原子经济性高和环境友好等特点，得到人们的广泛关注。根据相态，反应可分为液相反应[式(3.9)]和气相反应[式(3.10)]。

$$2CH_3OH(l) + CO_2 \longrightarrow CH_3OCOOCH_3(l) + H_2O(l) \tag{3.9}$$

$$\Delta_r H^{\ominus} = -27.9\text{kJ} \cdot \text{mol}^{-1} \quad \Delta_r G^{\ominus} = 32.6\text{kJ} \cdot \text{mol}^{-1}$$

$$2CH_3OH(g) + CO_2 \longrightarrow CH_3OCOOCH_3(g) + H_2O(g) \tag{3.10}$$

$$\Delta_r H^{\ominus} = -15.51\text{kJ} \cdot \text{mol}^{-1} \quad \Delta_r G^{\ominus} = 25.4\text{kJ} \cdot \text{mol}^{-1}$$

热力学计算表明，这两类反应均为放热反应，且 $\Delta_r G^{\ominus}$ 均为正值。因此，受 CO_2 活化困难和热力学限制等问题制约，反应的转化率较低，这成为其实现工业化应用的瓶颈。开发高效的催化体系，促进 CO_2 分子的活化及把产物水及时移走是促进反应进行的重要途径。

根据现有催化体系的机理研究，该反应的催化机理可归纳为两类：直接活化 CO_2 的催化机理和先活化甲醇再活化 CO_2 的机理。直接活化 CO_2 的机理如图 3.5 所示，催化剂通过向 CO_2 分子的空反键轨道提供电子，使其分子结构发生改变，伴随着 C—O 键的伸长，生成$[CO_2]^-$，实现了 CO_2 的活化；在催化剂作用下，被

活化的 CO_2 进一步与甲醇反应生成 DMC。这类机理的催化剂有烷氧基有机金属化合物和功能化离子液体。

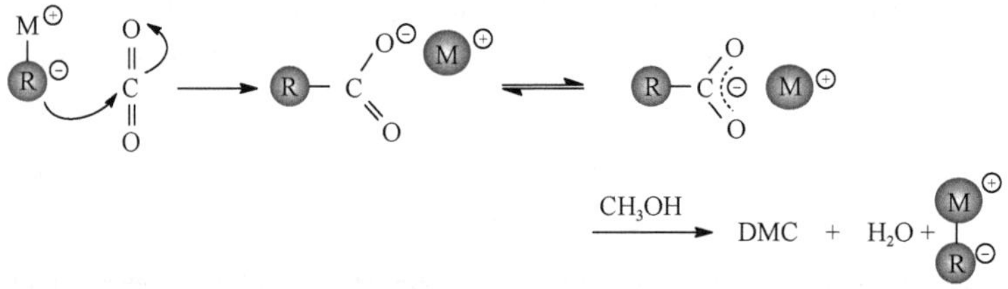

图 3.5 直接活化 CO_2 的催化机理

烷氧基有机金属化合物是通过与 CO_2 的配位和插入反应有效地改变 CO_2 分子的键长和键角，从而活化 CO_2 分子。这类催化剂的研究较早，主要集中在有机锡和烷氧基铌类化合物，其催化机理已有深入研究。但是，这类催化剂适用的反应条件通常比较苛刻，副产物水容易使催化剂失活，导致催化剂分离再生困难，限制了其进一步应用。针对这些问题，寻找能够兼具活化 CO_2 和脱除产物水的多功能催化体系是避免催化剂失活与实现温和条件下 DMC 合成的关键。

基于咪唑阳离子的离子液体催化体系能有效催化 CO_2 与甲醇反应生成 DMC。特别是，以无机碱 $CsCO_3$ 为助剂，咪唑碳酸氢根离子液体（$[C_nC_mIm][HCO_3]$，C_n 和 C_m 表示咪唑阳离子上烷基链长）为催化剂和脱水剂，在室温、1MPa CO_2 压力条件下，反应可获得高达 72%的 DMC 产率；离子液体催化剂重复使用 5 次后没有发现其活性降低，显示良好的稳定性[20]。机理研究表明，$[C_nC_mIm][HCO_3]$能够快速吸收和活化 CO_2 形成加合物$[C_nC_mIm\text{-}CO_2][HCO_3]$，该加合物不仅能够有效催化 DMC 生成，还可以促进脱水，实现离子液体再生，从而表现出良好的催化活性和稳定性（图 3.6）。

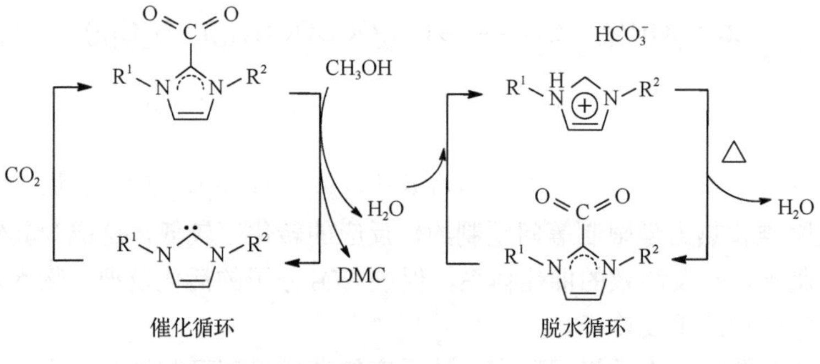

图 3.6 $[C_nC_mIm][HCO_3]$催化甲醇和 CO_2 反应合成 DMC

先活化甲醇再活化 CO_2 的机理如图 3.7 所示，催化剂使甲醇失去质子形成$[MeO]^-$，然后与 CO_2 结合形成$[MeOCOO]^-$，甲基再转移生成 DMC。该机理的催化剂主要包括具有协同作用的双金属催化剂(如 CuNi)，以及可以提供酸碱活性中心的金属氧化物(ZrO_2、CeO_2、V_2O_5、Zr-Ti-O)和杂多酸($H_3PMo_{12}O_{40}$)等。通常，CeO_2 和 ZrO_2 及其相关复合物是研究最多的一类催化剂，能获得很高的 DMC 选择性，但是甲醇转化率很低。为了促使反应的平衡移动，反应通常采用加入物理吸水剂(如分子筛、硅胶、氯化钙、氧化铝)去除反应中生成的水，以增加 DMC 收率，但收效甚微。而化学吸水剂(如 2, 2-二甲氧基丙烷、乙缩醛、2-氰基吡啶等)能与水耦合，打破直接反应的热力学限制，从而有效提高反应的转化率和催化剂寿命。例如，在固定床反应器中，CeO_2 为催化剂，2-氰基吡啶作为可循环的脱水剂，能够有效催化甲醇和 CO_2 连续反应，高收率(>95%)、高选择性(>99%)地获得 DMC，每小时每克催化剂可产生 1g DMC[21]。

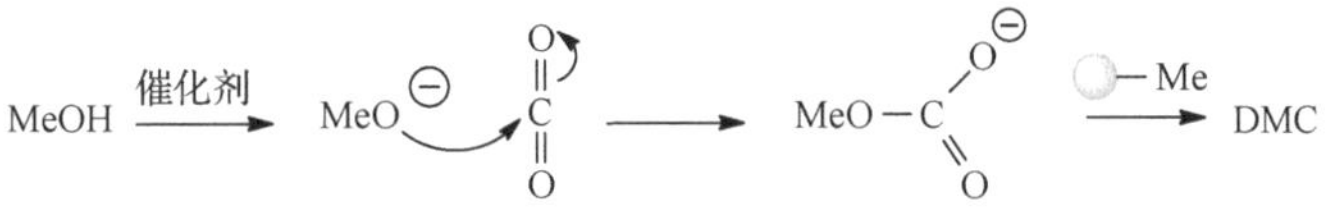

图 3.7 先活化甲醇再活化 CO_2 的催化机理

以 CO_2、环氧化物和甲醇为原料的两步反应过程，用精馏方法得到 DMC，可使酯交换过程产率达到 96%。此反应产率高，已实现工业化生产。该反应工艺引进了联产乙二醇，使原料使用率达到 100%。酸、碱催化剂都可以催化环状碳酸酯与甲醇的酯交换反应。总体上，碱性催化剂的催化活性更好[22]，均相催化剂活性优于非均相催化剂。目前，工业上采用均相催化剂，如甲醇钠等可溶性碱。碱金属的碳酸盐、氢氧化物、烷氧化物、钨酸盐、季铵盐，以及碱性离子液体等均相催化剂，都可以非常有效地催化酯交换反应，但普遍存在分离和回收利用困难等问题。固体碱催化剂，如碱金属氧化物、多元酸的无机盐、水滑石及蒙脱土、碱性离子交换树脂等，用于催化 DMC 的合成，克服了催化剂分离困难的问题。三乙烯二胺(DABCO)类碱性离子液体，其阳离子中的三级胺对甲醇的活化，能够高效实现环状碳酸酯和甲醇的酯交换反应，合成 DMC。其中，$[C_4DABCO]OH$ 具有最好的催化活性，与无机碱相当。以甲醇和环状碳酸乙烯酯(EC)的酯交换反应为例，在最优反应条件下(甲醇/EC 摩尔比 15∶1，1mol% $[C_4DABCO]OH$，70℃，6h)，得到 EC 的转化率为 90%，DMC 的产率为 81%。催化剂循环利用 4 次，活性保持不变[23]。

利用光延试剂也可以制备链状碳酸酯[式(3.11)]。将光延试剂 $^{n}Bu_3P$ 或 Ph_3P/CBr_4/1,1,3,3-四甲基-2-环己基胍(CyTMG)用于 CO_2 和苄醇或烷基醇的反应制备链状碳酸酯，获得了很好的反应效果[24]。当 $PhCH_2OH : {}^{n}Bu_3P : CBr_4$: CyTMG = 2.0 : 1.5 : 2.0 : 2.0(摩尔比)时，碳酸二苄酯的收率高达 90.7%。Ph_3P/偶氮二甲酸二乙酯体系中一级醇、二级醇、三级醇都能生成相应的二烷基碳酸酯[25]。

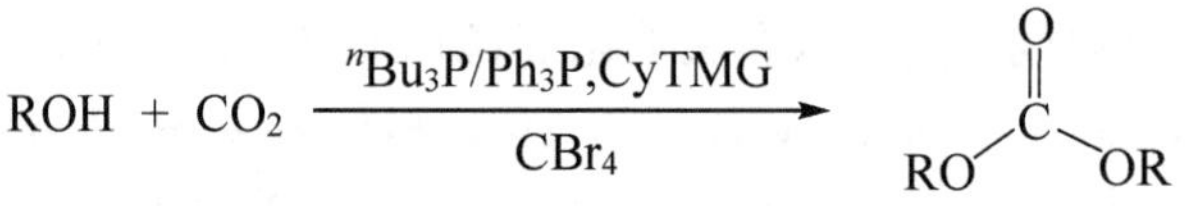

(3.11)

R = Ph、Me、Et、Pr、Hex、Allyl、Ethylene

采用 AgCl/[BMIm][OAc]催化体系，可在常温常压下实现 CO_2 与炔醇、伯醇的三组分反应，获得不对称有机碳酸酯[式(3.12)]。该催化体系有很好的底物普适性，目标产物收率高达 99%。可能的机理如图 3.8 所示，AgCl 和[BMIm][OAc]协同催化 CO_2 和炔醇，生成中间产物 α-亚甲基环状碳酸酯，$[Oac]^-$有效促进伯醇与 α-亚甲基环状碳酸酯发生开环重排，生成目标产物[26]。

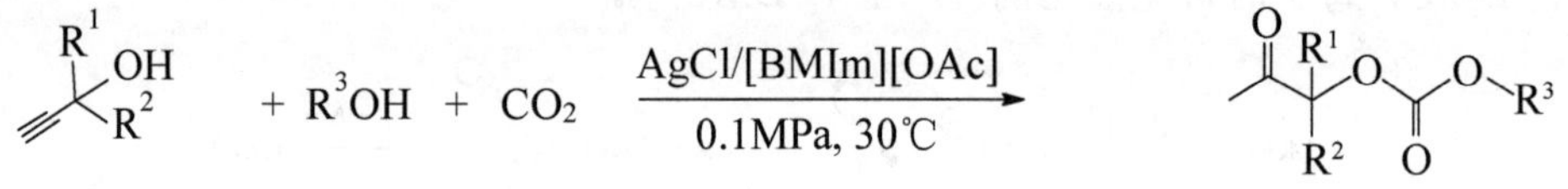

R¹、R²=烷基；R³=烷基、苯甲基、糠基

(3.12)

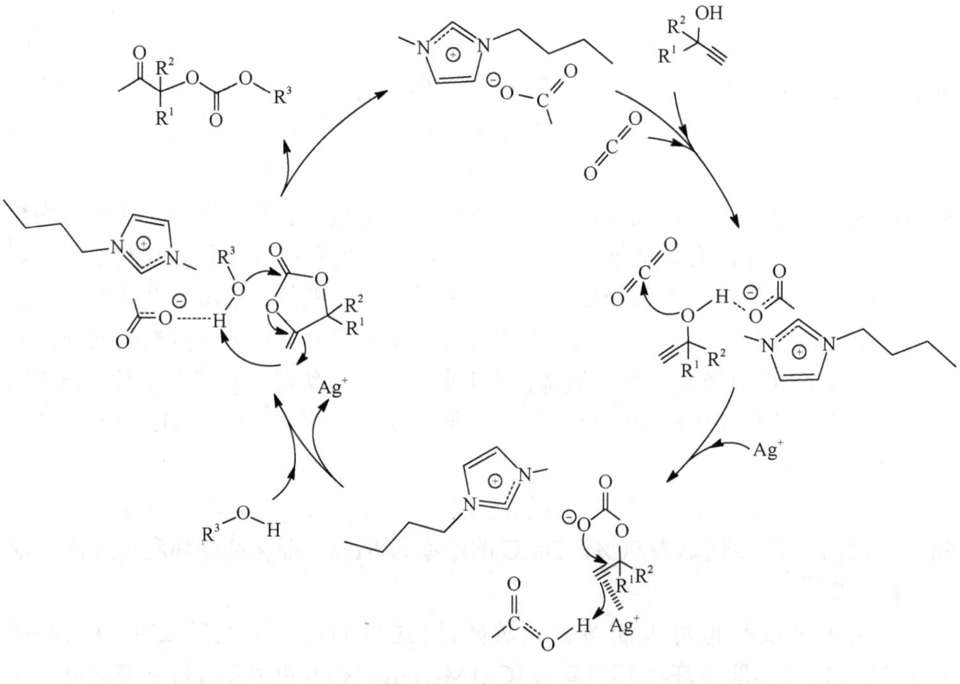

图 3.8 AgCl/[BMIm][OAc]催化 CO_2 与炔醇、伯醇三组分反应机理示意图

2. CO_2 与醇、卤代烃反应

大多数链状碳酸酯尤其是不对称碳酸酯，可在碱性催化剂作用下由 CO_2 与醇和卤代烃三组分反应获得[式(3.13)]。迄今，发展了众多催化体系，主要包括 DBU、膦、Pd/膦[27]、K_2CO_3、Cs_2CO_3、$K_2CO_3/^n$Bu$_4$NI[28]、$Cs_2CO_3/^n$Bu$_4$NI[29-30]等。其中，$Cs_2CO_3/^n$Bu$_4$NI 高效专一，使用条件温和(如室温)，底物适用范围广，是有应用前途的催化体系。

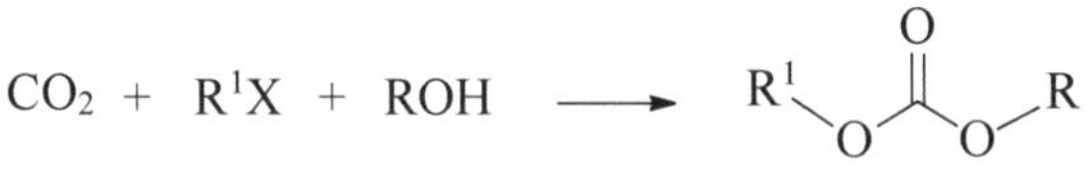

(3.13)

3.1.4 环状碳酸酯

1. 饱和环状碳酸酯

饱和环状碳酸酯，如环状碳酸乙烯酯、环状碳酸丙烯酯，是优良的非质子高沸点极性溶剂、第二代锂电池电解液，也是合成 DMC、聚碳酸酯等多种化工产品的重要原料。正是基于环状碳酸酯的广泛用途，其合成研究一直广受重视。环氧化物与 CO_2 的环加成反应合成环状碳酸酯，原子经济性 100%，并且环境友好，是研究广泛、最受欢迎的一条合成路线[式(3.14)]。关于 2010 前的研究成果，在何良年的《二氧化碳化学》一书中有详细介绍[31]，这里将主要介绍最近的一些研究成果。

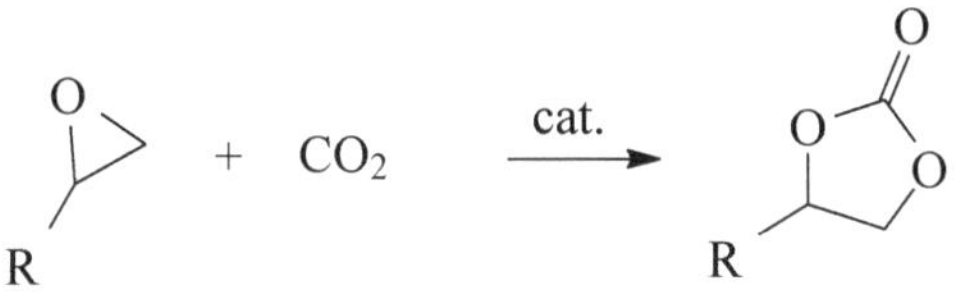

(3.14)

环氧烷烃与 CO_2 的环加成反应，需在催化条件下进行，主要活性催化组分包括季铵(鏻)盐、碱金属盐、有机碱、碱性氧化物、过渡金属配合物和离子液体(ILs)等[31]。在这些催化剂中，无机盐及季铵盐类化合物已经作为均相催化剂用于工业生产。ILs 是近年来发展起来的一类新型催化剂，由于其高度可设计性，被视为 CO_2 环加成反应最有发展潜力的催化剂之一。随着新型材料的不断发展，金属有机框架材料(MOFs)、微孔有机聚合物材料(MOPs)等在催化环氧化物与 CO_2 的环加成反应中得到应用，显示良好的应用前景。下面着重介绍 ILs、MOFs、MOPs 等新型催化材料在催化环氧化物与 CO_2 环加成反应的一些重要成果。

1) 离子液体催化体系

ILs 是由有机阳离子和无机/有机阴离子构成的、在室温或近室温下呈液态的一类物质，具有不挥发、稳定性好、呈液态的温度区间大、电化学窗口宽等特点，尤其是其可设计性催生出种类繁多的功能 ILs。在催化领域，ILs 不仅可用作反应介质，还可起到催化和助催化作用。针对环氧化物与 CO_2 反应合成环状碳酸酯，发展的多种 ILs 催化体系实现了温和条件下 CO_2 的高效转化。图 3.9 给出了一些常用 ILs 的结构式。

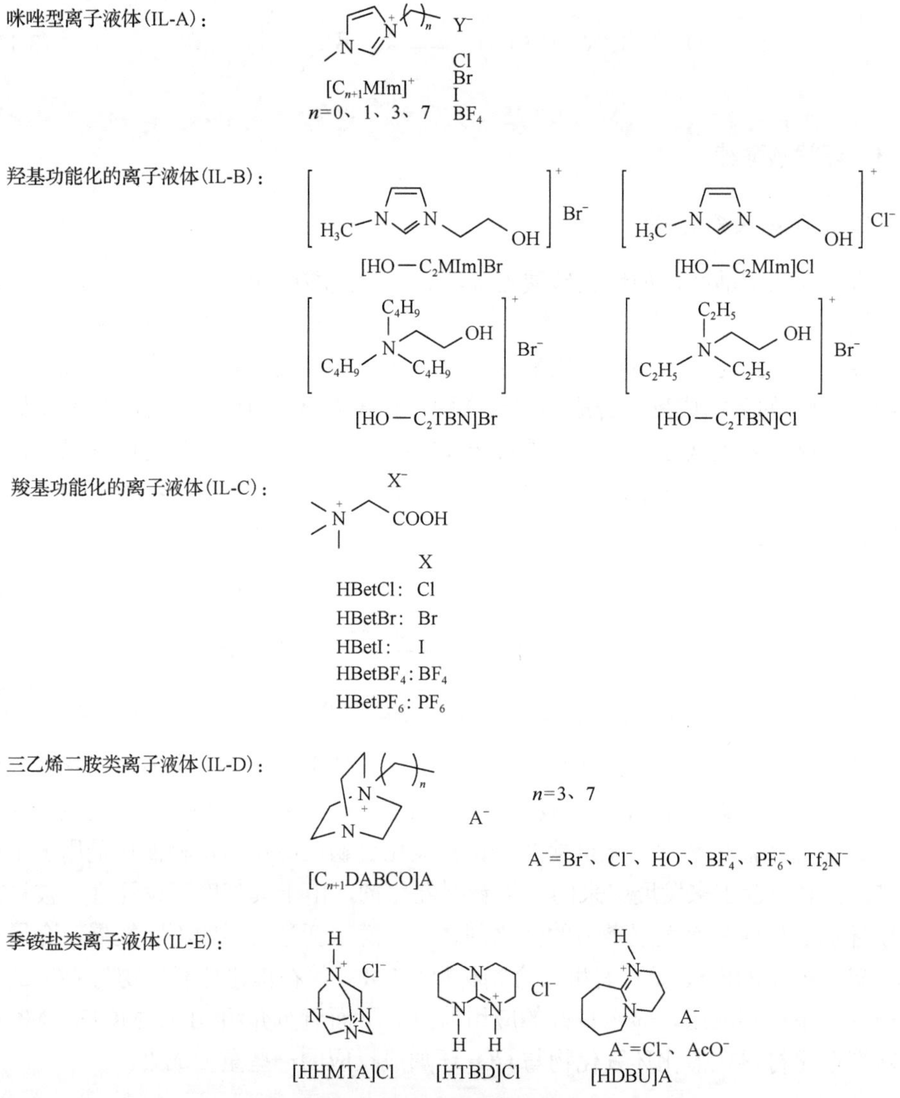

图 3.9　离子液体结构式

咪唑型 ILs 和吡啶型 ILs 是最常用的 ILs，可在无溶剂、100～130℃的条件下，催化 CO_2 与环氧化物的环加成反应，生成环状碳酸酯[32]。CO_2 与环氧化物的反应一般是气液两相反应，相态和气液传质等因素影响反应速度。反应体系处于超临界状态可大大提高传质效率，从而提高反应速度。例如，以 1-甲基-3-辛基咪唑四氟硼酸盐[C_8MIm]BF_4(图 3.9)为催化剂，在超临界条件下(100℃，14MPa)，CO_2 与环氧丙烷(PO)生成环状碳酸丙烯酯的反应，在 5min 内即可完成，以 100%收率和选择性获得环状碳酸丙烯酯，TOF 达到 517h^{-1}[33]。研究表明，咪唑环上的取代基碳链长度对催化活性有很大影响：随着链长由 C_2 增加到 C_8，产物收率随之增加。这是因为碳链的增长，增加了 CO_2 和环氧化物与 IL 的互溶性，因而加快了反应速度。压力降低(如 6MPa)或温度降低(如 60℃)都会大大降低催化剂的活性。利用反应体系的相态变化还可实现产物的简单分离和催化体系的循环使用[34]。因此，通过功能设计，赋予离子液体良好的溶解性能和催化性能，可使其成为一类优良的催化剂。

羟基功能化的 ILs(图 3.9 中 IL-B)，在无溶剂条件下，可有效催化环氧化物和 CO_2 的环加成反应。其中，[OH-C_2MIm]Br 有最高的催化活性和产物选择性。在相对温和的条件下(125℃，2MPa，1h)催化 CO_2 与 PO 的反应，PO 转化率和环状碳酸丙烯酯收率分别达到 99%和 99.8%。可能的反应机理如图 3.10 所示。ILs 中的羟基和 Lewis 碱性基团(Br^-)协同进攻环氧化物的不同位点，羟基通过氢键与环氧化物的氧原子作用，使 C—O 键极化，致使环氧化物开环，提高其反应活性，进而与 CO_2 反应生成碳酸酯[35]。

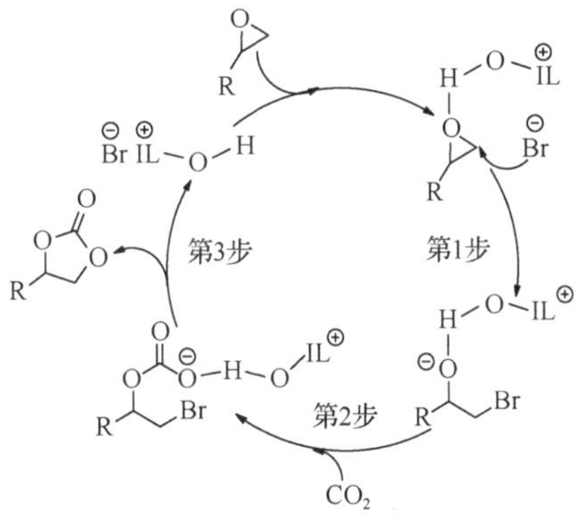

图 3.10 羟基功能化的离子液体催化环加成反应的反应机理示意图

[IL-OH]Br 表示羟基功能化的离子液体

羧基功能化的季铵盐 ILs(图 3.9 中 C)[36]，催化 CO_2 和环氧化物的环加成反应，羧基与卤素阴离子协同作用，加速反应。结果表明，反应活性顺序为：HBetI > HBetCl > HbetBr。反应在 HBetI 为 2.5mol%、140℃、CO_2 压力为 8MPa 条件下反应 8h，产率高达 98%。反应活性与催化剂中阴离子的亲核性、离去能力及 ILs 在反应体系中的溶解度有关。与三甲基氨基乙醇氯盐的比较结果表明，羧基对环氧化物的活化能力强于羟基。

DABCO 类 ILs（图 3.9 中 IL-D）及质子型的 ILs（图 3.9 中 IL-E）都能很好地催化环状碳酸酯的合成。其中质子型 ILs 能与环氧化物形成氢键，使环氧化物容易开环，从而促进反应的进行。以 1mol% [HDBU]Cl 为催化剂，在最优反应条件下（140℃，CO_2 压力 1MPa，2h），反应得到环状碳酸丙烯酯的产率为 97%。该催化剂适用于含不同取代基的环氧化物。机理研究表明，ILs 在反应过程中起到了多功能作用，可同时活化 CO_2 与环氧化物[37]。

聚乙二醇（PEG）功能化的碱性 ILs（图 3.11），其阳离子中的氨基可同时活化 CO_2 和环氧化物，对催化 CO_2 和环氧化物的环加成反应显示优良的催化活性。以 $BrTBDPEG_{150}TBDBr$ 为催化剂，在 120℃、CO_2 为常压下，能以大于 93%的产率得到具有不同取代基团的环状碳酸酯。$BrTBDPEG_{150}TBDBr$ 也能很好地催化环状碳酸乙烯酯与甲醇的酯交换反应，实现“一锅两步法”合成 DMC[38]。阳离子中仲胺与叔胺 N 原子可活化甲醇分子，在 70℃条件下，DMC 产率达 85%。

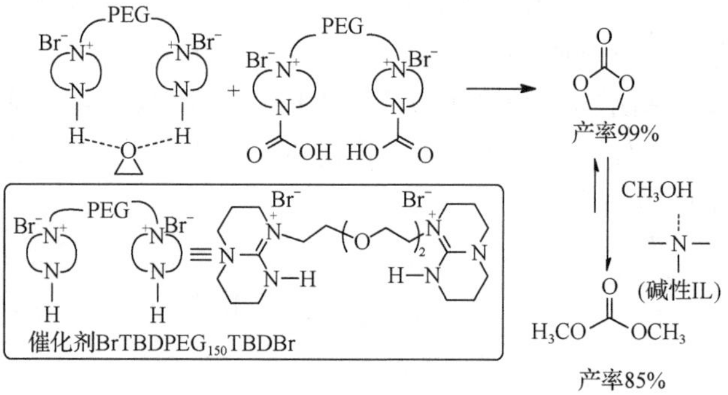

图 3.11 聚乙二醇功能化的离子液体催化环状碳酸酯及碳酸二甲酯的合成

咪唑型 ILs 能与一些金属盐形成复合 ILs，这些含金属的 ILs 至少有两个活性位点活化环氧化物，从而提高催化活性。将卤化锌（ZnX_2, X=Cl、Br）按比例溶入咪唑型 ILs $[C_nMIm]Y$（$C_n = CH_3$、C_2H_5、n-C_4H_9，Y = Cl、Br），可生成咪唑四卤化锌 ILs（$[C_nMIm]_2ZnX_2Y_2$）。这类含 Zn^{2+} 的 ILs 对催化 CO_2 与环氧乙烷（EO）或 PO 的环加成反应，显示很高的催化活性[39]。以 EO 和 PO 分别与 CO_2 反应为例，在 100℃、CO_2 压力为 3.4MPa 条件下反应 1h，EO 与 PO 的 TOF 分别可达 $2137h^{-1}$ 和 $1335h^{-1}$，催化剂循环使用 5 次，仍可保持活性不变。具有相同阳离子的 ILs，其催化活性顺序为：$[ZnBr_4]^{2-} > [ZnBr_2Cl_2]^{2-} \gg [ZnCl_4]^{2-}$。TOF 随温度升高而增加，但反应压力对 TOF 影响较小[40]。

$ZnCl_2$与[BMIm]Br 组成的催化体系，对 CO_2 与单取代的末端环氧化物或环己烯氧化物(CHO)反应显示良好的催化活性[41]。在不加入任何溶剂及相对温和条件下(1.5MPa，100℃，1h)，产物环状碳酸酯的选择性大于 98%，TOF 最高可达 $5410h^{-1}$。CHO 作为反应底物时，全部得到顺式的环状碳酸酯。

$ZnBr_2$与$[C_4MIm]Cl$ 组成的催化体系，能够催化苯基环氧乙烷(SO)与 CO_2 反应生成苯基环状碳酸酯(SC)[42-43]。在较为温和条件下(80℃，1h，CO_2 压力 4MPa，$ZnBr_2$ 和$[C_4MIm]Cl$ 的摩尔比为 1∶2)，以 93%的收率获得 SC。可能的反应机理如图 3.12 所示。考察离子液体中金属阳离子、离子液体阳离子对反应的影响，发现金属阳离子对碳酸酯收率有很大影响，活性顺序为：$Zn^{2+} > Fe^{3+} > Fe^{2+} > Mg^{2+} > Li^{+} > Na^{+}$，这与金属阳离子的 Lewis 酸性顺序一致。用 ZnI_2、$ZnCl_2$ 或 ZnO 分别替代 $ZnBr_2$ 时，SC 的收率均下降。咪唑阳离子的烷基链增长有利于各组分溶解，有更好的催化活性。

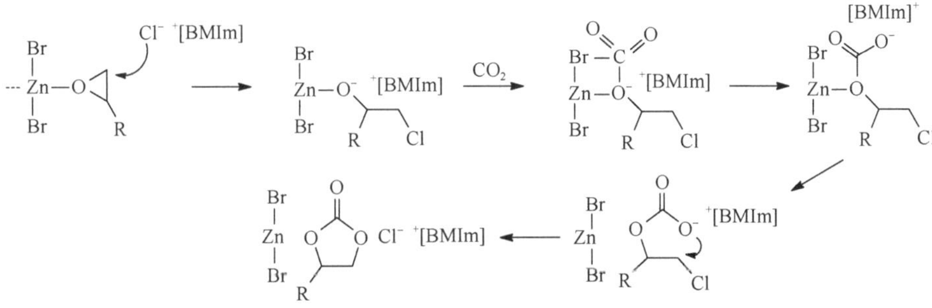

图 3.12　溴化锌和离子液体两组分催化合成苯基环状碳酸酯的机理

四卤化铟型的 ILs 催化环加成反应(图 3.13)[44]，在催化剂用量为 0.5mol%、120℃、CO_2 压力为 0.7MPa 条件下反应 1h，环氧丙烷转化率可达 95%。该催化体系对卤代和芳香取代的底物均有较好适用性。反应完成后，得到无色、高纯度的产品，不需任何的脱色处理，可能的反应机理如图 3.14 所示。

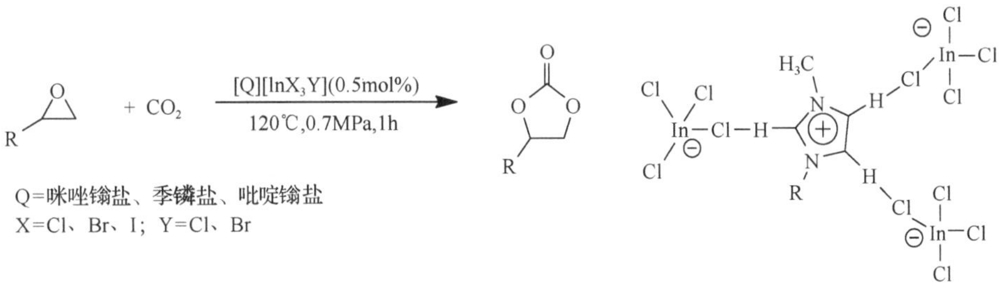

图 3.13　四卤化铟型离子液体催化合成环状碳酸酯

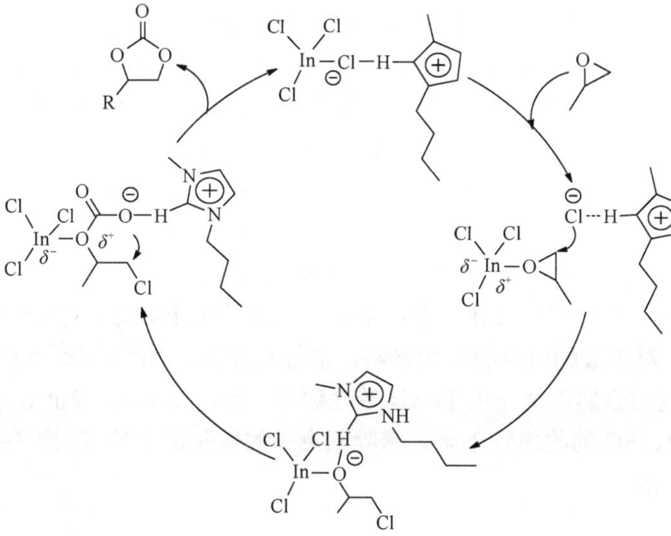

图 3.14　四卤化铟型离子液体催化环加成反应的机理示意图

含有咪唑阳离子结构单元和 Br^-或 Cl^-阴离子的氟功能化的聚 ILs(F-PILs，图 3.15)能够高效催化 CO_2 和环氧化物的环加成反应。F-PILs 中氟的含量对催化剂的催化活性有很大的影响。与不含氟的 IL(PIL-Br)相比，氟功能化的聚离子液体 F-PIL-Br 在 CO_2 和环氧苯乙烯的反应中催化活性提高了 3 倍。在 CO_2 压力为 1MPa 时，F-PIL-Br 能够催化一系列环氧化物的转化，以非常好的产率(93%～99%)得到相应的环状碳酸酯。并且，F-PIL-Br 表现出非常好的稳定性和循环利用效果[45]。

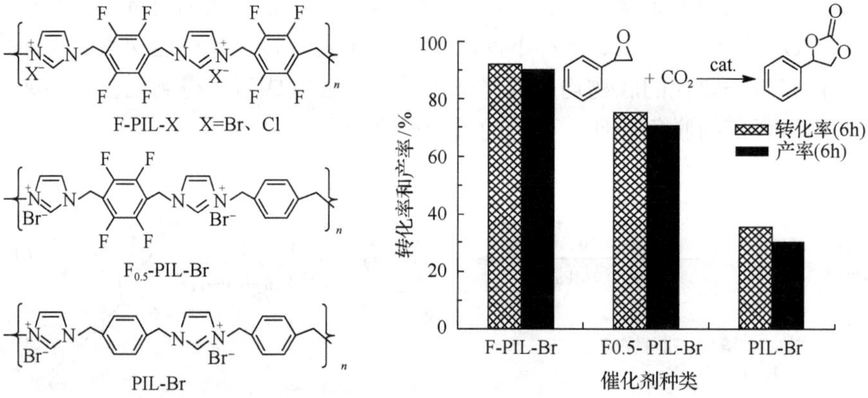

图 3.15　F-PILs 结构及其催化 CO_2 与氧化苯乙烯反应性能比较

反应条件：氧化苯乙烯 10mmol，催化剂 1mol%，120℃，CO_2 压力 1MPa

2) MOFs/MOPs 催化体系

MOFs/MOPs 等新型材料具有高度可设计性，可集多种功能于一体，在吸附活化 CO_2 的同时，活化环氧化物，从而实现温和条件下 CO_2 与环氧化物的反应，获得环状碳酸酯。近年来，关于 MOFs/MOPs 的研究引起了人们的广泛重视，为环状碳酸酯的合成提供了新型高效催化材料。例如，以基于卟啉的八羧酸配体为原料，制备了多孔 MOF 材料 $[Mn_5L(H_2O)_6\cdot(DMA)_2]\cdot 5DMA\cdot 4C_2H_5OH$ {$H_{10}L$ = 5,10,15,20-四[4-(3,5-二羧基酚氧基)苯基]卟啉；DMA = N,N'-二甲基乙酰胺}，其结构如图 3.16 所示。该 MOF 材料对 CO_2 和环氧化物的环加成反应有良好的催化活性和使用稳定性[46]。在 80℃、CO_2 压力为 2MPa 时，催化环氧氯丙烷与 CO_2 反应生成碳酸酯的初始 TOF 达到 $400h^{-1}$。

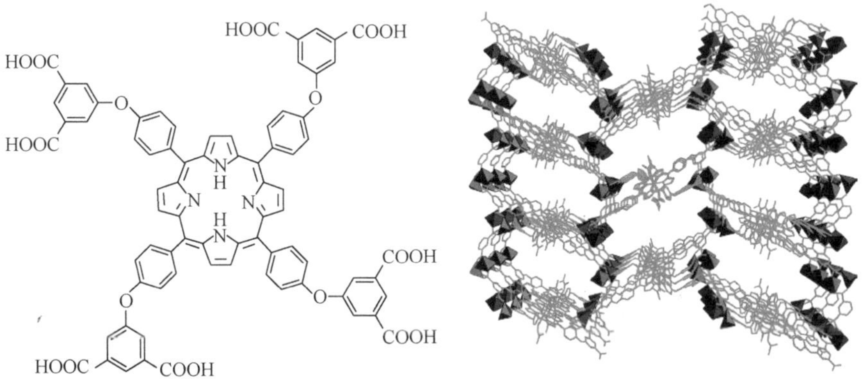

图 3.16　$[Mn_5L(H_2O)_6\cdot(DMA)_2]\cdot 5DMA\cdot 4C_2H_5OH$ 单体及结构示意图

以八羧酸盐配体和 Cu(Ⅱ)离子为原料，通过溶剂热法制备含有暴露金属位点和含氮量丰富的三唑基团的多孔 Cu-MOF 材料 $\{Cu_4[(C_{57}H_{32}N_{12})(COO)_8]\}_n$ [47]。通过气体吸附和拉曼光谱检测，结果表明该材料具有亲 CO_2 分子的特性。在 273K、CO_2 压力为 1atm 条件下，对 CO_2 吸附量高达 $160.8cm^3\cdot g^{-1}$。该 Cu-MOF 材料的 CO_2 吸附特性及其暴露的 Lewis 酸金属位点使其在 CO_2 和小分子环氧化物的环加成反应中有很高的催化活性。在室温常压条件下，其催化环氧化物与 CO_2 反应的产物收率达 83%～96%。但是，当底物的空间位阻增大时，反应活性大大降低。这说明 MOF 材料的空间结构影响其催化性能，环加成反应可能在框架材料内部进行，较大的底物不易进入框架内部参与催化反应，而影响反应的进行。因此，通过调控 MOF 的孔尺寸可实现对不同的底物的选择性催化。

基于 Ti 的沸石咪唑框架材料(Ti-ZIF)具有较高的比表面积，无需任何助剂或添加剂，即可有效催化环状碳酸酯的合成[48]。以水为溶剂，在 100℃、CO_2 压力为 0.17MPa 条件下，以 1mol% Ti-ZIF 为催化剂，苯基环氧乙烷可快速与 CO_2 反应，产物收率高达 99%。利用吡啶型 ILs 对沸石咪唑框架-90 材料（ZIF-90）进行后功能化修饰，使材料同时具备了吸附和活化 CO_2 分子的能力，所得材料可在无溶剂、温和条件下催化 CO_2 与环氧化物的环加成反应[49]。在 120℃、CO_2 压力为 1MPa 条件下，加入 0.49mol%催化剂反应 3h，底物转化率高达 97%，产物选择性高达 98%。

柔性的 MOF 材料在主客体化学中有很好的应用，这主要归因于其结构/功能的多样性。柔性的 Zr-MOFs 体系，如 PCN-700 系列，实现了 CO_2 和环氧化物环加成反应的可控催化[50]。在 50℃、CO_2 压力为 1atm、无溶剂条件下，产物收率可达 93%。实验及分子模拟结果表明，PCN-700 的催化活性可通过可逆的结构转化，实现反应开或者关的控制。Zr-磷酸盐 MOFs 作为双功能催化剂用于 CO_2/环氧化物的环加成反应时，表现出优于大部分 MOF 材料的催化活性[51]。并且，该材料对王水等非常苛刻的条件也有很好的耐受性。Cu(Ⅱ)金属-有机水凝胶[Cu(Ⅱ)-MOGs]，在无溶剂条件下也能实现 CO_2 的化学转化合成环状碳酸酯[52]。该材料呈卷曲纤维状，具有介孔结构，有良好的热稳定性，在室温条件下可稳定存在数月。在 Cu(Ⅱ)-MOGs 用量为 0.2mol%、室温常压条件下反应 48h，环氧化物（10mmol）转化率可达 61%～80%。

基于胺功能化的氧化石墨烯制备环境友好的碳催化剂，在常压条件下对 CO_2 化学固定生成环状碳酸酯的反应有较好的催化活性[53]。这主要得益于碳催化剂的高比表面积和氢键供体及丰富的氨基官能团协同活化反应。以四丁基碘化胺为助催化剂（1mol%），在 100℃、常压 CO_2 条件下，环氧化物转化率为 65%～94%；在 70℃、CO_2 压力为 1MPa 条件下，碳催化剂可明显提高反应速率和产物收率。该材料容易回收，循环利用七次后催化活性基本保持不变。

双功能非均相催化剂 TBB-BPy@Salen-Co[TBB=1,2,4,5-四（溴甲基苯），Bpy=4,4′-联吡啶]中[54]，Co(Ⅲ)原子作为 Lewis 酸，可与过氧化物中氧原子作用，活化底物；TBB-BPy 中的 Br^- 可进攻位阻较小的碳原子，进而使底物开环。在 60℃、CO_2 压力为 1MPa、无溶剂无助催化剂的条件下该催化剂能有效催化 CO_2 和环氧化物的环加成反应，产率高达 99.2%。基于 Salen-Al 和咪唑盐官能团的双功能化阳离子型多孔有机聚合物，在无助剂条件下能够实现常压 CO_2 和环氧化物的环加成反应生成环状碳酸酯，产率高达 99%[55]。

以 3,3′-二氨基联苯胺为原料，合成的含氮量丰富的多孔偶氮型框架材料（azo-MOP）[56]，具有很高的 CO_2 吸附量（18.2wt%）和丰富的金属络合位点（图 3.17）。偶氮聚合物负载的 $ZnBr_2$ 催化剂（azo-MOP@$ZnBr_2$），用于纯 CO_2 或者含 CO_2 气体混合物(CO_2：N_2 体积比 15：85)与环氧化物的环加成反应，在 60℃、1MPa CO_2 条件下反应 3h，环状碳酸酯收率高达 95%。在温和条件下该催化剂表现出比均相催化剂更高的催化活性。含氮丰富的 azo-MOP 与 $ZnBr_2$ 之间的配位作用对反应活性提升起到了关键性作用。

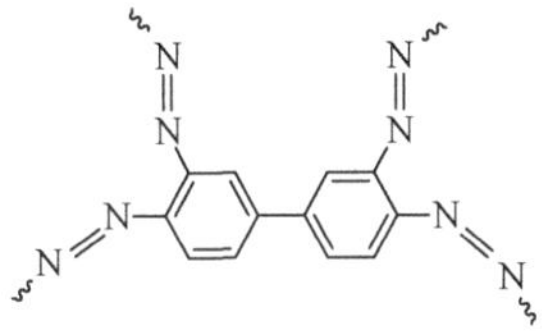

图 3.17　偶氮型框架材料示意图

如图 3.18 所示，具有偶氮苯酚结构单元的介孔聚合物材料，具有高达～600$m^2 \cdot g^{-1}$ 的比表面积，以及很好的金属离子(如 Cu^{2+}、Zn^{2+}和 Ni^{2+})络合能力。络合 Zn^{2+}后所得的聚合物材料，在四丁基溴化铵(7.2mol%)存在时，能在常温常压下有效催化 CO_2 和环氧化物的环加成反应。在 100℃、3MPa 条件下，CO_2 与 PO 反应生成环状碳酸丙烯酯的 TOF 高达 2570h^{-1}。催化材料可多次循环使用，没有活性降低。该材料优异的催化性能源自材料表面基团对 CO_2 和反应底物良好的协同活化作用[57]。

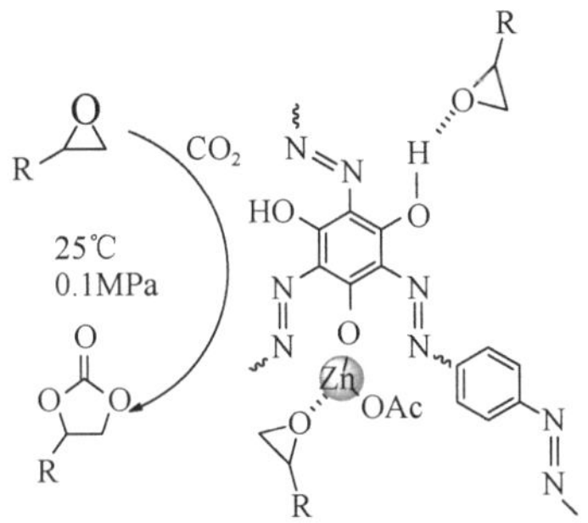

图 3.18　聚偶氮苯酚多孔材料催化反应示意图

通过 $ZnBr_2$ 存在下三聚氰胺、吡啶醛的偶联反应，可容易地获得多级孔结构的有机聚合物 Py-Zn@MA[58]。该材料在不加任何助剂条件下，即可催化 CO_2 与环氧化物的环加成反应。在 130℃，以纯 CO_2 或稀释的 CO_2(模仿烟道气)为原料，PO 与 CO_2 反应的 TOF 分别达到 250h^{-1} 和 97h^{-1}。如图 3.19 所示，Py-Zn@MA 的高活性取决于 $ZnBr_2$ 和吡啶基团对 CO_2 及环氧化物的协同活化作用。

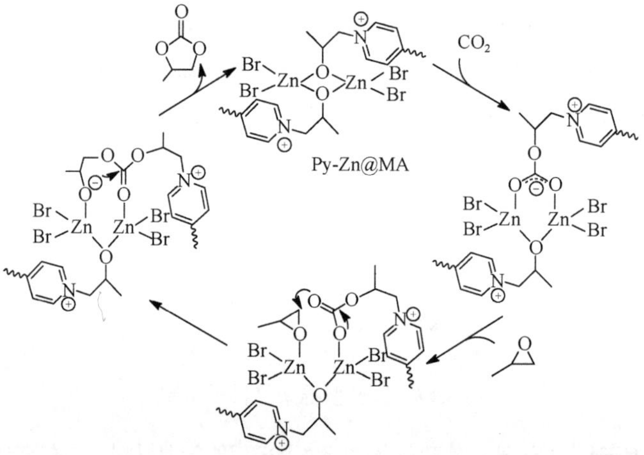

图 3.19 Py-Zn@MA 催化 PO 与 CO_2 环加成反应机理示意图

通过简单的自由基共聚反应，可制备基于金属 Salen 的离子型多孔有机聚合物(DVB@ISA 或 DVB@ISZ)(图 3.20)[59]。这些材料具有高的比表面积、多级孔结构和很好的 CO_2/N_2 吸附选择性；同时，具有金属(如 Zn^{2+}、Al^{3+})中心(Lewis 酸)和离子型结构单元(亲核体)。在无溶剂、不加入任何助剂及相对温和的温度与压力(60℃、1MPa CO_2)条件下，这些材料作为双功能催化剂，可催化 CO_2 与环氧化物反应，生成环状碳酸酯。研究表明，材料的微孔结构有利于 CO_2 在催化中心周围的富集，而不规则介孔结构有利于反应底物和产物的扩散。并且，材料的超疏水性质不仅能增加产物的化学选择性，还能提高催化剂的稳定性和循环利用效果。

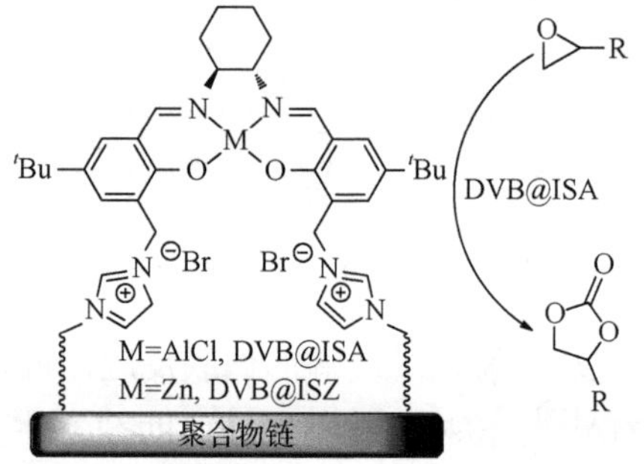

图 3.20 功能型有机聚合物材料催化 CO_2 和环氧化物的环加成反应

通过经典的 Yamamoto-Ullmann 偶联反应，可制备基于金属卟啉的离子型多孔有机聚合物材料(M-iPOPs)[60]。这类材料具有相对均匀的微孔结构、良好的 CO_2 溶胀特性和 CO_2 吸附能力，含有金属活化中心和卤素阴离子。Al-iPOPs 作为双功能催化剂，在无溶剂与温和条件下，对不同的环氧化物与 CO_2 反应生成环状碳酸酯，均有很好的催化活性和循环使用效果。利用模拟烟道气(N_2 中加入 15% CO_2，v/v)为原料，Al-iPOPs 仍能高效催化环加成反应，这说明该材料具有良好的富集、活化 CO_2 性能，促进反应进行。

以四苯基-乙烯基结构作为四个连接节点，能够制备离散的单壁金属-有机纳米管，组装得到的复合物有大量的交叉部分[61]。如图 3.21 所示，纳米管外壁直径为 3.6nm，内腔直径为 2.1nm。该催化剂对 CO_2 的环加成反应有非常好的催化活性，在 100℃、CO_2 压力 1MPa、无溶剂条件下，TON 为 17500，初始 TOF 达到 $1000h^{-1}$。反应 70h 后催化活性只有少许降低，总 TON 高达 35000。与相关简单的 MOFs 对比表明，孔道的交叉部分是影响底物和产物在孔道内传输的关键因素。

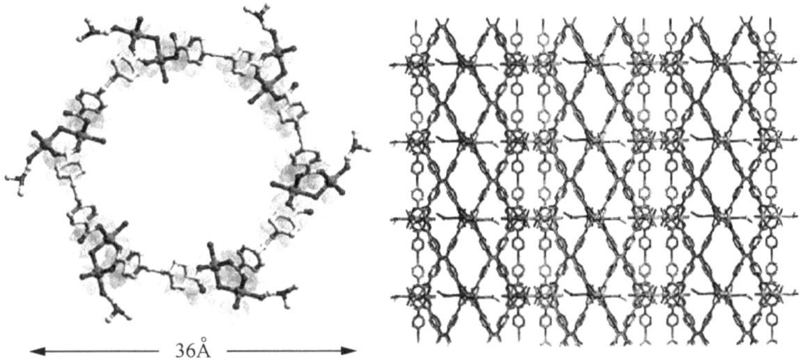

图 3.21 单壁金属-有机纳米管示意结构图

3) 其他新型催化体系

1,2-二取代的内型环氧化物由于空间位阻较大，反应活性通常较差。以 3,4-二氨基-3-环丁烯-1,2-二酮为模块，通过结构设计获得有效催化剂(图 3.22)。该催化剂与四乙基溴化胺相结合，可用于催化内型环氧化物与 CO_2 的环加成反应，生成环状碳酸酯。机理研究表明，该催化剂在反应过程中能够稳定环氧开环的氧负中间体[62]。

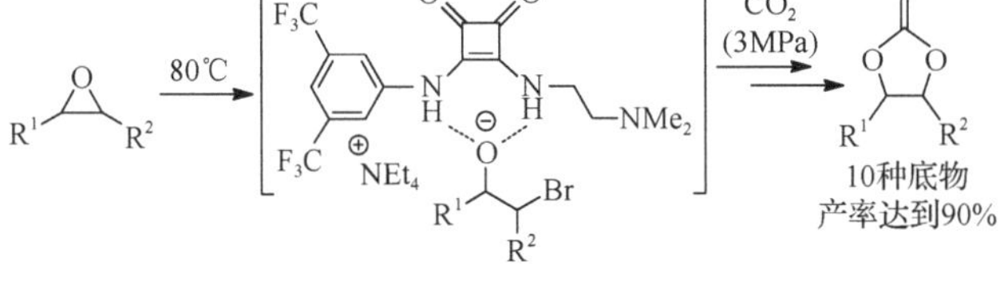

图 3.22 1,2-二取代的内型环氧化物与 CO_2 的反应路径

双金属 Al(Salen)络合物(图 3.23)，用于 CO_2 与环氧化物的反应制备环状碳酸酯，反应条件温和，底物适用范围广。该催化剂和四丁基溴化胺(TBAB)结合，

在 50℃、CO_2 压力为 1MPa 的条件下，端基环状碳酸酯和内型环状碳酸酯的产率分别为 50%～94%和 30%～71%。利用氘代的环氧化物和类似的单金属 Al(Salen)Cl 络合物进行机理研究，结果表明两个 Al 中心在反应过程中存在分子内协同催化作用，分别活化 CO_2 和环氧化物，进而发生分子内碳酸酯化反应[63]。

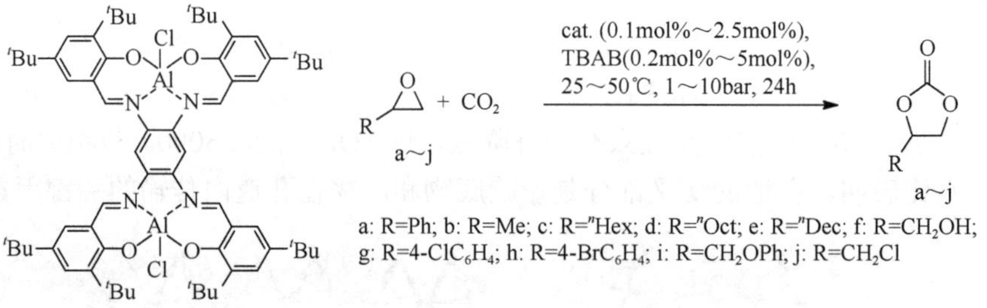

图 3.23　双金属 Al(Salen)络合物结构图及反应方程式

使用 2-羟基吡啶氮氧配体制备了四个氧原子配位的锌催化剂 $Zn(OPO)_2$。以 $Zn(OPO)_2$ 为催化剂，四正丁基碘化铵(TBAI)为助剂，可实现低压至常压 CO_2 与环氧化物的环加成反应(图 3.24)。该催化剂具有非常好的催化效率，催化 PO 与 CO_2 反应的 TOF 高达 $22000h^{-1}$，可与复杂金属卟啉配合物的效率相媲美。反应体系具有很好的底物适用范围。配体与锌原子之间的离域效应使得该络合物具有较强的 Lewis 酸性和很好的稳定性，展示良好的催化性能[64]。

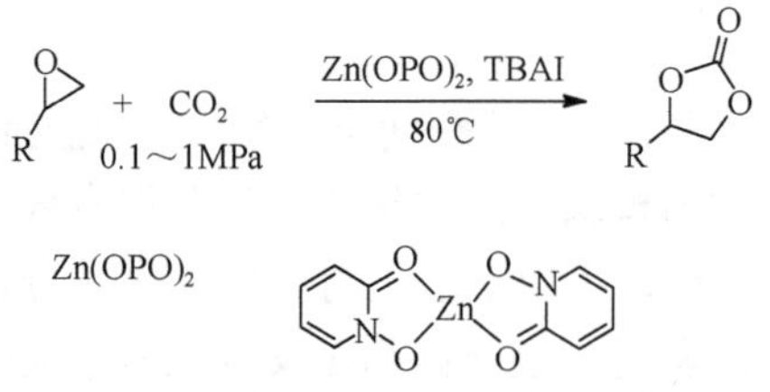

图 3.24　$Zn(OPO)_2$ 结构式及反应方程式

采用硼酸-鏻盐双组分催化体系，在温和条件(1MPa CO_2，50℃)下，能够实现水相中 CO_2 与环氧化物的环加成反应，获得不同的环状碳酸酯[65]。可能的反应机理如图 3.25 所示。

由 $CaBr_2$ 和 DBU 组成的双活化催化体系能有效实现 CO_2 和环氧化物的反应制备环状碳酸酯[66]。通过 DBU 对 CO_2 活化及 $CaBr_2$ 对环氧底物活化的协同作用，使反应能够在常压 CO_2 条件下进行。羟基功能化的季鏻盐碘化物也能够催化常压 CO_2 与环氧化物的反应，合成环状碳酸酯[67]。

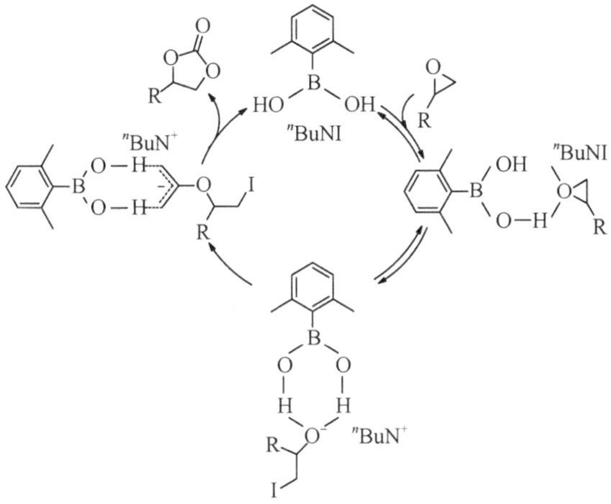

图 3.25 硼酸-𬭩盐催化环状碳酸酯合成的可能反应机理示意图

N-溴代丁二酰亚胺表面氧化 Rh 纳米颗粒能够制备 Rh(0)/Rh(III)核壳纳米粒子[68]，其作为非均相催化剂用于 CO_2 和环氧丙烷的反应制备环状碳酸酯时表现出很高的反应活性和循环利用效果，这主要得益于粒子表面的 Lewis 酸性 Rh(III)颗粒。在 100℃、CO_2 压力为 1MPa 条件下，0.5mol% Rh(0)/Rh(III)与 2.5mol% ^{n}Bu$_4$NBr 催化反应 2h，产率可达 99%。

2. α-亚甲基环状碳酸酯

α-亚甲基环状碳酸酯是指含有环外碳碳双键和碳酸酯功能基的一类环状碳酸酯化合物，广泛存在于很多微生物体内及天然产物中。这类碳酸酯在有机合成中广泛用作中间体，通过 α-亚甲基环状碳酸酯的功能化，可以构建不同结构的化合物，如呋喃酮及其衍生物、官能团化的非对称碳酸二烷基酯、噁唑啉酮类化合物及氨基甲酸酯类等[69,70]。

炔丙醇与 CO_2 羧化环化生成 α-亚甲基环状碳酸酯的反应，原子经济性 100%，操作步骤简单，是制备 α-亚甲基环状碳酸酯最具优势的合成路线。根据分子中碳碳三键的位置，炔丙醇可分为端炔型和内炔型炔丙醇，它们与 CO_2 反应生成不同类型的 α-亚甲基环状碳酸酯。由于这两类炔丙醇的性质不同，因此它们与 CO_2 反应所需的催化体系和反应条件，以及反应机理均存在较大差异，下面分别介绍。

1) 端炔型炔丙醇与 CO_2 反应

针对端炔型炔丙醇与 CO_2 反应[式(3.15)]，研究者发展了多种不同类型的均相和非均相催化体系，见表 3.1。这些催化剂以碱性体系为主，包括无机碱、有机碱、碱性离子液体体系、金属配合物体系、含碱性基团的聚合物材料等。尤其，金属银催化剂可使反应在常温常压下进行，并获得理想的产物收率。

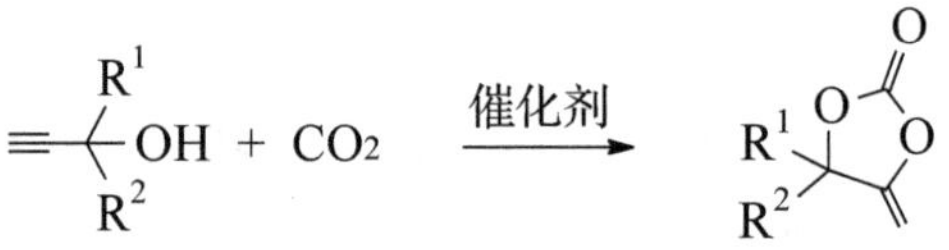

(3.15)

表 3.1 端炔型炔丙醇和 CO_2 的羧化环化反应总结

催化剂/用量/mol%	压力/MPa	溶剂	温度/℃	时间/h	分离收率 [a]/%
$[CoCp_2]/Et_3N/2$[71]	5	—	80	5	52～87（GLC）
$K_2CO_3/PTC/25$[72]	0.5	DMAc	80	5	50～78（GLC）
$[Cu(L)]PF_6$/bipy/1[11]	3.8	neat[b]	100	24	达到 94（GC）
$^nBu_3P/8$[73]	5	—	100	8	32～98
CuCl/2[74]	1.0	$[BMIm][PhSO_3]$	120	8	78～95
DMAM-PS-CuI/8[75]	12	$ScCO_2$	40	24	87～97
NHC-CO_2/7.7[76]	0.6	solvent-free	100	15	51～77（GC）
MTBD/10[12]	>7	$scCO_2$	100	24	达到 82（GLC）
$[(n\text{-}C_4H_9)_4N]_2WO_4/0.33$[77]	2	CH_3CN	60～80	12～24	达到 95（GC）
PS-NHC-Ag/2[78]	5	solvent-free[c]	40	24	51～99
AFIB-CO_2/5[79]	2	neat	60	5～24	达到 8（NMR）
AgOAc/10[80]	2	$[EMIm][(EtO)_2PO_2]$	30	6	74～98
AgOAc/DBU/10[81]	0.1～1	$PhCH_3$	25	5	80～100
$^nBu_3P/5$[82]	10	neat	100	15	62～88
NHC-CO_2/5[83]	4.5～10	neat	100	5～45	51～95
NHO-CO_2/5[84]	2	neat	60	12	42～94
$Ag_2WO_4/1/PPh_3/2$[85]	0.1～1	neat	25～80	12～36	35～98
$[(Ph_3P)_2Ag]_2CO_3$/1~2.5[15]	0.1	neat	25～80	1～24	54～99
AgOAc/1～5/$(n\text{-}C_7H_{15})_4NBr$/1.2～6[86]	0.1	neat	25～60	12	67～99

a.圆括号中内容表示气液色谱（GLC）收率、气相色谱（GC）收率和核磁共振（NMR）收率；b. neat 表示未掺水；c. sovent free 表示无溶剂的。

Co 配合物（环戊二烯钴，$CoCp_2$）与三乙胺组成的双组分催化体系，是较早应用于端炔型炔丙醇与 CO_2 反应的催化体系[71]。在 80℃、CO_2 压力 5MPa 条件下，无需额外溶剂，反应 1.5～5h，即可获得 83%～87%的产物收率。而苯、THF、DMF 等溶剂对反应有抑制作用，只得到很低的产物收率（3%～28%）。图 3.26 给出了可能的反应机理。首先，炔丙醇与 CO_2 形成烷基碳酸中间体，三乙胺捕获质子形成烷基碳酸正离子，继而烷基碳酸负离子的氧原子在分子内进攻碳碳三键并关环，最后经过质子化形成 α-亚甲基环状碳酸酯。

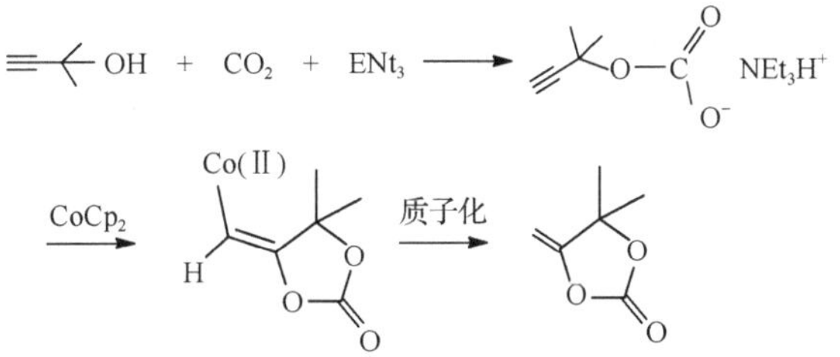

图 3.26 可能的反应机理示意图

碳酸钾(K_2CO_3)在冠醚辅助下，对端炔型叔醇底物与 CO_2 的反应有良好的催化活性，而不能催化内炔型炔丙醇反应[72]。季铵盐和胍碱结构的化合物，如 MTBD、1,5,7-三叠氮双环[4.4.0]癸-5-烯(TBD)、DBU 等，均可催化炔丙醇与 CO_2 的羧化环化反应[12]。有机胍比季铵盐有更好的催化活性，其中，MTBD 的催化效率最高。与 MTBD 相比，TBD 可能会形成相对稳定的八元环过渡态结构，使得氧原子上的负电荷较为分散，亲核性大大减弱，不利于分子内的亲核关环反应；而 MTBD 不能形成这种稳定的结构，氧原子上负电荷相对比较集中，有利于关环反应。这就是 MTBD 比 TBD 催化效果好的本质原因。在超临界条件下，MTBD 对多种端炔叔醇类炔丙醇底物有良好的催化活性，反应转化率都很高，但是目标产物选择性比较差，以环状碳酸酯和对称链状碳酸酯产物为主，副产物比较多，对内炔型炔丙醇底物也有活性，可以得到 55%的产物收率。

离子液体及金属盐/离子液体的催化体系，在催化该反应中显示良好的催化性能，并且具有易分离和可循环使用的优势。例如，CuCl/[BMIm][$PhSO_3$]催化体系[74]，在 0.2mol%催化量、120℃、CO_2 压力为 1MPa 条件下，可高效催化端炔叔醇反应[式(3.16)]，产物分离收率最高达 97%。但不能催化二级炔丙醇、一级炔丙醇与 CO_2 的反应。离子液体作为反应介质，对反应起到了良好的促进作用，其阴阳离子结构对反应活性均有较大影响。

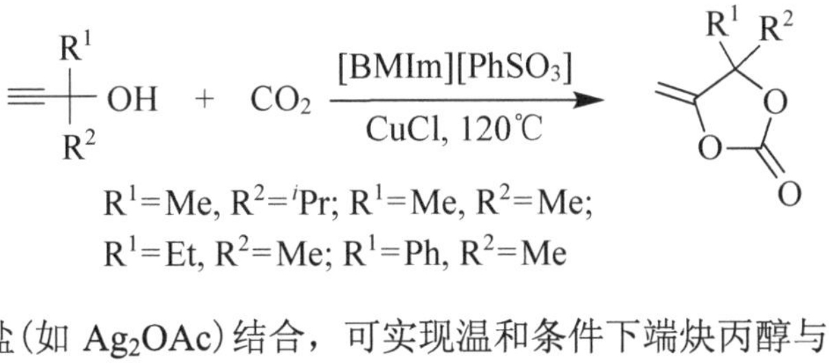

(3.16)

IL 与 Ag 盐(如 Ag_2OAc)结合，可实现温和条件下端炔丙醇与 CO_2 的反应。例如，碱性离子液体 1-乙基-3-甲基咪唑二乙基磷酸酯([EMIm][$(EtO)_2PO_2$])与 Ag_2OAc 组成的催化体系，在相对温和的条件下(30℃、4MPa CO_2，反应 6h)，获得 97%的 α-亚甲基环状碳酸酯收率[80]。由季鏻盐阳离子和 4,5-二甲酸甲酯阴离子组成的离子液体[P_{66614}][DEIm]，与 Ag_2OAc 结合使用，通过对 CO_2 的捕集和活化，在常温常压下，即可催化 CO_2 和炔丙醇的环加成反应生成 α-亚甲基环状碳酸酯[87]。

通过四丁基膦氢氧根（[^{n}Bu$_4$P][OH]）对弱质子给体（如 2-甲基咪唑、4-甲基咪唑和 2，4-二甲基咪唑）的去质子化，制备了基于咪唑阴离子的非质子型 ILs。这些 ILs（如[^{n}Bu$_4$P][2-MIm]）通过形成氨基甲酸盐能够活化常压 CO_2。所得的氨基甲酸盐中间体能够进一步与炔丙醇反应，以中等至较好的产率合成不饱和环状碳酸酯，在常压条件下实现 CO_2 的转化[88]。

利用 ZnI_2/NEt_3 为催化剂，催化 CO_2 和炔丙醇的反应形成 α-亚甲基环状碳酸酯，反应在室温无溶剂条件下即可进行（1MPa CO_2），以高达 99%的产率生成相应的目标产物。在反应过程中，Zn（Ⅱ）和 NEt_3 协同作用活化炔丙醇和 CO_2[89]。

DFT 计算发现，钨酸根阴离子中氧原子上的电荷密度比同类多聚钨酸盐的电荷密度大，表现出较强的碱性。因此，钨酸根阴离子不仅可活化 CO_2，也可以活化炔丙醇的羟基。将钨酸正丁铵应用于炔丙醇和 CO_2 的反应，反应可在常压下进行[90]。而 Ag_2WO_4/PPh_3 双组分催化体系（1mol%的 Ag_2WO_4 和 2mol%的 PPh_3），则能将反应条件降至无溶剂和低温（50℃）常压，并且有很好的底物普适性，对于各种叔醇类的端炔和内炔型底物及仲醇类底物都有很好的催化活性[85]。图 3.27 给出了的可能催化机理。首先，炔丙醇和 CO_2 反应形成烷基碳酸中间体，钨酸根负离子对 CO_2 和炔丙醇的羟基进行活化，CO_2 的直线稳定结构被打破，而羟基的氧氢键拉长从而亲核性增强，形成活泼的烷基碳酸中间体；之后，烷基碳酸中间体发生分子内环化，通过具有 Lewis 酸性的银位点对碳碳三键进行活化，使分子内环化步骤更加容易；最后，质子去金属化。钨酸根在催化过程中同时起到质子载体的关键作用。

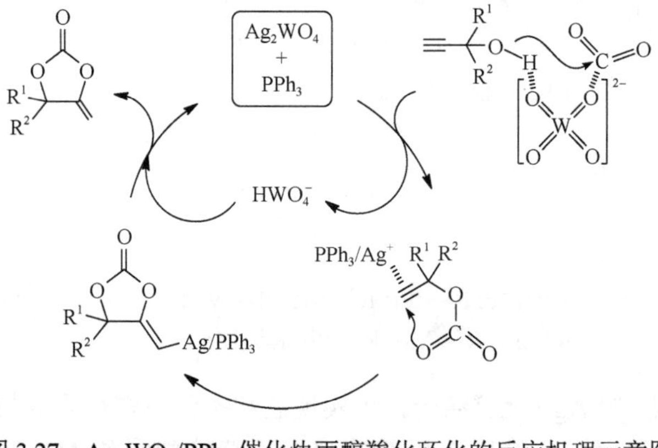

图 3.27　Ag_2WO_4/PPh_3 催化炔丙醇羧化环化的反应机理示意图

碳酸银配合物[$(Ph_3P)_2Ag]_2CO_3$[15]和乙酸银/四正庚基溴化铵[AgOAc/$(n\text{-}C_7H_{15})_4$NBr]催化体系[86]，均能实现常温常压条件下炔丙醇羧化环化，显示很高的催化活性和化学选择性，高收率获得 α-亚甲基环状碳酸酯类化合物。

$[(Ph_3P)_2Ag]_2CO_3$ 在低量(0.005mol%)使用时，获得高达 5852 的 TON，比四丁基钨酸铵得到的 TON(473)高 10 倍以上[90]。该催化剂可用于放大生产，采用 0.1mol%的催化量和"10 克级"的反应底物，在室温常压下反应 15h，以 92%的收率得到目标产物。采用 $AgOAc/(n\text{-}C_7H_{15})_4NBr$ 双组分催化体系，使用"克级"规模的反应底物、0.01mol%的 AgOAc 和 0.012mol%的 $(n\text{-}C_7H_{15})_4NBr$，TON 高达 6024。该催化体系的底物适用面更广，复杂分子如炔孕酮也能够通过该体系实现衍生化，收率为 94%。此外，它还能催化多种 CO_2 参与的化学转化反应，如炔丙醇、胺和 CO_2 的三组分反应、炔丙胺和 CO_2 羰基化环化反应，以及炔烃的羧化反应等。

聚合物负载的金属非均相催化材料在该反应中也得到应用。碱性离子交换树脂(DMAM-PS)负载的 CuI(DMAM-PS-CuI)[75]、聚乙烯负载的氮杂卡宾 Ag [PS-NHC-Ag(Ⅰ)][78]均可高效催化炔丙醇与 CO_2 的羧化环化反应，显示比相应金属单一组分更好的催化效果，这表明碱性聚合物载体对反应有促进作用。但是，DMAM-PS-CuI 在使用过程中，负载的 CuI 容易流失，导致催化性能降低。PS-NHC-Ag(Ⅰ)有良好的使用稳定性，催化 3-乙基-1-戊炔-3-醇与 CO_2 反应(反应条件：2mol%催化剂，5MPa CO_2，60℃，24h)，循环使用 15 次，仍能够给出 97%的产物收率。

以 $P(m\text{-}NH_2Ph)_3$ 为单体，通过氧化聚合反应，制备了以三苯基膦为结构单元、以偶氮键相连的有机聚合物介孔材料 poly(PPh_3)-azo，如图 3.28 所示[91]。该聚合物对 CO_2 有良好的吸附能力，其分子链末端残留氨基能够原位还原 Ag^+得到 Ag 纳米颗粒，获得 poly(PPh_3)-azo-Ag 材料。在室温条件下，poly(PPh_3)-azo-Ag

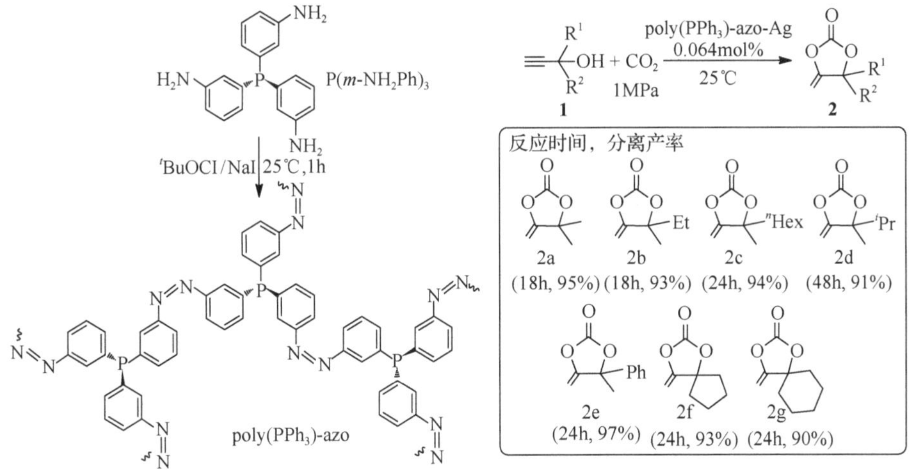

图 3.28　催化剂结构图及反应方程式

催化 CO_2 和炔丙醇的环加成反应，高收率(>90%)生成目标产物，所得时空收率比相关非均相催化体系高 400 倍。该催化剂的高活性是由聚合物和金属粒子的协同作用产生的。磺酸基功能化的大孔树脂(SMR)负载的 Ag 纳米催化材料(Ag 颗粒尺寸 1～3nm)[92]，在 DMF+DBU 溶液中，可在常温常压下催化 CO_2 和炔丙醇的反应。

2) 内炔型炔丙醇和 CO_2 反应

内炔型和端炔型炔丙醇的反应活性有很大差别，在与 CO_2 反应的研究中一般作为独立反应分别进行。内炔型炔丙醇与 CO_2 反应合成碳酸酯[式(3.17)]，涉及多种均相和非均相催化体系，一些新型催化体系可使反应能够在温和条件下进行。

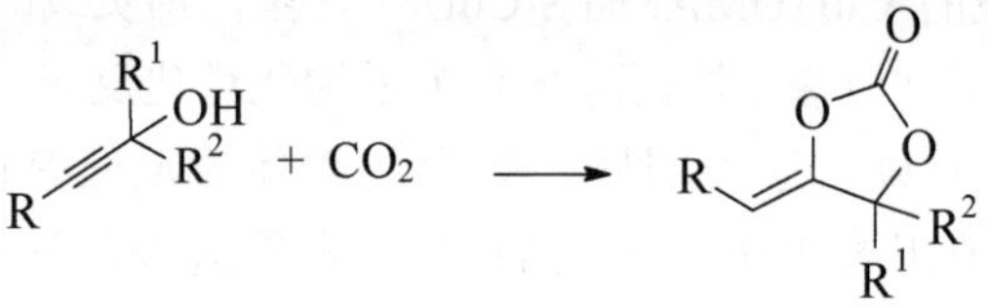

(3.17)

内炔型三级炔丙醇反应性差，要得到较理想的产物收率，一般需要有机强碱和较高的温度与压力条件。在超临界条件下，正丁基膦($^{n}Bu_3P$)可催化一些炔丙醇与 CO_2 的反应[82]，但底物适用范围较窄。苯环取代基上有吸电子基团时炔丙醇底物有较好的反应活性，而苯环取代基上有给电子基团时则抑制了反应的发生。其原因是，碳碳三键电子云密度太高，不利于反应中间体的环化。$^{n}Bu_3P$ 不适用于一级和二级炔丙醇底物。$^{n}Bu_3P$ 与 CO_2 形成的加合物是该反应的关键中间体，而超临界条件有利于该加合物的形成。由于反应底物结构的差异，反应遵循不同的反应机理。有两种可能的反应机理：第一，$^{n}Bu_3P$ 有孤对电子，作为较强的亲核试剂，首先对碳碳三键进行亲核进攻；羟基与 CO_2 作用形成烷基碳酸，氢质子转移，最后经分子内亲核取代形成碳酸酯。第二，在 $scCO_2$ 下，$^{n}Bu_3P$ 与 CO_2 形成加合物，该加合物对碳碳三键进行加成，然后羟基质子转移，再经过分子内酯交换过程，得到目标产物。

银盐(如高氯酸银、三氟甲磺酸银、乙酸银等)与 DBU 的双组分催化体系，可高效催化内炔型炔丙醇与 CO_2 的羧化环化反应[81, 93]。尤其，AgOAc/DBU，在较低的压力条件下(如 1MPa)，几乎可以当量地获得产物，并有很好的底物适应性。机理如图 3.29 所示。DBU 具有多重作用：作为有机强碱，活化醇羟基；充当质子载体，传递质子，进而促进反应顺利进行。在 DBU 和 CO_2 氛围下，反应先生成烷基碳酸阴离子，同时，银化合物活化碳碳三键，继而发生分子内亲核进攻和关环反应，获得目标产物。

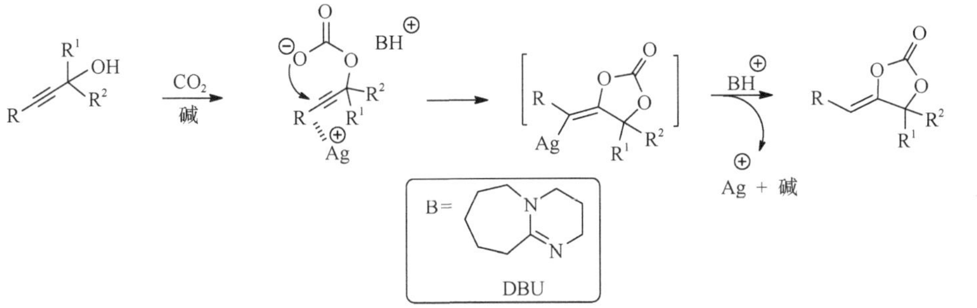

图 3.29 银催化的 CO_2 和炔丙醇环化反应及反应机理

如图 3.30 所示，氮杂卡宾(NHC)-CO_2 加合物，可催化炔丙醇与 CO_2 反应[83]。比较 NHC 与 NHC-CO_2 加合物的催化性能，发现在相同条件下(10MPa CO_2，100℃)，NHC-CO_2 加合物的催化活性比 NHC 略强。降低压力和温度(4.5MPa CO_2，60℃)，两臂为大位阻的叔丁基取代的 NHC-CO_2 催化效果最好。可能的催化机理如下：首先，NHC-CO_2 加合物对炔丙醇活化；然后，经反应中间体转化为相应的目标产物，同时生成 NHC；NHC 再与 CO_2 反应生成 NHC-CO_2 加合物，进入下一轮催化循环。NHC-CO_2 加合物比 ^{n}Bu$_3$P 具有更好的底物适用性，对于内炔型炔丙醇芳香环上有吸电子基或供电子基的反应底物均有很好的催化效果。

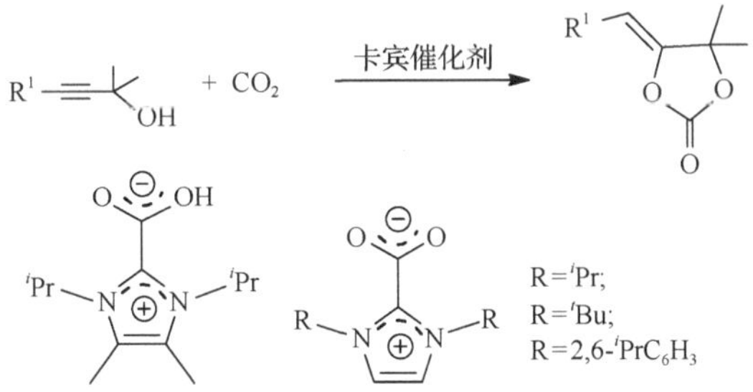

图 3.30 NHC-CO_2 加合物结构式及其催化炔丙醇与 CO_2 反应

图 3.31 所示为一种新型的氮杂环烯烃卡宾(NHO)[84]，能够催化炔丙醇与 CO_2 的环化反应，对于内炔型和端炔型的炔丙醇(叔醇类底物)均有很好的适用性。在温和条件(60℃，2MPa CO_2)下，能够得到中等到较高的产物收率。有两种可能的反应途径，与 ^{n}Bu$_3$P 的催化路径相似。

离子液体催化体系也在内炔型炔丙醇与 CO_2 的反应中得到应用。例如，通过 DBU 与甲基咪唑的中和反应，制备了[DBUH][MIm]质子型 IL。该 IL(2 当量)作为溶剂和催化剂，能够在温和条件(2.5MPa CO_2，60℃)下，催化 CO_2 和内炔型炔丙醇的反应，以 68%～88%的产率得到相应的 α-亚甲基环状碳酸酯[94]。

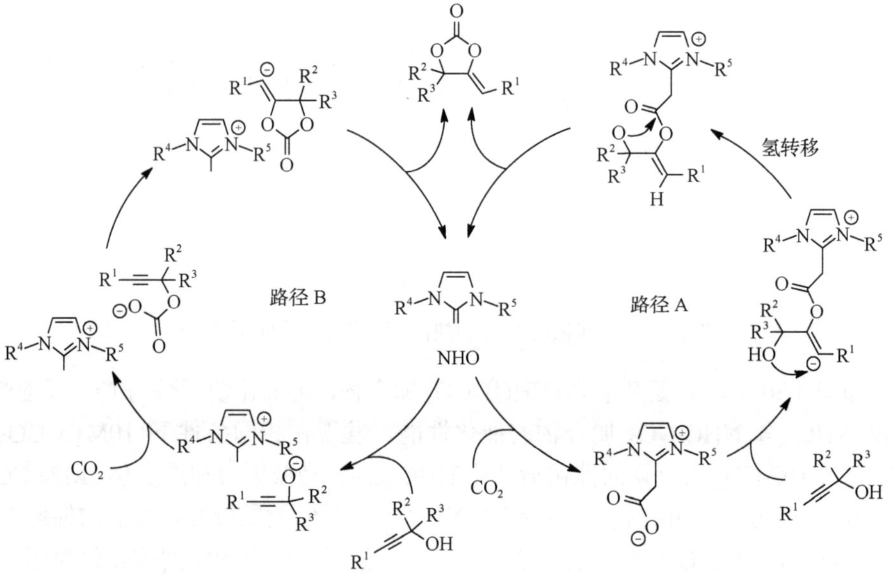

图 3.31 NHO 催化炔丙醇与 CO_2 的环化反应的可能机理示意图

图 3.32 所示的季鏻盐离子液体，即$[Bu_4P]_3$[2,4-OPym-5-Ac]，其阴离子具有三个 CO_2 吸收位点，可在常温常压下化学吸收 CO_2 约 3mol · mol^{-1}。该离子液体在吸收 CO_2 的同时，实现了对 CO_2 的有效活化。因此，在常温常压的条件下，可催化炔

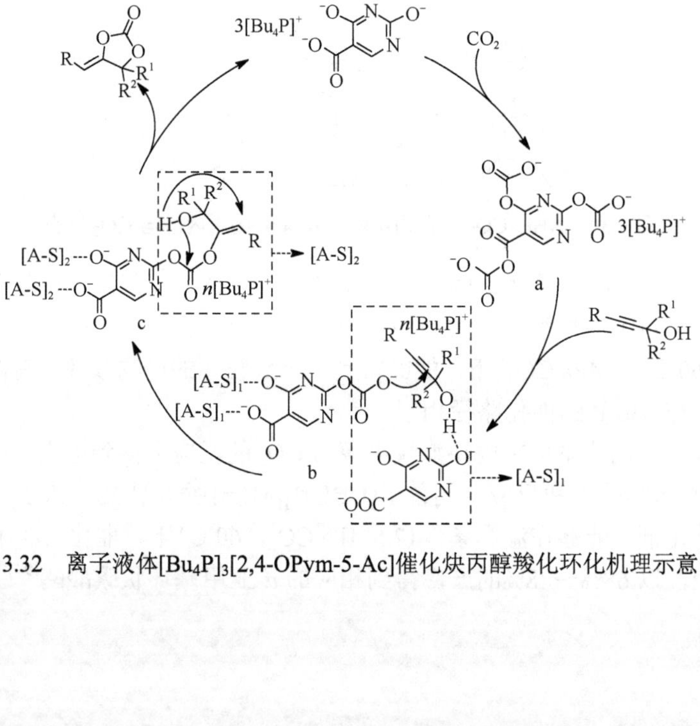

图 3.32 离子液体$[Bu_4P]_3$[2,4-OPym-5-Ac]催化炔丙醇羧化环化机理示意图

丙醇与 CO_2 的环化反应，以中等至较好的产率得到一系列 α-亚烷基环状碳酸酯。机理研究表明，离子液体是双功能催化剂，其阴离子通过多位点协同作用活化 CO_2，同时通过诱导效应活化炔丙醇中的碳碳三键，实现二者的反应[95]。

Cu 配合物[Cu(L)$_x$(MeCN)$_y$PF$_6$](图 3.33)，可以高效催化炔丙醇和 CO_2 环化反应。使用 1mol%的[Cu(L)$_x$(MeCN)$_y$PF$_6$]、10mol%的联吡啶(bipy)作为有机碱，在 100℃、3.8MPa CO_2 下反应，可以高收率(≥90%)地得到碳酸酯产物。Cu 配合物受位阻效应影响明显，当炔丙醇端位碳连接大位阻的取代基时，无碳酸酯产物；当炔丙位碳不含取代基时，所得产物是聚合物[11]。

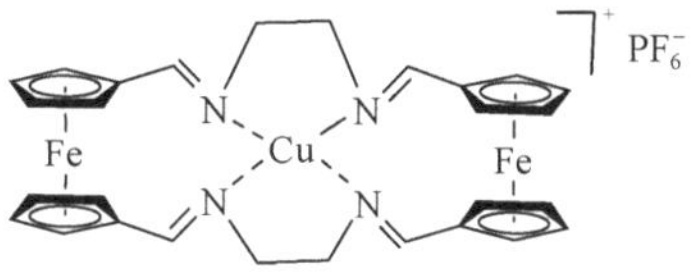

图 3.33 [Cu(L)$_x$(MeCN)$_y$PF$_6$]结构图

在有机聚合物中引入可吸附活化 CO_2 的功能基团，是制备催化 CO_2 转化的非均相聚合物催化剂的有效手段。通过多取代芳香炔与氟取代溴苯的偶联反应，可制备氟功能化的有机聚合物材料。氟的引入能够起到富集、活化 CO_2 分子的作用。与相应不含氟的材料相比，合氮聚合物材料对 CO_2 的吸附量显著提升，可达 223mg·g^{-1}。进一步在含氟聚合物骨架中引入邻菲咯啉配体，并与 $AgBF_4$ 配位，得到 Ag 和氟双功能化的材料(F-MOPs-Ag)，如图 3.34 所示。在室温、CO_2 压力为 1MPa 和有机碱 DBU 的条件下，能有效催化 CO_2 和内炔型炔丙醇的环加成反应，内炔型苯基炔丙醇与 CO_2 反应的产物收率高达 99%。并且，该催化剂循环利用 5 次后催化活性保持不变[96]。

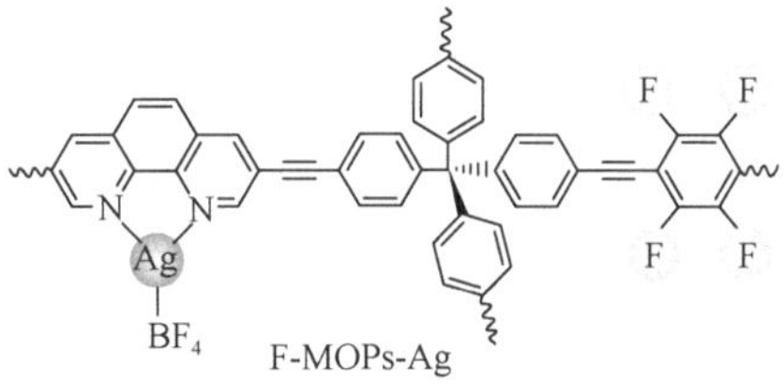

图 3.34 Ag 和氟双功能化的聚合物材料单元结构

3.1.5 甲酸硅酯

甲酸硅酯是一类重要的中间体，广泛应用于有机合成中。由 CO_2 与氢硅烷反应是一条合成甲酸硅酯的绿色途径。氢硅烷是一类常用的氢源或还原剂，相比于氢气，氢硅烷的 Si—H 键更容易被活化，因此，CO_2 与氢硅烷的反应可在相对温和的条件下进行。1981 年，Koinuma[97]和 Süss-Fink 等[98]报道了均相 Ru 配合物催化 CO_2 与氢硅烷的反应，获得了甲酸硅酯，但反应需要较高的 CO_2 压力。1989 年，Eisenberg 和 Eisenschmid[99]报道了均相 Ir 配合物催化 CO_2 与氢硅烷的反应，在常温常压下即可进行，但反应选择性较差。之后发展的一些新催化体系，不仅能使反应在温和条件下得以实现，而且高选择性地获得甲酸硅酯。例如，$[RuX_3(MeCN)_3]$ (X=Br、Cl)配合物可高效催化 CO_2 与 Me_2PhSiH 的反应，生产甲酸硅酯的转化率和选择性都为 99%[100]。$Rh_2(OAc)_4$-K_2CO_3 催化体系，可催化常压 CO_2 与不同种类氢硅烷发生反应，合成相应的甲酸硅酯产物，产率为 53%～90%。并且这些甲酸硅酯产物可进一步与亲核试剂如苯胺、水、格氏试剂反应，制备甲酰胺、酸、醇类化合物(图 3.35)[101]。

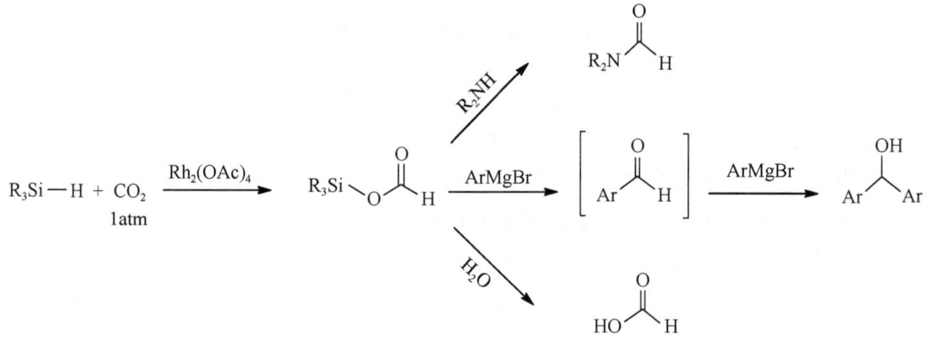

图 3.35　甲酸硅酯合成及应用

NHC-杂卡宾铜[(IPr)Cu(O^{t}Bu)]，在温和条件(20～100℃、1atm CO_2)下，可高效催化$(EtO)_3SiH$ 与 CO_2 反应，生成$(EtO)_3Si$—OCHO[式(3.18)]。反应机理如图 3.36 所示，(IPr)Cu(O^{t}Bu)与氢硅烷反应，生成 NHC-Cu—H 活性催化物种；该物种与 CO_2 反应，生成卡宾铜甲酸盐活性中间体；该中间体进一步与氢硅烷反应，得到最终产物。(IPr)Cu(O^{t}Bu)催化剂可用于放大底物量的反应。例如，增加底物量至 50mmol，延长反应时间到 6h，可获得 71%的产物分离收率[102]。

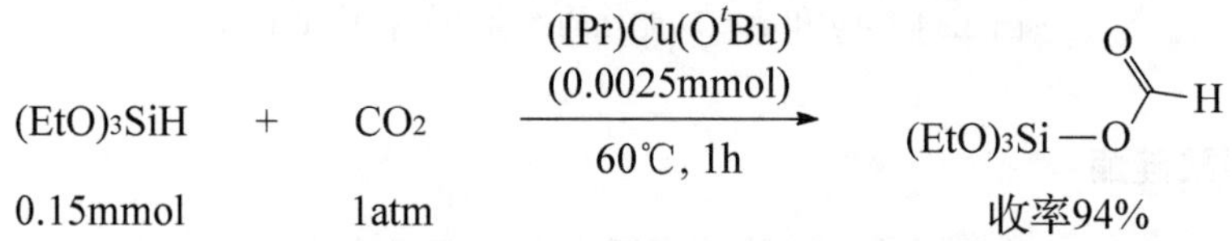

(3.18)

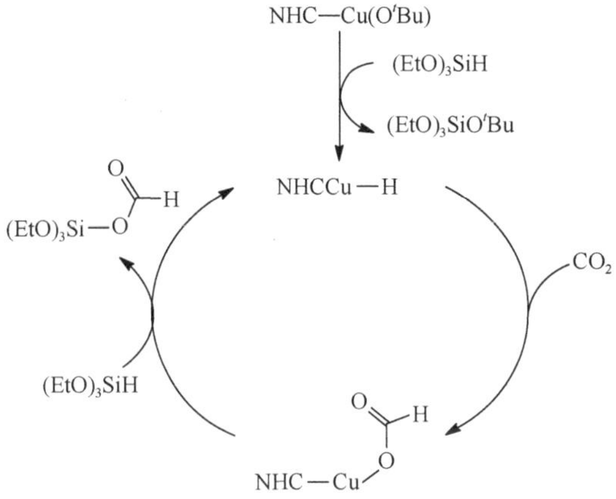

图 3.36　NHC-杂卡宾铜催化 $(EtO)_3SiH$ 与 CO_2 反应机理示意图

三苯基硼（BPh_3）在强极性非质子性溶剂（如乙腈、硝基甲烷、碳酸乙烯酯）中，可在 40℃的温和条件下催化 CO_2 与氢硅烷（$PhSiH_3$、$PhMeSiH_2$、Et_3SiH）的反应，生成甲酸硅酯产物，获得良好的产物收率（>95%）[式（3.19）][103]。在反应中，BPh_3 分别活化 CO_2 和氢硅烷的 Si—H 键，形成部分极化的亚稳态物种，强极性溶剂有利于这些物种的稳定。

$$R_3SiH + CO_2 \xrightarrow[40^\circ C, 7h]{BPh_3(10mol\%),\ CH_3CN} R_3Si(O_2CH) \tag{3.19}$$

3.2　CO_2 参与合成 *N*-甲（酰）胺化合物

3.2.1　甲酰胺

N-甲酰胺化合物是有广泛用途的重要化学品。在工业生产中，这类化合物主要通过有机胺的 CO 羰基化反应路线制得。随着绿色与可持续化学的发展，利用 CO_2 替代 CO 合成甲酰胺化合物的研究引起了人们的关注。与 CO 参与的羰基化反应不同，以 CO_2 为羰基化试剂，需要在还原剂（如 H_2、具有活泼氢的氢硅烷和氢硼烷等）存在下，通过三组分反应才能实现胺的甲酰化。下面根据所采用还原剂的不同，分别介绍相关成果。

1. H_2 为还原剂

1935 年，Farlow 和 Adkins 首次报道了胺与 CO_2/H_2 反应生成甲酰胺的研究[104]。采用 Raney Ni 催化剂，在苛刻的反应条件下（CO_2 压力 60bar，H_2 压力 160bar，温

度高达 250℃)，仲胺(哌啶、苯基乙基胺)和伯胺(正戊胺)发生羰基化反应，以较低或中等收率得到相应的甲酰胺。1970 年，Haynes 等[105]首次报道了均相催化剂催化合成DMF的研究,在相对温和条件下(125℃,H_2和CO_2等摩尔量混合,总压为54bar)，实现了胺的甲酰化反应。所采用的催化剂包括$(dppe)_2CoH$、$(PPh_3)_2(CO)IrCl$ 和$(PPh_3)_3CuCl$ [dppe=1,2-二(二苯基膦基)乙烷]，其中$(PPh_3)_2(CO)IrCl$ 催化活性最高，TON 达到 1200(表 3.2，编号 2)。自此，围绕胺与CO_2/H_2反应生成甲酰胺，涌现了大量研究工作，内容集中在发展高效催化体系和提高产物选择性。

表 3.2 催化 DMF 合成的催化剂体系举例

编号	催化剂	CO_2/bar	H_2/bar	温度/℃	TON
1[105]	$(PPh_3)_3CuCl$	27	27	125	900
2[105]	$(PPh_3)_2(CO)IrCl$	27	27	125	1200
3[106]	$PdCl_2$	40	80	170	34
4[107-108]	$[Pt_2(\mu\text{-dppm})_3]$	12	94	75	1460
5[109]	$RuCl_2[P(CH_3)_3]_4$	130	80	100	370000
6[110]	$RuCl_2(dppe)_2$	130	85	100	740000
7[111]	[Mo]	25	35	110	115
8a[112]	Cu/ZnO	60	60	140	70
9[113]	$Fe(BF_4)_2\cdot 6H_2O/PP_3$	30	60	100	727
10[114]	$Co(BF_4)_2\cdot 6H_2O/PP_3$	30	60	100	1300
11[115]	$Fe(BF_4)_2\cdot 6H_2O/PPAr_3$	30	70	100	5100

a. 以 $Me_2NH_2^+Me_2NCOO^-$为原料。

DMF是重要的有机溶剂和化学试剂。由二甲胺与CO_2/H_2反应合成DMF [式(3.20)]，是一条合成 DMF 的绿色途径，具有重要的实用价值。因此，关于此方面的研究开展了大量工作，表 3.2 列举一些的重要催化剂及相关结果。

(3.20)

$PdCl_2$是 DMF 合成的有效催化剂，但需要较高的温度条件(如 170℃，表 3.2，编号 3)[106]。贵金属 Ir、Pt、Ru 配合物催化剂，可大大降低反应温度，显示良好的催化性能[107-110]。例如，以甲苯为溶剂，Pt 催化剂$[Pt_2(\mu\text{-dppm})_3]$ [dppm=二(二苯基膦基)甲烷],可使反应在三种气体的压力均为 1bar 和室温条件下进行,合成 DMF。在 75℃时，CO_2压力为 12bar、H_2压力 94bar 条件下，获得 1460 的 TON(表 3.2，编号 4)。值得注意的是，以[$Pt_2(\mu$-dppm$)_3$]为催化剂，二甲胺与 CO_2/H_2 生成 DMF 的反应是可逆的，在低压 H_2(1bar)氛围中，加热到 150℃，DMF 可分解为 CO_2、H_2 和二甲胺。

Ru 配合物在催化合成 DMF 中显示出非常高的催化活性。例如，在超临界条件下(130℃，CO_2 压力 130bar，H_2 压力 80bar)，$RuCl_2[P(CH_3)_3]_4$ 催化合成 DMF 的 TON 达到 370000，TOF 达到 10000h^{-1}[109](表 3.2，编号 5)。反应体系处于超临界状态，使整个反应在均相条件下进行，提高了反应速度。当采用二甲胺或液体的 $Me_2NH_2^+Me_2NCOO^-$ 作为二甲胺来源时，反应得到相同的结果。该催化剂也可应用于二乙胺和二正丙胺与 CO_2/H_2 反应，生成相应的酰胺，但反应活性大大降低(TON 分别为 820 和 260)[116]。空间位阻更大的二烷基胺作底物时，只能得到相应的氨基甲酸盐。

Ru 络合物 $RuCl_2(dppe)_2$[dppe =1,3-二(二苯基膦基)丙烷]，是迄今最高效的合成 DMF 的催化剂[110]。在超临界状态(100℃，CO_2 和 H_2 压力分别为 130bar 和 85bar)下，生成 DMF 的 TOF 高达 360000h^{-1}(表 3.2，编号 6)，2h 内可完成 530kg 的 DMF 生产。在以上工作基础上，将钌/膦催化剂固载到介孔的硅气凝胶上，所得材料对 DMF 的合成有很高的催化活性，TOF 达到 18400h^{-1}[117-119]。

为降低催化剂成本，多种非贵金属催化体系得到发展，但催化活性相对较低(表 3.2，编号 7～11)。膦配体大大提高了它们的催化活性。例如，由 $Fe(BF_4)_2\cdot 6H_2O$ 与 PP_3 配体三[2-(二苯基膦基)乙烷基]膦组成的催化体系，在相对温和条件下(CO_2 和 H_2 压力分别为 30bar 和 60bar，100℃，20h)，显示良好的催化性能，DMF 产率达到 75%，TON 达到 727(表 3.2，编号 9)[113]。$Co(BF_4)_2\cdot 6H_2O/PP_3$ 催化剂，在相似条件下，生成 DMF 的 TON 达到 1300(表 3.2，编号 10)[120]。$Fe(BF_4)_2\cdot 6H_2O$ 与四齿膦配体三[2-(二苯基膦基)苯基]膦组成的 Fe 基催化剂，催化生成 DMF 的 TON 达到 5100(表 3.2，编号 11)[115]。

除了发展高效的催化体系用于 CO_2/H_2 参与的胺甲酰化反应，一些研究也着眼于拓展活性胺的适用范围。Ru 配合物，如 $Ru_3(CO)_{12}$、$[HRu_3(CO)_{11}]^-$和$[H_3Ru_4(CO)_{12}]^-$(0.7mol%)，能高效催化哌啶、3-甲基哌啶、四氢吡咯、七甲亚胺、吗啉和哌嗪转化为甲酰胺产物[121]。尽管能得到较好的产物收率和选择性，但反应的 TON 很低(低至 43)。而 $RuCl_2(dppe)_2$ 催化剂，在 $scCO_2$ 条件下，大大提高了反应效率，TON 增加至 850~210000[122-123]。

芳香胺碱性较弱，CO_2/H_2 参与的芳香胺甲酰化反应通常效率很低，而加入过量的碱能大大提高反应效率。例如，采用 $RuCl_2[P(CH_3)_3]_4$ 催化剂，额外加入 2 当量的有机碱 DBU，在 100℃的条件下，苯胺转化为甲酰基苯胺的产率达到 85%[124]。

图 3.37 所示 Ru pincer 络合物能够高效催化有机伯胺或者仲胺的 *N*-甲酰化反应，单次反应的 TON 最高可达 1940000。在最优反应条件下(Ru 催化剂 0.01mol%，

CO_2压力与 H_2压力都为 3.5MPa，以四氢呋喃为溶剂，120℃)，相应甲酰化产物的产率为 52%～99%。尤其是在 DMF 的合成中，催化剂可回收使用，重复利用 12 次后催化活性基本保持不变[125]。

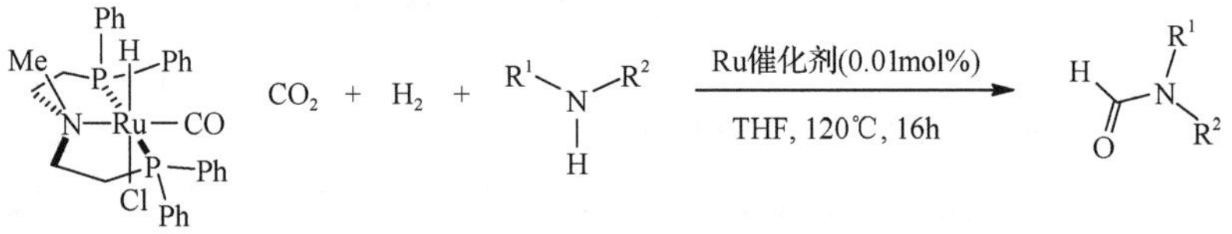

图 3.37 Ru pincer 及其催化胺的甲酰化反应方程式

图 3.38 所示的 Co pincer 络合物，结合 ^{t}BuOK，也能催化胺的甲酰化反应[126]。在反应条件下(Co 催化剂 5mol%，$NaHBEt_3$ 5mol%，^{t}BuOK 5mol%，3MPa CO_2，3MPa H_2，甲苯为溶剂，150℃)，能够实现一系列脂肪伯胺和仲胺的甲酰化反应，产率为 60%～99%。可能的反应机理如图 3.38(b)所示，Co 催化剂与 ^{t}BuOK 反应，生成不饱和的中间体 **A**；在 H_2存在时，产生 Co(Ⅰ)氢负产物 **B**；CO_2插入 Co—H 键，形成络合物 **C**；在过量胺存在时，通过与 pincer 配体络合胺的去质子化，生成甲酸盐[115]；甲酸盐脱水[116]，形成甲酰胺及活性中间体 **A**。

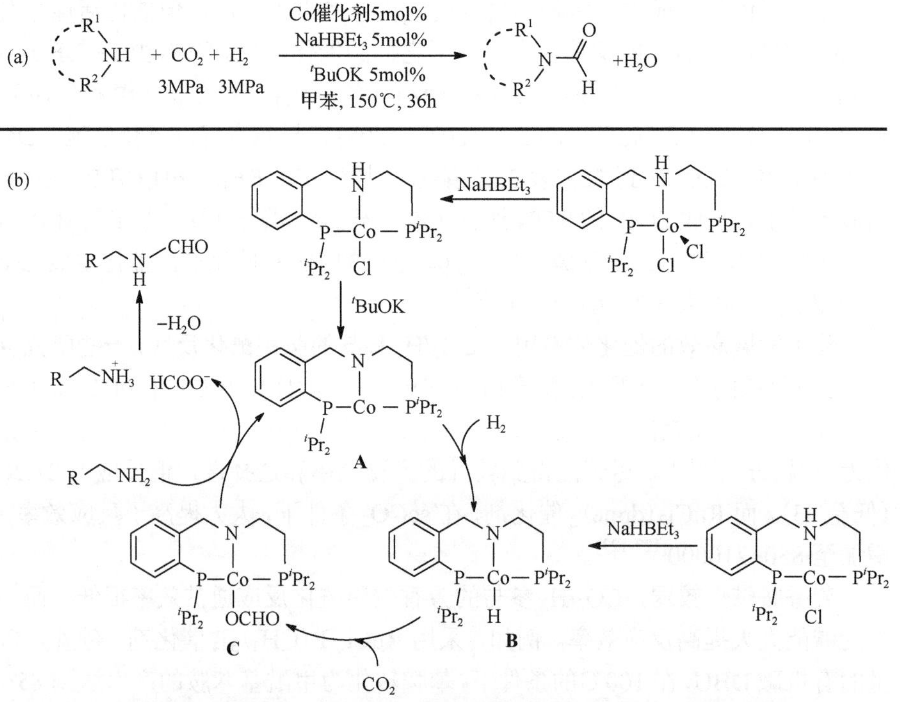

图 3.38 Co pincer 络合物催化 CO_2/H_2 参与的胺的甲酰化(a)及其反应机理示意图(b)

含有不饱和基团的胺类化合物的 *N*-甲酰化反应，通常面临不饱和基团的氢化问题，导致反应选择性差。Cu 基催化体系可有效避免这一问题。例如，$Cu(OAc)_2$/4-二甲基氨基吡啶(DMAP)催化体系，可实现含不饱和官能团的胺类底物的甲酰化反应[127]。如图 3.39 所示，产物中羰基、碳碳双键、碳氮双键及酯基能够很好地保持[最优反应条件：CO_2 压力和 H_2 压力均为 4MPa，$Cu(OAc)_2$ 10mol%，2 当量 DMAP，四氢呋喃作溶剂，90℃，12h；产率为 31%～95%]。

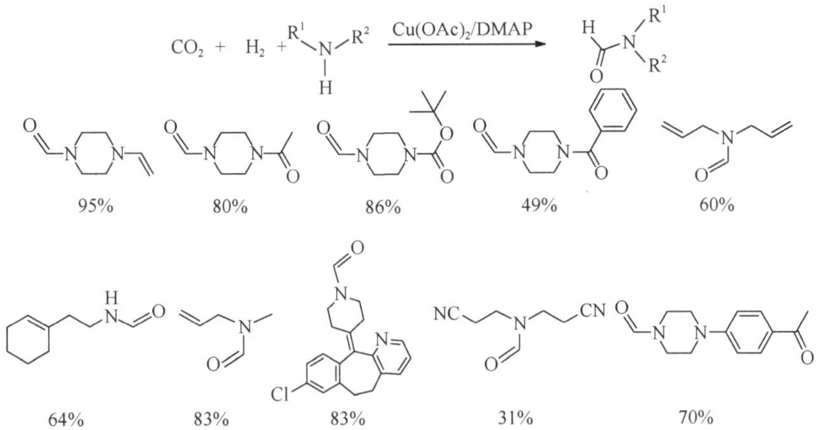

图 3.39 不饱和胺的 CO_2/H_2 甲酰化及产物收率(产物选择性均＞99%)

一些非均相纳米催化剂在胺的 CO_2/H_2 甲酰化中得到应用。例如，将 Pd 纳米颗粒负载在 Al_2O_3 载体上，所得 Pd/Al_2O_3 纳米催化剂在较低的 CO_2/H_2 压力(CO_2 压力 10bar，H_2 压力 20bar)条件下，可催化芳香和脂肪仲胺的甲酰化反应，而伯胺和苯胺及其衍生物的反应活性较低[128]。将高活性 Pd 纳米颗粒负载于羟基功能化多孔碳材料上，可高效、高选择性催化脂肪族伯胺、仲胺与 CO_2/H_2 的甲酰化反应。通过调节碳材料表面的亲/疏水性质，可提高 Pd 位点附近碳材料对胺和 CO_2 的吸附能力，从而提高催化活性。在甲醇溶剂中，1wt% Pd 催化剂、CO_2 压力为 1MPa、H_2 压力为 3MPa、105℃条件下，胺甲酰化产物收率为 53%～95%[129]。

吡啶功能化的有机聚合物材料(CarPy-CMP)，对 CO_2 有很好的吸附能力，在 273K、CO_2 的压力为 0.1bar 和 1bar 时，吸附量分别达到 63mg · g^{-1} 和 171mg · g^{-1}。以该聚合物为载体负载 Ru(0)纳米颗粒后，所得的催化剂(CarPy-CMP@Ru)能有效催化 CO_2/H_2 参与的脂肪仲胺的甲酰化反应(Ru 用量 0.5mol%，CO_2 压力为 4MPa，H_2 压力为 4MPa，甲醇作溶剂，130℃，24h；产率为 89%～93%)，并且表现出较好的稳定性和循环利用效果[130]。

2. 氢硅(硼)烷为还原剂

H_2 作还原剂时，有机胺的甲酰化反应通常需在较高的温度和压力条件下进行，并且底物适用范围受限。氢硅烷($R_3Si—H$)和氢硼烷($R_2B—H$)是具有活泼氢的还原剂。相比于 H_2 中的 H—H 键(键解离能为 104kcal · mol^{-1})，Si—H 和 B—H 键的键能较小(SiH_4 和 BH_3 的键解离能分别为 92kcal · mol^{-1} 和 99kcal · mol^{-1})，因此具有更强的还原能力。以氢硅(硼)烷为还原剂，可使胺的甲酰化反应在相对温和条件下进行，高收率获得甲酰胺化合物，为这类化合物的合成提供新路线。

如图 3.40 所示，有机碱 TBD、NHC 小分子(IPr)、Cu 配合物和 Fe 配合物均可催化胺的 CO_2/氢硅烷甲酰化反应。以 $PhSiH_3$ 为还原剂，100℃条件下，TBD(5.0mol%)能够催化仲胺甲酰化，高收率获得甲酰胺产物[131]。但是，其对伯胺(如正己胺)和芳香伯胺没有反应活性。以甲酸盐$[Me_2NCO_2][H_2NMe]_2$为原料，能以 80%的产率得到 DMF。采用极性溶剂有利于反应进行，由于甲酰胺产物有较强的极性，因此反应在无溶剂时也能顺利进行。反应过程中，TBD 活化 CO_2 分子生成加合物；在胺存在下，加合物进一步转化为阴阳离子络合物，其中胍阳离子 $TBDH^+$通过氢键有效地稳定氨基甲酸盐阴离子；阴阳离子络合物和等当量的苯基硅烷反应，生成甲酰化产物和硅醇副产物[132]。

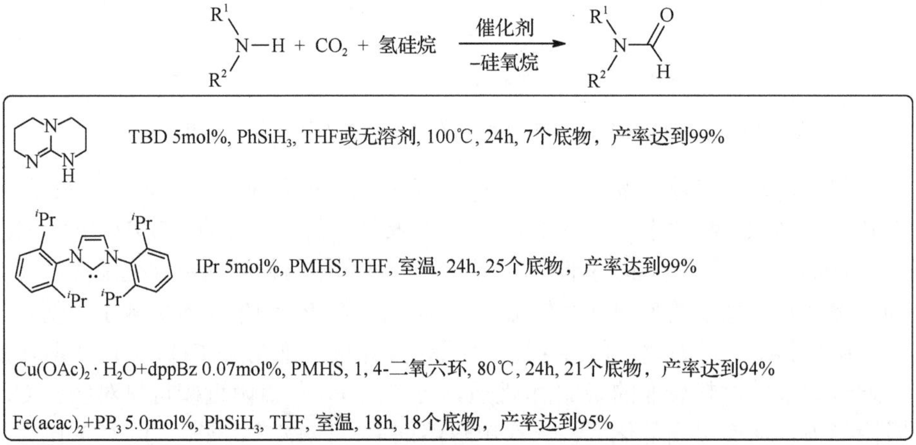

图 3.40　以 CO_2 为原料，氢硅烷为还原剂实现胺的甲酰化

在室温条件下，IPr 能实现伯胺和仲胺的转化制备甲酰胺[133]。其中，苯胺及其衍生物的两个 N—H 键都能被甲酰化，并且反应底物可进一步拓展到亚胺、肼、腙和含氮杂环。IPr 的催化活性是 TBD 的 2000 倍，能够利用活性较弱的氢硅烷实现胺的甲酰化反应。例如，聚甲基氢硅氧烷(PMHS)是硅胶工业的副产物，它廉价、无毒、对空气稳定，是非常有吸引力的还原剂。在 IPr 催化的 N—H 键甲酰化反应中，PMHS 是高效还原剂。由维生素 B_1 得到的噻唑类卡宾催化剂也有良好的催化性能[134]，在以 PMHS 为还原剂、DMA 为溶剂、反应温度为 50℃、CO_2 压力为 1atm 的条件下，其催化脂肪伯胺和芳香伯胺的甲酰化反应，以 53%～90%

的产率得到相应的甲酰化产物。

过渡金属配合物催化剂，在更温和的条件下，显示良好的催化活性。例如，$Cu(OAc)_2 \cdot H_2O$ 与 dppBz[1, 2-二(二苯基膦基)苯]双组分催化体系(图 3.40)，在低催化剂用量(<0.1molCu%)时，以 PMHS 为还原剂，在常压下即可实现胺的甲酰化。以伯胺和仲胺为底物，均能得到较好的产物收率，TON 最高可达 9000[135]。$Fe(acac)_2/P(C_2H_4PPh_2)_3$ 催化体系，在常温下也能实现胺的甲酰化[136]。

Zn(Salen)络合物与四丁基溴化铵组成的催化体系，能够通过 Lewis 碱-Zn 金属中心的分子内协同效应活化 Si—H 键，有利于 CO_2 的插入，形成活性硅烷及甲酸酯，在低催化量时即有很好的催化活性。以 $PhSiH_3$ 为还原剂，在温和条件(CO_2 压力 0.5MPa，25℃)下，实现了一系列脂肪胺和芳香胺的甲酰化[137]。

一些离子型溶剂或有机小分子溶剂(如[BMIm]Cl、γ-戊内酯、DMSO 等)，由于其结构的特殊性，能够很好地活化 Si—H 和 N—H 键，在氢硅烷还原的胺甲酰化中显示优良性能。例如，以离子液体[BMIm]Cl 为溶剂，在室温和 1MPa CO_2 压力条件下，可实现 $CO_2/PhSiH_3$ 参与的一系列芳香胺/脂肪胺的甲酰化反应。IL 作为双功能溶剂，既能活化氢硅烷的 Si—H 键，促进甲酰基氧硅烷中间体的形成，又能通过氢键活化底物胺。离子液体的咪唑阳离子和 Cl^- 阴离子协同作用，实现了胺的甲酰化(图 3.41)[138]。

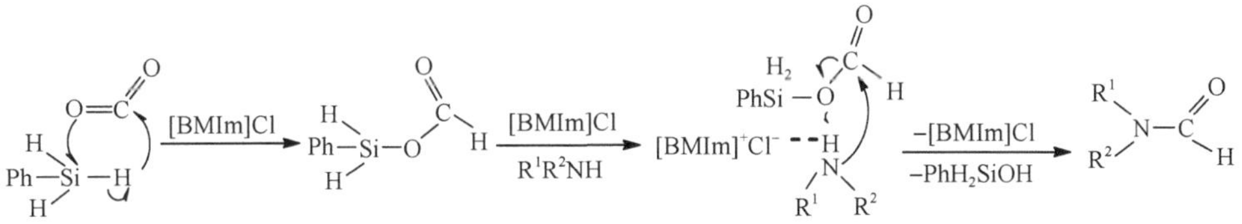

图 3.41　咪唑离子液体催化 CO_2/氢硅烷参与的胺的甲酰化反应

采用[BMIm]Cl/$PhSiH_3$ 催化反应体系，还可实现温和条件下 CO_2、伯胺和醛的三组分还原胺的甲酰化反应，获得 *N,N*-不对称甲酰胺[式(3.21)][139]。该催化体系具有良好的底物普适性，对各种取代基的芳香族伯胺和脂肪族伯胺，以及芳香族醛和脂肪族醛都具有较好的催化活性，以高收率获得目标产物，为 *N,N*-不对称甲酰胺的合成提供了新路线。机理研究发现，[BMIm]Cl 对亚胺中间体的 C═N 双键上的 N 原子也有明显的活化作用。

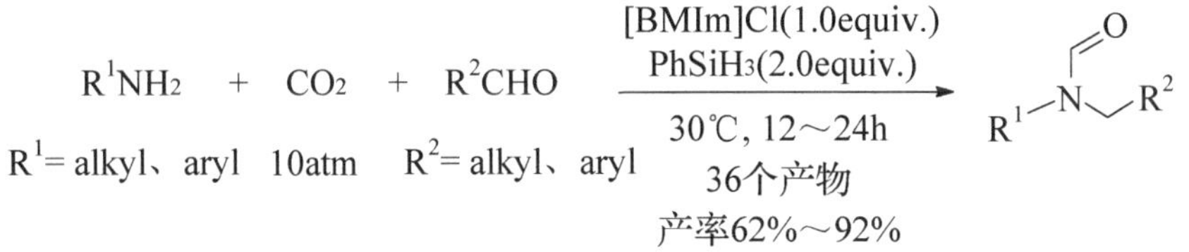

(3.21)

以 γ-戊内酯为溶剂，$PhSiH_3$ 为还原剂，无需任何催化剂或添加剂，即能实现伯胺和仲胺的甲酰化反应(图 3.42)[140]。研究表明，γ-戊内酯的内酯结构在形成活性硅烷基甲酸盐，以及胺的 N—H 键活化过程中起到关键作用。而 DMSO 作溶剂，以 $PhSiH_3$ 为还原剂，甚至在常温常压条件下，就能实现脂肪胺和芳香胺的甲酰化，以较高产率(70%～99%)获得甲酰化产物[141]。

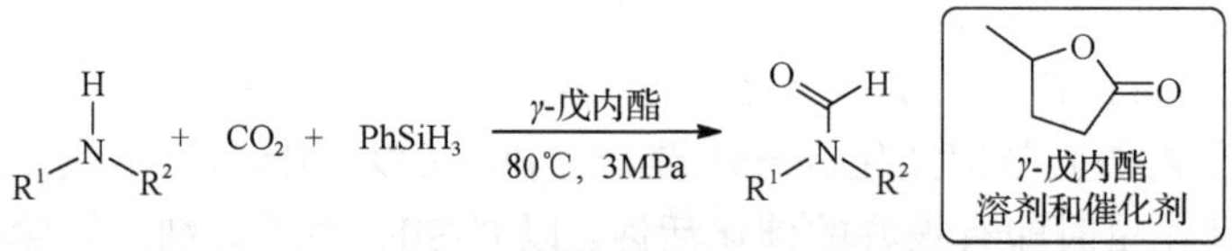

图 3.42　γ-戊内酯作溶剂及催化剂参与胺的甲酰化反应

一些非均相催化剂也应用于氢硅烷还原的胺甲酰化反应，简化了产物分离过程。例如，以 Ph_2SiH_2 为还原剂，DMF 为溶剂，在常温常压下，聚氮杂卡宾催化剂用于脂肪胺、芳香伯胺、芳香仲胺的甲酰化反应，生成相应的甲酰胺产物[142]。共价有机框架材料(COF)负载离子液体所得的离子型材料$[Et_4NBr]_{50\%}$-Py-COF，具有很高的 CO_2 吸附容量(164.6mg · g^{-1}，1bar，273K)。其作为催化剂，以 $PhSiH_3$ 为还原剂，DMF 为溶剂，在 30℃的条件下催化芳香仲胺与 CO_2 反应，高收率(88%～94%)获得甲酰胺[143]。

由于不同氢硅烷还原能力的差异，通过选择氢硅烷还原剂，可实现胺与 CO_2 反应的还原甲酰化或甲基化，选择性获得甲酰胺或者甲基胺化合物。例如，以四丁基氟化铵(TBAF)为催化剂，以三乙氧基氢硅烷为还原剂，在常压下可得到甲酰胺产物；而使用苯硅烷为还原剂，则得到甲基胺产物，其产率可高达 99%，如图 3.43 所示[144]。

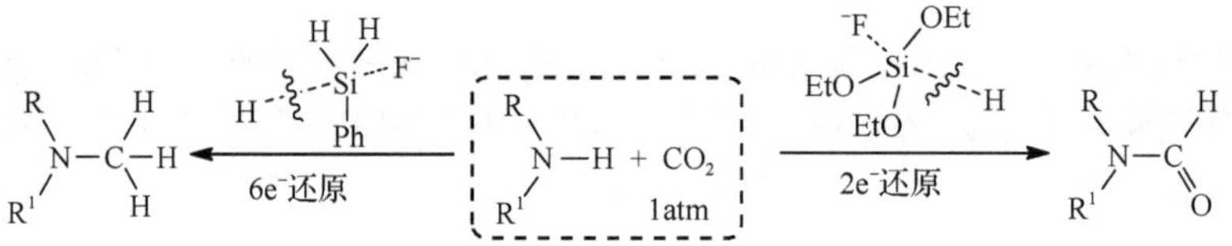

图 3.43　四丁基氟化铵催化 CO_2/氢硅烷参与的胺的甲酰化和甲基化

氢硼烷[如 9-BBN、片呐醇硼(H-Bpin)和 catBH]作为还原剂，在胺与 CO_2 的还原甲酰化中得到应用。Ni(Ⅱ)络合物+膦配体催化体系[145]、Ru(Ⅱ)氢络合物[146-147]、IPrCu(O^{t}Bu)络合物等用作催化剂，在这类反应中显示较好的催化活性。例如，以 IPrCu(O^{t}Bu)为催化剂，H-Bpin 为还原剂，采用两步反应，能以很好的分离收率得到伯胺和仲胺单甲酰化的产物(图 3.44)。

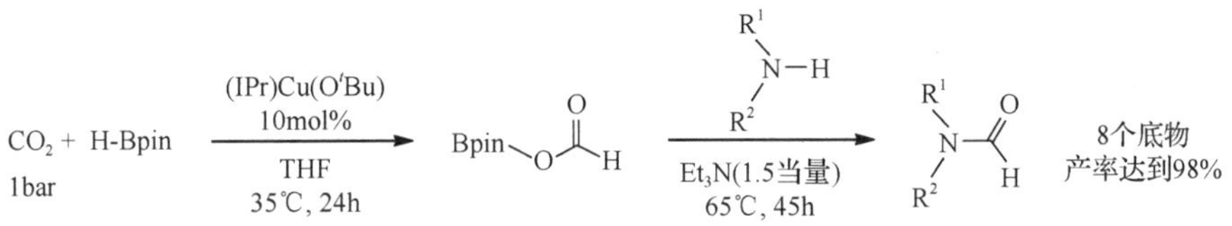

图 3.44 以 CO_2 为原料，氢硼烷为还原剂实现胺的甲酰化

氨硼烷(BH_3NH_3)作为还原剂，可在无催化剂、温和条件(CO_2 压力 1MPa、50℃)下，实现 CO_2 与脂肪仲胺/伯胺反应，生成胺甲酰化产物。氨硼烷对多种胺的氮甲酰化都有良好的还原活性，产率高达 96%。反应机理如图 3.45 所示，在 DMF 溶剂中，氨硼烷与 DMF 形成加合物Ⅱ，其捕获 CO_2 后可形成 B-甲酸盐-DMF 复合物Ⅲ；Ⅲ继而与胺反应，形成中间体 TS，经过分子内反应生成最终产物[148]。

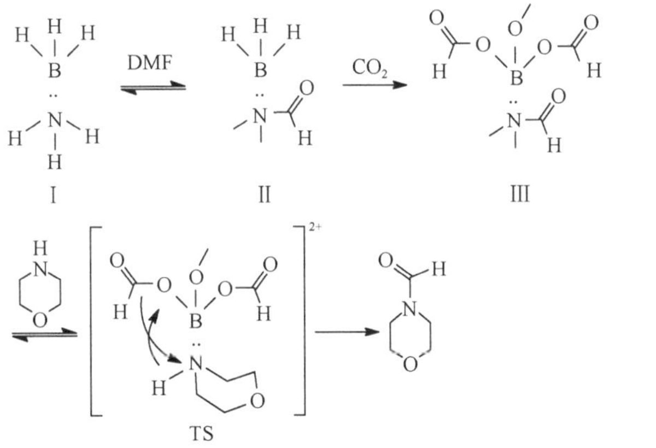

图 3.45 DMF 中吗啉、CO_2、BH_3NH_3 甲酰化反应机理示意图

3.2.2 甲基胺

甲基胺在化工医药等领域有广泛应用。目前，甲基胺的生产主要依赖于甲醛作甲基化试剂的胺甲基化反应. 在实验室研究中，碘甲烷、硫酸二甲酯和碳酸二甲酯等被广泛用在甲基化反应中。以 CO_2 作为甲基化试剂合成甲基胺的反应，为甲基胺生产提供了一条新的绿色路线，具有重要的应用前景。

胺与 CO_2 的还原甲基化反应，涉及 CO_2 的 6 电子还原和新的 N—CH_3 键形成，因此需要适宜的还原剂和高效的催化剂。与胺和 CO_2 的还原甲酰化反应类似，其还原甲基化反应所采用的还原剂主要为 H_2 和氢硅(硼)烷。根据采用的还原剂，众多催化体系得到发展，一般通过图 3.46 所示的两条途径，获得甲基化产物。

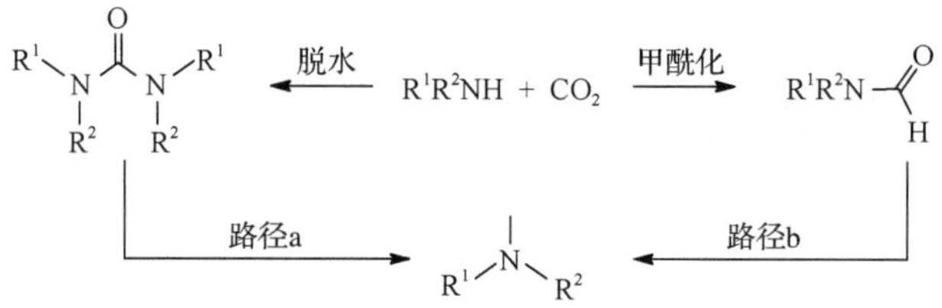

图 3.46　CO_2 参与胺的甲基化反应的不同路径

1. H_2 作还原剂

第一例以 CO_2 为甲基化试剂合成甲基胺的反应[149]，以 NH_3、H_2 和 CO_2 的混合气为原料，Cu/Al_2O_3 为催化剂，采用固定床微反应器，在高温(240～280℃)下合成了甲胺和副产物二甲胺、三甲胺[式(3.22)]。反应温度和原料气中氨气浓度对氨气转化率和产物分布影响显著。随着氨气浓度和温度的增加，单甲基化的产物逐渐增多，但更高的氨气浓度导致三甲胺的生成。机理研究表明，在甲基胺合成中醛是中间体，反应过程中也检测到 H_2O、CO 和 HCN 副产物。

$$\underset{6\text{bar}(1:1:3)}{NH_3 + CO_2 + H_2} \xrightarrow[240\sim280^\circ\text{C}]{\text{CuAlO}_x} \underset{\text{MA}}{-NH_2} + \underbrace{\underset{\text{DMA}}{\diagdown NH} + \underset{\text{TMA}}{\diagdown N \diagup}}_{\text{副产物}} \tag{3.22}$$

针对 $NH_3/CO_2/H_2$ 为原料合成甲基胺，在 Cu-Al 催化剂基础上，发展了 Al_2O_3 基的 Ni-、Pt-、Co-和 Fe-催化剂，可高选择性地得到单甲基化的胺。但是反应速率较低，且当温度高于最适温度时副产物 CO、CH_4 明显增多[150-151]。

$CuAlO_x$ 催化剂能够在较低温度下(160℃)，催化有机胺的 CO_2/H_2 还原甲基化反应，有良好的底物普适性(图 3.47)[152]。通过调节 Cu/Al 比可调节催化剂的活性。$CuAlO_x$ 对苯胺和苄胺等伯胺的单甲基化和二甲基化有较好的催化活性，产物收率均大于 60%。对带有吸电子基或给电子基的芳香体系，该催化剂都有好的兼容性。同时，该催化剂对脂肪仲胺的甲基化也有较好的催化活性，产物收率为 45%～96%。另外，氰基芳烃和硝基芳烃通过多米诺还原甲基化反应也可生成甲基胺，其中硝基芳烃甲基胺产率为 79%～86%，氰基芳烃甲基胺产率为 45%～55%。机理研究表明，这类反应遵循甲酰胺和脲反应中间体两条反应路径。

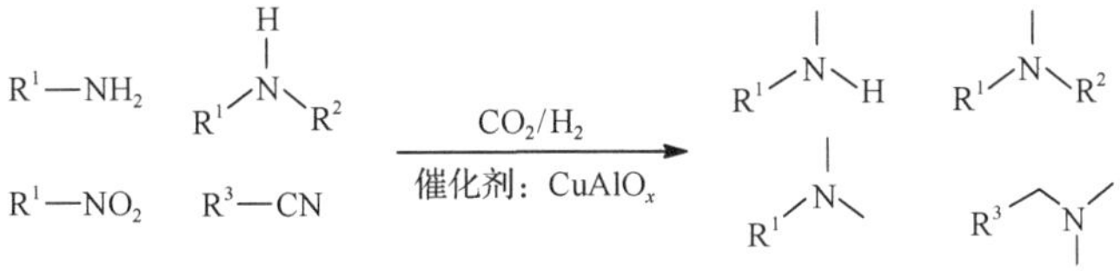

图 3.47　$CuAlO_x$甲基化反应

负载型金属纳米催化剂在胺甲基化反应中得到广泛研究。将不同的金属(Pd、Ru、Rh、Ni、Cu)和金属氧化物(VO_x、WO_x、ReO_x)共负载于不同的载体(Al_2O_3、SiO_2、ZrO_2、Nb_2O_5)上，制备了一系列金属-金属氧化物/载体三元纳米催化剂。研究其对胺甲酰化反应的催化性能，发现 Pt-MoO_x/TiO_2 催化剂，在温和条件下(CO_2 压力 5bar、H_2 压力 50bar)对仲胺甲基化反应的催化效果最好。该催化剂循环利用 10 次，依然性能稳定并保持高反应活性，反应的总 TON 可达 443[153]。

将 Re 负载于 TiO_2 基底，获得高分散性、直径为~2nm 的 Re 纳米簇负载型催化剂，用于催化胺与 CO_2/H_2 的甲基化反应，显示优良的催化活性。例如，使用 2mol%催化量，在 200℃、CO_2 压力为 1MPa、H_2 压力为 5MPa 条件下，芳香基和脂肪基取代的仲胺均有良好的反应活性，获得 70%~99%的产物收率。该催化剂也可应用于酯氢化反应制备醇，研究表明 Re 对于氢气参与的还原反应，具有良好的催化效应[154]。

通过共沉淀法制备的 Pd/$ZrCuO_x$ 催化剂，可催化伯胺的甲基化或二甲基化、仲胺的甲基化及硝基芳烃的甲基化反应，在温和条件(CO_2 压力 10bar、H_2 压力 25bar)有较高的催化活性。其中，伯胺的甲基化或二甲基化产物收率达到 48%～79%，仲胺的甲基化产物收率达 71%～97%，硝基芳烃的甲基化产物收率 67%～75%。在反应过程中，检测到 *N*-甲酰胺中间体，进一步被还原为相应的甲基化产物。该催化体系制备了一些药物相关的化合物，产率 67%～89%[155]。

负载的 Au 纳米催化剂能够高效催化芳香和脂肪伯胺的 *N,N*-二甲基化反应(产物收率 78%～99%)，以及芳香和脂肪仲胺的 *N*-甲基化反应(产物收率 67%～99%)，并能催化伯胺、醛与 CO_2/H_2 反应，制备不对称的叔胺[156]。

均相催化剂在胺的 CO_2/H_2 甲基化反应中也得到了广泛应用。其中，Ru 金属配合物是一类非常有效的催化剂，具有很好的底物普适性，并能高收率、高选择性生产甲基化产物。所报道的催化体系一般以 Ru 作为金属中心，triphos[1,1,1-三(二苯基膦基)甲烷]作为配体(图 3.48)。胺的甲基化反应经酰胺化/酰胺还原的反应路径[157-158]，以[Ru(triphos)(tmm)](tmm=三甲叉基甲烷)为催化剂，甲基磺酸(MSA)、对甲基苯磺酸(*p*-TsOH)或双三氟甲磺酰亚胺($HNTf_2$)等 Brønsted 酸为助催化剂，可高效催化芳香胺的甲基化(27%～99%)、吲哚和乙酰苯胺的氢化/甲基化(69%～70%)，以及亚胺或胺醛原位生成的亚胺的氢化/甲基化(40%～96%)[159]。

尽管 Ru(acac)$_3$ 与 triphos 原位形成的络合物，在 Brønsted 酸或 Lewis 酸存在下，可高效催化芳香胺的 CO_2 还原甲基化反应，但其对脂肪胺的甲基化几乎没有活性。主要原因是，脂肪胺比芳香胺有更强的碱性，对形成催化活性中心的酸性质子有猝灭作用。采用 LiCl 代替 MSA，实现了脂肪胺的高效甲基化(产率 60%～87%)。可能机理(图 3.49)是 LiCl 与四氢呋喃的氧原子作用，增强四氢呋喃中 O—CH_2 质子的酸性，与使用 MSA 时的质子活化过程相似。

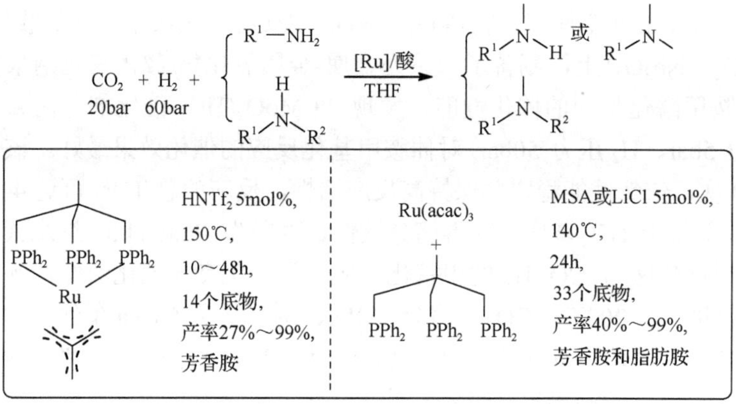

图 3.48　CO_2/H_2 参与胺的甲基化反应

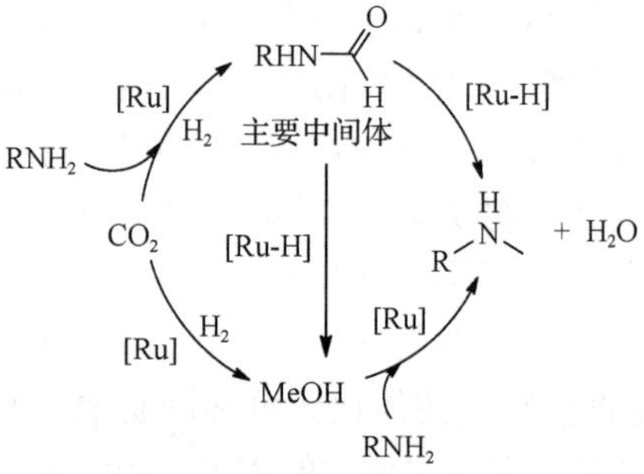

图 3.49　CO_2/H_2 参与胺的甲基化反应的可能反应机理示意图

通过苯胺及其对位取代的五个苯胺衍生物的甲基化反应，研究了底物的电子效应对反应的影响。结果表明，*N*-芳环上的高电子云密度有利于甲基化反应，而且这种效应可用于具有高挑战性的伯二胺的选择性单甲基化反应。通过改变反应时间和催化剂用量，三种二胺以中等收率被转化为相应的单甲基化产物(40%～65%)。

[Ru(triphos)(tmm)]/三氟甲基磺酸盐[如 Al(OTf)$_3$]能够在有机溶剂中实现 $NH_3/CO_2/H_2$ 的反应，生成三乙胺[160]。

尽管 1990 年就有关于 CO_2/H_2 参与甲基化胺合成的报道，近年来发展的基于贵金属和非贵金属的催化剂，才实现了温和条件下甲基化产物的高产率合成，但仍然存在催化剂活性和生产效率较低的问题。活化 CO_2 分子或增加 C—或 N—亲核试剂的亲核性，有利于 C—N 或 C—C 键的形成；而引入碱性基团或缺电子催化中心有利于活化 CO_2。甲基化过程经常形成甲酸盐或甲酰胺，因此催化剂和配体的设计借鉴酯/酰胺还原催化的设计思路有望获得高活性催化剂。

2. 氢硅(硼)烷作还原剂

有机胺与 CO_2/氢硅(硼)烷的三组分反应，采用不同的催化体系和反应条件，可选择性地获得甲酰化产物和甲基化产物。在 3.1.1 节，介绍了合成甲酰化产物的研究结果，这里介绍甲基化的研究。

如图 3.50 所示，碱金属碳酸盐，尤其是 Cs_2CO_3，能够在温和条件下催化胺的还原甲基化和甲酰化反应[161]。反应通过改变氢硅烷和反应温度，实现对甲基化反应和甲酰化反应的有效调控，高选择性地得到单一产物。以 Ph_3SiH 为还原剂，在 25℃温度条件下，实现胺的甲酰化反应，获得 24 种甲酰化产物，产物最高收率达 99%。以 Ph_2SiH_2 为还原剂，在 80℃条件下，获得 21 种甲基化产物，产物最高收率达 98%。此外，该反应体系能够高效地应用到药物分子的甲基化反应中[式(3.23)]。实验和计算研究表明，式(3.23)反应经过以下历程：Cs_2CO_3 活化 Si—H 键，CO_2 插入 Si—H 键，生成硅烷基甲酸酯；硅烷基甲酸酯与胺反应实现甲酰化；在合适的温度和氢硅烷存在条件下，甲酰胺进一步还原生成甲基胺。

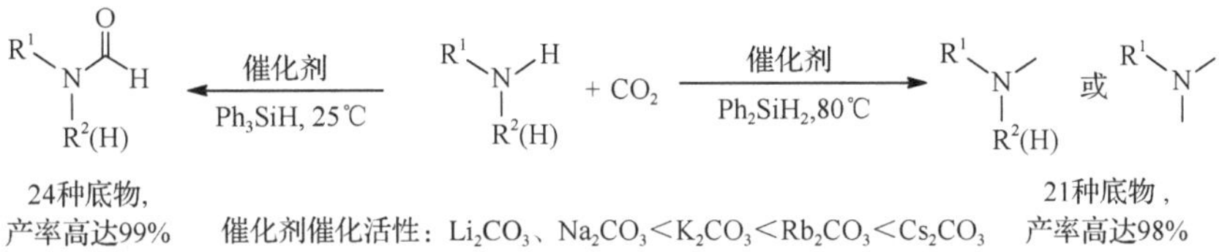

图 3.50　碳酸盐催化 CO_2/氢硅烷参与胺的甲基化/甲酰化反应

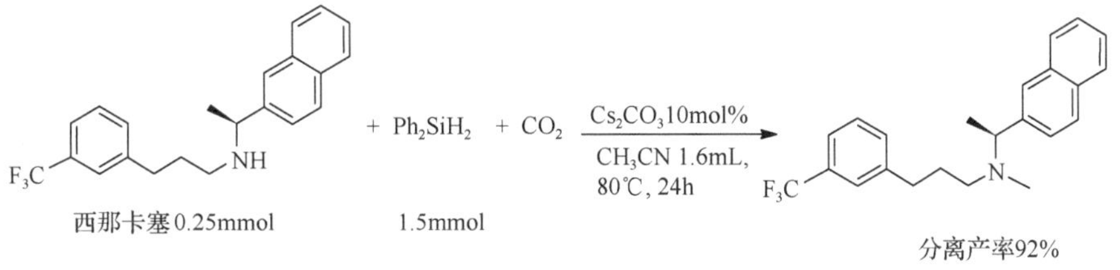

(3.23)

采用四丁基氟化铵为有机小分子催化剂，通过调节硅烷类型，也可以高选择性地实现胺的甲酰化和甲基化反应。当使用三乙氧基硅烷作为还原剂时，常温常压下即可专一地获得甲酰胺产物；而当使用活性更高的苯硅烷时，50℃条件下能以高达99%的收率得到甲胺类化合物[162]。

含氧亲核体(O^{Nu})，尤其是羧酸盐(如铯/四丁基铵羧酸盐)，也是高效催化剂[163]。Ph_2SiH_2为还原剂，在温和条件(50℃，CO_2压力1atm)下，能够实现芳香/脂肪胺、仲/伯胺的甲基化反应，具有很好的底物普适性。研究中检测到缩醛胺中间体，因此甲基化反应有可能经历基于缩醛中间体的反应路径(图3.51)。

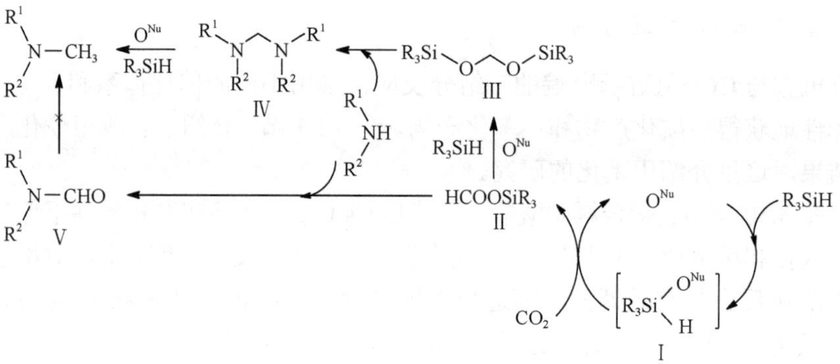

图3.51　羧酸盐催化胺的甲基化反应

过渡金属配合物是一类高效催化剂[164-165]。如图3.52所示，氮杂卡宾Zn络合物和原位形成的Ru-膦络合物均可催化胺的甲基化反应。考察配体(如膦配体、胺配体和氮杂卡宾)对Zn(Ⅱ)盐催化性能的影响，发现NHC配体的加入使Zn(Ⅱ)盐的催化活性大幅提升。以$PhSiH_3$为还原剂，1,3-二(2,6-二异丙基苯基)-咪唑盐(IPr)作配体时，反应活性最高。在最优条件下(1～5bar CO_2，100℃)，进行了19种胺的甲基化反应，均高选择性获得甲基化产物。伯胺甲基化主要得到单甲基化的产物。反应机理研究表明，CO_2通过还原酰化生成甲酰胺，然后通过Zn催化的氢硅烷化被还原。但NHC配体的具体作用不清楚，可能是与Zn(Ⅱ)中心配位，稳定了活性粒子[166]。

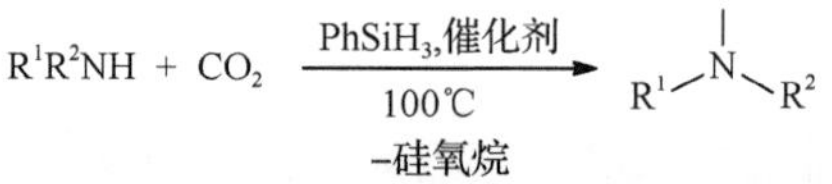

(1)(IPr)ZnCl$_2$	5mol%	CO_2 1bar	四氢呋喃	19个底物，产率10%～95% 实现伯胺的单甲基化
(2)[RuCl$_2$(dmso)$_4$]/^{n}BuPAd$_2$	2mol%	CO_2 30bar	甲苯	23个底物，产率61%～99% 实现伯胺的二甲基化

图3.52　CO_2/氢硅烷参与胺的甲基化反应

钌配合物与富电子的膦配体 $BuPAd_2$[二(1-金刚烷基)正丁基膦]组成的催化体系，显示更好的催化效果[165](图 3.52)。以甲苯作溶剂，在 3MPa CO_2、100℃反应条件下，芳香胺和脂肪胺均能被高效甲基化。其中，伯胺为底物时生成二甲基取代产物。以不同的二胺为底物作对比实验，检测到酰胺和脲中间体，因此甲基化反应可能经历两种反应路径。如图 3.53 所示，①形成酰胺中间体，然后进一步还原为甲基化产物；②先形成脲，再被还原生成甲基胺。

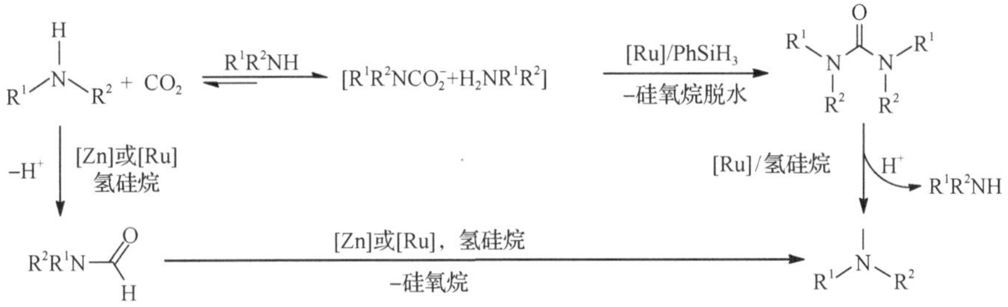

图 3.53 CO_2/氢硅烷参与 *N*-甲基化反应的可能机理示意图

Ni(cod)$_2$与二齿膦配体[1, 2-二(二异丙基膦基)乙烷或 1, 2-二(二环己基膦基)乙烷]组成的催化体系，能够催化仲/伯胺的甲基化反应[167]。以 $PhSiH_3$ 为还原剂，在甲基化过程中检测到单甲基化的脲中间体，而没有硅基甲酰胺($R_3SiOCOH$)或甲氧基硅烷(R_3SiOCH_3)中间体。基于此，可能的反应机理如图 3.54 所示。首先，$PhSiH_3$ 对 Ni^0 氧化加成生成活性的 Ni—H；然后与由 CO_2 和胺生成的氨基甲酸反应，生成硅醇和酰胺中间体；再被还原，得到甲基化产物。同时，通过氨基甲酸的脱水反应或甲酰胺中间体的脱氢反应可能生成亲电性的异氰酸酯；异氰酸酯与 1 当量的胺(伯胺或甲基化的仲胺)反应，生成相应的 *N*-甲基脲；而二取代的脲可能被进一步还原，生成亚胺。

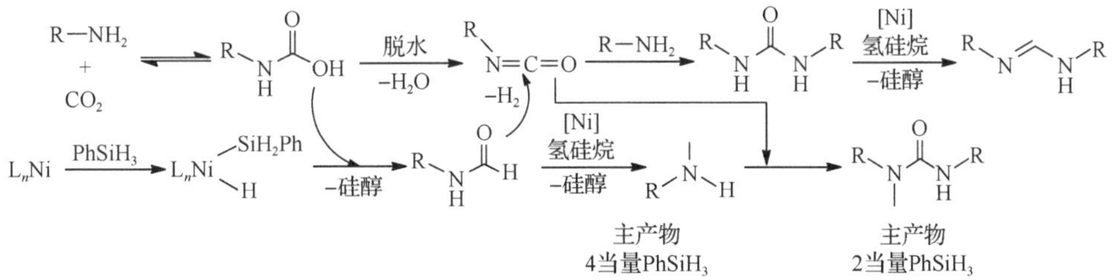

图 3.54 CO_2/氢硅烷参与 Ni-催化的 *N*-甲基化反应的可能机理示意图

选择合适的硅烷和溶剂，能够在无金属催化剂条件下实现胺的甲基化。例如，亲核性的 NHC 配体可以与 CO_2 反应生成咪唑羧酸盐加合物，进一步还原得到甲酸盐[168-169]。以 *N*-卡宾配体 IMes(5mol%)为催化剂，DMF 为溶剂，二苯基硅烷(3～4

当量)为还原剂，能在常温常压的条件下，高选择性地实现芳香胺和脂肪胺的甲基化，以高产率得到相应的*N*-甲基化的胺(图 3.55)。该催化剂对含有不同官能团(如氰基、硝基、碳碳双键、碳碳三键、酯基、醚和酮)有机胺的甲基化均有效，可中等收率获得甲基化产物，并且，可直接用于*N*-甲基取代的天然产物和具有生物活性的化合物制备，如 Naftifine[134, 170]。

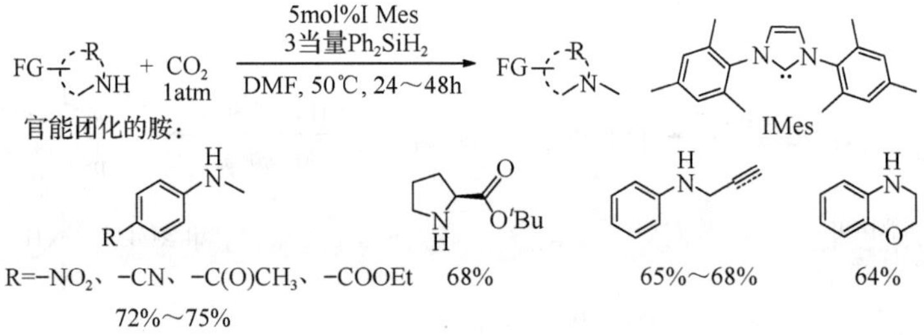

图 3.55　无金属催化体系在 CO_2 参与胺的甲基化反应中的应用

如图 3.56 所示，以噻唑卡宾络合物为催化剂，PMHS 为还原剂，通过改变温度，可选择性地实现胺的甲酰化或甲基化，获得*N*-酰基化或*N*-甲基化的产物[134]。该催化体系底物适用范围广，在 CO_2 固定化反应中有高的应用潜力。

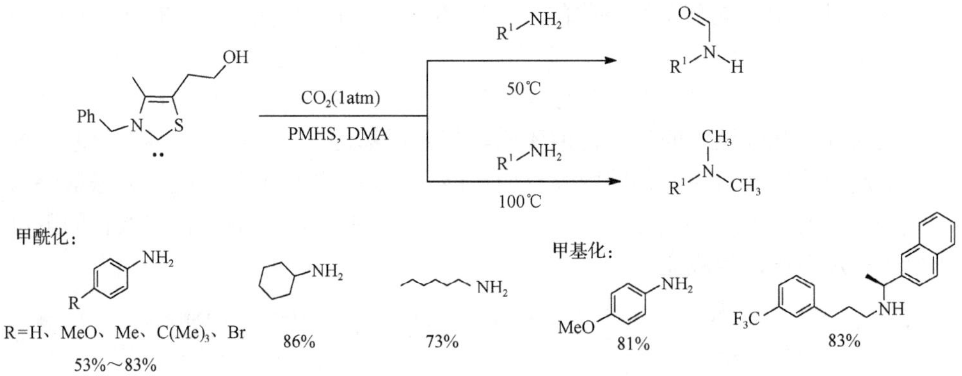

图 3.56　噻唑卡宾催化 CO_2/氢硅烷胺甲基化、甲酰化的应用

采用碱性 DMF 溶剂，2 当量的 $PhSiH_3$ 作还原剂，在 90℃、1atm CO_2 的压力条件下，无需催化剂，即能实现脂肪胺和芳香胺的 *N*-甲基化反应[171]。该反应体系对芳香胺和脂肪胺均表现出高反应活性，产物收率高达 95%。研究者认为，DMF 通过溶剂化和极化效应活化 Si—H，促进氢硅烷与 CO_2 反应生成中间体，进一步反应生成甲基化产物。机理如图 3.57 所示，在溶剂 DMF 作用下，$PhSiH_3$ 与 CO_2 分子生成醛氧基硅 **A**；继续与 $PhSiH_3$ 反应，生成双硅基乙缩醛中间体 **B**；然后，脱氧生成硅甲氧基中间体 **C**；胺分子亲核进攻 **C**，生成甲基化产物。

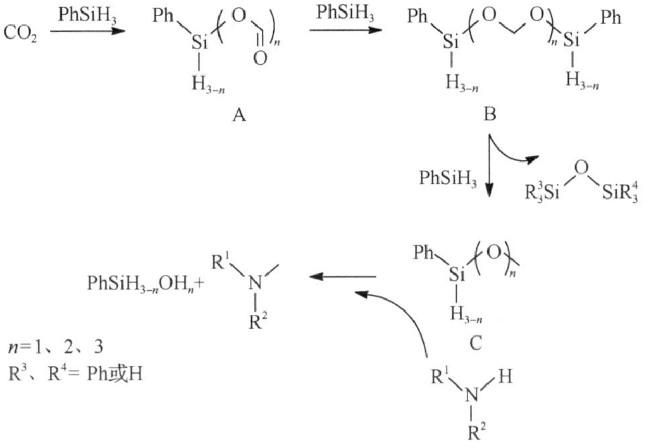

图 3.57 无催化剂条件下，$PhSiH_3$ 还原的 *N*-甲基化机理示意图

与氢硅烷相比，氢硼烷在胺的 CO_2 还原甲基化反应中应用较少。采用图 3.58 所示的有机碱为催化剂，可实现胺的 CO_2/氢硼烷还原甲基化反应[172]。例如，以 7-甲基-1,5,7-三氮杂二环[4.4.0]癸-5-烯(MTBD)为催化剂，9-硼双环[3.3.1]壬烷(9-BBN)为还原剂，可实现胺的甲基化，以及硝基苯的胺化/甲基化。其中，仲胺甲基化产率为 55%～99%，伯胺二甲基化产率 33%～85%，硝基苯胺化二甲基化产率 56%～99%。但是，利用氢硅烷($PhSiH_3$ 或 Ph_2SiH_2)为还原剂，在同等条件下只得到甲酰化的产物。对于二苯胺(0.2mmol)的 *N*-甲基化反应，N/P 杂超强碱(如 VB^{Me}、$VB^{^iPr}$、$VB^{^iBu}$)活性更高。例如，以 1mol% $VB^{^iPr}$ 为催化剂，在 15min 内以 93%的产率得到 *N*-甲基二苯基胺。该催化剂有很宽的底物适用范围，对芳香和脂肪的仲胺、伯胺都有活性(产物收率 33%～99%)，对酚羟基和酯基等官能团也有较好的兼容性。可能的反应机理如图 3.59 所示。首先，CO_2 被还原为甲酰基氧硼烷中间体 HCOOBBN，同时，*N*-甲基苯胺与 9-BBN 发生脱氢化反应，形成硼烷基胺中间体；进一步转化为 *N*-苯基甲酰胺；*N*-苯基甲酰胺的脱氧化还原形成甲基胺

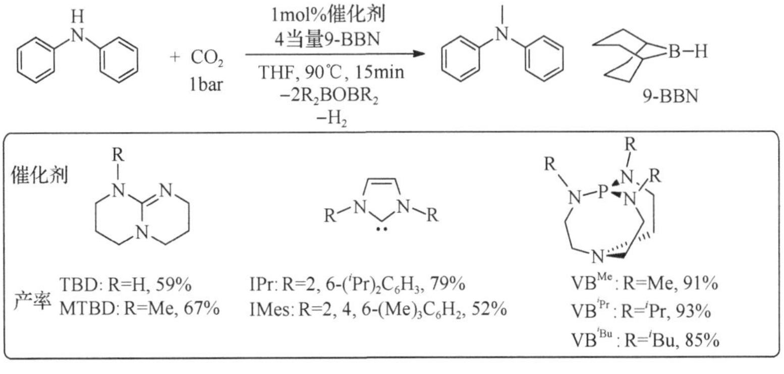

图 3.58 有机碱催化 CO_2/9-BBN 参与的二苯胺甲基化反应

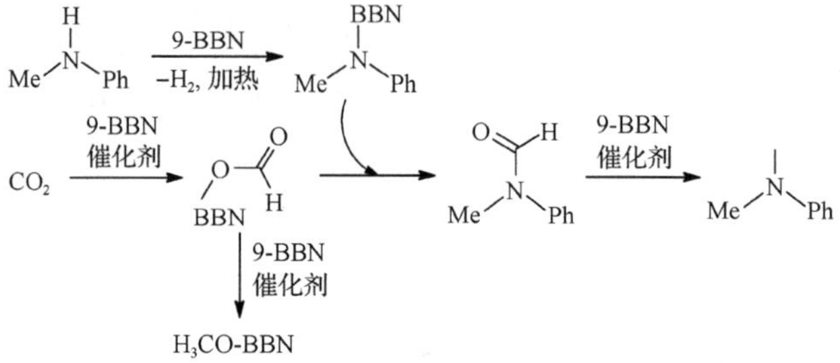

图 3.59 CO_2/9-BBN 参与的 *N*-甲基苯胺的甲基化反应的可能反应路径

产物。两条路线竞争决定最终的甲基化效率。当反应温度较高(>60℃)时，更有利于甲酰化产物的形成。

3.3 CO_2 参与合成氮杂环化合物

3.3.1 噁唑啉酮

噁唑啉酮类化合物在有机合成中是一类重要的中间体，可以用于制备手性氨基酸、氨基醇、膦酸酯化试剂、二肽和 α,α-二取代胺等重要化合物。另外，它们也是很多药物的重要官能团。噁唑啉酮类化合物的合成方法已有很多报道，其中羰基源主要为光气、碳酸酯、异氰酸酯和 CO_2。以 CO_2 为羰基源合成噁唑啉酮类化合物是最具发展前景的绿色反应路线，主要有图 3.60 所示的四种合成途径：①与

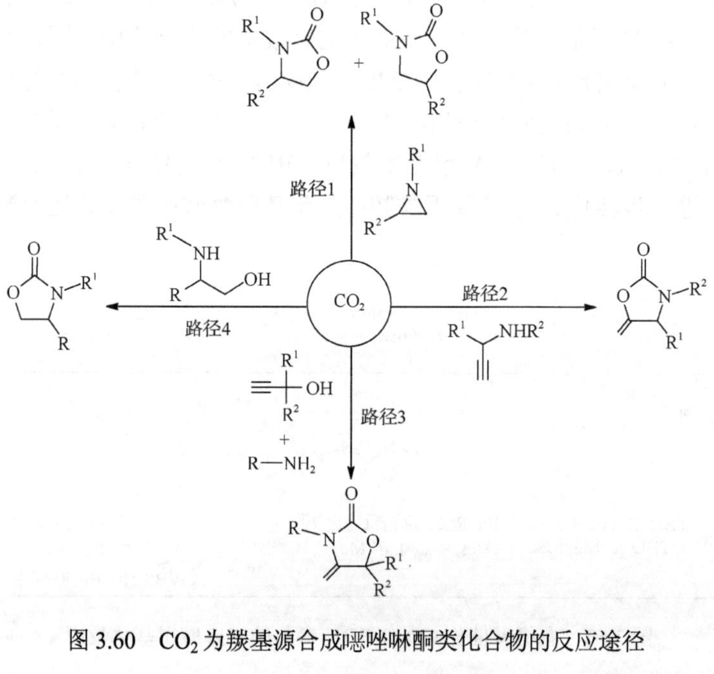

图 3.60 CO_2 为羰基源合成噁唑啉酮类化合物的反应途径

氮杂环丙烷的环化反应；②与炔丙胺的羧化环化反应；③与炔丙醇、一级胺的三组分反应；④与氨基醇的环化反应。

1. CO_2与氮杂环丙烷反应

氮杂环丙烷[式(3.24)中 **a**]是环氧化物的含氮类似物，具有高的环张力，是可与 CO_2 反应的高活性化合物。CO_2 与氮杂环丙烷加成反应合成噁唑啉酮，其原子经济性为 100%，是合成噁唑啉酮的一条重要绿色途径。通常，反应生成两种噁唑啉酮异构体产物[式(3.21)中 **b** 和 **c**]，通过选择催化体系和反应条件，可控制产物的选择性。迄今，针对这条反应路线，发展了多种催化体系，包括金属配合物[173]、碱金属卤化物[174-175]、卤化季铵盐体系[176-178]、氨基酸[179]、离子液体[180-181]、氧氯化锆[182]和其他非均相催化体系[177, 183]等。

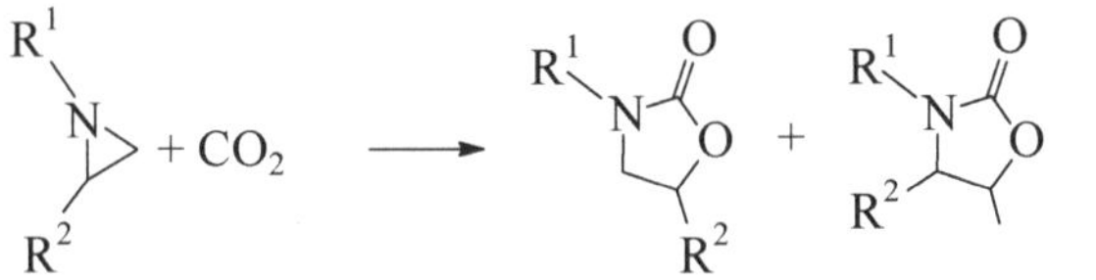

a **b** **c** (3.24)

1: R^1=CH_2Ph, R^2=CH_3 **2**: R^1=pentyl, R^2=CH_3

3: R_1=^{n}Pr, R_2=Ph **4**: R^1=Et, R^2=Ph

在前文介绍中，碱金属卤化物和季铵盐可有效催化 CO_2 与环氧化物的环加成反应，它们同样可催化氮杂环丙烷与 CO_2 反应合成噁唑啉酮化合物。采用 LiI 催化剂，在 THF 溶液中可催化氮杂环丙烷转化为相应的噁唑啉酮[174]。当 R^1 和 R^2 均为烷基时，如 **1a** (R^1 = CH_2Ph, R^2 = CH_3) 和 **2a** (R^1 = pentyl, R^2 = CH_3)，能以 85%的总产率得到两种异构体，混合物 **c**∶**b** 的摩尔比为 2∶1。为了只得到一种异构体，六甲基膦酰胺(HMPA，锂络合试剂)作为共溶剂可以使 LiI 的离子对更分散，并且增强反应的 S_N2 性质。**1c**∶**1b** 和 **2c**∶**2b** 的摩尔比分别增加到 97∶3 和 95∶5。反应过程中，通过原位红外检测到氨基甲酸盐的形成。可能的反应机理如图 3.61 所示，I^-亲核进攻取代基少的碳得到氮杂环丙烷的开环结构，然后与 CO_2 反应。再经过进一步的分子内合环得到产物噁唑啉酮，催化剂再生。通常，会伴随有副产物二聚体的生成。其他的碱金属卤化物，在常温常压下催化 CO_2 和 **1a** 的环加成反应，其催化活性按以下顺序递增：LiCl < LiI < LiBr≈KBr < NaBr < LiBr。以卤化四丁基季铵盐($Bu_4N^+X^-$)为催化剂，催化活性顺序为：$Bu_4N^+Cl^-$<$Bu_4N^+I^-$<$Bu_4N^+Br^-$[176]。NH_4I 也能有效催化 CO_2 和氮杂环丙烷反应合成噁唑啉-2-酮。**1a**(R^1 = CH_2Ph，R^2 = CH_3)作为反应物，在 0℃反应 4h，得到噁唑啉酮的总产率为 99%，主要得到异构体 **1c**，产率为 96%，而反应温度由室温升高到 45℃时，**1c** 选择性低于 80%。

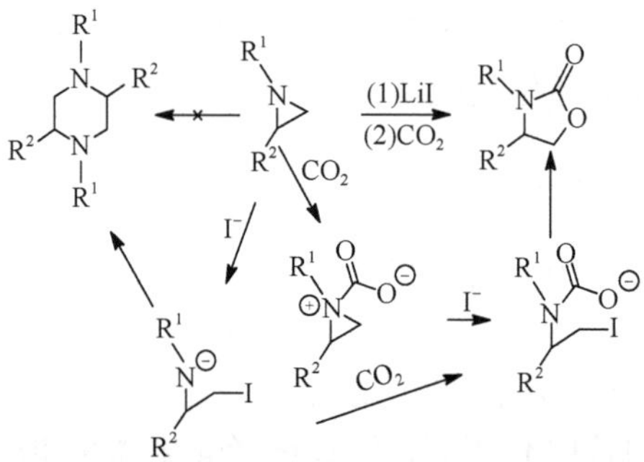

图 3.61 LiI 催化 CO_2 和氮杂环丙烷环加成反应的可能反应机理示意图

α-氨基酸是分子中既含 Lewis 酸中心，也有 Lewis 碱中心的内盐，可有效催化噁唑啉酮的合成。例如，得到 **3b**（4-苯基-*N*-正丙基噁唑啉酮）[式 3.24，$R^1 = {}^nPr$，R^2 = Ph]的产率为 48%～99%，5-取代异构体和 4-取代异构体的摩尔比为 87∶13 到 96∶4（110℃，8MPa CO_2，36h）[179]。

$ZrOCl_2 \cdot 8H_2O$ 是常见的商业催化剂，也能有效催化 CO_2 和氮杂环丙烷的环加成反应[182]。**4a** 作为底物时，在催化剂用量为 5mol%、CO_2 压力为 6MPa、100℃的条件下反应 2h，得到噁唑啉酮的产率为 86%，**4b**∶**4c** 的摩尔比为 93∶7。催化剂通过简单的过滤就可以从反应混合物中分离出来。有趣的是，使用新的催化剂时，**4b** 的产率为 80%，而在相同的条件下第二次循环利用时产率增加到 94%。经 X 射线衍射、红外光谱和吡啶吸附红外光谱检测获知，这是由催化剂拓扑结构的改变引起的。

商用离子交换树脂是功能化的聚苯乙烯，含有—SO_3H、—COOH、—$NMe_3^+Cl^-$、—NH_2 和—NMe_2 等官能团，可用作合成噁唑啉酮的催化剂[183]。当含有—NMe_2（D301R）的碱性阴离子交换树脂作为催化剂，**4a**（R^1 = Et, R^2 = Ph）作为底物时，在 8MPa CO_2、100℃的条件下反应 2h，得到噁唑啉酮的产率为 91%。催化剂循环利用至少 5 次后催化活性保持不变。

N-对甲苯磺酰基氮杂环丙烷，由于氮原子上强吸电子磺酰基的存在，与 CO_2 的环加成反应活性较低（图 3.62）。由 LiBr 催化时，需要较高的反应温度（100℃）和低挥发性的溶剂，如 *N*-甲基吡咯烷酮（NMP），才能得到 4-取代噁唑啉酮[175]。

I_2 催化 CO_2 和氮杂环丙烷反应合成噁唑啉酮，具有良好的区域专一性。I_2 催化丙烯亚胺（图 3.63，R = Me）与 CO_2 反应，只得到产物 4-甲基-2-噁唑啉酮（产率为 72%；反应条件为 11.8MPa CO_2，40℃，6h）；而 2-苯基氮杂环丙烷（图 3.63，R = Ph）与 CO_2 反应，只生成 5-苯基-2-噁唑啉酮（产率为 76%；反应条件为 2.1MPa CO_2，40℃，2h），没有异构体[184]。由于二者结构的差异，其与 CO_2 的环加成反应，可能经历不同的反应路径。生成 4-甲基-2-噁唑啉酮时，CO_2 直接和氮杂环丙烷的氮原子反应，生成氨基甲酸，然后亲核进攻另一分子的 *β*-碳原子，得到 4-甲基-2-噁

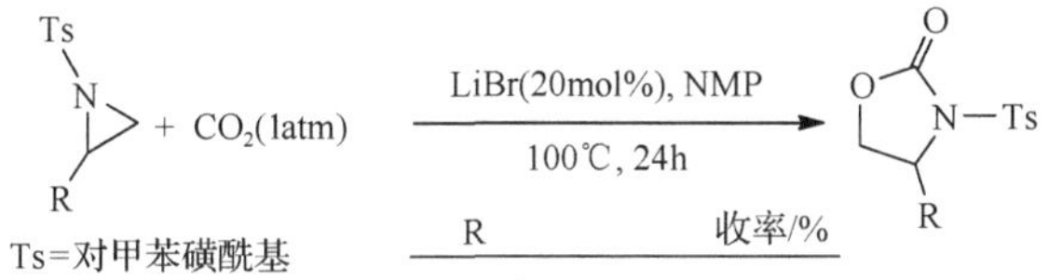

R	收率/%
Decyl	42 (r.t.)
Ph	70
4-ClC_6H_4	42
4-MeC_6H_4	76
4-$MeOC_6H_4$	79

图 3.62　LiBr 催化 *N*-对甲苯磺酰基氮杂环丙烷与 CO_2 的环加成反应

r.t.表示室温

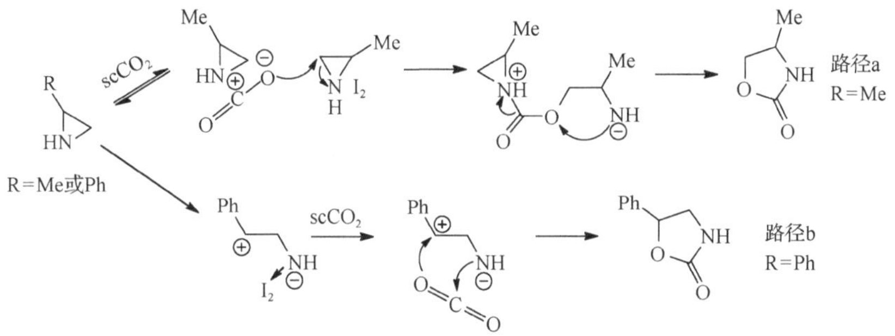

图 3.63　形成噁唑啉酮的可能反应机理示意图

唑啉酮(图 3.63 中路径 a)。而 5-苯基-2-噁唑啉酮的形成，是由于先得到 1,3-偶极子，与 CO_2 反应后，通过图 3.63 中路径 b 生成。

PEG 是一种亲 CO_2 的聚合物，有很多独特的性质和优点。溴化季铵盐共价键连于 PEG，如 $PEG_{6000}(NBu_3Br)_2$，在无溶剂和共催化剂条件下即可催化 CO_2 和氮杂环丙烷的环加成反应[177]。如图 3.64 所示，反应以高产率和非常好的选择性得到 5-芳基噁唑啉-2-酮。氮原子上连有直链烷基的氮杂环丙烷在 20min 内能以很好的产率得到相应的噁唑啉酮。2-苯基氮杂环丙烷作为底物时，由于自聚物的形成，反

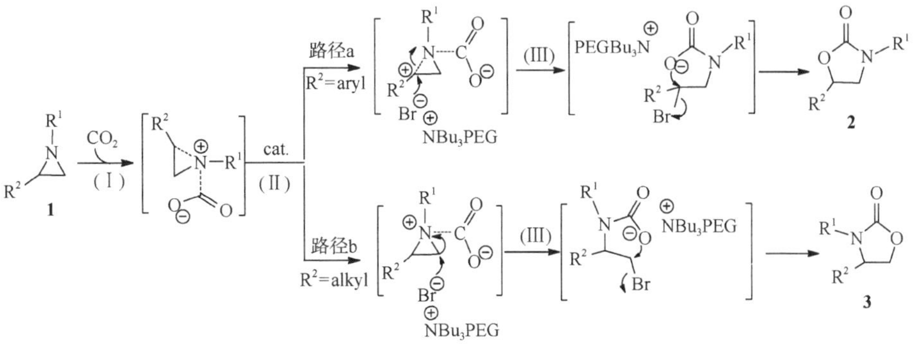

图 3.64　CO_2 和氮杂环丙烷环加成反应的可能反应机理示意图

应的选择性较低。氮原子上烷基含有支链时，由于空间位阻较大，反应速率较慢。对于反应的区域选择性，R^1 为芳基时，对应于 **2** 的中间体比对应于 **3** 的中间体更稳定，因此 **2** 是主产物。相反，如果 R^1 为烷基，**3** 是反应的主产物。

(*S*)-1-丁基-2-苯基氮杂环丙烷(*S*-**1f**)和 CO_2 反应后，手性中心得以保持，得到 *S*-**2f** 的产率为 91.4%，*S*-**3f** 的产率为 8.6%[式(3.25)]。并且，催化剂通过离心得到回收，可循环利用并且保持催化活性和选择性基本不变。

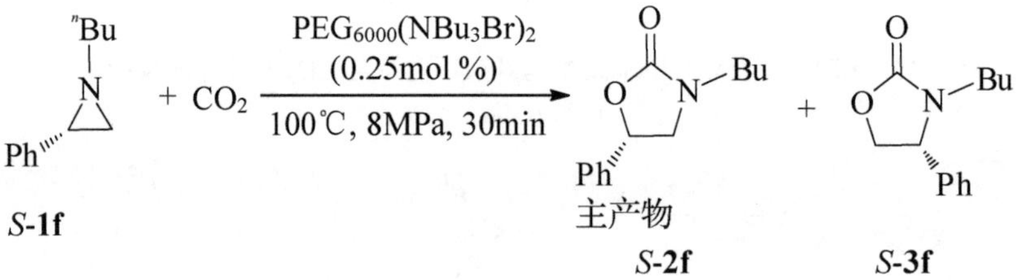

(3.25)

通过在 Salen 分子中内接枝季铵盐片段制备了双功能化 Salen-Al 催化剂，如图 3.65 所示。该催化剂在 80℃、2.5MPa CO_2 压力条件下，可实现氮杂环丙烷的选择性开环，与 CO_2 反应生成 5 位取代噁唑啉酮，区域选择性高达 100%[185]。研究发现，反应中历经两次 S_N2 亲核进攻。首先溴离子高选择性进攻次甲基碳，使氮杂环丙烷开环，随后通过 Al 金属作用，使 CO_2 插入成环，得到高区域选择性产物。

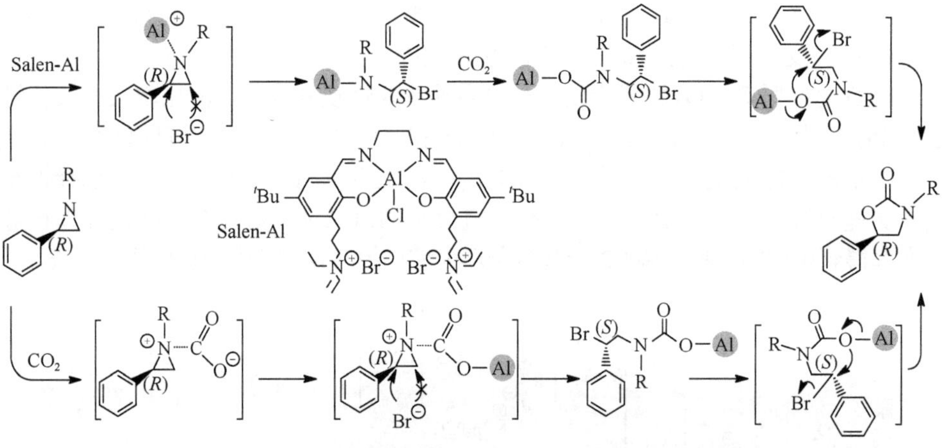

图 3.65 Salen-Al 催化氮杂环丙烷与 CO_2 反应机理示意图

基于 DABCO 的 Lewis 碱性 ILs，利用阳离子中的三级胺与 CO_2 形成氨基甲酸盐，实现 CO_2 的活化，进而将其催化转化为噁唑啉酮。以 CO_2 和 1-乙基-2-苯基氮杂环丙烷的环加成反应为模板反应，在相同条件下，$[C_4DABCO]Br$ 的活性最高。在最优反应条件下($[C_4DABCO]Br$ 1mol%，CO_2 压力 6MPa，90℃，3h)，得到噁唑啉酮的总产率为 89%。该催化剂有良好的底物普适性，循环利用 4 次后催化活性保持不变[180]。

氮杂环丙烷通常由烯烃和氮源反应获得，因此通过烯烃、氮源和 CO_2 的三组分反应，可直接合成噁唑啉酮。例如，采用 $^{n}Bu_4NBr_3$/$^{n}Bu_4NBr$ 组成的双组分催化体系，通过一步法催化烯烃、对甲苯磺酰氯胺钠(氯胺 T, TsNClNa, 氮源)和 CO_2 的三组分反应，可合成 5-取代的 2-噁唑啉酮[式(3.26)][186]。苯乙烯作为底物时，在 CO_2 压力为 8MPa、100℃时，得到产率为 11%的氮杂环丙烷和 48%的噁唑啉酮。

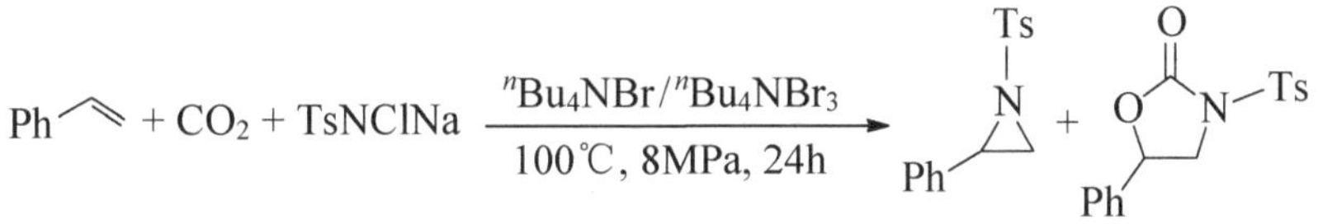

(3.26)

2. 炔丙胺和 CO_2 反应

以炔丙胺为起始原料，与 CO_2 的羧化环化反应是合成噁唑啉酮类化合物的另一条重要路线。该反应是碱促进的反应，只要炔丙胺的碱性适中，即便在无额外碱存在的条件下也能发生反应。但所需反应温度和压力都比较高(如 CO_2 压力 10MPa 和 100℃)，目标产物收率相对较低。有机碱常被用作催化这类环化反应，使反应条件温和，并提高产物收率(图 3.66)。聚乙烯负载的碱性离子交换树脂[183]有良好的催化效果，并能通过简单地过滤实现催化剂的回收利用。

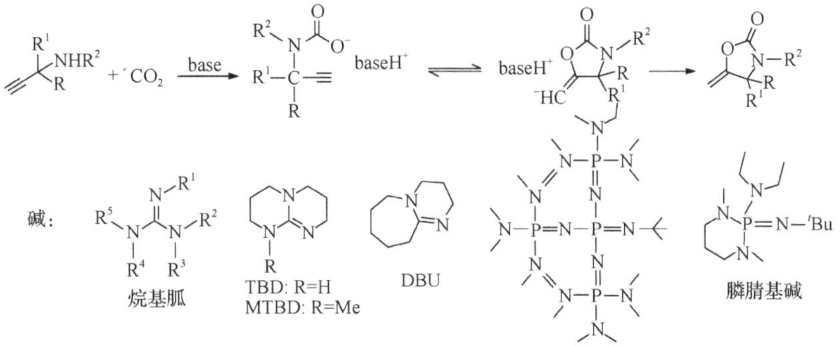

图 3.66 有机碱催化炔丙胺与 CO_2 羰基化环化反 应

base 表示碱

过渡金属催化体系，如[Ru(COD)(COT)]、Pd(OAc)$_2$/$^{t}Bu_3P$、硝酸银/DBU、NHC-Au(Ⅰ)等对这类反应有良好的催化性能。硝酸银/DBU 双组分催化体系，可以催化固定空气中的 CO_2[187]，反应温度为 60℃时，对于不同结构的炔丙胺，包括端炔型及内炔型都能给出中等到较高的收率。NHC-Au(Ⅰ)催化的炔丙胺羧化环化反应体系，在最优条件(0.5～1atm CO_2，40℃，甲醇作为溶剂)下，最高产物收率达 91%[188]。

碱性ILs作为催化剂和反应介质，能够促进炔丙胺和CO_2的羧化环化反应[189]。对于甲基正丁基咪唑阳离子$[BMIm]^+$离子液体，其阴离子(如ClO_4^-、Tf_2N^-、Cl^-、WO_4^{2-}、OAc^-)对反应影响很大，只有碱性的阴离子(如WO_4^{2-}、OAc^-)能够促进该反应进行，生成目标产物，但收率较低(~30%)。质子型 ILs 的催化性能好于咪唑阳离子 ILs，其阴离子的亲核性决定催化活性。使用 2 倍当量的[DBUH][MIm]作为催化剂和反应介质，在 1atm CO_2 和 40℃条件下，适用于多种类型的反应底物，获得良好的产物收率。并且，离子液体回收循环使用 5 次，催化活性没有明显降低。DFT 计算结果证明了该种质子型 IL 的阳离子和阴离子在促进该反应过程中显示协同作用。可能的反应机理如图 3.67 所示。IL 的阴离子通过与活泼质子的相互作用实现对反应底物中氨基的活化，同时稳定反应中间体，这些作用使反应活性得到极大提高，从而实现了常压 CO_2 的化学固定。

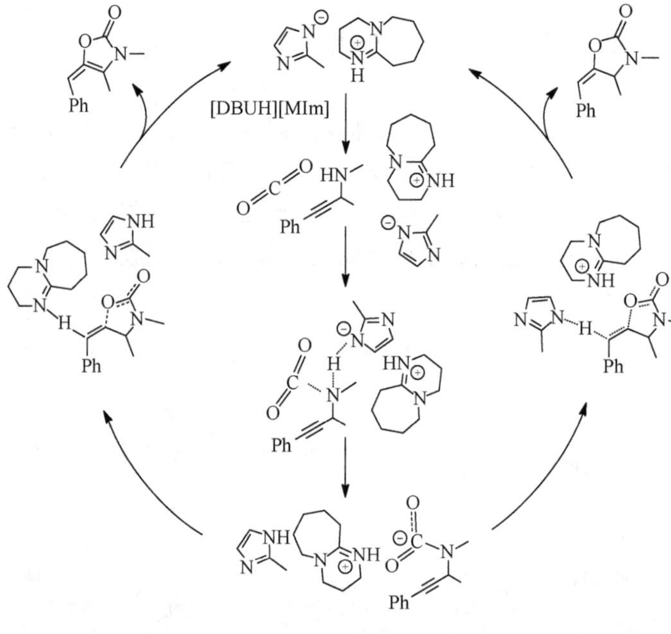

图 3.67 [DBUH][MIm]促进的炔丙胺的环化反应机理示意图

杂多酸因富含氧负单元，具有很强的亲核性。多功能 Cu 杂多酸离子液体，$[(n\text{-}C_7H_{15})_4N]_6[\alpha\text{-}SiW_{11}O_{39}Cu]$，可在温和条件(常压 CO_2、60℃)下，高效催化端炔型和内炔型炔丙胺与 CO_2 的反应，高收率(如 96%)获得一系列噁唑烷酮化合物[190]。机理研究证实，该催化剂可通过氧位点固定 CO_2 并活化氨基，Cu 可活化炔键，季铵盐阳离子可稳定氨基甲酸酯中间体，并增强氧位点的亲核性。

叔丁醇碘酯是一种既活泼又相对稳定的碘化试剂，可用作带正电荷的碘正离子源。以叔丁醇碘酯（由叔丁醇氯酯和碘化钠原位生成）为碘化试剂，可催化噁唑啉酮类化合物的合成[191]。该反应只对炔丙位有取代基的底物（一级胺）有适用性。例如，当量的叔丁醇氯酯和碘化钠与 CO_2 反应（1atm CO_2，–20℃，24h，CH_3CN 为溶剂），能够得到相应的碘代环状氨基甲酸酯衍生物（56%～80%）。该反应经过氨基甲酸的反应过程，叔丁醇碘酯作为碘正离子源，同时提供叔丁醇阴离子以捕获质子，促进反应平衡正向移动（图 3.68）。

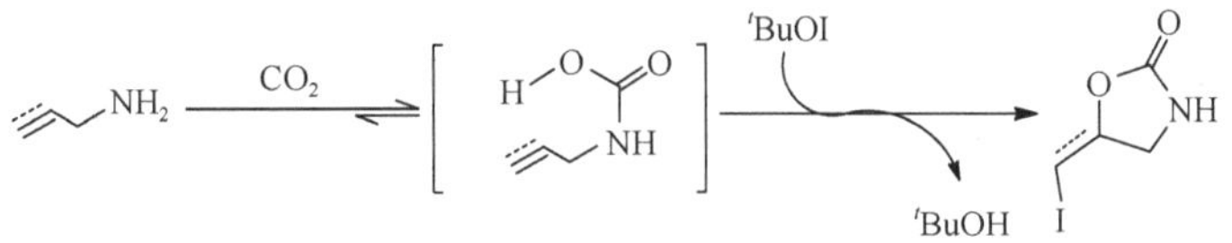

图 3.68 叔丁醇碘酯促进的环状氨基甲酸酯类衍生物的制备策略

3. 炔丙醇、一级胺与 CO_2 的三组分反应

通过炔丙醇、一级胺与 CO_2 的三组分“一锅”反应直接得到噁唑啉酮类化合物，该方法简单，因此受到关注。在这个三组分反应中，通过改变炔丙醇和有机胺底物，可合成不同结构的噁唑啉酮化合物。但因为反应物活性差异，所以针对不同的反应底物需要不同的催化体系和反应条件，致使反应变得复杂。

^{n}Bu$_3$P 有独特的电子结构，它既是有机强碱，又是很好的亲核试剂，在有机合成中得到广泛应用。^{n}Bu$_3$P 对催化炔丙醇、一级胺和 CO_2 的三组分反应有很好的胺底物适用性[式(3.27)]。常见的一级脂肪胺及功能化的一级胺和丙烯胺均能反应，较高收率（38%～72%）地获得目标产物。采用 1,3-丙二胺底物，还能得到双环结构的噁唑啉酮类化合物。该反应历程是：^{n}Bu$_3$P 催化炔丙醇和 CO_2 环化反应，生成 α-亚甲基环状碳酸酯；再经过氨解反应、烯醇化重排，以及分子内环化反应；最后，经加热脱去一分子水，生成目标产物[192]。

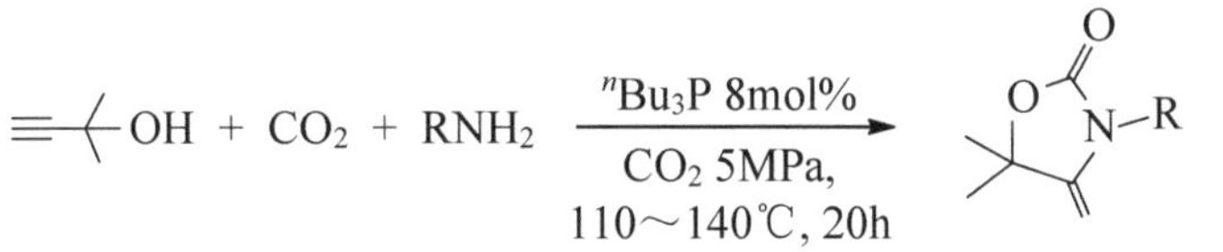

(3.27)

有机胍（MTBD）催化剂[12]，通过增强烷基碳酸中间体的反应活性，促进反应进行。对脂肪类一级胺反应效果好，而芳香胺反应性差。碱性离子液体[DMIm]BF_4 作为反应介质能促进端炔叔醇类炔丙醇、脂肪伯胺和 CO_2 的三组分反应，得到较好的产物收率（51.3%～88.6%）。而芳香胺、一级和二级醇炔丙醇没有活性[193]。在有机碱存在下，CuCl 能够催化小位阻的一级脂肪胺与叔醇类炔丙醇和 CO_2 的环

化反应。使用当量的有机碱，只能得到中等收率的产物；而加大碱的量至 2 倍当量时，在 60℃下可得到 80%的收率[194]。

超临界条件下，CuI 可以催化炔丙醇、一级胺和 CO_2 的三组分反应[195]，提高反应温度和 CO_2 压力有助于提高产物收率。在该催化体系中，脂肪链状伯胺及不同的叔醇类炔丙醇均能够得到较高的产物收率（70%～95%），而对于叔丁胺和芳香胺则没有活性。该催化体系使用伯醇和仲醇类炔丙醇底物与正丁胺反应，生成环内双键的氨基甲酸酯产物。反应机理如图 3.69 所示，首先，路易斯酸 Cu^+金属中心对碳碳三键进行活化，游离的有机胺夺取质子，促进烷基碳酸阴离子的生成，关环形成碳酸酯；之后，胺分子和酯反应，形成链状的氨基甲酸酯活泼中间体；再发生分子内关环反应，脱去一分子水，得到目标产物。如果选用一级或二级炔丙醇，则最终脱水的方向为环内，即生成热力学稳定的产物。

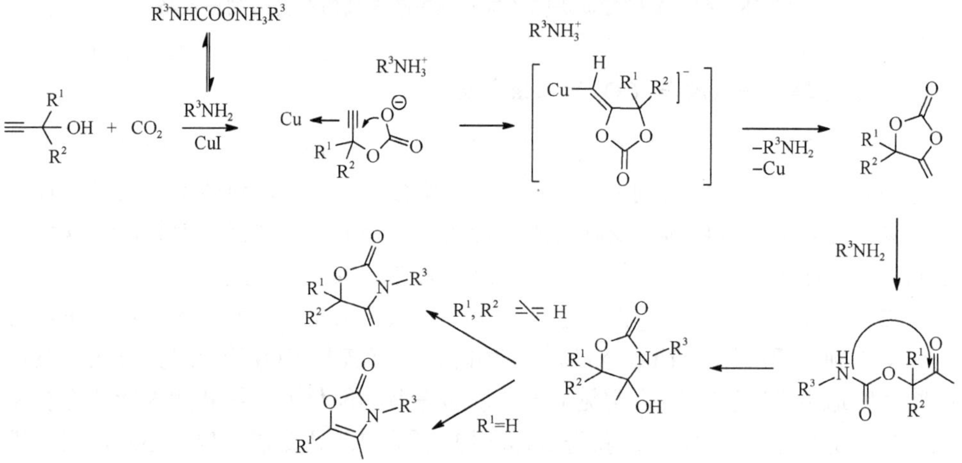

图 3.69　CuI 催化炔丙醇、一级胺和 CO_2 的三组分反应的可能历程

与端炔型炔丙醇相比，内炔型炔丙醇需要更苛刻的反应条件。AgOAc 可催化内炔型炔丙醇、伯胺和 CO_2 的三组分反应[式（3.28）][196]，在相对较高的压力和温度条件（5mol% AgOAc，8MPa CO_2，120℃）下，对叔醇类和仲醇类内炔型炔丙醇都有很好的反应性，产物为顺反构型混合物，总收率达 73%～97%。

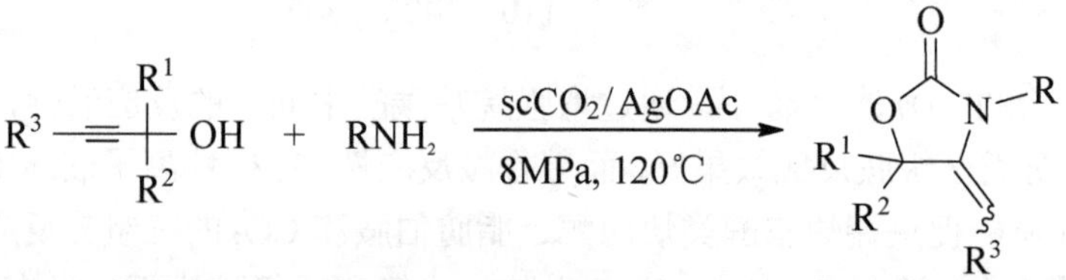

(3.28)

4. 氨基醇与 CO_2 反应

氨基醇与 CO_2 反应合成噁唑啉酮，是制备噁唑啉酮化合物的另一条重要途径。针对这一反应开发的催化剂主要有 Ph_3SbO/3A 分子筛[197]、Fe_4S_4/硫醇/膦试剂[198]、Mitsunobu 试剂[199-200]、PPh_3/CCl_4[201]、有机锡试剂[202-203]、活泼亲电试剂和有机碱体系[204-205]、CeO_2[206]、无催化剂体系[207]、电化学条件[208-209]和[BMIm]Br/K_2CO_3[210]。该反应需经历脱水过程，根据脱水方式可将反应分成间接脱水法[图 3.70(a)]和直接脱水法[图 3.70(b)]两类，分别由不同的催化体系驱动反应。

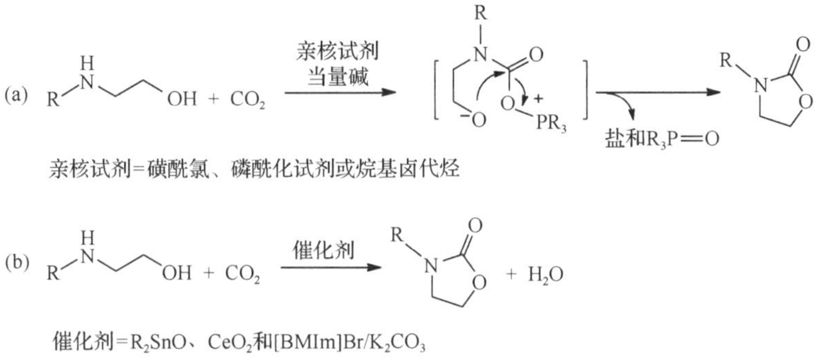

图 3.70 氨基醇间接(a)和直接(b)脱水环化策略

间接脱水方式是指氨基醇与 CO_2 反应过程脱除的水分子进入反应试剂，而产物中没有水分子生成。例如，Mitsunobu 试剂含有机碱 DBU、偶氮二羧酸二乙酯(DEAD)和 $^nBu_3P$，通过间接脱水方式催化该反应的发生[式(3.29)][199-200]。该催化体系有良好的底物普适性，能高收率地获得目标产物。机理如图 3.71 所示。首先，$^nBu_3P$ 进攻 DEAD 形成中间体 **2**，分别夺取氨基醇和新生成的氨基甲酸 **1** 的质子，形成中间体 **3** 和 **4**；然后，经进一步去质子化，生成氨基甲酸鏻盐中间体 **5**～**8**。一级胺和二级胺的反应路径略有差异，一级胺经历异氰酸酯活泼中间体，而二级胺经历氨基甲酸酯中间体。最后，通过关环步骤得到目标产物。反应过程脱除的

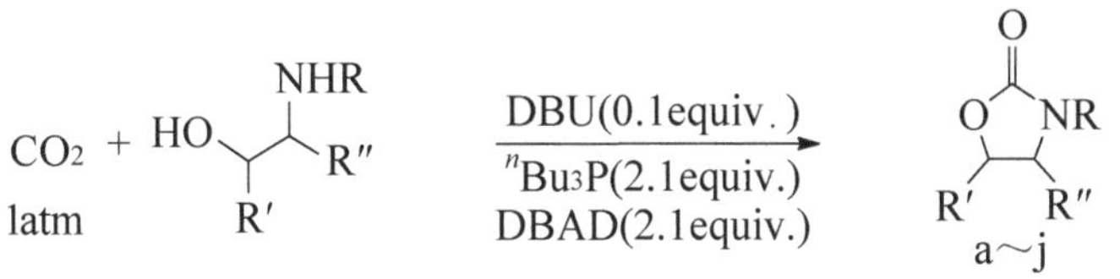

a: R=CH_2(2-naphthyl), R′=H, R″=H, 92%　　f: R=H, R′=Ph, R″=CH_2OMe, 92%　　(3.29)
b: R=Ph, R′=H, R″=H, 99%　　g: R=H, R′=Ph, R″= Me, 84%
c: R=H, R′=H, R″=CH_2Ph, 78%　　h: R=Me, R′=Ph, R″=Me, 73%
d: R=H, R′=H, R″=Ph, 95%　　i: R=H, R′=Ph, R″=Ph, 96%
e: R=H, R′=Ph, R″=H, 85%　　j: R=Bn, R′=Ph, R″=Ph, 84%

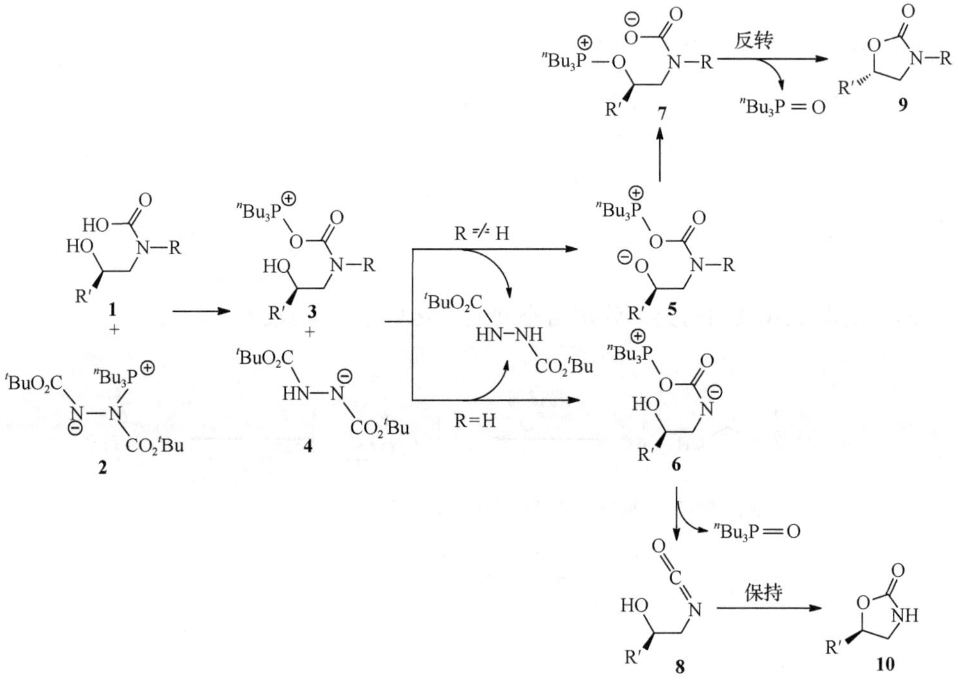

图 3.71　Mitsunobu 试剂催化 CO_2 与氨基醇的反应方程式及反应机理示意图

水分子，分别进入 DEAD 和 $^nBu_3P$ 中。如果使用立体构型的化合物，可分别得到构型保持的产物 **10** 与构型反转的产物 **9**。

直接脱水方式是指产物中有水分子生成的反应路径[图 3.70(b)]。该方法所用催化剂比较简单，但反应效率低。有机锡化合物能够催化氨基乙醇和 CO_2 的羰基化环化反应。如以 *N*-甲基吡咯烷酮为溶剂，以 $^nBu_2SnO$ 为催化剂，在 5MPa CO_2、180℃反应条件下，*N*-甲基氨基乙醇与 CO_2 反应，可得到 94%的产物收率[202]。反应机理是，锡氧化物催化氨基醇脱去一分子水，生成氮氧键连的锡化合物；然后，经历 CO_2 插入，脱去产物，实现催化剂再生。

金属氧化物(CeO_2、ZrO_2、Al_2O_3)通过直接脱水方式催化氨基醇与 CO_2 的反应生成噁唑啉酮，其催化性能按如下顺序依次降低：CeO_2> ZrO_2> Al_2O_3。以颗粒尺寸为 5nm 的 CeO_2 为催化剂，可获得较好的产物收率[式(3.30)][206]。

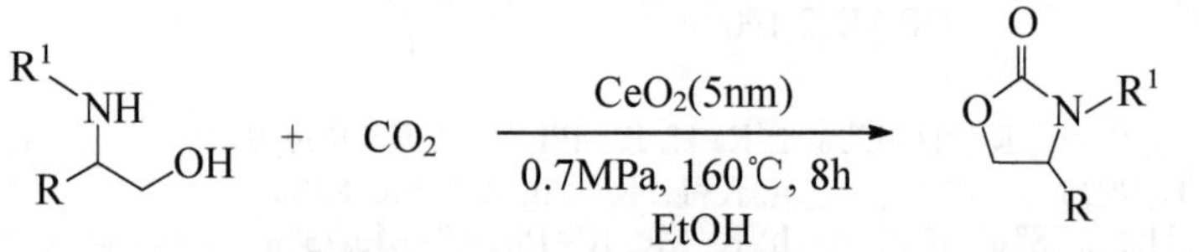

R=H, R^1=Me, 60%
R=H, R^1=Et, 68%
R=H, R^1=^{n}Pr, 64%
R=Me, R^1=H, 18%

(3.30)

3.3.2 喹唑啉酮

喹唑啉-(1*H*,3*H*)-2, 4-二酮类化合物具有很高的生物活性和药物活性，被广泛用于抗肿瘤、抗高血压的药物合成。传统的合成方法主要包括邻氨基苯甲酰胺与光气反应和邻氨基苯甲酸与脲、异氰酸钾或氯磺酸异氰酸酯反应等。另外，相关研究还报道了微波辅助的喹唑啉-(1*H*, 3*H*)-2, 4-二酮的合成方法[211-212]。然而，高毒性试剂的使用与反应条件的苛刻，限制了上述反应的广泛应用。近年来，发展了 CO_2 与 2-氨基苯腈直接反应合成喹唑啉-(1*H*, 3*H*)-2, 4-二酮类化合物的绿色新途径。

与以上有机胺和 CO_2 的反应类似，2-氨基苯腈与 CO_2 的反应，在碱性介质或碱性催化剂作用下才能实现。在常温常压下，具有脒类结构的有机碱[如 DBU 和 1,5-二氮杂双环[4.3.0]壬-5-烯(DBN)]在 DMF 溶液中，能够有效驱动 CO_2 与邻氨基苯腈的反应，生成喹唑啉-(1*H*,3*H*)-2,4-二酮化合物[式(3.31)]，但所需要的碱用量较大(3 当量)[213]。升高温度和压力有利于加快反应速度。在 1MPa CO_2、80℃条件下，催化量(0.05 当量)的 DBU 或 DBN 即可高效催化反应。例如，以 90%的收率合成药物中间体 7-氯-喹唑啉-(1*H*, 3*H*)-2,4-二酮[214]。而在温和条件下，DABCO、三乙胺、吡啶、碳酸钾、碳酸氢钠、氢氧化钠等常用的有机碱和无机碱不能催化 2-氨基苯腈与 CO_2 反应。

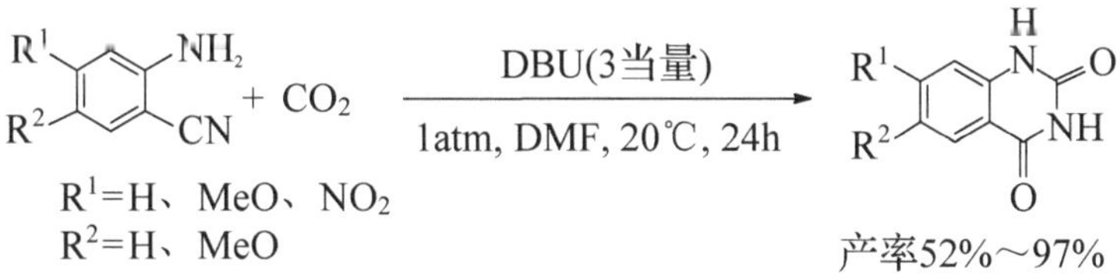

(3.31)

在超临界状态(10MPa CO_2, 120℃)下，无需外加溶剂，10mol% DBU 即可催化剂喹唑啉-(1*H*,3*H*)-2,4-二酮的合成，几乎以等当量的收率得到产物，并且反应速度得到很大提升[215-216]。DBU 的催化反应机理如图 3.72 所示[216]。在 DBU 作用下，邻氨基苯腈 **1** 与 CO_2 发生羰基化反应，生成氨基甲酸盐 **2**；**2** 经过亲核环化作用，生成中间体 **3**；**3** 重排，经过异氰酸酯中间体 **4**，生成中间体 **5**，再次分子内重排，最终生成喹唑啉-(1*H*,3*H*)-2,4-二酮 **6**。催化剂 DBU 具有双重作用：一是活化 CO_2[217]；二是夺取邻氨基苯腈氨基上的氢，使其更容易进攻 CO_2，进而发生羰基化作用形成 **2**。在这一反应中碱性催化剂是必需的，且其碱性要比底物邻氨基苯腈上氨基的碱性更强。

有机胍可在无溶剂条件下，催化 CO_2 与 2-氨基苯腈的反应[218]，具有良好的底物普适性，含有给电子基团和吸电子基团的底物均有反应活性，得到较高的喹唑啉-(1*H*,3*H*)-2, 4-二酮产率(60%～95%)。

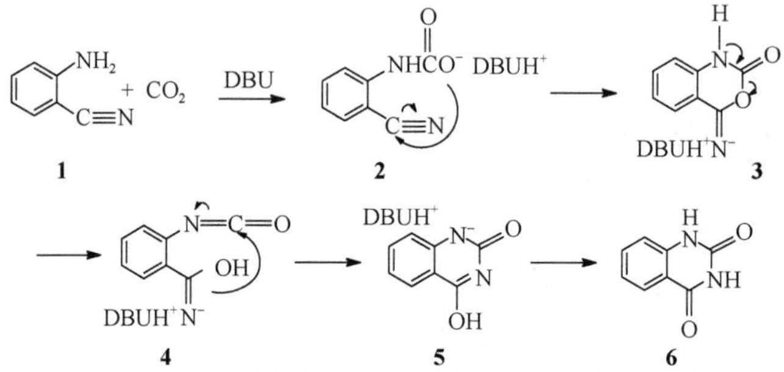

图 3.72 DBU 催化喹唑啉酮合成的反应机理示意图

通过有机强碱(DBU)和弱质子给体三氟乙醇(TFE)的中和反应，合成了一种新型质子型 IL([$HDBU^+$][TFE^-])[219]。该 IL 可在常温常压下吸收 CO_2，吸收容量达 1.01mol·mol^{-1}。同时，可有效催化邻氨基苯腈及其衍生物与 CO_2 的反应，无论是给电子基还是吸电子基的邻氨基苯腈底物分子均能高产率地转化为相应的喹唑啉-(1*H*,3*H*)-2, 4-二酮，产物收率>90%。可能的反应机理如图 3.73 所示，离子液体阳离子和阴离子通过氢键作用共同活化邻氨基苯腈底物分子，形成中间体 **a**；阴离子活化 CO_2 分子，形成中间体 **b**；被活化底物的氨基 N 亲核进攻被活化的 CO_2，生成中间体 **c**；经分子内环化，**c** 转化为中间体 **d**，重排后生成最终产物 **e**。

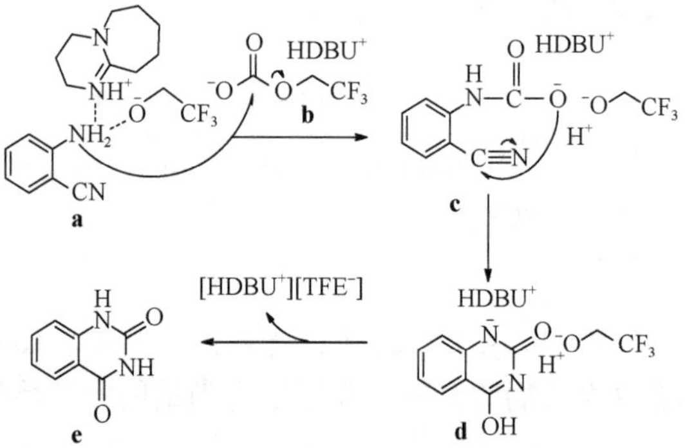

图 3.73 离子液体催化喹唑啉酮合成的反应机理示意图

此外，非均相催化剂，如碳酸铯[220]、脒类活性组分功能化的聚苯乙烯树脂[221]等也成功用于催化这类反应。碳酸铯能够在相对温和的条件下，有效催化 CO_2 与邻氨基苯腈反应，底物适用范围广，以中等到高等的收率获得相应的喹唑啉二酮产物。

构筑 Pd(OAc)$_2$/BuPAd$_2$/Cs_2CO_3 催化体系，通过 2-卤代苯胺、异氰化物与 CO_2 三组分偶联反应可合成喹唑啉-(1*H*,3*H*)-2, 4-二酮[式(3.32)][222]。在 80℃、CO_2 为 1MPa 条件下，喹唑啉酮产率高达 96%。该催化体系有良好的区域选择性和化学选择性，底物适用于含不同取代基的苯胺底物，可制备一系列 N3 取代的喹唑啉-

(1*H*,3*H*)-2, 4-二酮化合物。

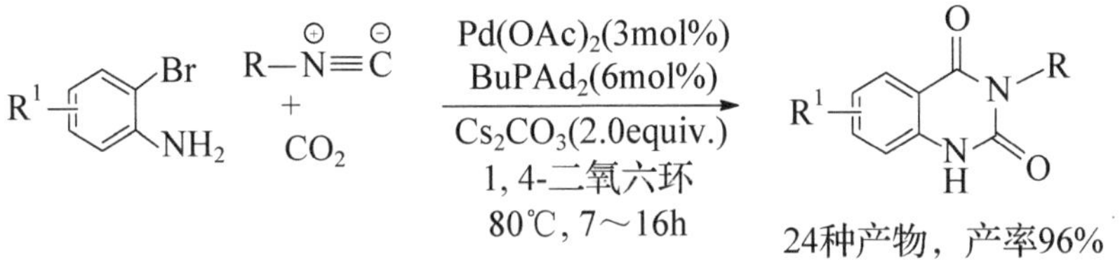

(3.32)

3.3.3 脲/咪唑啉酮

脲及其衍生物是一类重要的羰基化合物，作为中间体广泛应用于药物合成、农业化学品和染料合成、燃气运输中的抗氧化剂和塑料添加剂等。传统的合成方法涉及光气和异氰酸酯等剧毒化学品的使用，因此利用 CO_2 替代光气和异氰酸酯等合成脲类化合物无疑是最具前途的绿色反应途径。以 CO_2 为原料合成脲有四种途径：①CO_2 直接与胺反应生成脲；②CO_2 与硅氮烷反应生成脲；③CO_2 转化为环状碳酸酯，再与胺进行胺解反应；④CO_2 转化为碳酸二甲(乙)酯，再与胺进行胺解反应。

1. CO_2 与胺直接反应生成脲

CO_2 与胺直接反应生成脲[式(3.33)]，反应简单，原子经济性高。因为反应涉及水的生成，因此催化体系分为两种：含脱水剂的催化体系和不含脱水剂的催化体系。前者主要包括 $RuCl_3 \cdot 3H_2O$/炔醇体系、三苯基氧化锑(Ph_3SbO)/3A 分子筛体系、三苯基氧化锑(Ph_3SbO)/P_4S_{10} 体系等。

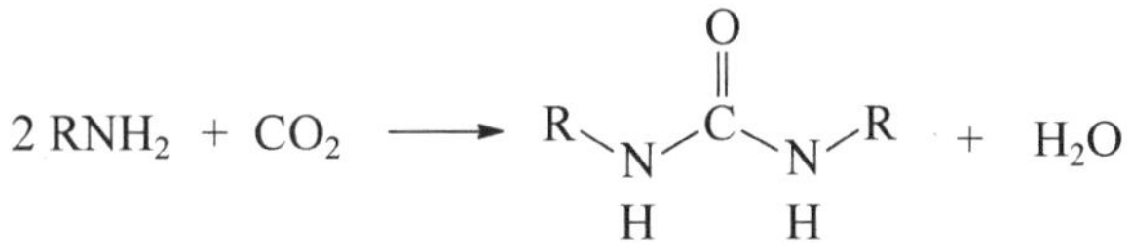

(3.33)

$RuCl_3 \cdot 3H_2O$ 与膦配体(如 $^nBu_3P$)结合，能催化 CO_2 与胺生成脲的反应，使用炔醇脱水剂，可获得较高的产物收率。例如，1mol% $RuCl_3 \cdot 3H_2O$/$^nBu_3P$ 为催化剂，2-甲基丁-3-炔-2-醇(50mmol)为脱水剂，在 5MPa CO_2、140℃条件下，环己胺(20mmol)与 CO_2 反应 20h，获得环己基脲产率 61%。升高反应温度有利于反应进行，CO_2 压力对反应结果影响不明显[223]。采用 Et_3N 和 PPh_3 作为脱水剂，反应过程中，先生成氮杂叶立德试剂，再与 CO_2 反应生成脲，反应在室温条件下即可进行[224]。在有机碱 1,8-二甲基-2-萘胺(DMAN)和 CCl_4 催化体系中，在温和条件(60℃)下仲胺也可以发生反应，生成四取代脲[225]。有机锑(Ph_3SbO)催化剂与十硫化四磷(P_4S_{10})脱水剂配合使用，底物适用面广，可合成链状、环状脲；芳香胺也能发生反应，而且可合成三取代非对称的脲，降低反应温度有利于非对称脲的生成[226]。

使用 DBU 辅助捕获 CO_2，并使用 DBAD 试剂和 $^{n}Bu_3P$ 脱水剂，可以高收率地得到对称及非对称的脲(图 3.74)[227]。

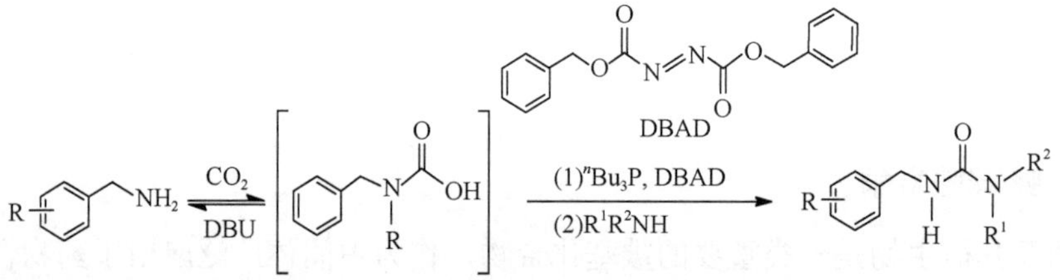

图 3.74 DBU 辅助催化不对称脲的合成

一些催化体系，如 DBU[124]、碱性离子液体([BMIm]OH)[228]，在不使用脱水剂情况下，可直接催化胺与 CO_2 反应生成脲，但通常效率较低。而多组分催化体系显示更好的催化效果。由水溶性咪唑基 ILs(如[BMIm]Cl)和强碱(CsOH)组成的催化体系，可实现对称脲的合成与分离[229]。不同结构的脂肪胺和芳香胺都可以生成相应的脲，但芳香胺的反应活性较低。以环己基胺为底物，采用[BMIm]Cl+CsOH 催化体系，二环己基脲的收率可达到 98%；采用[BMIm]Cl +KOH 催化体系，收率降至 53.5%；而没有 IL 时，几乎没有产物生成。反应完成后，在反应体系中加入水，可容易地实现脲与催化剂的分离。回收后的[BMIm]Cl+CsOH 催化体系，通过蒸馏除去水后，可循环使用。

乙酰丙酮金属络合物 $M(acac)_n$(M = Co、Ni、Fe、Cu、Zn)与[BMIm]Cl 组成的催化体系，用于苯胺和 CO_2 的反应时[230]，在 160℃温度条件下可获得 15%～25%的苯胺转化率和 87%～93%的 *N,N'*-二苯基脲选择性。其中，$Co(acac)_3$ 的催化活性最高，苯胺转化率和产物选择性分别为 25%和 88%。$Co(acac)_3$/[BMIm]Cl 催化体系对脂肪胺和芳香胺均有催化活性。含有给电子基团的芳香胺比含有吸电子基团的芳香胺有更高的反应活性。脂肪胺作为反应底物，在实验条件下(金属催化剂 0.01 当量，[BMIm]Cl 1 当量，5MPa CO_2, 160℃)，可获得 45%～81%的脲收率。在反应过程中，还检测到反应生成的副产物为 *N*-苯基甲酰胺和苯基异氰酸酯。

使用 Cs_2CO_3/NMP 催化体系，可以合成对称的和非对称的脲[231]。通过改变反应物比例，可调控非对称脲的选择性，增大仲胺的量有利于提高非对称脲的选择性。

聚乙二醇(PEG)负载 KOH 作为催化剂，能够催化 CO_2 和胺反应生成脲[232]。其中 PEG_{1000} + KOH 有很好的催化活性。可能的原因是：一方面，PEG_{1000} 络合 K^+，减弱 K^+与 HO^-之间的静电作用，增强 KOH 的碱性；另一方面，PEG 与 CO_2

有良好的互溶性，并可络合胺与 CO_2 反应生成的氨基甲酸盐，增强其热稳定性，有利于进一步脱水；此外，PEG 的强吸湿性也有利于脱水步骤的进行。在最优反应条件(150℃, CO_2 压力 8MPa)下，脂肪伯胺、仲胺和二胺均有比较好的反应活性。

2. CO_2 与硅氮烷直接反应生成脲

硅氮烷(R^1R^2NTMS)是一类含有 Si—N 键的活泼物质，可与含有 C═O 双键的化合物反应，生成新的 C—N 和 Si—O 键，获得不同种类的化合物。例如，在超临界状态(120℃，140bar CO_2)下，通过简单的加热，即可实现 CO_2 插入硅氮烷的 N—Si 键，生成氧-硅基氨基甲酸酯中间体。该中间体可作为有效的异氰酸酯前驱体，与胺类物质反应，生成对称和不对称脲[233]，如图 3.75 所示。研究表明，硅氮烷的硅烷基团体积越大，所需反应温度越高。脂肪族和芳香族硅氮烷均可转化为相应的对称脲。无论是缺电子还是富电子的 *N*-硅基苯胺底物，都可以得到中等到较高产率的脲。但是以 *N*-硅基仲胺为底物，不能得到相应的脲产物。可能的反应历程如下：CO_2 插入 N—Si 键，N—H 键的硅烷化，*N*,*O*-双硅取代氨基甲酸酯的热分解和异氰酸酯与胺的加成。值得注意的是，硅氮烷化合物结构直接影响反应效率。例如，*N*,*N*-二(三甲基硅烷基)-三氟乙酰胺与 CO_2 反应，只能生成微量的不对称脲，而生成大量的对称脲。

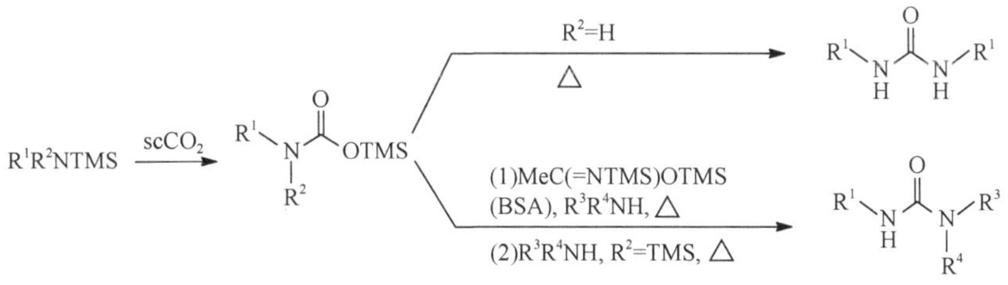

图 3.75 硅氮烷与 $scCO_2$ 反应制备对称和不对称脲

In[N(SiMe$_3$)$_2$]$_2$Cl·(THF)$_n$ 为催化剂前驱体，可以催化一系列烷基和芳基硅氮烷化合物与 CO_2(2～3atm)反应，生成相应的脲[式(3.34)]，产物收率为 70%～99%[234]。值得注意的是，该催化剂实现了芳香脲的高效合成。在 2mol%吡啶和 2mol% In[N(SiMe$_3$)$_2$]$_2$Cl·(THF)$_n$ 存在下，在 110℃、3atm CO_2 条件下，$C_6H_5NHSiMe_3$ 与 CO_2 反应，生成 70%的二苯脲。含有给电子基团的芳基硅氮烷为反应底物，获得更高收率(83%～99%)的对称脲。而含有大位阻给电子基团的底物，如 $^iPr_2C_6H_3NHSiMe_3$，反应活性低，需要更长的反应时间，才能获得较好的产物收率。而含有吸电子基团底物，反应活性更低。该催化体系同样适用于双胺类化合物，如 $C_{10}H_6NH(SiMe_3)_2$ 和 $C_6H_4NH(SiMe_3)_2$ 与 CO_2 的反应，分别得到杂环脲。遗憾的是，含有大位阻硅基的硅氮烷化合物及不含有 *N*-硅基的芳香伯胺类化合物没有活性。

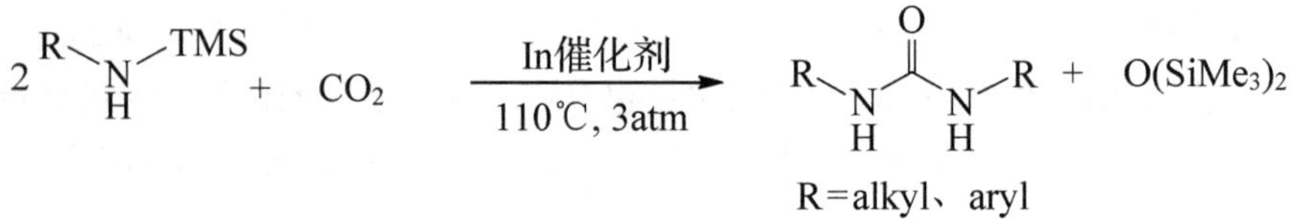

(3.34)

可能的机理如图 3.76 所示，在吡啶存在下，芳基硅氮烷与 In 催化剂反应，生成 **B·py** 中间体；CO_2 插入 **B·py** 的 N—In 键，获得中间体 **C·py**；然后，与硅氮烷反应，伴随着硅基团的迁移，释放出 $C_6H_5NHCO_2SiMe_3$，重新得到 **B·py**，此为整个反应的决速步；最后，$C_6H_5NHCO_2SiMe_3$ 与硅氮烷反应得到脲产物。

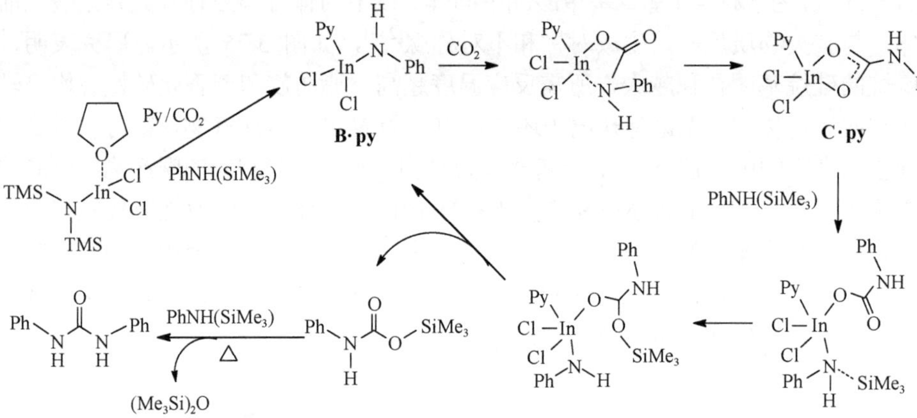

图 3.76　硅胺化合物与 CO_2 反应制备脲机理示意图

3. 环状碳酸酯与胺反应生成脲

环状碳酸酯与胺反应是生成脲的另一条途径。氧化钙可高效催化环状碳酸酯与脂肪伯胺的反应生成相应的脲，而对仲胺和芳香胺的反应无效[235]。如图 3.77 所示，反应中，CaO 既可活化底物脂肪伯胺，又可活化开环中间体的羰基。Cs_2CO_3 也可催化环状碳酸酯与脂肪伯胺、仲胺反应，生成对称脲和不对称脲，但对芳香胺类化合物没有催化活性[236]。

有机碱 TBD 作为催化剂，在无溶剂条件下可催化环状碳酸酯与脂肪胺反应，合成不对称脲[237]。反应过程如图 3.78 所示，首先伯胺与环状碳酸酯反应生成氨基甲酸酯中间体；然后中间体与另一分子伯胺或者仲胺反应，生成相应的不对称脲。该方法反应快速，产率高，但最大的缺点是对称和不对称脲同时存在，产物选择性差。

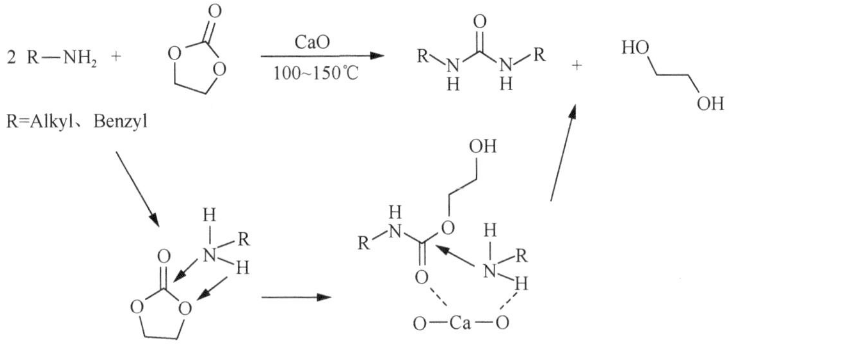

图 3.77 CaO 催化环状碳酸酯与脂肪伯胺反应生成脲

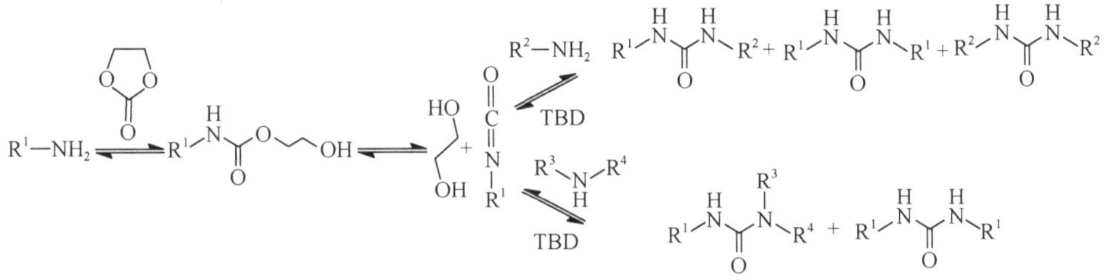

图 3.78 TBD 催化环状碳酸酯与胺反应生成对称脲和不对称脲

4. 碳酸二甲(乙)酯与胺反应生成脲

使用 TBD 作为催化剂，在无溶剂条件下催化碳酸二甲(乙)酯与伯胺反应，直接合成脲[式(3.35)][238]。其中，脂肪伯胺的反应活性最高，芳香伯胺的活性较低，而芳香仲胺和大位阻的脂肪仲胺没有活性。$Zr(O^tBu)_4$ 为催化剂，底物适用性广，脂肪伯胺、仲胺和芳香胺均可以发生反应，生成对称和不对称脲[239]。

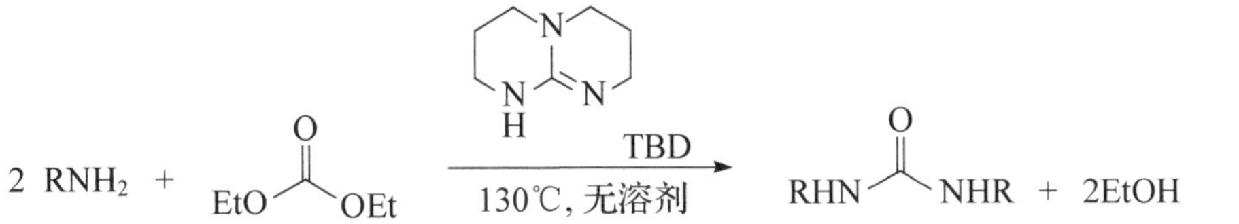

(3.35)

使用铅化合物[如 $Pb(NO_3)_2$ 或 $Pb(OAc)_2$]为催化剂，可有效催化邻苯二胺化合物与 DMC 反应，生成环状脲衍生物(咪唑啉酮)[240][式(3.36)]。DMC 既可以作为羰基化试剂，也可以作为甲基化试剂。

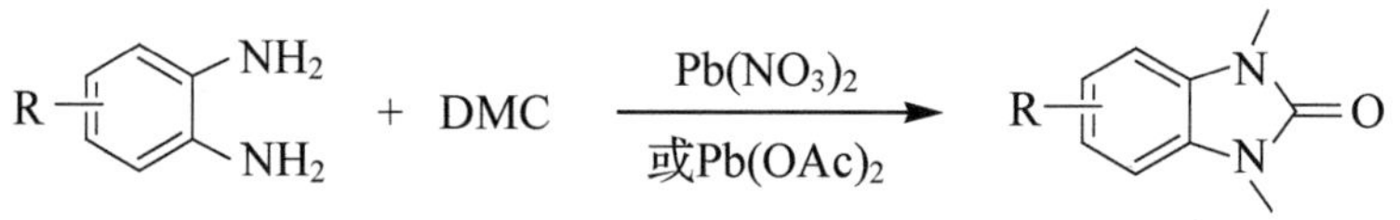

(3.36)

$Cu(OAc)_2 \cdot H_2O$ 催化邻硝基苯胺与 DMC 反应，在使用 PMHS 为还原剂情况下，可制备 1,3-二甲基咪唑啉酮类化合物[式(3.37)]，产物收率 45%～96%[241]。该反应历经两个阶段，首先邻硝基苯胺被还原为邻苯二胺，然后进一步与 DMC 反应生成目标产物。

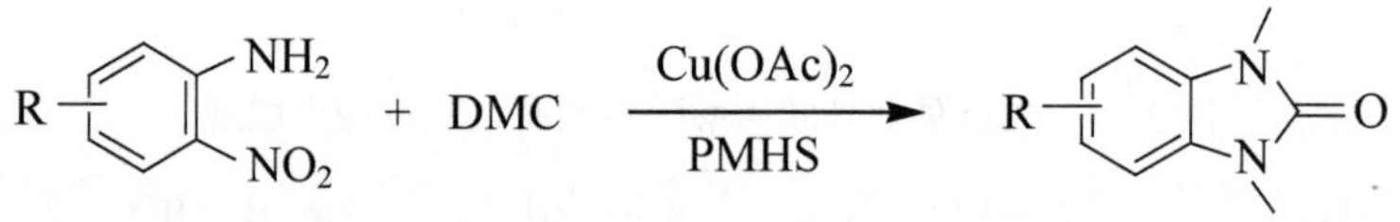

(3.37)

3.3.4 其他氮杂环化合物

1,3-二甲基咪唑啉酮(DMI)是极性质子溶剂，对无机物和有机物均有较高的溶解能力。Ikariya 和 Seki 用商用 MCM-41 或 HMS 型介孔二氧化硅在 1atm、300℃条件下有效催化了 $scCO_2$ 与 *N,N'*-二甲基乙二胺(DMEDA)的反应[242]，获得 DMI，并提出了反应机理(图 3.79)：首先，DMEDA 与 CO_2 反应得到环状氨基甲酸盐，然后经过分子内脱水得到 DMI。

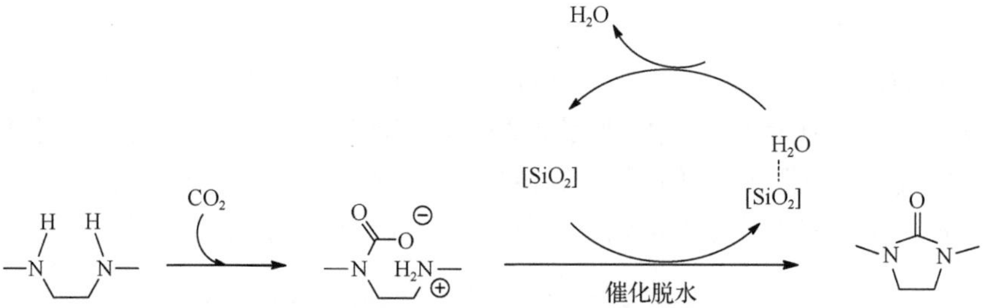

图 3.79 DMEDA 与 $scCO_2$ 反应合成 DMI

苯并咪唑啉酮是一种含有 N、O 原子的杂环化合物，主要用作苯并咪唑啉酮类有机颜料合成的中间体。以 CO_2 作为羰基化试剂，直接与邻苯二胺类化合物反应是合成苯并咪唑啉酮及其衍生物的绿色路线[式(3.38)]。功能 IL 催化剂[HDBU][OAc]对反应有优良的催化性能。在 120℃、9MPa 条件下，含有给电子基团和吸电子基团的邻苯二胺底物与 CO_2 的反应，均获得相应的目的产物，其收率为 63%～95%。IL 的催化机制如图 3.80 所示，其阳离子活化 CO_2，阴离子通过分子间氢键作用活化邻苯二胺，分别形成中间体 **2** 和 **3**；经过亲核进攻，形成中间体 **4**，环化脱水后生成最终产物[243]。

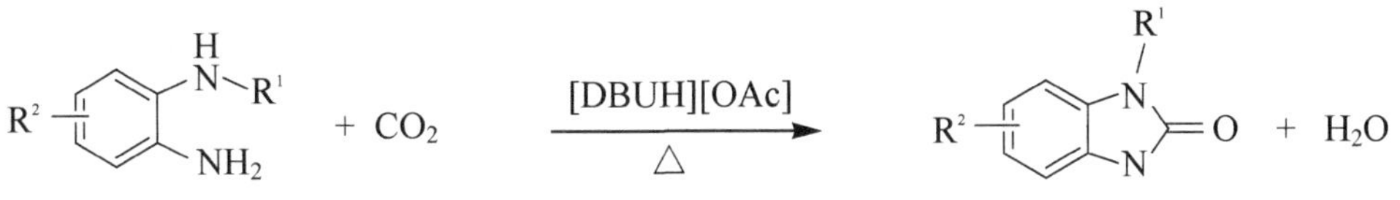

R^1=H、Ph、CH_3、$COCH_3$

R^2=H、CH_3、Cl、Br、F、NO_2、$COOC_2H_5$

13种产物

收率 63%~96%

(3.38)

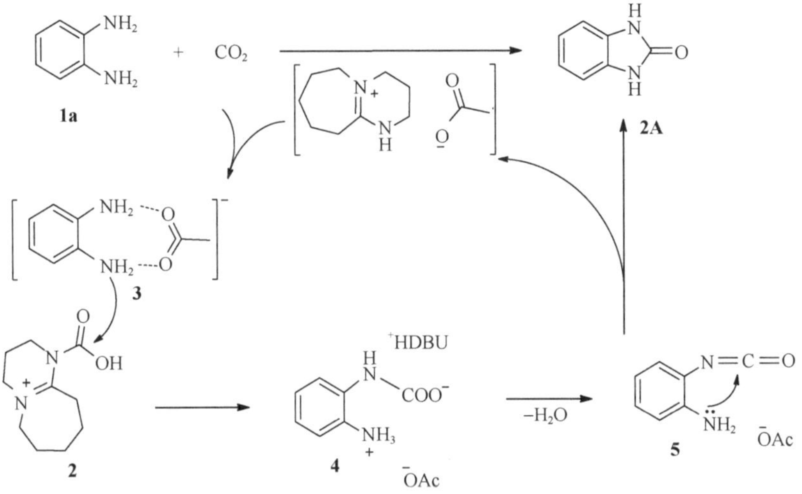

图 3.80 双功能离子液体催化 CO_2 与邻苯二胺的反应机理示意图

苯并咪唑及其衍生物是一类重要的药物中间体，具有良好的生物活性，广泛应用于药物合成。传统方法是通过邻苯二胺化合物与羧酸及其衍生物的缩合反应来制备苯并咪唑及其衍生物，但往往需要高温、强酸和很长的反应时间等。邻苯二胺化合物与 CO_2 的还原环化反应，是合成苯并咪唑的绿色途径。

如式(3.39)所示，采用 $RuCl_2(dppe)_2$ 为催化剂，邻苯二胺化合物与 CO_2/H_2 反应，生成苯并咪唑化合物。该反应可在无溶剂条件下进行，副产物为水，是一条绿色反应路线。在超临界条件(120℃，CO_2 和 H_2 总压 15MPa)下，含有给电子基团和吸电子基团的邻苯二胺底物与 CO_2/H_2 的反应，均获得很好的产物收率(>90%)。以邻苯二胺反应为例，可能的反应机理如图 3.81 所示。作为有机碱，邻苯二胺促进 CO_2 加氢反应，生成邻苯二胺-甲酸加合物中间体，该中间体进一步发生分子内缩合脱水，最终得到产物苯并咪唑[244]。

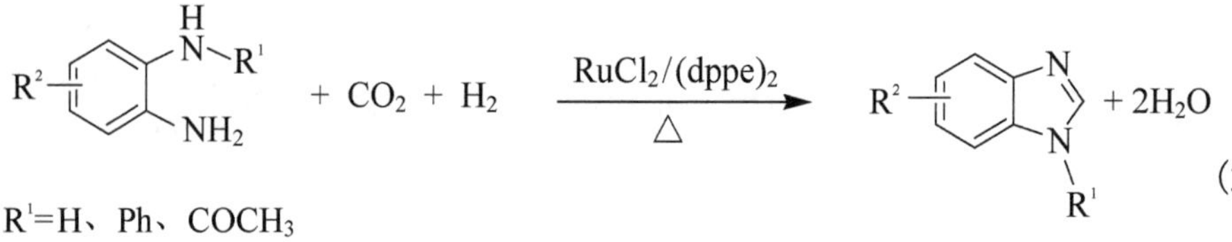

(3.39)

R^1=H、Ph、$COCH_3$

R^2=H、F、Cl、Br、COPh、CH_3、CO_2Et

收率>90%

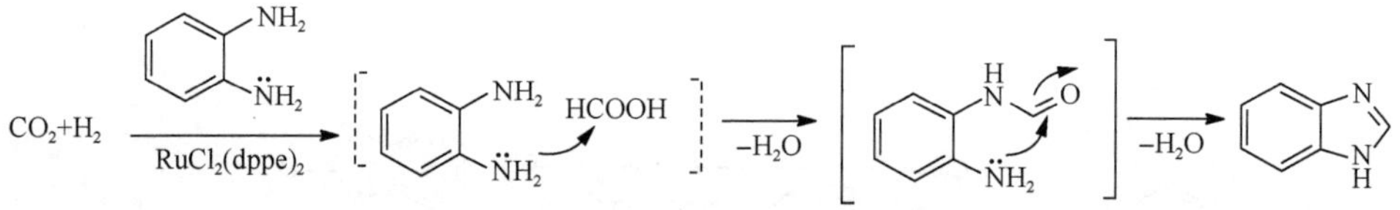

图 3.81 邻苯二胺与 CO_2/H_2 反应机理示意图

如式(3.40)所示，采用 Au/TiO_2 为催化剂，以 2-硝基苯胺为反应原料，直接与 CO_2/H_2 反应，是另一条更为简单的苯并咪唑化合物合成路线[245]。在 100℃、8MPa 条件下，不同取代基的 2-硝基苯胺底物与 CO_2 和 H_2 反应，均以很高产率(>90%)得到苯并咪唑类产物。反应历经两步：Au/TiO_2 首先催化 2-硝基苯胺加氢生成邻苯二胺，进一步催化邻苯二胺与 CO_2 和 H_2 反应生成苯并咪唑，在两步反应中 Au/TiO_2 都起到良好的催化作用。

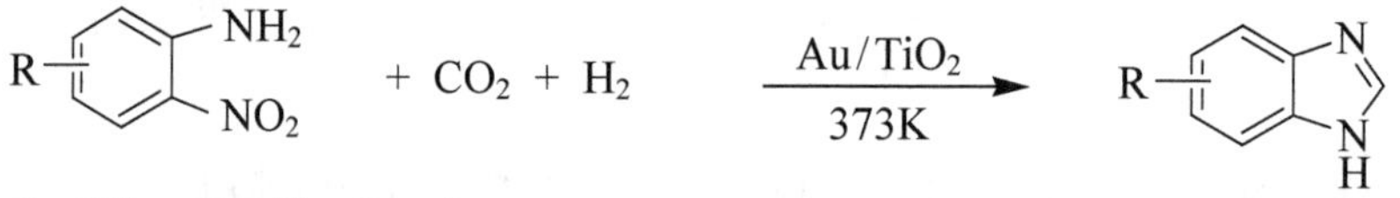

(3.40)

R=CH_3、F、Cl、Br、I

收率>90%

在邻苯二胺化合物与 CO_2 的还原环化生成苯并咪唑的反应中，以氢硅烷代替 H_2 为还原剂，可使反应在温和条件下进行，并高收率获得目标产物。如图 3.82 所示，采用[BMIm][OAc]为催化剂，$(EtO)_3SiH$ 为还原剂，在 60℃和 0.5MPa 条件下，邻苯二胺化合物与 CO_2 的还原环化，高收率生成苯并咪唑化合物[246]。

苯并噻唑及其衍生物由于其独特的生物和药物活性，是一类非常重要的生物和化学中间体。传统制备这类化合物的方法是基于 2-氨基苯硫醇类化合物与含羰基化合物的缩合反应。通过 2-氨基苯硫醇类化合物与 CO_2 的还原环化反应合成苯并噻唑化合物，是制备这类物质的新途径。

以离子液体[BMIm][OAc]为催化剂，在温和条件(60℃，0.5MPa)下，可实现 2-氨基苯硫醇化合物与 CO_2 和氢硅烷的环化反应，高收率地获得一系列含不同取代基的苯并噻唑类化合物[式(3.41)]。可能的反应机理如图 3.83 所示，CO_2 和 $(EtO)_3SiH$ 分别被离子液体活化得到中间体 **A** 和 **B**，二者反应生成甲酸硅酯活性中间体 **C**；离子液体阴离子通过氢键作用，活化 2-氨基苯硫醇底物，增强了底物中氨基氮原子对中间体 **C** 中碳原子的亲核进攻能力，反应后生产中间体 **E**；**E** 发生分子内亲核加成，脱除一分子水，得到最终产物 **G**[246]。

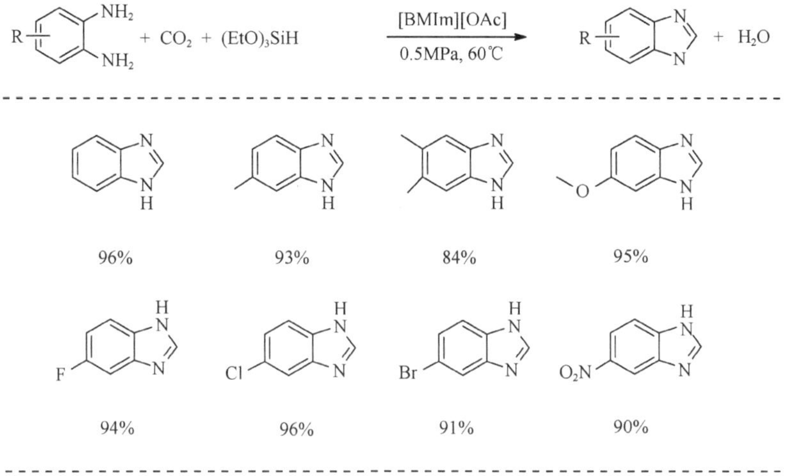

图 3.82　邻苯二胺化合物与 CO_2/氢硅烷反应合成苯并咪唑化合物

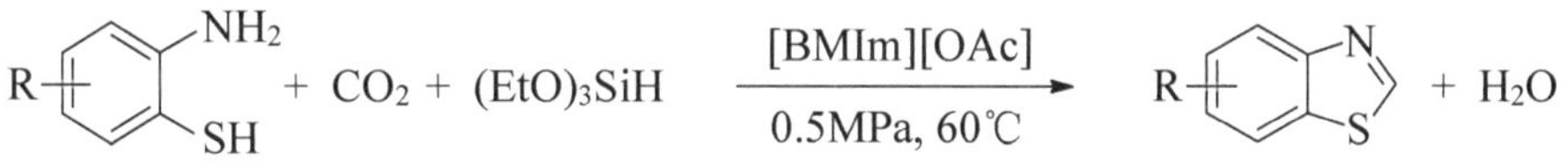

R=CH_3、OCH_3、F、Cl、Br、NO_2　　收率99%

(3.41)

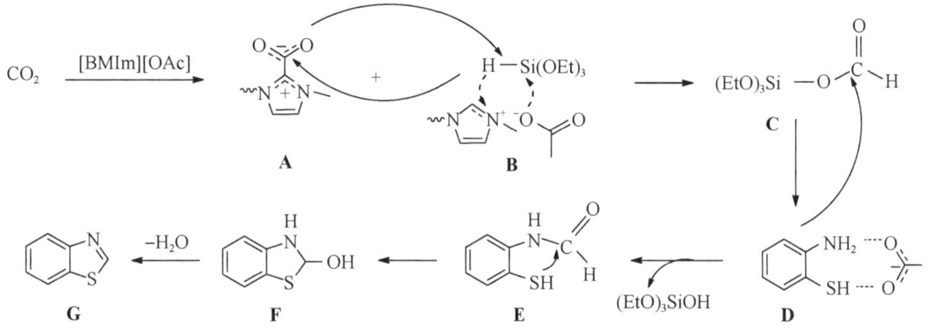

图 3.83　离子液体催化下 CO_2 与氨基苯硫醇环化机理示意图

3.4　CO_2 参与合成羧化产品

羧酸及其衍生物广泛存在于自然界中，是生物体的重要代谢物质，也是许多天然产物和药物的重要官能团，有机合成和精细化工的重要中间体。传统方法中，芳香羧酸一般通过芳烃侧链的氧化方法得到，而脂肪族羧酸则通过相应醇的间接氧化制取[247]。这些方法普遍存在反应过程复杂、反应效率低、官能团兼容性差等不足。以 CO_2 为羧化试剂的羧化产物合成，为羧酸及其衍生物提供了绿色合成路线，受到广泛重视。

Grignard 试剂及其他金属有机试剂如有机锡试剂[248]、有机硼试剂[249-251]、有机锌试剂[252-253]等与 CO_2 反应是合成羧酸化合物的有效途径[式(3.42)～式(3.45)]，可在相对温和条件下获得羧酸类化合物。但金属有机试剂价格昂贵，种类有限，限制了它们在制备羧酸化合物方面的应用。近几十年来，基于 C—H 键官能化的合成方法得到长足发展，在催化剂研究基础上，实现了各种 C—H 键官能化反应，获得不同种类的化学品。结合 CO_2 化学转化目标，最理想的羧酸合成方法是以 CO_2 为羧化试剂，实现 C—H 键的直接羧化反应。一方面，含 C—H 键的化合物十分容易获得；另一方面，C—H 键的直接 CO_2 羧化反应具有很高的原子经济性，可最大限度地利用 CO_2 分子。然而，C—H 键的自身惰性和 CO_2 的热力学稳定性，使 C—H 键的直接羧化反应极具挑战性。经过科学家的不懈努力，在 CO_2 与烯烃、炔烃、含不饱和 C—H 键化合物等反应制备羧酸化合物方面取得重要进展。

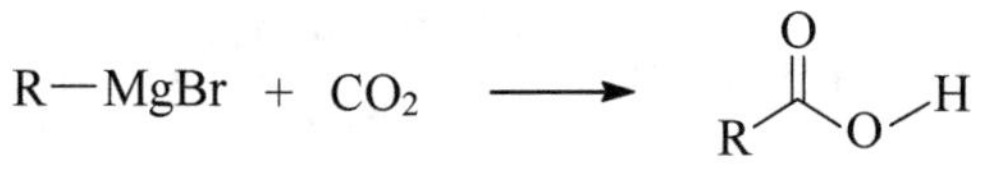

(3.42)

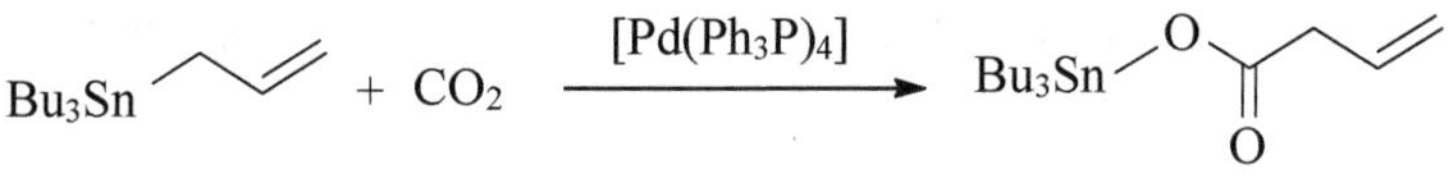

(3.43)

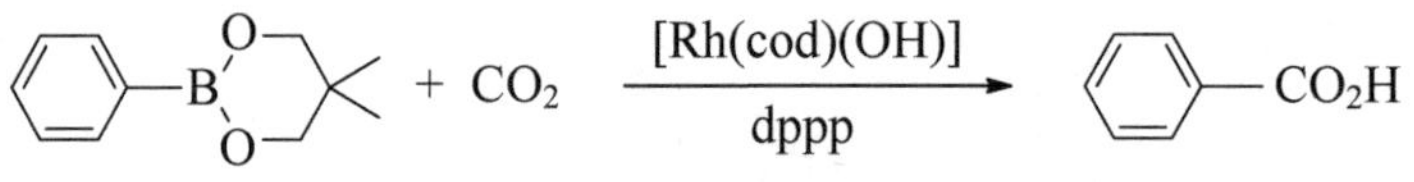

(3.44)

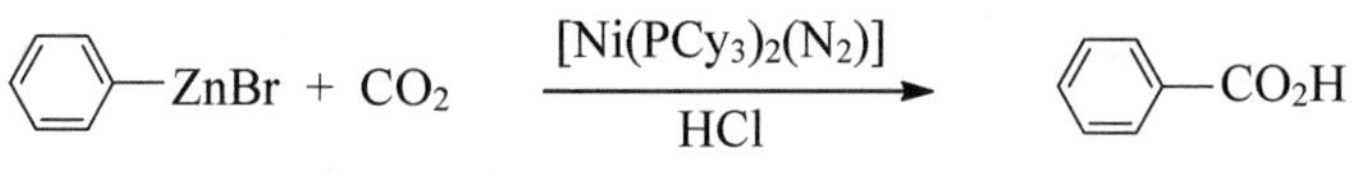

(3.45)

3.4.1 CO_2 与烯烃的反应

CO_2 与烯烃的羧化反应研究最早可追溯到 1978 年，铑催化 CO_2 与乙烯生成丙酸和丙酸乙酯的反应[254]。该研究采用了 70MPa 的超高压 CO_2 和 Wilkinson 配合物的铑杂五元环内酯型催化剂，羧化产物收率为 38%。随后，Inoue 等采用钯配合物催化体系，对更活泼的亚甲基环丙烷类底物的 CO_2 羧化反应进行了研究，得到五元内酯[255]。这一研究中，配体的结构显著影响产物的选择性，采用单膦配

体 PPh_3，主要产物为饱和五元内酯；而采用双齿配体，则主要生成不饱和内酯[式(3.46)]。其中，Pd 与底物中不饱和双键形成烯丙基钯中间体是反应的关键步骤。

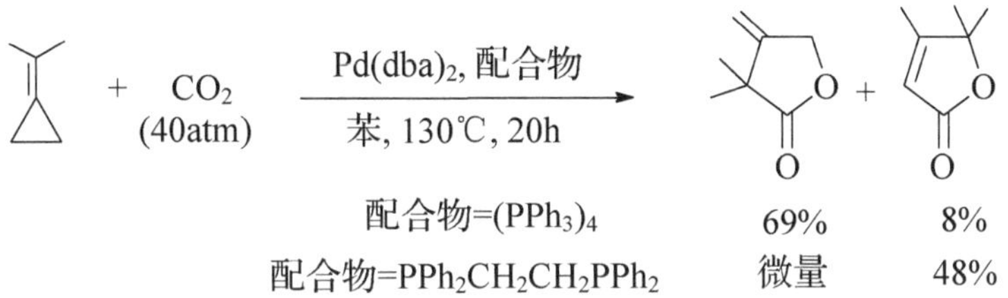

(3.46)

1986 年，在研究 Ni^0 催化的烯烃与 CO_2 的反应中，Hoberg 等首次分离、鉴定了 Ni 杂五元内酯中间体，并研究了其转化为羧酸的可行性(图 3.84)[256]。该 Ni 杂内酯的生成必须有供电子配体(如 DBU)的辅助，但配体会对其随后的酸化过程产生影响。因此，配体的选择是该类羧化反应能否进行的关键。Ni 杂五元内酯中间体的酸化只能得到丙酸，而不是丙烯酸。而且，另一分子乙烯可以插入这一中间体，生成 Ni 杂七元环内酯中间体 **1**，继而得到开环中间体 **2**。如果 **2** 发生还原消除反应，则可直接生成戊烯酸 **4**，并使 Ni^0 催化剂再生。遗憾的是，强碱性配体 DBU

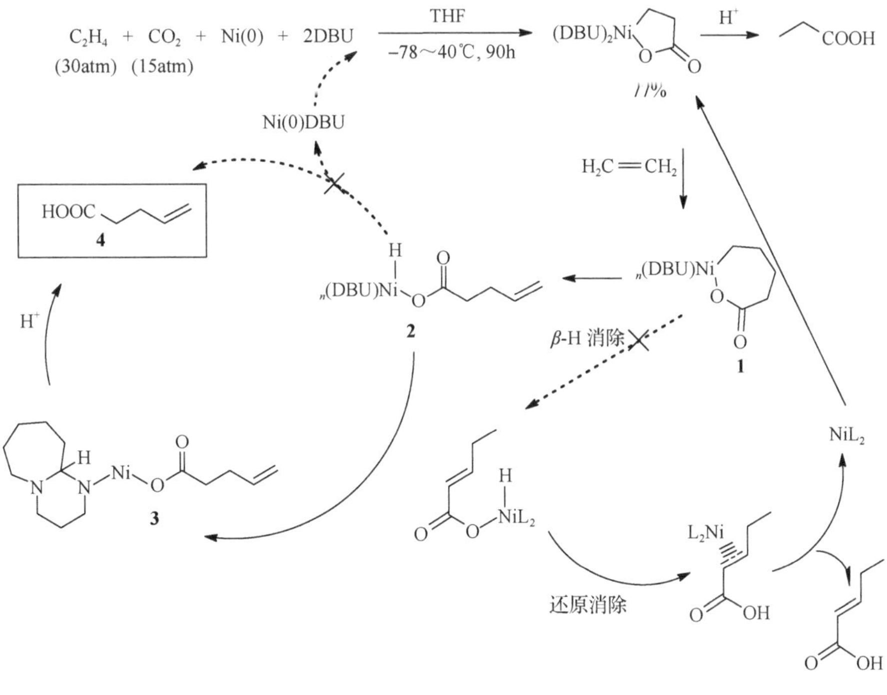

图 3.84　Ni^0 促进的乙烯羧化机理示意图，以及乙烯与 CO_2 合成 2-戊烯酸的理想催化循环

的作用导致氢原子的迁移无法实现，只得到中间体 **3**，然后通过酸化得到戊烯酸 **4**。有意义的是，Ni 杂五元环内酯中间体可以插入其他的烯烃，最终得到长链不饱和羧酸。如图 3.85 所示，多种取代的烯烃(包括苯乙烯、联烯和 1,3-丁二烯等)均可完成相应的化学计量转化。

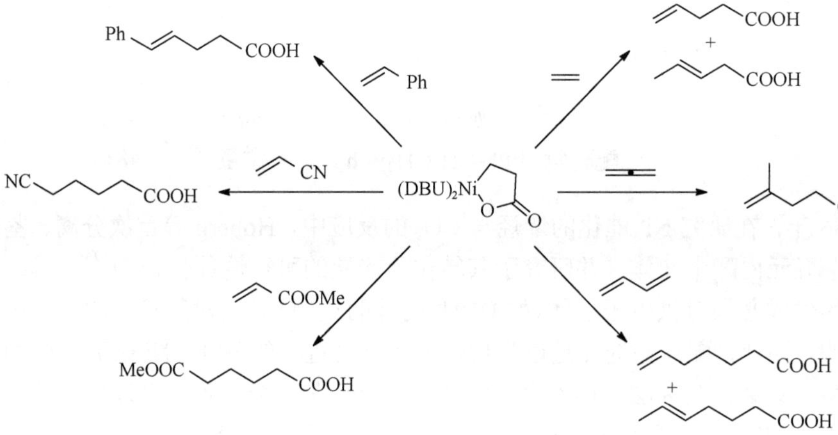

图 3.85 Ni 杂五元环中间体的转化途径

类似地，廉价易得的 Fe^0 也可通过生成 Fe 杂环内酯中间体[257]，实现化学计量的羧化反应[258]。如图 3.86 所示，Fe 与乙烯及 PEt_3 的配合物Ⅰ，在膦配体作用

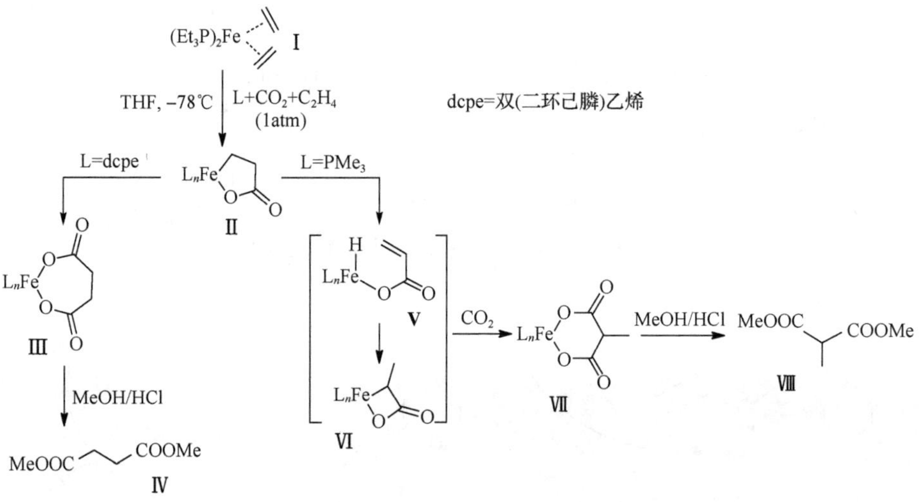

图 3.86 铁杂五元环状内酯的生成及其转化反应

下生成五元内酯中间体Ⅱ，而配体结构影响其进一步反应的路径。单齿膦配体 PMe_3 可促进 β-H 消除，生成中间体Ⅴ，随后的 H—Fe 键对分子内不饱和双键的加成，生产四元环内酯Ⅵ，另一分子 CO_2 的插入，生成中间体Ⅶ，以及随后的酸化和酯化，导致产物 2-甲基丙二酸甲酯Ⅷ生成；而双齿膦配体 dcpe 则可促进五元内酯Ⅱ的进一步羧化，生成铁杂七元环内酯Ⅲ，酸化、酯化后生成最终产物丁二酸甲酯Ⅳ。

丙烯酸(酯)类化合物在工业上应用十分广泛。由 CO_2 与乙烯及其衍生物反应生成丙烯酸类化合物是反应原子经济性 100%的一条绿色合成路线。在上述 Ni^0 催化的 CO_2 与乙烯的反应路径中(图 3.84)，如果 Ni 杂五元环中间体能够发生 β-H 消除而生成开环中间体，再经过还原消除，则可产生丙烯酸。然而，在上述催化体系中，并没有获得丙烯酸产物。这可能是因为中间体五元环的刚性会阻碍 β-H 消除发生，DFT 计算也表明该过程是热力学非自发过程[259-260]。而向体系中加入 MeI，则可促使 Ni 杂五元环中间体开环，最终生成丙烯酸酯(图 3.87)，但最高收率仅为 33%[261]。

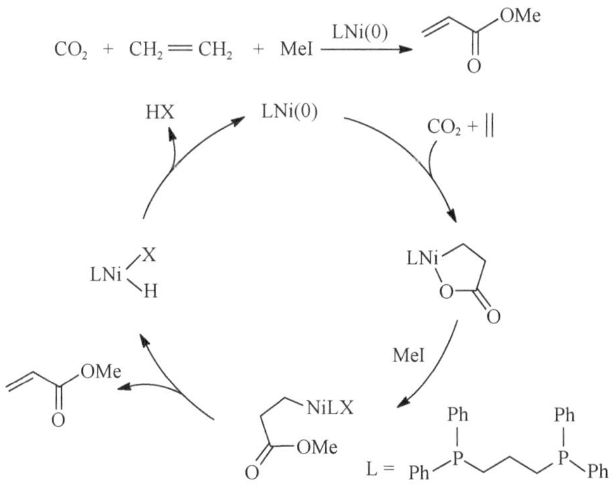

图 3.87 “MeI 策略”的丙烯酸酯合成

虽然采取 MeI 策略可以得到丙烯酸酯的产物，但是上述过程并不是催化反应。直到采用 Ni^0/dtbpe 体系，才得到了丙烯酸钠(图 3.88)[262]。通过控制分步反应中 CO_2 与乙烯的压力，最终以 TON>10 的效率获得产物丙烯酸钠。

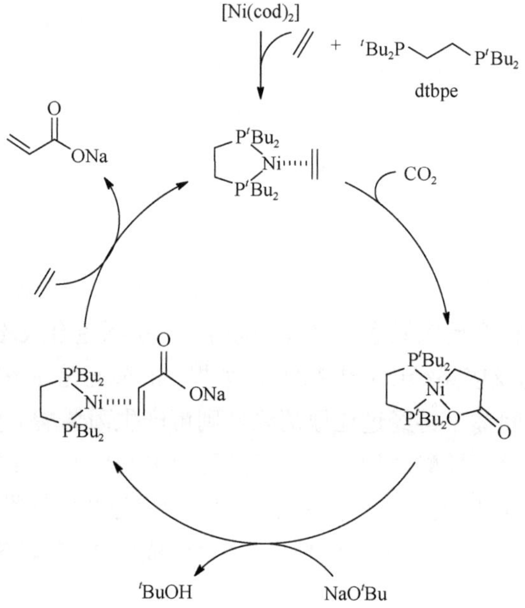

图 3.88 Ni^0 催化乙烯与 CO_2 合成丙烯酸衍生物

除乙烯外，苯乙烯类化合物也能发生还原羧化反应，生成芳香丙酸[263]。采用10mol%的 Ni(cod)$_2$/DBU 催化体系，$ZnEt_2$ 为转金属化试剂(2.5 当量)，对位为吸电子基的苯乙烯底物反应活性高，产物收率>90%；但苯乙烯反应效果较差，苯丙酸收率仅为 35%。值得注意的是，Ni(acac)$_2$/Cs_2CO_3 也能催化该反应[式(3.47)]。芳环带有酯基、醚基、三氟甲基、卤素、氰基及甲氧基的苯乙烯衍生物均可发生反应，产率为 61%～92%，杂环(如呋喃类)烯烃也能以较好的产物收率得到羧化的产物，产率为 66%。

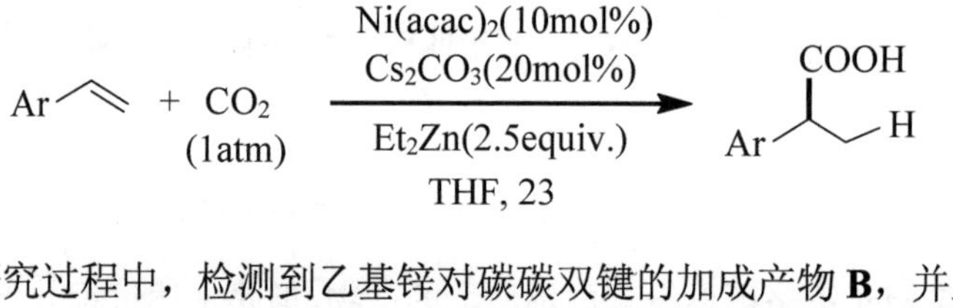

(3.47)

在机理研究过程中，检测到乙基锌对碳碳双键的加成产物 **B**，并且用 D_2O 猝灭反应体系得到氘代苯乙烯还原产物。因此，与以上由 Ni 杂五元环内酯为关键中间体的羧化机理不同，Ni(acac)$_2$ 催化的苯乙烯羧化反应机理如图 3.89 所示。由 $ZnEt_2$ 还原得到的 Ni—H 键对双键进行加成反应，生成中间体 **A**；然后经过 CO_2 的插入，产生羧酸盐 **D**；随后的转金属化反应，产生羧酸锌盐 **E**，并重生 Ni—Et 产物 **C**；最后 β-H 消除，使活性组分 Ni^0 重生。

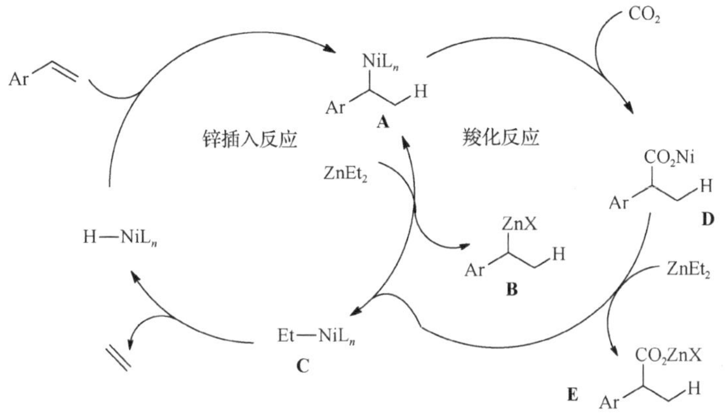

图 3.89 Ni(acac)$_2$催化的苯乙烯羧化反应机理示意图[263]

采用 Fe/Cu 双金属体系，催化末端烯烃与 Grignard 试剂反应，在反应中原位生成饱和的 Grignard 试剂，与 CO_2 发生羧化反应，生成相应的羧酸产物(图 3.90)[264]。

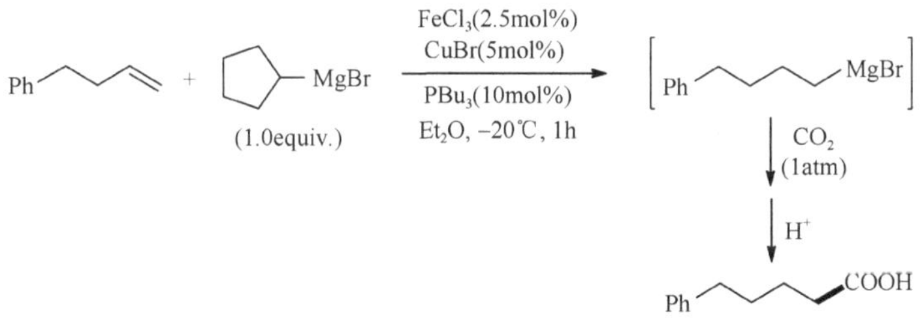

图 3.90 Fe/Cu 双金属体系催化末端烯烃的羧化反应

以 $FeCl_2$ 为催化剂、Grignard 试剂为亲核试剂，实现了双键的还原羧化反应，选择性得到 α-芳基羧酸产物[式(3.48)][265]。该体系对含有供电子取代基的苯乙烯类底物有很好的适用性。CD_3OD 猝灭实验证明了反应中间体是 α-芳基金属化物。可能的反应机理如图 3.91 所示。Fe 经过烷基化后，与苯乙烯配位得到中间体 **B**；**B** 发生 β-H 消除反应，产生高活性的低价铁氢配合物 **C**，经还原金属化后得到中间体 **D**；**D** 与 Grignard 试剂发生转金属反应，产生 **E**，同时再生催化剂 **A**。CO_2 与 α-芳基 Grignard 试剂 **E** 反应即可得到相应的羧酸盐。

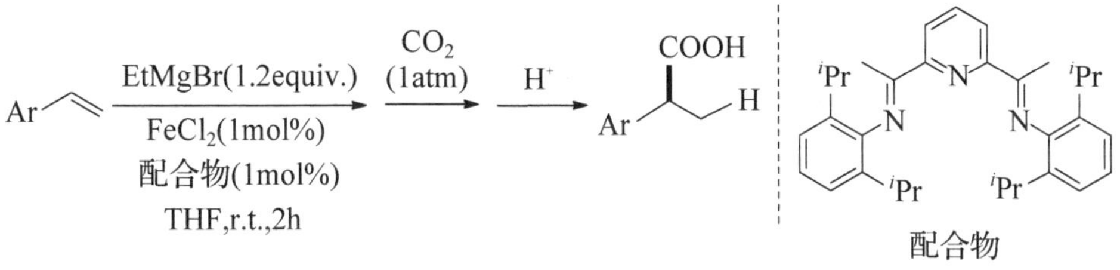

(3.48)

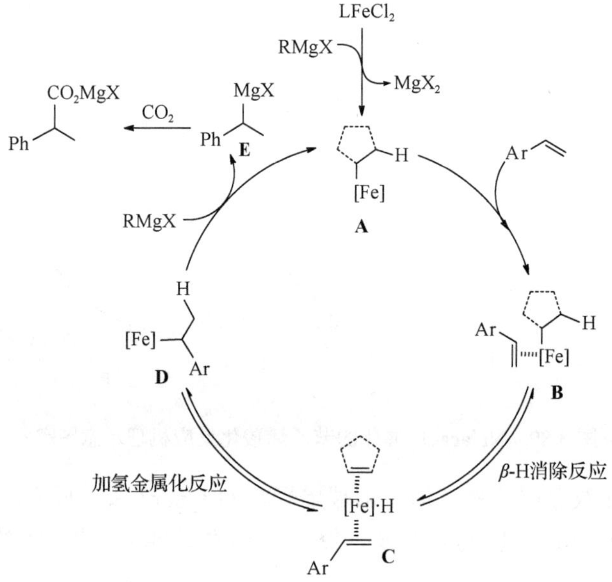

图 3.91　铁催化的苯乙烯还原羧化反应机理示意图

α-吡喃酮是天然产物及药物中的重要结构单元。氟化铯作为碱，在 DMSO 溶剂中可实现丙烯基酮与 CO_2 的羧化环化反应，高效生成一系列不同取代基的 α-吡喃酮化合物[式(3.49)]，如利用天然的薄荷酮与 CO_2 反应形成吡喃酮双环化合物，以及合成含吲哚及吡喃酮单元的三环化合物等。降低丙烯基酮的浓度可大大抑制底物自身的二聚副反应，提高羧化环化反应的选择性。研究 ^{18}O 标记 CO_2 的反应发现，α-吡喃酮产物中只有一个氧原子来自于 CO_2，这表明环化步骤是通过酮底物中烯醇式氧原子对羧基亲核进攻而实现的[265]。

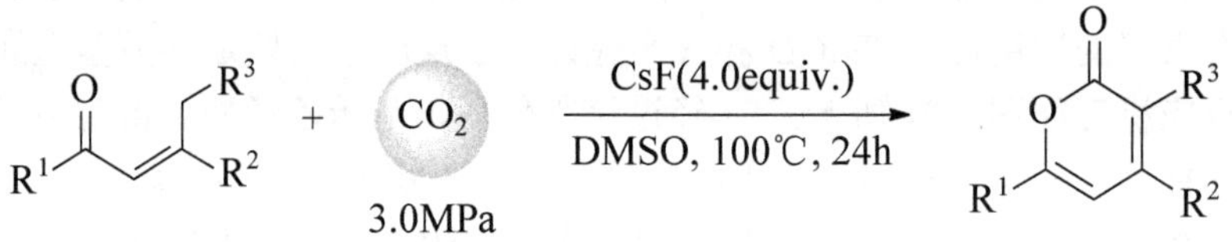

(3.49)

以上仅限于单烯烃的 CO_2 羧化过程，最终在分子中引入单个羧基。Martin 及其合作者使用 $NiBr_4(TBA)_2$ 为催化剂，邻菲咯啉配体、Mn 作还原剂，以 DMA 作为溶剂，在 50℃的条件下，实现了二烯烃的二次羧化，获得一系列二羧酸(酯)化合物[式(3.50)][266]。以 1,3-二烯为底物，能以 74%的收率、2.4∶1 的 Z/E 构型比得到二羧酸产物。在最优条件下，不同取代基修饰的 1,3-二烯结构都可以顺利地参与反应。酯基、氰基、羰基和酰胺等官能团在该体系中都具有很好的兼容性。

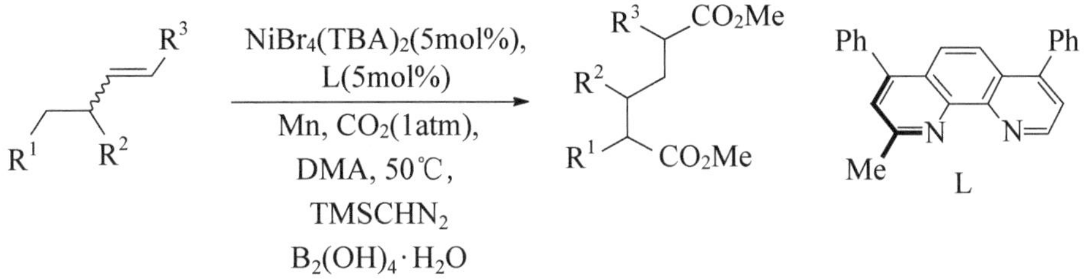

(3.50)

3.4.2 CO_2与炔烃的反应

CO_2为羧基化试剂，与含 C(sp)—H 键的末端炔烃反应，通过控制反应条件，可分别生成炔酸(酯)类化合物[式(3.51)]和丙烯酸(酯)类化合物[式(3.52)]。因此，根据产物不同，将CO_2与端炔的反应研究分成两类，下面分别介绍。

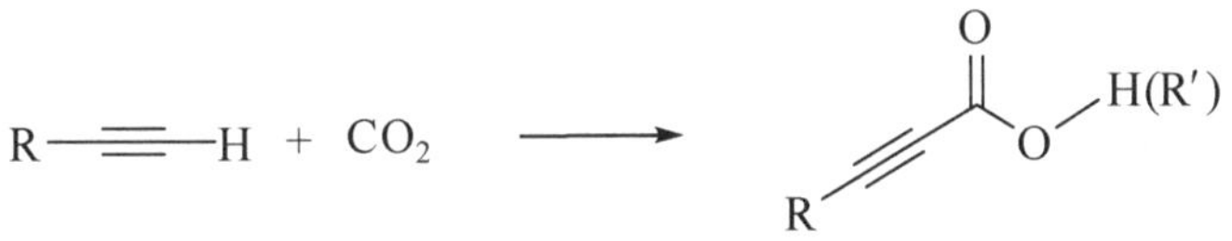

(3.51)

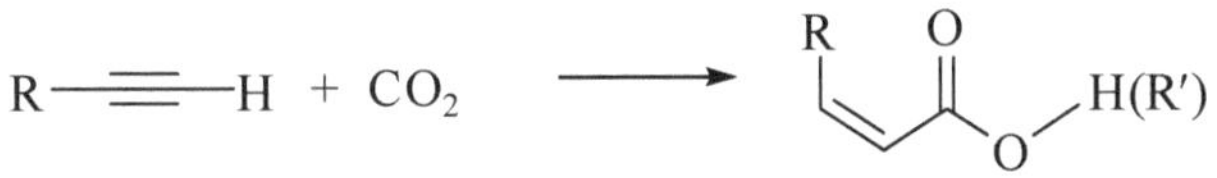

(3.52)

1. 炔酸(酯)及其衍生物的合成

炔酸(酯)及其衍生物由于具有不饱和三键、酯基等官能团，而具有丰富的反应性，可发生 α-加成、γ-加成、环加成反应等，在有机合成中有广泛用途。特别是，作为活泼炔可应用于各种杂环化合物的合成中。并且，通过对炔酸酯中三键的选择性还原，可制得丙烯酸酯。因此，发展高效、便捷的方法合成炔酸及炔酸酯等衍生物具有重要意义。一般地，采用末端炔烃来合成相应炔酸及炔酸酯等衍生物。传统合成方法一般用一氧化碳和甲醛为羰基化试剂，并且需要在有氧条件下进行(图 3.92)。相比之下，最具吸引力的方法就是采用CO_2作为羧基化试剂，直接插入末端炔烃的 C(sp)—H 键。这种策略不但简便、快捷，并且反应的原子经济性更高。但是，计算发现CO_2直接插入 C(sp)—H 键的$\Delta G^{\ominus}$为 19.1kcal·mol^{-1}[267]，反应是热力学非自发过程；而在碱性条件下，$\Delta G^{\ominus}$为–10.1kcal·mol^{-1}。因此，末端炔烃与CO_2的偶联反应生成炔酸(酯)通常在碱性条件下进行。

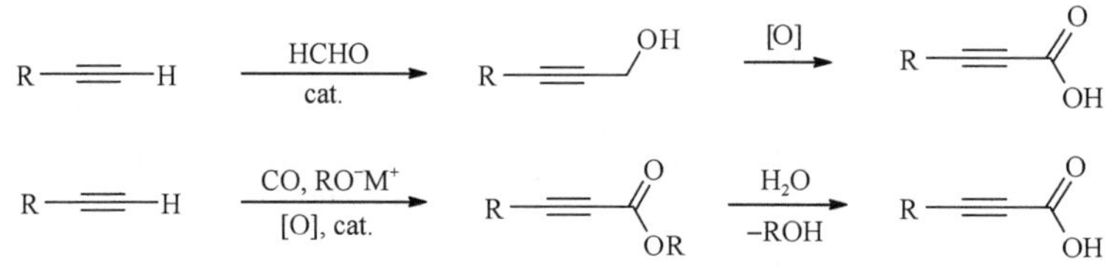

图 3.92　传统方法合成炔酸

早期，以 CO_2 为羧基化试剂的端炔羧化反应，主要采用化学计量的 Li、Na、K 等碱金属或者金属有机试剂作为强碱对端炔脱质子，原位产生的炔基金属有机试剂随后与 CO_2 反应[式(3.53)～式(3.55)][268-269]。这种方法不但需要当量的金属试剂、反应条件苛刻，而且官能团兼容性较差，极大地限制了其应用。

$$H_3C{-}C{\equiv}C{-}H \xrightarrow{\text{Na, NH}_3} H_3C{-}C{\equiv}C{-}Na \tag{3.53}$$

$$H_3C{-}C{\equiv}C{-}Na \xrightarrow{CO_2,\ \text{THF, Et}_2\text{O}} H_3C{-}C{\equiv}C{-}CO_2Na \tag{3.54}$$

$$H_3C{-}C{\equiv}C{-}CO_2Na \xrightarrow{\text{HCl, H}_2\text{O}} H_3C{-}C{\equiv}C{-}CO_2H \tag{3.55}$$

后来，发展了多种金属配合物催化体系，使端炔的 CO_2 羧化反应能在相对温和条件下进行，直接获得炔酸化合物。如图 3.93 所示，Cu^I/TMEDA(*N,N,N′,N′*-四甲基乙二胺)或聚卡宾型配体(poly-NHC)催化体系，能在常温常压下催化端炔的羧化反应。催化反应的关键是反应中形成了较稳定的炔酸铜盐。各种含供电子基团的端炔均可高收率地转化为相应的炔酸[270]。而含强吸电子基团的 4-硝基苯乙炔没有活性。这是因为，虽然 Cu^I 催化剂可以有效活化炔烃，并产生亲核性的碳负中心，但硝基的吸电子作用弱化了碳负中心的亲核性，导致 CO_2 对 C—Cu 键的亲电插入无法顺利实现。

如图 3.94 所示，控制催化剂中 CuCl 的量，以获得足够的卡宾活性位不参与 Cu 配位。反应中，CO_2 被未参与配位的 NHC 活化，并与邻近 Cu 原子络合；同时，Cu 活化炔烃端 C(sp)—H 键，产生 Cu—C 键。随后，炔烃端基碳负离子对 CO_2 羰基亲核进攻，实现羧化反应。该体系运用金属与配体的协同作用，提高了催化活性，拓宽了底物的适用范围，应用于对硝基苯乙炔的羧化反应，以 70%的收率得到相应的炔酸[270]。

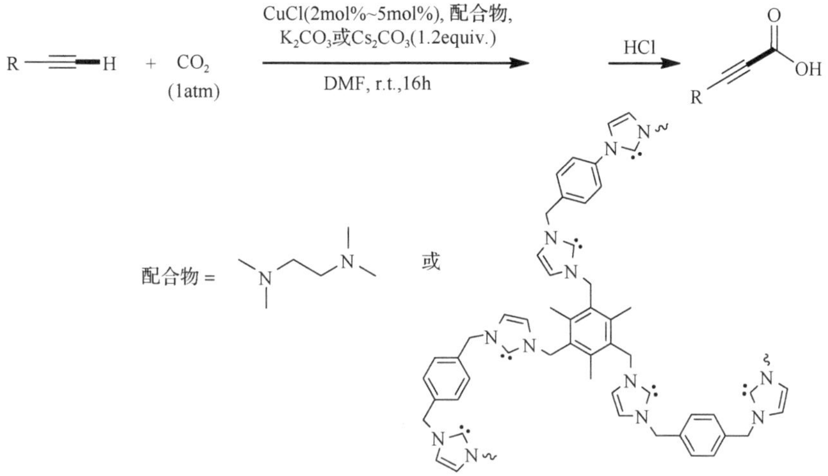

图 3.93 CuCl/配体催化的炔烃羧化反应

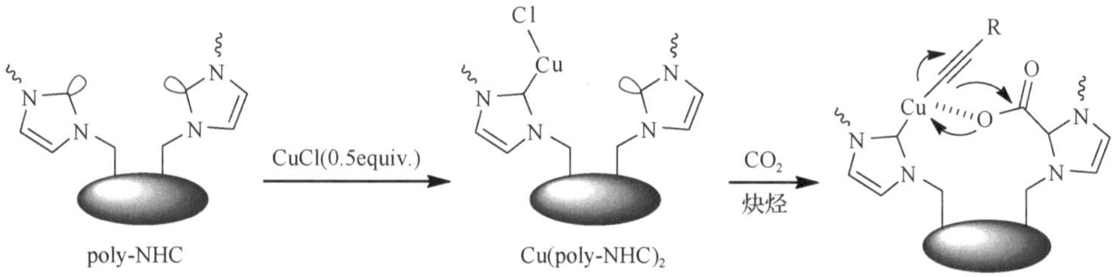

图 3.94 Cu(poly-NHC)$_2$配合物的合成及协同活化模式

聚卡宾负载的 Ag 纳米催化剂(Ag/poly-NHC)，在活化炔烃和 CO_2 时表现出良好的协同作用，可实现常温常压下端炔羧化反应[271]，并且具有较宽的底物适用性和官能团兼容性。催化剂多次使用，其活性没有明显降低(图 3.95)。

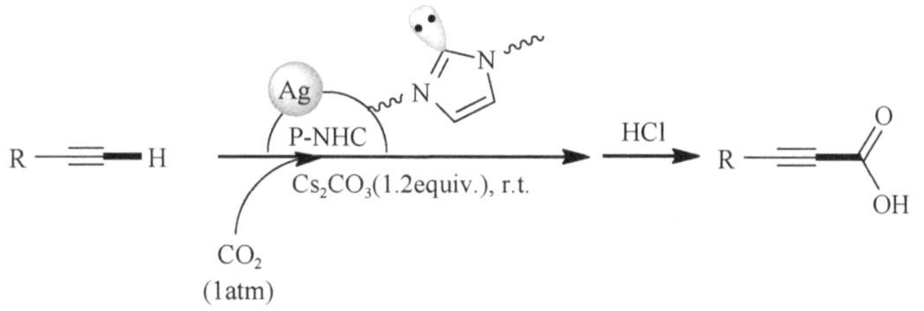

图 3.95 Ag/poly-NHC 催化的端炔羧化反应

Cu/Phen 体系对各种类型的端炔都有较好的催化效果，得到炔酸产物(图 3.96)[272]。

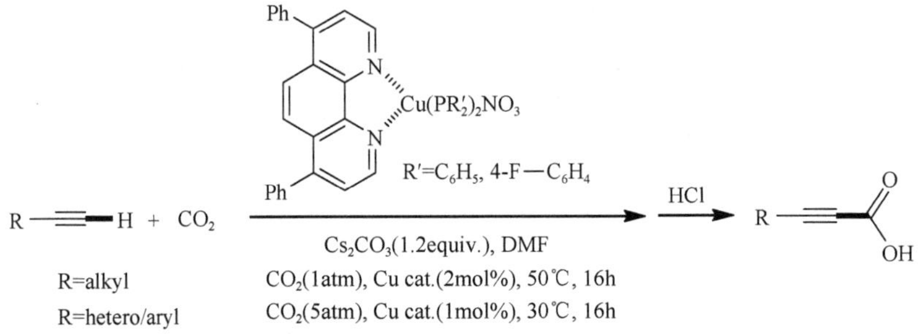

图 3.96 Cu/Phen 体系中的端炔羧化反应

相对以上复杂的金属配合物催化体系，AgI 只需在碱的存在下，即可催化端炔的羧化反应[式(3.56)][273]，不仅简化了操作过程，而且底物适用面较宽。

$$R{-}{\equiv}{-}H + \underset{(2atm)}{CO_2} \xrightarrow[\text{DMF, 50℃, 12h}]{\substack{\text{AgI(1mol\%)}\\ Cs_2CO_3\text{(1.5equiv.)}}} \xrightarrow{\text{HCl}} R{-}{\equiv}{-}COOH \qquad (3.56)$$

可能的反应机理如图 3.97 所示，AgI 活化端炔之后，在 Cs_2CO_3 作用下产生炔银中间体 **A**；CO_2 插入 C—Ag 键，生成中间体 **B**；随后 **B** 复分解反应，生成炔酸铯中间体；酸化后，生成目标产物。采用预先制备的化合物 **A** 和 **B** 作为催化剂(1mol%)，催化端炔羧化反应，分别以 80%和 86%的收率获得目标产物，这表明 **A** 和 **B** 是反应的关键中间体。

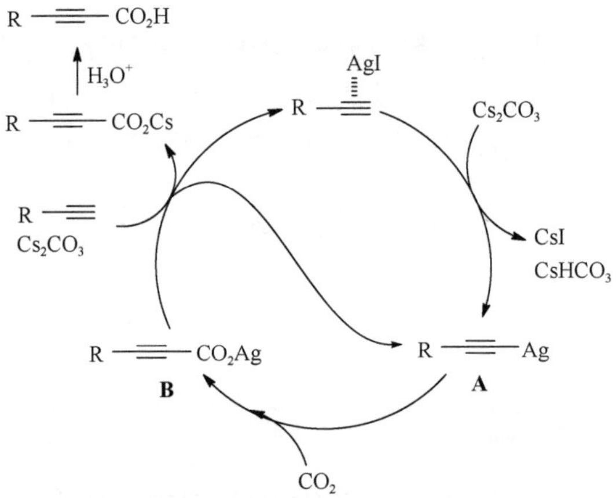

图 3.97 AgI 催化端炔的羧化反应机理示意图

与 AgI 类似，$AgBF_4$也能在温和条件下高效实现端炔的羧化反应[式(3.57)][274]。反应机理与 AgI 催化机理[273]类似，推测反应中可能产生了纳米银颗粒参与催化循环。

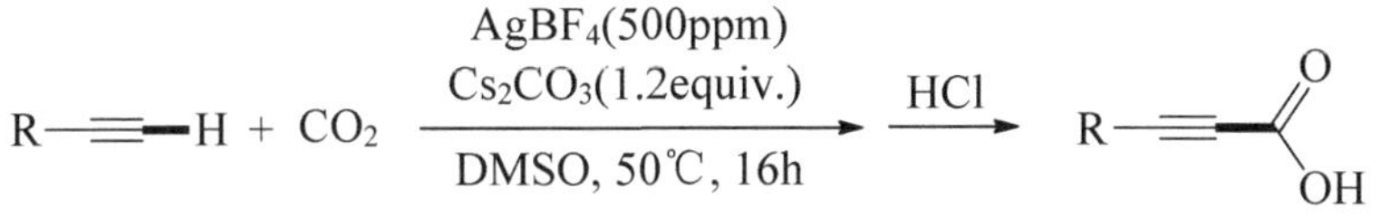

(3.57)

上述催化体系实现了温和条件下端炔的羧化反应，但均需要过渡金属催化剂(或配体)的参与，以及当量强碱的存在。碱的作用是对端炔脱质子，并促使 CO_2 插入反应的发生。基于对碱在反应过程中作用的认识，升高反应温度至 120℃，增加 CO_2 压力至 0.25MPa，仅加入当量强碱(Cs_2CO_3)，即可以实现该反应[275]，并且有较好的底物适用性。活性较低的脂肪族炔烃也可高收率地转化为丙炔酸类产物。该催化剂对空气和水分的耐受性相对较好，有潜在工业应用价值。

对于端炔烃的羧化反应，采用卤代烃作为亲电试剂，通过端炔、卤代烃、CO_2 的三组分羧化反应，可得到炔酸酯类产物。1994 年，研究者首次研究了端炔、溴化物、CO_2 的三组分羧化酯化反应，获得炔酸酯[式(3.58)][276]。在催化量的 Cu^I 或 Ag^I 作用下，以溴化物为亲核试剂，多种芳基和烷基取代的端基炔烃发生 CO_2 羧化反应，均高收率获得炔酸酯化合物。反应溶剂对反应有重要影响。在极性溶剂[如 DMA、DMF、NMP(*N*-甲基吡咯烷酮)和 DMI 中]反应顺利进行，而在 THF、MeCN 等溶剂中反应不发生。研究者认为这可能与反应中间体炔基铜盐在这些溶剂中的溶解性有关。

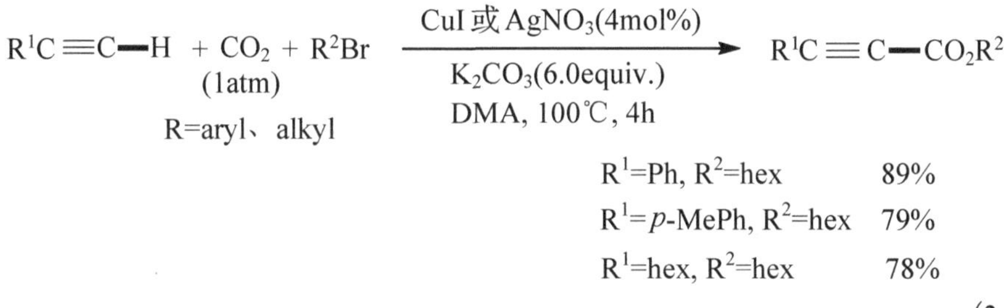

(3.58)

可能的羧化酯化反应机理如图 3.98 所示，Cu^I 在碱的辅助下对端炔 C(sp)—H 键活化，产生炔铜中间体；随后 CO_2 插入炔铜的 C—Cu 键，生成羧酸铜盐；最后，通过溴代物的亲电进攻生成相应的炔酸酯，同时再生 Cu^I 催化剂。这种三组分反应体系，有更高的反应效率、更好的底物官能团兼容性。

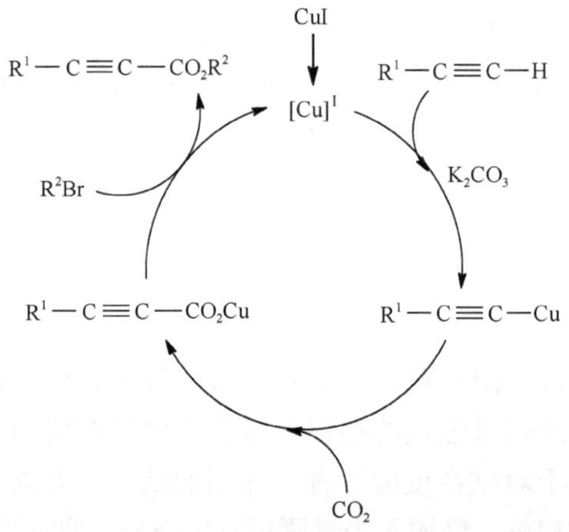

图 3.98 CuI 催化端炔的羧化反应机理示意图

相对于烷基溴化物，烯丙基卤化物作为亲电试剂的反应活性较低。这主要是由于高活性的烯丙基卤化物容易直接与端炔发生 Sonogashira 偶联[277]。同时，碳酸盐存在情况下也容易生成副产物二烯丙基碳酸酯。而氮杂卡宾铜(Cu-NHC)催化的端炔、CO_2 与烯丙基氯的羧化酯化反应，则避免了这些问题，成功获得炔酸酯产物[式(3.59)][278]。该体系有良好的底物普适性，含酯基、氰基、卤素、醚键及环丙烷基的芳香端炔和脂肪类端炔均可以高收率生成羧化酯化产物。除烯丙基氯外，炔丙基氯、氯化苄、α-氯代羰基化合物均可作为亲电试剂参与反应。虽然 TMEDA(*N*,*N*,*N'*,*N'*-四甲基乙二胺)和 bpy(2,2'-联吡啶)等作为配体也有一定效果，但 NHC 的效果为最佳。

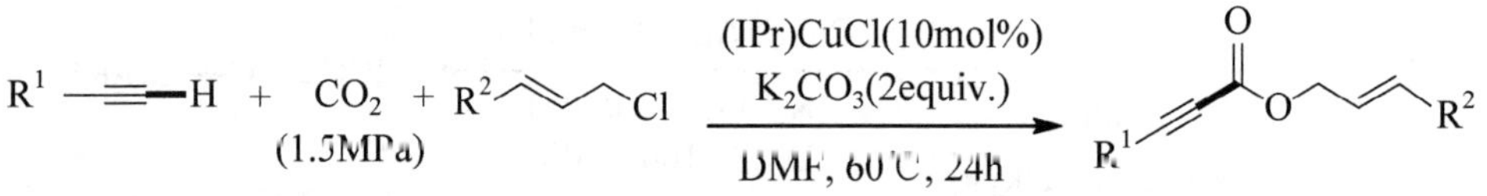

(3.59)

CuI/PEt_3 也是一个有效的催化体系，在碱性条件下催化端炔、卤代烃和 CO_2 发生三组分偶联反应，生成相应的炔酸酯[式(3.60)][279]。少数底物在室温下反应活性较差，升温至 50℃可较大幅度提高产物收率。该方法需要采用相对高活性的碘代物来实现原位酯化反应，使用溴代物只得到中等收率的产物，而采用氯代物反应不发生。对于末端被三甲基硅基(TMS)取代的炔烃，无需过渡金属催化，仅使用当量 CsF 就可以在室温条件下发生羧化反应，得到相应的炔酸产物[280]。

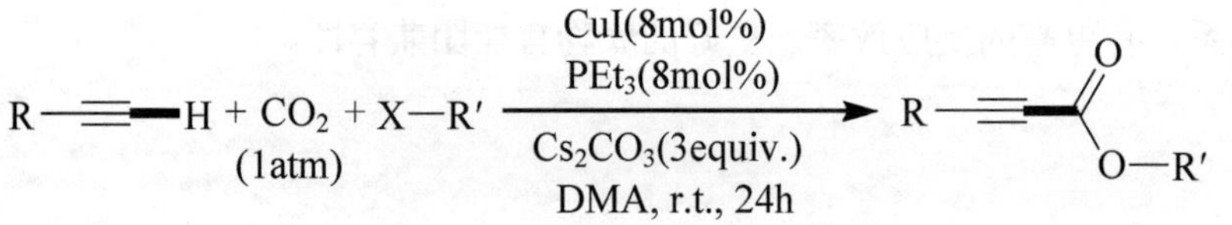

(3.60)

AgI 对端炔、氯代烃和 CO_2 的三组分偶联反应显示更好的催化性能，即便仅使用 0.1mol%的催化剂，采用苄位、烯丙位或炔丙位的氯代物，也能使反应发生[式(3.61)][281]。

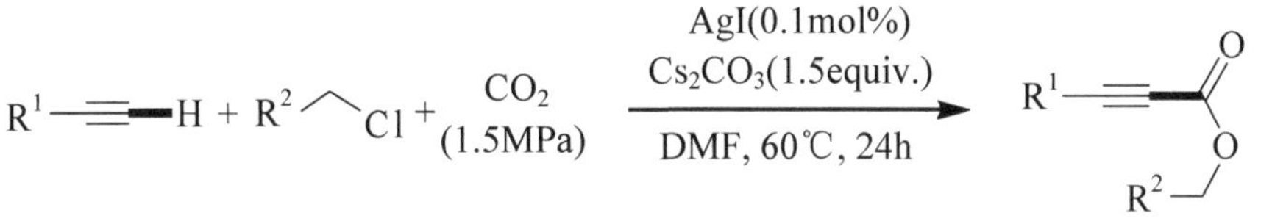

(3.61)

2. 丙烯酸(酯)及其衍生物的合成

丙烯酸(酯)类化合物是合成聚丙烯酸酯材料的重要单体，由其制成的聚合物在涂料、塑料、纺织、皮革、造纸、建材等领域有广泛应用。丙烯酸的工业合成方法主要为丙烯氧化法，需要高达 210～480℃的温度，副产物多，并且无法得到取代型的丙烯酸。由 CO_2 与乙烯及其衍生物反应，以及与炔烃发生还原羧化反应，是合成丙烯酸(酯)类化合物的绿色路线，不仅原子经济性高，而且可获得不同类型的丙烯酸衍生物。

CO_2 与乙烯及其衍生物生成丙烯酸(酯)类化合物，在热力学上可行。早在 1993 年，Carmona 等报道了 Mo 或 W 乙烯络合物与 CO_2 反应生成丙烯酸的先例[282]。如图 3.99 所示，该方法主要是通过金属与乙烯生成络合物，尤其是同时与两分子乙烯络合时能够很好地活化烯烃，进而促进其与 CO_2 的反应。

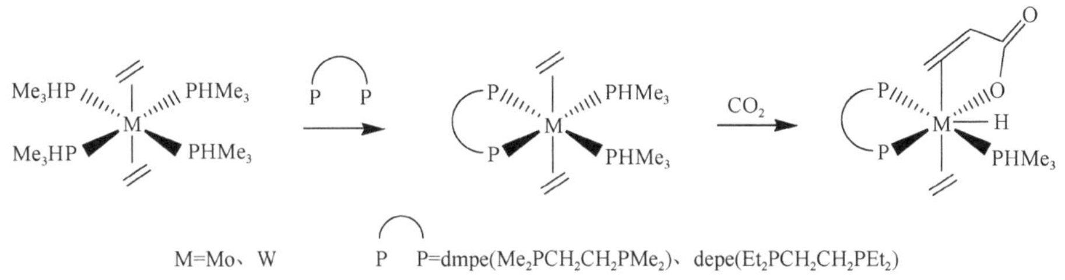

图 3.99　Mo 或 W 催烯烃与 CO_2 生成丙烯酸反应

Ni 对乙烯与 CO_2 的羧化也有较好的催化作用(图 3.100)[283]。通过密度泛函理论(DFT)计算，发现 Ni 与 2,2-联吡啶络合后能同时活化 CO_2 和乙烯两种反应底物。

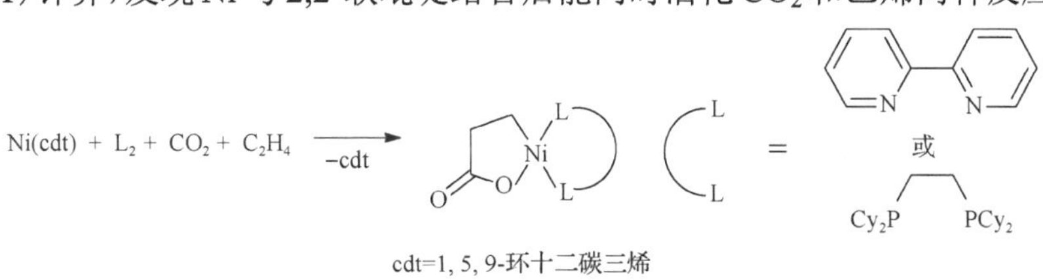

图 3.100　Ni 催化乙烯与 CO_2 生成丙烯酸反应

除 Mo、W、Ni 外，(COD) $PdCl_2$ 络合物不仅能够实现乙烯的丙烯酸化，而且能实现共轭烯烃的丙烯酸化(图 3.101)[284]，但相较于 Ni 催化体系，其效率较低，TON 为 20～50。

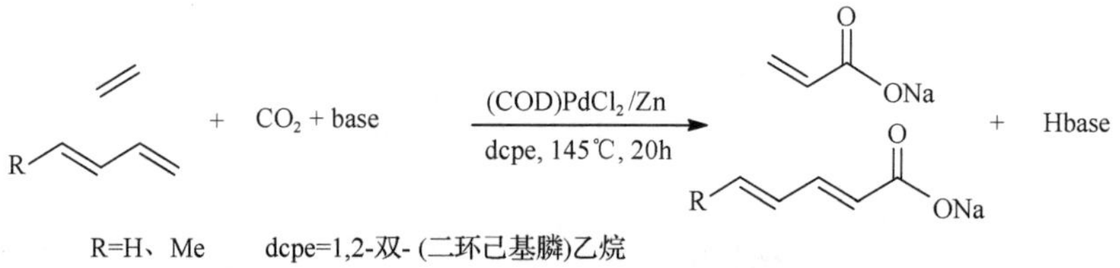

图 3.101　Pd 催化乙烯与 CO_2 生成丙烯酸钠反应

1999 年，Saito 等报道了 Ni(cod)$_2$ 与有机碱(如 DBU 或 DBN)组成的催化体系，成功实现炔烃与 CO_2 还原羧化反应，生成链状丙烯酸[式(3.62)]，开启了该类反应的研究[285]。体系中配体的选择十分重要，除 DBU 和 DBN 外，其他配体包括 TMEDA、DABCO、DMAP、联吡啶、咪唑及一些膦配体等均不能使反应发生。值得注意的是，羧化反应的产物完全为(*E*)-丙烯酸(而在电化学条件下，同类底物的选择性恰好相反[286-288])，并且芳香类炔烃的反应效果要优于脂肪类炔烃。

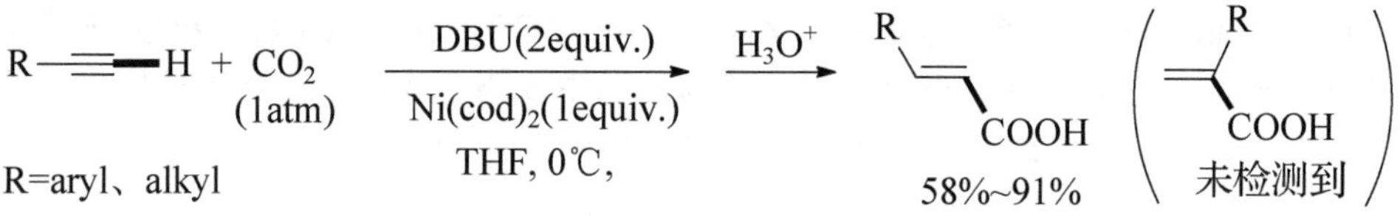

(3.62)

该反应的区域选择性可以从机理研究中得到一些解释(图 3.102)。Ni^0 与炔烃碳碳三键配位，生成中间体 **A**；随后与 CO_2 氧化加成，生成中间体 **B** 和 **C**。由于 CO_2 倾向于位阻较小的位点插入，因此对中间体 **B** 的生成较为有利。此外，**B** 中芳基可以稳定 Ni 杂环中间体，故 **B** 的生成占绝对优势，水解后，得到(*E*)-丙烯酸。

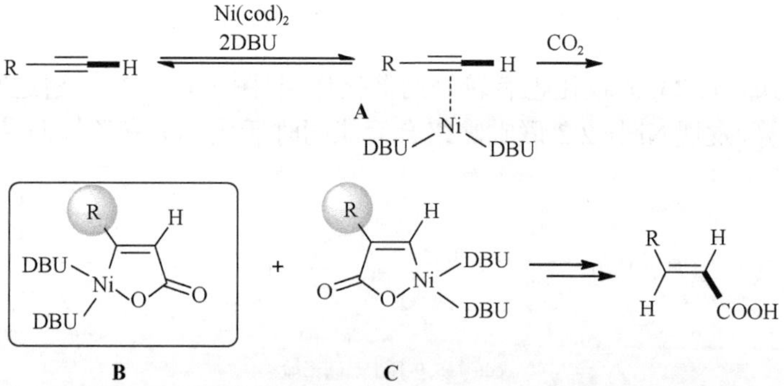

图 3.102　Ni(cod)$_2$/DBU 体系炔烃羧化反应机理示意图

双齿氮配体如联咪唑等对该反应也有促进作用。通过改变配体的取代基，可以调控产物的区位选择性(图 3.103)[289]。苯乙炔为底物时，配体 **L2** 和 **L3** 有利于少取代一端的羧化，而其他结构配体则倾向于多取代产物，不过该体系的产物收率较前述略低。单取代端炔、双取代炔及共轭炔烃均能发生反应，其中双烷基取代的炔烃区域选择性较差，两产物收率比为 1∶1。

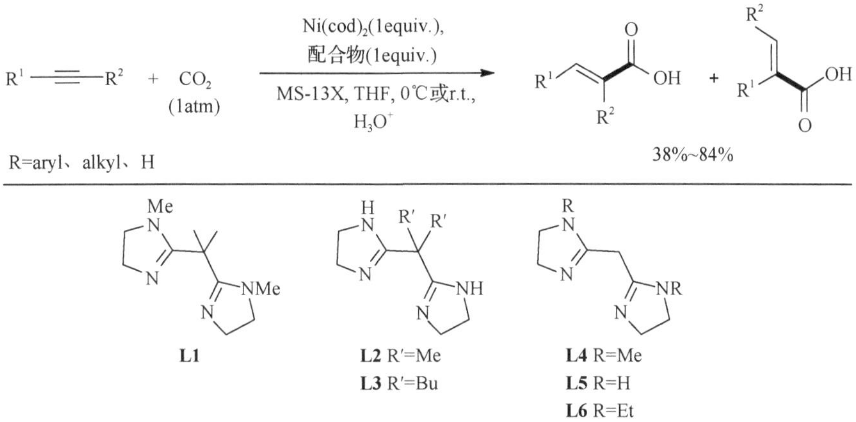

图 3.103 双齿氮配体应用于炔烃的羧化反应

偶氮化合物作为亲核试剂可代替水进攻 Ni 杂五元内酯开环，得到羧化产物(图 3.104)[290]。芳基或烷基取代的端基炔烃均适用于该体系，产物中的肼基团为进一步官能团化提供了更多的选择，从而扩大了反应的应用范围。

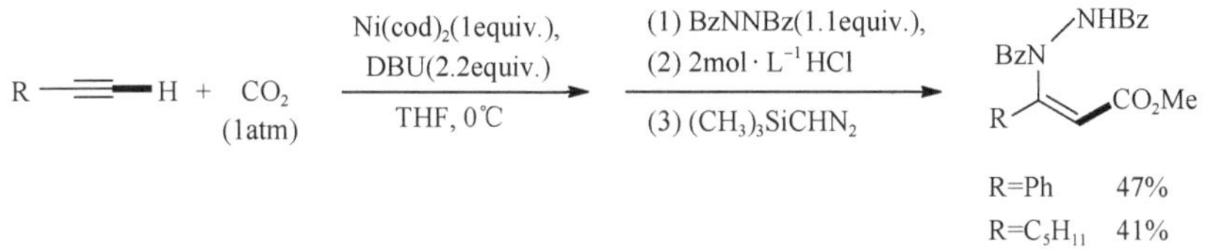

图 3.104 偶氮化合物应用于炔烃羧化反应

转金属化试剂烷基锌(Me_2Zn)也可作为亲核试剂，应用于炔烃与 CO_2 的羧化反应[291]，得到 *β,β′*-双取代的丙烯酸产物[产物的 *E* 式结构由核欧沃豪斯效应(NOE)结果确定](图 3.105)。芳基和烷基取代的端基炔烃均可参与该转化过程，但芳基对位的吸电子基团对底物反应性有一定抑制作用。此外，烷基锌的结构变化也给产物带来了更加丰富的官能团化选择。反应机理如图 3.106 所示。首先，产生 Ni 杂五元内酯中间体 **A**；随后，与烷基锌试剂发生转金属反应，得到丙烯酸锌盐 **C**；再通过还原消除后，得到丙烯酸锌中间体 **D**；最后，经过酸性水解，获得烷基取代的丙烯酸酯 **E**。值得注意的是，该还原消除过程具有重生 Ni^0 催化剂的可能性[292]。

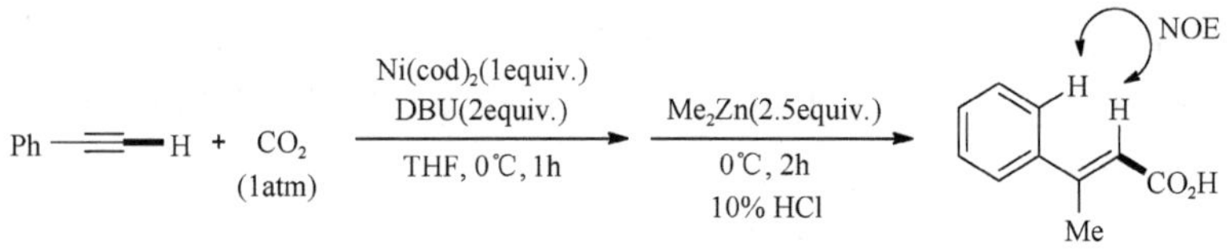

图 3.105 烷基锌试剂应用于炔烃与 CO_2 的羧化反应

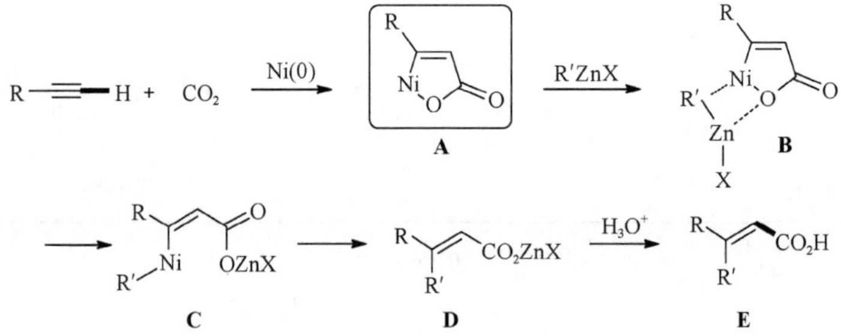

图 3.106 Ni^0/R_2Zn 体系的炔烃羧化机理示意图

这种方法在 Erythrina 类生物碱的全合成中得到应用(图 3.107)[293]。在构筑多官能团季碳中心的过程中，通过引入羧基官能团，为后续碳链的增长提供基础。值得注意的是，在天然产物的全合成中，使用 CO_2 为羧基化试剂的反应方法学，对于 CO_2 化学从基础研究迈向实际应用具有重要意义。

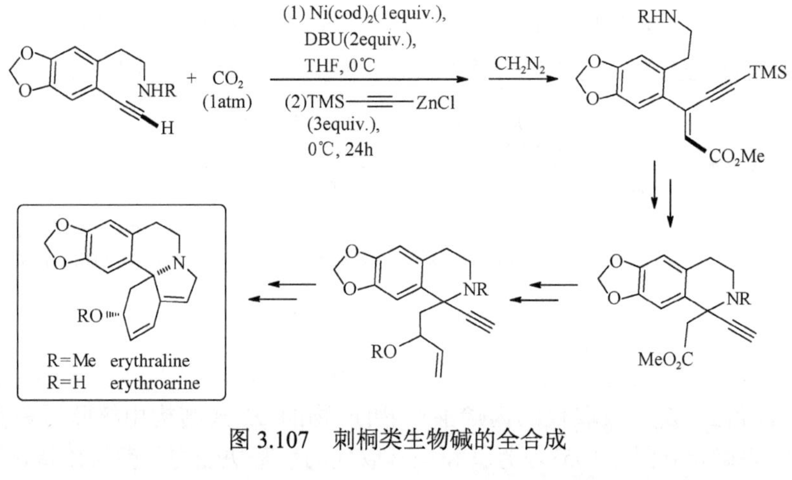

图 3.107 刺桐类生物碱的全合成

在以上研究基础上，采用原位生成 $Ni(DBU)_2$ 和过量 DBU 的催化体系，实现了 TMS 取代的烃与 CO_2 的羧化反应，高选择性地得到丙烯酸酯类产物(图 3.108)[292]。反应过程中，DBU 可与烷基锌形成 2∶1 的配合物，致使游离的 DBU 大量减少，降低了 DBU 与 Ni^0 配位的可能性。因此，DBU 需大大过量才可达到理想的反应效果。羧化产物的选择性较好，可能与金属 Ni 的弱配位有关，而将 TMS 换为大位阻的叔丁基或苯基时，则选择性恰好相反。

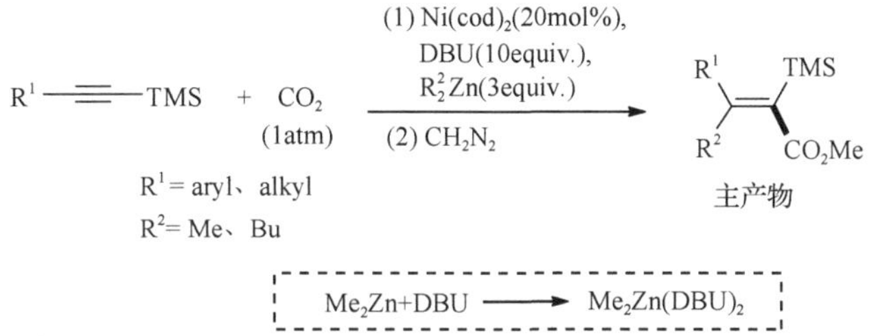

图 3.108 Ni^0 催化炔烃的羧化反应

除 Ni^0 配合物催化体系外，NHC 卡宾铜配合物[294]和钛金属有机化合物[295]催化剂也可用于内炔的还原羧化反应。

3.4.3 CO_2 与活泼碳氢键的反应

1. 杂环芳香化合物 C(sp^2)—H 键的羧化反应

Au 配合物能插入酸性 C—H 键[式(3.63)～式(3.64)][296-297]，因此 Au 催化剂在 C—H 键活化羧化反应中得到应用。

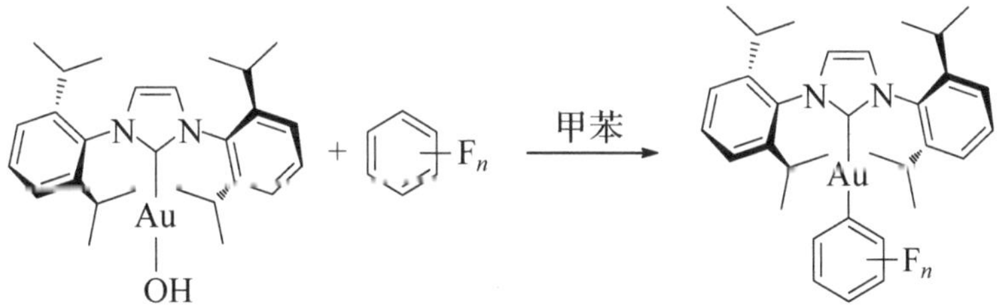

n=3、4、5

(3.63)

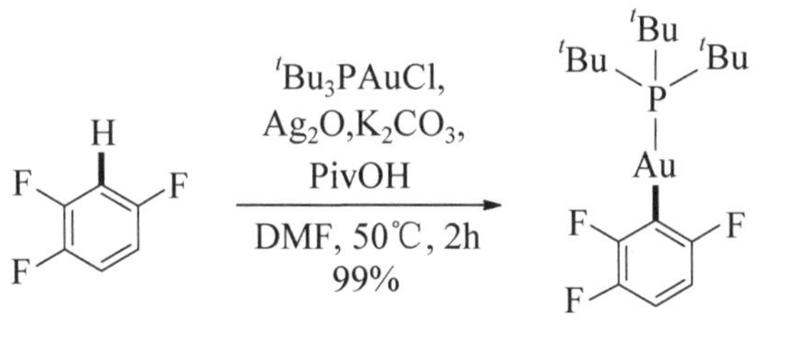

(3.64)

在室温下，金卡宾配合物[Au(IPr)OH]/KOH 催化体系，能实现芳烃的羧化反应[298]，对杂环上的酸性 C—H 键和活化的苯环上 C—H 键均有良好的催化效果，高收率获得相应的羧酸产物(图 3.109)。反应的可能机理如图 3.110 所示。在碱性溶液中配合物[Au(IPr)OH]的 p$K_{a(DMSO)}$=30.3，这一强碱性可以夺取中等酸性 C—H 键上的质子，活化了 C—H 键，形成中间体。随后，CO_2 插入 C—Au 键，生成相应的羧酸盐中间体；在碱作用下，进一步生成羧酸盐。

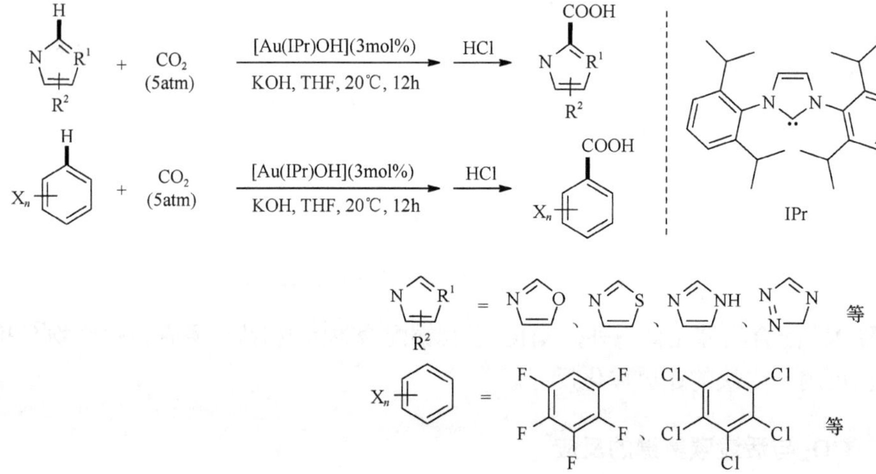

图 3.109　[Au(IPr)OH]在室温下催化芳烃羧化反应

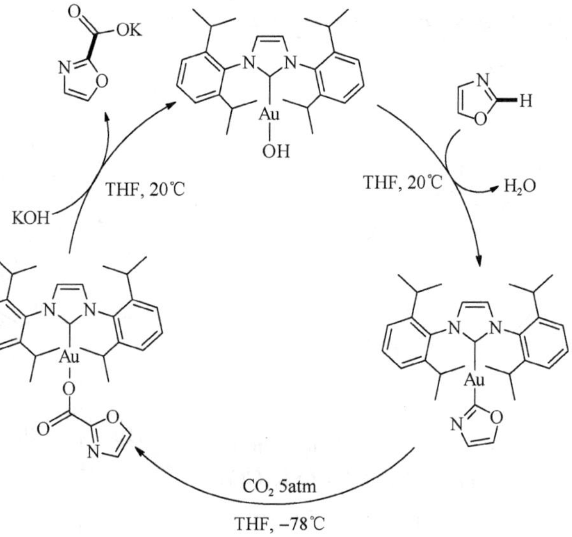

图 3.110　[Au(IPr)OH]催化芳烃 C—H 键羧化反应的机理示意图

[Cu(IPr)OH] (pK_a = 27.2)/CsOH 的催化体系，可催化芳香杂环 N—H 键的羧化反应，对羧化产物用 MeI 原位酯化，得到氨基甲酸酯类产物。反应机理与上述[Au(IPr)OH]/KOH 的去质子化过程的反应机理类似[式(3.65)][299]。

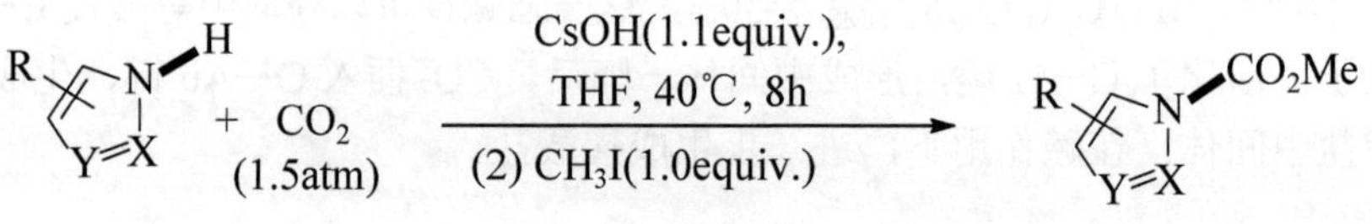

(3.65)

[Cu(IPr)Cl]/KO^{t}Bu 可催化芳香杂环 C2 位 C—H 键的去质子羧化反应[式(3.66)][300]。该体系以原位生成的[Cu(IPr)O^{t}Bu]夺取 C2 位质子，随后的亲电羧化过程则与前述反应类似。对于 pK_a>32.5 的底物(如苯并噁唑、*N*-甲基苯并咪唑)，羧化效率明显降低。并且，该体系反应结束后，不能通过酸化直接得到羧酸产物，即该类芳基杂环羧酸并不稳定；需要原位酯化后，再分离提纯，获得羧酸酯。

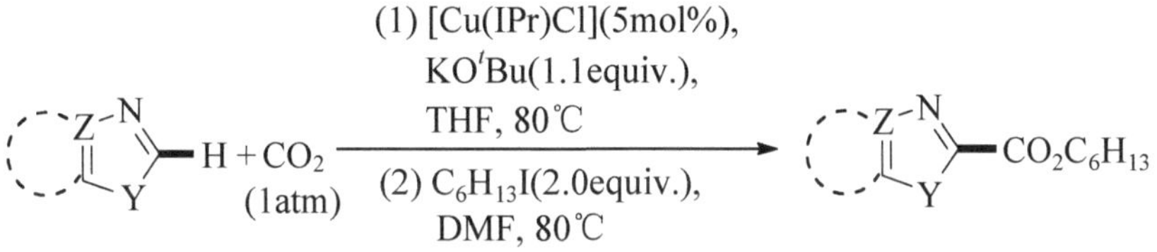

(3.66)

三唑类卡宾(*tz*NHC)具有强供电子能力，*tz*NHC-Cu 配合物可高效催化芳香杂环酸性 C—H 键的羧化反应[301]，在 1atm CO_2 压力下，经过反应后原位酯化，高收率获得相应羧酸酯产物[式(3.67)]。反应机理与前述金卡宾[298]、铜卡宾配合物[299, 300]的催化反应机理类似(图 3.111)：金属配合物对 C—H 活化形成 C—M 键，随后 CO_2 插入 C—M 键，金属交换，生成相应羧酸盐产物。

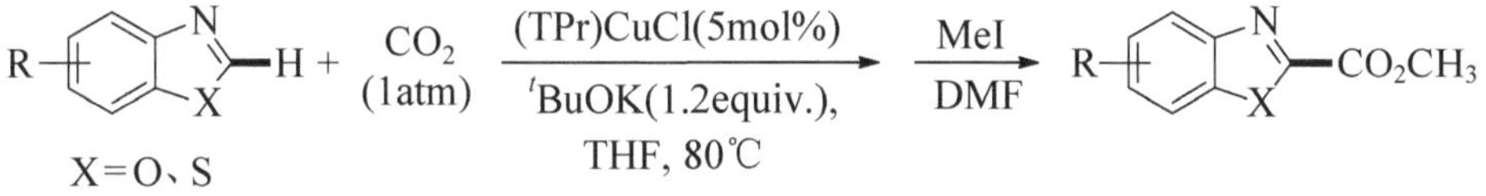

(3.67)

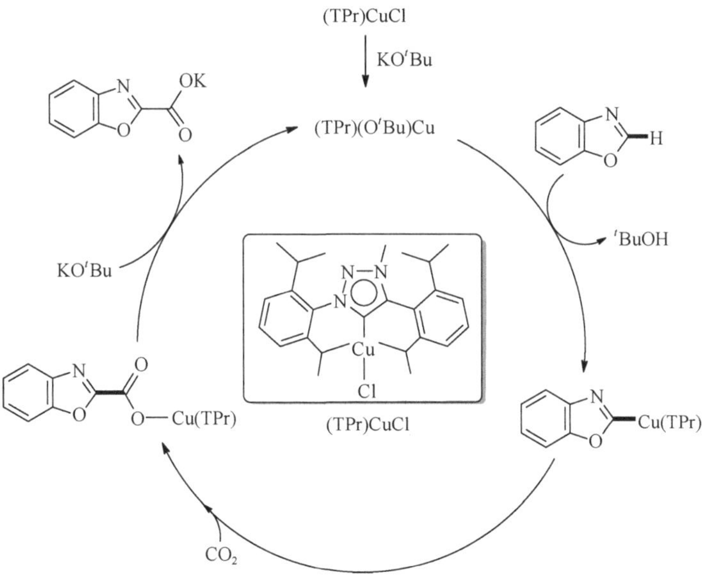

图 3.111　NHC-Cu 催化芳香杂环 C—H 键羧化的反应机理示意图

如式(3.68)所示，无水 Cs_2CO_3 可高效催化多种芳杂环酸性 C—H 的羧化反应，原位酯化后，获得相应的羧酸酯产物[302]。值得注意的是，水会抑制反应的发生，因此反应必须在无水条件下进行。

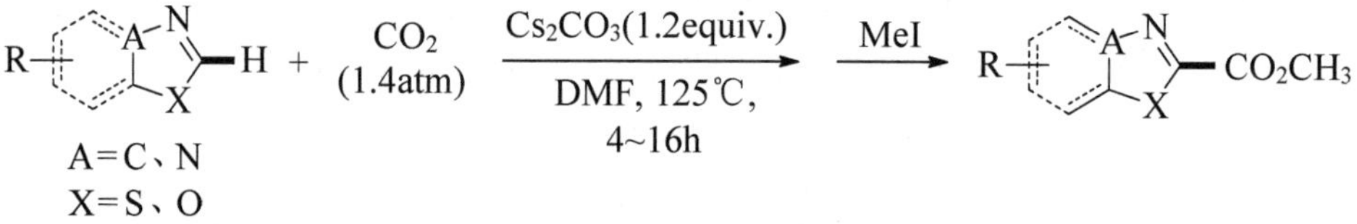

(3.68)

以苯并噻唑的羧化为例，研究反应机理。对部分转化的反应体系进行检测，只检测到苯并噻唑 **A** 和苯并噻唑羧酸盐 **C**，没有苯并噻唑脱质子的中间体 **B**。无 CO_2 情况下，将苯并噻唑与 Cs_2CO_3 充分混合，也没检测到脱质子的中间体。由此推断，在反应条件下，CO_2 有利于反应物脱质子，随后发生 CO_2 插入反应，得到相应的羧酸盐(图 3.112)。

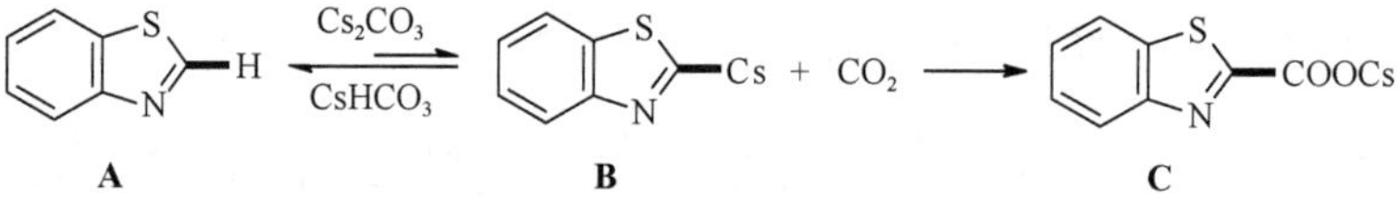

图 3.112　Cs_2CO_3 催化羧化反应的机理示意图

对于吲哚、吡咯、噻吩类化合物杂环上的 C—H 键直接羧化反应，可通过 Lewis 酸催化的傅克反应来实现[式(3.69)～式(3.70)][303-304]。在室温、3MPa CO_2、等当量 Me_2AlCl 的 Lewis 酸条件下，一般可得到中等收率的产物。

(3.69)

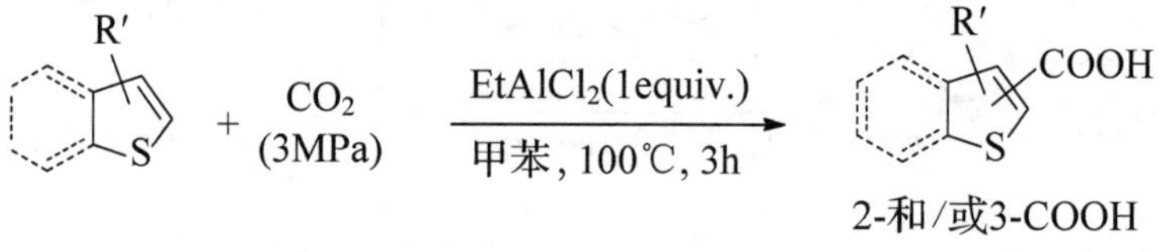

(3.70)

未保护的吲哚 C3 的直接羧化反应，可在过量碱 LiO^tBu 存在下得以实现，酸化后得到相应的羧酸[式(3.71)][305]。

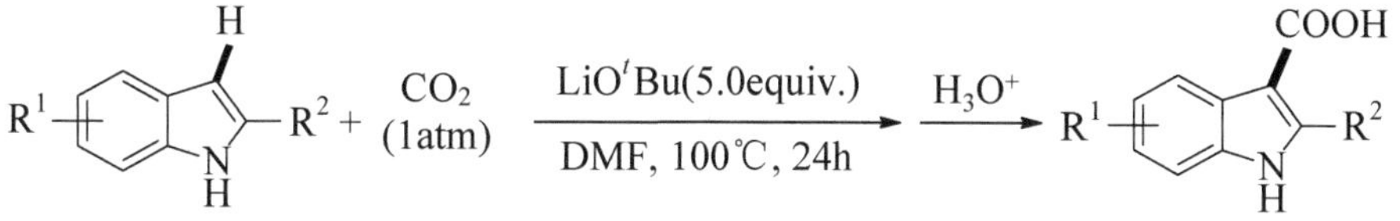

(3.71)

研究发现，该体系中碱的用量至关重要。5 当量的碱不仅可以抑制脱羧副反应，而且可以促进原料的转化。如图 3.113 所示，反应物 **A** 脱质子最可能发生在酸性最强的 N—H 键上，产生中间体 **B**；该中间体随后捕获 CO_2，生成 *N*-羧化的产物 **D**。这与−70℃下 ⁿBuLi 夺质子然后 CO_2 亲核进攻的结果一致[306]。若体系中加入碘甲烷原位酯化，则得到中间体 **D** 的酯化产物。虽然 CO_2 的亲核进攻容易在 N 上发生，但是在温度较高情况下，C3 位的羧化产物也是合理的[307-308]。反应中还发现 N—H 起重要作用，亲核性更强的 *N*-甲基吲哚不能参与反应。

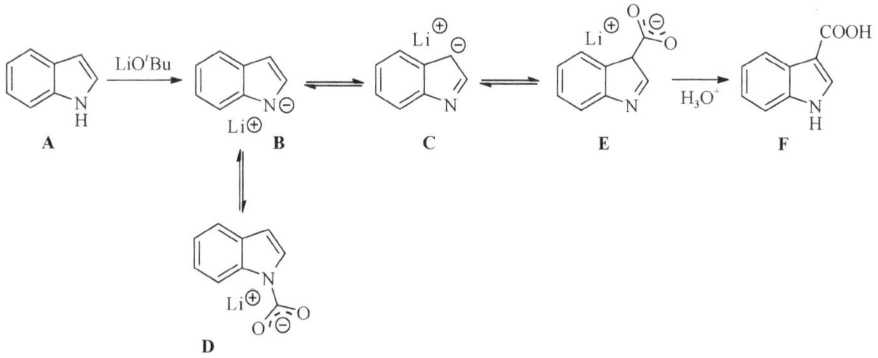

图 3.113 吲哚 C3 位的羧化反应机理示意图

如图 3.114 所示，选用合适的底物，通过发生分子内的环化-羧化反应，也可得到羧化产物[307-308]。反应经过关环中间体 **B**，随后发生 C3 位的羧化反应。值得注意的是，单独制备的取代吲哚 **C** 并不发生反应。

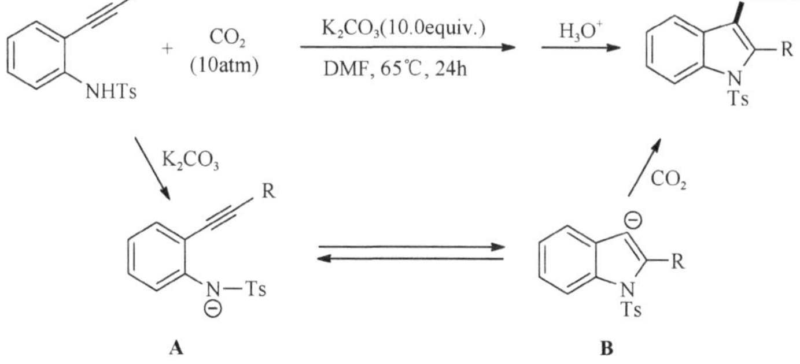

图 3.114 “关环-羧化”策略实现吲哚 C3 的羧化反应

采用式(3.72)所示的催化反应体系，在常压下即可实现分子内的环化-羧化反应，高效获得吲哚羧化产物。值得注意的是，Zn^{2+}、Cs^{+}、F^{-}离子在反应中都起到重要作用，正是它们的共同作用使得反应高效发生。

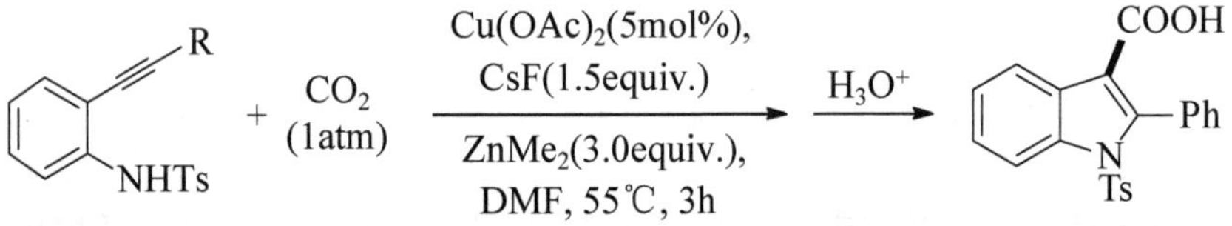
(3.72)

2. 苯环 C(sp^2)—H 键的羧化反应

自 19 世纪始，人们便尝试用 CO_2 与芳环反应合成芳基羧酸，但收效甚微。以当量的 $AlCl_3$ 为活化 CO_2 的促进剂，当量的 Al 作为反应添加剂，实现了芳环的羧化反应，并使反应在温和条件下进行[式(3.73)][309]。多种烷基或卤素取代的芳香化合物均可在该条件下，与 CO_2 发生反应，生成芳基羧酸，以 $AlCl_3$ 为基准的产物收率在 40%～90%之间。产物引入羧基的位置为芳环烷基取代基的邻位和对位，一般以对位为主。同时筛选了大量的 Lewis 酸和 Brønsted 酸，包括 $TiCl_4$、$FeCl_3$、$FeBr_3$、$GaCl_3$、$Ga(OTf)_3$、CF_3SO_3H、K-10 及 Nafion-H 等，发现只有 $AlCl_3$ 及 $AlBr_3$ 具有促进羧化的能力。

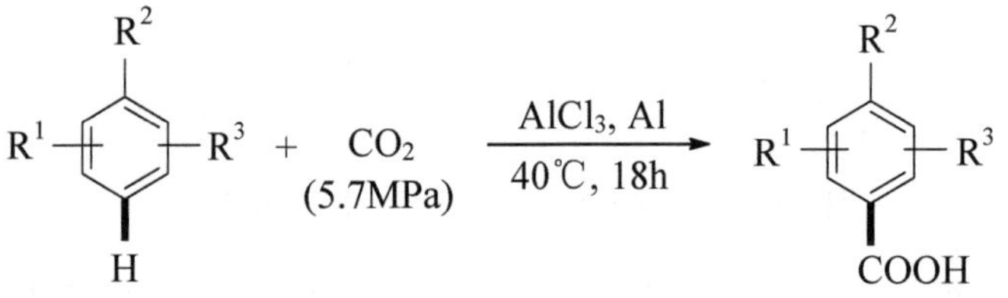
(3.73)

$AlCl_3$ 作为一种具有超强亲电性(super electrophilic)的 Lewis 酸，对于芳环和 CO_2 均具有活化的可能。以此推断出两种可能的反应路径：一种是 $AlCl_3$ 首先亲电活化芳环，去质子形成 $PhAlCl_3$ 或 $PhAl_2Cl_5$ 类芳基铝化合物，再由 CO_2 亲电插入 C—Al 键形成羧酸物种；另一种是 $AlCl_3$ 首先活化 CO_2，增强 CO_2 的亲电性，再由 CO_2 进攻芳环得到相应的羧酸。

通过 DFT 计算发现，生成芳基铝卤代物的焓变为 $33kcal \cdot mol^{-1}$，而生成 CO_2-$AlCl_3$ 配合物的焓变为 $-6kcal \cdot mol^{-1}$。由此推断，该反应的可能机理为(图 3.115)：$AlCl_3$ 首先活化 CO_2，形成 CO_2-$(AlCl_3)_3$ 形式的配合物 **A**；再由 CO_2 的羰基碳亲电进攻芳环，先与芳环碳的空 p 轨道作用，分别经过中间体 **B** 和 **C**，成键得中间体 **D**；脱卤生成羰基，得中间体 **E**；最后酸化得产物芳基羧酸。金属 Al 在体系中的作用目前尚不明确，可能是消耗反应中产生的游离 HCl，同时生成 $AlCl_3$，进一步促进反应的进行。

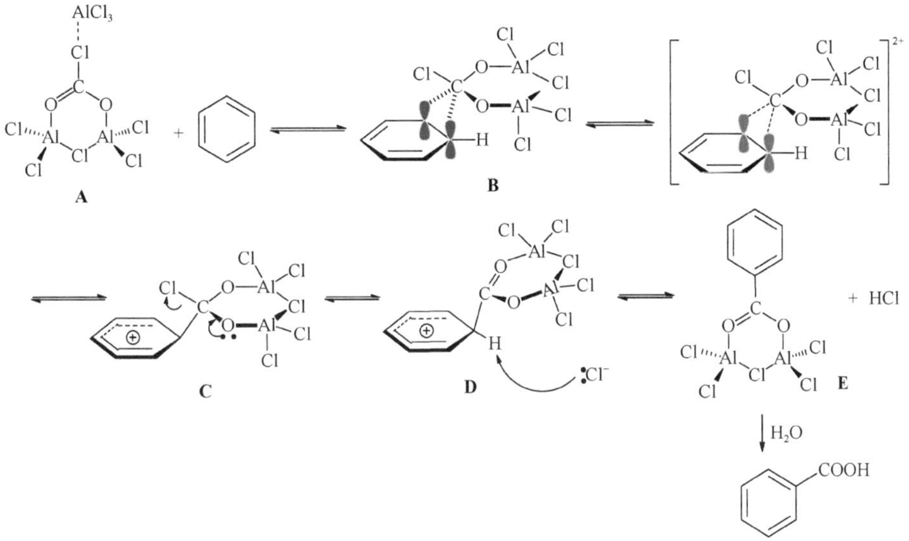

图 3.115　$AlCl_3$ 活化 CO_2 的芳环羧化反应机理示意图

通过改变反应的投料顺序，可大大提高的反应活性[310]。先将 CO_2 和 $AlCl_3$ 充分混合，形成相对稳定的 CO_2-$AlCl_3$ 配合物，然后与芳香原料反应，产物收率大大提高(图 3.116)。采用该策略，一些在同时投料的反应中没有活性的 Lewis 酸，如 $SnCl_4$、$Zn(OAc)_2$、$Zn(OTf)_2$、$TiCl_4$、$MoCl_5$ 和 $CuBr_2$ 等，均可使甲苯转化为相应的对甲基苯甲酸。在诸多 Lewis 酸中，$AlCl_3$ 仍然效果最佳，以 80%的收率得到相应的羧化产物。

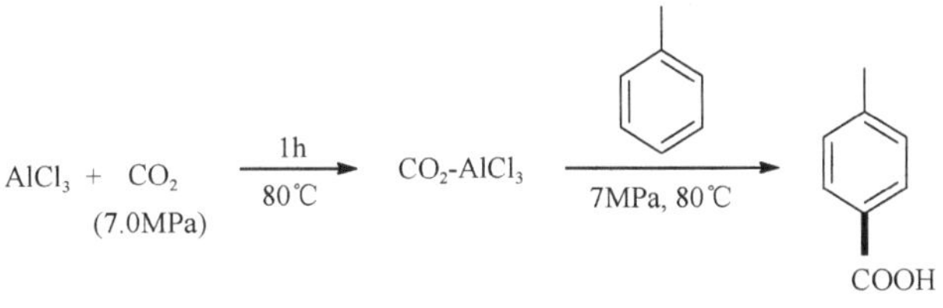

图 3.116　$AlCl_3/CO_2$ 预先混合法对芳环的羧化反应

$AlBr_3$ 或 $AlCl_3/Al$ 能够促进萘、蒽以及菲类化合物的羧化反应[式(3.74)][311]。研究发现，不使用金属铝的情况下，$AlBr_3$ 的效果优于 $AlCl_3$。虽然使用了 2 当量 $AlBr_3$，但相应芳基羧酸的收率仅有 20%～30%。其中，羧化反应位点主要集中在萘环的 1-位，以及蒽和菲的 9-位。

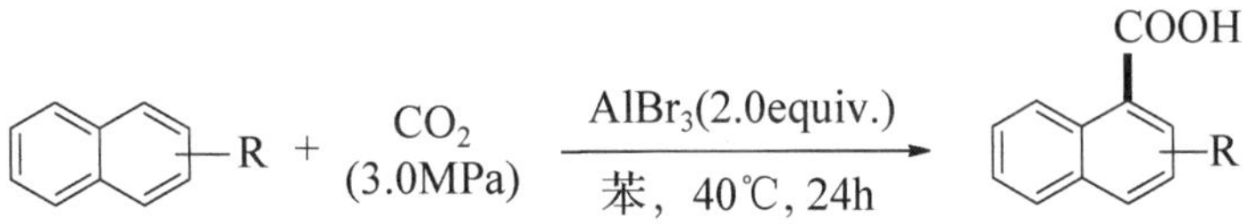

(3.74)

Rh(Ⅰ)配合物能够催化邻位诱导的高区域选择性芳环亲电羧化反应(图 3.117)[312]。由于 Rh(Ⅰ)对芳环供电导向基团邻位 C—H 键具有活化作用，可生成 PhRh^{III}(H)Me 的 C—H 键活化结构，为 CO_2 插入 C—M 键提供了可能。研究表明，Cy_3P 配体可抑制烷基化副反应的发生，即大位阻供电性的单膦配体有助于 CO_2 插入和转金属反应，而 Ph_3P 的效果则较差，双膦配体 dppm、dppp、dppf 等则没有效果。

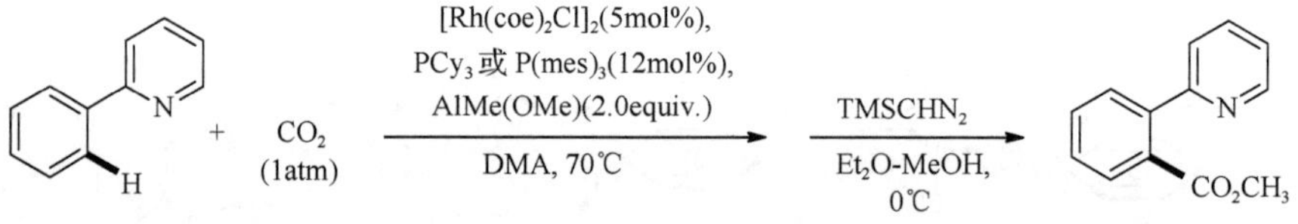

图 3.117 Rh(Ⅰ)催化的 C—H 键羧化反应

可能的反应机理如图 3.118 所示，Rh(Ⅰ)-Cl 与 $MeAlX_2$ 作用，产生活性的 Rh(Ⅰ)-Me 物种 **A**；随后在导向基团的参与下，Rh(Ⅰ)插入 C—H 键，形成中间体 **B**；**B** 经过还原消除，产生 Rh(Ⅰ)中间体 **C**，并释放甲烷。随后 CO_2 插入 C—Rh 键，形成羧酸物种，经过转金属化之后，得到羧酸盐，并使活性催化成分 **A** 再生。

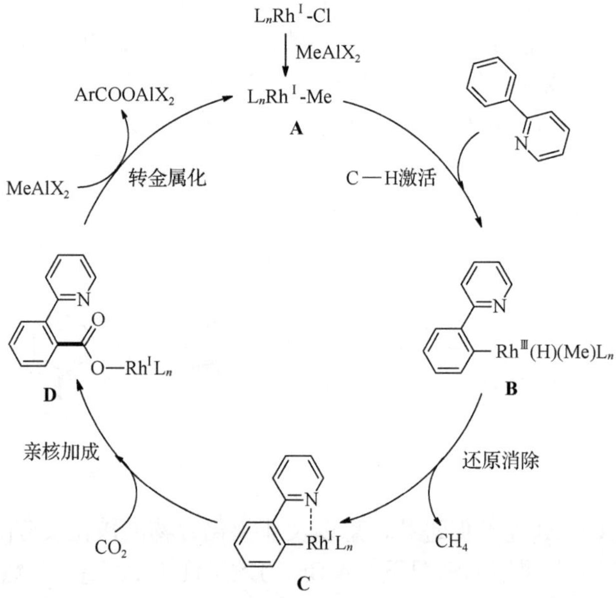

图 3.118 Rh(Ⅰ)催化的 C—H 键羧化反应的机理示意图

此外，以 Kolbe-Schmitt 反应为代表的苯酚类底物的羧化反应，很早便受到关注[313]。采用干燥的苯酚钠在高温高压下反应，有少量的对位异构体产生，用水蒸气蒸馏法可将两种异构体分开。如果反应温度超过 150℃，则产物以对位异构体为主。消炎和抗风湿药物水杨酸就是采用该方法制备的(图 3.119)。

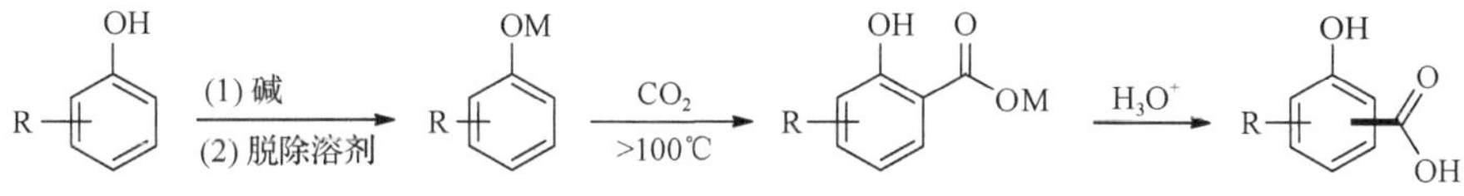

图 3.119　Kolbe-Schmitt 合成

3. C(sp^3)—H 键的羧化反应

相较于 C(sp)—H 和 C(sp^2)—H 键的羧化，广泛存在的 C(sp^3)—H 键的羧化反应更具吸引力。该类羧化反应一般采用有机或无机碱催化剂，以类似 aldol 反应的形式，使羰基化合物形成烯醇结构，在羰基 α-位引入 CO_2，生成 1,3-二羰基化产物。

在早期研究基础上，使用 CO_2 为羧化试剂，成功地将苯乙酮转化为苯甲酰乙酸钾盐(图 3.120)[314]。该反应需要使用 4 倍量的 1-羟基噻唑钾盐作为强碱以促进反应，反应在常温常压下即可进行。该反应体系对环己酮的羧化也非常有效，生成单羧化的 α-羧基环己酮钾盐和双羧化的 1,3-二羧基环己酮钾盐的混合物。

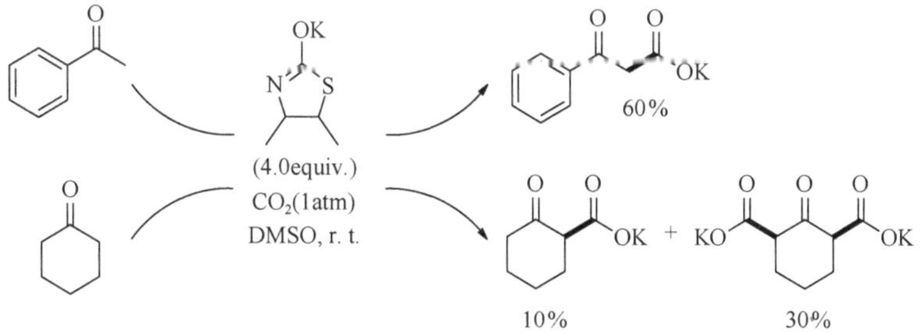

图 3.120　1-羟基噻唑钾盐促进的苯乙酮羧化反应

有机碱也可促进这类羧化反应。DBU 作为反应试剂和反应促进剂，能够活化 CO_2 与活泼亚甲基底物进行羧化反应，得到 1,3-二羰基产物[315]。例如，环己酮、苯乙酮、1-茚酮，甚至茚和芴两种非羰基类化合物均可与 DBU 和 CO_2 反应，生成相应的羧酸。其不足之处在于 DBU 用量大。产物收率随 DBU 量的增加而提高，提高压力有利于促进反应进行。另外，发现以完全吸收了 CO_2 的 DBU 溶液作为的单一羧基化试剂而不使用 CO_2 时，羧化反应几乎不发生，这间接证明了反应的关键并非是 DBU 对 CO_2 的活化，而是 DBU 对羰基类化合物 α-位 C—H 键的去质子化作用[316]。由此推测可能的反应机理是，DBU 对活泼亚甲基底物的 α-位 C—H 键的去质子化，促进与其活化的 CO_2 反应，形成羧酸盐中间体，并使之在溶剂中稳定存在，最后通过酸化得到相应的羧酸产物[式(3.75)]。

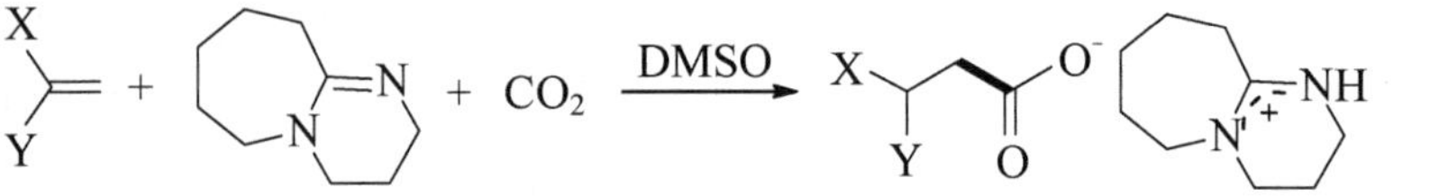

(3.75)

酮类 α-位 C—H 键羧化反应可应用于串联反应，即羧化氢化反应(图 3.121)[317]。第一步的羧化反应是可逆过程，低温有利于平衡向羧化方向移动；而高温下则发生脱羧反应。反应体系有良好的底物普适性。

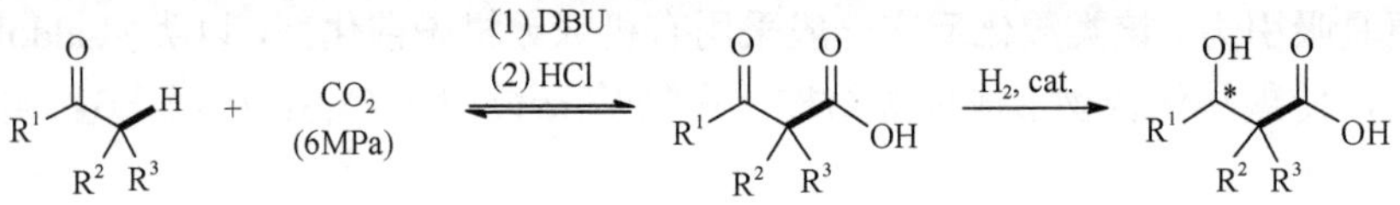

R^1、R^2、R^3=Ph、*p*-ClPh、*p*-MeOPh、*o*-MeOPh、naphthy、Me、H

图 3.121　酮类 α-位 C—H 键的羧化氢化反应

当量的 La(O^{i}Pr)$_3$ 与苯基异氰酸酯配合，可活化 CO_2 进攻活泼 C(sp^3)—H 键、酮类化合物 α 位 C—H 键，在室温下反应，很快便可得到相应的羧化产物[式(3.76)][318]。其中，底物主要包括苯乙腈、芴、苯丙酮等。

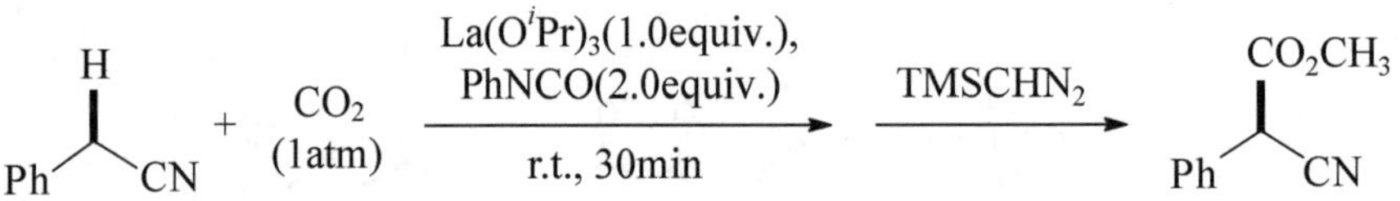

(3.76)

以芴的羧化反应为例，可能的反应机理如图 3.122 所示。La(O^{i}Pr)$_3$ 与苯基异氰酸酯反应，产生氨基甲酸酯类中间体(该中间体水解之后几乎定量地得到苯基氨基甲酸酯)；随后 CO_2 插入 La—N 键；通过对底物 C—H 键的加成反应，生成相应的羧酸盐，同时释放出游离的苯基氨基甲酸酯。

除 La 配合物外，其他金属配合物如 Ru[319]、Ir[320]等配合特定的配体，可以远程活化 C—H 键，使其在温和条件下发生 CO_2 插入反应。如图 3.123 所示，在 Ru 配合物中，金属的作用可能是调节新 C—C 键的强弱及碳负离子的碱性。也正是由于 C—H 键的酸性，使得羧化过程和脱羧过程在温和的条件下均能顺利发生；而 Ir 的卡宾配合物与 CO_2 加合物的形成，只需在常压下几分钟内便可以完成。这种卡宾前体加合物具有潜在应用价值。

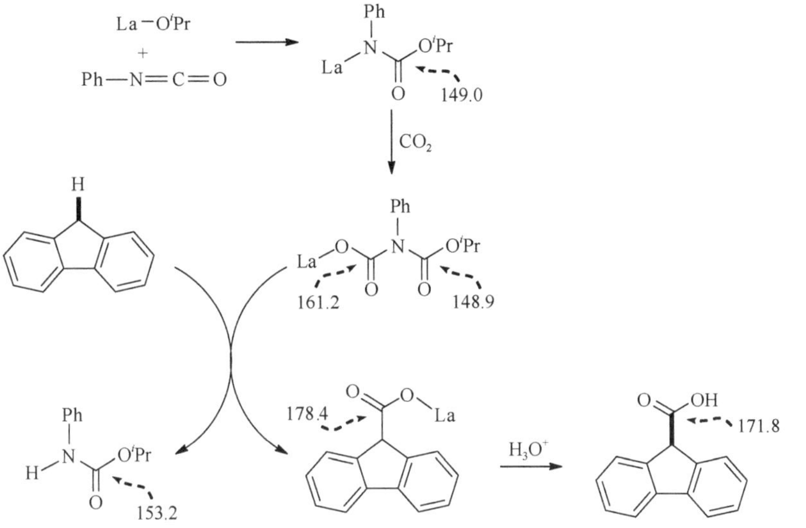

图 3.122 La(O^{i}Pr)$_3$ 催化 C(sp^3)—H 键羧化的反应机理示意图

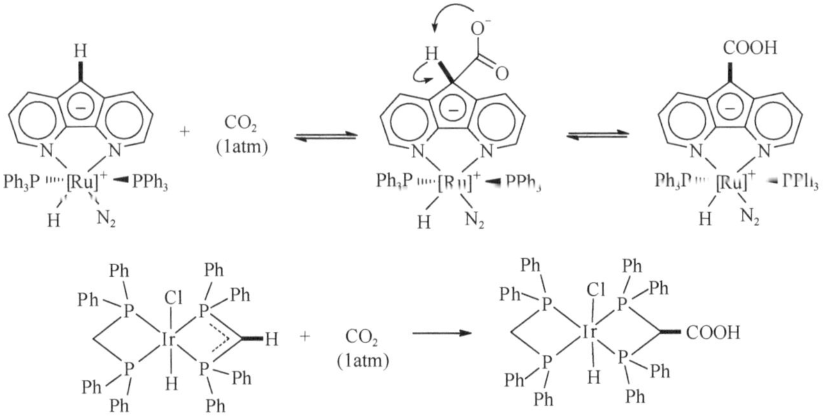

图 3.123 Ru、Ir 的配合物的 C—H 键羧化反应

以 Co/Xanphos 络合物为催化剂，可实现末端烯烃与 CO_2 的烯丙基 C(sp^3)—H 键的催化羧基化反应(图 3.124)[321]。该催化体系有很好的底物普适性，很多烯丙基芳香化合物和 1,4-二烯烃底物都能以中等至较高的产率转化为苯乙烯基乙酸和 3,5-二烯基正己酸衍生物，有很好的区域选择性。该羧化反应体系也有很好的官能团兼容性，在其他羰基基团(如酰胺、酯基)与酮共存时，CO_2 能够选择性加成。所得的苯乙烯乙酸衍生物能够进一步通过 Sharpless 不对称双羟基化反应，转化为具有光学活性的 γ-丁内酯。因此，这个烯丙基 C(sp^3)—H 的羧化反应过程，以简单的烯丙基芳香化合物为原料，通过简短的步骤，实现了 γ-丁内酯的简易合成。可能的反应机理如图 3.125 所示。首先 Co 盐、Xantphos 和 $AlMe_3$ 反应，生成低价

的甲基 Co(Ⅰ)中间体Ⅰ；反应物烯烃与 Co 络合，促进邻位烯丙基 C—H 键的断裂，生成 η^3-烯丙基-Co 中间体Ⅲ；此时，Xantphos 配体中的氧原子可能与 Co 络合，有助于Ⅲ的互变异构，得到 η^1-烯丙基-Co 络合物Ⅳ；再通过还原消除甲烷，生成低价的烯丙基 Co 中间体Ⅴ；该中间体被芳基或者烯基配体稳定，γ-位与 CO_2 形成 C—C 键，得到 Co 羧酸盐中间体Ⅵ；Ⅵ与 $AlMe_3$ 的转金属化反应，生成直链型的羧酸盐产物，并重新生成甲基 Co(Ⅰ)中间体Ⅰ，进入下一轮催化循环。

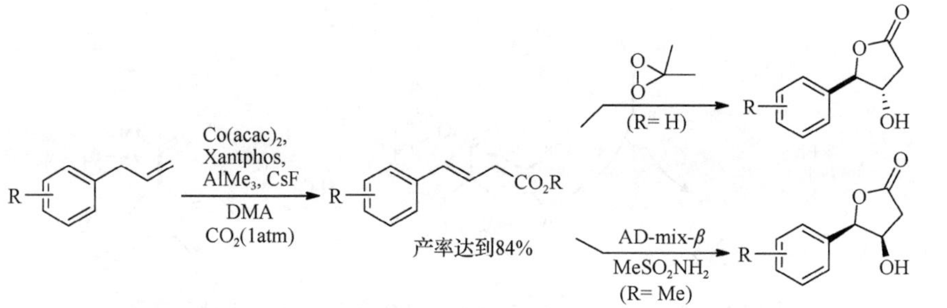

图 3.124 末端烯烃和 CO_2 的烯丙基 C(sp^3)—H 键羧基化反应及其进一步转化生成 γ-丁内酯

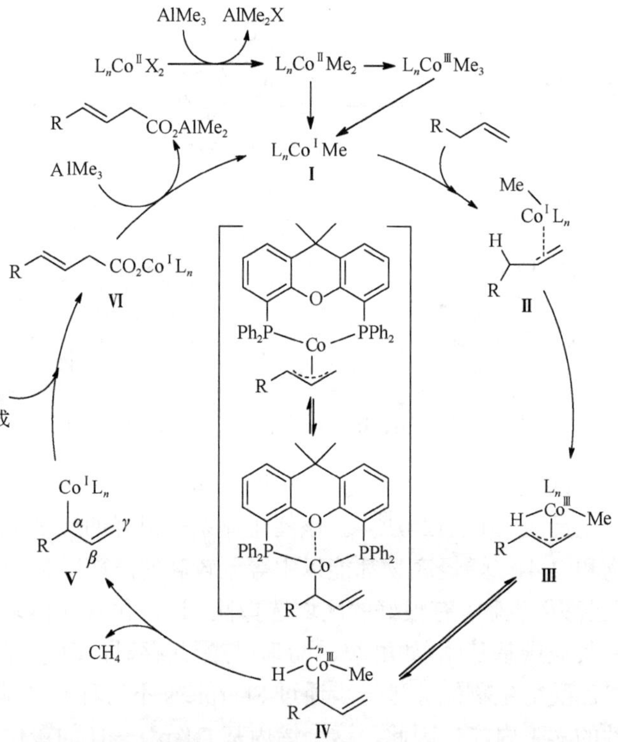

图 3.125 Co/Xanphos 络合物催化末端烯烃和 CO_2 的烯丙基 C(sp^3)—H 键羧基化的可能反应机理示意图

3.4.4 CO_2与卤化物的羧化反应

烷基卤化物中，与卤素相连的碳原子具有亲电性，可与亲电试剂发生偶联反应。由 CO_2 与卤化物反应合成羧化产品是制备羧酸及其衍生物的一条有效途径，近年来受到关注。

Marin 等报道了在镍配合物催化下炔烷基溴化物的环化和 CO_2 插入反应，高收率获得一系列烯基不饱和羧酸(图 3.126)[322]。根据所采用配体的差异，可调控产物结构。该催化体系不适用于类似结构的炔烷基氯化物的反应。该课题组采用 $NiBr_2 \cdot$ glyme/L 催化剂，在添加 TBAB(四丁基溴化铵)和零价锰金属条件下，以 DMF 为溶剂，首次实现了烷基氯化物的 CO_2 插入反应[式(3.77)][323]。在 1atm 的 CO_2 气氛中，一级、二级和三级氯化物都能顺利地转化为羧酸产物，并能以高收率(如 92%)得到产物。将该催化体系应用于烷基溴或烷基碘为底物时，会有大量的 β-H 消除和二聚产物生成，羧酸产物的收率仅为 5%～10%。

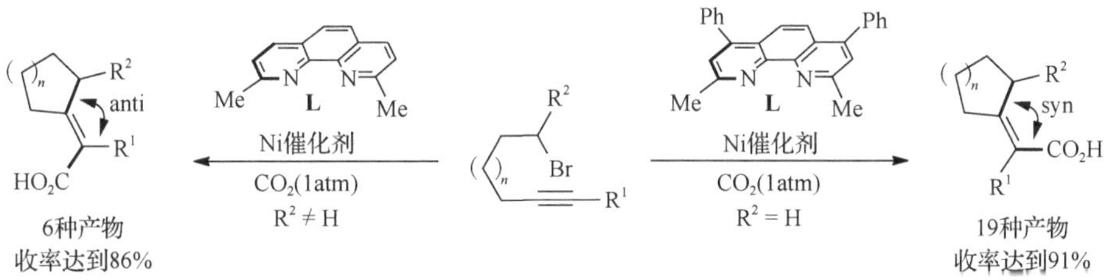

图 3.126 Ni 配合物催化溴化物环化/羧化反应

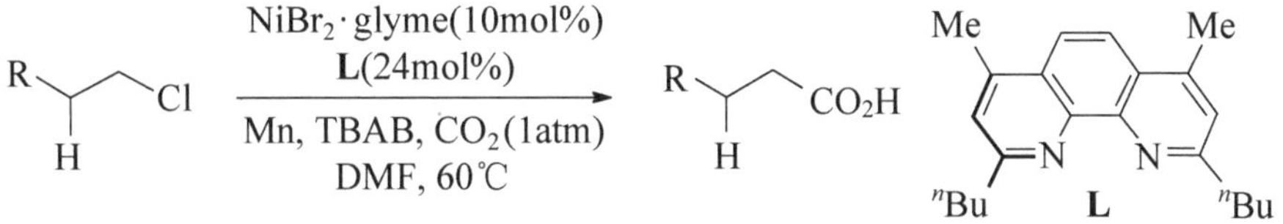

(3.77)

在该反应中，双氮配体能够将 β-H 消除和二聚反应降到最低；TBAB 的加入可能促进生成活性较高的烷基—Ni—Cl 物种。一种可能的反应机理如图 3.127 所示，首先零价镍与烷基氯底物反应得到二价镍中间体，然后在零价锰的作用下得到一价烷基镍物种，由一价烷基镍与 CO_2 进行插入反应，最后在锰金属的作用下得到零价镍，完成催化循环。

芳香醛是医药和材料合成的重要中间体。卤代芳香化合物的脱卤羰基化反应是制备芳香醛的一条重要途径[324-326]。CO 的替代物如 *N*-甲酰基糖精[327]、异氰酸酯[328]和多聚甲醛[329]等，在氢硅烷存在下，被应用于芳基/芳杂环基碘化物和溴化物的羰基化反应，在相对温和条件下合成了一系列芳香/芳杂环醛。随着 CO_2 化学的不断发展，以 CO_2 替代 CO 为羰基化试剂，由卤代芳香化合物制备芳香醛取得成功，这成为一条合成芳香醛的绿色新路线。

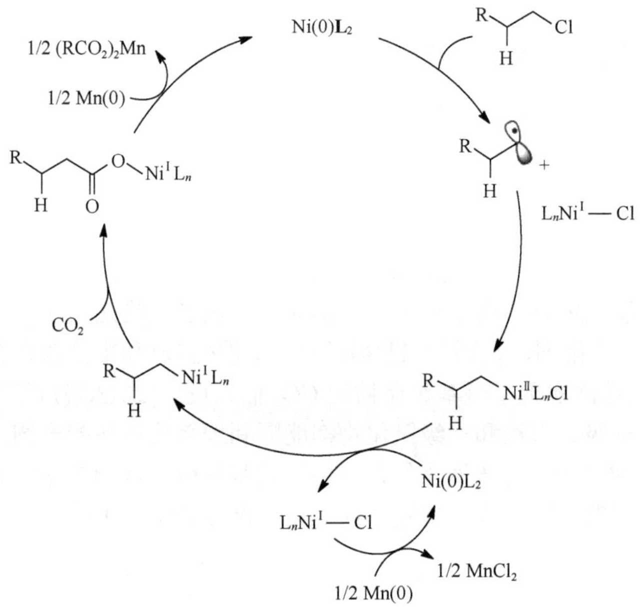

图 3.127 Ni 配合物催化烷基氯化物羧化反应机理示意图

由商用 Pd/C 和有机碱 DBU 组成的双组分催化剂，可有效催化碘代芳香化合物与 CO_2 和聚甲基氢硅烷(PMHS)的反应，生成芳香醛化合物[式(3.78)]。以碘苯反应为例，在实验条件下(3 当量 PMHS，80℃，1MPa CO_2，乙腈为溶剂，20h)苯甲醛产率达 93%，反应体系中检测到联苯副产物。带有给电子基团(Me^-、MeO^-)或者吸电子基团(F^-、Cl^-、Br^-)的碘苯均有较好的反应活性，目标产物收率为 57%～81%。但是，—NO_2、—CN 和—CHO 取代的碘苯转化为相应芳香醛的产率较低(12%～29%)，主要得到脱碘的产物。噻吩和吡啶基碘化物与 CO_2 反应，能以中等产率得到相应芳香杂环醛(产率为 29%～64%)。以无机碱(如 Cs_2CO_3 或 K_2CO_3)代替 DBU，联苯是主产物，没有苯甲醛生成，这说明发生了 Ullmann 反应。该催化体系对溴苯和氯苯没有催化活性。

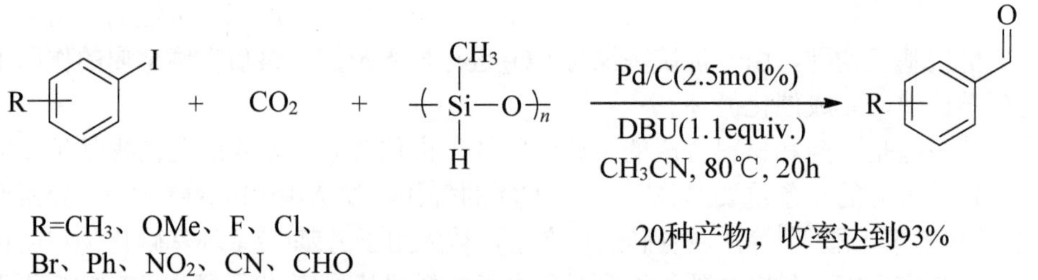

(3.78)

可能的反应机理如图 3.128 所示，芳基碘代物与 Pd^0(**A**)进行氧化加成，生成芳基钯卤代物 **B**；CO_2 在 DBU 作用下，与 PMHS 反应，形成硅烷基甲酸酯中间体 **C**； **B** 作为亲核试剂与 **C** 反应，把芳基加成到甲酸酯的碳原子上，生成产物和硅氧基钯卤代物 **D**；**D** 进一步与 PMHS 反应，生成聚硅氧烷 **E** 和 HPdI；最后，HPdI 与 DBU 反应，生成[HDBU]I，Pd^0 获得重生。

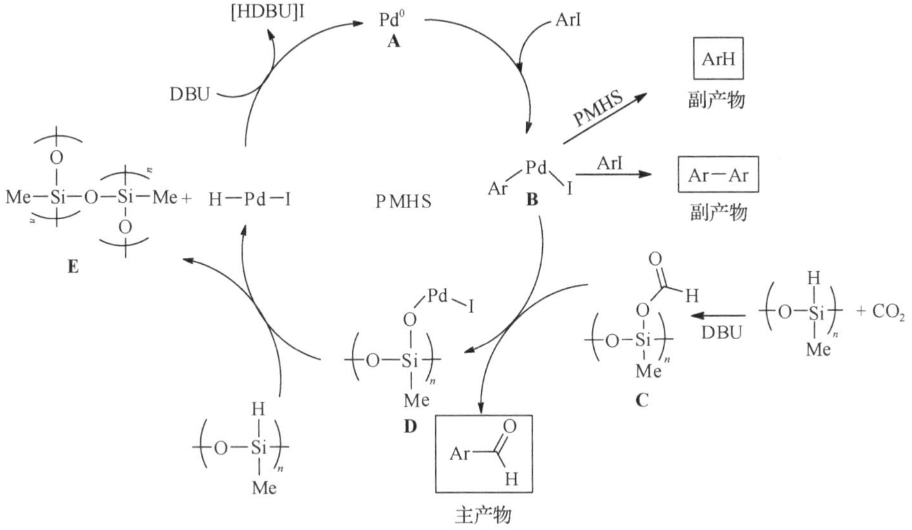

图 3.128　Pd 催化 CO_2/芳香碘代物/氢硅烷反应制备芳香醛的可能反应机理示意图

与芳香碘代物相比，芳香溴代物和氯代物更加廉价易得，其催化转化更具意义。但是，芳香卤代物在催化转化中的活性顺序如下：碘代物>溴代物>氯代物。以上 Pd/C-DBU 催化体仅对碘代芳香化合物的羰基化制芳香醛有效，实现溴代和氯代芳香化合物的羰基化制芳香醛需要更高效的催化体系。Pd 配合物 Pd(dppp)Cl_2 与 DBU 组成的双组分体系，具有更高的催化活性，可催化碘代和溴代芳香化合物与 CO_2 的甲酰化反应，以较好的产率生成芳香醛[式(3.79)][330]。

(3.79)

该催化体系能很好地抑制脱卤反应和偶联反应，只生成芳香醛。在[式(3.79)]所示反应条件下，带有给电子基团(如甲基、甲氧基、叔丁基)的芳基溴代物，无论取代基在邻位、间位还是对位，均有较好的活性(产物收率为 59%～89%)，没有脱溴或偶联产物生成。带有吸电子基(如氟、溴、氯、三氟甲基和醛基)的芳香溴代物，也能以较好的产物收率(65%～75%)生成芳香醛。以 1,4-二溴苯为底物，增加 DBU 用量至 2.1 当量，能生成对苯二甲醛。而 1,2-二溴苯反应活性降低，这主要是由空间位阻效应引起的。与 Pd/C-DBU 催化体系相比，Pd(dppp)Cl_2-DBU 对芳基碘代物的羰基化反应显示更高的催化活性，以更高的产物收率(>82%)获得芳基醛产物。

以 Pd(dppp)Cl_2-DBU 催化溴苯转化制苯甲醛为例，研究发现 Pd(dppp)Cl_2 和 DBU 在反应过程中均具有重要作用。一方面，二者均能独立催化 CO_2 与氢硅烷反应，生成硅烷基甲酸酯；另一方面，二者可发生反应，形成新的 Pd^0 络合物(Pd^0L)，进一步催化溴苯和硅烷基甲酸酯的反应，形成苯甲醛。而过量的 DBU 能中和反应中生成的 HBr，使 Pd^0L 再生。可能的催化机理如图 3.129 所示。

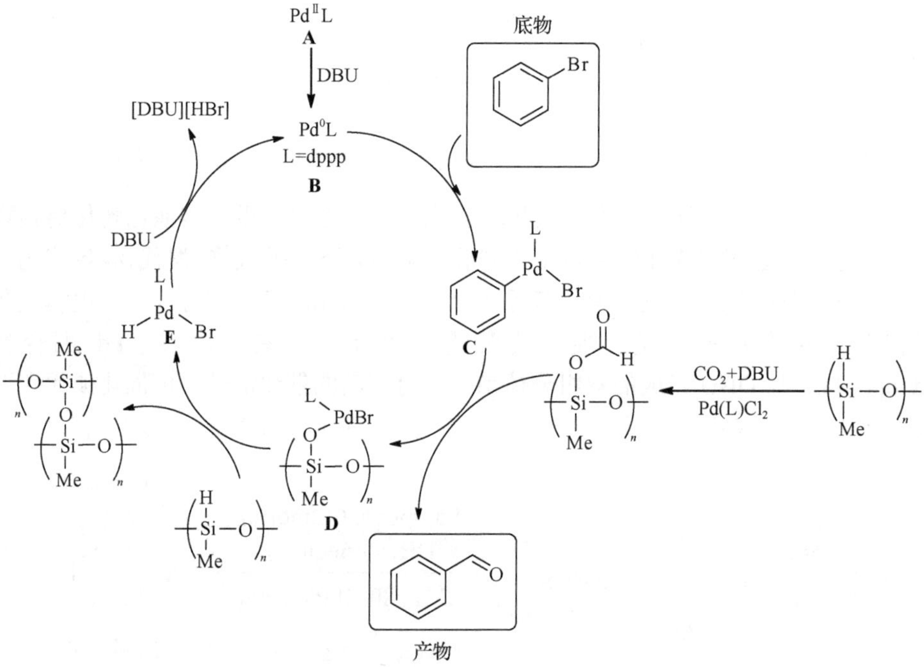

图 3.129 Pd 催化芳香醛制备的可能反应机理示意图

3.5 小结与展望

迄今为止，化工产品的生产及学术研究的有机合成过程依然主要依赖基于化石燃料的碳源。相比较而言，CO_2 作为廉价、丰富、可循环利用的 C_1 资源，其有效利用对于化学工业的可持续发展具有重要意义。因此，发展环境友好的 CO_2 转化路径是合成化学中非常有价值的课题。尽管以 CO_2 为 C_1 合成子的转化路径的研究已经取得了长足的进展，通过构筑 C—O、C—N、C—C 键等实现了碳酸酯、甲基/甲酰胺、羧酸等的制备，但是很多反应的效率还需进一步提高，才能达到工业化的要求。在 CO_2 的化学转化路径中，仍有以下一些问题亟待解决：减少高活性/稳定性差的试剂的使用，拓展底物适用范围，使反应在温和条件下进行，提高反应的化学和区域选择性等。例如，尽管以钌络合物为催化剂实现了 CO_2/H_2 参与的胺的甲基化反应，目前的催化剂用量仍然较高(2.5mol%)，没有达到大规模生产的要求。因此，发展更加高效的催化体系、非贵金属体系甚至无金属催化剂实现相关的转化是未来发展的目标。通过氧化环金属化路径实现 CO_2 固定的反应只适用于大 π 体系的底物(如二烯、二炔等)。因此，发展更加高效的体系实现简单烯烃或炔烃底物的利用是该类反应未来的发展方向。尽管通过 CO_2 插入 C—M 键中并与经典的偶联反应结合已经实现 CO_2 参与的羧化反应，但反应过程中通常需要加入当量的强碱、高活性金属试剂或者昂贵的氢硅烷。要克服这些缺陷，关键在于发展弱亲核试剂用于金属羧酸盐络合物(RCOOM)的猝灭，得到最终产物并实现催化剂的循环利用。另外，利用 CO_2 原位生成 CO 并用于进一步的羰基化反应是 CO_2 化学转化中值得关注的方向，该路径能够利用安全丰富的 CO_2 代替 CO 作为羰基化试剂。通过配体/添加剂的选择提高(区域)选择性并使反应在温和条件下进行对于该类反应路径的发展是非常重要的。另外，非贵金属络合物，如铁、钴、锰等，催化的 CO_2 化学转化也是这个领域值得关注的发展方向。总之，随着研究的不断深入，CO_2 的有效资源化利用不但能获得重要的化学品，而且可实现碳的化学循环，成为自然界碳循环的有力补充。

参 考 文 献

[1] Salvatore R N, Ledger J A, Jung K W. An efficient one-pot synthesis of *N*-alkyl carbamates from primary amines using Cs_2CO_3. Tetrahedron Lett, 2001,42 (35): 6023-6025.

[2] Abla M, Choi J C, Sakakura T. Halogen-free process for the conversion of carbon dioxide to urethanes by homogeneous catalysis. Chem Commun, 2001,(21): 2238-2239.

[3] Ion A, Doorslaer C V, Parvulescu V, et al. Green synthesis of carbamates from CO_2, amines and alcohols. Green Chem, 2008,10 (1): 111-116.

[4] Honda M, Sonehara S, Yasuda H, et al. Heterogeneous CeO_2 catalyst for the one-pot synthesis of organic carbamates from amines, CO_2 and alcohols. Green Chem, 2011,13 (12): 3406-3413.

[5] Choi J C, Yuan H Y, Fukaya N, et al. Halogen-free synthesis of carbamates from CO_2 and amines using titanium alkoxides. Chem-Asian J, 2017,12 (12): 1297-1300.

[6] Sasaki Y, Dixneuf P H. A novel catlytic synthesis of vinyl carboamtes from carbon dioxide, diethylamine, and alkynes in the presence of $Ru_3(CO)_{12}$. Chem Commun, 1986, (10): 790-791.

[7] Mahe R, Sasaki Y, Bruneau C, et al. Catalytic synthesis of vinyl carbamates from carbon dioxide and alkynes with ruthenium complexes. J Org Chem, 1989,54 (7): 1518-1523.

[8] Selva M, Tundo P, Perosa A. The synthesis of alkyl carbamates from primary aliphatic amines and dialkyl carbonates in supercritical carbon dioxide. Tetrahedron Lett, 2002,43 (7): 1217-1219.

[9] Bruneau C, Dixncuf P H. Catalytic synthesis of *O*-β-oxoalkylcarbamates. Tetrahedron Lett, 1987,28 (18): 2005-2008.

[10] Kim T J, Kwon K H, Kwon S C, et al. Iron complexes of 1,1′-bis (diphenylphosphino) ferrocene (BPPF) as efficient catalysts in the synthesis of carbamates. X-ray crystal structure of (BPPF) $Fe(CO)_3$. J Organomet Chem, 1990, 389 (2): 205-217.

[11] Kim H S, Kim J W, Kwon S C, et al. Catalytic formation of carbamates and cyclic carbonates by copper complex of 2,5,19,22-tetraaza[6,6] (1,1′) ferrocenophane-1,5-diene X-ray crystal structure of [Cu (1)]PF_6. J Organomet Chem, 1997,545-546: 337-344.

[12] Ca N D, Gabriele B, Ruffolo G, et al. Effective guanidine-catalyzed synthesis of carbonate and carbamate derivatives from propargyl alcohols in supercritical carbon dioxide. Adv Synth Catal, 2011,353 (1): 133-146.

[13] Qi C R, Jiang H F. Efficient synthesis of β-oxopropylcarbamates in compressed CO_2 without any additional catalyst and solvent. Green Chem, 2007,9 (12): 1284-1286.

[14] Qi C, Huang L, Jiang H. Efficient synthesis of β-oxoalkyl carbamates from carbon dioxide, internal propargylic alcohols, and secondary amines catalyzed by silver salts and DBU. Synthesis, 2010, (9): 1433-1440.

[15] Song Q W, Chen W Q, Ma R, et al. Bifunctional silver (Ⅰ) complex-catalyzed CO_2 conversion at ambient conditions: synthesis of α-methylene cyclic carbonates and derivatives. ChemSusChem, 2015,8 (5): 821-827.

[16] Song Q W, Zhou Z H, Yin H, et al. Silver (Ⅰ)-catalyzed synthesis of β-oxopropylcarbamates from propargylic alcohols and CO_2 surrogate: a gas-free process. ChemSusChem, 2015, 8 (23): 3967-3972.

[17] Dean D C, Wallace M A, Marks T M, et al. Efficient utilization of [^{14}C] carbon dioxide as a phosgene equivalent for labeled synthesis. Tetrahedron Lett, 1997,38 (6): 919-922.

[18] Saylik D, Horvath M J, Elmes P S, et al. Preparation of isocyanates from primary amines and carbon dioxide using mitsunobu chemistry. J Org Chem, 1999,64 (11): 3940-3946.

[19] Germain N, Müller I, Hanauer M, et al. Synthesis of industrially relevant carbamates towards isocyanates using carbon dioxide and organotin (Ⅳ) alkoxides. ChemSusChem, 2016,9 (13): 1586-1590.

[20] Zhao T, Hu X, Wu D, et al. Direct synthesis of dimethyl carbonate from carbon dioxide and methanol at room temperature using imidazolium hydrogen carbonate ionic liquid as a recyclable catalyst and dehydrant. ChemSusChem, 2017,10 (9): 2046-2052.

[21] Bansode A, Urakawa A. Continuous DMC synthesis from CO_2 and methanol over a CeO_2 catalyst in a fixed bed reactor in the presence of a dehydrating agent. ACS Catal, 2014,4 (11): 3877-3880.

[22] Knifton J F, Duranleau R G. Ethylene glycol-dimethyl carbonate cogeneration. J Mol Catal A: Chem, 1991,67 (3): 389-399.

[23] Yang Z Z, He L N, Dou X Y, et al. Dimethyl carbonate synthesis catalyzed by DABCO-derived basic ionic liquids via transesterification of ethylene carbonate with methanol. Tetrahedron Lett, 2010,51 (21): 2931-2934.

[24] Kadokawa J I, Hideyuki H, Fukamachi S, et al. Direct condensation reaction of carbon dioxide with alcohols using trisubstituted phosphine-carbon tetrabromide-base system as a condensing agent. J Chem Soc, Perkin Trans 1, 1999,(15): 2205-2208.

[25] Chaturvedi D, Mishra N, Mishra V. A high yielding, one-pot synthesis of dialkyl carbonates from alcohols using Mitsunobu's reagent. Tetrahedron Lett, 2007,48 (29): 5043-5045.

[26] Hu J, Ma J, Lu L, et al. Synthesis of asymmetrical organic carbonates using CO_2 as a feedstock in AgCl/ionic liquid system at ambient conditions. ChemSusChem, 2017,10 (6): 1292-1297.

[27] McGhee W D, Riley D P, Christ M E, et al. Palladium-catalyzed generation of *O*-allylic urethanes and carbonates from amines/alcohols, carbon dioxide, and allylic chlorides. Organometallics, 1993,12 (4): 1429-1433.

[28] Shi M, Shen Y M. Synthesis of mixed carbonates via a three-component coupling of alcohols, CO_2, and alkyl halides in the presence of K_2CO_3 and tetrabutylammonium iodide. Molecules, 2002,7 (4): 386-393.

[29] Kim S I, Chu F, Dueno E E, et al. Alkyl carbonates: efficient three component coupling of aliphatic alcohols, CO_2, and alkyl halides in the presence of Cs_2CO_3. J Org Chem, 1999,64 (13): 4578-4579.

[30] Salvatore R N, Chu F, Nagle A S, et al. Efficient Cs_2CO_3-promoted solution and solid phase synthesis of carbonates and carbamates in the presence of TBAI. Tetrahedron, 2002,58 (17): 3329-3347.

[31] 何良年, 等. 二氧化碳化学. 北京: 科学出版社, 2013.

[32] Peng J, Deng Y. Cycloaddition of carbon dioxide to propylene oxide catalyzed by ionic liquids. New J Chem, 2001,25 (4): 639-641.

[33] Kawanami H, Sasaki A, Matsui K, et al. A rapid and effective synthesis of propylene carbonate using a supercritical CO_2-ionic liquid system. Chem Commun, 2003,(7): 896-897.

[34] He L N, Yasuda H, Sakakura T. New procedure for recycling homogeneous catalyst: propylene carbonate synthesis under supercritical CO_2 conditions. Green Chem, 2003,5 (1): 92-94.

[35] Sun J, Zhang S, Cheng W, et al. Hydroxyl-functionalized ionic liquid: a novel efficient catalyst for chemical fixation of CO_2 to cyclic carbonate. Tetrahedron Lett, 2008,49 (22): 3588-3591.

[36] Zhou Y, Hu S, Ma X, et al. Synthesis of cyclic carbonates from carbon dioxide and epoxides over betaine-based catalysts. J Mol Catal A: Chem, 2008,284 (1-2): 52-57.

[37] Yang Z Z, He L N, Miao C X, et al. Lewis basic ionic liquids-catalyzed conversion of carbon dioxide to cyclic carbonates. Adv Synth Catal, 2010,352 (13): 2233-2240.

[38] Yang Z Z, Zhao Y N, He L N, et al. Highly efficient conversion of carbon dioxide catalyzed by polyethylene glycol-functionalized basic ionic liquids. Green Chem, 2012,14 (2): 519-527.

[39] Kim H S, Kim J J, Kim H, et al. Imidazolium zinc tetrahalide-catalyzed coupling reaction of CO_2 and ethylene oxide or propylene oxide. J Catal, 2003,220 (1): 44-46.

[40] Palgunadi J, Kwon O, Lee H, et al. Ionic liquid-derived zinc tetrahalide complexes: structure and application to the coupling reactions of alkylene oxides and CO_2. Catal Today, 2004,98 (4): 511-514.

[41] Li F, Xiao L, Xia C, et al. Chemical fixation of CO_2 with highly efficient $ZnCl_2$/[BMIm]Br catalyst system. Tetrahedron Lett, 2004,45 (45): 8307-8310.

[42] Sun J, Fujita S I, Zhao F, et al. Synthesis of styrene carbonate from styrene oxide and carbon dioxide in the presence of zinc bromide and ionic liquid under mild conditions. Green Chem, 2004,6 (12): 613-616.

[43] Sun J, Fujita S I, Arai M. Development in the green synthesis of cyclic carbonate from carbon dioxide using ionic liquids. J Organomet Chem, 2005,690（15）: 3490-3497.

[44] Kim Y J, Varma R S. Tetrahaloindate（Ⅲ）-based ionic liquids in the coupling reaction of carbon dioxide and epoxides to generate cyclic carbonates: H-bonding and mechanistic studies. J Org Chem, 2005,70（20）: 7882-7891.

[45] Yang Z Z, Zhao Y, Ji G, et al. Fluoro-functionalized polymeric ionic liquids: highly efficient catalysts for CO_2 cycloaddition to cyclic carbonates under mild conditions. Green Chem, 2014,16（8）: 3724-3728.

[46] Jiang W, Yang J, Liu Y Y, et al. A porphyrin-based porous rtl metal-organic framework as an efficient catalyst for the cycloaddition of CO_2 to epoxides. Chem Eur J, 2016,22（47）: 16991-16997.

[47] Li P Z, Wang X J, Liu J, et al. A triazole-containing metal-organic framework as a highly effective and substrate size-dependent catalyst for CO_2 conversion. J Am Chem Soc, 2016,138（7）: 2142-2145.

[48] Verma S, Baig R B N, Nadagouda M N, et al. Titanium-based zeolitic imidazolate framework for chemical fixation of carbon dioxide. Green Chem, 2016,18（18）: 4855-4858.

[49] Tharun J, Bhin K M, Roshan R, et al. Ionic liquid tethered post functionalized ZIF-90 framework for the cycloaddition of propylene oxide and CO_2. Green Chem, 2016,18（8）: 2479-2487.

[50] Yuan S, Zou L, Li H, et al. Flexible zirconium metal-organic frameworks as bioinspired switchable catalysts. Angew Chem Int Ed, 2016,55（36）: 10776-10780.

[51] Gao C Y, Ai J, Tian H R, et al. An ultrastable zirconium-phosphonate framework as bifunctional catalyst for highly active CO_2 chemical transformation. Chem Commun, 2017,53（7）: 1293-1296.

[52] Karan C K, Sau M C, Bhattacharjee M. A copper（Ⅱ）metal-organic hydrogel as a multifunctional precatalyst for CuAAC reactions and chemical fixation of CO_2 under solvent free conditions. Chem Commun, 2017,53（9）: 1526-1529.

[53] Saptal V B, Sasaki T, Harada K, et al. Hybrid amine-functionalized graphene oxide as a robust bifunctional catalyst for atmospheric pressure fixation of carbon dioxide using cyclic carbonates. ChemSusChem, 2016,9（6）: 644-650.

[54] Leng Y, Lu D, Zhang C, et al. Ionic polymer microspheres bearing a Co（Ⅲ）-salen moiety as a bifunctional heterogeneous catalyst for the efficient cycloaddition of CO_2 and epoxides. Chem Eur J, 2016,22（24）: 8368-8375.

[55] Liu T T, Liang J, Huang Y B, et al. A bifunctional cationic porous organic polymer based on a Salen-（Al）metalloligand for the cycloaddition of carbon dioxide to produce cyclic carbonates. Chem Commun, 2016,52（90）: 13288-13291.

[56] Wang J, Zhang Y. Facile synthesis of N-rich porous azo-linked frameworks for selective CO_2 capture and conversion. Green Chem, 2016,18（19）: 5248-5253.

[57] Ji G, Yang Z, Zhang H, et al. Hierarchically mesoporous *o*-hydroxyazobenzene polymers: synthesis and their applications in CO_2 capture and conversion. Angew Chem Int Ed, 2016,55（33）: 9685-9689.

[58] Li H, Li C, Chen J, et al. Synthesis of pyridine-zinc-based porous organic polymer for cocatalyst-free cycloaddition of epoxides. Chem-Asian J, 2017,12（10）: 1095-1103.

[59] Luo R, Chen Y, He Q, et al. Metallosalen-based ionic porous polymers as bifunctional catalysts for the conversion of CO_2 into valuable chemicals. ChemSusChem, 2017,10（7）: 1526-1533.

[60] Chen Y, Luo R, Xu Q, et al. Charged metalloporphyrin polymers for coorperative synthesis of cyclic carbonates from CO_2 under ambient conditions. ChemSusChem, 2017, 10: 2534-2541.

[61] Zhou Z, He C, Xiu J, et al. Metal-organic polymers containing discrete single-walled nanotube as a heterogeneous catalyst for the cycloaddition of carbon dioxide to epoxides. J Am Chem Soc, 2015,137（48）: 15066-15069.

[62] Sopeña S, Martin E, Escudero-Adán E C, et al. Pushing the limits with squaramide-based organocatalysts in cyclic carbonate synthesis. ACS Catal, 2017, 7: 3532-3539.

[63] Wu X, North M. A bimetallic aluminium (salphen) complex for the synthesis of cyclic carbonates from epoxides and carbon dioxide. ChemSusChem, 2017,10 (1): 74-78.

[64] Ma R, He L N, Zhou Y B. An efficient and recyclable tetraoxo-coordinated zinc catalyst for the cycloaddition of epoxides with carbon dioxide at atmospheric pressure. Green Chem, 2016,18 (1): 226-231.

[65] Wang J, Zhang Y. Boronic acids as hydrogen bond donor catalysts for efficient conversion of CO_2 into organic carbonate in water. ACS Catal, 2016,6 (8): 4871-4876.

[66] Liu X, Zhang S, Song Q W, et al. Cooperative calcium-based catalysis with 1,8-diazabicyclo[5.4.0]-undec-7-ene for the cycloaddition of epoxides with CO_2 at atmospheric pressure. Green Chem, 2016,18 (9): 2871-2876.

[67] Liu S, Suematsu N, Maruoka K, et al. Design of bifunctional quaternary phosphonium salt catalysts for CO_2 fixation reaction with epoxides under mild conditions. Green Chem, 2016,18 (17): 4611-4615.

[68] Jung Y, Shin T, Kim K, et al. Rh (0) /Rh (III) core-shell nanoparticles as heterogeneous catalysts for cyclic carbonate synthesis. Chem Commun, 2017,53 (2): 384-387.

[69] Inoue Y, Ohuchi K, Yen I F, et al. Preparation of 3 (2*H*) -furanones from 2-propynyl alcohol, CO, and phenyl halides under CO_2 atmosphere catalyzed by transition metal complexes. Bull Chem Soc Jpn, 1989,62 (11): 3518-3522.

[70] Inoue Y, Matsushita K, Yen I F, et al. α-Methylene cyclic carbonate as a conjunctive agent for aromatic aldehydes. Chem Lett, 1991,20 (8): 1377-1378.

[71] Inoue Y, Ishikawa J, Taniguchi M, et al. Cobaltocene-catalyzed reaction of carbon dioxide with propargyl alcohols. Bull Chem Soc Jpn, 1987,60 (3): 1204-1206.

[72] Uemura K, Kawaguchi T, Takayama H, et al. Preparation of alkylidene cyclic carbonates via cyclization of propargylic carbonates. J Mol Catal A: Chem, 1999,139 (1): 1-9

[73] Fournier J, Bruneau C, Dixneuf P H. Phosphine catalysed synthesis of unsaturated cyclic carbonates from carbon dioxide and propargylic alcohols. Tetrahedron Lett, 1989,30 (30): 3981-3982.

[74] Gu Y, Shi F, Deng Y. Ionic liquid as an efficient promoting medium for fixation of CO_2: clean synthesis of α-methylene cyclic carbonates from CO_2 and propargyl alcohols catalyzed by metal salts under mild conditions. J Org Chem, 2004,69 (2): 391-394.

[75] Jiang H F, Wang A Z, Liu H L, et al. Reusable polymer-supported amine-copper catalyst for the formation of α-alkylidene cyclic carbonates in supercritical carbon dioxide. Eur J Org Chem, 2008,2008 (13): 2309-2312.

[76] Tommasi I, Sorrentino F. 1,3-Dialkylimidazolium-2-carboxylates as versatile *N*-heterocyclic carbene–CO_2 adducts employed in the synthesis of carboxylates and α-alkylidene cyclic carbonates. Tetrahedron Lett, 2009,50 (1): 104-107.

[77] Kimura T, Kamata K, Mizuno N. A bifunctional tungstate catalyst for chemical fixation of CO_2 at atmospheric pressure. Angew Chem Int Ed, 2012,51 (27): 6700-6703.

[78] Tang X D, Qi C R, He H T, et al. Polystyrene-supported *N*-heterocyclic carbene–silver complexes as robust and efficient catalysts for the reaction of carbon dioxide and propargylic alcohols. Adv Synth Catal, 2013,355 (10): 2019-2028.

[79] Wang Y B, Sun D S, Zhou H, et al. Alkoxide-functionalized imidazolium betaines for CO_2 activation and catalytic transformation. Green Chem, 2014,16 (4): 2266-2272.

[80] 史敬华, 宋金良, 张斌斌, 等. 离子液体中 CO_2 与炔醇在温和条件下高效合成 α-亚甲基环状碳酸酯. 中国科学：化学, 2014,44 (1): 146-152.

[81] Yamada W, Sugawara Y, Cheng H M, et al. Silver-catalyzed incorporation of carbon dioxide into propargylic alcohols. Eur J Org Chem, 2007,2007 (16): 2604-2607.

[82] Kayaki Y, Yamamoto M, Ikariya T. Stereoselective formation of α-alkylidene cyclic carbonates via carboxylative cyclization of propargyl alcohols in supercritical carbon dioxide. J Org Chem, 2007,72 (2): 647-649.

[83] Kayaki Y, Yamamoto M, Ikariya T. *N*-heterocyclic carbenes as efficient organocatalysts for CO_2 fixation reactions. Angew Chem Int Ed, 2009,48 (23): 4194-4197.

[84] Wang Y B, Wang Y M, Zhang W Z, et al. Fast CO_2 sequestration, activation, and catalytic transformation using *N*-heterocyclic olefins. J Am Chem Soc, 2013,135 (32): 11996-12003.

[85] Song Q W, Yu B, Li X D, et al. Efficient chemical fixation of CO_2 promoted by bifunctional Ag_2WO_4/Ph_3P system. Green Chem, 2014,16: 1633-1638.

[86] Song Q W, He L N. Robust silver(Ⅰ) catalyst for the carboxylative cyclization of propargylic alcohols with carbon dioxide under ambient conditions. Adv Synth Catal, 2016,358 (8): 1251-1258.

[87] Chen K, Shi G, Dao R, et al. Tuning the basicity of ionic liquids for efficient synthesis of alkylidene carbonates from CO_2 at atmospheric pressure. Chem Commun, 2016,52 (50): 7830-7833.

[88] Zhao Y, Wu Y, Yuan G, et al. Azole anion-based aprotic ionic liquids: functional solvents for atmospheric CO_2 transformation to various heterocyclic compounds. Chem-Asian J, 2016,11 (19): 2735-2740.

[89] Hu J, Ma J, Zhu Q, et al. Zinc(Ⅱ)-catalyzed reactions of carbon dioxide and propargylic alcohols to carbonates at room temperature. Green Chem, 2016,18 (2): 382-385.

[90] Kimura T, Kamata K, Mizuno N. A bifunctional tungstate catalyst for chemical fixation of CO_2 at atmospheric pressure. Angew Chem Int Ed, 2012,51 (27): 6700-6703.

[91] Yang Z, Yu B, Zhang H, et al. Metalated mesoporous poly(triphenylphosphine) with azo functionality: efficient catalysts for CO_2 conversion. ACS Catal, 2016,6 (2): 1268-1273.

[92] Cui M, Qian Q, He Z, et al. Synthesizing Ag nanoparticles of small size on hierarchical porosity support for carboxylative cyclization of propargyl alcohols with CO_2 under ambient conditions. Chem Eur J, 2015,21 (45): 15924-15928.

[93] Kikuchi S, Yoshida S, Sugawara Y, et al. Silver-catalyzed carbon dioxide incorporation and rearrangement on propargylic derivatives. Bull Chem Soc Jpn, 2011,84 (7): 698-717.

[94] Qiu J, Zhao Y, Li Z, et al. Efficient ionic-liquid-promoted chemical fixation of CO_2 into α-alkylidene cyclic carbonates. ChemSusChem, 2017,10 (6): 1120-1127.

[95] Wu Y Y, Zhao Y F, Li R P, et al. Tetrabutylphosphonium-based ionic liquid catalyzed CO_2 transformation at ambient conditions: a case of synthesis of α-alkylidene cyclic carbonates. ACS Catal, 2017,7 (9): 6251-6255.

[96] Yang Z Z, Zhao Y, Zhang H, et al. Fluorinated microporous organic polymers: design and applications in CO_2 adsorption and conversion. Chem Commun, 2014,50 (90): 13910-13913.

[97] Koinuma H, Kawakami F, Kato H, et al. Hydrosilylation of carbon dioxide catalysed by ruthenium complexes. Chem Commun, 1981,(5): 213-214.

[98] Süss-Fink G, Reiner J. Anionische rutheniumcluster als katalysatoren bei der hydrosilylierung von kohlendioxid. J Organomet Chem, 1981,221 (3): C36-C38.

[99] Eisenschmid T C, Eisenberg R. The iridium complex catalyzed reduction of carbon dioxide to methoxide by alkylsilanes. Organometallics, 1989,8 (7): 1822-1824.

[100] Deglmann P, Ember E, Hofmann P, et al. Experimental and theoretical investigations on the catalytic hydrosilylation of carbon dioxide with ruthenium nitrile complexes. Chem Eur J, 2007,13 (10): 2864-2879.

[101] Itagaki S, Yamaguchi K, Mizuno N. Catalytic synthesis of silyl formates with 1atm of CO_2 and their utilization for synthesis of formyl compounds and formic acid. J Mol Catal A: Chem, 2013,366: 347-352.

[102] Zhang L, Cheng J, Hou Z. Highly efficient catalytic hydrosilylation of carbon dioxide by an *N*-heterocyclic carbene copper catalyst. Chem Commun, 2013,49 (42): 4782-4784.

[103] Mukherjee D, Sauer D F, Zanardi A, et al. Selective metal-free hydrosilylation of CO_2 catalyzed by triphenylborane in highly polar, aprotic solvents. Chem Eur J, 2016,22 (23): 7730-7733.

[104] Farlow M W, Adkins H. The hydrogenation of carbon dioxide and a correction of the reported synthesis of urethans. J Am Chem Soc, 1935,57 (11): 2222-2223.

[105] Haynes P, Slaugh L H, Kohnle J F. Formamides from carbon dioxide, amines and hydrogen in the presence of metal complexes. Tetrahedron Lett, 1970,11 (5): 365-368.

[106] Kudo K, Phala H, Sugita N, et al. Synthesis of dimethyl formamide from carbon dioxide, hydrogen and dimethyl amine catalyzed by palladium(Ⅱ) chloride. Chem Lett, 1977,6 (12): 1495-1496.

[107] Schreiner S, Yu J Y, Vaska L. Carbon dioxide reduction via homogeneous catalytic synthesis and hydrogenation of *N,N*-dimethylformamide. Inorg Chim Acta, 1988,147 (2): 139-141.

[108] Schreiner S, Yu J Y, Vaska L. Reversible homogeneous catalysis of carbon dioxide hydrogenation/reduction at room temperature and low pressures. Chem Commun, 1988,(9): 602-603.

[109] Jessop P G, Hsiao Y, Ikariya T, et al. Catalytic production of dimethylformamide from supercritical carbon dioxide. J Am Chem Soc, 1994,116 (19): 8851-8852.

[110] Krocher O, Koppel R A, Baiker A. Highly active ruthenium complexes with bidentate phosphine ligands for the solvent-free catalytic synthesis of *N,N*-dimethylformamide and methyl formate. Chem Commun, 1997,(5): 453-454.

[111] Minato M, Zhou D Y, Sumiura K I, et al. Reactions of quadruply chelated silyl and germyl-molybdenum hydrido complexes with carboxylic acids and carbon dioxide: a first example of carbon dioxide fixation utilizing the trans effect of a silyl ligand. Chem Commun, 2001,(24): 2654-2655.

[112] Liu J, Guo C, Zhang Z, et al. Synthesis of dimethylformamide from CO_2, H_2 and dimethylamine over Cu/ZnO. Chem Commun, 2010,46 (31): 5770-5772.

[113] Federsel C, Boddien A, Jackstell R, et al. A well-defined iron catalyst for the reduction of bicarbonates and carbon dioxide to formates, alkyl formates, and formamides. Angew Chem Int Ed, 2010,49 (50): 9777-9780.

[114] Federsel C, Ziebart C, Jackstell R, et al. Catalytic hydrogenation of carbon dioxide and bicarbonates with a well-defined cobalt dihydrogen complex. Chem Eur J, 2012,18 (1): 72-75.

[115] Ziebart C, Federsel C, Anbarasan P, et al. Well-defined iron catalyst for improved hydrogenation of carbon dioxide and bicarbonate. J Am Chem Soc, 2012,134 (51): 20701-20704.

[116] Jessop P G, Hsiao Y, Ikariya T, et al. Homogeneous catalysis in supercritical fluids: hydrogenation of supercritical carbon dioxide to formic acid, alkyl formates, and formamides. J Am Chem Soc, 1996,118 (2): 344-355.

[117] Kröcher O, Köppel R A, Baiker A. Silica hybrid gel catalysts containing ruthenium complexes: influence of reaction parameters on the catalytic behaviour in the synthesis of *N,N*-dimethylformamide from carbon dioxide. J Mol Catal A: Chem, 1999,140 (2): 185-193.

[118] Kröcher O, Köppel R A, Fröba M, et al. Silica hybrid gel catalysts containing group(Ⅷ) transition metal complexes: preparation, structural, and catalytic properties in the synthesis of *N,N*-dimethylformamide and methyl formate from supercritical carbon dioxide. J Catal, 1998,178 (1): 284-298.

[119] Schmid L, Rohr M, Baiker A. A mesoporous ruthenium silica hybrid aerogel with outstanding catalytic properties in the synthesis of *N,N*-diethylformamide from CO_2, H_2 and diethylamine. Chem Commun, 1999,(22): 2303-2304.

[120] Federsel C, Ziebart C, Jackstell R, et al. Catalytic hydrogenation of carbon dioxide and bicarbonates with a well-defined cobalt dihydrogen complex. Chem Eur J, 2012,18 (1): 72-75.

[121] Süss-Fink G, Langenbahn M, Jenke T. Rutheniumcluster als katalysatoren für die carbonylierung von cyclischen aminen. J Organomet Chem, 1989,368 (1): 103-109.

[122] Schmid L, Canonica A, Baiker A. Ruthenium-catalysed formylation of amines with dense carbon dioxide as C_1-source. Appl Catal A: Gen, 2003,255 (1): 23-33.

[123] Schmid L, Schneider M S, Engel D, et al. Formylation with “supercritical” CO_2: efficient ruthenium-catalyzed synthesis of *N*-formylmorpholine. Catal Lett, 2003,88 (3): 105-113.

[124] Munshi P, Heldebrant D J, McKoon E P, et al. Formanilide and carbanilide from aniline and carbon dioxide. Tetrahedron Lett, 2003,44 (13): 2725-2727.

[125] Zhang L, Han Z, Zhao X, et al. Highly efficient ruthenium-catalyzed *N*-formylation of amines with H_2 and CO_2. Angew Chem Int Ed, 2015,54 (21): 6186-6189.

[126] Daw P, Chakraborty S, Leitus G, et al. Selective *N*-formylation of amines with H_2 and CO_2 catalyzed by cobalt pincer complexes. ACS Catal, 2017, 7(4): 2500-2504.

[127] Liu H, Mei Q, Xu Q, et al. Synthesis of formamides containing unsaturated groups by *N*-formylation of amines using CO_2 with H_2. Green Chem, 2017, 19 (1): 196-201.

[128] Cui X, Zhang Y, Deng Y, et al. Amine formylation via carbon dioxide recycling catalyzed by a simple and efficient heterogeneous palladium catalyst. Chem Commun, 2014,50 (2): 189-191.

[129] Zhang Y, Wang H, Yuan H, et al. Hydroxyl group-regulated active nano-Pd/C catalyst generation via *in situ* reduction of $Pd(NH_3)_xCl_y$/C for *N*-formylation of amines with CO_2/H_2. ACS Sustainable Chem Eng, 2017,5 (7): 5758-5765.

[130] Yang Z, Wang H, Ji G, et al. Pyridine-functionalized organic porous polymers: applications in efficient CO_2 adsorption and conversion. New J Chem, 2017,41 (8): 2869-2872.

[131] Villiers C, Dognon J P, Pollet R, et al. An isolated CO_2 adduct of a nitrogen base: crystal and electronic structures. Angew Chem Int Ed, 2010,49 (20): 3465-3468.

[132] Das Neves Gomes C, Jacquet O, Villiers C, et al. A diagonal approach to chemical recycling of carbon dioxide: organocatalytic transformation for the reductive functionalization of CO_2. Angew Chem Int Ed, 2012,51 (1): 187-190.

[133] Jacquet O, Das Neves Gomes C, Ephritikhine M, et al. Recycling of carbon and silicon wastes: room temperature formylation of N—H bonds using carbon dioxide and polymethylhydrosiloxane. J Am Chem Soc, 2012,134 (6): 2934-2937.

[134] Das S, Bobbink F D, Bulut S, et al. Thiazolium carbene catalysts for the fixation of CO_2 onto amines. Chem Commun, 2016,52 (12): 2497-2500.

[135] Motokura K, Takahashi N, Kashiwame D, et al. Copper-diphosphine complex catalysts for *N*-formylation of amines under 1 atm of carbon dioxide with polymethylhydrosiloxane. Catal Sci Technol, 2013,3 (9): 2392-2396.

[136] Frogneux X, Jacquet O, Cantat T. Iron-catalyzed hydrosilylation of CO_2: CO_2 conversion to formamides and methylamines. Catal Sci Technol, 2014,4 (6): 1529-1533.

[137] Luo R, Lin X, Chen Y, et al. Cooperative catalytic activation of Si—H bonds: CO_2-based synthesis of formamides from amines and hydrosilanes under mild conditions. ChemSusChem, 2017,10 (6): 1224-1232.

[138] Hao L, Zhao Y, Yu B, et al. Imidazolium-based ionic liquids catalyzed formylation of amines using carbon dioxide and phenylsilane at room temperature. ACS Catal, 2015,5 (9): 4989-4993.

[139] Ke Z, Hao L, Gao X, et al. Reductive coupling of CO_2, primary amine, and aldehyde at room temperature: a versatile approach to unsymmetrically *N,N*-disubstituted formamides. Chem Eur J, 2017,23 (41): 9721-9725.

[140] Song J, Zhou B, Liu H, et al. Biomass-derived γ-valerolactone as an efficient solvent and catalyst for the transformation of CO_2 to formamides. Green Chem, 2016,18 (14): 3956-3961.

[141] Lv H, Xing Q, Yue C, et al. Solvent-promoted catalyst-free *N*-formylation of amines using carbon dioxide under ambient conditions. Chem Commun, 2016,52 (39): 6545-6548.

[142] Riduan S N, Ying J Y, Zhang Y. Solid poly-*N*-heterocyclic carbene catalyzed CO_2 reduction with hydrosilanes. J Catal, 2016,343: 46-51.

[143] Dong B, Wang L, Zhao S, et al. Immobilization of ionic liquids to covalent organic frameworks for catalyzing the formylation of amines with CO_2 and phenylsilane. Chem Commun, 2016,52 (44): 7082-7085.

[144] Liu X F, Ma R, Qiao C, et al. Fluoride-catalyzed methylation of amines by reductive functionalization of CO_2 with hydrosilanes. Chem Eur J, 2016, 22(46): 16489-16493.

[145] Chakraborty S, Zhang J, Krause J A, et al. An efficient nickel catalyst for the reduction of carbon dioxide with a borane. J Am Chem Soc, 2010,132 (26): 8872-8873.

[146] Bontemps S, Vendier L, Sabo-Etienne S. Borane-mediated carbon dioxide reduction at ruthenium: formation of C_1 and C2 compounds. Angew Chem Int Ed, 2012,51 (7): 1671-1674.

[147] Bontemps S, Sabo-Etienne S. Trapping formaldehyde in the homogeneous catalytic reduction of carbon dioxide. Angew Chem Int Ed, 2013,52 (39): 10253-10255.

[148] Zhao T X, Zhai G W, Liang J, et al. Catalyst-free *N*-formylation of amines using BH_3NH_3 and CO_2 under mild conditions. Chem Commun, 2017,53 (57): 8046-8049.

[149] Gredig S V, Koeppel R A, Baiker A. Synthesis of methylamines from carbon dioxide and ammonia. Chem Commun, 1995,(1): 73-74.

[150] Gredig S V, Koeppel R, Baiker A. Synthesis of methylamines from CO_2, H_2 and NH_3. Catalytic behaviour of various metal-alumina catalysts. Appl Catal A: Gen, 1997,162 (1): 249-260.

[151] Gredig S V, Koeppel R, Baiker A. Comparative study of synthesis of methylamines from carbon oxides and ammonia over Cu/Al_2O_3. Catal Today, 1996,29 (1): 339-342.

[152] Cui X, Dai X, Zhang Y, et al. Methylation of amines, nitrobenzenes and aromatic nitriles with carbon dioxide and molecular hydrogen. Chem Sci, 2014,5 (2): 649-655.

[153] Kon K, Siddiki S M A H, Onodera W, et al. Sustainable heterogeneous platinum catalyst for direct methylation of secondary amines by carbon dioxide and hydrogen. Chem Eur J, 2014,20 (21): 6264-6267.

[154] Toyao T, Siddiki S M A H, Morita Y, et al. Rhenium-loaded TiO_2: a highly versatile and chemoselective catalyst for the hydrogenation of carboxylic acid derivatives and the *N*-methylation of amines using H_2 and CO_2. Chem Eur J, 2017,23 (59): 14848-14859.

[155] Cui X, Zhang Y, Deng Y, et al. *N*-methylation of amine and nitro compounds with CO_2/H_2 catalyzed by $Pd/CuZrO_x$ under mild reaction conditions. Chem Commun, 2014,50 (88): 13521-13524.

[156] Du X L, Tang G, Bao H L, et al. Direct methylation of amines with carbon dioxide and molecular hydrogen using supported gold catalysts. ChemSusChem, 2015,8 (20): 3489-3496.

[157] Magro A A N, Eastham G R, Cole-Hamilton D J. The synthesis of amines by the homogeneous hydrogenation of secondary and primary amides. Chem Commun, 2007,(30): 3154-3156.

[158] Coetzee J, Dodds D L, Klankermayer J, et al. Homogeneous catalytic hydrogenation of amides to amines. Chem Eur J, 2013,19 (33): 11039-11050.

[159] Beydoun K, Ghattas G, Thenert K, et al. Ruthenium-catalyzed reductive methylation of imines using carbon dioxide and molecular hydrogen. Angew Chem Int Ed, 2014,53 (41): 11010-11014.

[160] Beydoun K, Thenert K, Streng E S, et al. Selective synthesis of trimethylamine by catalytic *N*-methylation of ammonia and ammonium chloride by utilizing carbon dioxide and molecular hydrogen. ChemCatChem, 2016, 8(1): 135-138.

[161] Fang C, Lu C, Liu M, et al. Selective formylation and methylation of amines using carbon dioxide and hydrosilane catalyzed by alkali-metal carbonates. ACS Catal, 2016,6 (11): 7876-7881.

[162] Liu X F, Ma R, Qiao C, et al. Fluoride-catalyzed methylation of amines by reductive functionalization of CO_2 with hydrosilanes. Chem Eur J, 2016, 22 (46): 16489-16493.

[163] Liu X F, Qiao C, Li X Y, et al. Carboxylate-promoted reductive functionalization of CO_2 with amines and hydrosilanes under mild conditions. Green Chem, 2017,19 (7): 1726-1731.

[164] Jacquet O, Frogneux X, Das Neves Gomes C, et al. CO_2 as a C_1-building block for the catalytic methylation of amines. Chem Sci, 2013,4 (5): 2127-2131.

[165] Li Y, Fang X, Junge K, et al. A general catalytic methylation of amines using carbon dioxide. Angew Chem Int Ed, 2013,52 (36): 9568-9571.

[166] Das S, Addis D, Zhou S, et al. Zinc-catalyzed reduction of amides: unprecedented selectivity and functional group tolerance. J Am Chem Soc, 2010,132 (6): 1770-1771.

[167] González-Sebastián L, Flores-Alamo M, García J J. Selective *N*-methylation of aliphatic amines with CO_2 and hydrosilanes using nickel-phosphine catalysts. Organometallics, 2015,34 (4): 763-769.

[168] Arnold P L, Marr I A, Zlatogorsky S, et al. Activation of carbon dioxide and carbon disulfide by a scandium *N*-heterocyclic carbene complex. Dalton Trans, 2014,43 (1): 34-37.

[169] Holbrey J D, Reichert W M, Tkatchenko I, et al. 1,3-Dimethylimidazolium-2-carboxylate: the unexpected synthesis of an ionic liquid precursor and carbene-CO_2 adduct. Chem Commun, 2003,(1): 28-29.

[170] Das S, Bobbink F D, Laurenczy G, et al. Metal-free catalyst for the chemoselective methylation of amines using carbon dioxide as a carbon source. Angew Chem Int Ed, 2014,53 (47): 12876-12879.

[171] Niu H, Lu L, Shi R, et al. Catalyst-free *N*-methylation of amines using CO_2. Chem Commun, 2017,53 (6): 1148-1151.

[172] Blondiaux E, Pouessel J, Cantat T. Carbon dioxide reduction to methylamines under metal-free conditions. Angew Chem Int Ed, 2014,53 (45): 12186-12190.

[173] Miller A W, Nguyen S T. (Salen) chromium(III)/DMAP: an efficient catalyst system for the selective synthesis of 5-substituted oxazolidinones from carbon dioxide and aziridines. Org Lett, 2004,6 (14): 2301-2304.

[174] Hancock M T, Pinhas A R. A convenient and inexpensive conversion of an aziridine to an oxazolidinone. Tetrahedron Lett, 2003,44 (29): 5457-5460.

[175] Sudo A, Morioka Y, Sanda F, et al. *N*-tosylaziridine, a new substrate for chemical fixation of carbon dioxide via ring expansion reaction under atmospheric pressure. Tetrahedron Lett, 2004,45 (7): 1363-1365.

[176] Sudo A, Morioka Y, Koizumi E, et al. Highly efficient chemical fixations of carbon dioxide and carbon disulfide by cycloaddition to aziridine under atmospheric pressure. Tetrahedron Lett, 2003,44 (43): 7889-7891.

[177] Du Y, Wu Y, Liu A H, et al. Quaternary ammonium bromide functionalized polyethylene glycol: a highly efficient and recyclable catalyst for selective synthesis of 5-aryl-2-oxazolidinones from carbon dioxide and aziridines under solvent-free conditions. J Org Chem, 2008,73（12）: 4709-4712.

[178] Phung C, Pinhas A R. The high yield and regioselective conversion of an unactivated aziridine to an oxazolidinone using carbon dioxide with ammonium iodide as the catalyst. Tetrahedron Lett, 2010,51（34）: 4552-4554.

[179] Jiang H F, Ye J W, Qi C R, et al. Naturally occurring α-amino acid: a simple and inexpensive catalyst for the selective synthesis of 5-aryl-2-oxazolidinones from CO_2 and aziridines under solvent-free conditions. Tetrahedron Lett, 2010,51（6）: 928-932.

[180] Yang Z Z, He L N, Peng S Y, et al. Lewis basic ionic liquids-catalyzed synthesis of 5-aryl-2-oxazolidinones from aziridines and CO_2 under solvent-free conditions. Green Chem, 2010,12（10）: 1850-1854.

[181] Yang Z Z, Li Y N, Wei Y Y, et al. Protic onium salts-catalyzed synthesis of 5-aryl-2-oxazolidinones from aziridines and CO_2 under mild conditions. Green Chem, 2011,13（9）: 2351-2353.

[182] Wu Y, He L N, Du Y, et al. Zirconyl chloride: an efficient recyclable catalyst for synthesis of 5-aryl-2-oxazolidinones from aziridines and CO_2 under solvent-free conditions. Tetrahedron, 2009,65（31）: 6204-6210.

[183] Liu A, He L, Peng S, et al. Environmentally benign chemical fixation of CO_2 catalyzed by the functionalized ion-exchange resins. Sci China Chem, 2010,53（7）: 1578-1585.

[184] Kawanami H, Ikushima Y. Regioselectivity and selective enhancement of carbon dioxide fixation of 2-substituted aziridines to 2-oxazolidinones under supercritical conditions. Tetrahedron Lett, 2002,43（21）: 3841-3844.

[185] Ren W M, Liu Y, Lu X B. Bifunctional aluminum catalyst for CO_2 fixation: regioselective ring opening of three-membered heterocyclic compounds. J Org Chem, 2014,79（20）: 9771-9777.

[186] Kong D L, He L N, Wang J Q. Facile synthesis of oxazolidinones catalyzed by n-Bu_4NBr_3/n-Bu_4NBr directly from olefins, chloramine-T and carbon dioxide. Catal Commun, 2010,11（11）: 992-995.

[187] Yoshida M, Mizuguchi T, Shishido K. Synthesis of oxazolidinones by efficient fixation of atmospheric CO_2 with propargylic amines by using a silver/1,8-diazabicyclo[5.4.0]undec-7-ene（DBU）dual-catalyst system. Chem Eur J, 2012,18（49）: 15578-15581.

[188] Hase S, Kayaki Y, Ikariya T. NHC-gold（Ⅰ）complexes as effective catalysts for the carboxylative cyclization of propargylamines with carbon dioxide. Organometallics, 2013,32（19）: 5285-5288.

[189] Hu J, Ma J, Zhu Q, et al. Transformation of atmospheric CO_2 catalyzed by protic ionic liquids: efficient synthesis of 2-oxazolidinones. Angew Chem Int Ed, 2015,54（18）: 5399-5403.

[190] Wang M Y, Song Q W, Ma R, et al. Efficient conversion of carbon dioxide at atmospheric pressure to 2-oxazolidinones promoted by bifunctional Cu（Ⅱ）-substituted polyoxometalate-based ionic liquids. Green Chem, 2016,18（1）: 282-287.

[191] Takeda Y, Okumura S, Tone S, et al. Cyclizative atmospheric CO_2 fixation by unsaturated amines with t-BuOI leading to cyclic carbamates. Org Lett, 2012,14（18）: 4874-4877.

[192] Fournier J, Bruneau C, Dixneuf P H. A simple synthesis of oxazolidinones in one step from carbon dioxide. Tetrahedron Lett, 1990,31（12）: 1721-1722.

[193] Zhang Q, Shi F, Gu Y, et al. Efficient and eco-friendly process for the synthesis of N-substituted 4-methylene-2-oxazolidinones in ionic liquids. Tetrahedron Lett, 2005,46（35）: 5907-5911.

[194] Xu J, Zhao J, Jia Z, et al. Facile and mild process for chemical fixation of CO_2 to 4-methylene-1,3-oxazolidin-2-ones under solvent-free conditions. Synth Commun, 2011,41（6）: 858-863.

[195] Jiang H, Zhao J, Wang A. An efficient and eco-friendly process for the conversion of carbon dioxide into oxazolones and oxazolidinones under supercritical conditions. Synthesis, 2008,2008 (05): 763-769.

[196] Jiang H F, Zhao J W. Silver-catalyzed activation of internal propargylic alcohols in supercritical carbon dioxide: efficient and eco-friendly synthesis of 4-alkylidene-1,3-oxazolidin-2-ones. Tetrahedron Lett, 2009,50 (1): 60-62.

[197] Nomura R, Yamamoto M, Matsuda H. Preparation of cyclic ureas from carbon dioxide and diamines catalyzed by triphenylstibine oxide. Ind Eng Chem Res, 1987,26 (6): 1056-1059.

[198] Kodaka M, Tomohiro T, Lee A L, et al. Carbon dioxide fixation forming oxazolidone coupled with a thiol/Fe_4S_4 cluster redox system. Chem Commun, 1989, (19): 1479-1481.

[199] Kodaka M, Tomohiro T, Okuno H. The mechanism of the mitsunobu reaction and its application to CO_2 fixation. Chem Commun, 1993, (1): 81-82.

[200] Dinsmore C J, Mercer S P. Carboxylation and mitsunobu reaction of amines to give carbamates: retention vs inversion of configuration is substituent-dependent. Org Lett, 2004,6 (17): 2885-2888.

[201] Kubota Y, Kodaka M, Tomohiro T, et al. Formation of cyclic urethanes from amino alcohols and carbon dioxide using phosphorus (III) reagents and halogenoalkanes. J Chem Soc, Perkin Trans 1, 1993, (1): 5-6.

[202] Tominaga K I, Sasaki Y. Synthesis of 2-oxazolidinones from CO_2 and 1,2-aminoalcohols catalyzed by *n*-Bu_2SnO. Synlett, 2002 (02): 307-309.

[203] Pulla S, Felton C M, Gartia Y, et al. Synthesis of 2-oxazolidinones by direct condensation of 2-aminoalcohols with carbon dioxide using chlorostannoxanes. ACS Sustainable Chem Eng, 2013,1 (3): 309-312.

[204] Paz J, Pérez-Balado C, Iglesias B, et al. Carbonylation with CO_2 and phosphorus electrophiles: a convenient method for the synthesis of 2-oxazolidinones from 1,2-amino alcohols. Synlett, 2009,2009 (03): 395-398.

[205] Paz J, Pérez-Balado C, Iglesias B, et al. Carbon dioxide as a carbonylating agent in the synthesis of 2-oxazolidinones, 2-oxazinones, and cyclic ureas: scope and limitations. J Org Chem, 2010,75 (9): 3037-3046.

[206] Juarez R, Concepcion P, Corma A, et al. Ceria nanoparticles as heterogeneous catalyst for CO_2 fixation by ω-aminoalcohols. Chem Commun, 2010,46 (23): 4181-4183.

[207] Bhanage B M, Fujita S I, Ikushima Y, et al. Synthesis of cyclic ureas and urethanes from alkylene diamines and amino alcohols with pressurized carbon dioxide in the absence of catalysts. Green Chem, 2003,5 (3): 340-342.

[208] Casadei M A, Feroci M, Inesi A, et al. The reaction of 1,2-amino alcohols with carbon dioxide in the presence of 2-pyrrolidone electrogenerated base. New synthesis of chiral oxazolidin-2-ones. J Org Chem, 2000,65 (15): 4759-4761.

[209] Feroci M, Gennaro A, Inesi A, et al. Synthesis of chiral oxazolidin-2-ones by 1,2-amino alcohols, carbon dioxide and electrogenerated acetonitrile anion. Tetrahedron Lett, 2002,43 (33): 5863-5865.

[210] Fujita S I, Kanamaru H, Senboku H, et al. Preparation of cyclic urethanes from amino alcohols and carbon dioxide using ionic liquid catalysts with alkali metal promoters. Int J Mol Sci, 2006,7 (10): 438-450.

[211] Willis M C, Snell R H, Fletcher A J, et al. Tandem palladium-catalyzed urea arylation-intramolecular ester amidation: regioselective synthesis of 3-alkylated 2,4-quinazolinediones. Org Lett, 2006,8 (22): 5089-5091.

[212] Shi D Q, Dou G L, Li Z Y, et al. An efficient synthesis of quinazoline-2,4-dione derivatives with the aid of a low-valent titanium reagent. Tetrahedron, 2007, 63 (39): 9764-9773.

[213] Mizuno T, Okamoto N, Ito T, et al. Synthesis of 2,4-dihydroxyquinazolines using carbon dioxide in the presence of DBU under mild conditions. Tetrahedron Lett, 2000,41 (7): 1051-1053.

[214] Mizuno T, Ishino Y. Highly efficient synthesis of 1*H*-quinazoline-2,4-diones using carbon dioxide in the presence of catalytic amount of DBU. Tetrahedron, 2002,58 (16): 3155-3158.

[215] Mizuno T, Iwai T, Ishino Y. The simple solvent-free synthesis of 1*H*-quinazoline-2,4-diones using supercritical carbon dioxide and catalytic amount of base. Tetrahedron Lett, 2004,45 (38): 7073-7075.

[216] Mizuno T, Mihara M, Nakai T, et al. Solvent-free synthesis of quinazoline-2,4(1*H*,3*H*)-diones using carbon dioxide and a catalytic amount of DBU. Synthesis, 2007,2007 (16): 2524-2528.

[217] MiyataT, Mizuno T, Nagahama Y, et al. Facile synthesis of 2,4-dioxo-1,2,3,4-tetrahydroquinazolines by sulfur-assisted carbonylation with carbon monoxide. Heteroat Chem, 1991,2 (4): 473-475.

[218] Gao J, He L N, Miao C X, et al. Chemical fixation of CO_2: efficient synthesis of quinazoline-2,4(1*H*, 3*H*)-diones catalyzed by guanidines under solvent-free conditions. Tetrahedron, 2010,66 (23): 4063-4067.

[219] Zhao Y, Yu B, Yang Z, et al. A protic ionic liquid catalyzes CO_2 conversion at atmospheric pressure and room temperature: synthesis of quinazoline-2,4(1*H*,3*H*)-diones. Angew Chem Int Ed, 2014,53 (23): 5922-5925.

[220] Patil Y P, Tambade P J, Jagtap S R, et al. Cesium carbonate catalyzed efficient synthesis of quinazoline-2,4(1*H*,3*H*)-diones using carbon dioxide and 2-aminobenzonitriles. Green Chem Lett Rev, 2008,1 (2): 127-132.

[221] Nagai D, Endo T. Synthesis of 1*H*-quinazoline-2,4-diones from 2-aminobenzonitriles by fixation of carbon dioxide with amidine moiety supported polymer at atmospheric pressure. J Polym Sci, Part A: Polym Chem, 2009,47 (3): 653-657.

[222] Mampuys P, Neumann H, Sergeyev S, et al. Combining isocyanides with carbon dioxide in palladium-catalyzed heterocycle synthesis: N_3-substituted quinazoline-2,4(1*H*,3*H*)-diones via a three-component reaction. ACS Catal, 2017,7 (8): 5549-5556.

[223] Fournier J, Bruneau C, Dixneuf P H, et al. Ruthenium-catalyzed synthesis of symmetrical *N,N'*-dialkylureas directly from carbon dioxide and amines. J Org Chem, 1991,56 (14): 4456-4458.

[224] Porwanski S, Menuel S, Marsura X, et al. The modified 'phosphine imide' reaction: a safe and soft alternative ureas synthesis. Tetrahedron Lett, 2004,45 (26): 5027-5029.

[225] Tai C C, Huck M J, McKoon E P, et al. Low-temperature synthesis of tetraalkylureas from secondary amines and carbon dioxide. J Org Chem, 2002,67 (25): 9070-9072.

[226] Nomura R, Hasegawa Y, Ishimoto M, et al. Carbonylation of amines by carbon dioxide in the presence of an organoantimony catalyst. J Org Chem, 1992,57 (26): 7339-7342.

[227] Peterson S L, Stucka S M, Dinsmore C J. Parallel synthesis of ureas and carbamates from amines and CO_2 under mild conditions. Org Lett, 2010,12 (6): 1340-1343.

[228] Jiang T, Ma X, Zhou Y, et al. Solvent-free synthesis of substituted ureas from CO_2 and amines with a functional ionic liquid as the catalyst. Green Chem, 2008,10 (4): 465-469.

[229] Shi F, Deng Y, SiMa T, et al. Alternatives to phosgene and carbon monoxide: synthesis of symmetric urea derivatives with carbon dioxide in ionic liquids. Angew Chem Int Ed, 2003,42 (28): 3257-3260.

[230] Li J, Guo X, Wang L, et al. $Co(acac)_3$/BMMImCl as a base-free catalyst system for clean syntheses of *N,N'*-disubstituted ureas from amines and CO_2. Sci China Chem, 2010,53 (7): 1534-1540.

[231] Ion A, Parvulescu V, Jacobs P, et al. Synthesis of symmetrical or asymmetrical urea compounds from CO_2 via base catalysis. Green Chem, 2007,9 (2): 158-161.

[232] Kong D L, He L N, Wang J Q. Synthesis of urea derivatives from CO_2 and amines catalyzed by polyethylene glycol supported potassium hydroxide without dehydrating agents. Synlett, 2010 (08): 1276-1280.

[233] Fuchter M J, Smith C J, Tsang M W S, et al. Clean and efficient synthesis of *O*-silylcarbamates and ureas in supercritical carbon dioxide. Chem Commun, 2008, (18): 2152-2154.

[234] Xu M, Jupp A R, Stephan D W. Stoichiometric reactions of CO_2 and indium-silylamides and catalytic synthesis of ureas. Angew Chem Int Ed, 2017,56 (45): 14277-14281.

[235] Fujita S I, Bhanage B M, Arai M. Synthesis of *N,N'*-disubstituted urea from ethylene carbonate and amine using CaO. Chem Lett, 2004,33 (6): 742-743.

[236] Jagtap S R, Patil Y P, Panda A G, et al. Synthesis of 1,3-disubstituted symmetrical/unsymmetrical ureas via Cs_2CO_3-catalyzed transamination of ethylene carbonate and primary amines. Synth Commun, 2009,39 (12): 2093-2100.

[237] Saliu F, Rindone B. Organocatalyzed synthesis of ureas from amines and ethylene carbonate. Tetrahedron Lett, 2010,51 (48): 6301-6304.

[238] Ballini R, Fiorini D, Maggi R, et al. TBD-catalysed solventless synthesis of symmetrically *N,N'*-substituted ureas from primary amines and diethyl carbonate. Green Chem, 2003,5 (4): 396-398.

[239] Han C, Jr P C. Synthesis of carbamates and ureas using Zr(Ⅳ)-catalyzed exchange processes. Org Lett, 2007,9 (8): 1517-1520.

[240] Fu Y, Baba T, Ono Y. Carbonylation of *o*-phenylenediamine and *o*-aminophenol with dimethyl carbonate using lead compounds as catalysts. J Catal, 2001,197 (1): 91-97.

[241] Nale D B, Bhanage B M. Copper-catalyzed efficient synthesis of a 2-benzimidazolone scaffold from 2-nitroaniline and dimethyl carbonate via a hydrosilylation reaction. Green Chem, 2015,17 (4): 2480-2486.

[242] Seki T, Ikariya T. *In situ* diffuse reflectance infrared fourier transform spectroscopy of MCM-41 mesoporous silica: mechanistic consideration on the chemical fixation of CO_2 with *N,N'*-dimethylethylenediamine to 1,3-dimethyl-2-imidazolidinone. Phys Chem Chem Phys, 2009,11 (43): 10073-10079.

[243] Yu B, Zhang H Y, Zhao Y F, et al. DBU-based ionic-liquid-catalyzed carbonylation of *o*-phenylenediamine with CO_2 to 2-benzimidazolonesunde solvent-free conditions . ACS Catal, 2013, 3: 2076-2082.

[244] Yu B, Zhang H Y, Zhao Y F, et al. Cyclization of *o*-phenylenediamines by CO_2 in the presence of H_2 for the synthesis of benzimidazoles. Green Chem, 2013,15 (1): 95-99.

[245] Hao L D, Zhao Y F, Yu B, et al. Au catalyzed synthesis of benzimidazoles from 2-nitroanilines and CO_2/H_2. Green Chem, 2014,16 (6): 3039-3044.

[246] Gao X, Yu B, Yang Z, et al. Ionic liquid-catalyzed C—S bond construction using CO_2 as a C_1 building block under mild conditions: a metal-free route to synthesis of benzothiazoles. ACS Catal, 2015,5 (11): 6648-6652.

[247] Solomons T W G, Fryhle C B. Organic Chemistry. 10th ed. Hoboken: John Wiley and Sons Inc, 2011.

[248] Shi M, Nicholas K M. Palladium-catalyzed carboxylation of allyl stannanes. J Am Chem Soc, 1997,119 (21): 5057-5058.

[249] Ohishi T, Nishiura M, Hou Z. Carboxylation of organoboronic esters catalyzed by *N*-heterocyclic carbene copper(Ⅰ) complexes. Angew Chem Int Ed, 2008,47 (31): 5792-5795.

[250] Ohishi T, Zhang L, Nishiura M, et al. Carboxylation of alkylboranes by *N*-heterocyclic carbene copper catalysts: synthesis of carboxylic acids from terminal alkenes and carbon dioxide. Angew Chem Int Ed, 2011,50 (35): 8114-8117.

[251] Riss P J, Lu S, Telu S, et al. Cu(Ⅰ)-catalyzed ^{11}C carboxylation of boronic acid esters: a rapid and convenient entry to ^{11}C-labeled carboxylic acids, esters, and amides. Angew Chem Int Ed, 2012,51 (11): 2698-2702.

[252] Yeung C S, Dong V M. Beyond aresta's complex: Ni- and Pd-catalyzed organozinc coupling with CO_2. J Am Chem Soc, 2008,130 (25): 7826-7827.

[253] Kobayashi K, Kondo Y. Transition-metal-free carboxylation of organozinc reagents using CO_2 in DMF solvent. Org Lett, 2009,11 (9): 2035-2037.

[254] Lapidus A, Pirozhkov S, Koryakin A. Catalytic synthesis of propionic acid by carboxylation of ethylene with carbon dioxide. Russ Chem Bull, 1978,27 (12): 2513-2515.

[255] Inoue Y, Hibi T, Satake M, et al. Reaction of methylenecyclopropanes with carbon dioxide catalysed by palladium(0) complexes. Synthesis of five-membered lactones. J Chem Soc, Chem Commun, 1979,(22): 982-982.

[256] Hoberg H, Peres Y, Krüger C, et al. A 1-oxa-2-nickela-5-cyclopentanone from ethene and carbon dioxide: preparation, structure, and reactivity. Angew Chem Int Ed, 1987,26 (8): 771-773.

[257] Karsch H H. Funktionelle trimethylphosphinderivate, III. ambivalentes verhalten von tetrakis (trimethylphosphin) eisen: reaktion mit CO_2. Chem Ber, 1977,110 (6): 2213-2221.

[258] Hoberg H, Jenni K, Krüger C, et al. CC-Coupling of CO_2 and butadiene on iron(0) complexes–a novel route to α,ω-dicarboxylic acids. Angew Chem Int Ed, 1986,25 (9): 810-811.

[259] Graham D C, Mitchell C, Bruce M I, et al. Production of acrylic acid through nickel-mediated coupling of ethylene and carbon dioxide–a DFT study. Organometallics, 2007,26 (27): 6784-6792.

[260] Fischer R, Langer J, Malassa A, et al. A key step in the formation of acrylic acid from CO_2 and ethylene: the transformation of a nickelalactone into a nickel-acrylate complex. Chem Commun, 2006,(23): 2510-2512.

[261] Bruckmeier C, Lehenmeier M W, Reichardt R, et al. Formation of methyl acrylate from CO_2 and ethylene via methylation of nickelalactones. Organometallics, 2010,29 (10): 2199-2202.

[262] Lejkowski M L, Lindner R, Kageyama T, et al. The first catalytic synthesis of an acrylate from CO_2 and an alkene–a rational approach. Chem Eur J, 2012,18 (44): 14017-14025.

[263] Williams C M, Johnson J B, Rovis T. Nickel-catalyzed reductive carboxylation of styrenes using CO_2. J Am Chem Soc, 2008,130 (45): 14936-14937.

[264] Shirakawa E, Ikeda D, Masui S, et al. Iron-copper cooperative catalysis in the reactions of alkyl grignard reagents: exchange reaction with alkenes and carbometalation of alkynes. J Am Chem Soc, 2012,134 (1): 272-279.

[265] Greenhalgh M D, Thomas S P. Iron-catalyzed, highly regioselective synthesis of α-aryl carboxylic acids from styrene derivatives and CO_2. J Am Chem Soc, 2012, 134 (29): 11900-11903.

[266] Zhang W Z, Yang M W, Lu X B. Carboxylative cyclization of substituted propenyl ketones using CO_2: transition-metal-free synthesis of α-pyrones. Green Chem, 2016,18 (15): 4181-4184.

[267] Tortajada A, Ninokata R, Martin R. Ni-catalyzed site-selective dicarboxylation of 1,3-dienes with CO_2. J Am Chem Soc, 2018,140 (6): 2050-2053.

[268] Manjolinho F, Arndt M, Gooßen K, et al. Catalytic C—H carboxylation of terminal alkynes with carbon dioxide. ACS Catal, 2012,2 (9): 2014-2021.

[269] Abbott T W. Phenylpropiolic acid. Org Synth, 1932, 12: 60-61.

[270] Yu D Y, Zhang Y G. Copper- and copper-*N*-heterocyclic carbene-catalyzed C—H activating carboxylation of terminal alkynes with CO_2 at ambient conditions. Proc Nat Acad Sci, 2010,107 (47): 20184-20189.

[271] Yu D Y, Tan M X, Zhang Y G. Carboxylation of terminal alkynes with carbon dioxide catalyzed by poly(*N*-heterocyclic carbene)-supported silver nanoparticles. Adv Synth Catal, 2012,354 (6): 969-974.

[272] Gooßen L J, Rodríguez N, Manjolinho F, et al. Synthesis of propiolic acids via copper-catalyzed insertion of carbon dioxide into the C—H bond of terminal alkynes. Adv Synth Catal, 2010,352 (17): 2913-2917.

[273] Zhang X, Zhang W Z, Ren X, et al. Ligand-free Ag(Ⅰ)-catalyzed carboxylation of terminal alkynes with CO_2. Org Lett, 2011,13 (9): 2402-2405.

[274] Arndt M, Risto E, Krause T, et al. C—H carboxylation of terminal alkynes catalyzed by low loadings of silver(Ⅰ)/DMSO at ambient CO_2 pressure. ChemCatChem, 2012,4 (4): 484-487.

[275] Yu D Y, Zhang Y G. The direct carboxylation of terminal alkynes with carbon dioxide. Green Chem, 2011,13 (5): 1275-1279.

[276] Fukue Y, Oi S, Inoue Y. Direct synthesis of alkyl 2-alkynoates from alk-1-ynes, CO_2, and bromoalkanes catalysed by copper(Ⅰ) or silver(Ⅰ) salt. J Chem Soc, Chem Commun, 1994, (18): 2091.

[277] Chinchilla R, Najera C. Recent advances in Sonogashira reactions. Chem Soc Rev, 2011,40 (10): 5084-5121.

[278] Zhang W Z, Li W J, Zhang X, et al. Cu(Ⅰ)-catalyzed carboxylative coupling of terminal alkynes, allylic chlorides, and CO_2. Org Lett, 2010,12 (21): 4748-4751.

[279] Inamoto K, Asano N, Kobayashi K, et al. A copper-based catalytic system for carboxylation of terminal alkynes: synthesis of alkyl 2-alkynoates. Org Biomol Chem, 2012,10: 1514-1516.

[280] Yonemoto-Kobayashi M, Inamoto K, Tanaka Y, et al. Carboxylation of alkynylsilanes with carbon dioxide mediated by cesium fluoride in DMSO. Org Biomol Chem, 2013,11 (23): 3773-3775.

[281] Zhang X, Zhang W Z, Shi L L, et al. Ligand-free Ag(Ⅰ)-catalyzed carboxylative coupling of terminal alkynes, chloride compounds, and CO_2. Tetrahedron, 2012,68 (44): 9085-9089.

[282] Galindo A, Pastor A, Perez P J, et al. Bis(ethylene) complexes of molybdenum and tungsten and their reactivity toward carbon dioxide. New examples of acrylate formation by coupling of ethylene and carbon dioxide. Organometallics, 1993,12 (11): 4443-4451.

[283] Pápai I, Schubert G, Mayer I, et al. Mechanistic details of nickel(0)-assisted oxidative coupling of CO_2 with C_2H_4. Organometallics, 2004,23 (22): 5252-5259.

[284] Stieber S C E, Huguet N, Kageyama T, et al. Acrylate formation from CO_2 and ethylene: catalysis with palladium and mechanistic insight. Chem Commun, 2015,51 (54): 10907-10909.

[285] Saito S, Nakagawa S, Koizumi T, et al. Nickel-mediated regio- and chemoselective carboxylation of alkynes in the presence of carbon dioxide. J Org Chem, 1999,64 (11): 3975-3978.

[286] Duñach E, Périchon J. Electrochemical carboxylation of terminal alkynes catalyzed by nickel complexes: unusual regioselectivity. J Organomet Chem, 1988,352 (1-2): 239-246.

[287] Derien S, Dunach E, Perichon J. From stoichiometry to catalysis: electroreductive coupling of alkynes and carbon dioxide with nickel-bipyridine complexes. Magnesium ions as the key for catalysis. J Am Chem Soc, 1991,113 (22): 8447-8454.

[288] Dérien S, Clinet J C, Duñach E, et al. Electrochemical incorporation of carbon dioxide into alkenes by nickel complexes. Tetrahedron, 1992,48 (25): 5235-5248.

[289] Aoki M, Kaneko M, Izumi S, et al. Bidentate amidine ligands for nickel(0)-mediated coupling of carbon dioxide with unsaturated hydrocarbons. Chem Commun, 2004, (22): 2568-2569.

[290] Murakami M, Ishida N, Miura T. Synthesis of β-amino acid derivatives by nickel(0)-mediated sequential addition of carbon dioxide and dibenzoyldiazene onto unsaturated hydrocarbons. Chem Lett, 2007,36 (3): 476-477.

[291] Takimoto M, Shimizu K, Mori M. Nickel-promoted alkylative or arylative carboxylation of alkynes. Org Lett, 2001,3 (21): 3345-3347.

[292] Shimizu K, Takimoto M, Sato Y, et al. Nickel-catalyzed regioselective synthesis of tetrasubstituted alkene using alkylative carboxylation of disubstituted alkyne. Org Lett, 2005,7 (2): 195-197.

[293] Shimizu K, Takimoto M, Mori M. Novel synthesis of heterocycles having a functionalized carbon center via nickel-mediated carboxylation: total synthesis of erythrocarine. Org Lett, 2003,5 (13): 2323-2325.

[294] Fujihara T, Xu T, Semba K, et al. Copper-catalyzed hydrocarboxylation of alkynes using carbon dioxide and hydrosilanes. Angew Chem Int Ed, 2011,50 (2): 523-527.

[295] Six Y. Titanium-mediated carboxylation of alkynes with carbon dioxide. Eur J Org Chem, 2003,2003 (7): 1157-1171.

[296] Gaillard S, Slawin A M Z, Nolan S P. A *N*-heterocyclic carbene gold hydroxide complex: a golden synthon. Chem Commun, 2010,46 (16): 2742-2744.

[297] Lu P, Boorman T C, Slawin A M Z, et al. Gold(Ⅰ)-mediated C—H activation of arenes. J Am Chem Soc, 2010,132 (16): 5580-5581.

[298] Boogaerts I I F, Nolan S P. Carboxylation of C—H bonds using *N*-heterocyclic carbene gold(Ⅰ) complexes. J Am Chem Soc, 2010,132 (26): 8858-8859.

[299] Boogaerts I I F, Fortman G C, Furst M R L, et al. Carboxylation of N—H/C—H bonds using *N*-heterocyclic carbene copper(Ⅰ) complexes. Angew Chem Int Ed, 2010,49 (46): 8674-8677.

[300] Zhang L, Cheng J, Ohishi T, et al. Copper-catalyzed direct carboxylation of C—H bonds with carbon dioxide. Angew Chem Int Ed, 2010,49 (46): 8670-8673.

[301] Inomata H, Ogata K, Fukuzawa S I, et al. Direct C—H carboxylation with carbon dioxide using 1,2,3-triazol-5-ylidene copper(Ⅰ) complexes. Org Lett, 2012,14 (15): 3986-3989.

[302] Vechorkin O, Hirt N, Hu X L. Carbon dioxide as the C_1 source for direct C—H functionalization of aromatic heterocycles. Org Lett, 2010,12 (15): 3567-3569.

[303] Nemoto K, Onozawa S, Egusa N, et al. Carboxylation of indoles and pyrroles with CO_2 in the presence of dialkylaluminum halides. Tetrahedron Lett, 2009,50 (31): 4512-4514.

[304] Nemoto K, Onozawa S, Konno M, et al. Direct carboxylation of thiophenes and benzothiophenes with the aid of $EtAlCl_2$. Bull Chem Soc Jpn, 2012,85 (3): 369-371.

[305] Yoo W J, Capdevila M G, Du X, et al. Base-mediated carboxylation of unprotected indole derivatives with carbon dioxide. Org Lett, 2012,14 (20): 5326-5329.

[306] Bergman J, Venemalm L. Efficient synthesis of 2-chloro-, 2-bromo-, and 2-iodoindole. J Org Chem, 1992,57 (8): 2495-2497.

[307] Inamoto K, Asano N, Nakamura Y, et al. Synthesis of 3-carboxylated indoles through a tandem process involving cyclization of 2-ethynylanilines followed by CO_2 fixation in the absence of transition metal catalysts. Org Lett, 2012,14 (10): 2622-2625.

[308] Li S H, Ma S M. Quadri-synergetic effect for highly effective carbon dioxide fixation and its application to indoloquinolinone. Adv Synth Catal, 2012,354 (13): 2387-2394.

[309] Olah G A, Török B, Joschek J P, et al. Efficient chemoselective carboxylation of aromatics to arylcarboxylic acids with a superelectrophilically activated carbon dioxide-Al_2Cl_6/Al system. J Am Chem Soc, 2002,124 (38): 11379-11391.

[310] Munshi P, Beckman E J. Effect of incubation of CO_2 and lewis acid on the generation of toluic acid from toluene and CO_2. Ind Eng Chem Res, 2008,48 (2): 1059-1062.

[311] Suzuki Y, Hattori T, Okuzawa T, et al. Lewis acid-mediated carboxylation of fused aromatic compounds with carbon dioxide. Chem Lett, 2002,31 (1): 102-103.

[312] Mizuno H, Takaya J, Iwasawa N. Rhodium(Ⅰ)-catalyzed direct carboxylation of arenes with CO_2 via chelation-assisted C—H bond activation. J Am Chem Soc, 2011,133 (5): 1251-1253.

[313] Lindsey A S, Jeskey H. The Kolbe-Schmitt reaction. Chem Rev, 1957,57 (4): 583-620.

[314] Bottaccio G, Chiusoli G. A new method for carboxylating active methylene groups with carbon dioxide. Chem Commun, 1966,(17): 618.

[315] Haruki E, Arakawa M, Matsumura N, et al. Carboxylation of active methylene compounds using the reagent of 1,8-diazabicyclo(5.4.0)-7-undecene and carbon dioxide. Chem Lett, 1974,3 (5): 427-428.

[316] Mori H. Mechanism of the carboxylation of cyclohexanone with carbon dioxide catalyzed by 1,8-diazabicyclo [5.4.0] undec-7-ene. Bull Chem Soc Jpn, 1988,61 (2): 435-439.

[317] Flowers B J, Gautreau-Service R, Jessop P G. β-Hydroxycarboxylic acids from simple ketones by carboxylation and asymmetric hydrogenation. Adv Synth Catal, 2008,350 (18): 2947-2958.

[318] Abe H, Inoue S. Lanthanoid complex as a novel carbon dioxide carrier for the carboxylation of active methylene compounds under mild conditions. J Chem Soc, Chem Commun, 1994,(10): 1197-1198.

[319] Annibale V T, Song D. Reversible formal insertion of CO_2 into a remote C—H bond of a ligand in a Ru(II) complex at room temperature. Chem Commun, 2012,48 (44): 5416-5418.

[320] Langer J, Fabra M J, Garcia-Orduna P, et al. A C—H activation-CO_2-carboxylation reaction sequence mediated by an 'iridium(dppm)' species. Formation of the anionic ligand $(Ph_2P)_2C$—COOH. Chem Commun, 2008,(39): 4822-4824.

[321] Michigami K, Mita T, Sato Y. Cobalt-catalyzed allylic C(sp^3)—H carboxylation with CO_2. J Am Chem Soc, 2017,139 (17): 6094-6097.

[322] Wang X, Liu Y, Martin R. Ni-catalyzed divergent cyclization/carboxylation of unactivated primary and secondary alkyl halides with CO_2. J Am Chem Soc, 2015,137 (20): 6476-6479.

[323] Börjesson M, Moragas T, Martin R. Ni-catalyzed carboxylation of unactivated alkyl chlorides with CO_2. J Am Chem Soc, 2016,138 (24): 7504-7507.

[324] Cacchi S, Fabrizi G, Goggiamani A. Palladium-catalyzed hydroxycarbonylation of aryl and vinyl halides or triflates by acetic anhydride and formate anions. Org Lett, 2003,5 (23): 4269-4272.

[325] Sergeev A G, Spannenberg A, Beller M. Palladium-catalyzed formylation of aryl bromides: elucidation of the catalytic cycle of an industrially applied coupling reaction. J Am Chem Soc, 2008,130 (46): 15549-15563.

[326] Neumann H, Kadyrov R, Wu X F, et al. Palladium-catalyzed reductive carbonylation of aryl bromides with phosphinite ligands. Chem-Asian J, 2012,7 (10): 2213-2216.

[327] Ueda T, Konishi H, Manabe K. Palladium-catalyzed reductive carbonylation of aryl halides with *N*-formylsaccharin as a CO source. Angew Chem Int Ed, 2013,52 (33): 8611-8615.

[328] Jiang X, Wang J M, Zhang Y, et al. Palladium-catalyzed formylation of aryl halides with tert-butyl isocyanide. Org Lett, 2014,16 (13): 3492-3495.

[329] Natte K, Dumrath A, Neumann H, et al. Palladium-catalyzed carbonylations of aryl bromides using paraformaldehyde: synthesis of aldehydes and esters. Angew Chem Int Ed, 2014,53 (38): 10090-10094.

[330] Yu B, Yang Z, Zhao Y, et al. An efficient and general method for formylation of aryl bromides with CO_2 and poly(methylhydrosiloxane). Chem Eur J, 2016,22 (3): 1097-1102.

第 4 章 电催化二氧化碳化学转化

电催化 CO_2 化学转化制备能源产品和化学品是 CO_2 资源化利用的重要途径。与传统的热催化化学转化相比，电催化 CO_2 转化有诸多优势，如反应在温和条件下进行，并可通过电位改变控制反应速率和产物选择性；电解液可以循环使用，减少了化学品的消耗和废液的产生；所需电能可由风能、太阳能、潮汐能等可再生能源提供，反应过程绿色、清洁等。因此，电催化还原 CO_2 制能源产品和电催化 CO_2 合成化学品已经引起了人们的广泛关注[1-4]。尤其，随着纳米科技和材料科学的发展，涌现了众多新型电催化材料，实现了 CO_2 的高效转化，获得不同种类的能源产品和化学品[5]，电催化 CO_2 转化成为 CO_2 资源化利用的重要手段。

4.1 电化学还原 CO_2 制备能源产品

4.1.1 电化学还原 CO_2 的基本原理

电化学还原 CO_2 (electrochemical CO_2 reduction，ECR) 是溶液中的 CO_2 分子或者 CO_2 溶剂化离子从电极表面获得电子而发生还原反应的过程，是一个涉及多电子转移的多步反应过程，包括 CO_2 在阴极表面的吸附、阴极表面的电子转移及产物从电极表面的脱附过程。ECR 反应的原理示意图如图 4.1 所示，电解池的阴极和阳极用质子交换膜分隔开来，在阴极上发生 CO_2 的还原反应，而阳极上发生水氧化析氧反应，同时产生 H^+。H^+ 在电场作用下，透过质子交换膜，迁移到阴极，为 CO_2 的还原反应提供氢源。从热力学角度来看，在不同的电位下进行 ECR 反应，可发生不同的多电子转移反应，包括两电子、四电子、六电子、八电子等的转移，而生成不同的还原产物。目前，报道的 ECR 还原产物主要包括一氧化碳、甲酸、甲醇、甲醛、甲烷、乙烯、乙醇、乙酸盐等。生成这些产物的电化学半反应 (half-reaction) 见表 4.1。

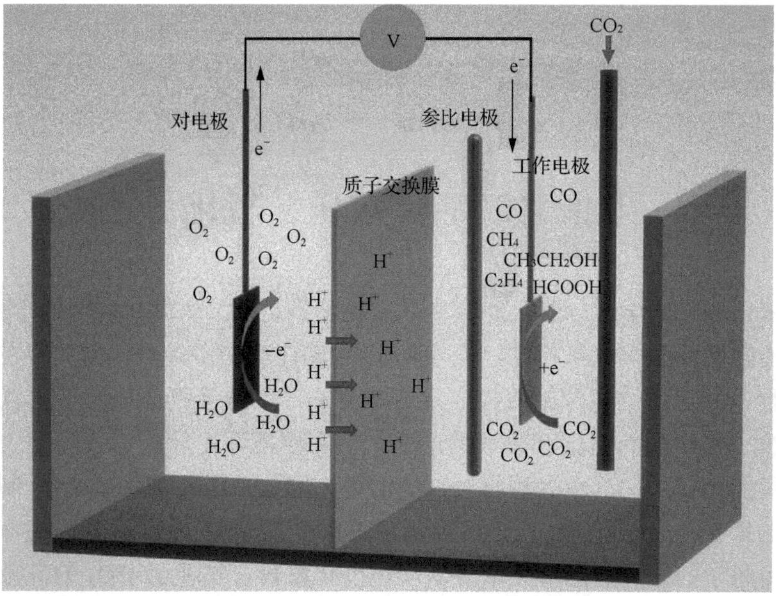

图 4.1　电化学还原 CO_2 原理示意图

表 4.1　25℃、1.0atm 条件下，水溶液中 CO_2 还原制备不同产物的标准电位

电化学半反应	标准状态下的反应电位(V vs. SHE)[a]
CO_2 (g) + $4H^+$ + $4e^-$ ══ C (s) + $2H_2O$ (l)	0.210
CO_2 (g) + $2H_2O$ (l) + $4e^-$ ══ C (s) + $4OH^-$	–0.627
CO_2 (g) + $2H^+$ + $2e^-$ ══ HCOOH (l)	–0.250
CO_2 (g) + $2H_2O$ (l) + $2e^-$ ══ $HCOO^-$ (aq) + OH^-	–1.078
CO_2 (g) + H^+ + $2e^-$ ══ CO (g) + OH^-	–0.106
CO_2 (g) + H_2O (l) + $2e^-$ ══ CO (g) + $2OH^-$	–0.934
CO_2 (g) + $4H^+$ + $4e^-$ ══ CH_2O (l) + H_2O (l)	–0.070
CO_2 (g) + $3H_2O$ (l) + $4e^-$ ══ CH_2O (l) + $4OH^-$	–0.898
CO_2 (g) + $6H^+$ + $6e^-$ ══ CH_3OH (l) + H_2O (l)	0.016
CO_2 (g) + $5H_2O$ (l) + $6e^-$ ══ CH_3OH (l) + $6OH^-$	–0.812
CO_2 (g) + $8H^+$ + $8e^-$ ══ CH_4 (g) + $2H_2O$ (l)	0.169
CO_2 (g) + $6H_2O$ (l) + $8e^-$ ══ CH_4 (g) + $8OH^-$	–0.659
$2CO_2$ (g) + $2H^+$ + $2e^-$ ══ $H_2C_2O_4$ (aq)	–0.500
$2CO_2$ (g) + $2e^-$ ══ $C_2O_4^{2-}$ (aq)	–0.590
$2CO_2$ (g) + $12H^+$ + $12e^-$ ══ CH_2CH_2 (g) + $4H_2O$ (l)	0.064
$2CO_2$ (g) + $8H_2O$ (l) + $12e^-$ ══ CH_2CH_2 (g) + $12OH^-$	–0.764
$2CO_2$ (g) + $12H^+$ + $12e^-$ ══ CH_3CH_2OH (l) + $3H_2O$ (l)	0.084
$2CO_2$ (g) + $9H_2O$ (l) + $12e^-$ ══ CH_3CH_2OH (l) + $12OH^-$	–0.744

a.vs. SHE 表示相对标准氢电极，作参比电极。

大量研究表明，ECR 反应中，电流密度、产物种类和选择性在很大程度上取决于电极材料和还原电位。CO_2 电催化还原经历不同的反应路径，生成不同的产物。

(1)生成 CO 的反应路径(图 4.2)。首先，CO_2 在电极(如 Au、Ag、Zn 和 Cu 等)表面捕获电子，生成 CO_2^-中间体，然后发生质子转移生成·COOH 中间体，进一步还原生成 CO。其决速步既可能是电子转移过程，也可能是质子转移过程，取决于电催化材料的电子传输性能和材料的表面结构。

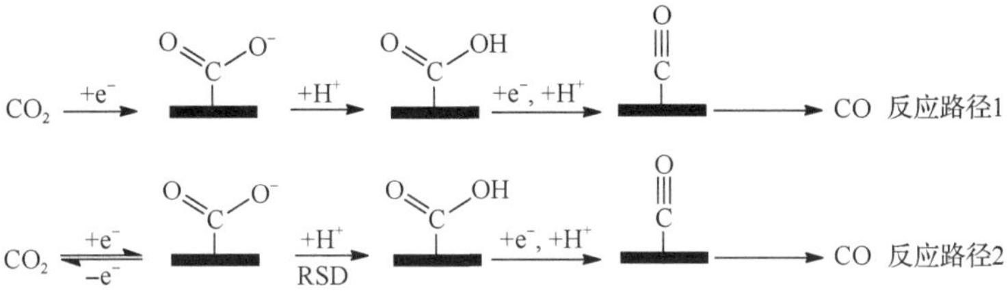

图 4.2　CO_2 还原生成 CO 的反应路径

(2)生成 HCOOH 的反应路径(图 4.3)。与生成 CO 的路径类似，在电极(如 Cd、Sn、In、Pb、Tl 和 Hg 等)表面先产生 CO_2^-中间体，再经过质子转移生成·COOH 中间体，然后进一步发生质子转移，最终生成 HCOOH。

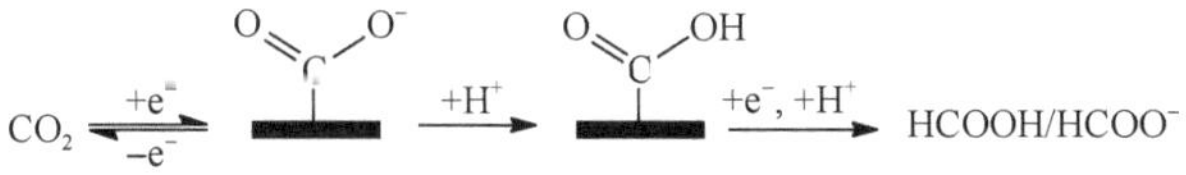

图 4.3　CO_2 还原生成 HCOOH/$HCOO^-$的反应路径

(3)生成多电子还原产物的反应路径(图 4.4)。多电子产物的生成经历复杂的反应路径。首先，CO_2 在电极表面得到电子生成 CO_2^-中间体，再经历质子转移生成·COOH 中间体；然后，经过一系列的电子转移和质子化过程，生成不同的还原产物。CO 也是比较重要的反应中间体，可在更负的电压下被电极再次吸附，并进一步还原为醇类和碳氢化合物。·COOH 中间体在电极表面接受质子，最终生成 HCOOH，而不再参与进一步的还原反应。

对于以上不同反应路径，CO_2^-中间体的形成是在电极表面进一步发生还原反应的决速步。Hori 等最早提出，电子转移过程是 CO_2 在 Cu 电极表面生成乙烯的决速步，而电子转移和质子化过程都可以作为生成甲烷路径的决速步[6]。Schouten 等认为 CO 在电极表面的二聚及第一电子转移过程，是生成乙烯的控制步，而甲酰基中间体的 C—O 键断裂是生成甲醇的决速步[7]。

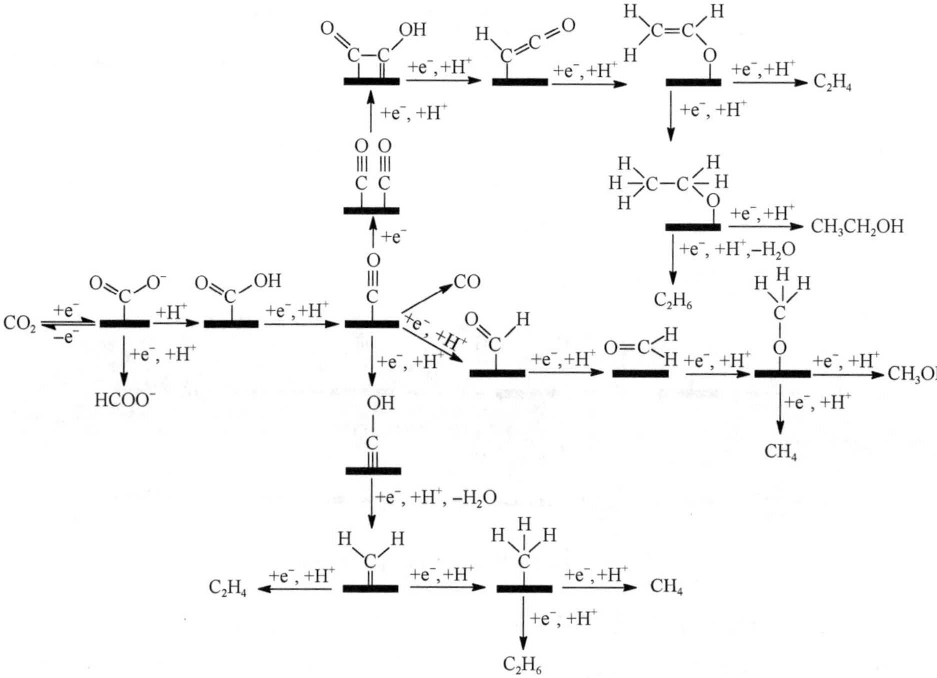

图 4.4 CO_2还原生成多电子产物的反应路径

一般认为 ECR 产物的选择性取决于电催化材料与·CO、CO_2^-、·COOH 等反应中间体之间的结合能。当 CO_2在电极表面被还原为 CO 之后，电极材料与 CO 之间的结合能决定了电催化还原的产物选择性。与 CO 结合能较弱的电极材料，其电催化产物往往具有较高的 CO 选择性。这是因为还原生成的 CO，易脱离电极表面，不再进入下一步的还原反应。与 CO 结合能太强的电极材料，则几乎不产生 CO_2还原产物。因为 CO 在生成之后与表面的金属位点形成强相互作用，而无法进行下一步还原反应。此时，H^+还原占据主导地位，发生析氢反应。与·CO、CO_2^-、·COOH 等反应中间体之间结合能适中的电极材料，由于恰好可稳定中间体，进而促使其生成超过两电子转移的还原产物，还有可能发生 C—C 偶联反应，而得到 C_{2+}产物。

4.1.2 电解液

在电催化中，电解液对 ECR 的电催化效率和产物选择性起重要作用。ECR 采用的电解液，根据所采用的溶剂分为水相电解液和非水相电解液，支持电解质主要为无机盐和离子液体等。

1. 水相电解液

在 CO_2 电催化还原中，水相电解液是最常用的，其组成和 pH 值对反应有重要影响。最理想的电解液 pH 值应该等于或接近 7，而高于或者低于 7 会导致能斯特损失，从而降低包括阴极 CO_2 还原和阳极水氧化反应在内的总体反应的电流效率。随着 CO_2 电还原反应的进行，阴极附近的 pH 值会逐渐升高，而 CO_2 浓度降低，从而造成 ECR 反应的法拉第效率(FE)下降。这一现象对于 C_{2+}产物的生成特别明显。

采用 Cu 电极，研究无机盐(KCl、K_2SO_4、$KClO_4$、$KHCO_3$、磷酸盐)水溶液电解液对 ECR 反应性能的影响，结果表明反应产物与电解液的 pH 值直接相关[8]。当电解液是 KCl、K_2SO_4、$KClO_4$ 及 $KHCO_3$ 稀溶液时(pH=7.0)，反应的主要产物为 C_2H_4 和乙醇；当电解液为磷酸盐缓冲溶液和浓 $KHCO_3$ 溶液时(pH＞7.0)，高选择性获得 CH_4。这是因为浓 $KHCO_3$ 溶液和磷酸盐缓冲溶液具有更强的给质子能力，从而促使产生 CH_4 和 H_2 的法拉第效率升高。

电解液组成影响 ECR 产物选择性。以 $KHCO_3$ 水溶液中 Pd 催化 ECR 反应为例，主要产物为 CO 或甲酸，法拉第效率超过 90%。当 $KHCO_3$ 浓度为 $0.1mol \cdot L^{-1}$ 时，主产物为 CO；而当 $KHCO_3$ 浓度为 $0.5mol \cdot L^{-1}$ 时，主产物变为甲酸。研究者认为，电极表面吸附的质子参与了 CO 转变为 HCOOH 的反应，因此当电解液中 HCO_3^-供给充足时，电极表面对质子的吸附作用增强，因此在高浓度的 $KHCO_3$ 溶液中进行 ECR 反应倾向于生成甲酸[9-12]。

电解液中电解质阳离子对 ECR 反应也有影响。例如，发现 Au 电极表面吸附的 K^+能够稳定电极表面上生成的·COOH 和·CO 中间体，使·COOH 和·CO 中间体中 C 原子表面的电子云密度增高，从而形成更强的 C—Au 作用力，即电极表面吸附的金属阳离子对 CO_2 还原中间体具有电子调控作用[13]。如图 4.5 所示，在还原电位为–1V(vs. RHE)时，随着阳离子半径的增长，CO_2 电催化还原的法拉第效率从 15%增长到了 55%[14]。

电极附近的阳离子水合物的水解作用同样影响 ECR 反应产物选择性。如图 4.5 所示，体积较大的阳离子(如 K^+、Rb^+、Cs^+)形成的水合物可以很容易地在 CO_2 饱和的 HCO_3^-($0.1mol \cdot L^{-1}$)电解液中发生水解，有效缓冲阴极附近的 pH 值升高，从而使电极附近 CO_2 浓度接近体相溶液中的浓度(大约为 $33 \times 10^{-3} mol \cdot L^{-1}$)。然而，相对较小的 Li^+和 Na^+没有这样的作用。金属阳离子对 Ag 和 Cu 电极表面的 ECR 反应产物选择性有重要影响。

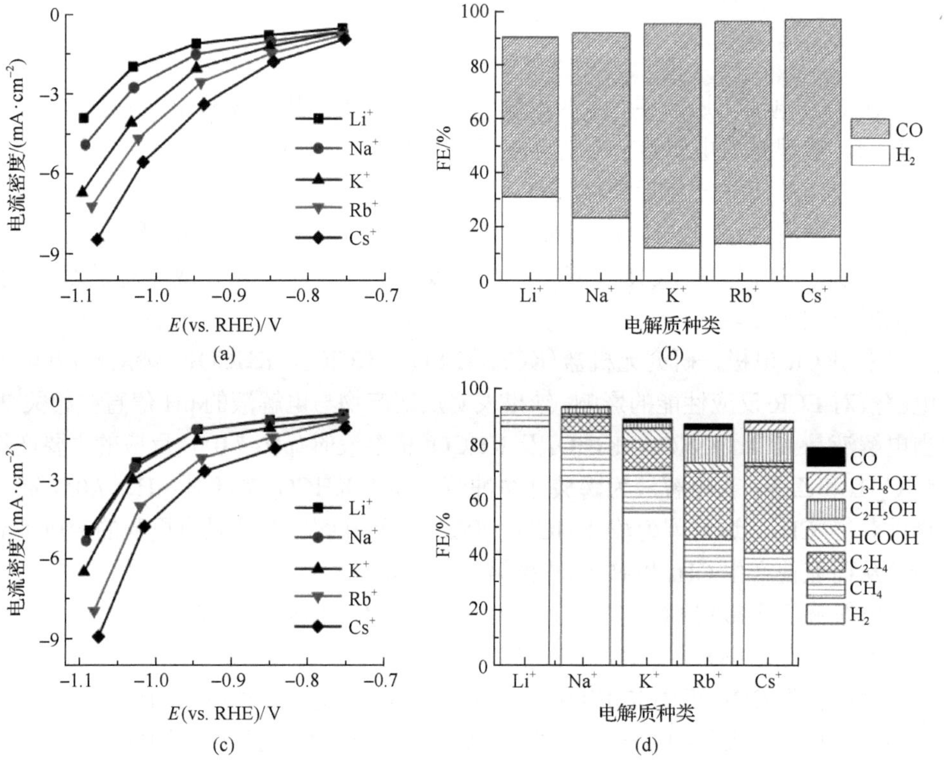

图 4.5 (a)、(b) Ag 电极作为工作电极在–1.0V (vs. RHE) 还原电位下，当使用不同电解质时还原产物的法拉第效率及电流密度分布；(c)、(d) Cu 电极为工作电极在–1.0V (vs. RHE) 还原电位下，当使用不同电解质时还原产物的法拉第效率及电流密度分布

采用水相电解液，电解液中 CO_2 浓度过低和存在析氢反应等缺陷，在很大程度上限制了 CO_2 电催化还原效率和产物选择性。因此，需要新的电解液体系，以克服这些问题。

2. 非水相电解液

非水相电解液通常由有机溶剂和支持电解质组成。相比于水相电解液，其特点在于不仅有效抑制了析氢反应的发生，而且可大幅度提升 CO_2 在电解液中的溶解度，进而提高 CO_2 的电催化还原效率。用于非水相电解液的有机溶剂主要有聚碳酸甲酯 (PC)、乙腈 (MeCN)、*N,N*-二甲基甲酰胺 (DMF)、二甲基亚砜 (DMSO)、甲醇等。常用电解质包括可溶的无机盐和离子液体。在非水相电解液中，可以用少量水作为质子供体，参与电催化还原反应，水含量对 CO_2 溶解度和抑制析氢有重要影响。

与水相电解液类似，非水相电解液的组成对 ECR 反应性能和产物选择性有重要影响。例如，使用 Hg 电极，采用 DMSO 电解液进行 ECR 反应，可得到两电子反应产物 CO 和甲酸[15]；在 DMF 电解液中，获得草酸还原产物[16]；而在 DMF 与水的混合溶剂中进行 ECR 反应，则得到 CO、甲酸和草酸等产物，并且产物分布随着还原电位的降低而变化[17]。

离子液体(ionic liquids, ILs)因具有良好的导电性、较宽的电化学窗口等优点，在电催化领域中受到关注[18-19]。尤其，一些功能 ILs 对 CO_2 有良好的溶解能力，可通过分子间相互作用与 CO_2 形成复合物，而大幅度降低 CO_2 的还原能垒。同时，ILs 的阳离子还可以起到稳定 CO_2^-中间体的作用，有利于促进 CO_2^-的还原反应。Rosen 等[20]首次报道在 1-乙基-3-甲基咪唑四氟硼酸盐($[EMIm]BF_4$)水溶液中，金属 Ag 电极可以高效电催化还原 CO_2 生成 CO。体系中，离子液体阳离子$[EMIm]^+$与 CO_2 形成$[EMIm\text{-}CO_2]^+$的复合物，从而降低了 CO_2 还原反应能垒($CO_2 \rightarrow CO_2^- \cdot$)，降低反应的过电位(图 4.6)。当乙腈(或水)中$[EMIm]BF_4$浓度为 18 mol%时，还原电位仅为–1.5V(vs. RHE)，即可获得 CO 产物。这一数值非常接近 CO_2 还原为 CO 的平衡电位(–1.34V vs. RHE)，这说明 IL 在 ECR 反应过程中具有很好的降低还原超电势的作用。在–1.5V 至–2.5V(vs. SCE)的电势范围内，离子液体的存在有效抑制了析氢反应，CO 产物的法拉第效率始终＞96%。

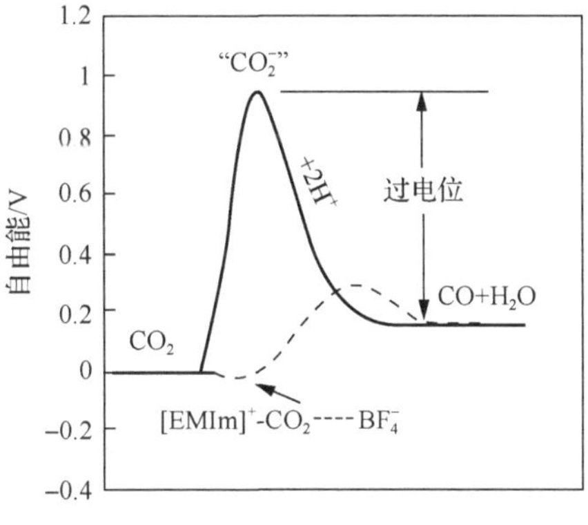

图 4.6 电解液中$[EMIm]^+$对 $CO_2 + 2H^+ + 2e^- = CO + H_2O$ 反应过程自由能的影响[20]

超强碱 IL 四烷基膦 1,2,4-三唑盐($[P_{66614}][124Triz]$)能够化学吸收 CO_2，与阴离子作用，形成$[124TrizCO_2]^-$ [式(4.1)]，在一定程度上活化 CO_2，降低其电还原能垒。以含一定浓度该离子液体的乙腈溶液为电解液，可在很低的反应过电位(0.17V)下，在 Ag 电极上实现 CO_2 的电催化还原反应，生成唯一产物甲酸盐，法拉第效率达 95%。而通过物理吸收而溶解 CO_2 的离子液体，如$[P_{66614}][Tf_2N]$，以其作为支持电解质，则需要相对较高的过电位才能将 CO_2 还原为 CO[21]。

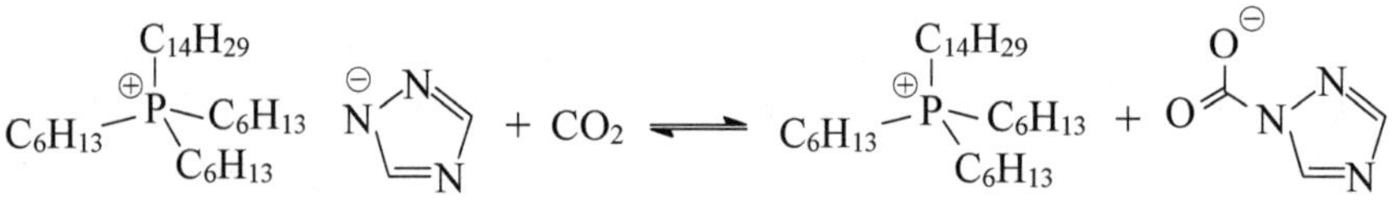
(4.1)

使用 Pb 和 Sn 电极，在乙腈-离子液体-水混合电解液中进行 ECR 反应，可以高效实现 CO_2 电催化还原制甲酸，法拉第效率达到 95.3%，同时还将析氢反应的法拉第效率降低至 1.6%[22]。到目前为止，包括 Au、Ag、Sn、Bi、Sb、Pb 和碳纤维等多种电极材料，用于离子液体电解液体系进行 CO_2 电催化还原，在大部分情况下 CO 和甲酸为主要产物。

4.1.3 电催化材料

电催化材料在 ECR 反应中起关键作用，直接决定反应的效率和产物选择性。因此，关于 ECR 研究主要集中在发展高效电催化材料方面，以期实现 CO_2 的高效、高选择性转化。目前，除传统的金属电极之外，已有多种具有微/纳结构的电催化材料用于 ECR 反应。尤其，新型碳材料、金属有机框架材料、共轭导电高分子材料、有机/无机杂化材料等新型材料的不断涌现，极大地推动了电催化材料的发展，为 ECR 研究注入新的活力[23]。以下介绍金属基电催化材料、碳基电催化材料和其他电催化材料，以及相关研究成果。

1. 金属基电催化材料

金属电极具有良好的导电性和较强的 CO_2 活化能力，被广泛用于 ECR 反应[24-25]。根据还原产物，大体上可将金属电催化材料分为四类[6]。第一类，将 CO_2 高选择性还原为 CO，包括 Au、Ag、Zn、Pd、Ga 等。这类金属与·COOH 有较强结合能，可以进一步进行还原催化反应，但是它们对·CO 的吸附能力较弱，导致反应生成 CO。第二类，将 CO_2 高选择性还原为 $HCOOH/HCOO^-$，如 Pb、Hg、In、Sn、Cd、Tl 等，这类金属与 CO_2^- 中间体的结合能较低。第三类，将 CO_2 还原为 $2e^-$ 以上产物，主要是 Cu 基纳米催化材料。Cu 是一个对 ECR 反应非常特殊的催化材料，能够与·CO、·COOH 等反应中间体相结合，并进一步催化还原生成乙醇和 C_{2+} 碳氢化合物产物，同时保持了较好的选择性和较高的催化效率。

金属电极材料表面与 CO 的结合能强弱，能够很大程度地影响总体 ECR 的反应产物，与 CO 结合能太强会导致 CO 在金属表面脱附困难，从而成为 CO_2 在金属表面电催化还原的决速步。甲烷和甲醇的起始还原电位，与电极材料和 CO 间的结合能没有绝对关联。强亲氧性的金属能够产生较强的 C—O 键，从而对产生甲醇具有较高的选择性。然而无论采用怎样的金属催化剂，析氢反应（hydrogen evolution reaction，HER）都是主要的竞争反应。因此，欲实现对特定碳氢产物的高选择性，调控 CO_2 在电极表面的还原电位，使其低于析氢电位是需要解决的关键问题。

1) 可实现生成 CO 的金属催化材料

这类金属催化材料主要包括 Au、Ag、Pd、Zn、Ga 等的单金属和合金催化剂，它们的结构、形貌、组成影响它们对 ECR 反应生成 CO 的法拉第效率和电流密度。

单金属催化剂。以贵金属 Au、Ag、Pd 为代表，有较好的 ECR 催化性能。不同形貌的 Au 纳米结构如纳米颗粒[26-28]、纳米薄膜[29]、纳米线[30]及 Au 纳米复合材料[31]，对 ECR 反应均显示良好的催化性能和 CO 选择性。例如，尺寸分别为 4nm、6nm、8nm、10nm 的单分散 Au 纳米颗粒用于 ECR 反应，在 25℃的 $KHCO_3$ ($0.5mol \cdot L^{-1}$) 电解液中，8nm 的 Au 颗粒产生最高法拉第效率(90%，−0.67V vs. RHE)，如图 4.7 所示。DFT 计算表明，边缘活性位利于稳定碳物种中间体，如 ·COOH，进而产生 CO，而角位点利于析氢反应。体系中，加入离子液体 [BMIm][PF_6]，Au 与离子液体相互作用，更有利于中间体稳定，提高了催化活性。在−0.52V (vs. RHE) 下，催化剂反应质量活性达 $3A \cdot g^{-1}$，产物 CO 的法拉第效率达 97%[26]。

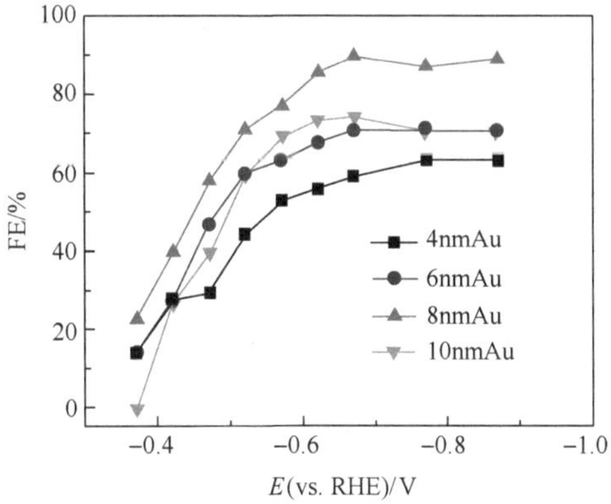

图 4.7 Au 颗粒尺寸对法拉第效率的影响(反应条件：25℃，$0.5mol \cdot L^{-1}$ $KHCO_3$ 水溶液)

Ag 相对于 Au 价格便宜，其性能与 Au 相当，尤其是纳米 Ag 显示优良的催化性能，受到人们的关注。纳米 Ag 对 ECR 反应的催化性能与其颗粒的晶面[32-33]、尺寸[34]、形貌[35]等密切相关。DFT 计算表明(图 4.8)，在 ECR 过程中产生的 ·COOH(ads) 中间体，更容易在高指数晶面[如 Ag(211)]上产生且较为稳定，高指数晶面吸附活性位置对于 ECR 过程更为有利[33]。与通常使用的金属 Ag 电极催化反应相比，纳米结构 Ag 催化的反应在较低的电位下便可进行。

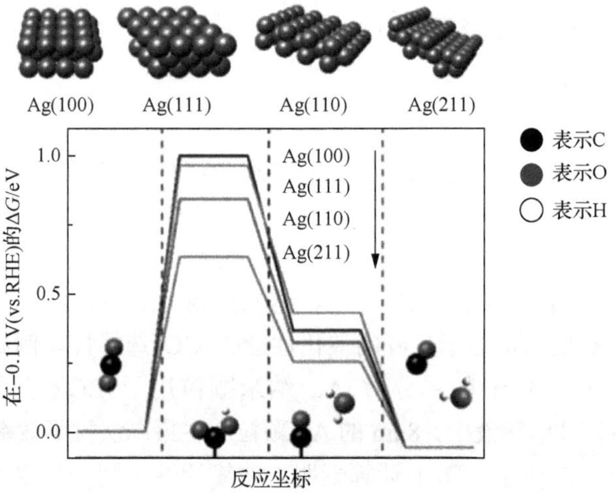

图 4.8 在 Ag 不同晶面上电还原 CO_2 生成 CO 的自由能级图

相对于普通 Ag 电极，纳米 Ag 颗粒具有更好的催化性能，获得更高的 CO 的法拉第效率[36]。采用电化学还原 AgCl，在 Ag 电极基底上沉积一层 Ag 纳米颗粒，通过控制还原电流和时间实现对 Ag 颗粒尺寸和薄层厚度的控制[34]。测定所得的电极斜率，发现其均低于普通 Ag 电极的 Tafel 斜率（$133mV \cdot dec^{-1}$）。这一结果表明 Ag 电极表面沉积 Ag 纳米颗粒有利于提高电极的催化活性。研究不同尺寸 Ag 纳米电极材料的 Tafel 曲线发现，当 Ag 颗粒尺寸从 50nm 增长到 400nm 时，电极的 Tafel 斜率从 $59.6mV \cdot dec^{-1}$ 升高至 $73.9mV \cdot dec^{-1}$；当 Ag 纳米颗粒大小为 30～50nm，薄膜厚度为 6μm 时，使用 $KHCO_3$（$0.5mol \cdot L^{-1}$）电解液，在−0.5V（vs. RHE）电压下进行 ECR 反应，CO 的法拉第效率达到 82%，电流密度达到 $10.5mA \cdot cm^{-2}$。分别以尺寸为 200nm、70nm、40nm、5nm 和 1nm 的 Ag 颗粒为电催化剂，当颗粒尺寸大于 5nm 时，尺寸越小，CO_2 的转化速率越快；而当尺寸小到 1nm 时，CO_2 的转化速率反而降低。反应中间体与 Ag 颗粒间的作用力大小是影响催化效果的另外一个主要因素，研究发现 1nm Ag 颗粒与中间体间的作用力过强，不利于 ECR 反应的进行[37]。

通过脱合金法由 Al-Ag 制备的具有多孔结构的 Ag 纳米催化剂（np-Ag）[35]，在 CO_2 饱和的 $KHCO_3$ 水溶液（$0.5mol \cdot L^{-1}$）中，中等过电位下，催化 ECR 反应生成 CO 的法拉第效率高达 92%，催化速率比多晶 Ag 电极高 3 个数量级，并且保持稳定的电流密度[图 4.9（a）]。活性提高的原因，一方面是多孔 Ag 具有更高的比表面积（约比多晶 Ag 大 150 倍），更重要的是弯曲的内表面暴露更多高活性位点（至少比多晶 Ag 的活性位高 20 倍以上）；另一方面，多孔 Ag 电极的 Tafel 斜率 $58mV \cdot dec^{-1}$ 低于多晶 Ag 电极的 $132mV \cdot dec^{-1}$ 和理论值 $120mV \cdot dec^{-1}$[图 4.9（b）]，这表明 CO_2 得到第一个电子被还原成 $CO_2^- \cdot$ 过程不是决速步，而主要是多孔 Ag 弯曲的表面能更好地稳定 $CO_2^- \cdot$ 中间体。

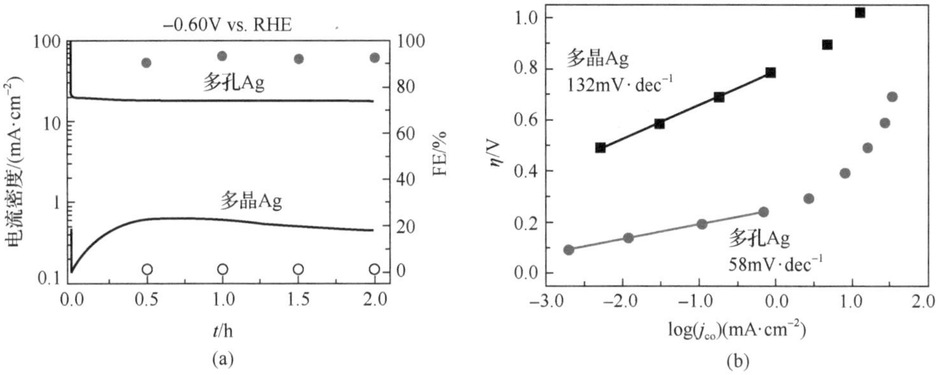

图 4.9 (a)在−0.60V vs. RHE 时，还原产物的法拉第效率和电流密度分布；(b)多晶 Ag 和多孔 Ag 电极的 Tafel 斜率

Pd 是典型的析氢反应催化剂[38-39]，体相 Pd 电极上的 CO_2 还原过电势高，析氢反应导致 ECR 转化的法拉第效率低。研究发现，在 2.4～10.3nm 范围内，Pd 纳米粒子的 CO_2 还原选择性和活性表现了明显的尺寸依赖性[40-41]。在−0.89V(vs. RHE)时，随着 Pd 颗粒尺寸由 10.3nm 降至 3.7nm，ECR 生成 CO 的法拉第效率从 5.8%增加到 91.2%[图 4.10(a)]，同时生成 CO 的电流密度增加了 18.4 倍，达到～9mA·cm^{-2}。生成 CO 的转化频数(TOF)与粒径呈现火山型曲线关系，最高达到 600h^{-1}。这表明可以通过改变 Pd 纳米粒子的尺寸来调变 CO_2 的吸附、中间物种 COOH*的形成及 CO 的脱附等，从而实现 Pd 纳米粒子从析氢催化剂到高效 ECR 催化剂的转变。

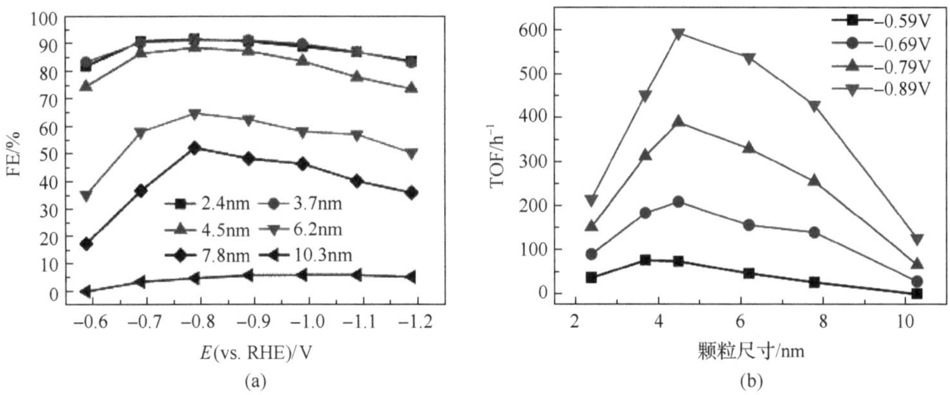

图 4.10 Pd 颗粒尺寸对 ECR 反应生成 CO 的法拉第效率(a)和 TOF(b)的影响

通过原位 X 射线吸收精细结构光谱及原位 X 射线衍射实验发现，在电化学还原的条件下（<0V vs. RHE），析氢过程中生成的 H 原子可扩散进入 Pd 晶格，原位形成 β-PdH。通过 DFT 计算 H、CO 及反应中间体 HOCO 在 Pd 和 PdH 的 slab 模型与 cluster 模型表面的吸附能，发现这三种物种在 PdH 表面的吸附能都远低于它们在 Pd 金属表面的吸附能。反应路径计算结果表明，CO_2 通过 HOCO 中间体生成 CO 的过程中，由于 Pd 金属表面对 CO 的吸附过强，CO 脱附的吉布斯自由能变（ΔG）高达 1.2eV；而在 PdH 表面，CO 脱附的 ΔG 大大降低（slab 模型表面 ΔG= 0eV；cluster 模型表面 ΔG= 0.5eV）。因此，CO 在 β-PdH 表面容易脱附。研究者认为，对于 Pd 这种特殊的“吸氢”材料，在电化学的还原条件下，原位生成的 β-PdH 是析氢和 CO_2 还原等反应的活性组分。“吸氢”前后对 H 和 CO 的吸附能改变可作为调节反应产物比例的控制因素[42]。

电极表面低的 CO_2 浓度制约着其电化学转化反应速率，增大还原电势固然能够增加 CO_2 吸附和表面浓度，但会导致析氢副反应更快发生。Sargent 等通过设计纳米针尖电极，利用纳米针尖尖端处较强的电场使得 CO_2 浓度增加，克服了因为 CO_2 浓度过低而反应动力学过慢的问题，提高了 CO_2 电催化转化效率[13]。他们采用合适的方法分别制备了针尖状、棒状和球状的 Au 纳米结构，其曲率半径分别为 5nm、40nm 和 140nm。如图 4.11 所示，将 Au 纳米材料涂覆在 TiO_2 绝缘层上，施加−1V 电压，纳米针尖比纳米棒和纳米粒子有更强的电流[图 4.11(a)]；电极尖端静电场的强度随着尖端曲率半径的减小而增加[图 4.11(b)]，即半径小的针尖状 Au 在相同条件下可以富集更高的电场强度；尖端处吸附 K^+密度和反应电流密度随电场强度增强而增大[图 4.11(c)]。三种不同构型的 Au 电极 ECR 性能测试显示，在−0.30～−0.50V 电势区间，针尖状 Au 电极上生成 CO 的法拉第效率高于 95%，而棒状 Au 电极和球状 Au 电极的 CO 法拉第效率则要低很多[图 4.11(d)]。通过测试电极的比表面，归一化三种构型 Au 纳米材料作为电极的电催化活性，发现针尖状 Au 电极活性是棒状 Au 电极活性的 63 倍，是球状 Au 的 112 倍。这是因为针尖状的 Au 电极在相同条件下能富集更强的电场，吸附更多的 K^+，利于 CO_2 的吸附和稳定碳中间体物种，而降低反应的势垒，从而提高了 CO_2 电催化转化为 CO 的性能。对针尖状 Au 表面进行了退火、刻蚀、等离子轰击等处理，使得 Au 表面的结构产生变化，然而其电化学活性没有发生明显的改变，这一结果说明 Au 电极的性能差异并非来自于暴露晶面等表面结构的差异，而是由其形貌决定的。

将针尖电极的思路推广到了钯电极，在−0.2V 时还原 CO_2 生成甲酸盐的电流密度提高了 2 倍，法拉第效率大于 91%。

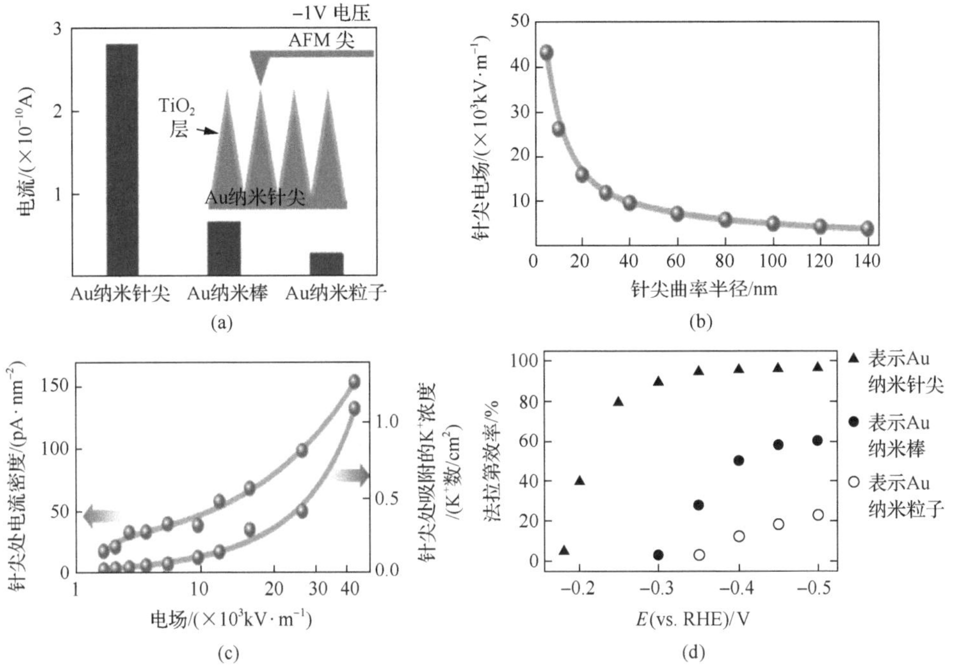

图 4.11 (a) 施加−1V 电压下，基于 TiO_2 绝缘层上的纳米针尖、纳米棒、纳米粒子的电流，插入图片表示电流测试条件；(b) 电极尖端静电场的强度随着尖端半径的减小而增加；(c) 尖端处吸附 K^+ 密度和反应电流密度随电场强度的变化；(d) Au 纳米针尖、纳米棒、纳米粒子在不同电压下还原 CO_2 生成 CO 的法拉第效率（测量条件：0.5mol·L^{-1} $KHCO_3$，pH=7.2）

一些非贵金属，如利用络合物分子前驱体和原位电沉积法在碳电极上制备的 In 纳米粒子，在咪唑类离子液体电解液中，还原 CO_2 的起始过电位 (−1.9V) 可与 Ag 电极媲美，为非贵金属催化材料同比最低值。其催化 CO_2 转化为 CO 的法拉第效率约为 99%，且催化剂性能稳定，连续工作 15h 仍保持活性不变[43]。

金属合金催化剂。以上贵金属催化剂可以高选择性地将 CO_2 还原为 CO，然而其昂贵的价格与较差的稳定性限制了它们的应用。双组分合金集各组分性能于一体，既可以产生协同效应，提高电催化还原 CO_2 性能，又可以降低贵金属的用量，是一种制备新型催化剂的有效手段。Sun 等利用理论计算发现，Au-Fe 合金中，Au 在粒子表面重新排列，可形成以 Au 为外壳、Au-Fe 合金为核心的核壳结构纳米粒子 (AuFe-CSNP)。如图 4.12 所示[44]，在 ECR 反应过程中，AuFe-CSNP 在−0.4V 将 CO_2 转化为 CO 的法拉第效率高达 97.6%，质量活性达到 48.2mA·mg^{-1}，是 Au 纳米粒子催化剂质量活性 (0.5mA·mg^{-1}) 的近 100 倍。对该 Au-Fe 核壳结构纳米粒子进行 90h 的反应测试，电流密度基本没有衰减，这表明该核壳结构材料性能稳定。进一步理论计算表明，纳米粒子表面的 Fe 溶解导致表面的 Au 壳产生大量的空位缺陷。这些缺陷大大提高了对 ECR 反应的催化性能，而次外层的 Fe 可以稳定 Au 壳层的缺陷，使该 Au-Fe 核壳结构纳米材料具有优异的还原 CO_2 的催化性能及稳定性。

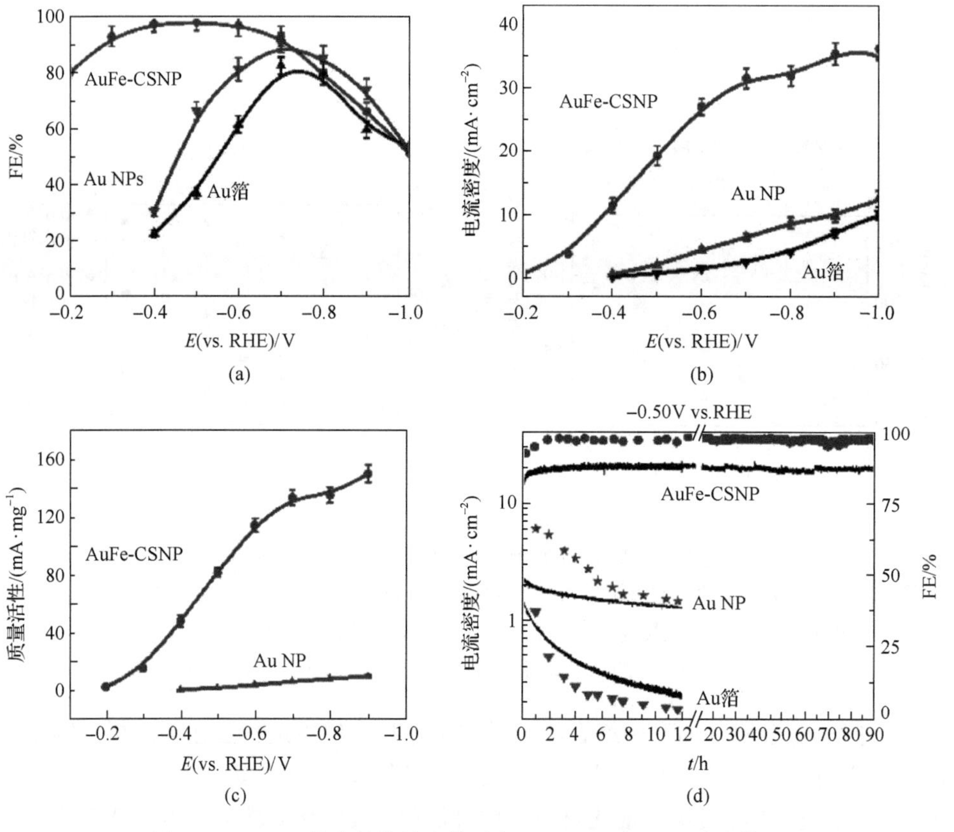

图 4.12　Au-Fe 核壳结构纳米粒子(AuFe-CSNP)、Au 纳米粒子(Au NPs)与 Au 箔还原 CO_2 为 CO 的性能

(a)法拉第效率；(b)电流密度；(c)质量活性；(d)90h 反应测试的稳定性

其他一些金属合金(如 Cu-Au 合金[45-46]、Cu-In[47-51]、Cu-Sn[52]等)用于 ECR 反应，也可有效抑制析氢反应，高选择性获得 CO。例如，在针状 Cu_2O 表面沉积一层 3nm 厚的 $Cu_{11}In_9$ 薄膜，所得材料对 ECR 反应生成 CO 的法拉第效率约为 95%[53]；而在针状 Cu_2O 表面沉积一层 Sn，所得 Cu-Sn 合金生成 CO 的法拉第效率＞90%(在−0.6V vs. RHE 还原电位)[52]。但这些合金对 ECR 反应的催化性能均远低于 Au-Fe 合金。

对于双金属催化剂而言，是结构效应还是电子效应影响催化剂的性能有不同的研究结果。在对 Au-Cu 双金属催化 ECR 反应研究中，发现双金属的结构效应和电子效应共同决定催化剂性能。Kim 等设计了不同组成的 Au-Cu 双金属颗粒，研究了它们对 ECR 反应的法拉第效率、产物分布及电流密度[46]。如图 4.13 所示，在研究条件下 Au 催化 CO_2 仅转化为 CO，法拉第效率在 60%左右，并伴有大量 H_2 的产生；而 Cu 催化 CO_2 转化为 CO 的法拉第效率仅为 5%左右，有 HCOOH 和多种 $2e^-$以上转移产物生成。对于 Au-Cu 双金属催化剂而言，随着 Cu 含量的增加，得到产物种类增多，其法拉第效率与催化剂组成相关。图 4.13(f) 是 Au、Cu 及不同组成的 Au-Cu 颗粒在–0.73V vs. RHE 电压下催化还原 CO_2 生成 CO 的比电流密度，可见 Au_3Cu 有最高的比电流密度。CO_2 还原生成 CO，经过表面吸附的·COOH 中间体过程，因此对·COOH 吸附作用力越强的电极，更容易生成 CO。电子效应分析表明，在过渡金属催化剂中 Au 对中间体·COOH 和产物 CO 的结合力最优，Au 颗粒的比电流密度应该最高，但这与实验结果不符。因此，研究者认为催化剂的几何效应对催化活性也起重要作用，即毗邻 Au 原子的 Cu 原子通过与·COOH 的 O 成键，进一步增加 Au 对中间体·COOH 的稳定作用，从而提高催化活性。

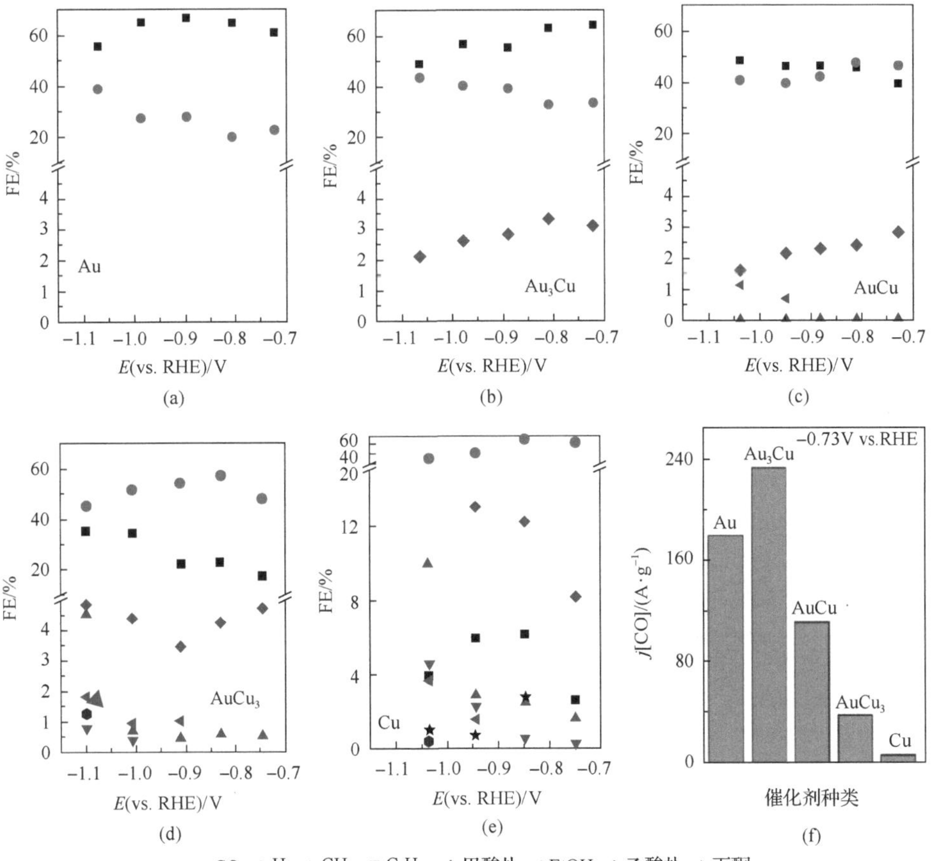

图 4.13 Au、Cu 及 Au-Cu 双金属催化 ECR 反应的产物法拉第效率[(a)～(e)]及比电流密度的比较(f)

Ma 等发现，在 Cu-Pd 双金属催化剂中，其结构效应而不是电子效应决定其催化性能[54]。他们设计合成了一系列 Cu-Pd 双金属催化剂，包括 Cu∶Pd 摩尔比为 1∶1 的均匀混合、非均匀混合和相分离结构的 CuPd，以及非均匀混合的 Cu_3Pd 和 $CuPd_3$。研究了这些 Cu-Pd 双金属催化剂对 ECR 反应的催化活性和产物选择性。如图 4.14 和图 4.15 所示，三种 Cu∶Pd 摩尔比为 1∶1 的 CuPd 催化剂中，均匀混合的 CuPd 获得最高的 C_1 选择性（>80%）；而相分离结构的 CuPd 和 Cu_3Pd 比均匀混合结构的 CuPd 和 $CuPd_3$ 获得更高的 C_2 选择性（>60%）。这些结果表明，在富含 Cu 的催化剂表面发生 C_1 中间体二聚的可能性更高。由此可推断，在 Cu-Pd 双金属催化剂中，结构效应而不是电子效应决定催化剂性能。因此，对于双金属催化剂可通过调控其结构进而调控其性能，这对设计高性能催化剂有重要指导意义。

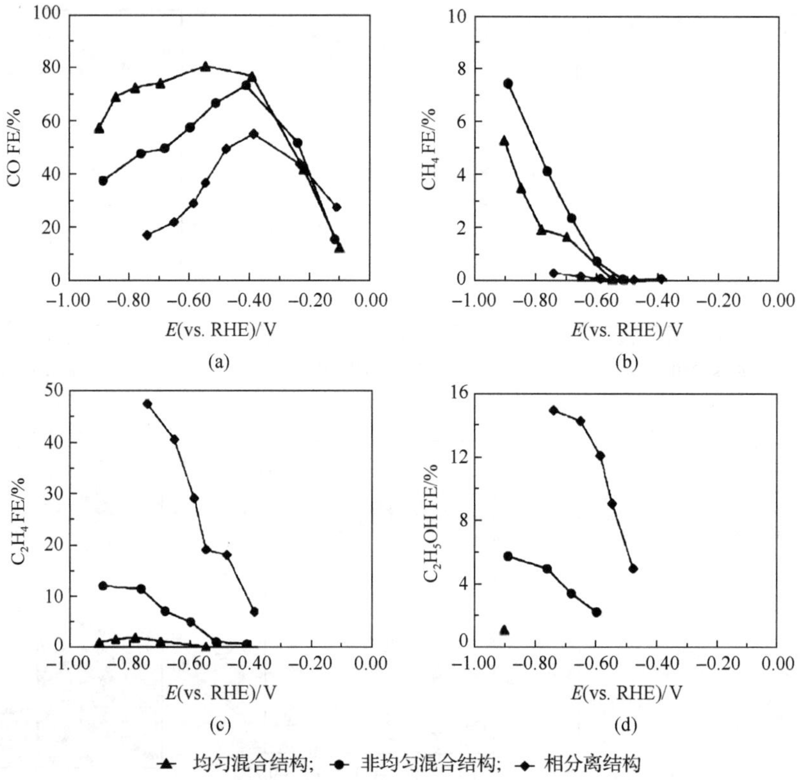

图 4.14　不同类型的 Cu-Pd（Cu∶Pd 摩尔比为 1∶1）双金属催化 CO_2 还原生成不同产物的法拉第效率

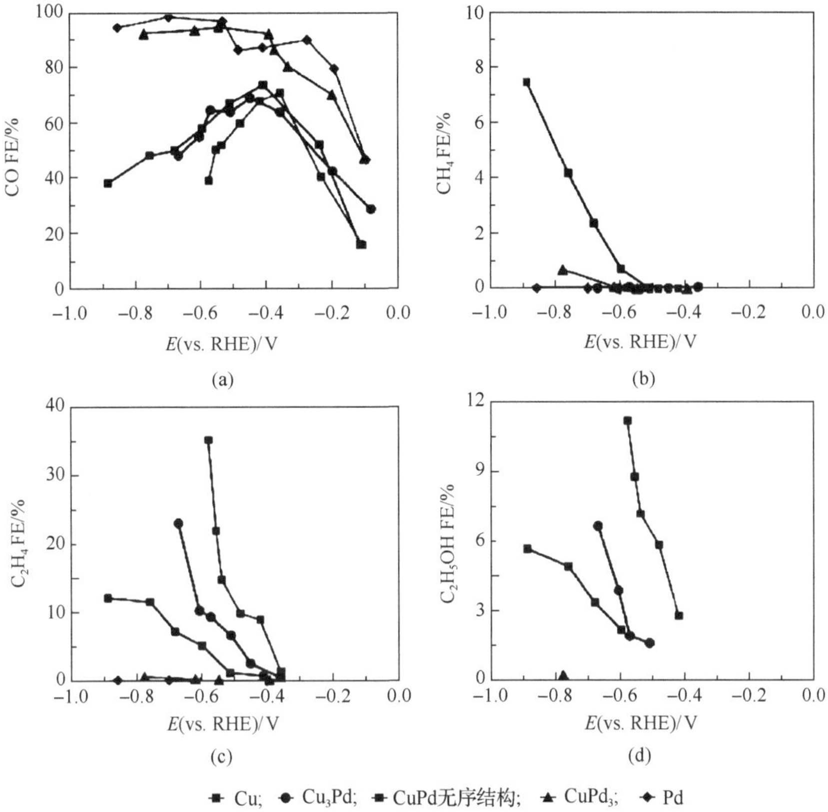

图 4.15 不同组成的 Cu-Pd 双金属催化 CO_2 还原生成不同产物的法拉第效率

金属硫化物和金属氧化物。过渡金属二硫属化合物纳米结构催化剂，如 MoS_2、WS_2、$MoSe_2$ 和 WSe_2 等，在 ECR 反应中显示独特的催化性能[55-56]，效率远高于 Au、Ag 催化剂，而成本仅为 Au 的二十分之一左右。如图 4.16 所示，在[EMIm]BF_4^- 水（体积比为 1∶1）电解液中进行 ECR 反应，体相 MoS_2 和 WSe_2 纳米片（WSe_2 NFs）均显示比体相 Ag 电极和 Ag 纳米颗粒更好的催化性能。其中，WSe_2 纳米片对 ECR 反应性能最优，过电位为 54mV 时，起峰为–0.164V，电流密度达 18.95mA·cm^{-2}；在–0.2～–0.764V 电压区间，高选择性生成 CO 的 TOF 比 Ag 纳米催化剂的高 3 个数量级，其催化活性显著高于贵金属催化剂。此外，WSe_2 纳米片性能稳定，连续运行 27h，性能仅衰减了 10%[55]。

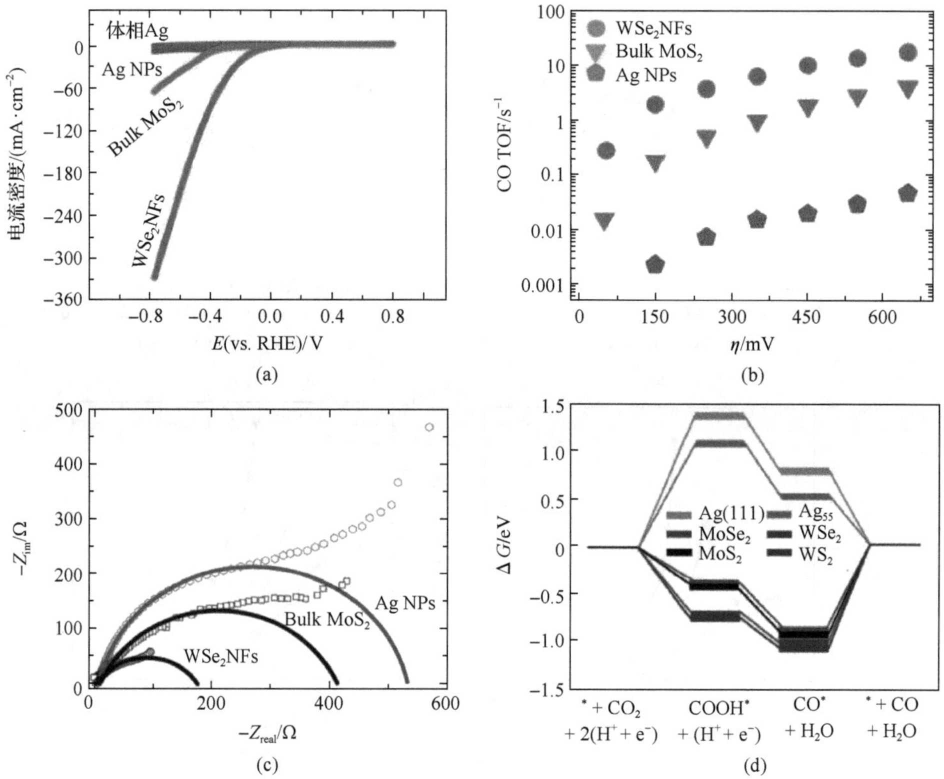

图 4.16　在[EMIm]BF_4-水(体积比为 1∶1)中进行 ECR 反应，硫化物与 Ag 催化剂性能对比

(a)转化 CO_2 的电流密度；(b)生成 CO 的 TOF 值；(c)电化学阻抗谱；(d)DFT 计算 CO_2 还原吉布斯自由能变分布图

电化学阻抗谱结果表明[图 4.16(c)]，WSe_2 纳米片的电荷转移电阻(Rct)仅为～180Ω，明显低于体相的 MoS_2(～420Ω)和 Ag 纳米颗粒(～550Ω)。Rct 值越小，电子越容易从催化剂表面转移至反应底物，有利于 CO_2 活化。紫外光电子能谱结果表明，WSe_2 纳米片的功函为 3.52eV，低于体相的 MoS_2(3.99eV)和 Ag 纳米颗粒(4.38eV)。扫描透射电子显微镜(STEM)显示 WSe_2 纳米片的边缘为 W 原子，且其原子结构在循环后保持不变。DFT 计算显示[图 4.16(d)]，MoS_2、WS_2、$MoSe_2$ 和 WSe_2 催化 ECR 反应生成 COOH*和 CO*的自由能变均小于 0(ΔG＜0eV)，而 Ag(111)晶面和 Ag55 纳米簇的 ΔG＞0eV。在 Ag(111)表面和 Ag55 团簇表面，ECR 生成 COOH*活性物种是吸热的，而在过渡金属二硫属化合物的表面则是放热的，且生成 CO*活性物种能量比生成 COOH*活性物种能量更低。因此，在过渡金属二硫属化合物的表面，CO_2 活化生成 CO*活性物种热力学上更有利。此外，离子液体[EMIm]BF_4 与 CO_2 形成复合物，降低了 CO_2 的反应能垒，同时有助于 CO_2 转移至催化剂表面，提高了催化剂表面的局部 CO_2 浓度。以上综合因素导致 CO_2 被高效催化还原。

将 MoS_2 纳米片垂直生长在玻碳电极上，以离子液体[EMIm]BF_4 水溶液($0.04mol \cdot L^{-1}$)为电解液，过电位仅为 54mV 时即可将 CO_2 还原为 CO。在过电位为–0.764V vs. RHE 时，电流密度高达 $65mA \cdot cm^{-2}$，生成 CO 的法拉第效率达 98%，其性能远好于 40nm 的 Ag 纳米催化剂($10mA \cdot cm^{-2}$，FE=65%)和体相 Ag 电极($3mA \cdot cm^{-2}$，FE≈0)[56]。

一般地，金属氧化物与 CO 有较强的相互作用，因此其难以实现催化 CO_2 生成 CO 的反应[57-58]。通过对金属氧化物材料进行表面修饰，进而调控其电化学性质，可实现催化 ECR 反应生成 CO。例如，通过原子沉积法，将超细 SnO_2 纳米粒子包覆在 CuO 纳米线表面，形成 SnO_2/CuO 纳米复合材料，SnO_2 的引入可削弱 CO 与 CuO 表面的相互作用。将 SnO_2/CuO 复合材料用于 ECR 反应，SnO_2 纳米颗粒显著提高了 CuO 纳米线阵列的催化性能，CO 选择性高达 97% [58]。

2) 可生成 HCOOH 的金属催化材料

这类催化材料主要包括 Cd、Hg、Pb、Sn、In、Tl 等惰性金属。在 ECR 反应过程中，催化剂表面的作用位点与碳原子之间形成了较强的 M—C 键，从而降低了催化剂表面的电流密度，使得还原反应停留在生成甲酸阶段，获得产物甲酸或甲酸酯[59]。

Cd 和 Hg 电极具有较高的氢超电势。Cd 电催化材料对 ECR 生成 HCOOH 的法拉第效率可达 39%[60]，而产生 CO 的法拉第效率仅有 14.4%。Hg 电催化材料对 HCOOH 的法拉第效率高达 94%，几乎检测不到 CO，显然 Hg 电催化材料对 ECR 生成 HCOOH 具有更高的选择性。Hg 池电极曾被认为是还原 CO_2 最好的电极体系[61]，在接近 7 的 pH 值范围内，几乎所有的电流都用于将 CO_2 催化还原为 HCOOH；而在酸性电解液中，还原产物还有少量的 H_2。

Pb 金属电极在非水相电解液中还原 CO_2 主要生成草酸[62]，而在水相电解液中倾向于生成 HCOOH[63-66]。在低温下生成甲酸的法拉第效率明显高于常温的法拉第效率，电解池中 CO_2 压力增加也有利于提升生成甲酸的效率[64]。在 50atm、80℃的高温高压条件下，在固定床反应器上使用 Pb 颗粒作为阴极，$0.2mol \cdot L^{-1}$ K_2CO_3 溶液为电解液，当还原电位为–1.8V(vs.SCE)时，CO_2 电还原的产物只有 HCOOH，且法拉第效率高达 94%[65-66]。在常温常压下反应，还原产物中则会出现 CO 和少量的 CH_4[67]。

Sn 是廉价的、地球储量丰富的过渡金属，是目前报道的水相电解液中将 CO_2 还原为 HCOOH 电流效率最高的金属电极材料[62,68]。采用 $NaHCO_3$ 水溶液为电解液，Sn 金属电极将 CO_2 还原为甲酸盐的法拉第效率＞95%[69-70]。但是，随着电解时间的增加，在电极表面易生成一些有机-金属配合物，导致 CO_2 还原效率降低，析氢效率增大。升高温度也会导致生成 HCOOH 的效率降低。采用非水相电解液，主要还原产物为 CO，同时还有少量的甲酸、草酸等[71]。

SnO_2能够选择性地将CO_2电还原为甲酸或甲酸盐(pH>3.8)，在中等过电位下法拉第效率高达90%[72-73]，但对实际应用而言，其活性太低，电流密度<1mA · cm^{-2}。通过对SnO_2结构和形貌的调控，可提升其ECR催化活性。如图4.17所示，在碳布(CC)上原位生长厚度约为200nm、由介孔纳米片组成的SnO_2薄层，形成SnO_2/CC复合结构。SnO_2介孔纳米片由尺寸～5nm的SnO_2纳米晶组成，片厚约7nm，比表面积为93.6m^2 · g^{-1}。将SnO_2/CC复合材料直接用作工作电极，采用0.5mol · L^{-1} $NaHCO_3$电解液，在中等过电位(0.88V)下，可高效电催化还原CO_2为甲酸盐，电流密度和甲酸盐法拉第效率分别高达45mA · cm^{-1}和87%。Tafel斜率为79mV · dec^{-1}，非常接近快速单电子转移过程的理论值(59mV)，表明电极表面吸附态CO_2^-·的形成不是决速步。SnO_2/CC的多级孔结构、高比表面积有利于传质和电荷传输，是导致高活性的主要因素。SnO_2/CC具有很好的使用稳定性，在工作电位–1.6V(vs. Ag/AgCl)电催化CO_2还原24h，仍然保持很高的电流密度(50mA · cm^{-2})和法拉第效率(87%)[74]。

(a) (b)

图4.17 SnO_2/CC纳米结构的透射电子显微镜(TEM, a)扫描电子显微镜(SEM,b)图片

以SnO_2等易还原氧化物作为电极材料，在电还原过程中，SnO_2可能会被还原成金属Sn，进而影响电极材料的长期使用稳定性。而采用碱性电解液可避免这一问题。在pH值为7.2～12.5的电解液中进行ECR反应，在还原电位>–1.0V vs. SHE的范围内，SnO_2可以稳定使用[75]。另外，将SnO_2纳米晶(3～10nm)负载于石墨烯上形成复合材料(SnO_2/G)，尽管在ECR反应中SnO_2颗粒能被原位还原为金属Sn，但Sn/石墨烯作为实际电催化剂明显降低了还原生成甲酸的过电位。在$NaHCO_3$水溶液的电解液中，在低过电位～0.34V条件下，将CO_2还原为甲酸的法拉第效率>93%，电流密度>10mA · cm^{-2}。这是因为金属Sn与生成的CO_2^-·中间体间存在适当的结合力，既有利于稳定中间体，也有利于进一步的还原反应，石墨烯也起到良好的电子传导作用[73]。

Sn合金(如Sn-Pd、Sn-Pb等)在水相电解液中，可高选择性将CO_2还原为甲酸[76]。例如，使用电化学沉积法在活性碳表面沉积Sn-Pd双金属纳米颗粒，所得Sn-Pd合金可大幅度降低CO_2还原为HCOOH的超电势，电势仅为–0.26V(vs. RHE)。在该还原电位下，析氢和CO生成反应完全被抑制，HCOOH的法拉第效率达 100%。第一性原理密度泛函方法计算表明，$PdSnO_2$ 表面的氧对 $HCOO^-$ 中间体具有较强的吸附作用，使得该合金材料对 HCOOH 产物具有非常高的选择性。Sn-Pb 合金的导电性比单纯的 Sn 或者 Pb 金属电极更好，在还原电位为–2.0V (vs. Ag/AgCl) 时，$Sn_{56.3}Pb_{43.7}$ 合金催化 ECR 生成 HCOOH 的法拉第效率最高可达 80%，电流密度达 $45.7mA \cdot cm^{-2}$[77]。

二维材料的催化性能通常来源于边缘活性位点。从体相材料到二维材料，由于大量的边缘活性位点的暴露，对于特定反应，催化性能通常有质的变化。例如，体相金属 Sb 电极不具备电催化还原 CO_2 能力，而二维 Sb 片则是一种良好的 ECR 反应催化剂。以块体 Sb 作为负极，利用电化学剥离方法可将体相材料转变为二维的 Sb 纳米薄片[图 4.18 (a)]。以厚度为～3.5nm 的二维 Sb 片为工作电极，在 CO_2 饱和的 $0.5mol \cdot L^{-1}$ $NaHCO_3$ 电解质水溶液中进行 ECR 反应，可高效获得 $HCOO^-$。在工作电位–1.05V vs. RHE (即 0.97V 过电位) 下，甲酸盐的法拉第效率达到最高 (84%)。相比于大尺寸的 Sb 片，小尺寸的 Sb 片具有更强的 CO_2 还原电流密度[图 4.18 (c)]。这可能是因为小尺寸的 Sb 片有更大的边缘长度，而有更多的催化活性位点[74,78]。

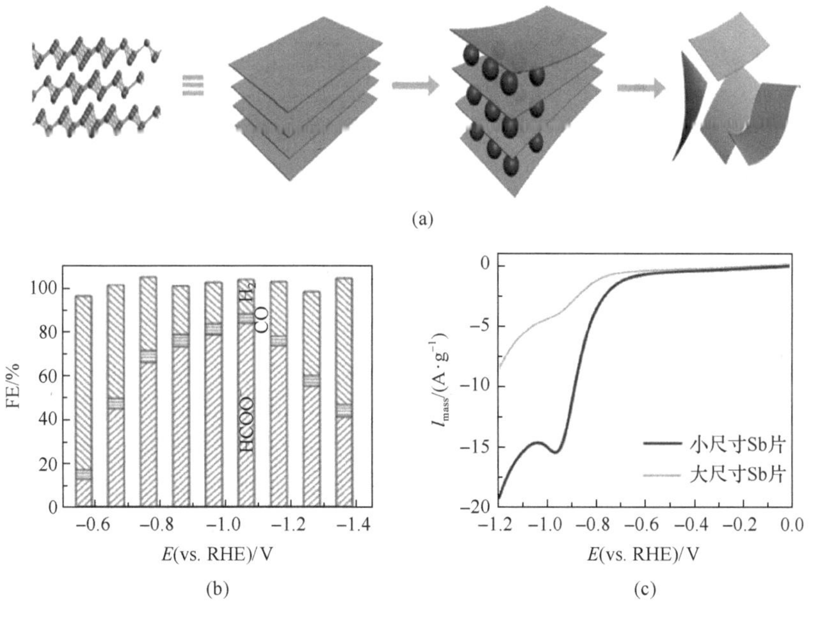

图 4.18　Sb 纳米片剥离示意图 (a)，以及 Sb 纳米片催化 ECR 反应的法拉第效率 (b) 和电流密度分布 (c)

具有 4 个原子厚的金属钴/氧化钴薄膜催化剂，可将 CO_2 电化学转化成甲酸。薄膜表面的钴原子对电催化还原 CO_2 生成甲酸，具有更好的活性和选择性，以及更低的过电势。而这些原子层在部分氧化条件下，活性进一步提高，在 0.1mol · L^{-1} Na_2SO_4 溶液中和−0.85V(vs. SCE)电位下，实现了超过 40h、约 10mA · cm^{-2} 的稳定电流密度，对甲酸的选择性达到～90%，过电势仅有 0.24V。在相同的条件下，4 个原子厚的部分氧化钴纳米片催化剂对 ECR 反应性能超过其他金属或金属氧化物电极[79]。

3) 可生成 $2e^-$以上化合物的金属催化剂

电催化还原 CO_2，除发生两电子转移生成 CO 和甲酸外，还可发生 $2e^-$以上转移而生成甲醇、甲烷及多碳产物。其中，电催化还原 CO_2 生成甲醇的金属催化剂，主要有 Cu、Mo、Ru/Cu、RuO_2-TiO_2 等，表 4.2 比较了一些催化体系及其催化生成甲醇的法拉第效率和电流密度。遗憾的是，这些体系均不能表现出较高的甲醇的法拉第效率，法拉第效率一般在 40%左右；仅 Mo-Bi 双硫化物有较高的法拉第效率(71.2%)。

表 4.2 不同金属催化体系中 ECR 制备甲醇的法拉第效率(FE)和电流密度(CD)的比较[80]

电极材料	电位/V	电解质	FE/%	CD/($mA \cdot cm^{-2}$)	文献
Mo-Bi 硫化物纳米片	−0.7(vs. SHE)	0.5mol · L^{-1} [BMIm]BF_4 的乙腈溶液	71.2	12.1	[81]
RuO_2-TiO_2 纳米颗粒	−0.8(vs. SCE)	0.5mol · L^{-1} $NaHCO_3$	<60	—	[82]
Ru/Cu	−0.8(vs. SCE)	0.5mol · L^{-1} $NaHCO_3$	41.3	—	[83]
Cu(Ⅰ)氧化物	−1.1(vs. SCE)	0.5mol · L^{-1} $NaHCO_3$	38	—	[84]
RuO_2-TiO_2	−0.95(vs. SCE)	—	30	—	[85]
Cu	−1.1(vs. SCE)	C_2H_5OH-H_2O-LiCl	40	9	[86]
Mo	−0.7(vs. SCE)	0.2mol · L^{-1} Na_2SO_4	～55	0.05	[87]
[PYD]@Pd	−0.6(vs. SCE)	0.5mol · L^{-1} KCl	35	～45	[88]
Ni	−1.0(vs. RHE)	0.1mol · L^{-1} $KHCO_3$	2.3±2.4	4.9±1.3	[80]
Pd 或 Pt/吡啶	—	0.5mol · L^{-1} KCl	22±2	0.05	[89]

采用 Mo-Bi 双金属硫化物纳米片作为阴极电催化材料，以 0.5mol · L^{-1} [BMIm]BF_4 的乙腈溶液作为电解质，可以高效、稳定地电催化还原 CO_2 生成甲醇[81]。当 Mo-Bi 摩尔比为 1∶1 时，生成甲醇的法拉第效率最高可达 71.2%，电流密度为 12.1mA · cm^{-2}[图 4.19(a)]。电解液[BMIm]BF_4-乙腈组成影响 ECR 反应的电流密度和甲醇法拉第效率。电流密度随着[BMIm]BF_4 浓度由 0.2mol · L^{-1} 增至 0.5mol · L^{-1} 而增大，在 0.5mol · L^{-1} 获得最高值 12.1mA · cm^{-2}；继续增加离子液体浓度至 1.0mol · L^{-1}，电流密度略有降低(10.5mA · cm^{-2})，而甲醇的法拉第效率则大幅度降低至 38%[图 4.19(b)]。将 Mo-Bi 双金属硫化物纳米片对电催化 CO_2 制备甲醇的高活性和高选择性，归因于金属 Mo 与 Bi 之间的协同作用。金属 Bi 作为活性位点

还原 CO_2 生成 CO，Mo 则起到稳定生成 CO_{ads} 的作用，保证还原进一步进行，减少 CO 的生成。其反应机理可能为，在电解液中溶解的 CO_2 首先与离子液体阳离子$[BMIm]^+$形成$[BMIm\text{-}CO_2]^+$复合物，在吸附到工作电极表面后，通过捕获一个电子被还原成 $CO_2^-\cdot$ 中间体。这一过程是整个反应的决速步。吸附的 $CO_2^-\cdot$ 继续捕获一个电子而形成吸附在电极表面的 CO_{ads} 物种，CO_{ads} 进一步被还原成 CHO_{ads}。随后，CHO_{ads} 通过质子化形成 CH_3O_{ads}，再捕获最后一组电子和质子，形成甲醇。

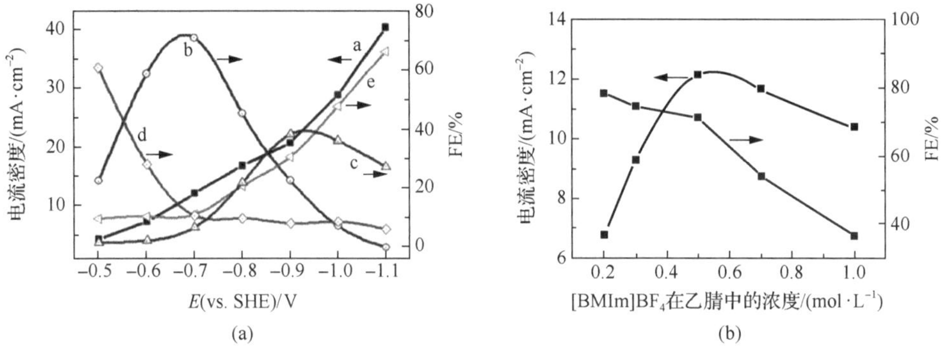

图 4.19 (a) Mo-Bi 双金属硫化物纳米片在不同的工作电位下电解 5h，电流密度和不同产物的法拉第效率(a 表示电流密度；b～e 分别表示甲醇、CH_4、CO 和 H_2 的法拉第效率)；(b) 在−0.7V (vs. SHE) 下电解 5h，电解液中离子液体浓度对电流密度和甲醇的法拉第效率的影响

Cu 在金属电催化剂中性能最为独特，既能够催化 CO_2 生成 CO、CH_4 等 C_1 产物，又可以高选择性地生成乙烷、乙烯等多碳产物，因此它一直是电还原 CO_2 研究领域中的热门材料。传统铜电极催化还原 CO_2 需要较高的超电势(−1V vs. RHE)，产物分布较广，选择性不高[7]。随着电极材料制备技术的发展，通过设计不同的纳米结构，或者将其与其他材料进行复合等方式，发展了一系列 Cu 基电催化材料(表 4.3)，在降低电还原 CO_2 超电势、提高 CO_2 还原产物的选择性，尤其是多碳产物，以及研究反应机理等方面都取得了一些重要进展。

表 4.3 铜催化剂催化还原 CO_2 法拉第效率比较[90]

催化剂	电解液	还原电位	法拉第效率%						
			C_2H_4	C_2H_5OH	C_2H_6	CO	CH_4	HCOOH	H_2
多晶 Cu[8]	0.1mol·L⁻¹ $KHCO_3$	−1.41V vs. NHE	30.1	6.9	—	2.0	29.4	9.7	10.9
多晶 Cu[91]	0.1mol·L⁻¹ $KHCO_3$	−1.05V vs. RHE	26.0	9.8	—	1.1	24.4	2.1	23
单晶 Cu(100)[92]	0.1mol·L⁻¹ $KHCO_3$	−1.40V vs. SHE	40.4	9.7	—	0.9	30.4	3.0	6.8
单晶 Cu[*n*(110)×(100)][92]	0.1mol·L⁻¹ $KHCO_3$	−1.55V vs. SHE	50.0	7.4	—	1.1	5.0	4.6	16.3

续表

催化剂	电解液	还原电位	法拉第效率%						
			C_2H_4	C_2H_5OH	C_2H_6	CO	CH_4	HCOOH	H_2
介晶 Cu[93]	$0.1mol \cdot L^{-1}$ $KHCO_3$	−0.99V vs. RHE	27.2	—	—	0.55	1.47	4.3	46
CuX 修饰的 Cu 网 (X=Cl、Br、I)[94]	$3mol \cdot L^{-1}$ KX	−2.4V vs. Ag/AgCl	60.5～79.5	1.6～1.9	0.8～2.8	1.8～2.8	4.3～6.6	0.1～0.7	7.9～11.0
Cu_2O 纳米片[95]	$0.1mol \cdot L^{-1}$ $KHCO_3$	−1.10V vs. RHE	12～33	—	0～9	1～3	0～4	22	～42
Cu_2O 纳米颗粒[96]	$0.5mol \cdot L^{-1}$ $KHCO_3$	−1.82V vs. Ag/AgCl	26	—	—	6	1	8	～35
Cu_2O 薄膜[51]	$0.5mol \cdot L^{-1}$ $NaHCO_3$	−0.8V vs. RHE	3.3	3.7	5.8	7.7	—	22	>50
Cu 纳米颗粒[97]	$0.1mol \cdot L^{-1}$ $KClO_4$	−1.10V vs. RHE	36	—	～1	34	1	—	～25
Cu 纳米线[98]	$0.1mol \cdot L^{-1}$ $KHCO_3$	−0.60V vs. RHE	～13	—	～5	18	—	20	37
泡沫 Cu[99]	$0.5mol \cdot L^{-1}$ $NaHCO_3$	−1.10V vs. RHE	16	—	15	3	—	5	51

以 Cu 为电催化剂，其形貌和尺寸对催化活性和产物选择性有重要影响[100]。以 CuO 纳米线为电极[96]，在 $0.1mol \cdot L^{-1}$ $KHCO_3$ 水溶液中，可催化还原 CO_2 生成多种产物，包括 CO、HCOOH、C_2H_4、C_2H_6、乙醇、正丙醇等。如图 4.20(a)所示，纳米线长度影响还原产物分布及其法拉第效率。随着纳米线长度的增长，析氢反应被部分抑制，虽然 C_1 产物(CO 和甲酸)占多数，但 C_2 或 C_3 产物(乙烷、乙醇和丙醇等)的选择性明显增加。研究发现，C_2 产物在高 pH 值环境中法拉第效率高的原因是，CO 在该环境下更容易发生二聚。机理研究表明，CO 在金属表面发生二聚才可能进一步发生电子/质子转移，生成 C_2 还原产物，其中电子转移过程为反应的决速步。

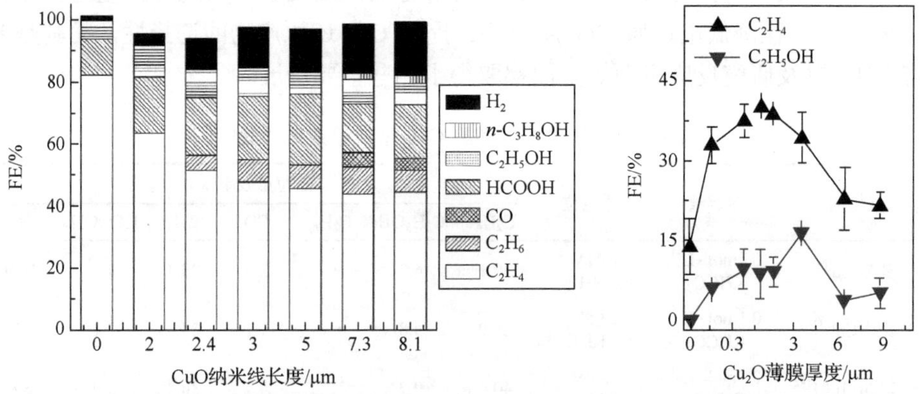

(a) (b)

图 4.20 (a)CuO 纳米线长度对 ECR 反应产物分布和法拉第效率的影响；(b)Cu_2O 薄膜厚度对 ECR 生成乙烯和乙醇法拉第效率的影响

采用 Cu_2O 薄膜为电极材料，在 $0.1mol \cdot L^{-1}$ $KHCO_3$ 水溶液中，可选择性将 CO_2 还原生成乙烯和乙醇。通过改变薄膜厚度，可调控生成乙烯和乙醇的法拉第效率。如图 4.20(b) 所示，在 1.7～3.6μm 范围内改变薄膜厚度，在–0.99V(vs. RHE)下，乙烯和乙醇的法拉第效率分别在 34%～39%和 9%～16%范围内变化。甲烷的生成受到抑制，其法拉第效率＜1%，由此达到较高的乙烯/甲烷摩尔比(～100)[90]。

Cu 纳米晶电催化还原 CO_2，具有明显的尺寸效应[101-102]。立方体 Cu 纳米晶催化 ECR 反应生成甲烷和乙烯，CO_2 转化的法拉第效率和产物选择性与 Cu 纳米晶尺寸密切相关。如表 4.4 所示，尺寸为 24nm 的纳米晶，主要产物是 H_2，ECR 反应主要生成 CH_4 和甲酸盐，二者的总法拉第效率为 43%；而尺寸为 44nm 的纳米晶则明显抑制了析氢反应，提升了 ECR 反应的活性和产物选择性，法拉第效率达 80%。这是因为 Cu 晶体的晶面影响 ECR 反应的产物选择性，Cu(111)晶面利于生成甲烷，而在 Cu(100)晶面上更倾向于生成乙烯[103]。Cu 立方体棱的原子数与 Cu(100)晶面上原子数的比例最终影响 CO_2 还原的法拉第效率和乙烯选择性。

表 4.4 不同尺寸的 Cu 纳米晶与 Cu 片电极的 ECR 催化效果对比[102]

平均颗粒尺寸/nm	FE_{ECR}/%	$FE_{乙烯}$/%	C_2H_4/CH_4 摩尔比
24	43	9	0.63
44	80	41	2.03
63	63	25	2.33
Cu 片	56	20	1

除材料形貌和尺寸影响外，通过原位测试分析发现，基于铜氧化物制备的 Cu 电极，在电还原过程中 Cu 表面的还原程度影响 ECR 反应的产物分布。使用 H_2 和 O_2 等离子处理的方法，在 Cu 箔电极表面制得一层较薄的 Cu_2O 薄膜，通过控制等离子体的条件可调控 Cu 表面氧化物的形态和厚度[104]。Cu_2O 薄膜很大程度提升了 Cu 箔电极的电催化活性和 C_2 产物选择性。如图 4.21 所示，经过 O_2+H_2 等离子处理的 Cu 电极表面，ECR 反应的超电势比较低，在–0.9V(vs. RHE)电势时，生成乙烯的选择性最高可达 60%，这是迄今报道的最高值。通过原位 XPS 测试发现，在 ECR 过程中，电极表面的 Cu^{2+} 转化为 Cu^{+} 形式。通过系统的实验对比研究，研究人员认为降低电位和提高乙烯选择性的关键是反应过程中电极表面存在的 Cu^{+}，而不是之前报道的由于 Cu 电极表面粗糙[105]和电极附近局部电解液 pH 值变化的影响[106]。而且，表面的氧化物层在–0.91V(vs. RHE)反应 1h 后，仍能较好地保持原有形貌，这表明电极材料具有良好的稳定性。

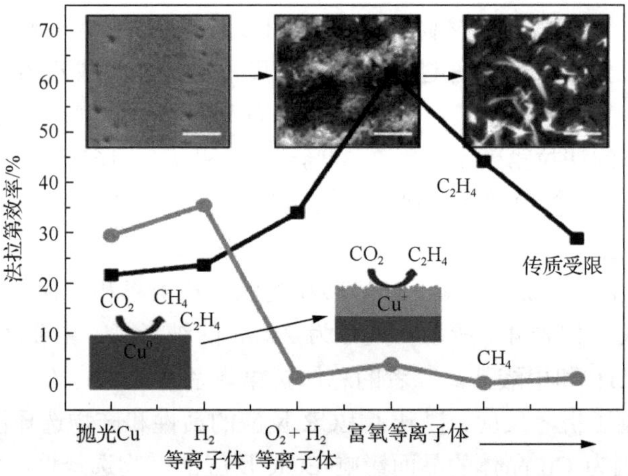

图 4.21 O_2 和 H_2 等离子处理对 Cu 电极表面 ECR 反应产物选择性的影响

插图从左至右分别为通过 H_2 等离子处理后的铜表面扫描电镜图、经过 O_2、20W、2min 等离子处理后的扫描电镜图(该条件下 C_2H_4 产物选择性最好)及经过 O_2、100W、10min 处理之后的扫描电镜图

除 Cu 基金属电极外，Ni-Ga 合金(NiGa、Ni_3Ga、Ni_5Ga_3)膜电催化材料也对 ECR 反应生成多碳还原产物显示良好催化性能。例如，在 0.1mol·L^{-1} 的 Na_2CO_3 水溶液中，Ni-Ga 合金可催化还原 CO_2 生成乙烯、乙烷和甲烷[107]。生成 C_2 产物的起始还原电位仅为–0.48V vs. RHE，与单晶 Cu 电催化材料的起始电位相同，是目前报道的最低起始电位。但是，在–1.18V vs. RHE 还原电位下，生成乙烯、乙烷和甲烷的三种产物的分电流密度和仅约等于 200μA·cm^{-2}，远低于 Cu 单晶催化材料。

2. 碳基电催化材料

相比于金属电极材料，碳材料电极不仅具有更好的化学稳定性、环境友好，而且由于其析氢超电势较高，可以更好地抑制竞争反应，有利于提高 ECR 的电流效率，是一种比较理想的电催化还原 CO_2 电极材料[108-109]。近年来，随着碳纳米材料的迅猛发展，出现了众多新型碳纳米材料，如碳纤维、石墨烯、碳纳米管、类石墨烯碳氮材料($g\text{-}C_3N_4$)及其纳米复合材料，在电催化还原 CO_2 反应中得到广泛应用。碳基电催化剂电催化还原 CO_2 的产物主要包括甲酸、甲酸盐、甲醛、甲醇、甲烷等，少数催化剂还可产生 C_2 产物。下面着重围绕催化材料进行介绍。

1)纯碳电催化材料

纯碳材料虽然有性能稳定、价格便宜等优势，但单独用作电极还原 CO_2，其超电势较高，主要是因为反应初始阶段还原 CO_2 生成 CO_2^{-}· 自由基比较困难。玻碳电极用于电还原 CO_2，所得产物取决于电解液和工作电压。例如，以乙腈(0.1mol·L^{-1} 四丁基四氟硼酸铵)为电解液，在工作电压低于–2.2V(vs. SCE)时，能检测到 CO 的生成，还能检测到碳酸盐[110]。而以 0.05mol·L^{-1} $KHCO_3$ 水溶液为电解液，反应温度为 0℃，还原电压为–2.2V vs. SCE 时，仅有少量的 CO_2 被还原为甲酸和烷烃(电流效率为 0.43%)，主要产物是 H_2(法拉第效率 92.5%)[65]。

以石墨作为工作电极，以四甲基氯化铵($0.1mol \cdot L^{-1}$，pH=9.0)水溶液为电解液，在不同工作电压条件下(–0.9～–1.88V vs. Ag/AgCl)，电还原 CO_2 的生成产物和法拉第效率有很大差别。在电压为–0.9V vs. Ag/AgCl 时，生成草酸盐(选择性 100%，法拉第效率 78%)；电压升高到–1.88V vs. Ag/AgCl，产物中出现乙醛酸盐(选择性 28%)，主要产物为甲酸盐(65%左右)，产物中草酸盐所占比例下降至 6%，三种产物的法拉第效率高达 93%。可能的反应路径如图 4.22 所示[111]。

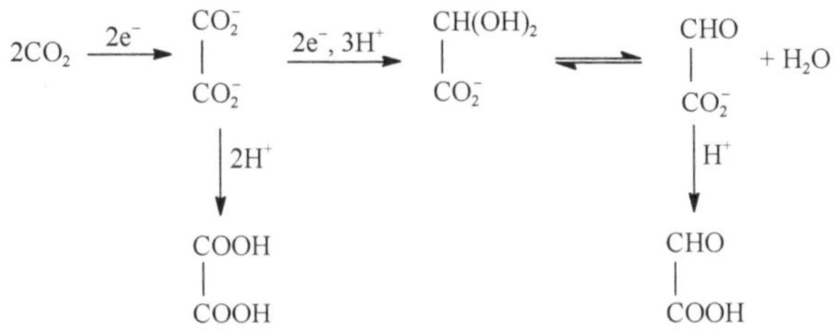

图 4.22 –1.88V(vs. Ag/AgCl)电压下，石墨电催化还原 CO_2 的反应路径示意图

多壁碳纳米管(MWCNTs)与氧化石墨烯(GO)的复合材料(MWXNT/GO)，在 CO_2 电催化还原过程中具有较高的 CO 选择性，比单独的 MWCNTs 和 GO 的催化效率都要高，两种碳材料之间显示显著的协同效应。例如，在[BMIm]BF_4(90wt%)/乙腈电解液中，还原电位为–2.2V(vs. Ag/Ag^+)时，CO 法拉第效率达 85%，电流密度为 $2.3mA \cdot cm^{-2}$。在相同的实验条件下，该材料对 CO 的选择性和分电流密度都要高于 Au 和 Ag 电极[112]。

2)掺杂型碳电催化材料

针对 ECR 反应中纯碳材料超电势过高的缺陷，对碳材料进行杂原子掺杂可有效解决这一问题。常用于碳材料掺杂的杂元素包括 N、B、S、P 等。其中，N 掺杂碳材料研究最为广泛。通过杂原子掺杂可大大降低材料对 ECR 反应的超电势，提高材料的催化活性、产物选择性及材料使用稳定性，其中一些材料的性能甚至可超过金属催化剂。例如，石墨对 CO_2 活化的自由能垒高达 1.3eV，而吡啶 N 掺杂的石墨 CO_2 活化的自由能垒降低至 0.58eV[113]。N 掺杂的泡沫石墨烯对 ECR 反应的初始超电势降至 0.19V，在超电势为 0.47V 时，生成 CO 的法拉第效率可达 85%，催化性能比 Au 和 Ag 电极更好[114]。B 掺杂的石墨烯，在 $0.1mol \cdot L^{-1}$ $KHCO_3$ 溶液中和–1.4V(vs. SCE)还原电位下，催化 ECR 反应生成 HCOOH 的法拉第效率达到 66%[115]。迄今，掺杂型碳电催化材料在 ECR 反应中的应用得到广泛关注，推动了电催化 CO_2 转化的发展。

氮掺杂碳纳米材料。氮是与碳最具相似性的元素，容易掺杂进入碳材料骨架，实现对碳材料的改性。根据 N 掺杂碳材料中 N 的电子态，掺杂 N 可分为吡啶 N、吡咯 N 和石墨 N 三种，它们因 C—N 结合能的微小差别而在 ECR 反应过程中显示不同的性能。N 掺杂碳材料种类繁多，性能各异，催化 ECR 反应可生成 HCOOH、CO、甲烷、甲醇、C_2 或 C_2 以上产物，一些 N 掺杂碳材料甚至展现比金属催化剂更好的催化性能。

石墨烯因其独特的二维结构和优良的导电性能，备受关注。作为电催化材料，虽然石墨烯有较多的边缘位点，有利于 CO_2 的吸附和活化，但表面自由能垒高，在 ECR 反应中阻碍生成 $HCOO^-$ 反应中间体，因此反应活性较低[114]。在石墨烯中掺杂 N、B、P 等杂原子是降低其表面能垒，进而增强其电催化活性的有效手段。DFT 计算发现[116]，N 掺杂使得石墨烯表面的自由能垒降低，利于生成 $HCOO^-$ 中间体；并且，$HCOO^-$ 在 N 掺杂石墨烯(NG)表面的吸附能在 1.27～3.24eV 之间，明显高于在传统石墨烯表面的吸附能(0.18eV)，这表明 N 掺杂有利于稳定 $HCOO^-$ 中间体。NG 对还原产物 HCOOH 和 CO 的吸附能较低，因此还原产物主要为 HCOOH 和 CO。吡啶 N、吡咯 N 及石墨 N 对提升碳材料的电催化活性和 CO 或 HCOOH 选择性均有贡献[116-117]。吡啶 N 上还原 CO_2 生成 CO_2^- 反应中间体的能垒最低，吡啶 N 自身的吸电子作用会导致与其相邻的 C 原子表面带有部分正电荷，从而可与 $HCOO^-$ 相结合，并起到稳定 $HCOO^-$ 反应中间体的作用。因此，一般认为吡啶 N 是最具有催化活性和产物选择性的作用位点，增加其含量可以有效提升材料的催化性能。例如，N 含量为 5.6at%(原子数百分含量)的 NG，在 $0.5mol \cdot L^{-1}$ $KHCO_3$ 电解液和–0.84V(vs. RHE)下，电催化还原 CO_2 的活性大大提高，生成 HCOOH 选择性可达到 73%[118]。N 掺杂碳材料中吡啶 N 含量越高，能够制造越多的活性位点，增强材料的催化活性。但是，吡啶 N 含量过多，又可能导致材料导电性减弱和电荷转移能力下降，不利于电催化反应的发生。因此，在碳材料中掺杂吡啶 N 的含量需要控制在一定范围内，以保持平衡。

石墨烯量子点(graphene quantum dots，GQD_S)是指横向尺寸＜100nm，纵向尺寸为几个纳米，具有一层、两层或者几层的石墨烯结构，即非常小的石墨烯碎片。如图 4.23 所示，GQDs 作为电极材料，在–0.4～–0.95V(vs. RHE)还原电压范围内，可有效地将 CO_2 还原为 CO、HCOOH 及多电子和多碳产物，但 ECR 反应的法拉第效率低(＜30%)；而 N 掺杂 GQDs(NGQDs)对 ECR 反应的催化活性大幅度提升，在相同的实验条件下法拉第效率最高可达 90%，并且有更多的 C_2 产物(如 C_2H_4、C_2H_6OH、CH_3COO^-)、甚至 C_3 产物(n-C_3H_7OH)产生。相比于 N 掺杂的还原氧化石墨烯材料(NRGOs)，NGQDs 具有更多的缺陷和 N 原子边缘位点。这些特性使得 $NGQD_S$ 对 ECR 有更强的催化活性，并具有更高的分电流密度。$NGQD_S$ 催化 C—C 键形成的起始还原电位仅为–0.61V(vs. RHE)。当还原电位在–0.70～–0.80V(vs. RHE)之间时，还原 CO_2 的总电流效率最高，主要还原产物包含 CO、$HCOO^-$、CH_4、C_2H_4、C_2H_6OH、CH_3COO^- 及 n-C_3H_7OH，对 C_2H_4 产物的法拉第效率最高可达 31%。在还原电位不低于–0.8V(vs. RHE)情况下，NGQDs 电催化还原 CO_2 生成 C_2H_4 的分电流密度可高达 40mA · cm^{-2}。

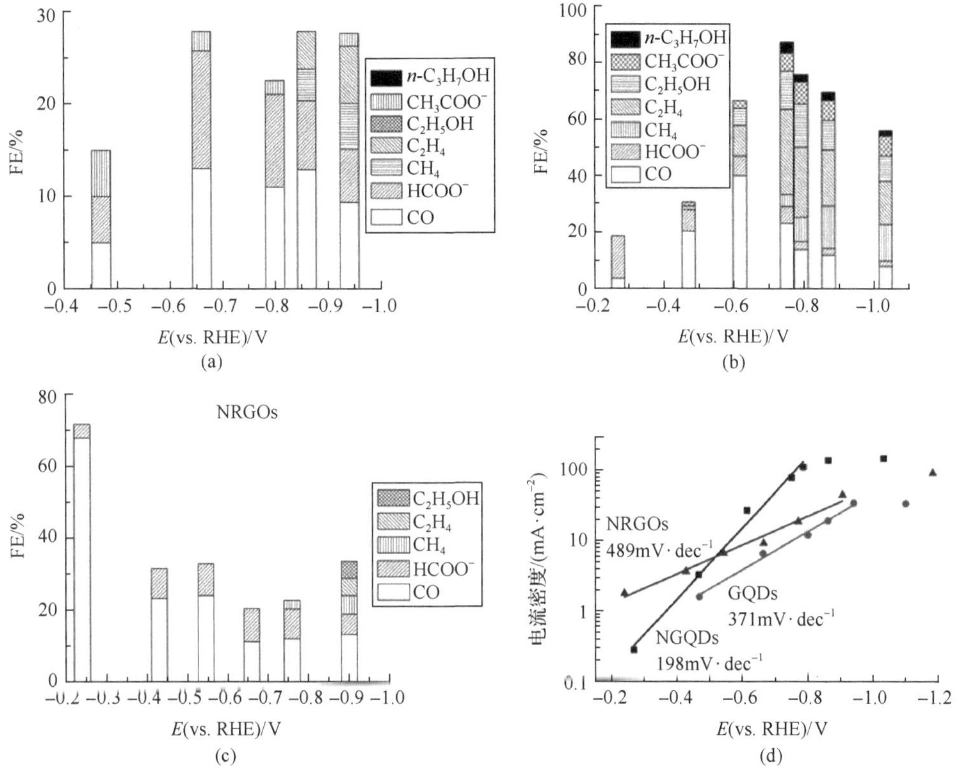

图 4.23 碳材料的纳米结构与 CO_2 电催化活性的关系图

(a) GQDs 的 CO_2 还原产物法拉第效率分布图；(b) NGQDs 电催化还原 CO_2 得到各个产物的法拉第效率分布图；(c) NRGOs 的 CO_2 还原产物法拉第效率分布图；(d) NGQDs、GQDs 及 NRGOs 的 Tafel 图

与 NRGOs 相比[图 4.23 (a) 和 (c)]，NGQDs 具有更高的总法拉第效率，C_2 和 C_3 产物的选择性也更高，这可能是 NGQDs 具有更小的尺寸，从而暴露更多的 N 活性位点所致。GQDs 电极的 Tafel 斜率为 371mV · dec^{-1}，而 NGQDs 电极具有更小的 Tafel 斜率(198mV · dec^{-1})，这说明对 GQDs 进行 N 掺杂有效提升了其催化活性。在 NGQDs 中吡啶 N 也被认为是最具有催化活性的 N 掺杂形式，这一结论与之前 N 掺杂碳材料中所得到的结论一致。第一性原理模拟结果表明，当吡啶 N 活性位点在 GQDs 中成为边缘作用位点时，它与 $HCOO^-$ 反应中间体的键合能会增强，同时会大幅度降低 CO_2 活化能垒，促进 CO_2 向 CO_2^- 反应中间体的转变。与 Cu 纳米电催化材料相比，NGQDs 具有更低的 CO_2 还原超电势，这一优势使得 NGQDs 有望成为 Cu 电极材料的替代品[119]。

N 掺杂的碳纳米管(NCNTs)在超级电容器及氧还原反应中都具有重要的应

用，但在 CO_2 电催化还原领域中应用较少[117]。为区分 NCNTs 中不同电子态 N 对 ECR 的促进作用，通过控制 CNTs 的生长时间及掺杂所使用的氮供体(乙腈、二甲基甲酰胺和三乙胺)制备了一系列 NCNTs。图 4.24 给出了样品中各种电子态 N 的含量，以及其电催化还原 CO_2 生成 CO 的法拉第效率和起始还原电位。其中，N 含量～5wt%的 CAN-850 有最高的吡啶 N 含量(～1wt%)，显示最高的 CO 选择性；在还原电位为−1.05V(vs. SCE)时，其法拉第效率达 80%。这表明增加 NCNTs 的 N 含量能有效提升其对 CO 的选择性。这一研究结果与前面 N 掺杂碳材料中吡啶 N 含量增加可提升 CO 选择性及催化活性的结论相吻合。

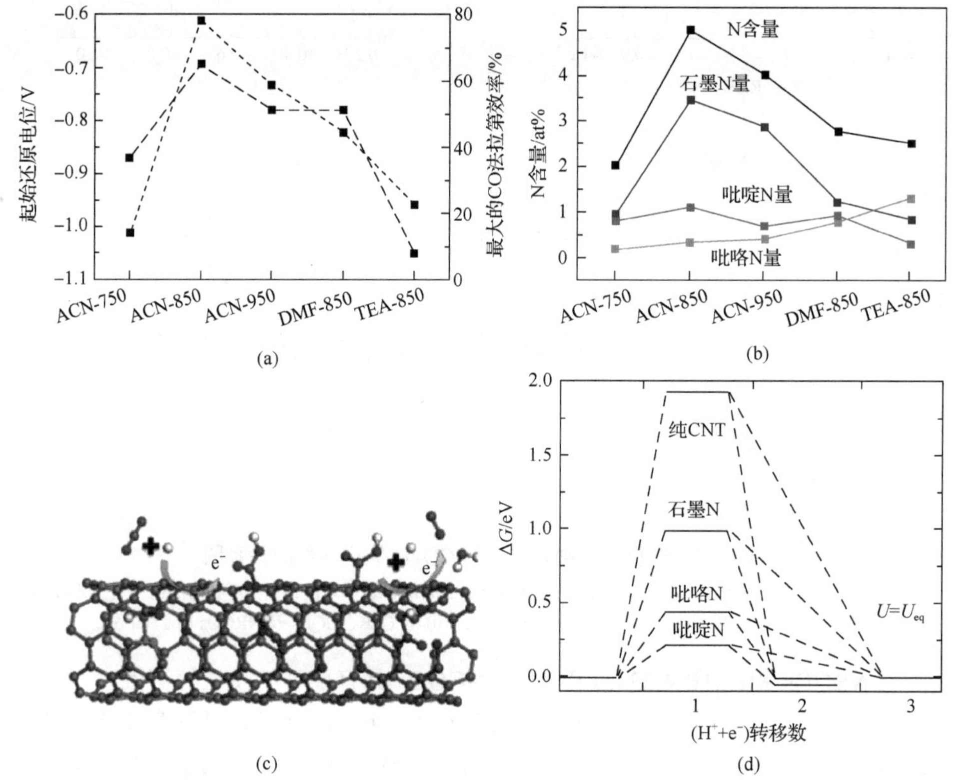

图 4.24 (a)NCNTs 发生 CO_2 电催化还原反应的初始还原电位，以及还原电位为−1.05V(vs. SCE)时产生 CO 的法拉第效率；(b)不同 NCNTs 中的总 N 及各种电子态 N 的含量；(c)CO_2、H_2O 及反应中间物种在 NCNT 表面吸附和转化的示意图；(d)DFT 计算的 NCNTs 中不同电子态 N 催化 ECR 反应生成 $HCOO^-$中间体的反应自由能垒

由图 4.24(d)可知，含吡啶 N 的 CNTs 生成 $HCOO^-$反应中间体的自由能垒最低，这说明吡啶 N 具有最高的 ECR 催化活性。吡啶 N 与 CO 之间的结合能较弱，因此产生的 CO 很容易从 NCNTs 表面脱附，从而使 NCNTs 具有较高的 CO 选择性。对于石墨 N 来说，由于外层电子都分布在 π 反键轨道上，使其很难与 CO_2

发生作用，从而限制了其 ECR 反应活性。石墨 N 虽然具有一定的 ECR 活性，但是实验测量、理论计算都表明吡啶 N 在 ECR 催化中的性能比石墨 N 更好。吡咯 N 掺杂对 CNTs 的 ECR 活性及产物选择性并没有太大影响。在石墨基底平面上引入吡啶 N 缺陷可以使 N 原子具有额外的负电荷，另外 N 原子上的孤对电子也可以稳定存在并起到与 CO_2 键合的作用。

将聚乙烯亚胺功能化的 N 掺杂碳纳米管(PEI-NCNTs)覆于玻碳片上作为电极，以 $0.1mol \cdot L^{-1}$ $KHCO_3$ 水溶液作电解液，用于电催化还原 CO_2[120]。在−1.8V vs. SCE 还原电位下，可还原 CO_2 生成甲酸盐，法拉第效率达 85%，电流密度为 $7.2mA \cdot cm^{-2}$。将 PEI 包覆在多孔 N 掺杂石墨烯碳纳米管表面，形成复合材料(PEI-PNG)，并在相同条件下进行 ECR 反应。结果表明，PEI-PNG 比 PEI-NCNTs 有更高的电流密度(j=$9.5mA \cdot cm^{-2}$)，甲酸盐的法拉第效率也略有提升(87%)，其催化活性甚至超过了一些金属电极，如 Sn、Hg 等。在碳纳米管的 π 共轭体系中 N 元素作为极化中心而存在，有较强的吸电子能力，使其原子表面携带更多的负电荷，同时与 N 原子相邻的 C 原子也会被极化。NCNTs 外包覆的 PEI 层可以通过氢键作用帮助稳定 CO_2^- 反应中间体(图 4.25)。PEI 层提供的 CO_2^- 稳定环境有利于降低 CO_2 还原为 CO_2^- 中间体的起始电位，从而进一步提升了 ECR 反应的法拉第效率和还原的电流密度。有趣的是，PEI 层只能增强 N 掺杂的 CNTs 的 CO_2 电催化活性，而对没有 N 掺杂的 CNTs 没有促进作用，这说明了 PEI 与 CNTs 上掺杂的 N 元素之间存在相互作用，但是相互作用的存在形式尚不清楚。

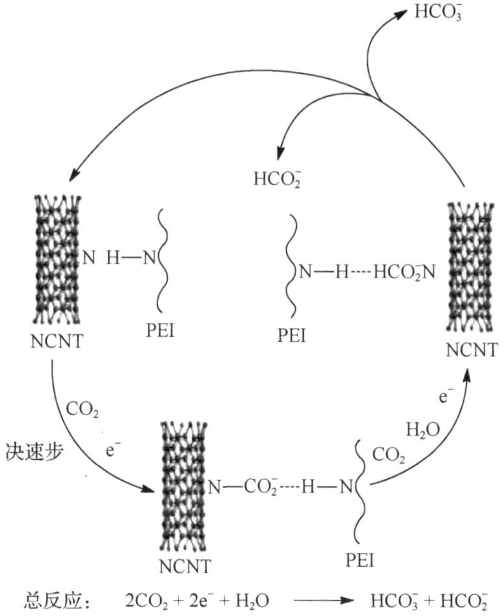

图 4.25　PEI-NCNTs 可能的 CO_2 电催化反应机理示意图

将 CNTs 嵌入 N 掺杂的纳米多孔碳薄膜(NCM)，形成碳纳米复合材料(CNTs/NCM)。因其独特的结构，在 $0.1mol \cdot L^{-1}$ $KHCO_3$ 水溶液中，CNTs/NCM 能够在比 NCM(–0.37V vs. RHE)更低的还原过电位(–0.18V vs. RHE)下还原 CO_2，生成甲酸盐，法拉第效率最高可达 81%。CNTs/NCM 电极材料的多孔结构，可以像气体扩散电极一样使气固液三相充分接触，使得 CO_2 在电极表面的还原反应效率最大化。此外，CNTs/NCM 材料坚固的立体结构和较好的电化学稳定性，在 ECR 反应 36h 之后不会发生明显的结构变化，具有较好的使用稳定性。CNTs 的引入有效克服了 NCM 导电性差和电极表面电导率衰减的问题[121]。

金刚石是呈正四面体的纯碳晶体材料，每个碳原子都以 sp^3 杂化轨道与另外 4 个碳原子形成共价键。纳米金刚石(nanodiamond，DD)是一种具有独特性质的纳米碳材料，具有广泛用途。N 和 B 掺杂的纳米金刚石材料，在电催化还原 CO_2 方面显示优异的催化性能。例如，N 掺杂的纳米金刚石/硅棒阵列电极(NDD/Si RAs)用于 ECR 反应，使用 $1mol \cdot L^{-1}$ $NaHCO_3$ 电解液，还原电位为–1.0V 时，主要得到 CH_3COOH，其法拉第效率最高可达 77%。电极表面具有非常高的氢超电势，有效抑制了析氢反应。电极表面的催化还原反应经历了如下路线：$CO_2 \rightarrow CO_2^- \cdot \rightarrow (COO)_2 \cdot \rightarrow CH_3COO^-$，其中—$CH_3$ 与 $CO_2^- \cdot$ 的耦合过程为该反应的决速步[122]。

由聚丙烯腈纤维碳化制备的含 N 掺杂纳米碳纤维材料(N-CNFs)具有超低的 CO_2 初始还原过电位(0.17V)，比碳膜要低～0.23V。催化 CO_2 电还原的最大电流密度可达到 $3.5mA \cdot cm^{-2}$，是相同条件下 Ag 电极还原 CO_2 时电流密度的 13 倍。在–0.573V(vs. SHE)还原电位下，CO 法拉第效率高达 98%。N-CNFs 特殊的波纹状纳米线结构使得材料表面与还原反应中间体具有较强的相互作用，并且该结构在催化过程中可以维持稳定，保证其性能不发生变化[123]。

类石墨碳氮材料($g\text{-}C_3N_4$)是一种新型的非金属半导体材料，虽然 $g\text{-}C_3N_4$ 的导电性较差，但具有较强的 CO_2 吸附能力，通过与导电性强的材料复合，能够催化 ECR 反应。例如，与 MWCNTs 复合后生成的 $g\text{-}C_3N_4$/MWCNTs 复合材料，电催化还原 CO_2 生成 CO，在还原电位为–0.95V(vs. RHE)时，CO 的法拉第效率为 60%，电流密度为 $1.02mA \cdot cm^{-2}$，而在相同条件下纯 $g\text{-}C_3N_4$ 电极的还原电流密度仅为 $0.01mA \cdot cm^{-2}$[124]。

材料形貌结构也影响 ECR 产物选择性。分别以酚醛树脂和双氰胺作为 C 源和 N 源，通过软模板法制备的具有规整圆柱型孔道结构的碳材料可高选择性地电还原 CO_2 生成 C_2H_5OH，几乎没有 CO 生成，法拉第效率为 76 %(–0.56V vs. NHE)。而圆柱型碳多孔材料[i-NC，TEM 如图 4.26(b)中 b1 和 b2 所示]，在相同条件下生成 C_2H_5OH 的法拉第效率最高为 44%(–0.50V vs. NHE)，并且还有 CO(5%～16 %)生成。两种碳材料的比表面积分别为 $631m^2 \cdot g^{-1}$ 和 $1000m^2 \cdot g^{-1}$，孔尺寸分别为 5.1nm 和 3.3nm，含氮量一致(约为 7%)，吡啶型 N、吡咯型 N 和石墨型 N 含量相当，分别为 2.6at%、2.8at%、1.6at%和 1.9at%、3.9at%、1.4at%。电化学交流阻抗谱测试表明 c-NC 的电荷转移电阻为 3.8Ω，而 i-NC 为 8.1Ω，说明 c-NC 孔道表面的电子密度是 i-NC 的 2 倍多。DFT 理论计算证明，反应生成·CO 中间体在电子密度更大的催化剂表面更稳定，因此相邻的·CO 更容易发生二聚生成 OC—CO 中间体，从而也抑制了 CO 的生成[125]。

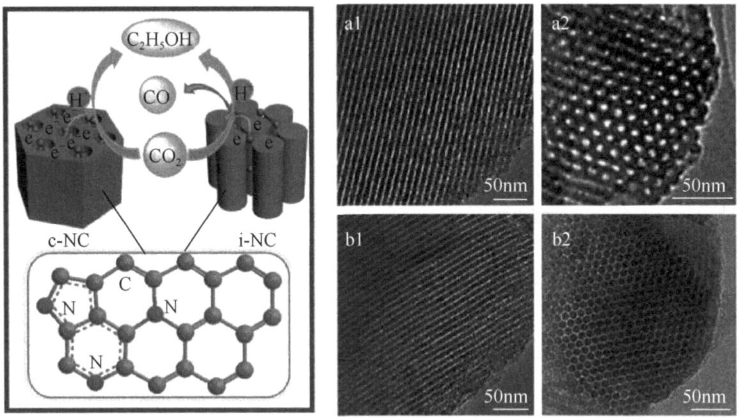

(a) (b)

图 4.26 (a) c-NC 和 i-NC 电还原 CO_2 反应示意图；(b) c-NC (a1 和 a2) 和 i-NC (b1 和 b2) 的 TEM 图

以上 N 掺杂碳基材料催化的 ECR 反应，通常采用水相电解液，主要生成含氧还原产物，如 CO、HCOOH 等；而采用含有离子液体的非水相电解液，可高选择性获得 CH_4。例如，采用 N 掺杂石墨烯材料 (NGM) 为电催化剂，选用碳纸 (CP) 为基底，将它们烧制成电极 NGM/CP，用于 ECR 反应。采用离子液体[BMIm]BF_4 为电解质，NGM/CP 电极对电催化 CO_2 生成 CH_4 的反应展现出了良好的催化活性和选择性。CH_4 的法拉第效率随着电极材料中 N 含量的增加而上升，当 N 含量为 9.46%时，CH_4 的法拉第效率可达 93.5%，获得最高的甲烷选择性。向体系中加入少量水 (3wt%)，反应电流密度从 1.42mA · cm^{-2} 上升至 3.26mA · cm^{-2}，而 CH_4 的法拉第效率仍然保持＞90%。NGM/CP 电极反应的电流密度是相同条件下 Cu 电极的 6 倍[126]。

NGM/CP 电极高效电催化 CO_2 生成 CH_4 的机理如图 4.27 所示。首先，在电解液中，离子液体阳离子$[BMIm]^+$与一分子 CO_2 形成$[BMIm\text{-}CO_2]^+$复合物，降低 CO_2 的还原反应能垒，从而降低反应过电位。$[BMIm\text{-}CO_2]^+$与吡啶型 N、吡咯型 N 和吡咯酮型 N 的活性位点结合，同时捕获一个电子而形成 CO_2^-· 中间体。CO_2^-· 结合另一分子的 CO_2 形成 $CO_2\text{-}CO_2^-$· 加合物，同时捕捉到一个电子而形成吸附在电极表面的 CO_{ads} 物种，该物种进一步被还原成 CHO_{ads}，CHO_{ads} 通过质子化，最终形成 CH_4。这与 CO_2 在 Cu 电极表面形成 CH_4 的机理类似。需要指出的是，CO_{ads}

与活性位点，即吡啶型 N、吡咯型 N 和吡咯酮型 N 之间同样存在较强的相互作用，这在一定程度上降低了产生的 CO 从电极表面逸出的可能，从而使其进一步加氢还原，形成 CH_4。

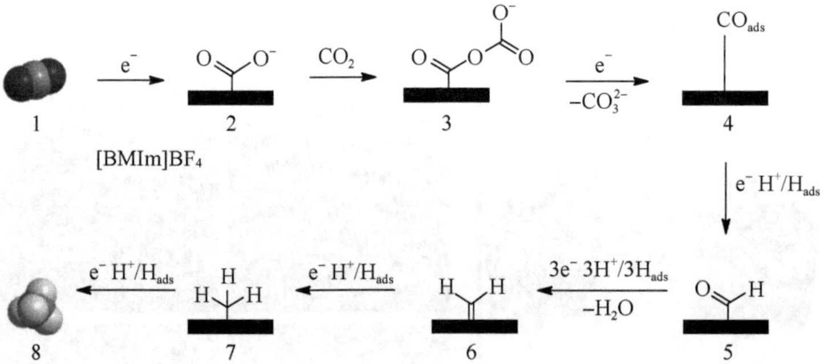

图 4.27　N 掺杂碳材料电催化 CO_2 还原制备 CH_4 的机理示意图[126]

除上述 N 掺杂的碳材料外，B、S、P 等掺杂的碳材料也在 ECR 反应中得到良好的应用[115]。DFT 计算表明，石墨烯中掺杂 B 原子使得石墨烯表面的电荷分布及自旋密度平均化。在 ECR 反应中，带正电的 B 和 C 原子作为活性位点，与 $HCOO^-$反应中间体相互作用，起到稳定反应中间体的作用。例如，通过微波等离子化学气相沉积法，以硼酸三甲酯为物质源在硅片表面生长一层 B 掺杂的纳米金刚石(BDD)薄膜[127]。BDD 具有 p-型半导体性质，有较宽的电化学窗口、较低的背景电容电流和较高的电化学稳定性等。以 BDD 薄膜为电极，使用 $0.1mol\cdot L^{-1}$ 四丁基胺高氯酸盐的甲醇溶液为电解液，可以高选择性地将 CO_2 电催化还原为 HCHO，法拉第效率达 74%。该电极具有良好的电化学稳定性，使用 20h 后其电催化活性得以保持。通常，在水相电解液中由于阴极表面的 pH 值较高，电还原生成的 HCHO 很容易发生歧化反应而变为 HCOOH 和 CH_3OH，因此很难生成 HCHO 产物。有趣的是，当这种 BDD 电极分别在 $0.1mol\cdot L^{-1}$ NaCl 和海水电解液中进行 CO_2 电催化还原反应时，可高选择性获得 HCHO 产物，法拉第效率分别为 62%和 36%。研究者推测，可能因为 BDD 中存在 sp^3 杂化形式的 C 原子，相比于石墨烯等含有 sp^2 杂化 C 原子的电极材料，BDD 电极具有更强的甲醛选择性。

S 掺杂的碳材料及 S/N 共掺杂的碳材料同样具有良好的 ECR 电催化活性[128]。其中，S/N 共掺杂的碳材料相比于仅有 S 掺杂的碳材料，具有更低的还原超电势(−0.99V vs. RHE)，以及更高的 CO 法拉第效率(92%)。与 N 掺杂的碳材料类似，S/N 共掺杂的碳材料中吡啶 N 同样起到了增强催化活性的作用，而含有 S 元素的噻吩基团对催化过程起到了促进作用。此外，S/N 共掺杂的碳材料表面具有较强的碱性，有效抑制了催化材料表面的析氢反应，从而提升了 CO_2 电催化还原的效率。

3）金属-碳复合电催化材料

将金属纳米颗粒负载到纳米碳材料表面，形成金属-碳纳米复合材料。一方面，碳材料表面具有阻止金属纳米颗粒团聚的作用；另一方面，二者间相互作用，实现二者特性的有机结合，对 ECR 反应显示优良的协同效应，获得高性能电催化材料[127-129]。例如，将单原子 Ni(I)锚定在氮掺杂的石墨烯基质上，其对催化 ECR 反应显示很高的催化活性和使用稳定性。在 0.61V 的温和过电势下，镍单原子催化剂达到 $350A\cdot g_{催化剂}^{-1}$ 的比电流和 $14800h^{-1}$ 的 TOF，生成 CO 的法拉第效率达 97%。在电流密度高达 $22mA\cdot cm^{-2}$ 下连续反应 100h 后，催化剂保持其初始活性的 98%[130]。

在石墨烯电极表面负载尺寸为 10～30nm 的 Cu 颗粒形成 Cu/G 复合材料，可明显提升其 ECR 活性和产物选择性。例如，石墨烯析氢的法拉第效率大于 90%，ECR 产物仅有少量的 CO；而负载 Cu 纳米颗粒之后，Cu/G 电极催化 ECR 的法拉第效率降低至 50%，同时 ECR 的主要产物变为了 CH_4 和少量 C_2H_4。当电解液为 $0.1mol\cdot L^{-1}$ $NaHCO_3$、还原电位为–1.3V 时，CH_4 产物的法拉第效率最高为 40%，产生 CH_4 的分电流密度最高为 $2.2mA\cdot cm^{-2}$[118,131-132]。

将 Cu 纳米颗粒负载到富含吡啶型 N 的石墨烯(p-NG)表面，获得 Cu/p-NG 复合材料。将其用于 ECR 反应，以 $0.5mol\cdot L^{-1}$ $KHCO_3$ 水溶液为电解液。通过改变还原电位，可选择性地生成不同产物。还原电位为–0.8V(vs. RHE)时，Cu/p-NG 表现出很高的 HCOOH 选择性，法拉第效率＞90%，有少量乙烯生成；当还原电位为–0.9V(vs. RHE)时，甲酸的法拉第效率大大降低(～15%)，乙烯成为主产物，法拉第效率＞70%，还有少量甲烷和乙烷生成。而单纯以 Cu 纳米颗粒为催化剂，只有在还原电位达到–1.1V(vs. RHE)时，才有催化活性，主产物为 HCOOH。因此，Cu 纳米颗粒与 p-NG 复合，不仅降低了催化还原电位，还可以调变生成产物。Cu/p-NG 的催化反应机理与金属催化剂的类似，反应的决速步为电极表面发生单电子转移生成 CO_2^-反应中间体。p-NG 表面的吡啶 N 活性位点与·COOH 反应中间体之间具有较强的结合能，使得·COOH 在电极表面能够质子化和脱水，从而生成·CO 反应中间体。·CO 中间体在电极作用下，通过二聚及质子转移进一步生成多碳产物。

将具有精细结构的石墨烯(CNS)包覆在 Cu 纳米颗粒表面，可形成类核壳结构 CNS-Cu。采用 CNS-Cu 为催化材料，在 $0.1mol\cdot L^{-1}$ KOH 电解液中，还原电位为–1.2V(vs. RHE)时，可高选择性地将 CO_2 还原为乙醇，选择性达到 84%，法拉第效率为 63%。CNS 与 Cu 纳米颗粒间紧密的包覆结构，增强了金属颗粒与石墨烯之间的协同作用。这一特殊结构有利于 C—C 键的形成，倾向于产生 C_2 还原产物[133-134]。

将 Sn 量子片负载到石墨烯片层中，得到具有良好化学稳定性的 Sn/G 二维复合材料。金属 Sn 量子片在空气中易氧化而导致电导率和催化活性下降，将石墨烯包覆在 Sn 表面，能使 Sn 量子片的氧化温度提高至 570℃。以 Sn/G 为电催化材料进行 ECR 反应，在 $0.1mol \cdot L^{-1}$ $NaHCO_3$ 电解液中，还原电位–1.8V (vs. SCE) 的条件下，可生成 HCOOH，法拉第效率达到 85%，分电流密度达 $21.1mA \cdot cm^{-2}$。催化活性远高于尺寸为 15nm 的 Sn/石墨烯复合电极、单分散的 15nm Sn 电极及传统 Sn 电极[135]。

以负载型 Cu/CNTs 为催化剂，将催化剂沉积到气体扩散电极上作为工作电极，Ag/AgCl 为参比电极，Pt 为对电极，在 $0.5mol \cdot L^{-1}$ 的 $KHCO_3$ 中进行 ECR 反应，可以选择性地生成甲酸 ($212\mu mol \cdot h^{-1} \cdot g_{Cu}{}^{-1}$) 和乙酸 ($208\mu mol \cdot h^{-1} \cdot g_{Cu}{}^{-1}$)，还有少量甲醇生成。如图 4.28 所示甲酸的生成机理类似于大多数的文献报道，乙酸主要是通过吸附在电极表面的还原中间产物—CH_3 与 $CO_2^- \cdot$ 反应生成的。由于生成的甲酸不能被继续电还原生成其他产物，因此，乙酸的生成路径肯定不同于甲酸。Cu 可以稳定生成的 $CO_2^- \cdot$，进而继续被还原为—CHO 和—CH_2OH；—CH_2OH 可能被体系中的质子进攻，生成甲醇，或者继续被还原生成—CH_3，最终—CH_3 可以与反应体系中大量存在的 $CO_2^- \cdot$ 或电极表面上吸附的 $CO_2^- \cdot$ 反应生成乙酸。催化剂 Cu 对反应中间产物的稳定作用和电极附近 $CO_2^- \cdot$ 的浓度对 C—C 键的生成起到至关重要的作用[136]。

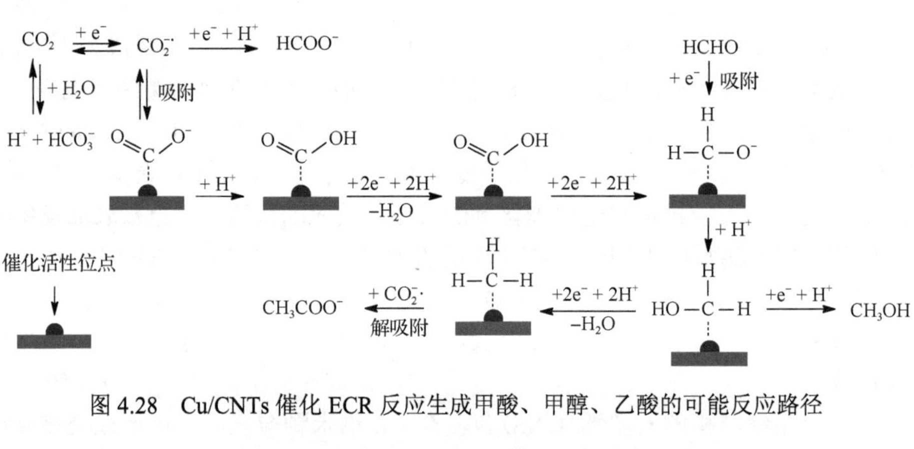

图 4.28 Cu/CNTs 催化 ECR 反应生成甲酸、甲醇、乙酸的可能反应路径

氮化硼 (BN) 是一种由交替的氮原子和硼原子所构成的晶体，有四种晶型：立方型、菱方型、六方型和纤锌矿型。其中，六方型 BN 具有良好的机械性能、导热性和耐化学腐蚀性，特别是当有多余电子转移到 BN 的表面时，材料可以体现出较强的化学吸收 CO_2 的能力。将图 4.29 所示的 Cu(Ⅰ)配合物，负载于 C-掺杂 BN (BN-C) 纳米片表面形成 Cu(Ⅰ)/BN-C 复合材料，并将所制备的复合材料滴涂

在碳纸上用作工作电极。当[BMIm]BF_4-LiI-水三元体系作为电解液时，可以实现电催化还原 CO_2 生成乙酸。CO_2 还原的电流密度可达到 13.9mA · cm^{-2}，法拉第效率达到 80.3%。电催化 CO_2 生成乙酸的机理如图 4.30 所示。在电解液中，离子液体阳离子$[BMIm]^+$与一分子 CO_2 形成$[BMIm\text{-}CO_2]^+$复合物，从而降低反应的过电位。$[BMIm\text{-}CO_2]^+$吸附在工作电极表面，CO_2 捕获一个电子而形成 CO_2^-·中间体。CO_2^-·继续捕捉电子而形成吸附在电极表面的 CO_{ads}，而 CO_{ads} 进一步被还原成 CHO_{ads}。CHO_{ads} 通过质子化作用，形成 CH_3O_{ads}，而 CH_3O_{ads} 会继续捕捉一对电子和质子，形成副产物甲醇。在 Li^+的作用下，电极表面的甲醇与 I^-发生反应形成 CH_3I，而 CH_3I 被 Cu 物种捕捉，形成 CH_3Cu^*I，这一步是有机合成中的基本步骤。CH_3Cu^*I 与另一个 CO_2^-·中间体作用，形成 CH_3COOCu^*I。最终，CH_3COOCu^*I 经过质子化过程生成乙酸。

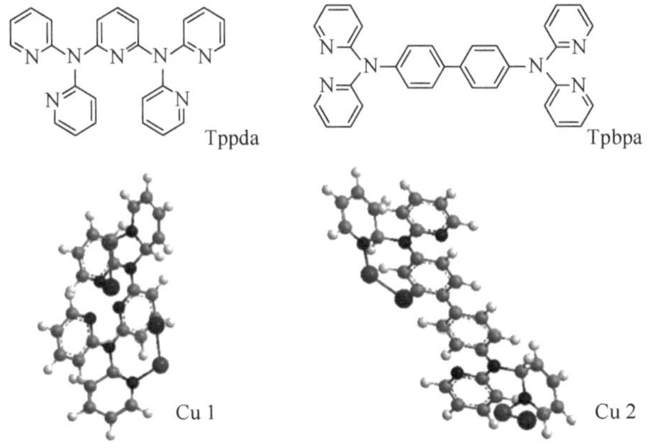

图 4.29　配体及对应的 Cu 配合物的分子结构

Cu 1 和 Cu 2 分别表示配体为 *N,N,N′,N′*-四（2-吡啶）-2,6-吡啶二胺（Tppda）和 *N,N,N′,N′*-四（2-吡啶）-联苯-4,4′-二胺（Tpbpa）的 Cu（I）配合物

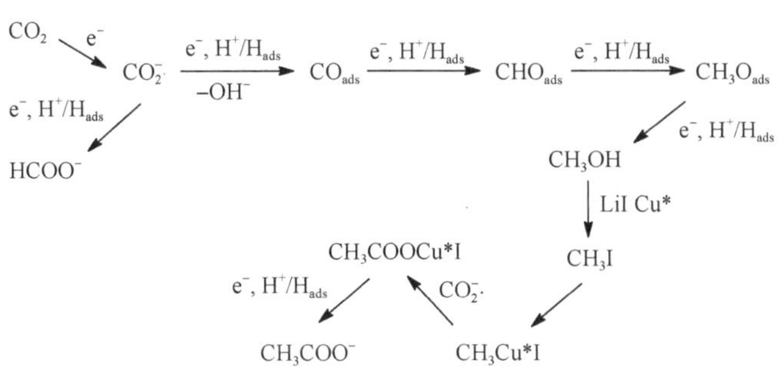

图 4.30　Cu（I）/BN-C 电催化 CO_2 制备乙酸的机理示意图

3. 其他电催化材料

1) 金属有机配合物

金属有机配合物是一类由金属原子或离子与有机配体通过配位键形成的化合物，金属在配合物中以单原子活性位点存在，具有高的金属元素分散性。由于有机配体的多样性和功能可设计性，金属有机配合物种类繁多，性能各异。作为电催化材料，金属酞菁类、金属卟啉类、金属 2,2-联吡啶类等金属有机配合物，自 20 世纪 80 年代始应用于电催化 CO_2 还原的研究[137]。有机配体的精细结构和配位的中心金属原子，均对 CO_2 电催化还原的催化活性和产物选择性有重要影响。因此，合理选用配体及中心金属原子是获得性能优良的有机金属配合物电催化材料的关键。这类催化材料最突出的特点是动力学上对 H· 具有较高的吸附能垒，导致电极表面的析氢过程遵循 Heyrovsky 机理，而不是 Tafel 机理。因此，金属有机配合物电极往往需要更高的析氢过电位，以提高 CO_2 还原的电流效率。尽管经过了四十多年的发展，这一类材料依然存在电流密度低、过电势高、产物选择性差及容易失活等缺点。近年来，随着纳米科技和新材料的发展，金属配合物复合材料受到广泛关注，在 CO_2 电还原领域焕发新的活力[138-141]。

酞菁是一类由 8 个 N 原子、8 个 C 原子组成的芳香共轭体系的大环共轭化合物，环内可容纳金属元素，形成金属酞菁配合物(metallophthalocyanines, MPCs)，如图 4.31 所示。由于共轭大环酞菁体系间强烈的电子相互作用，MPCs 显示出非同寻常的光、电、热、磁性质，在分子导体、分子磁体、分子电子元器件、光电转换和分子催化等领域有巨大的应用潜力。早在 1974 年，Meshitsuka 和 Eisenberg 就最先报道了酞菁钴和酞菁镍电催化还原 CO_2 的研究。之后，人们系统研究了不同金属中心的 MPCs 对 ECR 反应的催化性能，研究表明 MPCs 性能与金属中心的性质密切相关[142-148]。将 MPCs 通过涂布的方式固定在传统石墨电极表面，使用四乙基铵盐的水溶液作为电解液，研究其对 ECR 反应的催化性能。结果表明，在电解液 pH＞5，还原电位为–1.2V (vs. RHE) 时，甲酸盐为主要产物；当 pH=3 时，除甲酸外，还会有少量的甲醇产物。金属中心原子对 ECR 活性有以下规律：Co＞Ni≫Fe、Cu＞Cr。金属中心为 Sn、Pb、In 的 MPCs，主要还原产物为 HCOOH 和 H_2；而中心原子为 Cu、Ga 和 Ti 的 MPCs 所产生的产物主要为 CO、CH_4 和 H_2。Fe、Zn、Pd 的 MPCs 的主要产物也是 CO，但是产生 CO 的法拉第效率比 Co 和 Ni 配合物的高。Mg、V、Mn 和 Pt 金属作中心原子的 MPCs 则没有 ECR 活性，电催化产物只有 H_2。研究表明，不同金属 MPCs 还原产物不同主要是由金属电子构型差别所致。对于高选择性生成 CO 的 MPCs，是由于它具有很强的供电子能力的最高占据分子轨道能级，CO 一生成就立即从金属原子脱离。相反，如果 CO 与金属原子形成 σ 键而不能脱吸附，则生成的 CO 在金属表面继续被还原，生成

CH_4。对于最外层有 s 或 p 轨道电子的金属，电离并不能将 CO_2 还原成 CO，而是生成 CO_2^-，继而生成甲酸。

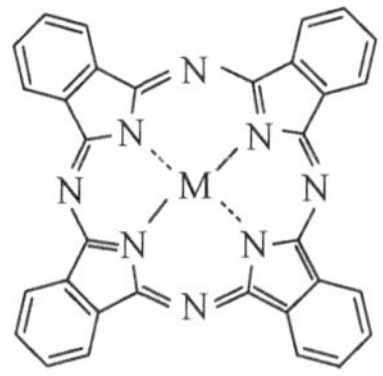

图 4.31 金属酞菁配合物化学结构式

采用原位聚合的方法将聚酞菁钴(CoPPc)包覆在碳纳米管(CNTs)外壁，形成 CoPPc@CNT 复合材料[149]。CoPPc 与 CNT 复合起到协同作用，大大提高了材料的导电性和电催化活性位点数量，加快了电催化还原 CO_2 的动力学过程，从而获得了更佳的电催化性能。该催化剂还原 CO_2 的起始过电位可以和贵金属 Au、Ag 媲美。在较小的过电势下，生成 CO 的法拉第效率＞90%，远远高于单纯聚酞菁钴和商业酞菁钴分子的法拉第效率。特别是，当过电势为 0.5V 时，CoPPc@CNT 催化 CO_2 的 TOF 高达 $4900h^{-1}$，这一数值已经超过目前报道的大多数无机或有机的 CO_2 还原电催化剂。并且在–0.54V 还原电压下，CoPPc@CNT 可以保持超过 24h 的长时间稳定工作。进行 DFT 模拟计算，通过对相关中间体的优化及势能面的构建，证实 ECR 反应中首个电子转移生成 $CO_2^-\cdot$中间体的过程为反应的决速步，且计算得到的理论过电势与实验结果相接近。这种包覆型 CoPPc/CNT 复合物之间的协同作用，有效地保证了良好的导电性，大幅增加了暴露的 CO_2 还原反应活性位点数量，其电催化性能和稳定性得到了进一步地提升。该材料结合了 CoPPc 和 CNT 二者的优势，不仅发展了一种高活性、低成本、高稳定性的 CO_2 还原电催化材料，还为复合材料在电催化 CO_2 还原应用领域的优化提供了一种新思路。

将酞菁钴分子(CoPc)和氰基(CN)修饰的 CoPc 分子(CoPc-CN)分别通过强 π-π 相互作用均匀地附着在 CNTs 外壁上，形成 CoPc/CNTs 和 CoPc-CN/CNTs 复合物，分别将其应用于 CO_2 的电催化还原反应。与 CoPc 分子催化剂相比，这两种复合物催化剂显著提高了 CO_2 还原为 CO 的电流密度，并有效改善了催化剂的产物选择性及稳定性。在 $0.1mol\cdot L^{-1}$ $KHCO_3$ 电解液中进行 ECR 时，CoPc/CNTs 复合物能够在 0.52V 的过电势下稳定地维持～$10mA\cdot cm^{-2}$ 电流密度 10h 以上，并且 CO 的法拉第效率始终保持＞90%；而在相同条件下，CoPc-CN/CNTs 产生更高的 CO 法拉第效率(＞95%)，电流密度升至 $15mA\cdot cm^{-2}$，TOF 达到 $14760h^{-1}$。这两种复合催化剂在 ECR 中能够实现较高的电极电流密度，与当前最好的非均相电催化剂性能相当，同时维持单个催化位点的高活性[150]。

金属卟啉类配合物是指金属中心原子与大环杂原子有机配体组成的一类金属配合物。这种电催化材料无论是在水相和非水相电解液中均具有较高的 CO 选择性，还具有良好的电化学稳定性和高转化率等优点[138,151]。四苯基卟啉(tetraphenylporphyrin，TPP)作为一种常用配体，能够与 Co(Ⅱ)、Fe(Ⅱ、Ⅲ)、Zn(Ⅱ)、Cu(Ⅱ)、Ni(Ⅱ)、Mg(Ⅱ)等金属形成稳定的金属配合物(M-TPP)[152]。这些金属配合物作为均相催化剂，在 DMF 溶剂中参与 CO_2 电催化还原生成甲醇产物的反应过程如下所示：

$$CO_2+6M\text{-}TPP+6H^+ \longrightarrow CH_3OH+6M\text{-}P^++H_2O$$

$$M\text{-}TPP^++e^- \longrightarrow M\text{-}TPP$$

M= Co(Ⅱ)、Fe(Ⅱ、Ⅲ)、Ni(Ⅱ)、Cr(Ⅲ)；TPP=四苯基卟啉

将四苯基卟啉-三氯化铁配合物(FeTPPCl)负载在石墨电极表面，使用季铵盐的 DMF 溶液为电解液时，可以表现出非常高的 ECR 活性。CO 为主要还原产物，法拉第效率达到 94%[153]。使用 CNTs 作为载体负载 FeTPPCl，$0.1mol\cdot L^{-1}$ $NaHCO_3$ 溶液作为电解液，还原电位为−1.6V(vs. RHE)进行 ECR 反应，还原产物主要为 HCOOH[154]。此外，金属 Co、Pd、Ag 等的卟啉配合物都具有较强的 CO 选择性[155-157]。卟啉类配合物电极的析氢反应活性较低，产生 CO 的法拉第效率基本在 70%以上。

2,2-联吡啶(bipy)类配合物是含 N 杂环化合物与金属原子配位形成稳定的配合物，其电催化作用机理与卟啉类配合物类似。目前，有 Ni[158]、Co[159]、Re[145,160-162]、Rh[163-165]、Ru、Ir、Os[166-167]等金属的联吡啶类配合物，应用于 ECR 反应研究。这类配合物中，Re 的联吡啶催化剂 Re(bipy)$(CO)_3Cl$ 最早用于 ECR 反应(图 4.32)。

具有应用价值。如图 4.33 所示，双核 Cu(I)配合物($[1]^{2+}$)在空气中可被 CO_2 氧化为四核 Cu(Ⅱ)配合物($[2]^{4+}$)，而 CO_2 被还原；$[2]^{4+}$配合物含有两个草酸根，可在含有 Li^+的乙腈溶液 MF-H_2O 混合溶剂电解液和−1.5V(vs. SCE)还原电位下高选择性生成 CO，其法拉第效率达到 98%。ECR 反应生成的草酸盐进一步发生反应，生成草酸锂沉淀和 Cu(Ⅱ)配合物$[4]^{2+}$。通过电还原，$[4]^{2+}$配合物被重新还原生成配合物$[1]^{2+}$，从而完成一个催化循环过程。Cu(I)配合物$[1]^{2+}$容易被 CO_2 氧化，说明生成的 Cu(Ⅱ)配合物$[2]^{4+}$在热力学上更稳定，Cu(Ⅱ)配合物$[4]^{2+}$还原重新生成 Cu(I)配合物$[1]^{2+}$是整个循环过程的决速步。该方法提供了新的 CO_2 还原生成 $CO_2^-\cdot$ 反应路径，其反应能垒更低。之后，有多种 Re-联吡啶配合物用于 CO_2 电催化还原，且都具有较好的 CO 选择性[145,160,168-169]。

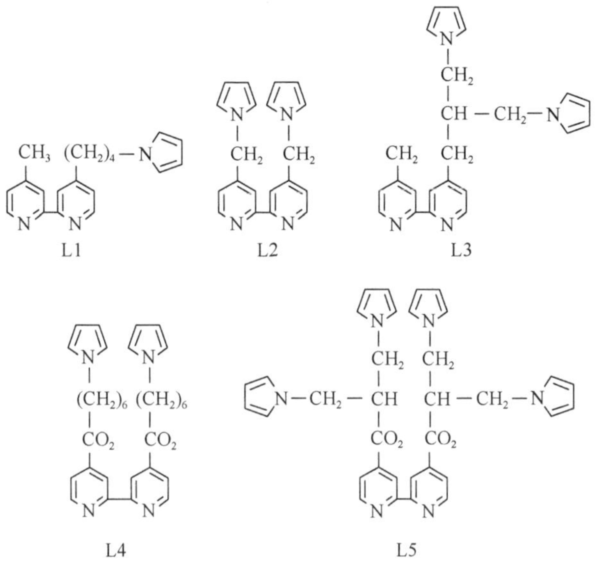

图 4.32　Re(L)(CO)$_3$Cl 配合物的结构示意图(L=吡咯取代的二联吡啶)

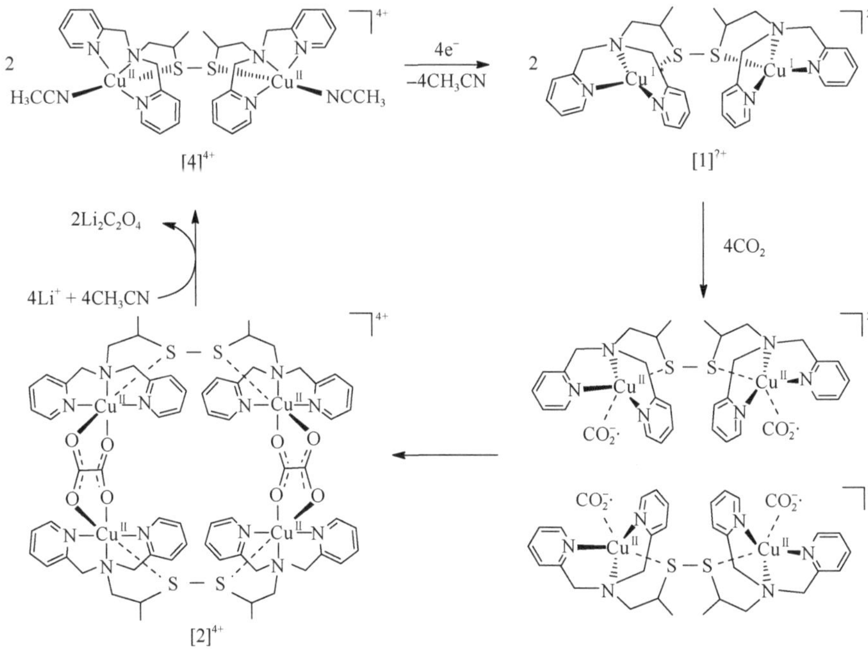

图 4.33　二氧化碳的偶联反应[170]

Wang 等制备了一系列不同 N 配位数的原子级分散的钴催化剂，研究了它们对 ECR 反应的催化性能[171]。实验和理论研究都表明，N 配位数影响催化剂性能。更少的 N 配位数能更有效地促进催化剂表面的 CO_2 分子转化为中间体 $CO_2^-\cdot$，进而展现出更高的CO_2电还原为CO的活性。其中，拥有2个N配位的原子级分散的Co催化剂在520mV的过电位下，能产生$18.1mA \cdot cm^{-2}$的电流密度和94%的CO法拉第效率。同时，该催化剂表现出了较高的使用稳定性，在60h的恒电位测试中，其电流密度和法拉第效率都无明显变化。这一研究表明配位环境的调控在催化剂的设计中有重要作用。

2) 多孔有机框架材料

多孔有机框架材料，包括金属有机框架材料(metal-organic frameworks, MOFs)和共价有机框架材料(covalentorganic frameworks, COFs)，前者由金属簇与有机构筑单元通过配位键连接而成，而后者则是有机单元通过共价键连接而成。这两种材料均具有高维网络结构，并且具有结构可设计、孔尺寸/形状易调控等优点。通过结构设计，可赋予MOFs或COFs高的比表面积、良好的CO_2吸附和活化能力及良好导电性等，因此它们在ECR反应中得到应用，并显示良好的应用前景。

以MOFs材料为电催化剂，在水相电解质中催化ECR反应，主要生成CO。表4.5比较了一些代表性MOFs/材料的催化性能。应用较多的是基于金属卟啉分子(图4.34)配体单元的MOFs和COFs材料。Kornienko等采用羧基功能化的Co(Ⅱ)卟啉分子与氧化铝纳米棒分别作为有机配体和连接点，在FTO表面组装成结构稳定、厚度为纳米级的卟啉骨架MOF薄膜[$Al_2(OH)_2$TCPP-Co，TCPP-H_2=间-四(4-羧基苯基)卟吩][172]。以此作为工作电极，在$0.1mol \cdot L^{-1}$ $KHCO_3$水溶液中，薄膜厚度为30～70nm时显示良好的催化性能，可高选择性生成CO。当还原电位为–0.7V(vs. RHE)时，CO法拉第效率高达76%，TON可达1400/Co位点，电流密度$j_{CO}=1.8mA \cdot cm^{-2}$。该MOF材料的Tafel斜率为$165mV \cdot dec^{-1}$。由此可推断，ECR反应过程中$CO_2$在MOF表面经单电子转移生成$CO_2^-$反应中间体的过程为反应的决速步。

表4.5 MOFs催化ECR反应生成CO的性能比较

MOFs	电位/V	电解液	FE_{CO}/%	$j_{CO}/(mA \cdot cm^{-2})$	TON/TOF	文献
$Al_2(OH)_2$TCPP-Co	–0.7(vs. RHE)	$0.1mol \cdot L^{-1}$ $KHCO_3$	76	1.8	1400/Co位点	[172]
COF-367-Co(1% Cu)	–0.55(vs. RHE)过电位	$0.5mol \cdot L^{-1}$ $KHCO_3$水溶液	90		>290000	[173]
Fe-MOF-525	–1.3(vs. NHE)	$1mol \cdot L^{-1}$ $TBAPF_6$乙腈溶液	60	4	$64h^{-1}$	[174]
ZIF-8-Zn	–1.9(vs. SCE)	$0.5mol \cdot L^{-1}$ $KHCO_3$水溶液	69.8	7.37		[175-176]
Ni SAs/N-C	–1.0(vs. RHE)	$0.5mol \cdot L^{-1}$ $KHCO_3$	71.9	10.48	$5273h^{-1}$	[167]

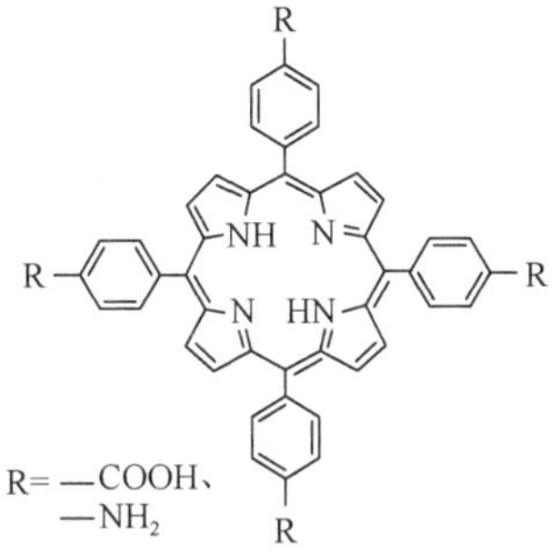

图 4.34 R 基团功能化的四苯基卟啉结构式

以氨基功能化的金属 Co 卟啉(图 4.35)作为构筑单元，通过与对联苯二胺生成亚胺键连接，形成具有高比表面积的 COF-367-Co 多孔材料[图 4.36(a)]，其孔径尺寸为 26.5Å(1Å=10^{-10}m)，有利于传质过程。以 Co 为主要中心金属的这类 COFs 材料，在 0.5mol·L^{-1} $KHCO_3$ 水溶液中可将 CO_2 电还原，裂分为 CO 和 O_2。COFs 的厚膜结构易使电子从电极传到 COFs 材料的卟啉单元上，材料的多孔结构使得 CO_2 能够扩散并接触卟啉核心具有催化活性的钴原子。采用少量铜原子稀释钴组分，有利于 CO_2 选择性吸附于 Co 原子上，增加其分解概率。在过电位−0.55V 下，COF-367-Co(1%Cu)催化 ECR 反应生成 CO 的法拉第效率高达 90%，TON>290000，比只有钴的 COF-367 快 25 倍。这类 COFs 材料具有钴卟啉分子所不具有的前边缘特征，COF 的共轭结构环境调节了金属中心的电子结构，并与其耦合延伸至外晶格。金属和 COF 晶格的相互作用给 Co 中心提供更多的非定域化的电子结构，使其具有高效催化活性[173]。

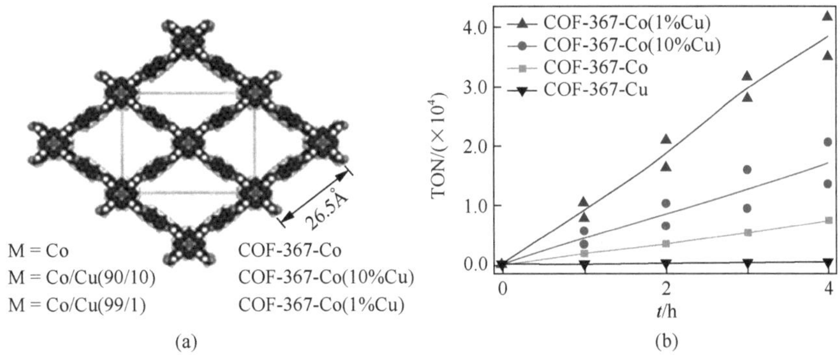

图 4.35 (a) COF-367-Co 的结构模型示意图；(b) −0.67V (vs. RHE) 过电位下，COF-367-Co 电催化 CO_2 转化为 CO 的转化数

ZIF-8 是 Zn^{2+}中心和 2-甲基咪唑通过自组装形成具有微孔结构的 MOF 材料，具有很好的热稳定性。以 ZIF-8 为催化剂，在 0.5mol·L^{-1} $KHCO_3$ 水溶液中进行

ECR 反应，可高选择性获得 CO[175-176]，ZIF-8 的产物选择性与还原电位密切相关，在还原电位为–1.4V（vs. SCE）时，H_2 为主要产物，CO 的法拉第效率仅为 20%。随着还原电位上升，生成 H_2 的法拉第效率逐渐降低，CO 成为主产物。当还原电位为–1.9V（vs. SCE）时 CO 的法拉第效率达到了 69.8%，电流密度为 $7.37mA \cdot cm^{-2}$，而 H_2 的法拉第效率降至 30%。

以 ZIF-8 作为前驱体，通过 Ni 离子交换 ZIF-8 中 Zn^{2+}，可得到氮配位的 Ni 单原子位点。Ni 单原子通过配位键被很好地锚定在含氮基底上，这种特殊结构使得催化剂具有很好的 ECR 催化活性和使用稳定性。在–1.0V 工作电位下，电流达到 $10.48mA \cdot cm^{-2}$，CO 的法拉第效率达到 71.9%，TOF 达到 $5273h^{-1}$。材料工作时间大于 60h，仍保持稳定的电流密度（～$10mA \cdot cm^{-2}$）[175-176]。

以上 MOFs 材料，在水相电解液中实现 ECR 反应生成 CO。Kang 等[177]采用离子液体电解液，实现 ECR 反应生成甲烷。他们由含量为 38mol%的 $ZnCl_2$ 与均三苯甲酸制备了层状 Zn-BTC MOF 材料，通过电沉积方法沉积到碳纸上，形成 Zn-MOF/CP 电极，Zn-MOF 厚度 10μm 左右。以咪唑类离子液体（如 $BMImBF_4$、$BMImPF_6$、$BMImClO_4$ 等）为电解液，在–2.2V vs. Ag/Ag^+工作电压下，Zn-MOF 催化 ECR 反应，高选择性生成 CH_4，其法拉第效率＞80%。

3）导电聚合物催化材料

导电聚合物如聚吡咯（polypyrrole, PPy）和聚苯胺（polyaniline，PAn）等，具有密度小、易合成、成本低、电导率范围宽和可调控等性质。这类材料应用于 ECR 反应，不仅可获得很高的催化活性，还可高选择性获得金属电催化材料难以获得的还原产物（如乙酸等），被认为是一类很有前途的 ECR 反应催化材料[177-179]。

Aydin 等[170]首次将 PPy 薄膜负载在铂网电极表面，以此为工作电极进行 ECR 反应研究，得到的主要产物为 HCOOH、HCHO 和 CH_3COOH。当还原电位为–0.4V 时（vs. Ag/AgCl），HCOOH、HCHO 和 CH_3COOH 的法拉第效率最高分别可达 41.3%、11.6%和 33.7%，可见，PPy 材料具有较为特殊的甲酸和乙酸选择性。但是，PPy 在电还原过程中难以抑制析氢反应，随着电催化反应的进行，ECR 反应的法拉第效率逐渐降低。电催化还原 5h 后，HCOOH、HCHO 和 CH_3COOH 的法拉第效率分别降至 23.4%、6.1%和 19.3%。使用导电的 PAn 薄膜作为电极进行 ECR 反应[169]，可高选择性获得乙酸。例如，在还原电位为–0.4V（vs. SCE）时，获得乙酸的法拉第效率可达 78%。因此，相较于 PPy，PAn 具有更强的乙酸选择性。但是 PAn 与 PPy 一样难以抑制析氢反应，随着电催化反应的进行，析氢反应会成为电极表面的主反应，而 ECR 反应效率大幅下降。

对于以 PPy 和 PAn 等导电聚合物为电催化材料的体系，普遍存在析氢严重、性能不稳定的问题。因此，如何通过材料改造或者电解液耦合等方式抑制电催化过程中的析氢反应，增加材料使用的稳定性，将是今后人们需要考虑的重要问题。

4.2 电催化 CO_2 合成化学品

有机电合成是电化学和有机化学相互交叉的学科，相比于传统的有机合成，电化学有机合成具有反应流程简单、反应条件温和、选择性高等特点，符合绿色化学发展的需要，因此受到了人们的关注。将电化学方法应用于 CO_2 与有机物的反应，是实现 CO_2 转化和有机物合成的绿色途径。目前，电催化 CO_2 合成化学品研究尚处于初级阶段，涉及的反应主要包括 CO_2 与环氧化物或醇反应合成碳酸酯、CO_2 与有机卤化物、醛、酮的电羧化反应，以及 CO_2 与胺反应合成氨基酯类化合物等。

CO_2 电催化合成化学品反应过程大致可分成两类：一是将有机反应物直接电解，产生阴离子中间体，再与 CO_2 进行亲核加成反应，生成高附加值产物；二是通过消耗阳极法，产生活性中间体，再与 CO_2 发生亲核反应，生成最终产物。反应所采用的反应池分为单室反应池和两室反应池两类。

4.2.1 有机碳酸酯

CO_2 与环氧化物或醇反应合成碳酸酯是电催化 CO_2 合成化学品中研究较多的一类反应。环氧化物与 CO_2 的热化学反应受到广泛研究。通过电化学方法，也可以容易地实现二者反应，生成环状碳酸酯[式(4.2)]。例如，采用单室电解池进行电化学反应，以 Ni 络合物[Ni(cyclam)Br_2，cyclam=1,4,8,11-四氮杂环十四烷]为催化剂，0.02mol·L^{-1} KBr 的 DMF 溶液为电解液，不锈钢为工作电极，Mg 棒为消耗对电极，氧化苯乙烯(3mmol)和 Ni 催化剂(10mol%)加入电解液中，反应过程中不断通入 CO_2 气体，恒电流(60mA)电解 7h，反应生成碳酸丙二醇酯的产率可达 92%[180]。

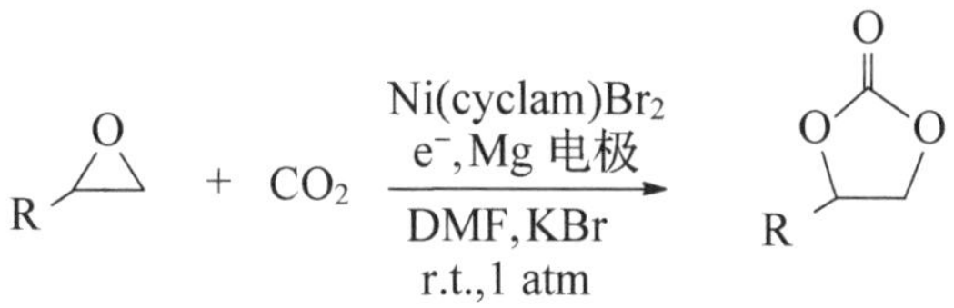

(4.2)

反应机理如图 4.36 所示，反应过程中 Mg 电极不断被氧化生成 Mg^{2+}，其作为 Lewis 酸促使环氧化合物开环，生成溴代有机醇盐；与此同时，Ni(cyclam)Br_2 中的 Ni(Ⅱ)还原生成的 Ni(0)或 Ni(Ⅰ)，活化 CO_2 分子，与溴代有机醇盐反应；经中间体有机碳酸镁，进一步环化生成环状碳酸酯。反应过程中，生成的 Mg^{2+}和 Ni 催化剂的协同作用致使反应在常温常压下进行。

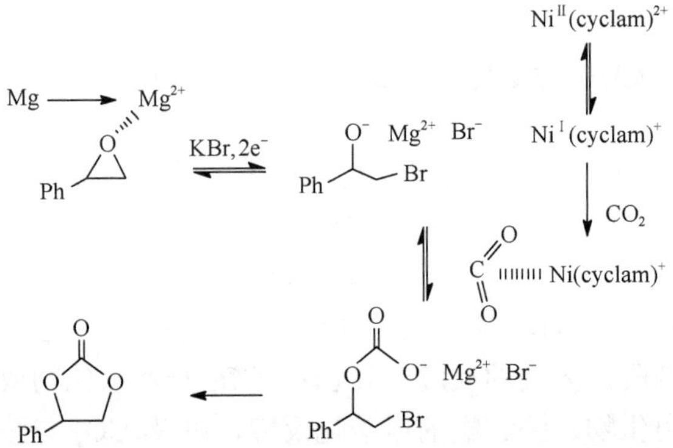

图 4.36 电催化氧化苯乙烯和 CO_2 生成环状碳酸酯的反应机理示意图

在室温离子液体(如[BMIm]BF_4、[EMIm]BF_4、[BMIm]PF_6和[BPy]BF_4)中，在不外加催化剂和支撑电解质情况下，也可以通过电催化 CO_2 和环氧化物反应合成环状碳酸酯[181]。以环氧丙烷与 CO_2 反应为例，以 Cu 为工作电极，金属 Mg 棒为对电极，采用[BMIm]BF_4 电解液和恒电位(−2.4V vs Ag/AgCl)，碳酸丙二醇酯的收率可达 92%(选择性 100%，法拉第效率 87%)。采用二醇为底物与 CO_2 反应，也可以电催化合成环状碳酸酯，但反应效率较低，产物收率一般在 10%左右[182]。

在电化学条件下，氮杂环丙烷和 CO_2 的环加成反应也能很好地进行。以 Ni(Ⅱ)配合物$[Ni^{II}(bipy)_3][BF_4]_2$(bipy = 2,2′-bipyridine)为催化剂，在电化学条件下可以催化 CO_2 和氮杂环丙烷的反应生成噁唑啉-2-酮。采用 Mg 棒消耗阴极和不锈钢阳极的单室电解池，在室温和 1atm CO_2 压力的条件下进行反应，可以高收率地获得噁唑啉-2-酮化合物(图 4.37)[183]。

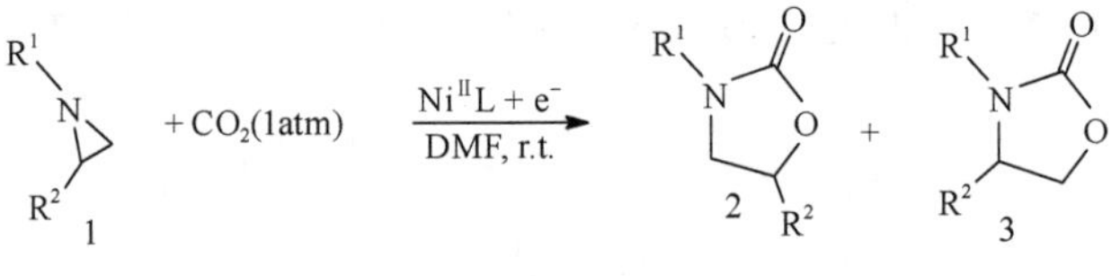

R^1, R^2	噁唑啉-2-酮收率/%	3：2摩尔比
Et, Boc	80	75：25
n-C_8H_{17}, Boc	60	67：33
Ph, Boc	93	78：22
n-BuOCH_2, Boc	99	86：14
Ph, H	63	84：16

图 4.37 在电化学条件下 Ni(Ⅱ)络合物催化合成噁唑啉-2-酮

采用 Cu 等金属为催化剂，可电催化醇与 CO_2 反应生成线型或环状碳酸酯[184-185]。例如，采用单室电解池，以[BMIm]BF_4为电解液，阴极为 Cu 或 Ag 金属，Mg 为消耗阳极，Ag/AgI 为参比电极，电催化 CO_2 与醇的反应，加入碘化物烷基化试剂，获得一系列线型碳酸酯[式(4.3)]。在反应温度为 55℃、还原电位为–1.8V vs. Ag/AgI 条件下，CO_2 与甲醇反应生成碳酸二甲酯(DMC)的产率最高，可达 73%；伯醇和仲醇的反应活性好，产物收率较高；而叔醇和苯酚不发生反应。可能的反应机理是，电还原 CO_2 生成的 $CO_2^{\cdot-}$，与 $BMIm^+$ 形成稳定的 $CO_2^{\cdot-}$-$BMIm^+$ 离子对，进一步与醇和烷基化试剂反应，生成碳酸酯[185]。

$$ROH + CO_2 \xrightarrow[(1)\ e^-,\ (2)\ R'I]{[BMIm]BF_4} ROCO_2R'$$

$$R=CH_3、C_2H_5、n\text{-}C_4H_9、sec\text{-}C_4H_9、tert\text{-}C_4H_9、PhCH_2、Ph(CH_2)_2、Ph$$

$$R'=CH_3、C_2H_5 \tag{4.3}$$

采用 IL 电解液进行电催化反应，IL 类型显著影响反应效率。以甲醇与 CO_2 反应生成 DMC 为例，分别以石墨和 Pt 电极为阴极和阳极，在 4.0V 工作电压下反应 50～60h，以$[BMIm]BF_4$为电解液，生成 DMC 产率约为 3.8%[186]；而以碱性 IL[如 1-(3-氨基丙基)-3-甲基咪唑溴([APMIm]Br)]为电解液，生成 DMC 产率高达 95%[187]。这是因为碱性 IL 能够活化 CO_2，如图 4.38 所示。

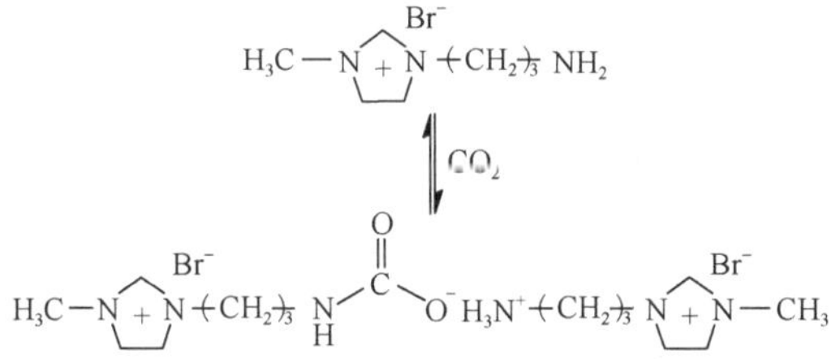

图 4.38 [APMIm]Br 离子液吸附和活化 CO_2 示意图

4.2.2 有机羧酸或羧酸酯

在电催化条件下，CO_2 可与有机卤化物[188-189]、炔[190]、烯[191]、醛、酮等发生羧化反应，生成羧酸或羧酸酯。例如，电催化 2-氨基-5-氯吡啶与 CO_2 反应生成 6-氨基-3-吡啶羧酸[188]。采用单室电解池、Pt 阴极、Mg 消耗阳极，CO_2 饱和的四丁基碘化铵(Bu_4NI)的 DMF 溶液($0.04mol\cdot L^{-1}$)为电解液，控制反应温度为 5℃和电流密度为 $10mA\cdot cm^{-2}$，20mmol 的 2-氨基-5-氯吡啶转化，得到 78%的羧酸产物收率。可能的反应路径如图 4.39 所示，首先底物电还原脱氯生成碳负离子，继而进攻 CO_2，生成中间体；该中间体被 Mg^{2+}稳定，进一步还原，生成 6-氨基-3-吡啶羧酸。

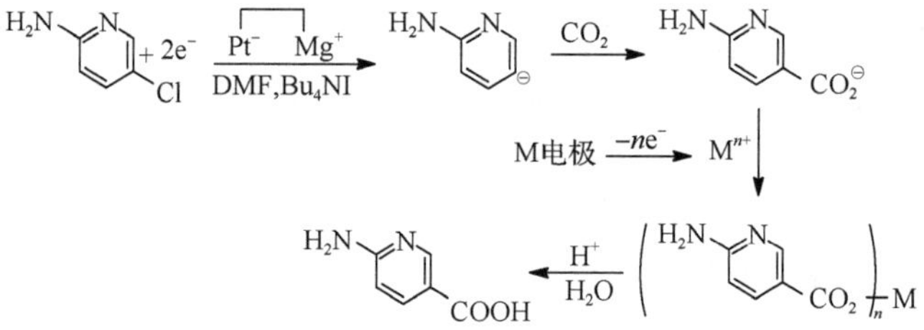

图 4.39 电催化 CO_2 与 2-氨基-5-氯吡啶羧化反应机理示意图

通过制备特殊催化剂，还可以实现电催化卤化物与 CO_2 的不对称羧化反应[式(4.4)][189]。例如，以 Co 手性络合物包埋的 Ag 颗粒复合材料([Co]@Ag)制成圆片工作电极，Mg 为消耗阳极，$0.1mol \cdot L^{-1}$ 四乙基碘化铵乙腈溶液为电解液，在电流密度 $5mA \cdot cm^{-2}$、CO_2 压力 1atm、室温条件下，不外加手性诱导剂，1-溴乙基苯与 CO_2 生成 2-苯基丙酸的选择性为 99%，产率为 58%(HPLC)。该催化剂具有良好的稳定性，重复使用 7 次，没有活性降低。

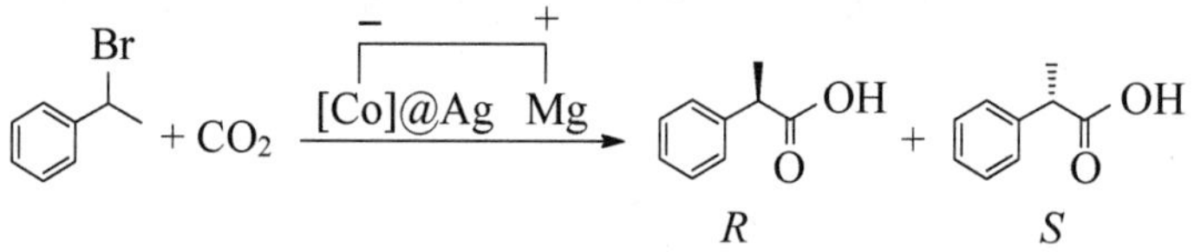

(4.4)

电催化炔与 CO_2 反应，可以实现芳炔的双羧化，生成二羧酸[式(4.5)][190]。采用单室电解池进行反应，无外加催化剂，在 CO_2 压力为 2MPa、反应温度为 25℃条件下，苯乙炔与 CO_2 反应生成芳基马来酸酐和苯基丁二酸两种产物的最高产率可达 82%～94%。水可以调节两种产物的选择性，在无水条件下芳基马来酸酐为主要产物；而有水情况下，苯基丁二酸产率明显增大。甲基苯乙炔、1-苯丙炔、二苯乙炔和 1-乙炔基萘，均能与 CO_2 反应，获得相应的羧化产物，其产率都大于 80%。苯乙炔与 CO_2 反应机理如图 4.40 所示。在阴极表面，CO_2 或苯乙炔得到一个电子被还原生成 $CO_2^{-}\cdot$ 或苯乙炔自由基；二者反应生成中间产物羧酸离子 A，进一步与 $CO_2^{-}\cdot$ 反应则生成双羧酸阴离子 B；B 与阳极氧化产生的 Al^{3+} 生成稳定的双羧酸盐，通过进一步的酸化得到产物苯基丁二酸。

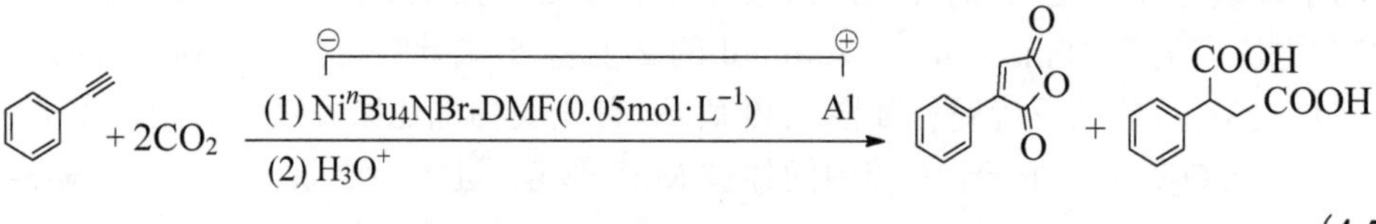

(4.5)

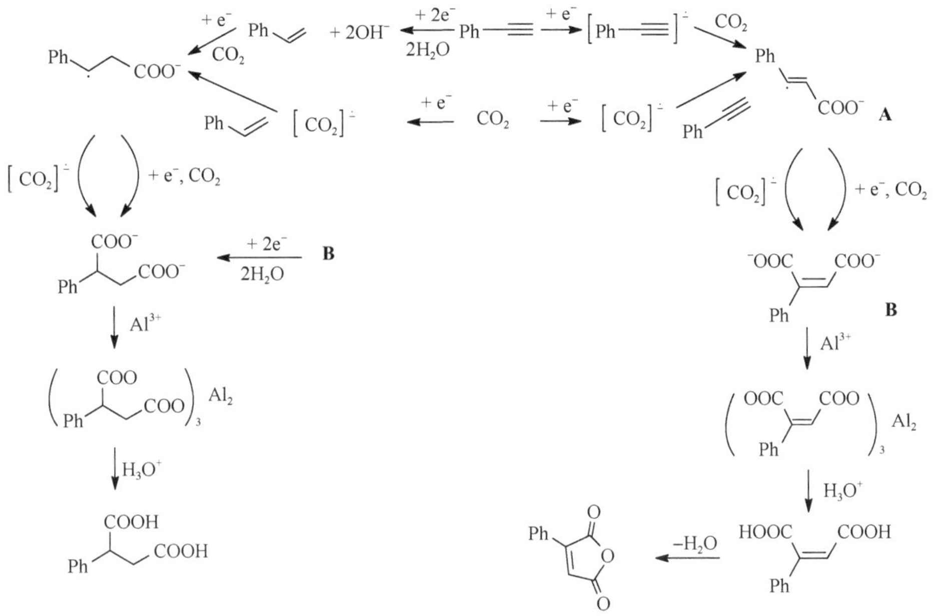

图 4.40 电催化苯乙炔与 CO_2 反应生成羧化产物机理示意图

电催化二胺与 CO_2 反应生成氨基甲酸酯，如式(4.6)所示[192]，采用单室反应池，以 MeCN-Et_4NClO_4 ($0.1mol \cdot L^{-1}$) 为电解液，工作电极为 Cu 等金属电极，Pt 为对电极，工作电压为–2.1V vs. SCE。首先，电解还原 CO_2 生成 $CO_2^{-}\cdot$，反应过程中持续通入 CO_2；然后通入 N_2，依次向反应体系中加入二胺和烷基化试剂碘乙烷(EtI)，搅拌，最终获得到氨基甲酸乙酯。Cu 和 Zn 电极催化效果较好，获得氨基甲酸乙酯的最高产率分别约为 92%和 84%；Pb 电极性能最差，产物收率＜20%。此外，苄胺和烷基化试剂的加入顺序和反应时间对产物选择性和产率都有很大影响。电催化还原结束后，先加胺，1h 后再加入烷基化试剂，有利于氨基甲酸酯的生成。

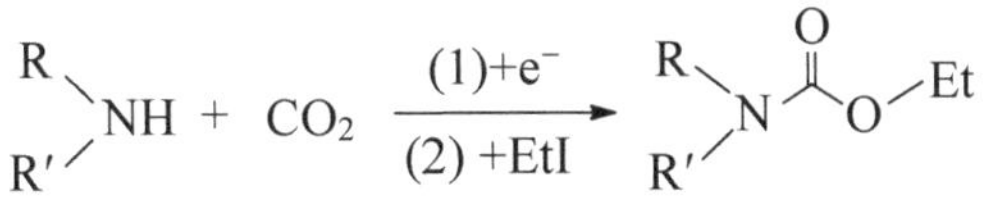

(4.6)

采用 IL 电解液，无需催化剂，能够电催化二胺与 CO_2 反应生成氨基甲酸酯，且 IL 可回收重复使用[193]。例如，以[BMIM]BF_4 为电解液，Pt 为阴极和阳极，Ag 为参比电极，工作电压为–2.4V，EtI 为烷基化试剂，在 1atm CO_2 和 55℃温度条件下，电催化二胺与 CO_2 反应获得氨基甲酸乙酯的最高产率可达 82%。该反应体系具有较好的底物普适性，环戊胺、环己胺、丙烯胺和对氯苯胺等均能与 CO_2 反应，相应产物收率均＞70%。

除上述两类反应外，电催化 CO_2 与其他有机化合物反应也有报道。例如，采用两室三电极电催化反应装置，以 Co-N@C 材料负载的 Pd 纳米催化剂(Pd/Co-N@C)为工作电极，采用铂网对电极和 Ag/Ag^+参比电极，以 $0.5mol \cdot L^{-1}$ [Bmim]Tf_2N 的乙腈溶液作为阴极电解液，氨甲基膦酸（AMPA）为助催化剂，可实现硝基苯化合物的 CO_2/H_2O 甲基化反应[式(4.7)][194]。

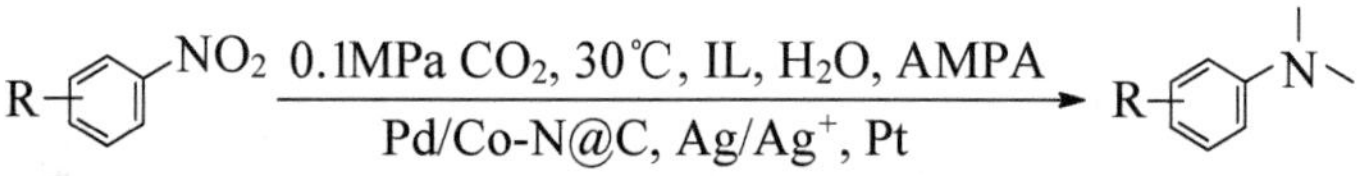

(4.7)

反应中，工作电压的选择对硝基苯的转化至关重要。在–2.3V vs. Ag/Ag^+的电压下，反应可以使硝基苯完全转化，得到产率 92%的 *N,N*-二甲基苯胺。以 4-硝基甲苯、4-硝基苯甲醚、4-硝基茴香硫醚、4-氟-硝基苯、4-氯-硝基苯、1-溴-4-硝基苯、2-氯-硝基苯、1-氯-3-硝基苯、4-硝基联苯、2-硝基联苯、3,5-二甲基-1-硝基苯、2,6-二甲基硝基苯和 5-甲氧基-2-硝基甲苯分别作为反应底物时，均可以得到相应的 *N,N*-二甲基化的产物，其产率可达到 71%～90%。

电催化硝基苯的 CO_2/H_2O 甲基化反应机理示意图如图 4.41 所示。作为两个平行的步骤，CO_2 和硝基苯的各自氢化均在阴极上进行。对于 CO_2 活化和还原的过程，离子液体中阳离子[Bmim]$^+$与 CO_2 分子形成[Bmim-CO_2]$^+$复合物，降低 CO_2 的还原反应能垒，从而降低反应的过电位。[Bmim-CO_2]$^+$被吸附在工作电极表面，结合一个电子而形成 $CO_2^- \cdot$ 中间体。$CO_2^- \cdot$ 继续捕获电子而形成吸附在电极表面的 CO_{ads} 物种，进一步还原成 CHO_{ads}。随后，在 AMPA 作用下，CHO_{ads} 插入 $\cdot ArNH_2Pd$ 中形成 *N*-甲酰苯胺，其中电极表面的 $\cdot ArNH_2Pd$ 通过硝基苯→亚硝基苯→*N*-苯基

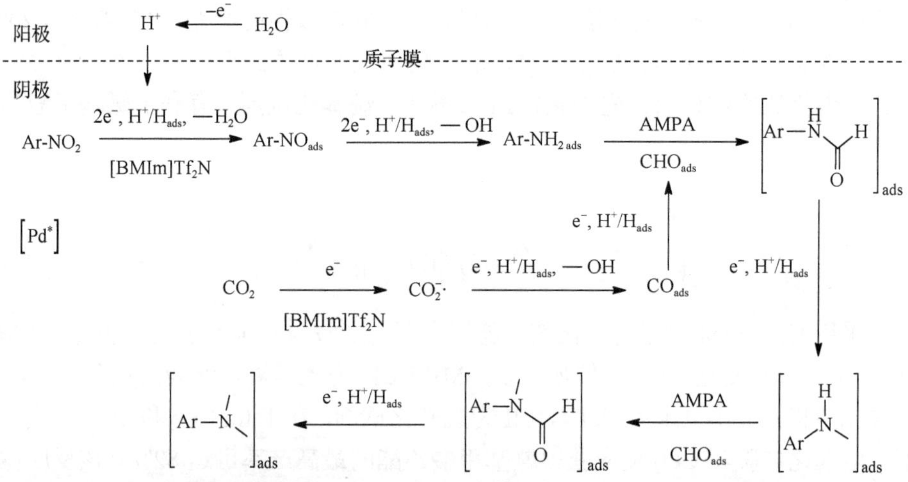

图 4.41 电催化硝基苯与 CO_2/H_2O 反应生成 *N,N*-二甲基化产物机理示意图[194]

羟胺→苯胺的反应路径得到。最后，被电极吸附的 *N*-甲酰苯胺被还原成 *N*-甲基苯胺。同样地，*N*-甲基苯胺与另一分子的 CHO_{ads} 作用，在 AMPA 的作用下，得到最终产物 *N*,*N*-二甲基苯胺。

4.3 小结与展望

利用可再生能源发电，通过电化学方法将 CO_2 转化为燃料或高附加值化学品，是一条理想的能源存储及碳循环利用的绿色途径，对人类社会的可持续发展具有重要意义。经过科学家几十年的努力，在电催化 CO_2 转化的电极材料、催化体系构建及反应机理研究等方面均取得重要进展。纳米科技和新材料的发展推动了电催化材料的进步，从最初的单一金属发展到金属合金、金属氧化物/硫化物半导体、金属与半导体复合材料、金属有机框架材料、碳基材料等。尤其是纳米电催化材料得到广泛应用，在降低 CO_2 还原电位、提高反应速率和产物选择性等方面显示出独特的优势。离子液体的出现为非水相电解质体系的构建创造了新的发展契机。离子液体电解质体系不仅可提高 CO_2 的溶解性，还能起到活化 CO_2 作用，大幅降低了 CO_2 还原过电位，同时对调控还原产物选择性起到重要作用。随着表征技术手段的不断进步，对电催化反应机理的认识更加深入，为改进催化材料和创制高效电解质体系提供了指导。

尽管 CO_2 电催化转化制能源产品和化学品方面取得重要进展，但与形成电催化转化技术和实现工业化应用还相去甚远，存在的主要问题包括催化剂的活性还不够高、其使用稳定性较差、产物的选择性较低等。为了解决这些问题，未来亟需在以下几方面开展研究。第一，继续进行电催化材料研究，以期获得活性高、性能稳定、选择性好的催化材料。复合催化剂兼具多组分的性质特点，各组分协同作用的复合催化材料有望解决目前电催化材料存在的缺陷；而纳米催化材料可从维度、尺寸、形貌等多角度对其性能产生影响，进而实现对其催化性能的调控。因此，开发新的电催化材料仍将是未来的重要研究方向。第二，将实验与理论研究相结合进行反应机理研究，揭示反应机理与催化剂结构、组成之间的关系，为设计新型催化剂提供理论指导。第三，针对 CO_2 电催化反应的特点，优化反应装置，为其大规模应用打下基础。此外，在电催化 CO_2 合成化学品方面的研究尚处于初级价段，但展现了广阔的应用前景，将成为 CO_2 化学转化的一个重要方向。

参考文献

[1] Endrődi B, Bencsik G, Darvas F, et al. Continuous-flow electroreduction of carbon dioxide. Prog Energy Combust Sci, 2017, 62: 133-154.

[2] 周天辰, 何川, 张亚男, 等. CO_2 的光电催化还原. 化学进展, 2012, 24(10): 1897-1905.

[3] 白晓芳, 陈为, 王白银, 等. 二氧化碳电化学还原的研究进展. 物理化学学报, 2017, 12: 2388-2403.

[4] 靳治良, 钱玲, 吕功煊. 二氧化碳化学——现状及展望. 化学进展, 2010, 22(6): 1102-1115.

[5] 景维云, 毛庆, 石越, 等. CO_2 电催化还原制烃类产物的研究进展. 化工进展, 2017, 36(6): 2150-2157.

[6] Hori Y, Wakebe H, Tsukamoto T, et al. Electrocatalytic process of CO selectivity in electrochemical reduction of CO_2 at metal electrodes in aqueous media. Electrochim Acta, 1994, 39(11-12): 1833-1839.

[7] Schouten K, Kwon Y, Van der Ham C, et al. A new mechanism for the selectivity to C_1 and C_2 species in the electrochemical reduction of carbon dioxide on copper electrodes. Chem Sci, 2011, 2(10): 1902-1909.

[8] Hori Y, Murata A, Takahashi R. Formation of hydrocarbons in the electrochemical reduction of carbon dioxide at a copper electrode in aqueous solution. J Chem Soc, Faraday Trans 1, 1989, 85(8): 2309-2326.

[9] Ohkawa K, Hashimoto K, Fujishima A, et al. Electrochemical reduction of carbon dioxide on hydrogenstoring materials: part 1. the effect of hydrogen absorption on the electrochemical behavior on palladium electrodes. J Electroanal Chem, 1993, 345(1-2): 445-456.

[10] Ohkawa K, Noguchi Y, Nakayama S, et al. Electrochemical reduction of carbon dioxide on hydrogen-storing materials: part 4. electrochemical behavior of the Pd electrode in aqueous and nonaqueous electrolyte. J Electroanal Chem, 1994, 369(1-2): 247-250.

[11] Yoshitake H, Kikkawa T, Ota K I. Isotopic product distributions of CO_2 electrochemical reduction on a D flowing-out Pd surface in protonic solution and reactivities of "subsurface" hydrogen. J Electroanal Chem, 1995, 390(1-2): 91-97.

[12] Yoshitake H, Takahashi K, Ota K I. Electrochemical reduction of CO_2 on hydrogen-enriched and hydrogen-depleted surfaces. J Chem Soc, Faraday Trans, 1994, 90(1): 155-159.

[13] Liu M, Pang Y, Zhang B, et al. Enhanced electrocatalytic CO_2 reduction via field-induced reagent concentration. Nature, 2016, 537(7620): 382-386.

[14] Singh M R, Kwon Y, Lum Y, et al. Hydrolysis of electrolyte cations enhances the electrochemical reduction of CO_2 over Ag and Cu. J Am Chem Soc, 2016, 138(39): 13006-13012.

[15] Haynes L V, Sawyer D T. Electrochemistry of carbon dioxide in dimethyl sulfoxide at gold and mercury electrodes. Anal Chem, 1967, 39(3): 332-338.

[16] Tyssee D, Wagenknecht J, Baizer M, et al. Some cathodic organic syntheses involving carbon dioxide. Tetrahedron Lett, 1972, 13(47): 4809-4812.

[17] Gressin J, Michelet D, Nadjo L, et al. Electrochemical reduction of carbon dioxide in weakly protic medium. ChemInform, 1979, 10(50).

[18] Lim H K, Kim H. The mechanism of room-temperature ionic-liquid-based electrochemical CO_2 reduction: a review. Molecules, 2017, 22(4): 536-551.

[19] Alvarez-Guerra M, Albo J, Alvarez-Guerra E, et al. Ionic liquids in the electrochemical valorisation of CO_2. Energy Environ Sci, 2015, 8(9): 2574-2599.

[20] Rosen B A, Salehi-Khojin A, Thorson M R, et al. Ionic liquid-mediated selective conversion of CO_2 to CO at low overpotentials. Science, 2011, 334(6056): 643-644.

[21] Hollingsworth N, Taylor S, Galante M T, et al. Reduction of carbon dioxide to formate at low overpotential using a superbase ionic liquid. Angew Chem Int Ed, 2015, 54(47): 14164-14168.

[22] Zhu Q, Ma J, Kang X, et al. Efficient reduction of CO_2 into formic acid on a lead or tin electrode using an ionic liquid catholyte mixture. Angew Chem Int Ed, 2016, 55(31): 9012-9016.

[23] Mistry H, Varela A S, Kühl S, et al. Nanostructured electrocatalysts with tunable activity and selectivity. Nat Rev Mater, 2016, 1(4): 16009.

[24] Feng D M, Zhu Y P, Chen P, et al. Recent advances in transition-metal-mediated electrocatalytic CO_2 reduction: from homogeneous to heterogeneous systems. Catalysts, 2017, 7(12): 373.

[25] Wang Y, Liu J, Wang Y, et al. Tuning of CO_2 reduction selectivity on metal electrocatalysts. Small, 2017, 13(43), UNSP 1701809.

[26] Zhu W L, Michalsky R, Metin O, et al. Monodisperse Au nanoparticles for selective electrocatalytic reduction of CO_2 to CO. J Am Chem Soc, 2013, 135(45): 16833-16836.

[27] Chen Y, Li C W, Kanan M W. Aqueous CO_2 reduction at very low overpotential on oxide-derived Au nanoparticles. J Am Chem Soc, 2012, 134(49): 19969-19972.

[28] Mistry H, Reske R, Zeng Z, et al. Exceptional size-dependent activity enhancement in the electroreduction of CO_2 over Au nanoparticles. J Am Chem Soc, 2014, 136(47): 16473-16476.

[29] Koh J H, Jeon H S, Jee M S, et al. Oxygen plasma induced hierarchically structured gold electrocatalyst for selective reduction of carbon dioxide to carbon monoxide. J Phys Chem C, 2014, 119(2): 883-889.

[30] Zhu W, Zhang Y J, Zhang H, et al. Active and selective conversion of CO_2 to CO on ultrathin Au nanowires. J Am Chem Soc, 2014, 136(46): 16132-16135.

[31] Huan T N, Prakash P, Simon P, et al. CO_2 reduction to CO in water: carbon nanotube-gold nanohybrid as a selective and efficient electrocatalyst. ChemSusChem, 2016, 9(17): 2317-2320.

[32] Hoshi N, Kato M, Hori Y. Electrochemical reduction of CO_2 on single crystal electrodes of silver Ag (111), Ag (100) and Ag (110). J Electroanal Chem, 1997, 440(1-2): 283-286.

[33] Rosen J, Hutchings G S, Lu Q, et al. Mechanistic insights into the electrochemical reduction of CO_2 to CO on nanostructured Ag surfaces. ACS Catal, 2015, 5(7): 4293-4299.

[34] Zhang L, Wang Z, Mehio N, et al. Thickness-and particle-size-dependent electrochemical reduction of carbon dioxide on thin-layer porous silver electrodes. ChemSusChem, 2016, 9(5): 428-432.

[35] Lu Q, Rosen J, Zhou Y, et al. A selective and efficient electrocatalyst for carbon dioxide reduction. Nature Comm, 2014, 5: 3242.

[36] Ma M, Trześniewski B J, Xie J, et al. Selective and efficient reduction of carbon dioxide to carbon monoxide on oxide-derived nanostructured silver electrocatalysts. Angew Chem Int Ed, 2016, 55(33): 9748-9752.

[37] Salehi-Khojin A, Jhong H R M, Rosen B A, et al. Nanoparticle silver catalysts that show enhanced activity for carbon dioxide electrolysis. J Phys Chem C, 2013, 117(4): 1627-1632.

[38] Butler J N, Makrides A. Hydrogen evolution at dilute platinum and palladium amalgam electrodes. Trans Faraday Soc, 1964, 60: 938-946.

[39] Bensalem A, Bozon-Verduraz F, Perrichon V. Palladium-ceria catalysts: reversibility of hydrogen chemisorption and redox phenomena. J Chem Soc, Faraday Trans, 1995, 91(14): 2185-2189.

[40] Rahaman M, Dutta A, Broekmann P. Size-dependent activity of palladium nanoparticles: efficient conversion of CO_2 into formate at low overpotentials. ChemSusChem, 2017, 10(8): 1733-1741.

[41] Gao D, Zhou H, Wang J, et al. Size-dependent electrocatalytic reduction of CO_2 over Pd nanoparticles. J Am Chem Soc, 2015, 137(13): 4288-4291.

[42] Sheng W, Kattel S, Yao S, et al. Electrochemical reduction of CO_2 to synthesis gas with controlled CO/H_2 ratios. Energy Environ Sci, 2017, 10(5): 1180-1185.

[43] Ding C, Li A, Lu S M, et al. *In situ* electrodeposited indium nanocrystals for efficient CO_2 reduction to CO with low overpotential. ACS Catal, 2016, 6(10): 6438-6443.

[44] Sun K, Cheng T, Wu L, et al. Ultrahigh mass activity for carbon dioxide reduction enabled by gold-iron core-shell nanoparticles. J Am Chem Soc, 2017, 139(44): 15608-15611.

[45] Christophe J, Doneux T, Buess-Herman C. Electroreduction of carbon dioxide on copper-based electrodes: activity of copper single crystals and copper-gold alloys. Electrocatalysis, 2012, 3(2): 139-146.

[46] Kim D, Resasco J, Yu Y, et al. Synergistic geometric and electronic effects for electrochemical reduction of carbon dioxide using gold-copper bimetallic nanoparticles. Nature Comm, 2014, 5: 4948.

[47] Rasul S, Anjum D H, Jedidi A, et al. A highly selective copper-indium bimetallic electrocatalyst for the electrochemical reduction of aqueous CO_2 to CO. Angew Chem, 2015, 127(7): 2174-2178.

[48] Jedidi A, Rasul S, Masih D, et al. Generation of Cu-In alloy surfaces from $CuInO_2$ as selective catalytic sites for CO_2 electroreduction. J Mater Chem A, 2015, 3(37): 19085-19092.

[49] Hoffman Z B, Gray T S, Moraveck K B, et al. Electrochemical reduction of carbon dioxide to syngas and formate at dendritic copper-indium electrocatalysts. ACS Catal, 2017, 7(8): 5381-5390.

[50] He J, Dettelbach K E, Salvatore D A, et al. High-throughput synthesis of mixed-metal electrocatalysts for CO_2 reduction. Angew Chem, 2017, 129(22): 6164-6168.

[51] Li C W, Kanan M W. CO_2 reduction at low overpotential on Cu electrodes resulting from the reduction of thick Cu_2O films. J Am Chem Soc, 2012, 134(17): 7231-7234.

[52] Sarfraz S, Garcia-Esparza A T, Jedidi A, et al. Cu-Sn bimetallic catalyst for selective aqueous electroreduction of CO_2 to CO. ACS Catal, 2016, 6(5): 2842-2851.

[53] Rasul S, Anjum D H, Jedidi A, et al. A highly selective copper-indium bimetallic electrocatalyst for the electrochemical reduction of aqueous CO_2 to CO. Angew Chem Int Ed, 2015, 54(7): 2146-2150.

[54] Ma S, Sadakiyo M, Heima M, et al. Electroreduction of carbon dioxide to hydrocarbons using bimetallic Cu-Pd catalysts with different mixing patterns. J Am Chem Soc, 2016, 139(1): 47-50.

[55] Asadi M, Kim K, Liu C, et al. Nanostructured transition metal dichalcogenide electrocatalysts for CO_2 reduction in ionic liquid. Science, 2016, 353(6298): 467-470.

[56] Asadi M, Kumar B, Behranginia A, et al. Robust carbon dioxide reduction on molybdenum disulphide edges. Nature Comm, 2014, 5: 4470.

[57] Oh Y, Vrubel H, Guidoux S, et al. Electrochemical reduction of CO_2 in organic solvents catalyzed by MoO_2. Chem Commun, 2014, 50(29): 3878-3881.

[58] Schreier M, Héroguel F, Steier L, et al. Solar conversion of CO_2 to CO using earth-abundant electrocatalysts prepared by atomic layer modification of CuO. Nature Energy, 2017, 2(7): 17087.

[59] He J, Johnson N J J, Huang A, et al. Electrocatalytic alloys for CO_2 reduction. ChemSusChem, 2017, 11(1): 48-57.

[60] Noda H, Ikeda S, Oda Y, et al. Electrochemical reduction of carbon dioxide at various metal electrodes in aqueous potassium hydrogen carbonate solution. Bull Chem Soc Jpn, 1990, 63(9): 2459-2462.

[61] Paik W, Andersen T, Eyring H. Kinetic studies of the electrolytic reduction of carbon dioxide on the mercury electrode. Electrochim Acta, 1969, 14(12): 1217-1232.

[62] Ikeda S, Takagi T, Ito K. Selective formation of formic acid, oxalic acid, and carbon monoxide by electrochemical reduction of carbon dioxide. Bull Chem Soc Jpn, 1987, 60(7): 2517-2522.

[63] Eggins B R, McNeill J. Voltammetry of carbon dioxide: part I. a general survey of voltammetry at different electrode materials in different solvents. J Electroanal Chem, 1983, 148(1): 17-24.

[64] Todoroki M, Hara K, Kudo A, et al. Electrochemical reduction of high pressure CO_2 at Pb, Hg and In electrodes in an aqueous $KHCO_3$ solution. J Electroanal Chem, 1995, 394 (1-2): 199-203.

[65] Azuma M, Hashimoto K, Hiramoto M, et al. Electrochemical reduction of carbon dioxide on various metal electrodes in low-temperature aqueous $KHCO_3$ media. J Electrochem Soc, 1990, 137 (6): 1772-1778.

[66] Köleli F, Balun D. Reduction of CO_2 under high pressure and high temperature on Pb-granule electrodes in a fixed-bed reactor in aqueous medium. Appl Catal A: Gen, 2004, 274 (1-2): 237-242.

[67] Kaneco S, Iwao R, Iiba K, et al. Electrochemical conversion of carbon dioxide to formic acid on Pb in KOH/methanol electrolyte at ambient temperature and pressure. Energy, 1998, 23 (12): 1107-1112.

[68] Jitaru M, Lowy D, Toma M, et al. Electrochemical reduction of carbon dioxide on flat metallic cathodes. J Appl Electrochem, 1997, 27 (8): 875-889.

[69] Kapusta S, Hackerman N. The electroreduction of carbon dioxide and formic acid on tin and indium electrodes. J Electrochem Soc, 1983, 130 (3): 607-613.

[70] Hori Y, Kikuchi K, Suzuki S. Production of CO and CH_4 in electrochemical reduction of CO_2 at metal electrodes in aqueous hydrogencarbonate solution. Chem Lett, 1985, 14 (11): 1695-1698.

[71] Mizuno T, Ohta K, Sasaki A, et al. Effect of temperature on electrochemical reduction of high-pressure CO_2 with In, Sn, and Pb electrodes. Energy Sources, 1995, 17 (5): 503-508.

[72] Chen Y, Kanan M W. Tin oxide dependence of the CO_2 reduction efficiency on tin electrodes and enhanced activity for tin/tin oxide thin-film catalysts. J Am Chem Soc, 2012, 134 (4): 1986-1989.

[73] Zhang S, Kang P, Meyer T J. Nanostructured tin catalysts for selective electrochemical reduction of carbon dioxide to formate. J Am Chem Soc, 2014, 136 (5): 1734-1737.

[74] Li F, Chen L, Knowles G P, et al. Hierarchical mesoporous SnO_2 nanosheets on carbon cloth: a robust and flexible electrocatalyst for CO_2 reduction with high efficiency and selectivity. Angew Chem Int Ed, 2017, 56 (2): 505-509.

[75] Lee S, Ocon J D, Son Y I, et al. Alkaline CO_2 electrolysis toward selective and continuous $HCOO^-$ production over SnO_2 nanocatalysts. J Phys Chem C, 2015, 119 (9): 4884-4890.

[76] He J, Johnson N J, Huang A, et al. Electrocatalytic alloys for CO_2 reduction. ChemSusChem, 2017, 11 (1): 48-57.

[77] Choi S Y, Jeong S K, Kim H J, et al. Electrochemical reduction of carbon dioxide to formate on tin-lead alloys. ACS Sus Chem & Eng, 2016, 4 (3): 1311-1318.

[78] Li F, Xue M, Li J, et al. Unlocking the electrocatalytic activity of antimony for CO_2 reduction by two-dimensional engineering of the bulk material. Angew Chem, 2017, 129 (46): 14910-14914.

[79] Gao S, Lin Y, Jiao X, et al. Partially oxidized atomic cobalt layers for carbon dioxide electroreduction to liquid fuel. Nature, 2016, 529 (7584): 68-71.

[80] Kuhl K P, Hatsukade T, Cave E R, et al. Electrocatalytic conversion of carbon dioxide to methane and methanol on transition metal surfaces. J Am Chem Soc, 2014, 136 (40): 14107-14113.

[81] Sun X, Zhu Q, Kang X, et al. Molybdenum-bismuth bimetallic chalcogenide nanosheets for highly efficient electrocatalytic reduction of carbon dioxide to methanol. Angew Chem Int Ed, 2016, 55 (23): 6771-6775.

[82] Qu J, Zhang X, Wang Y, et al. Electrochemical reduction of CO_2 on RuO_2/TiO_2 nanotubes composite modified Pt electrode. Electrochim Acta, 2005, 50 (16-17): 3576-3580.

[83] Popić J, Avramov-Ivić M, Vuković N. Reduction of carbon dioxide on ruthenium oxide and modified ruthenium oxide electrodes in 0.5 M $NaHCO_3$. J Electroanal Chem, 1997, 421 (1-2): 105-110.

[84] Le M, Ren M, Zhang Z, et al. Electrochemical reduction of CO_2 to CH_3OH at copper oxide surfaces. J Electrochem Soc, 2011, 158 (5): E45-E49.

[85] Bandi A, Kühne H M. Electrochemical reduction of carbon dioxide in water: analysis of reaction mechanism on ruthenium-titanium-oxide. J Electrochem Soc, 1992, 139 (6) : 1605-1610.

[86] Li J, Prentice G. Electrochemical synthesis of methanol from CO_2 in high-pressure electrolyte. J Electrochem Soc, 1997, 144 (12) : 4284-4288.

[87] Summers D P, Leach S, Frese Jr K W. The electrochemical reduction of aqueous carbon dioxide to methanol at molybdenum electrodes with low overpotentials. J Electroanal Chem, 1986, 205 (1-2) : 219-232.

[88] Yang H P, Qin S, Wang H, et al. Organically doped palladium: a highly efficient catalyst for electroreduction of CO_2 to methanol. Green Chem, 2015, 17 (12) : 5144-5148.

[89] Barton Cole E, Lakkaraju P S, Rampulla D M, et al. Using a one-electron shuttle for the multielectron reduction of CO_2 to methanol: kinetic, mechanistic, and structural insights. J Am Chem Soc, 2010, 132 (33) : 11539-11551.

[90] Ren D, Deng Y, Handoko A D, et al. Selective electrochemical reduction of carbon dioxide to ethylene and ethanol on copper (I) oxide catalysts. ACS Catal, 2015, 5 (5) : 2814-2821.

[91] Kuhl K P, Cave E R, Abram D N, et al. New insights into the electrochemical reduction of carbon dioxide on metallic copper surfaces. Energy Environ Sci, 2012, 5 (5) : 7050-7059.

[92] Hori Y, Takahashi I, Koga O, et al. Electrochemical reduction of carbon dioxide at various series of copper single crystal electrodes. J Mol Catal A: Chem, 2003, 199 (1-2) : 39-47.

[93] Chen C S, Handoko A D, Wan J H, et al. Stable and selective electrochemical reduction of carbon dioxide to ethylene on copper mesocrystals. Catal Sci & Technol, 2015, 5 (1) : 161-168.

[94] Yano H, Tanaka T, Nakayama M, et al. Selective electrochemical reduction of CO_2 to ethylene at a three-phase interface on copper (I) halide-confined Cu-mesh electrodes in acidic solutions of potassium halides. J Electroanal Chem, 2004, 565 (2) : 287-293.

[95] Kas R, Kortlever R, Milbrat A, et al. Electrochemical CO_2 reduction on Cu_2O-derived copper nanoparticles: controlling the catalytic selectivity of hydrocarbons. Phys Chem Chem Phys, 2014, 16 (24) : 12194-12201.

[96] Kim D, Lee S, Ocon J D, et al. Insights into an autonomously formed oxygen-evacuated Cu_2O electrode for the selective production of C_2H_4 from CO_2. Phys Chem Chem Phys, 2015, 17 (2) : 824-830.

[97] Tang W, Peterson A A, Varela A S, et al. The importance of surface morphology in controlling the selectivity of polycrystalline copper for CO_2 electroreduction. Phys Chem Chem Phys, 2012, 14 (1) : 76-81.

[98] Ma M, Djanashvili K, Smith W A. Selective electrochemical reduction of CO_2 to CO on CuO-derived Cu nanowires. Phys Chem Chem Phys, 2015, 17 (32) : 20861-20867.

[99] Dutta A, Rahaman M, Mohos M, et al. Electrochemical CO_2 conversion using skeleton (sponge) type of Cu catalysts. ACS Catal, 2017, 7 (8) : 5431-5437.

[100] Kwon Y, Lum Y, Clark E L, et al. CO_2 electroreduction with enhanced ethylene and ethanol selectivity by nanostructuring polycrystalline copper. ChemElectroChem, 2016, 3 (6) : 1012-1019.

[101] Reske R, Mistry H, Behafarid F, et al. Particle size effects in the catalytic electroreduction of CO_2 on Cu nanoparticles. J Am Chem Soc, 2014, 136 (19) : 6978-6986.

[102] Loiudice A, Lobaccaro P, Kamali E A, et al. Tailoring copper nanocrystals towards C_2 products in electrochemical CO_2 reduction. Angew Chem Int Ed, 2016, 55 (19) : 5789-5792.

[103] Schouten K J P, Pérez Gallent E, Koper M T. Structure sensitivity of the electrochemical reduction of carbon monoxide on copper single crystals. ACS Catal, 2013, 3 (6) : 1292-1295.

[104] Mistry H, Varela A S, Bonifacio C S, et al. Highly selective plasma-activated copper catalysts for carbon dioxide reduction to ethylene. Nature Comm, 2016, 7: 12123.

[105] Verdaguer-Casadevall A, Li C W, Johansson T P, et al. Probing the active surface sites for CO reduction on oxide-derived copper electrocatalysts. J Am Chem Soc, 2015, 137 (31) : 9808-9811.

[106] Nie X, Esopi M R, Janik M J, et al. Selectivity of CO_2 reduction on copper electrodes: the role of the kinetics of elementary steps. Angew Chem Int Ed, 2013, 52 (9) : 2459-2462.

[107] Torelli D A, Francis S A, Crompton J C, et al. Nickel-gallium-catalyzed electrochemical reduction of CO_2 to highly reduced products at low overpotentials. ACS Catal, 2016, 6 (3) : 2100-2104.

[108] Yang N, Waldvogel S R, Jiang X. Electrochemistry of carbon dioxide on carbon electrodes. ACS Appl Mater Interf, 2016, 8 (42) : 28357-28371.

[109] Duan X, Xu J, Wei Z, et al. Metal-free carbon materials for CO_2 electrochemical reduction. Adv Mater, 2017, 29(41): 1701784.

[110] Christensen P, Hamnett A, Muir A, et al. CO_2 reduction at platinum, gold and glassy carbon electrodes in acetonitrile: an *in-situ* FTIR study. J Electroanal Chem, 1990, 288 (1-2) : 197-215.

[111] Eggins B R, Brown E M, McNeill E A, et al. Carbon dioxide fixation by electrochemical reduction in water to oxalate and glyoxylate. Tetrahedron Lett, 1988, 29 (8) : 945-948.

[112] Zhu Q, Ma J, Kang X, et al. Electrochemical reduction of CO_2 to CO using graphene oxide/carbon nanotube electrode in ionic liquid/acetonitrile system. Sci Chin Chem, 2016, 59 (5) : 551-556.

[113] Chai G L, Guo Z X. Highly effective sites and selectivity of nitrogen-doped graphene/CNT catalysts for CO_2 electrochemical reduction. Chem Sci, 2016, 7 (2) : 1268-1275.

[114] Wu J, Liu M, Sharma P P, et al. Incorporation of nitrogen defects for efficient reduction of CO_2 via two-electron pathway on three-dimensional graphene foam. Nano Lett, 2015, 16 (1) : 466-470.

[115] Sreekanth N, Nazrulla M A, Vineesh T V, et al. Metal-free boron-doped graphene for selective electroreduction of carbon dioxide to formic acid/formate. Chem Commun, 2015, 51 (89) : 16061-16064.

[116] Liu Y, Zhao J, Cai Q. Pyrrolic-nitrogen doped graphene: a metal-free electrocatalyst with high efficiency and selectivity for the reduction of carbon dioxide to formic acid: a computational study. Phys Chem Chem Phys, 2016, 18 (7) : 5491-5498.

[117] Wu J, Yadav R M, Liu M, et al. Achieving highly efficient, selective, and stable CO_2 reduction on nitrogen-doped carbon nanotubes. ACS Nano, 2015, 9 (5) : 5364-5371.

[118] Wang H, Chen Y, Hou X, et al. Nitrogen-doped graphenes as efficient electrocatalysts for the selective reduction of carbon dioxide to formate in aqueous solution. Green Chem, 2016, 18 (11) : 3250-3256.

[119] Wu J, Ma S, Sun J, et al. A metal-free electrocatalyst for carbon dioxide reduction to multi-carbon hydrocarbons and oxygenates. Nature Comm, 2016, 7: 13869.

[120] Zhang S, Kang P, Ubnoske S, et al. Polyethylenimine-enhanced electrocatalytic reduction of CO_2 to formate at nitrogen-doped carbon nanomaterials. J Am Chem Soc, 2014, 136 (22) : 7845-7848.

[121] Wang H, Jia J, Song P, et al. Efficient electrocatalytic reduction of CO_2 by nitrogen-doped nanoporous carbon/carbon nanotube membranes: a step towards the electrochemical CO_2 refinery. Angew Chem Int Ed, 2017, 56(27): 7847-7852.

[122] Liu Y, Chen S, Quan X, et al. Efficient electrochemical reduction of carbon dioxide to acetate on nitrogen-doped nanodiamond. J Am Chem Soc, 2015, 137 (36) : 11631-11636.

[123] Kumar B, Asadi M, Pisasale D, et al. Renewable and metal-free carbon nanofibre catalysts for carbon dioxide reduction. Nature Comm, 2013, 4: 2819-2827.

[124] Jhong H R M, Tornow C E, Smid B, et al. A nitrogen-doped carbon catalyst for electrochemical CO_2 conversion to CO with high selectivity and current density. ChemSusChem, 2017, 10 (6) : 1094-1099.

[125] Song Y, Chen W, Zhao C, et al. Metal-free nitrogen-doped mesoporous carbon for electroreduction of CO_2 to ethanol. Angew Chem, 2017, 56 (36) : 10840-10844.

[126] Sun X, Kang X, Zhu Q, et al. Very highly efficient reduction of CO_2 to CH_4 using metal-free *N*-doped carbon electrodes. Chem Sci, 2016, 7 (4) : 2883-2887.

[127] Nakata K, Ozaki T, Terashima C, et al. High-yield electrochemical production of formaldehyde from CO_2 and seawater. Angew Chem Int Ed, 2014, 53 (3) : 871-874.

[128] Li W, Seredych M, Rodríguez-Castellón E, et al. Metal-free nanoporous carbon as a catalyst for electrochemical reduction of CO_2 to CO and CH_4. ChemSusChem, 2016, 9 (6) : 606-616.

[129] Ju W, Bagger A, Hao G P, et al. Understanding activity and selectivity of metal-nitrogen-doped carbon catalysts for electrochemical reduction of CO_2. Nature Comm, 2017, 8 (1) : 944.

[130] Yang H B, Hung S F, Liu S, et al. Atomically dispersed Ni（Ⅰ）as the active site for electrochemical CO_2 reduction. Nat Energy, 2018, 3 (2) : 140-147.

[131] Li Q, Zhu W, Fu J, et al. Controlled assembly of Cu nanoparticles on pyridinic-N rich graphene for electrochemical reduction of CO_2 to ethylene. Nano Energy, 2016, 24: 1-9.

[132] Song Y, Peng R, Hensley D K, et al. High-selectivity electrochemical conversion of CO_2 to ethanol using a copper nanoparticle/N-doped graphene electrode. ChemistrySelect, 2016, 1 (19) : 6055-6061.

[133] Kou R, Shao Y, Mei D, et al. Stabilization of electrocatalytic metal nanoparticles at metal-metal oxide-graphene triple junction points. J Am Chem Soc, 2011, 133 (8) : 2541-2547.

[134] Wu B, Hu D, Yu Y, et al. Stabilization of platinum nanoparticles dispersed on carbon nanotubes by ionic liquid polymer. Chem Commun, 2010, 46 (42) : 7954-7956.

[135] Lei F, Liu W, Sun Y, et al. Metallic tin quantum sheets confined in graphene toward high-efficiency carbon dioxide electroreduction. Nature Comm, 2016, 7: 12697.

[136] Sun X, Zhu Q, Kang X, et al. Design of a Cu（Ⅰ）/C-doped boron nitride electrocatalyst for efficient conversion of CO_2 into acetic acid. Green Chem, 2017, 19 (9) : 2086-2091.

[137] Qiao J, Liu Y, Hong F, et al. A review of catalysts for the electroreduction of carbon dioxide to produce low-carbon fuels. Chem Soc Rev, 2014, 43 (2) : 631-675.

[138] Costentin C, Drouet S, Robert M, et al. A local proton source enhances CO_2 electroreduction to CO by a molecular Fe catalyst. Science, 2012, 338 (6103) : 90-94.

[139] Bourrez M, Molton F, Chardon-Noblat S, et al. [Mn (bipyridyl) $(CO)_3Br$]: an abundant metal carbonyl complex as efficient electrocatalyst for CO_2 reduction. Angew Chem, 2011, 123 (42) : 10077-10080.

[140] Gattrell M, Gupta N. A review of the aqueous electrochemical reduction of CO_2 to hydrocarbons at copper. J Electroanal Chem, 2006, 594 (1) : 1-19.

[141] Lim R J, Xie M S, Sk M A, et al. A review on the electrochemical reduction of CO_2 in fuel cells, metal electrodes and molecular catalysts. Catal Today, 2014, 233: 169-180.

[142] Mahmood M, Masheder D, Harty C. Use of gas-diffusion electrodes for high-rate electrochemical reduction of carbon dioxide. I. Reduction at lead, indium-and tin-impregnated electrodes. J Appl Electrochem, 1987, 17 (6) : 1159-1170.

[143] Christensen P, Hamnett A, Muir A. An *in-situ* FTIR study of the electroreduction of CO_2 by CoPc-coated edge graphite electrodes. J Electroanal Chem, 1988, 241 (1-2) : 361-371.

[144] Tanabe H, Ohno K. Electrocatalysis of metal phthalocyanine thin film prepared by the plasma-assisted deposition on a glassy carbon in the reduction of carbon dioxide. Electrochim Acta, 1987, 32(7): 1121-1124.

[145] Hawecker J, Lehn J M, Ziessel R. Electrocatalytic reduction of carbon dioxide mediated by Re (bipy) $(CO)_3Cl$ (bipy= 2, 2′-bipyridine). J Chem Soc, Chem Commun, 1984, 6: 328-330.

[146] Lieber C M, Lewis N S. Catalytic reduction of carbon dioxide at carbon electrodes modified with cobalt phthalocyanine. J Am Chem Soc, 1984, 106(17): 5033-5034.

[147] Kapusta S, Hackerman N. Carbon dioxide reduction at a metal phthalocyanine catalyzed carbon electrode. J Electrochem Soc, 1984, 131(7): 1511-1514.

[148] Furuya N, Matsui K. Electroreduction of carbon dioxide on gas-diffusion electrodes modified by metal phthalocyanines. J Electroanal Chem, 1989, 271(1-2): 181-191.

[149] Han N, Wang Y, Ma L, et al. Supported cobalt polyphthalocyanine for high-performance electrocatalytic CO_2 reduction. Chem, 2017, 3(4): 652-664.

[150] Zhang X, Wu Z, Zhang X, et al. Highly selective and active CO_2 reduction electrocatalysts based on cobalt phthalocyanine/carbon nanotube hybrid structures. Nature Comm, 2017, 8: 14675.

[151] Sonoyama N, Kirii M, Sakata T. Electrochemical reduction of CO_2 at metal-porphyrin supported gas diffusion electrodes under high pressure CO_2. Electrochem Commun, 1999, 1(6): 213-216.

[152] Ogura K, Yoshida I. Electrocatalytic reduction of CO_2 to methanol: part 9. mediation with metal porphyrins. J Mol Catal, 1988, 47(1): 51-57.

[153] Takahashi K, Hiratsuka K, Sasaki H, et al. Electrocatalytic behavior of metal porphyrins in the reduction of carbon dioxide. Chem Lett, 1979, 8(4): 305-308.

[154] Zhao H Z, Chang Y Y, Liu C. Electrodes modified with iron porphyrin and carbon nanotubes: application to CO_2 reduction and mechanism of synergistic electrocatalysis. J Solid State Electrochem, 2013, 17(6): 1657-1664.

[155] Magdesieva T, Yamamoto T, Tryk D, et al. Electrochemical reduction of CO_2 with transition metal phthalocyanine and porphyrin complexes supported on activated carbon fibers. J Electrochem Soc, 2002, 149(6): D89-D95.

[156] Enoki O, Imaoka T, Yamamoto K. Electrochemical reduction of carbon dioxide catalyzed by cofacial dinuclear metalloporphyrin. Macromol Symp, 2003, 204: 151-158.

[157] Yao S A, Ruther R E, Zhang L, et al. Covalent attachment of catalyst molecules to conductive diamond: CO_2 reduction using “smart” electrodes. J Am Chem Soc, 2012, 134(38): 15632-15635.

[158] Daniele S, Ugo P, Bontempelli G, et al. An electroanalytical investigation on the nickel-promoted electrochemical conversion of CO_2 to CO. J Electroanal Chem, 1987, 219(1-2): 259-271.

[159] Keene F R, Creutz C, Sutin N. Reduction of carbon dioxide by tris (2, 2′-bipyridine) cobalt (Ⅰ). Coord Chem Rev, 1985, 64: 247-260.

[160] Hawecker J, Lehn J M, Ziessel R. Photochemical and electrochemical reduction of carbon dioxide to carbon monoxide mediated by (2, 2′-bipyridine) tricarbonylchlororhenium (Ⅰ) and pelated complexes as homogeneous catalysts. Helv Chim Acta, 1986, 69(8): 1990-2012.

[161] Sullivan B P, Meyer T J. Photoinduced irreversible insertion of CO_2 into a metal-hydride bond. J Chem Soc, Chem Commun, 1984, (18): 1244-1245.

[162] Sullivan B P, Meyer T J. Kinetics and mechanism of carbon dioxide insertion into a metal-hydride bond. A large solvent effect and an inverse kinetic isotope effect. Organometallics, 1986, 5(7): 1500-1502.

[163] Ishida H, Tanaka K, Tanaka T. The electrochemical reduction of CO_2 catalyzed by ruthenium carbonyl complexes. Chem Lett, 1985, 14(3): 405-406.

[164] Ishida H, Tanaka H, Tanaka K, et al. Selective formation of $HCOO^-$ in the electrochemical CO_2 reduction catalysed by $[Ru(bpy)_2(CO)_2]_2^+$ (bpy= 2, 2′-bipyridine). J Chem Soc, Chem Commun, 1987, (2): 131-132.

[165] Ishida H, Tanaka K, Tanaka T. Electrochemical CO_2 reduction catalyzed by ruthenium complexes $[Ru(bpy)_2(CO)_2]_2^+$ and $[Ru(bpy)_2(CO)Cl]^+$. Effect of pH on the formation of CO and HCOO—. Organometallics, 1987, 6(1): 181-186.

[166] Bolinger C M, Sullivan B P, Conrad D, et al. Electrocatalytic reduction of CO_2 based on polypyridyl complexes of rhodium and ruthenium. J Chem Soc, Chem Commun, 1985, (12): 796-797.

[167] Bolinger C M, Story N, Sullivan B P, et al. Electrocatalytic reduction of carbon dioxide by 2, 2′-bipyridine complexes of rhodium and iridium. Inorg Chem, 1988, 27(25): 4582-4587.

[168] Sullivan B P, Bolinger C M, Conrad D, et al. One-and two-electron pathways in the electrocatalytic reduction of CO_2 by fac-Re(bpy)$(CO)_3$Cl(bpy= 2, 2′-bipyridine). J Chem Soc, Chem Commun, 1985, (20): 1414-1416.

[169] Bruce M R, Megehee E, Sullivan B P, et al. Electrocatalytic reduction of carbon dioxide by associative activation. Organometallics, 1988, 7(1): 238-240.

[170] Angamuthu R, Byers P, Lutz M, et al. Electrocatalytic CO_2 conversion to oxalate by a copper complex. Science, 2010, 327(5963): 313-315.

[171] Wang X, Chen Z, Zhao X, et al. Regulation of coordination number over single Co sites: triggering the efficient electroreduction of CO_2. Angew Chem, 2018, 130(7): 1962-1966.

[172] Kornienko N, Zhao Y, Kley C S, et al. Metal-organic frameworks for electrocatalytic reduction of carbon dioxide. J Am Chem Soc, 2015, 137(44): 14129-14135.

[173] Lin S, Diercks C S, Zhang Y B, et al. Covalent organic frameworks comprising cobalt porphyrins for catalytic CO_2 reduction in water. Science, 2015, 349(6253): 1208-1213.

[174] Hod I, Sampson M D, Deria P, et al. Fe-porphyrin-based metal-organic framework films as high-surface concentration, heterogeneous catalysts for electrochemical reduction of CO_2. ACS Catal, 2015, 5(11): 6302-6309.

[175] Wang Y, Hou P, Wang Z, et al. Zinc imidazolate metal-organic frameworks (ZIF-8) for electrochemical reduction of CO_2 to CO. Chemphyschem, 2017, 18(22): 3142-3147.

[176] Zhao C, Dai X, Yao T, et al. Ionic exchange of metal-organic frameworks to access single nickel sites for efficient electroreduction of CO_2. J Am Chem Soc, 2017, 139(24): 8078-8081.

[177] Köleli F, Röpke T, Hamann C H. The reduction of CO_2 on polyaniline electrode in a membrane cell. Synth Met, 2004, 140(1): 65-68.

[178] Aydin R, Köleli F. Electrocatalytic conversion of CO_2 on a polypyrrole electrode under high pressure in methanol. Synth Met, 2004, 144(1): 75-80.

[179] Coskun H, Aljabour A, De Luna P, et al. Biofunctionalized conductive polymers enable efficient CO_2 electroreduction. Sci Adv, 2017, 3(8): 1700686.

[180] Tascedda P, Weidmann M, Dinjus E, et al. Nickel-catalyzed electrochemical carboxylation of epoxides: mechanistic aspects. Appl Organomet Chem, 2001, 15(2): 141-144.

[181] Yang H Z, Gu Y L, Deng Y Q, et al. Electrochemical activation of carbon dioxide in ionic liquid: synthesis of cyclic carbonates at mild reaction conditions. Chem Commun, 2002, (3): 274-275.

[182] Wang H, Wu L X, Lan Y C, et al. Electrosynthesis of cyclic carbonates from CO_2 and diols in ionic liquids under mild conditions. Int J Electrochem Sc, 2011, 6(9): 4218-4227.

[183] Tascedda P, Dunach E. Electrosynthesis of cyclic carbamates from aziridines and carbon dioxide. Chem Commun, 2000, (6): 449-450.

[184] Casadei M A, Inesi A, Rossi L. Electrochemical activation of carbon dioxide: synthesis of organic carbonates. Tetrahedron Lett, 1997, 38(20): 3565-3568.

[185] Zhang L, Niu D F, Zhang K, et al. Electrochemical activation of CO_2 in ionic liquid (BMIMBF_4): synthesis of organic carbonates under mild conditions. Green Chem, 2008, 10(2): 202-206.

[186] Yuan X, Lu B, Liu J Z, et al. Electrochemical conversion of methanol and carbon dioxide to dimethyl carbonate at graphite-Pt electrode system. J Electrochem Soc, 2012, 159(12): E183-E186.

[187] Lu B, Wang X, Li Y, et al. Electrochemical conversion of CO_2 into dimethyl carbonate in a functionalized ionic liquid. J CO_2 Util, 2013, 3-4: 98-101.

[188] Raju R R, Mohan S K, Reddy S J. Electroorganic synthesis of 6-aminonicotinic acid from 2-amino-5-chloropyridine. Tetrahedron Lett, 2003, 44(21): 4133-4135.

[189] Yang H P, Yue Y N, Sun Q L, et al. Entrapment of a chiral cobalt complex within silver: a novel heterogeneous catalyst for asymmetric carboxylation of benzyl bromides with CO_2. Chem Commun, 2015, 51(61): 12216-12219.

[190] Yuan G Q, Jiang H F, Lin C. Efficient electrochemical dicarboxylations of arylacetylenes with carbon dioxide using nickel as the cathode. Tetrahedron, 2008, 64(25): 5866-5872.

[191] Wang H, Zhang G R, Liu Y Z, et al. Electrocarboxylation of activated olefins in ionic liquid BMIMBF_4. Electrochem Commun, 2007, 9(9): 2235-2239.

[192] Casadei M A, Inesi A, Moracci F M, et al. Electrochemical activation of carbon dioxide: synthesis of carbamates. Chem Commun, 1996, (22): 2575-2576.

[193] Feroci M, Orsini M, Rossi L, et al. Electrochemically promoted C—N bond formation from amines and CO_2 in ionic liquid BMIm-BF_4: synthesis of carbamates. J Org Chem, 2007, 72(1): 200-203.

[194] Sun X F, Zhu Q G, Hu J Y, et al. *N,N*-dimethylation of nitrobenzenes with CO_2 and water by electrocatalysis. Chem Sci, 2017, 8(8): 5669-5674.

第 5 章 光催化二氧化碳化学转化

光催化 CO_2 化学转化是指在光能驱动下将 CO_2 转化为能源产品和化学品，是 CO_2 资源化利用的理想途径。1979 年，日本东京大学的 Inoue 等成功地利用 WO_3、TiO_2、CdS、GaP、SiC 等无机半导体材料，将 CO_2 水溶液还原为多种碳氢燃料[1]。自此，光催化转化 CO_2 的研究引起了人们的关注。尤其随着纳米科技的进步，新型光催化材料不断涌现，极大地推动了 CO_2 光催化转化的发展。迄今，基于金属配合物的均相光催化剂、基于无机半导体的多相催化体系，以及近年来发展的有机金属框架杂化材料、基于共轭聚合物和碳材料的非金属多相催化剂等均在 CO_2 光催化转化中得到应用。同时，借助现代先进的表征手段，对光催化反应机理的认识亦逐渐深入。近年来，光催化 CO_2 还原生成能源产品[2-5]和光催化 CO_2 合成有机化学品研究呈现蓬勃发展之势，出现众多研究成果，本章将介绍相关研究进展。

5.1 光催化 CO_2 还原生成能源产品

CO_2 的光催化还原，仅涉及光源、光催化剂、CO_2、水/还原剂等因素，其过程相对简单，易于操作，是 CO_2 转化的绿色途径。目前，光催化 CO_2 的还原产物主要为甲酸、CO、CH_4、CH_3OH 与少量 C_{2+} 产物等。光催化剂种类繁多，涉及均相和多相体系。CO_2 光还原的反应机理比较复杂，多数认为 CO_2 的光还原与光引发的多电子转移有关。

5.1.1 光催化 CO_2 还原的基本原理

光催化 CO_2 还原过程如图 5.1 所示。当用能量高于禁带宽度(E_g)的光照射半导体催化剂表面，其价带(VB)上的电子受光激发跃迁到导带(CB)，在导带形成光生电子，在价带上产生空穴。由于半导体导-价能带间存在禁带，光生电子和空穴在复合前有足够长的寿命，使它们得以迁移至半导体表面，与吸附在表面的 CO_2 和其他物种发生氧化还原反应。光生电子被 CO_2 分子俘获生成 $CO_2^{-}\cdot$，进一步与 H^+ 反应，生成还原产物。而空穴被水分子或牺牲试剂俘获，生成具有氧化能力物种，进一步发生氧化反应。同时，激发态的半导体重新回归到基态。因此，对于一个有效的 CO_2 光还原催化体系，需要具备以下基本条件：有合适的禁带宽度，在光照下能产生足够能量的电子；电子-空穴分离时间足以完成 CO_2 还原反应；催化剂表面有较强的吸附活化 CO_2 能力。

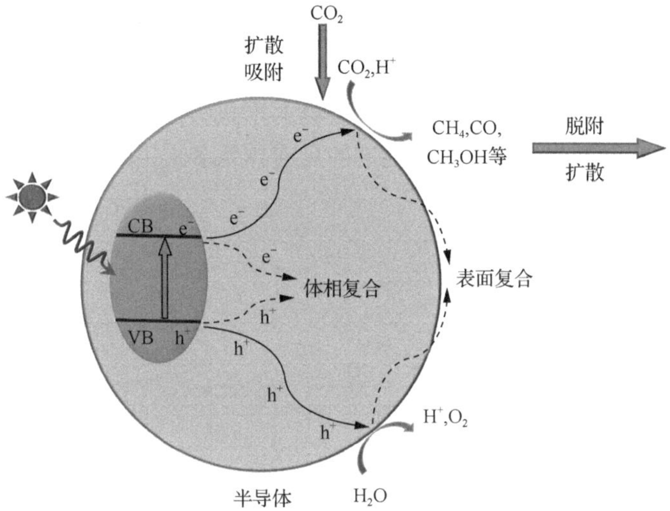

图 5.1 光催化 CO_2 还原过程示意图

与传统的热催化不同，半导体光催化材料不仅需要将光能转换为具有还原-氧化能力的光生电子-空穴，还要起到降低反应活化能作用。光催化还原 CO_2 是多电子还原过程，图 5.2 中列出了 CO_2 还原生成不同产物的半反应方程式及其相对于标准氢电极(NHE，pH=7)的还原电势。高选择性地获得特定还原产物的关键在于选择具有匹配能级位置和禁带宽度的半导体催化材料，但这也正是光催化反应的挑战。图 5.2 中所列过程往往几种同时发生，导致多种还原产物产生。此外，H^+在反应过程中也可以作为电子受体产生 H_2，且其还原电势低于 CO_2 的还原电势，因此 H_2 和 CO_2 还原产物并存。

$$CO_2 + e^- \longrightarrow CO_2^- \qquad E^0_{redox} = -1.85V$$
$$CO_2 + 2H^+ + 2e^- \longrightarrow HCOOH \qquad E^0_{redox} = -0.61V$$
$$CO_2 + 2H^+ + 2e^- \longrightarrow CO + H_2O \qquad E^0_{redox} = -0.53V$$
$$CO_2 + 4H^+ + 4e^- \longrightarrow HCHO + H_2O \qquad E^0_{redox} = -0.48V$$
$$CO_2 + 4H^+ + 4e^- \longrightarrow C + 2H_2O \qquad E^0_{redox} = -0.20V$$
$$CO_2 + 6H^+ + 6e^- \longrightarrow CH_3OH + H_2O \qquad E^0_{redox} = -0.38V$$
$$CO_2 + 8H^+ + 8e^- \longrightarrow CH_4 + 2H_2O \qquad E^0_{redox} = -0.24V$$
$$2CO_2 + 12H^+ + 12e^- \longrightarrow C_2H_4 + 4H_2O \qquad E^0_{redox} = -0.34V$$
$$2CO_2 + 12H^+ + 12e^- \longrightarrow C_2H_5OH + 3H_2O \qquad E^0_{redox} = -0.33V$$
$$2CO_2 + 14H^+ + 14e^- \longrightarrow C_2H_6 + 4H_2O \qquad E^0_{redox} = -0.27V$$
$$3CO_2 + 18H^+ + 18e^- \longrightarrow C_3H_7OH + 5H_2O \qquad E^0_{redox} = -0.32V$$
$$2H^+ + 2e^- \longrightarrow H_2 \qquad E^0_{redox} = -0.42V$$

图 5.2 CO_2 还原反应方程式及其相对于标准氢电极的还原电势

如图 5.3 所示，实验室用光反应器可分为两种类型：固-液模式和固-气模式。固-液模式是指将催化剂和 CO_2 分别分散和溶解在液相中，在光照下发生光反应。固-气模式是指将 CO_2 和 H_2O 以气体混合物的形式与催化剂接触而发生光反应。前者一般采用间歇操作模式，有牺牲剂的反应体系多采用这种模式；而后者可采用连续操作模式。

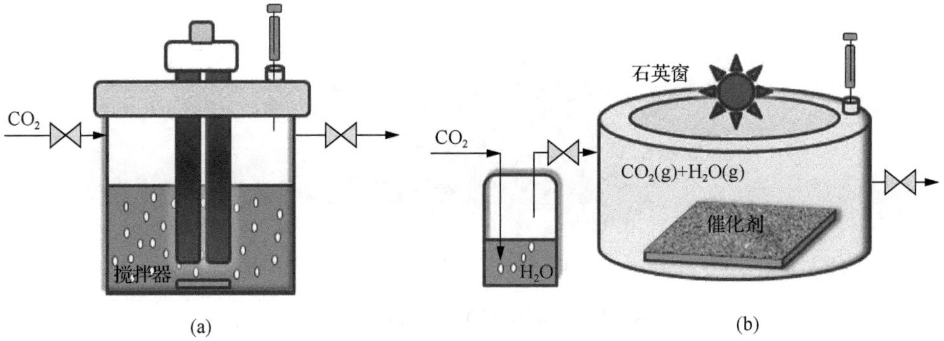

图 5.3 实验室用光反应模式
(a) 固-液模式；(b) 固-气模式

5.1.2 光催化材料及其应用

光催化材料是实现光催化 CO_2 转化的关键。典型的光催化体系由光吸收中心和催化活性位点两部分组成。光吸收中心吸收入射光子，产生电子-空穴。光吸收作为催化反应的一个决定因素，往往与半导体催化材料的禁带宽度相关，因此设计光催化剂通常要考虑材料对整个太阳光谱段的吸收，较宽的吸收范围可加大对太阳能的利用率。光生载流子的分离和输运对于催化反应尤为重要，直接决定催化剂的催化活性和量子效率。因此，构建利于光生电荷分离的结构对于光催化反应而言非常重要。此外，设计催化体系还要考虑催化剂对 CO_2 的吸附和活化能力。

用于 CO_2 光还原的催化剂分为均相和异相催化剂两大类。均相催化剂主要是一类金属配合物，由金属原子或离子与有机配体通过配位形成。金属原子/离子通过与有机配体的结合，实现光吸收、光生电荷分离及 CO_2 还原反应。异相催化剂通常是指固态半导体材料和通过表面化学设计而成的半导体杂化结构材料。在异相催化体系中，半导体材料作为光吸收中心，其禁带宽度和价/导带边缘电位决定着光吸收波段和对应载流子的氧化还原能力。催化反应的活性位点往往位于半导体表面或者复合体的表/界面，电子给体和电子受体反应物于此发生氧化还原反应。通常，单一半导体材料所提供的催化活性位点有限，因而经常需要负载金属（如 Pt、Au 等）或者助催化剂，以实现 CO_2 光还原。异相催化剂种类繁多，主要包括金属氧化物/硫化物等无机半导体材料、有机金属框架杂化材料、基于共轭聚合物和碳材料的非金属多相催化剂，以及它们的复合结构。两类催化剂各具优缺点。均相催化剂的催化活性优异，但存在难以分离的缺点，因而可循环效率较低。而异相催化剂易于回收循环利用，但其催化活性、太阳能利用率较低，且有效反应活性位点的研究还不够成熟。

光催化材料中光生电荷的有效分离与输运是实现高效光催化反应的首要条件。目前，已经发展了包含异质结内建电场、降低空穴有效质量、晶体极化场、晶面工程等多种方法提高光生电荷的分离和输运过程。对于单一半导体光催化材料来说，不同晶面的原子分布不同，导致电子结构差异，其空穴有效质量也将有所差别，这种差异可提高光生电荷的分离效率。在材料界面或表面形成内建电场是一种有效的分离光生电荷的方法。常见的内建电场存在于两种不同的半导体材料之间或者同一类半导体的不同晶面或晶相结构之间。这一类内建电场中的电子-空穴在电场力的作用下，分别向相反的方向移动，因此提高了分离效率。

将两种半导体材料复合，形成异质结，通过光生电荷在二者间的传输，可实现电荷的有效分离。通常，光激发半导体 A 产生电子，转移到半导体 B 的导带；而空穴则由半导体 B 的价带转移到半导体 A 的价带，从而实现光生载流子的有效分离[图 5.4(a)]。由于半导体禁带及价带和导带电势的位置匹配关系，光生电荷在两种半导体之间亦可按照图 5.4(b)所示的 Z 型模式传输。光激发半导体 A 和 B 分别产生电子和空穴，半导体 B 上的光生电子与半导体 A 价带上的空穴复合，从而实现光生电子-空穴的有效分离。光生电子由半导体 A 的导带参与 CO_2 的还原反应，而空穴则在半导体 B 的价带参与氧化反应，使得催化体系保持强的氧化还原能力。除此之外，催化剂的粒径、比表面积、形貌和表面特性等因素直接影响光催化还原 CO_2 的反应效率和产物选择性。

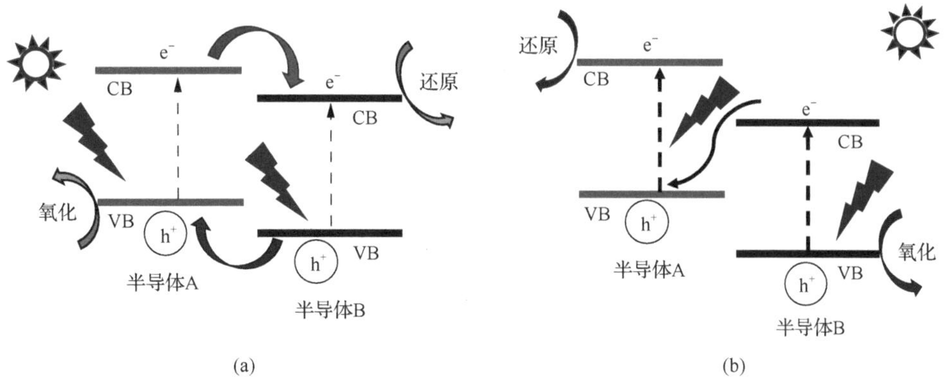

图 5.4　半导体异质结间的光生电荷传输示意图
(a)经典模式；(b)Z 型模式

1. 金属配合物催化剂

金属配合物具有高度可设计性，其氧化还原电位可以通过选择不同配体进行调节，而获得适配的氧化还原电位。作为均相光催化剂，金属配合物吸收光子后产生金属到配体或者配体到金属的电荷转移而处于激发态，与还原剂相遇而发生光生电子转移，形成缺电子金属配合物，因而具有很强的氧化性。但是，单一的金属配合物往往光吸收范围窄，光生电荷的分离效率低，氧化还原电位不足以还原 CO_2 和氧化水。因此，金属配合物催化体系通常需要由光敏剂(photosensitizer, PS)、金属配合物催化剂和电子供体牺牲剂三组分构成，表 5.1 列举了一些相应的催化体系。PS 作为光子吸收中心，需要有强的吸光能力、长的发光寿命和较高的稳定性。在光照下，PS 吸收光子生成激发态 PS*。如果 PS*被电子供体牺牲剂猝灭，而生成能够进一步还原 CO_2 的物种，则称为还原猝灭机理。如果 PS*被金属配合物氧化猝灭而还原 CO_2，则称为氧化猝灭机理。电子供体一般为三乙胺、三乙醇胺等有机牺牲试剂，而很少采用水。

表 5.1　金属配合物催化体系光催化还原 CO_2

催化剂	光敏剂	反应介质	产物及其选择性	TON	参考文献
$Re(bpy)(CO)_3Cl$		DMF/TEOA (5∶1*V*/*V*)	CO	27	[6]
$Ru(bpy)_2Cl_2$		DMF/[D7]DMF/TEOA (3∶1∶1*V*/*V*/*V*)	$HCOO^-$	51	[6]
$[Ir(tpy)(ppy)Cl]^+$		MeCN/TEOA (5∶1*V*/*V*)	CO	38	[7]
$[RuL][ML']^{n+}$		DMF/TEOA (5∶1*V*/*V*)	CO	3～3000	[7]
Fe-*p*		MeCN/TEA (19∶1*V*/*V*)	CO, H_2	CO∶42, H_2∶68	[8]
$[Ni(^{Pr}bimiq1)]^{2+}$		MeCN/TEA	CO	98 000	[9]
$Mn(bpy)(CO)_3Br$		DMF/TEOA (5∶1*V*/*V*)	$HCOO^-$	149	[10]
$[Co(qpy)(OH_2)_2]^{2+}$	$[Ru(bpy)_3]^{2+}$或 Purpurin	MeCN/TEOA/BIH	CO	497～2660	[11]
$[Fe(qpy)(OH_2)_2]^{2+}$	$[Ru(bpy)_3]^{2+}$或 Purpurin	MeCN/TEOA/BIH	CO	1879～3844	[11]
$[Fe^{II}(dmp)(NCS)_2]$	$[Cu^{I}(dmp)(P)_2]^+$ (dmp = 2,9-dimethyl-1,10-phenthroline; P = phosphine ligand)		CO/78%	273	[12]
Fe-*o*-OH	9CNA		CO/100%	60	[13]

常见的金属配合物、敏化剂和有机胺牺牲试剂分别如图 5.5～图 5.7 所示。其中金属配合物催化剂主要包括贵金属配合物，如联吡啶 Ru(Ⅱ)配合物、环 Ir(Ⅲ)配合物、三羰基二胺 Re(Ⅰ)配合物、金属卟啉、有机染料等，以及 Fe、Co、Ni、Mn 等廉价金属配合物。

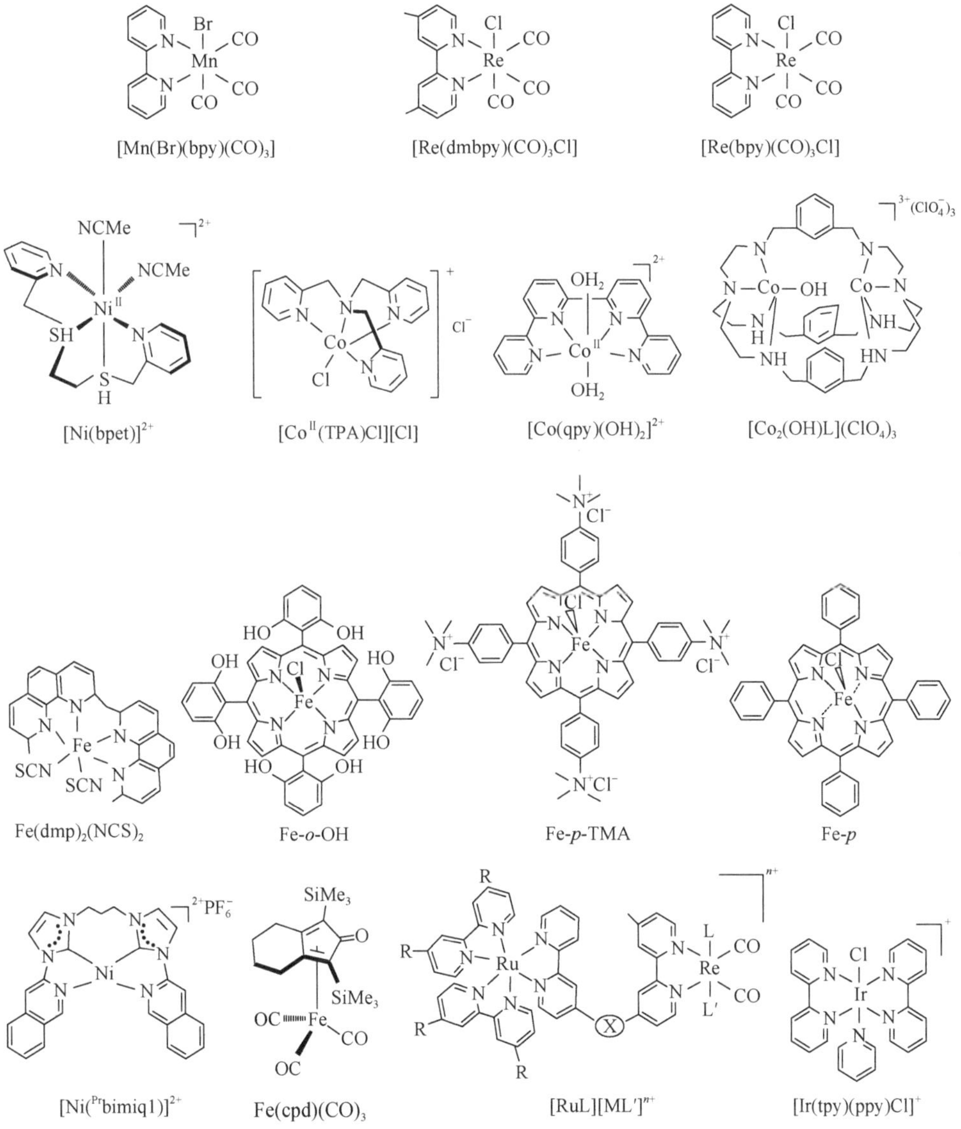

图 5.5　金属配合物化学结构式

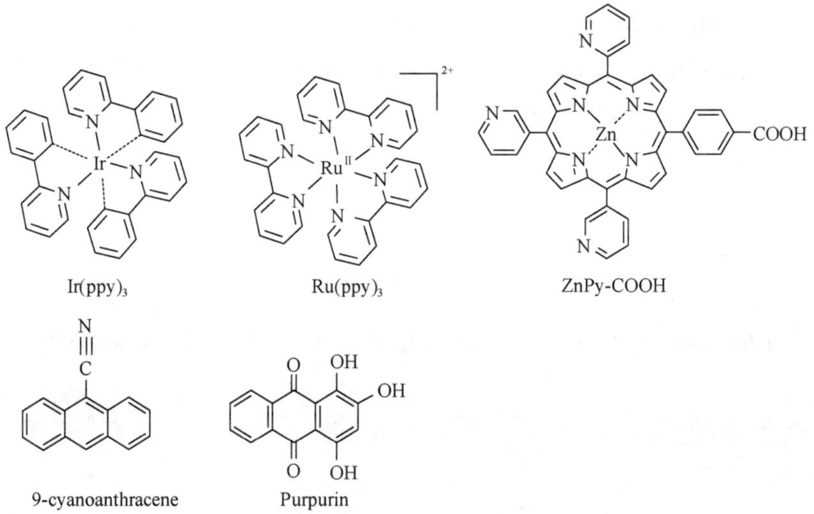

图 5.6 光敏剂化学结构式

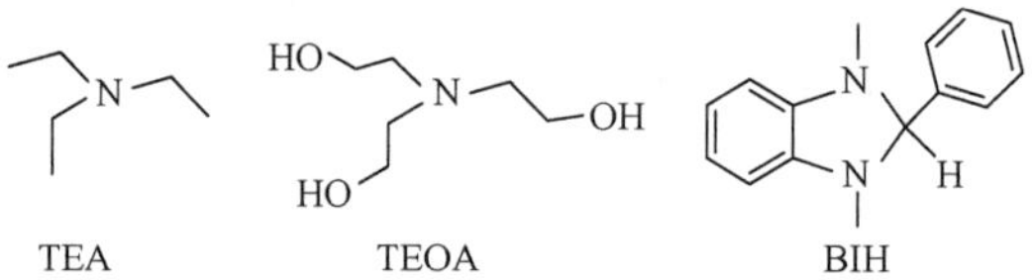

图 5.7 有机胺牺牲试剂结构式

Re 配合物对于光催化还原 CO_2 表现出优异的催化活性。在 *N,N*-二甲基甲酰胺(DMF)溶液中，以 Re 配合物[Re(dmbpy)(CO)$_3$Cl]为光催化剂，三乙胺(TEA)为电子供体，在紫外光辐照下(λ<365nm)，可催化还原 CO_2 生成 CO。该催化体系无需额外光敏剂，其催化机理如图 5.8 所示。Re 初始配合物[Re(dmbpy)(CO)$_3$Cl]吸收光子形成三线态 ^{3}MLCT，与 TEA 作用，历经单电子还原过程，生成阴离子自由基[Re(dmbpy)(CO)$_3$Cl]$^{*-}$；随后，配合物中的 Cl^-消去，被溶剂 DMF 取代，生成单电子还原的 DMF 配位 Re 配合物自由基[Re(dmbpy)(CO)$_3$DMF]*；进一步，经过 CO_2 的亲电进攻和质子化，生成 Re 配合物与 CO_2 加合物的阳离子自由基[Re(dmbpy)(CO)$_3$COOH]$^{*+}$。该自由基可通过冷冻喷雾离子质谱仪检测，它接受另外一个电子，脱去 OH^-生成 Re 配合物阳离子[Re(dmbpy)(CO)$_3$CO]$^+$；进一步与溶剂 DMF 交换，释放出 CO，同时配合物[Re(dmbpy)(CO)$_3$DMF]$^+$获得再生，再生后的[Re(dmbpy)(CO)$_3$DMF]$^+$继续吸收光子，驱动下一轮 CO_2 的还原过程[6]。

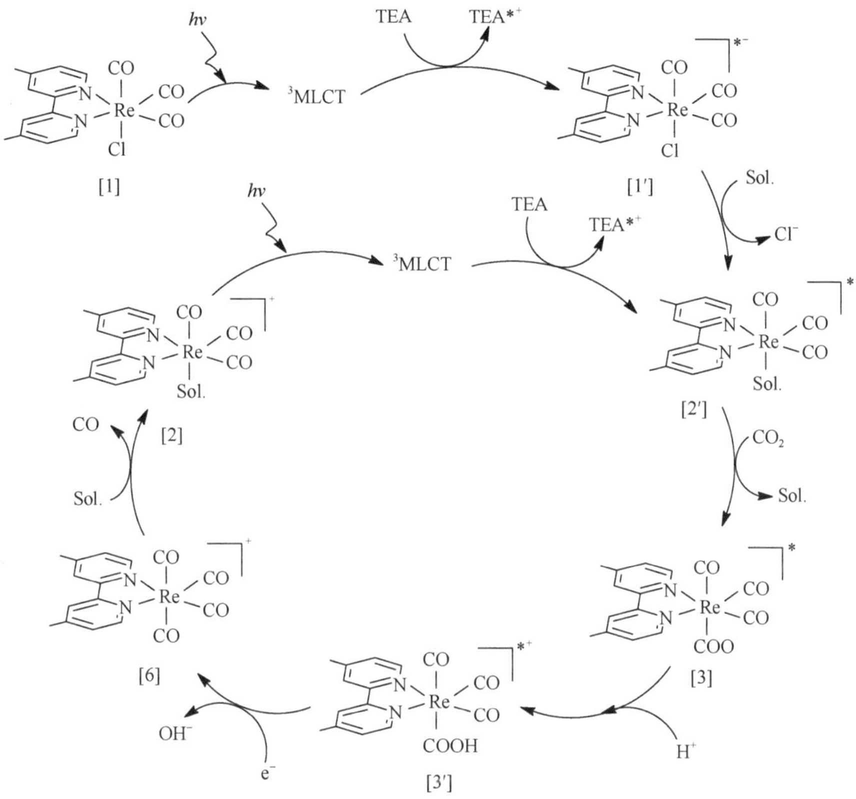

图 5.8 Re(dmbpy)(CO)$_3$Cl 催化还原 CO_2 机理示意图

在光敏剂存在下，Fe、Ni 金属配合物同样能够高效催化 CO_2 转化反应。例如，在二甲基乙酰胺(DMA)/H_2O(体积比为 9∶1)混合溶剂中，以$[Ru(bpy)_3]^{2+}$(bpy=2,2-联吡啶)为光敏剂，1,3-二甲基-2-苯基-苯并咪唑(BIH)为电子供体牺牲剂，具有 S_2N_2-型四配位的 Ni(Ⅱ)配合物($[Ni^{II}(bpet)]^{2+}$)为催化剂，该催化体系能够高效还原 CO_2 为 CO，转化数可达 700，CO 选择性>99%，光子产率可达 1.42%。机理示意图如图 5.9 所示，$[Ru(bpy)_3]^{2+}$吸收光子被激发生成三线态 $^3\{[Ru(bpy)_3]^{2+}\}^*$；该物种被 BIH 猝灭生成$[Ru(bpy)_2(bpy^{\cdot-})]^+$和 $BIH^{\cdot+}$；$BIH^{\cdot+}$去质子化，生成 BI·；BI·是强还原剂，其 $E^0(BI\cdot/BI^+)=-2.06V$ vs. SCE，能够将另外一分子$[Ru(bpy)_3]^{2+}$还原，致使在反应过程中生成两当量的$[Ru(bpy)_2(bpy^{\cdot-})]^+$；$[Ru(bpy)_2(bpy^{\cdot-})]^+$还原 Ni(Ⅱ)配合物生成$[Ni^0(bpet)]^0$(即$[Ni^0L]^0$)中间体。随后，该中间体与 CO_2 反应生成$[NiL\text{-}CO_2]^0$，再与水反应最终生成 CO[14]。

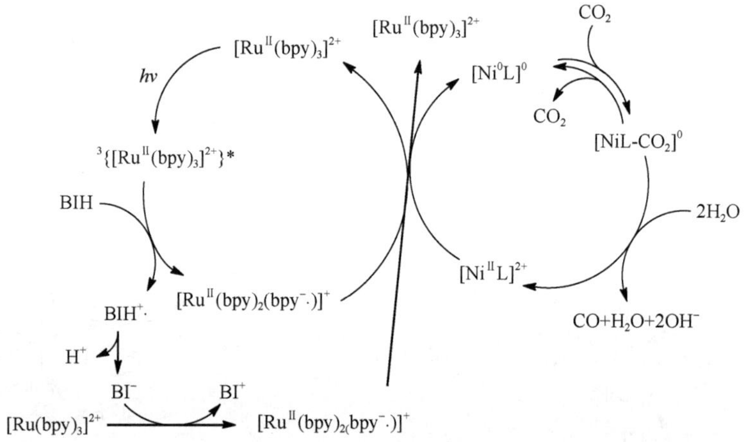

图 5.9 Re(dmbpy)(CO)$_3$Cl 催化还原 CO_2 机理示意图

采用四苯基卟啉络合的 Fe(III)配合物(Fe-*p*-TMA)为催化剂，Ir(ppy)$_3$ 为光敏剂，在可见光(λ>420nm)辐照下，可将 CO_2 还原为 CH_4。在该催化剂与光敏剂共同作用下，CO_2 首先发生光还原过程，生成 CO，随后进一步转化为 CH_4。两步反应均可在常温常压下进行，CH_4 的选择性可达 82%，量子产率为 0.18%[8]。可能的催化反应路径如图 5.10 所示。光照下，Fe(III)络合物逐步还原得到具有亲核性的

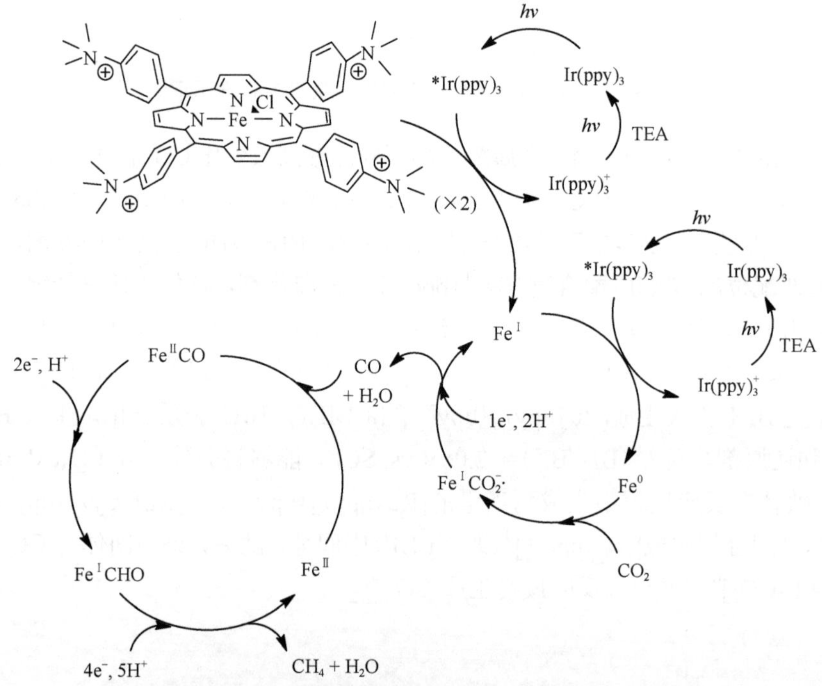

图 5.10 CO_2 光还原为 CH_4 的可能反应路径

Fe^0物种，Fe^0与CO_2形成Fe-CO_2的复合物；质子化后，发生C—O键断裂，得到还原产物 CO。这一反应过程成功的关键在于催化剂四苯基卟啉中的苯基对位进行了三甲基铵阳离子基团修饰，使得催化剂通过配体框架的静电相互作用提高了Fe^I/Fe^0的氧化还原电位，从而在水及非质子型溶剂 DMF 的中性或碱性条件下具有较低的超电势和良好的稳定性。在可见光的照射下，以三乙胺作为电子给体，常压条件下与饱和CO_2的乙腈混合，47h 后便可得到 CO，选择性高达 95%，但 CO 相对于催化剂浓度的 TON 较低，仅为 33。

在体系中加入$Ir(bpy)_3$光敏剂，可极大提高CO_2的催化还原效率，47h 可见光照射后 CO 的转换数提高到 198，并伴随少量CH_4与H_2生成。采用三氟乙醇为添加剂，可进一步改善 CO 的 TOF，而CH_4与H_2的选择性也随之提高。生成的CH_4全部来源于CO_2，随着光照时间的加长，CH_4的选择性逐渐提高。通过紫外-可见吸收光谱可观察到在不加入光敏剂的情况下体系存在Fe^{II}-CO 物种。由此说明，反应中CO_2在铁催化剂的作用下首先转化为 CO，CO 作为中间产物与四苯基卟啉 Fe(Ⅱ)络合物的金属中心结合，随后参与六电子还原过程。光敏剂$Ir(ppy)_3$对 CO 进一步还原为CH_4起到了关键作用。

尽管在该体系中CO_2发生光还原的主要产物为 CO，而通过设计两步反应，使CO_2首先在 Fe(Ⅲ)配合物作用下还原为 CO；在反应趋近完全时引入光敏剂$Ir(ppy)_3$，可实现CO_2向CH_4的高效转化。廉价的铁催化剂的使用实现了以往需要借助贵金属催化剂才能解决的问题，这在CO_2的光还原研究中是一个重要的突破。

除上述Fe^{III}催化剂之外，也有一些非贵金属配合物展现出优异的光催化性能。例如，将 Ni 氮杂卡宾异喹啉配合物$[Ni(^{Pr}bimiq1)]^{2+}$与光敏剂$Ir(ppy)_3$耦合，以三乙胺为牺牲剂，在可见光下可催化CO_2还原生成 CO，其 TON 和 TOF 分别可高达 98000 和 $3.9s^{-1}$[9]。铁卟啉金属配合物(Fe-*o*-OH)与$Ir(ppy)_3$耦合，以三乙胺为牺牲剂，在可见光下可催化CO_2转化为 CO，CO 选择性高达 93%。而采用便宜的氰基蒽(9CNA)为光敏剂，则没有检测到H_2产生，CO 的选择性达到 100%[13]。

2. 金属氧化物/硫化物等无机半导体光催化材料

金属氧化物/硫化物半导体光催化材料在光催化领域得到广泛应用，显示出良好的催化性能。图 5.11 给出了常见无机半导体光催化剂的能带能级图及与CO_2还原电位的匹配关系。由此可见，金属氧化物/硫化物半导体光催化材料可在无牺牲剂、仅有水存在情况下，将CO_2催化还原生成能源产品。二氧化钛(TiO_2)具有无毒、价廉、性质稳定、耐光腐蚀等优点，是应用最为广泛的光催化材料。以下以TiO_2基材料为主，介绍无机半导体材料在光催化CO_2还原领域的应用和进展。锐钛矿和金红石是TiO_2最常用的两种晶相，其能带宽度分别为 3.2eV 和 3.0eV，对应的吸收阈值分别为 380nm 和 420nm，是紫外光响应的光催化材料。从利用太阳能的角度来看，TiO_2 对太阳光的利用率较低。另外，其光生载流子的复合概率很高，导致低量子产率。常规 TiO_2 半导体的量子产率不到 4%。因此，为利用太阳能并提高量子产率，可通过金属沉积、杂原子掺杂或构筑复合材料等方式，使 TiO_2 基材料在可见光下具有催化活性。此外，调控其晶面和形貌可增强其光子效率。

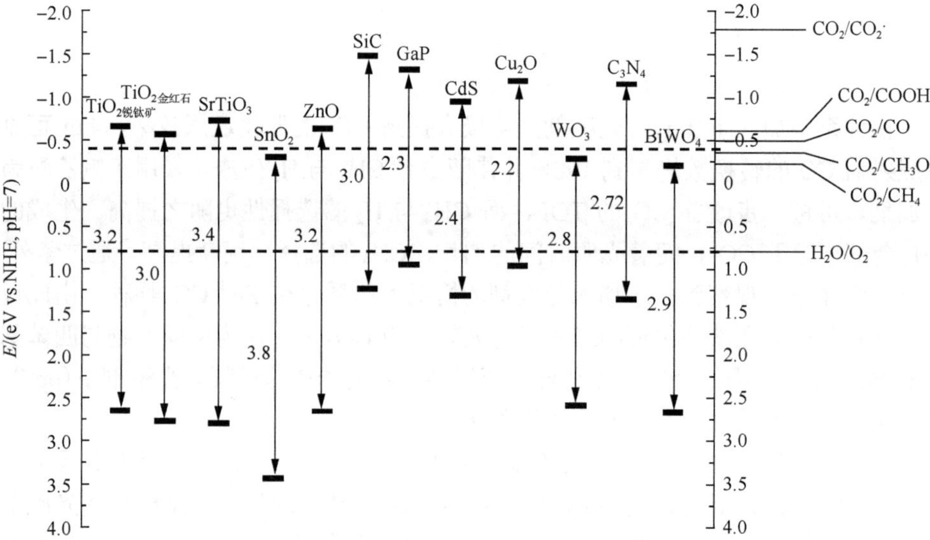

图 5.11 常见无机半导体光催化剂的能带能级图及 CO_2 还原电位的关系

1979 年 Honda 等首次发现，CO_2 在 TiO_2 电极上可光使其还原成甲醇和甲醛，这一具有里程碑意义的发现让人们看到了利用半导体光催化还原来固定 CO_2，从而实现了人工模拟光合作用的可能性。后来研究发现，在水存在下 TiO_2 光还原 CO_2 的产物主要为 CO 和 CH_4，TiO_2 的晶相、晶面、形貌等均对 CO_2 还原的反应活性和产物选择性有影响。与金红石对比，锐钛矿型 TiO_2 显示出更高的活性，主要是金红石的光生电子与光生空穴复合概率更高，导致其光催化活性降低。用锐钛矿型 TiO_2 催化 CO_2 生成甲烷(图 5.12)，不同晶面显示如下催化活性：TiO_2(010)＞TiO_2(101)＞TiO_2(001)[15-16]。

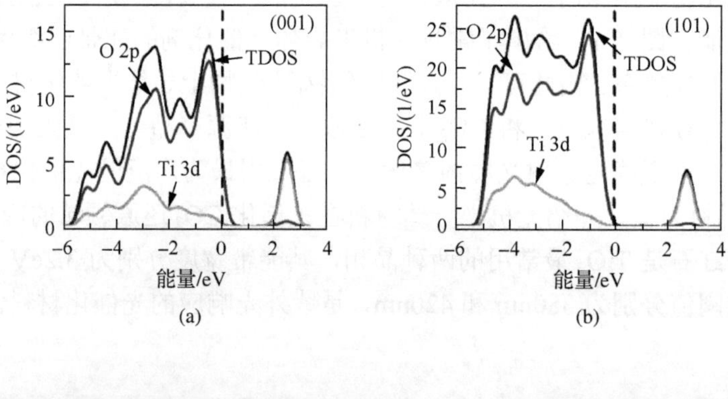

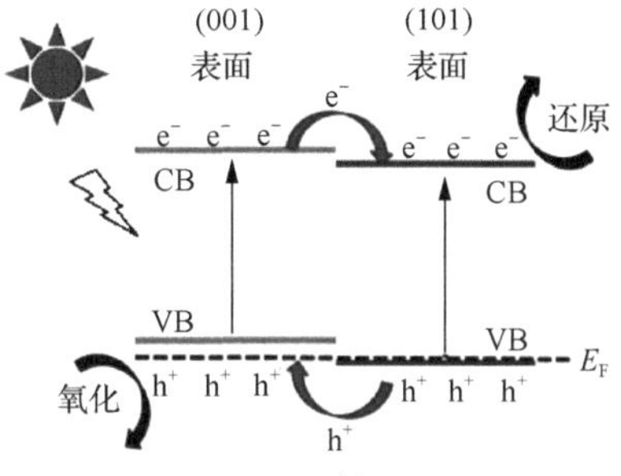

图 5.12 (a)、(b) 锐钛矿型 TiO_2(001) 和 TiO_2(101) 晶面密度分布图；(c) TiO_2(001) 和 TiO_2(101) 晶面构成的异质结

通过调控半导体暴露的晶面或者晶相可提升光催化速率。例如，采用水热法合成四棱柱垂直生长的 CeO_2 八面体结构，在(111)晶面暴露的八面体上，通过调节(100)晶面暴露的四棱柱的长度和数量，提高光生载流子的分离和传输效率，使光催化 CO_2 还原生成 CH_4 的速率大幅度提升[17]。在模拟太阳光辐照下，在水溶液中 CO_3^{2-} 离子通过较弱的 Bi—O 作用吸附在 Bi^{3+} 位点处，能够有效地从 $BiVO_4$ 的钒的 3d 轨道上捕获光生电子，从而高选择性地将 CO_2 还原为乙醇。并且，单斜晶系的比四方晶系的 $BiVO_4$ 有更高的活性和选择性。体系中，加入 NaOH 能够增加甲醇的选择性[18-19]。

TiO_2 所处环境是影响其光催化活性和 CO_2 还原产物选择性的重要因素。四面体配位的 TiO_2 分散在 SiO_2 载体上，可高效高选择性地将 CO_2 还原为甲醇；而八面体配位的 TiO_2 负载到 Y-型分子筛上则导致甲烷的生成[20]。载体的亲疏水性是影响催化剂活性和产物选择性的关键因素。在载体表面所含羟基较少情况下，生成甲醇的可能性更高。相反地，载体表面羟基数量多，则利于甲烷生成。这是因为，高的表面羟基密度可能导致水分子与激发态的 Ti 氧化物间较强的相互作用，影响甲醇的生成。例如，F^- 诱导生成的 Ti-β 分子筛，由于催化剂表面较少的羟基，可高选择性地光催化还原 CO_2 生成甲醇[21]。此外，TiO_2 在载体上的分散状态和催化剂的孔结构也对甲醇选择性有较大影响。将 TiO_2 高度分散在具有三维孔结构的 Y-型分子筛上，可高选择性地获得甲醇。基于相同的原因，Ti-MCM-48 比 TS-1 或者 Ti-MCM-41 显示更高的反应活性和甲醇选择性[22]。

由于金属能够促进载流子的分离、传输，以及等离子产生的热电子可增强光催化活性，将贵金属负载于半导体表面被认为是提高半导体光催化性能的重要手段。将金属(如 Pt、Pd、Au、Rh、Ag、Ni、Cu、Au_3Cu 合金等)沉积到 TiO_2 表面，形成了一类金属/TiO_2 光催化材料。TiO_2 费米能级比金属的费米能级高，在光照射下生成的电子向费米能级低的金属方向发生迁移，并聚集在金属表面，从而导致光生电子和空穴分别在贵金属和 TiO_2 上停留，起到阻止电子和空穴复合的作用，从而提高了光催化活性。负载金属的种类对催化材料的光催化反应活性和产物选择性有影响。例如，含有贵金属 Pt 和 Pd 的 TiO_2 催化剂，其产物以甲烷为主；而负载 Ru、Rh、Au 等，则可产生 C_{2+}产物，如乙醇、乙酸等。

将适量(如 0.12wt%)的 Pt 负载到 TiO_2 上能显著提高 CO_2 还原生成甲烷的产率。因为金属 Pt 有比 TiO_2 更高的功函，一些光生电子可经 Pt 颗粒传输，有效避免了电子和空穴的复合，延长了电子和空穴的寿命。当然，金属的负载量并非越多越好，过多的金属负载会抑制质子在催化剂表面的吸附，导致反应活性降低。较高的温度有利于产物的脱附，因此能产生更多的甲烷。催化剂的形貌对产物收率也有较大影响。Pt/TiO_2 纳米管比 Pt/TiO_2 纳米颗粒有更高的催化活性，而纳米薄膜结构的 Pt/TiO_2 显示更优异的催化性能，可选择性地将 CO_2 还原为甲烷，其产率高达 1361μmol· $g_{cat}^{-1} \cdot h^{-1}$[23]。而将 Pd 负载到 TiO_2 上能够实现 CO_2/HCO_3^-还原制甲酸，其反应机理如图 5.13 所示。光生电子由 TiO_2 导带转移至 Pd 颗粒表面，质子在 Pd 颗粒表面获得电子被还原，生成氢原子或氢物种；而 CO_2/HCO_3^-在 Pd 颗粒表面加氢生成甲酸[24]。

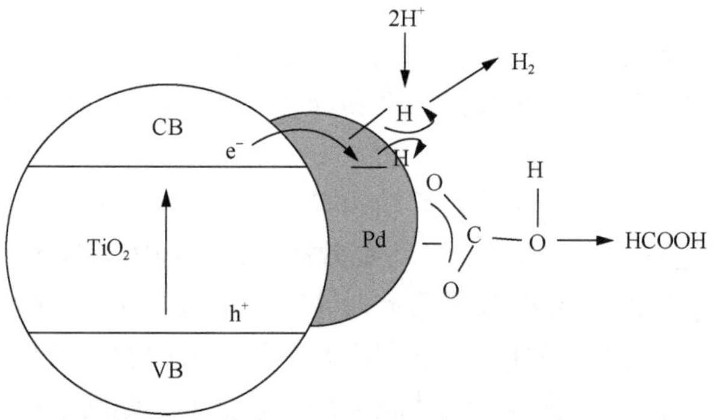

图 5.13 Pd/TiO_2 光还原 HCO_3^-生成甲酸示意图

虽然负载贵金属后催化剂的活性和选择性得到提升，但是在实际应用中需要考虑成本等因素，因此非贵金属材料受到广泛关注。研究发现，Cu 由于其本身的性质，在光催化 CO_2 还原中展现出优异的性能，具有取代贵金属的潜能。将 Cu、Ag 等金属负载到 TiO_2 颗粒表面能增强其催化还原 CO_2 的活性和生成甲醇的选择性。由于 Ag 与光生电子间的亲和性，Ag/TiO_2 比 Cu/TiO_2 催化活性要低。25mol% Cu/TiO_2 可高效催化 CO_2 还原生成甲醇，其产量高达 1000mmol· g_{cat}^{-1}，远高于 TiO_2 载体和 P25 的催化活性。此外，在反应体系中加入 NaOH，可导致 CO_2 溶解度增加，以及光生空穴猝灭，从而提高甲醇产率[25]。在 Cu/TiO_2 催化剂中，Cu 捕获光生电子使其在催化剂表面重新分配，CO_2 和水分子在 Cu 颗粒表面与捕获的电子发生反应，导致 CO_2 的还原和水分子的分解，二者存在竞争。OH^-与 TiO_2 表面的空穴反应生成·OH 自由基，而这些自由基可进一步与产生于 CO_2 的碳物种反应，进而生成甲醇。Cu 在 TiO_2 表面的氧化态在 CO_2 还原中起重要作用，独立的 Cu(Ⅰ)是光还原的主要活性位点。

Au-Cu 合金纳米颗粒负载到 TiO_2 形成的催化剂(Au-Cu/TiO_2)，可在模拟太阳光下催化还原 CO_2，并极大地增加了生成甲烷和氢气的速率。如图 5.14 所示，紫外光激发 TiO_2 分别在导带和价带产生电子-空穴，导带的电子转移到 Au-Cu 合金颗粒上，用于还原 H^+生成 H_2；而价带的空穴氧化 H_2O 生成 O_2 和 H^+。Au-Cu 合金中的 Au 由于表面等离子效应吸收可见光，产生的热电子主要转移到 Cu 组分用于还原 CO_2 生成 CH_4，而空穴则用于氧化 H_2O 成 O_2 和 H^+。CO_2 在 Cu 表面被还原的机理遵循卡宾路径，即依次还原生成 CO_2 自由基负离子，CO、CO 自由基负离子，C、CH 自由基，CH_2、CH_3 自由基，最终生成 CH_4[26]。

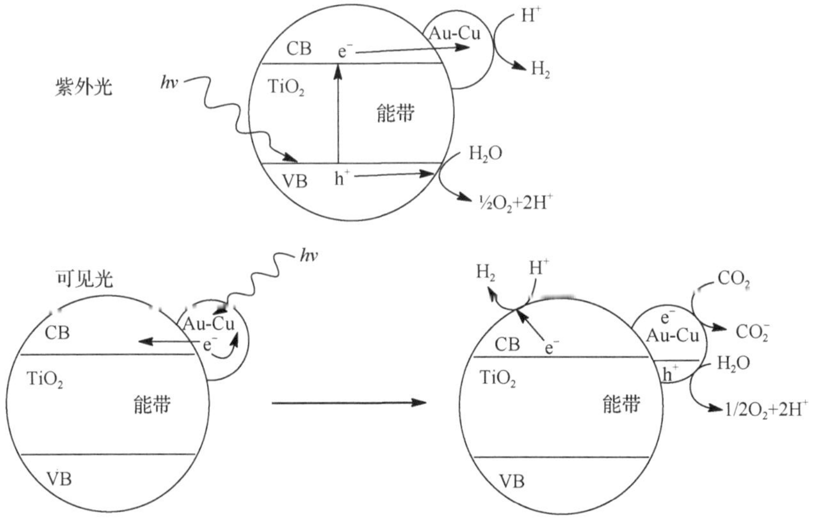

$$O{=}C{=}O \xrightarrow{e^-} O{=}\dot{C}{=}O^- \xrightarrow{e^-+H^+} CO \xrightarrow{e^-} \dot{C}O^- \xrightarrow{e^-+H^+} C$$

$$C \xrightarrow{e^-+H^+} \dot{C}H \xrightarrow{e^-+H^+} CH_2 \xrightarrow{e^-+H^+} \dot{C}H_3 \xrightarrow{e^-+H^+} CH_4$$

图 5.14 Au-Cu/TiO_2 光催化体系在可见光下和紫外光照射下的不同光催化机理图及在可见光照射下 CO_2 光还原成 CH_4 的卡宾路径机理示意图

染料敏化可增加催化剂对光的吸收范围，是促进 TiO_2 在可见光下催化还原 CO_2 的一种重要途径。例如，将非对称羧基取代锌卟啉(ZnPY-COOH)作敏化剂，负载到 TiO_2 表面形成 ZnPY-COOH/TiO_2 复合结构。在可见光辐照下，敏化剂吸收可见光，电子跃迁至其最低未占分子轨道能级(–0.9V)，进而转移到 TiO_2 的导带(–0.53V)上。由于 CO_2/CO、CO_2/CH_4 的还原电位分别为–0.48V 和–0.24V，因此光生电子能够将吸附的 CO_2 还原为 CO 和 CH_4[27]。

将单核环戊二烯钌配合物(C_5H_5-RuH)接枝在 TiO_2 锐钛矿颗粒表面，集电子给体/光催化剂/电子受体(donor/catalyst/acceptor，DCA)于一体，形成一个模拟光合作用的三元光催化体系(C_5H_5-RuH-TiO_2)，如图 5.15 所示。在可见光下，以水为还原剂，该体系可将 CO_2 还原为 CH_4，其选择性几乎接近 100%，光子效率达 0.56%。其反应的基本原理：接枝在 TiO_2 表面的 C_5H_5-RuH-O-Ti 基团吸收光子产生电子，快速(～0.5ps)转移至 TiO_2 颗粒表面，使得电子和空穴分离，形成长寿命的 D^+-C-A^- 状态，即 $C_5H_5^+$-RuH-O-TiO_2^-。在 TiO_2 表面光生电子与吸附的 CO_2 反应生成甲烷，而处于高氧化态的 Ru 配合物氧化水生成氧气和 H^+。与纯 TiO_2 相比，该体系不仅适用于可见光，其光生载流子(包括空穴和电子)浓度增加了约 3 倍，光生电子的弛豫时间也大大增长(～43.6ps)。并且，在模拟太阳光下，CH_4 的生成速率增加了约 6 倍[28]。

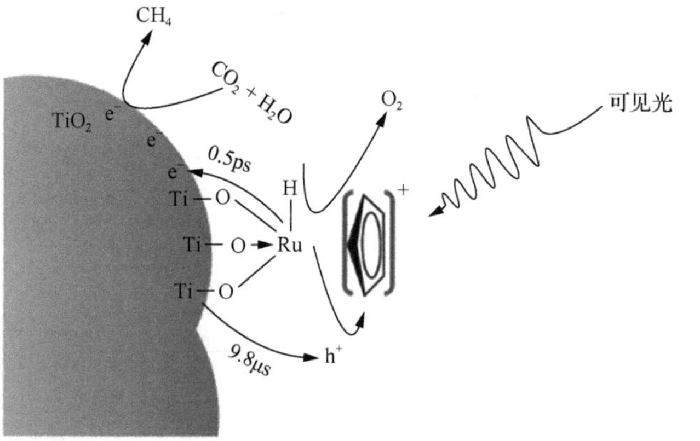

图 5.15 C_5H_5-RuH-TiO_2 光催化体系光催化 CO_2 还原机理图

ZnO 是有较低的介电常数和较高的电子输运性的 n 型半导体，在光/光电领域有重要用途。但是 ZnO 受光响应范围窄和光催化活性低的限制，通常需要与窄带隙半导体复合，以达到增加对光的吸收范围和促进光生电子-空穴分离的目的。常见的窄带隙半导体有 CdS、MoS_2、Fe_2O_3、Cu_2O。其中，Cu_2O 作为常见的 p 型半导体，与 n 型复合后能够形成 p-n 结，可促进光生电子-空穴的分离。以六水乙酰丙酮锌和乙酰丙酮铜为前驱体，聚吡咯烷酮(PVP)为结构诱导剂，1,5-戊二醇为溶剂，采用图 5.16 所示的两步溶剂热法可制备以 ZnO 微球为核的 ZnO-Cu_2O 杂化纳米胶粒。ZnO 微球由尺寸为～8.0nm 的晶粒构成，呈六方纤锌矿结构；而 Cu_2O 粒子则由呈立方晶相的 Cu_2O 纳米晶构成。这种杂化结构的胶粒中，ZnO 和 Cu_2O 的带隙分别为 3.3eV 和 2.3eV，其杂化结构具有可见光吸收特性。采用 ZnO-Cu_2O 杂化纳米胶粒为催化剂，在可见光辐照、常温常压、Na_2CO_3 水溶液中可直接将 CO_2

还原为甲烷，其选择性高达>99%，产率可达 1080μmol · g_{cat}^{-1} · h^{-1}，量子效率达到 1.5%[29]。

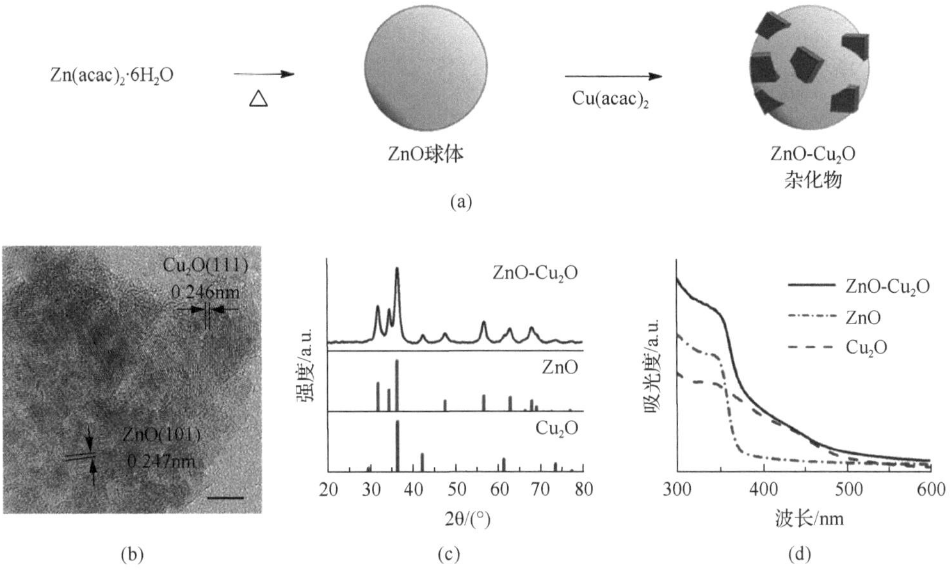

图 5.16 (a) ZnO-Cu_2O 杂化颗粒合成示意图；(b) 高分辨透射电镜图；(c) 不同样品的 XRD 和 (d) 紫外-可见漫反射光谱

可能的反应机理如图 5.17 所示。光照射下，ZnO 和 Cu_2O 分别产生电子和空穴，ZnO 导带上的光生电子迁移至 Cu_2O 价带上与空穴复合，导致激发态电子和空穴在 Cu_2O 导带和 ZnO 价带的长时间分离。最终，光生电子被表面吸附的 CO_2 分子俘获，继而发生 CO_2 还原反应；而空穴被水分子捕获，导致水分子的氧化裂解。基于这样的电荷传输过程，ZnO-Cu_2O 杂化催化材料的高活性可作如下解释。首先，ZnO 较低的介电常数和较高的电子输运能力，有利于载流子的传输和分离；ZnO 的价带边缘能(2.8eV vs. NHE)远高于水的氧化电位(0.82eV vs. NHE)，满足水氧化所需的较大过电位；Cu_2O 具有较大的带宽(2.4eV)和较高的导带边缘电势(–1.4V vs. NHE)，远高于 CO_2 的还原电势(–0.24～–0.58eV vs. NHE)，具备还原 CO_2 能力。因此，ZnO 和 Cu_2O 能带及能量间的匹配致使二者的杂化结构成为 CO_2 光还原的良好催化剂。此外，催化剂中均匀的区域结构有利于光生电子和空穴传输至反应物，而催化剂大的比表面积利于 CO_2 分子及 H^+ 质子的吸附。以上几种因素共同导致了催化剂的高活性。

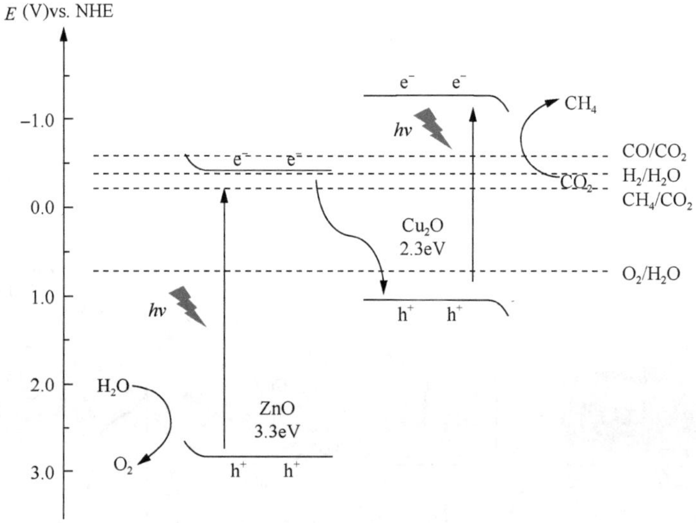

图 5.17 ZnO-Cu_2O 光催化还原 CO_2 的机理示意图

WO_3是另一种常见的光催化剂，其CB和VB边缘能分别为～+0.4V和～+3.2V(vs. NHE)，因此在光催化过程中通常显示氧化能力，不能还原 CO_2。即便将 Au 沉积到 WO_3 表面，Au 的表面等离子共振效应也不能提高 WO_3 载流子的还原能力。In_2S_3 的 CB 和 VB 边缘能分别为～−0.7V(vs. NHE)和～+1.8V(vs. NHE)，能够在光照下还原 CO_2 到 CH_4。如图 5.18 所示，将 Au 纳米颗粒负载到 WO_3 表面，然后在 Au 颗粒表面沉积一层 In_2S_3 薄膜，构建 WO_3/Au/In_2S_3 复合纳米结构。光照下，该体系中的光生电荷传输遵循 Z 型模式。In_2S_3 中的光生空穴经由 Au 纳米颗粒从其价带传递到 WO_3 的导带，并与 WO_3 导带中的光生电子复合。即利用 Au 作为电荷传输层，有效地促进了 WO_3 与 In_2S_3 之间的光生电荷快速迁移，使光生电子与空穴有效分离，并保持较强的氧化还原能力，提高光催化 CO_2 还原生成 CH_4 的能力。在可见光照射下，WO_3/Au/In_2S_3 上生成 CH_4 的速率为 0.42μmol·g^{-1}·h^{-1}，比 WO_3/In_2S_3 提高了近 2 倍[30]。

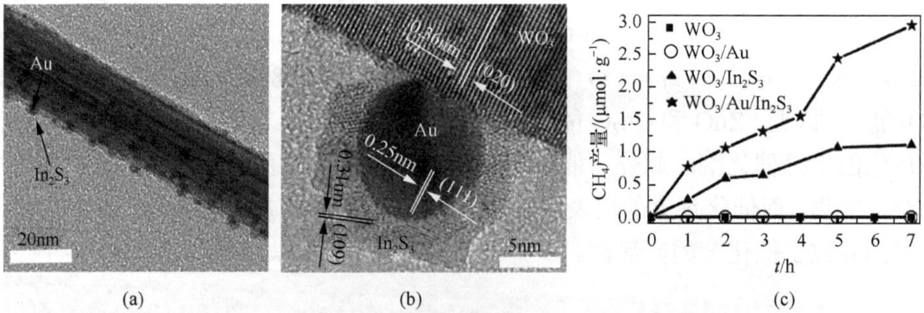

图 5.18 (a) WO_3/Au/In_2S_3 的透射电镜图片和(b)高分辨透射电镜图片；(c)不同样品在可见光(λ>420nm)照射下 CH_4 产量随时间变化

TaON 是一种典型的氮氧化物，带隙为 2.4eV，吸收阈值为 516nm，具有良好的可见光响应性。但是，其能带位置导致其还原电位较低，即便是 Ag 负载的 TaON(Ag/TaON)也不能实现光还原 CO_2。为实现对 CO_2 的还原，将具有光敏基元 $[Ru(dmb)_2(BL)^{2+}]$ 和催化基元 $[Ru(BL)(CO)_2Cl_2]$ 的双核 Ru(Ⅱ)配合物(RuBLRu′)经甲基膦酸基团吸附到 Ag/TaON 上，构建 Ag/TaON/RuBLRu′三元组分光催化体系(如图 5.19 所示)。该催化体系，在可见光下可将 CO_2 还原为 HCOOH。其光生电子的传输遵循 Z 型模式：半导体 Ag/TaON 和吸附在 Ag/TaON 表面的 Ru 光敏剂基元 $Ru(dmb)_2(BL)^{2+}$ 吸收光子，激发电子至各自的导带；Ag/TaON 导带电子转移至光敏基元的价带上与空穴复合；而光敏基元导带上的电子转移至 Ru′催化剂基元，与吸附的 CO_2 反应，实现 CO_2 还原生成 HCOOH；TaON 价带上的空穴用于把牺牲试剂 CH_3OH 氧化成 HCHO。在这一催化体系中，双核 Ru 配合物的作用至关重要，它不仅用作可见光光敏剂，还起到增强催化体系催化 CO_2 还原能力。可见光条件下，相比双核 Ru 配合物 RuBLRu′，Ag/TaON/RuBLRu′三元组分催化体系光还原 CO_2 生成 HCOOH 和 CO 的产率分别提高了约 30 倍(TON_{HCOOH}= 969)和约 1.5 倍(TON_{CO}=68)。产率提高的主要原因是 Z 型光催化体系一方面增加了从半导体 Ag/TaON 额外光生电子的能力，另一方面增强了在 Ag 作催化剂下牺牲试剂的耦合拉动作用[31]。

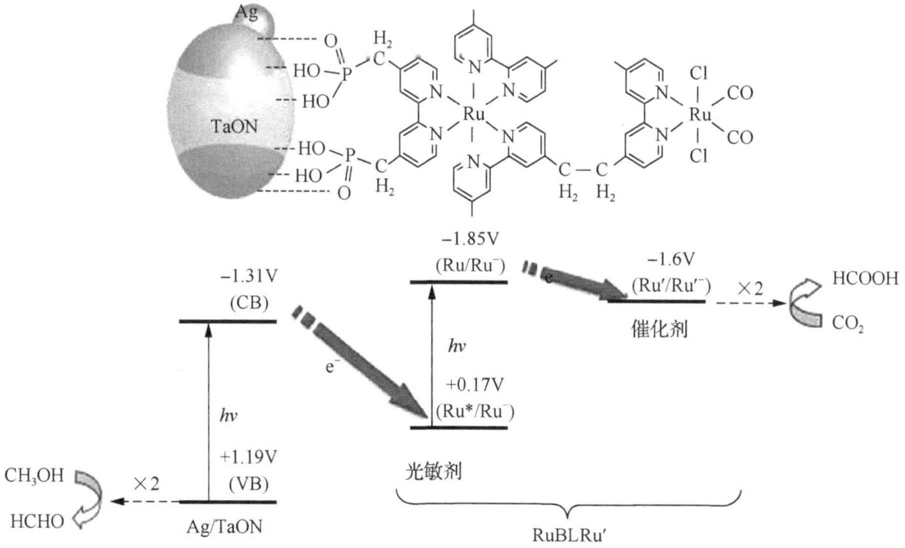

图 5.19 TaON 光催化剂 Z 型光催化体系用于在可见光条件下光还原 CO_2 成 HCOOH

在 CO_2 的光催化还原中，CO_2 在催化剂表面的吸附同样对其催化转化起重要作用。因此，构建具有较强 CO_2 吸附能力的结构尤为重要。介孔材料通常具有较大的比表面积和较强的气体吸附能力，因而构建具有介孔结构的光催化材料有利

于促进 CO_2 分子吸附和进一步转化。例如，相较于传统固相法合成的 ss-$ZnGa_2O_4$(比表面积为 $4.6m^2 \cdot g^{-1}$)，具有介孔结构的 Meso-$ZnGa_2O_4$(比表面积为 $110.4m^2 \cdot g^{-1}$)对光催化还原 CO_2 生成 CH_4 显示更高的活性。而将 1wt% RuO_2 负载到 Meso-$ZnGa_2O_4$ 表面，可大幅度提高 CH_4 的生成速率，这是因为 RuO_2 增强了光生电子和空穴的分离效率。在构建介孔结构的同时，引入碱性位进一步增强 CO_2 气体在光催化材料表面的吸附，有利于提高材料的催化活性[32-33]。

除上述常见的氧化物半导体外，其他金属氧化物半导体，如 Zr-Co-Ir 氧化物、Nb_2O_5、层状 Zn_6TiO_x 水滑石、层状 Mg_3InO_x 水滑石、$KTaO_3$、$In(OH)_3$、$SrTiO_3$、$ZnGa_2O_4$、Zn_2GeO_4、$HNbO_3$、$NaNbO_3$、$InNbO_4$ 等均可在水为还原剂条件下光还原 CO_2，生成甲烷、CO、甲醇、甲醛等。

钙钛矿型复合氧化物是一种具有独特的电、磁性能及光催化活性的新型无机半导体材料。内部金属的互相掺杂使完整的晶型产生畸变和缺陷，从而形成了掺杂能级，有利于光的吸收和光生电子-空穴对的分离。一些含 Ti 离子的隧道结构化合物，如钛酸碱金属盐 $M_2Ti_6O_{13}$ 和 $BaTi_4O_9$ 等，发生形变的八面体可产生偶极矩，能有效地光激发产生电荷。例如，以含有隧道结构的 $K_2Ti_6O_{13}$ 为催化剂光还原 CO_2，当添加 Cu 作为活性中心时，可以提高 HCHO 和 HCOOH 的产率[34]。Pt/$K_2Ti_6O_{13}$ 催化还原 CO_2 生成的产物比较复杂，除 CH_4 外，还有 HCOOH、HCHO 和 H_2[35]。

3. 金属有机骨架材料

金属有机骨架(metal-organic frameworks，MOFs)是一类以金属中心或者无机簇团为节点，由羧酸类或含氮类等有机多齿配体通过配位作用自组装而成，具有周期性多维规整孔道结构的多孔晶体材料。与传统的多孔材料如沸石分子筛、活性炭相比，MOFs 具有更高的比表面积和孔隙率。由于金属、有机配体、配位形式及自组装方式的多样性，MOFs 种类繁多，其结构和性能具有高度可设计性，因此在诸多领域得到广泛应用。与无机半导体和分子筛材料相比，MOFs 作为光催化材料有以下优势：组成与结构易控制；MOFs 中各个金属-氧单元之间被有机配体隔开，成为孤立的半导体量子点，使材料在使用过程中不易团聚，有助于催化剂长期使用不变性；微孔结构有助于对 CO_2 的吸附，有利于光催化反应的进行。因此，MOFs 光催化材料在 CO_2 光还原中受到关注[36-37]。对光催化 CO_2 还原显示良好性能的 MOFs 材料主要包括基于变价金属 Ti、Fe、Zr 等的 MOFs，如 MIL-125(Ti)、UiO-66、MIL-101(Fe)及其 NH_2 功能化的 MOFs 材料等[38-40]。

MIL-125(Ti)是最早作为光催化剂应用于 CO_2 光还原的 MOFs 材料。它由 Ti-O 八面体的八聚环和对二苯甲酸自组装而成，具有三维孔状结构。氨基修饰的 Ti 基 MOF 材料 NH_2-MIL-125(Ti)，由 2-氨基对苯二甲酸与四异丙基钛酸酯自组装而成。

与 MIL-125(Ti)相比，氨基功能化使 NH_2-MIL-125(Ti)的光吸收拓展至 550nm，并且大大提高了 MOF 材料对 CO_2 的吸附能力，吸附容量由 $98.6cm^3 \cdot g^{-1}$ 提高至 $132.2cm^3 \cdot g^{-1}$。以 TEOA 为牺牲试剂，在可见光照射下，NH_2-MIL-125(Ti)对催化还原 CO_2 生成甲酸显示良好的活性。在光照下，光生电子由配体向 Ti^{4+}迁移，使激发电荷分离，这一过程类似于光照无机半导体产生电子和空穴。MOF 中的 Ti^{4+}被电子供体 TEOA 还原为 Ti^{3+}。在体系中引入 CO_2 时，CO_2 被还原生成 $HCOO^-$[41]。然而，NH_2-MIL-125(Ti)催化 CO_2 转化效率并不高。对其进行 Pt、Au 修饰后，大大提高了光催化反应效率[42]。

UiO-66($[Zr_6O_4(OH)_4(CO_2)_{12}]$)是一种以 Zr 为金属中心、对苯二甲酸($H_2BDC$)为有机配体的刚性 MOF 材料，具有较高的水热稳定性和化学稳定性，并且耐酸碱。氨基修饰的 UiO-66 材料(NH_2-UiO-66)，可由 2-氨基对苯二甲酸与 Zr(Ⅳ)配位自组装而成，具有很强的吸附 CO_2 能力，对还原 CO_2 生成甲酸显示良好的催化活性。与 NH_2-MIL-125(Ti)的催化机理类似(图 5.20)，光照射下光生电子由有机配体传输至 $Zr^{Ⅳ}$-O 簇中心，将 $Zr^{Ⅳ}$还原为 $Zr^{Ⅲ}$，进一步还原 CO_2 生成甲酸。因为，$Zr^{Ⅳ}/Zr^{Ⅲ}$有比 $Ti^{Ⅳ}/Ti^{Ⅲ}$更负的氧化还原电位，对于 CO_2 还原，NH_2-UiO-66 比 NH_2-MIL-125(Ti)显示更高的活性[43]。

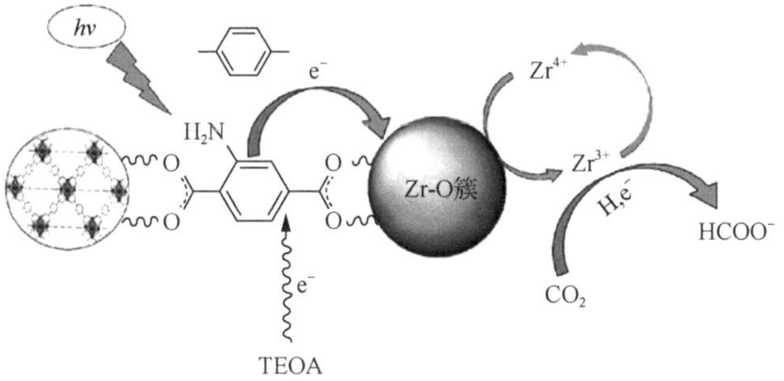

图 5.20 NH_2-UiO-66 光催化还原 CO_2 的机理示意图

Fe 基 MIL 系列的 MOFs 材料，包括 MIL-101(Fe)、MIL-53(Fe)、MIL-88(Fe)、MIL-101(Fe)，由对苯二甲酸与 $FeCl_3$ 自组装而成，它们均能在可见光下催化还原 CO_2 生成甲酸。氨基修饰的相应 MOFs 材料，对 CO_2 有更高的吸附容量，并显示更好的催化性能[44]。基于变价金属 Ti、Fe、Zr 等的 MOFs 虽然展现了较好的光催化 CO_2 转化性能，但是 MOFs 材料中有机配体的稳定性差，以及光催化反应需要牺牲试剂是亟须解决的问题。

金属卟啉是一种具有大环共轭结构、参与光合作用的有机化合物。模拟自然界的光合作用，构筑以金属卟啉为结构单元的 MOFs 材料，可实现 CO_2 光催化还原。金属卟啉构筑的 MOFs 材料与上述的 MOFs 材料相比，有更好的稳定性。以酚基卟啉作为配体，具有氧化铌(NbO)拓扑网络结构的酚基卟啉 MOFs 材料具有很好的耐酸碱稳定性。在卟啉环中可以引入金属 Co^{2+}位点作为催化活性中心，可光催化 CO_2 还原。研究表明，当卟啉环中引入 Co^{2+}时，其光催化 CO_2 还原活性最好，并通过实验与理论计算证实了当卟啉环中引入不同金属时，其表现出不同催化活性的原因。

图 5.21 所示的 MOF-525[$Zr_6O_4(OH)_4(TCPP\text{-}H_2)_3$，TCPP=5,10,15,20-四(4-羧基苯基)卟啉四甲酯]是一种以 Zr_6 簇为金属结点、以卟啉基分子为有机配体单元、具有三位立体结构的 MOF 材料，具有刚性四方结构，能够吸收可见光和吸附 CO_2。将金属 Co 或 Zn 植于卟啉共轭环中心，可获得 Zr-Co 或 Zr-Zn 双金属卟啉 MOFs 材料，即 MOF-525-Co 和 MOF-525-Zn。它们均可在可见光下高效催化 CO_2 转化为 CO 和 CH_4。在这一材料中，Co 或 Zn 原子的植入能够增强卟啉单元中光生电子和空穴的分离效率，使得光生电子从卟啉结构向 Co 或 Zn 原子迁移，在 Co 或 Zn 原子表面与吸附的 CO_2 分子发生反应[45]。

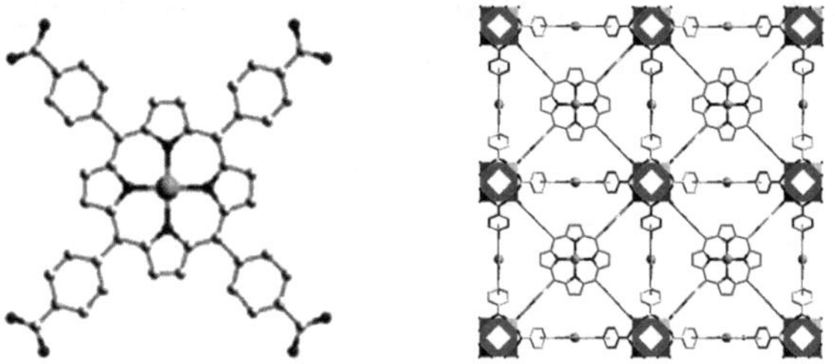

(a)　　　　(b)

图 5.21　(a) MOF-525(Zr)结构单元及(b)材料结构示意图

随着研究的进一步深入，研究人员发现单一的 MOFs 由于受自身结构和性质的限制，难以将其光催化 CO_2 转化性能显著提升。如果将具有微孔结构、能够捕获 CO_2 的 MOFs 材料与常规的半导体复合，形成新的杂化体系将是实现 CO_2 光还原的有效手段，也逐渐成为新的研究方向。

4. 非金属半导体材料

常规的非金属半导体主要有石墨烯、磷烯(phosphorene)、石墨型氮化碳($g\text{-}C_3N_4$)等。氮化碳作为一种新型的非金属、聚合物半导体光催化剂，由如图 5.22 所示的三嗪(triazine)或三均三嗪(tri-s-triazine)两种基本单元构成。它具有类似于石墨的层状结构，层间距 d=0.326nm。$g\text{-}C_3N_4$ 具有良好的热稳定性，在空气氛围下能耐受 600℃高温，这归因于 C—N 杂环芳香结构；具有良好的化学稳定性，能够耐受有机溶剂和强酸、强碱等。尤其，$g\text{-}C_3N_4$ 具有适中的能带宽度 2.7～2.8eV，吸收边带在 450～460nm 之间，导带位置在−1.23V(vs. NHE，pH=7)，低于 CO_2

还原生成甲烷(–0.24V)、甲醇(–0.38V)、甲醛(–0.48V)、乙醇(–0.33V)、甲酸(–0.61V)等的还原电位，也低于 H_2 的生成电位(–0.41V；vs. NHE，pH= 7)；而其价带位置在+1.47V(vs. NHE，pH= 7)，高于水的氧化电位(+1.23V vs. NHE)。因此，g-C_3N_4 适用于光催化还原 CO_2、氧化水和氧化有机污染物，在光催化领域有广阔的应用前景。此外，g-C_3N_4 具有一个适合于可见光下发生水氧化和 CO_2 还原的带隙结构，因此可同时催化 CO_2 还原和水氧化，而得到广泛应用[46]。但是，g-C_3N_4 存在比表面积小、可见光响应范围窄、导电性差、光生电子-空穴对复合快、光量子效率低等缺陷。采用不同的聚合单体、引入有序介孔结构、非金属元素掺杂、贵金属沉积、与其他半导体复合等策略可以克服这些缺陷，提高 g-C_3N_4 的光催化性能。

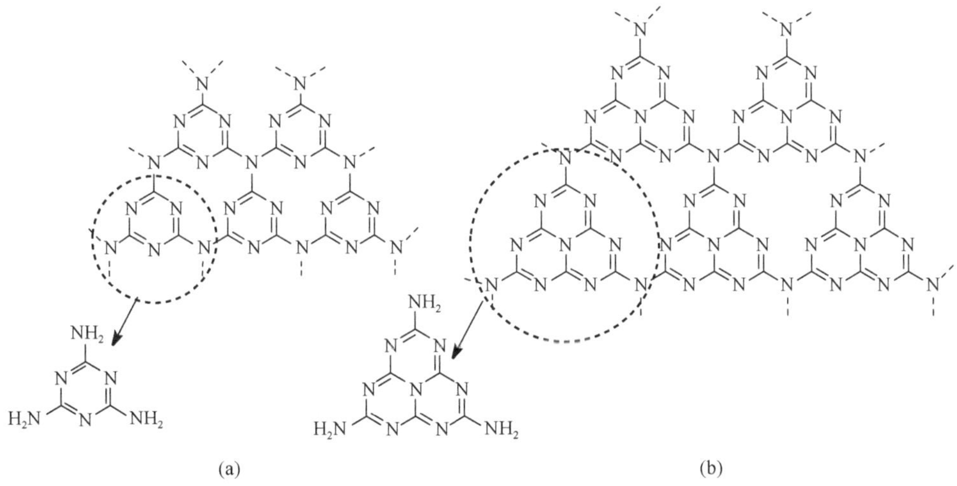

图 5.22 g-C_3N_4 两种可能的化学结构

通过采用不同单体合成 g-C_3N_4，能够调节其结构和性能。例如，双氰胺与巴比妥酸共聚合成的 g-C_3N_4 对可见光的吸收范围增加至 750nm，电荷转移效率提高了 4 倍[47]。用苯环上连有氨基或氰基的有机物作为共聚前体与双氰胺共聚合成 g-C_3N_4，所得材料的比表面积、层间堆积的结构参数都会不同程度地有所差异，并且 g-C_3N_4 表面富含氨基、氰基等官能团[48]。由尿素为原料制备的介孔片状 g-C_3N_4，能催化 CO_2 还原生成甲醇和乙醇；而由三聚氰胺为原料制备的无孔片状 g-C_3N_4，则催化 CO_2 还原，高选择性地生成乙醇。反应体系中产生的 H^+ 数量通常决定产物的选择性，催化材料中晶相尺寸、结晶度和微观结构最终影响甲醇和乙醇的选择性[49]。采用尿素和巴比妥酸(barbituric acid，BA)共聚制备的 BA-g-C_3N_4 材料，形成了表面分子异质结结构，不仅可见光吸收增强，而且提高了光生电荷的迁移速率和分离效率，可使光催化 CO_2 生成 CO 的速率提高 15 倍。但是 BA 的含量并非越多越好，共聚时过多的 BA 单体会导致 g-C_3N_4 主体结构的破坏，影响其光催化性能[50]。

通过调控 g-C_3N_4 形貌可调控其带宽，进而调控其催化 CO_2 光还原的产物选择性[51]。如图 5.23 所示，通过剥离得到的 g-C_3N_4 纳米片，其带宽由块体材料的 2.77eV 变为 2.97eV，纳米片的价带比块体的价带降低了 80meV，而其导带升高了 120meV。在相同的可见光催化条件下，g-C_3N_4 块体材料将 CO_2 催化转化为乙醛；而 g-C_3N_4 纳米片则将 CO_2 主要转化为甲烷。这是因为与块体 g-C_3N_4 相比，纳米片有更强的热力学驱动力使光生电子和空穴分离，并且分离时间增长，而且纳米片中更快的电子传输，有利于甲烷的生成。这一现象在富含羟基的 g-C_3N_4 光催化还原 CO_2 时也观测到[52]。

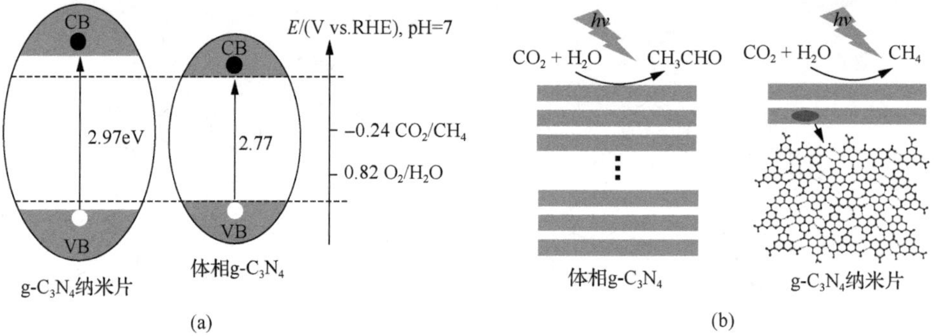

图 5.23 体相 g-C_3N_4 和 g-C_3N_4 纳米片的能带结构图(a)及其光催化 CO_2 还原示意图(b)

由于元素性质的相似性，一些非金属元素(如 B、F、P、S 等)可掺杂进入 g-C_3N_4 骨架中。由于掺杂元素离子半径和电负性的差异，其掺杂会不同程度地改变 g-C_3N_4 价带结构和光电性质，从而为性质调变提供了多种可能。通过元素掺杂改变 g-C_3N_4 的电子结构，可增大对可见光的吸收范围，进而拓宽其应用范围和提高其催化性能。例如，将 F 掺杂进入骨架中，形成了 C—F 键，使部分 sp^2-C 转化为 sp^3-C，并导致 g-C_3N_4 的平面结构不规整。并且，随着 F 掺入量的增多，在可见光区的吸收范围随之扩大，而对应带宽可由 2.69eV 降至 2.63eV。P 取代 C 掺杂进入骨架中，形成 P—N 键，明显改变了其电子结构，使其在可见光区的吸收范围拓展到 800nm。在高温条件下(如 450℃)将 g-C_3N_4 在高纯的 H_2S 气氛中处理，可将 S 取代 N 掺入 g-C_3N_4 骨架中。由于 S 的电负性(2.58)较 N 的电负性(3.04)小，当 S 均匀地分布于骨架中后，可使其带宽由 2.73eV 增大至 2.85eV；同时 S 的这种掺杂使其比表面积增大，催化活性大为提高[53]。用硫脲作前驱体制备的 S 掺杂的 S-g-C_3N_4，S 掺杂导致带宽从 2.7eV 降至 2.63eV，光吸收范围变宽。在可见光下，S-g-C_3N_4 能够将 CO_2 光还原生成甲醇[54]。

贵金属沉积作为一种简便而有效的提升光催化 CO_2 性能的方法，在金属氧化物/硫化物半导体光催化材料中已经作了较为详细的介绍，在此不再赘述。将贵金属沉积到 g-C_3N_4 表面上，能够促进光生电子-空穴的分离和转移，降低了它们的复合概率，从而提高其光催化性能。同时，金属粒子本身的特性使所得复合材料产生新的性能，在光催化还原 CO_2 中得到应用。例如，Pt/g-C_3N_4 可将 CO_2 还原生成 CH_4。由于 Pt 较低的费米能级，光生电子通过有效的界面传输从 g-C_3N_4 导带传输至 Pt 纳米颗粒，抑制了电子和空穴的复合，从而提高其光催化效率，使得 CH_4 的生成速率提高了 5 倍[55]。

采取构建纳米结构、非金属元素掺杂、贵金属沉积等策略，均能在一定程度上改变 g-C_3N_4 本身性质，提高光催化效率，但是仍无法满足高效光催化还原 CO_2 的需求。将其与特定半导体复合形成异质结，不仅可有效促进光生电子-空穴的分离，不同程度地提高光催化效率，而且可实现更多的功用，如提高催化剂的稳定性、简化分离步骤等。将无机金属半导体与 g-C_3N_4 复合所形成的异质结，对提高光还原 CO_2 速率发挥了重要作用。

通过 In_2O_3 在 g-C_3N_4 表面的原位生长，可获得 In_2O_3/g-C_3N_4 异质结结构。由 10wt% In_2O_3 与 g-C_3N_4 构建的异质结，在可见光下催化 CO_2 生成甲烷，其生成速率比纯 In_2O_3 提高了 4 倍，而比纯 g-C_3N_4 提高了 3 倍[56]。这归因于两种半导体界面间快速的电荷传输和增长的电荷寿命。In_2O_3 的导带电势比 g-C_3N_4 的更负，因此，光生电子能够快速从 g-C_3N_4 导带转移至 In_2O_3 导带；而 g-C_3N_4 的价带电势 (+1.6eV vs. NHE) 比 In_2O_3 (+2.2eV vs. NHE) 的低，因此光生空穴能够从 g-C_3N_4 的价带转移至 In_2O_3 价带，进而氧化水生成氧气和氢质子。在氢质子存在下，富集在 In_2O_3 导带的电子有效地还原 CO_2 生成甲烷。这种异质结结构大大提高了光催化活性。

其他，如 N 掺杂 TiO_2 (N-TiO_2) 与 g-C_3N_4 构建的 N-TiO_2/g-C_3N_4 异质结、B 掺杂 g-C_3N_4 (B-g-C_3N_4) 与 TiO_2 形成的 TiO_2/B-g-C_3N_4 异质结，也对光催化还原 CO_2 显示良好的催化性能。TiO_2/B-g-C_3N_4 催化 CO_2 还原生成 CH_4 的速率是 g-C_3N_4 的 16 倍，420nm 光照下的光子效率达到 1.68%[57]。通过类似的理念，构建了各种氧化物半导体与 g-C_3N_4 的复合结构，包括 $NaNbO_3$/g-C_3N_4、CeO_2/g-C_3N_4、UiO-66/g-C_3N_4 等，均比单一 g-C_3N_4 光催化还原 CO_2 显示增强的催化效果。对于 CeO_2/g-C_3N_4，在该材料中由于 Ce^{4+} 与 Ce^{3+} 两种价态的共同存在（图 5.24），Ce 通过价态转变不仅能够阻止 g-C_3N_4 光生电子空穴的复合，而且能够促进 CO_2 在其表面被还原生成 CO 和 CH_4[58]。

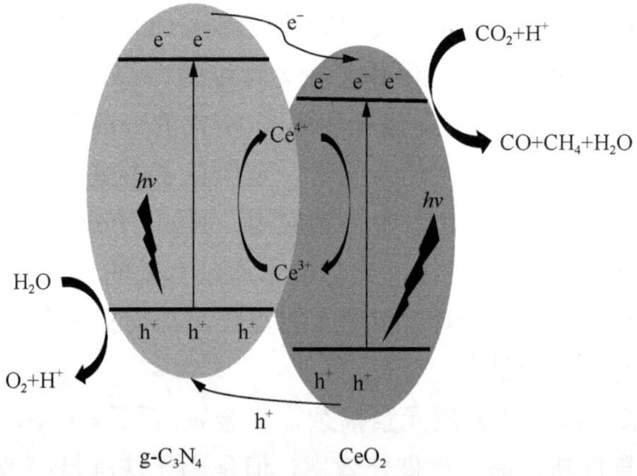

图 5.24　CeO_2/g-C_3N_4光催化 CO_2还原过程中电子-空穴传输路径示意图

上述催化材料的异质结结构能够实现光生载流子的传输和有效分离，但是也存在明显的缺陷，即得到的光生电荷的氧化还原能力变弱。基于 Z 型电荷传输机制的复合材料，可以克服这一缺陷，在提高光生电荷传输和分离效率的同时，保持其较强的氧化还原能力。拥有该机制的 g-C_3N_4 复合材料如 WO_3/g-C_3N_4、SnO_{2-x}/g-C_3N_4、Bi_2WO_6/g-C_3N_4、Ag_3PO_4/g-C_3N_4等，在 CO_2光催化还原中显示良好催化性能。通过球磨法制备得到的 WO_3/g-C_3N_4纳米复合结构，在可见光下可将 CO_2光还原为甲醇，通过双光束光声光谱表征证实光生电荷传输遵循 Z 型模式，因此保持了 WO_3 的强氧化能力和 g-C_3N_4 的强还原能力，从而显示出很好的催化活性[59]。而 Bi_2WO_6/g-C_3N_4光还原 CO_2生成 CO 的速率分别是 g-C_3N_4和 Bi_2WO_6的 22 倍和 6.4 倍[60]。由于复合材料结构的差异，Z 型电荷传输机制在复合材料中通常以两种形式出现。第一种，以 SnO_{2-x}/g-C_3N_4为例[图 5.25(a)]，光照下 SnO_{2-x}导带的电子与 g-C_3N_4价带上的空穴复合，从而保证 CO_2在 g-C_3N_4导带上被高效还原为甲醇[59]。第二种情况，如 Ag_3PO_4/g-C_3N_4[图 5.25(b)]，光照下产生金属 Ag，Ag_3PO_4导带上的电子和 g-C_3N_4价带上的空穴分别传输到 Ag 颗粒，并在此复合。即借助金属 Ag 颗粒在两种半导体之间形成 Z 型电荷传输，实现光生电荷分离。该材料具有较强的氧化还原能力，可将 CO_2催化还原为多种产物，包括 CH_4、CO、甲醇和乙醇，大大提高了 CO_2转化速率，大约是 g-C_3N_4催化转化速率的 6 倍[61]。

在金属配合物与 g-C_3N_4构成的复合催化体系中，g-C_3N_4可视为光敏剂，在光照条件下产生光生电子；金属配合物接受光生电子，作为催化活性中心，实现 CO_2的还原。如图 5.26 所示，将四种不同的金属 Ru 配合物负载到 g-C_3N_4上，RuCP 和 RuP 通过酸碱相互作用吸附在 g-C_3N_4表面，而 RuH 和 RuMe 可通过静电作用负载到 g-C_3N_4上。可见光辐照下，光生电子快速从 g-C_3N_4传输至 Ru 配合物，Ru 配合物作为催化剂还原 CO_2，生成甲酸[62]。由于金属配合物与 g-C_3N_4间良好的能带匹配关系，以 TEOA 为电子供体牺牲剂，在波长为 400nm 时，量子效率达到 5.7%，并且光反应的 TON 超过 1000。将廉价的过渡金属配合物如二茂铁甲醛、联吡啶 Co^{2+}等与 g-C_3N_4 构成催化体系，均可有效催化 CO_2 还原，但光子效率相对于 Ru 金属配合物要低很多[63]。

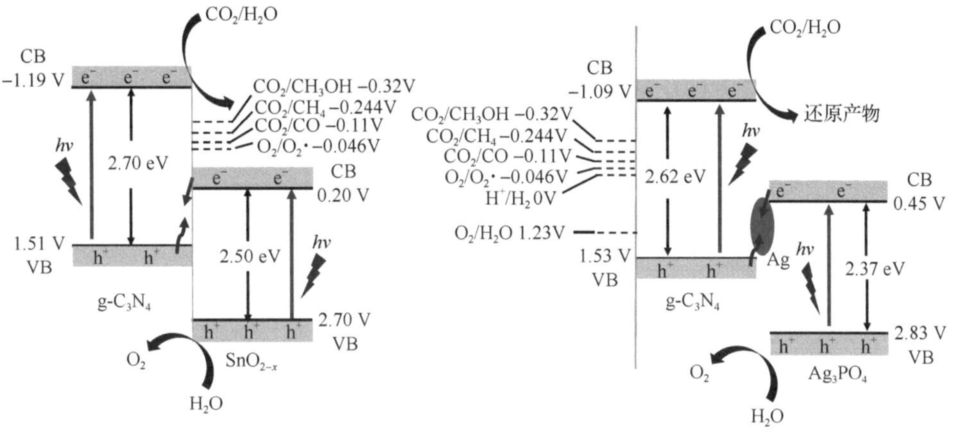

(a) (b)

图 5.25 两种不同 Z 型电子空穴传输机理图

(a) SnO_{2-x}/g-C_3N_4；(b) Ag_3PO_4/g-C_3N_4

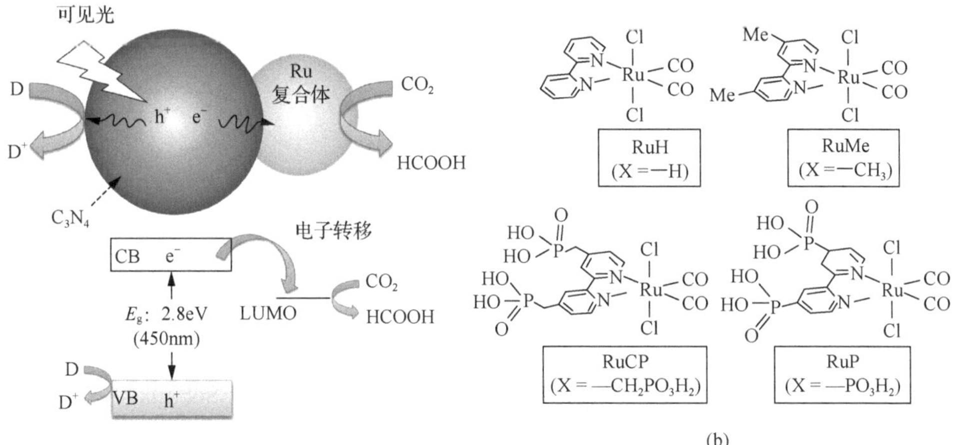

(a) (b)

图 5.26 Ru 配合物/g-C_3N_4 体系光催化 CO_2 还原机理示意图；(b) 金属配合物的化学结构式

如图 5.27 所示，将具有光敏基元[Ru(dmb)$_2$(BL)$^{2+}$]和催化基元[Ru(BL)(CO)$_2$Cl$_2$]的双核 Ru(Ⅱ)配合物(RuBLRu′)经膦酸基团吸附到 Ag 负载的 g-C_3N_4 纳米片(Ag/g-C_3N_4)表面，构建 Ag/g-C_3N_4/RuBLRu′三元组分光催化体系，其光催化还原 CO_2 的活性大大增加。该催化体系的光生电子传输遵循 Z 型模式：半导体 g-C_3N_4

和吸附在其表面的 Ru 光敏基元 Ru(dmb)$_2$(BL)$^{2+}$吸收光子，激发电子至各自的导带；g-C_3N_4 导带电子转移至光敏基元的价带上与空穴复合；而光敏基元导带上的电子传输到 Ru′催化剂基元，与吸附的 CO_2/H^+反应，实现 CO_2 的水相还原，生成 HCOOH；g-C_3N_4 价带上的空穴用于氧化反应。这一催化体系中，Ag 纳米粒子促进电子从 g-C_3N_4 的导带转移到双核 RuBLRu′配合物的光敏感区，适量的 Ag 纳米粒子(0.5wt%～1.5wt%)对于提高光催化能力非常重要，而过量的 Ag 纳米粒子则会由过滤效应导致光催化能力的下降。双钌配合物不仅用作光敏剂，还起到增强催化 CO_2 还原能力的作用。此外，载体 g-C_3N_4 的结构对催化剂性能有重要影响。相比介孔 g-C_3N_4(mpg-C_3N_4)，g-C_3N_4 纳米片(NS-C_3N_4)与双钌配合物之间有更强相互作用，组成的三组分催化体系显示更高的反应活性(TON＞2000)和甲酸的选择性(选择性～98%)[64]。

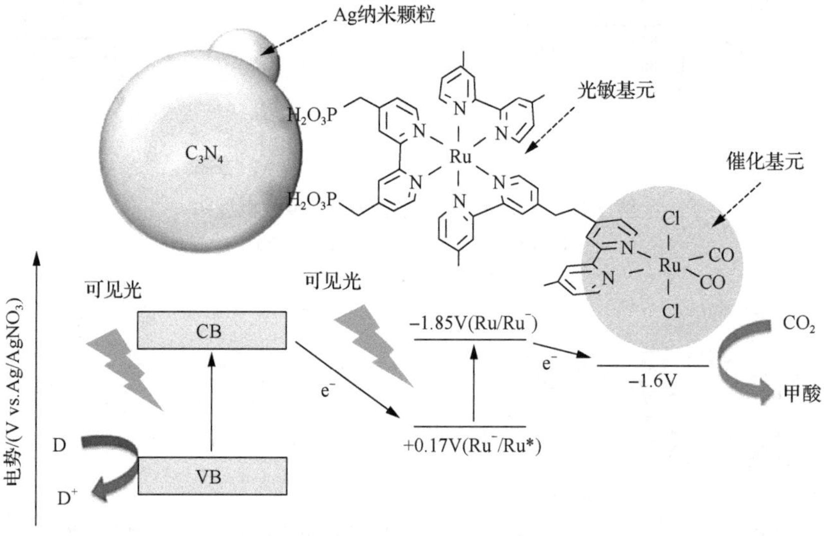

图 5.27　Ag/g-C_3N_4/RuBLRu 三组分催化体系光催化 CO_2 还原机理示意图

AgCl 和 AgBr 作为光敏化合物，在光照下 Ag^+可被还原为金属 Ag，由于 Ag 和 AgX 功函的差异，从而在 Ag 和 AgX(X=Cl、Br)之间形成 Schottky 势垒。将 AgX 与 g-C_3N_4 复合，在光照下可形成 Ag/AgX/g-C_3N_4 三元结构。由于 AgBr(5.3eV)和 AgCl(4.8eV)具有比金属 Ag(4.25eV)更高的功函，因此光照下光生电子将从金属 Ag 迁移至 AgX 的导带。金属 Ag 的表面等离子共振(SPR)效应和 AgX 与 g-C_3N_4 的异质结结构，能够实现光生电子和空穴的传输与有效分离。但是 AgCl 和 AgBr 在能带结构及功函上的差异，使得 AgCl/g-C_3N_4 和 AgBr/g-C_3N_4 分别呈现Ⅰ型和Ⅱ型异质结特征，在光还原 CO_2 中显示不同的载流子传输机制。如图 5.28 所示，在 Ag/AgCl/g-C_3N_4 体系中，光生电子由 Ag 传输到 AgCl 导带再到 g-C_3N_4 导带，而

AgCl 价带上空穴传输至 g-C_3N_4 价带；CO_2 还原反应和水的氧化反应均在 g-C_3N_4 上实现。在 Ag/AgBr/g-C_3N_4 体系中，光生电子分别由 g-C_3N_4 导带和金属 Ag 跃迁至 AgBr 的导带，而光生空穴则由 AgBr 价带传输到 g-C_3N_4 价带，从而实现光生电子和空穴的有效分离，CO_2 还原和水氧化分别在 AgBr 和 g-C_3N_4 上完成。在 Ag/AgCl/g-C_3N_4 体系中光生电子和空穴复合概率更高，因此 Ag/AgBr/g-C_3N_4 体系比 Ag/AgCl/g-C_3N_4 体系显示更好的催化性能。半导体异质结结构的构建需要充分考虑二者间的能带匹配关系，以实现光生载流子的有效分离，提高光催化性能。

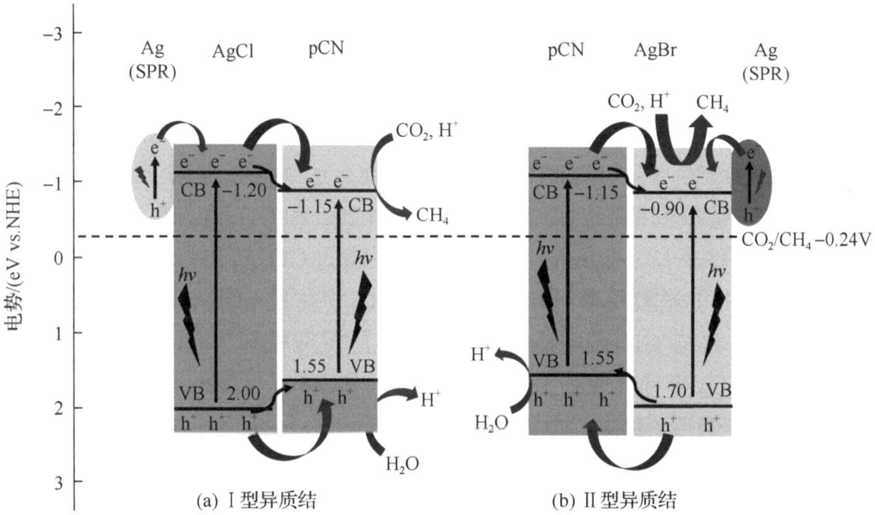

图 5.28 Ag/AgX/g-C_3N_4 三元结构两种可能的电子传输路径示意图

石墨烯、磷烯(phosphorene)、石墨型氮化碳等非金属半导体，具有二维层状结构，有助于光生载流子在平面内的迁移。它们彼此间复合而获得的光催化材料，在 CO_2 光还原中显示优良的催化性能。例如，红磷(r-P)与 g-C_3N_4 形成的异质结结构 r-P/g-C_3N_4，可将 CO_2 光还原为甲烷。在 500W 氙灯照射下，含有 30%红磷的 r-P/g-C_3N_4 产生甲烷的速率可达到 295μmol · h^{-1} · g^{-1}，约是 g-C_3N_4 产甲烷速率的 3 倍[65]。

此外，其他一些非金属无机半导体材料亦可用作 CO_2 光还原的催化剂。例如，三元半导体材料硼氮化碳亦称 BCN 合金，仅含 B、C、N 轻质元素，可视为 sp^2 结构的 C 进入具有六方结构的 BN 晶格中，形成离域化的二维电子系统，其带隙可以通过碳含量来调控，从而产生独特的光催化性能。材料合成过程比较容易，将葡萄糖与 B_2O_3、尿素混合，在氨气气氛下加热到 1250℃并保温 5h，即可得到一系列 BCN-x 材料(x 为葡萄糖与 B_2O_3 百分比值)。其中，BCN-30 的禁带宽度为 2.72eV，具有可见光吸收能力。与少层石墨烯的结构类似，BCN-30 具有片状形貌，由大约 10 层堆积片组成，整个厚度为 3～4nm，其晶格层间距为 3.4Å。纳米片低于 10nm 的二维半导体体系一般被认为具有较好的电荷激发和传输性能。BCN-30 是平面有序的多晶结构，B、C、N 三种元素均匀分布。三元 BCN 在空气中加热到 800℃都保持稳定。可见光照射 2h(λ>420nm)，BCN-30 光催化 CO_2 产生 CO 9.3μmol 和 H_2 2.9μmol，并且延长反应时间生成 CO 和氢气的量线性增加[66]。

5. 其他催化体系

以上光催化还原 CO_2 都是利用光生电子实现的。研究发现，金属氧化物在光生电子和 H_2 共同作用下生成的金属氢化物，也可用于还原 CO_2。例如，采用 $Ni/SiO_2 \cdot Al_2O_3$ 半导体复合物，在太阳光照射 H_2 和 CO_2 混合气体的情况下，能够获得 CH_4 和 CO，CO_2 转化率和 CH_4 选择性分别高达 94.9%和 97.2%。光催化剂循环 6 次，依然保持很高的活性，CO_2 转化率(94.2%)和 CH_4 选择性(98.4%)基本不变。在可见光条件下(λ>450nm)，也能达到很高的 CO_2 转化率(90.5%)和 CH_4 选择性(98.6%)。由于光激发半导体 $Ni/SiO_2 \cdot Al_2O_3$ 产生的导带电子还原电势太低，不足以还原 CO_2 生成 CH_4 或 CO。因此，可能的反应机理为(图 5.29)：在光照射下，$Ni/SiO_2 \cdot Al_2O_3$ 半导体被激发，产生的电子和空穴，在 H_2 作用下与金属形成金属氢化物(Ni—H)；该氢化物具有很强的还原能力，导致 CO_2 还原，并显示良好的性能[67]。

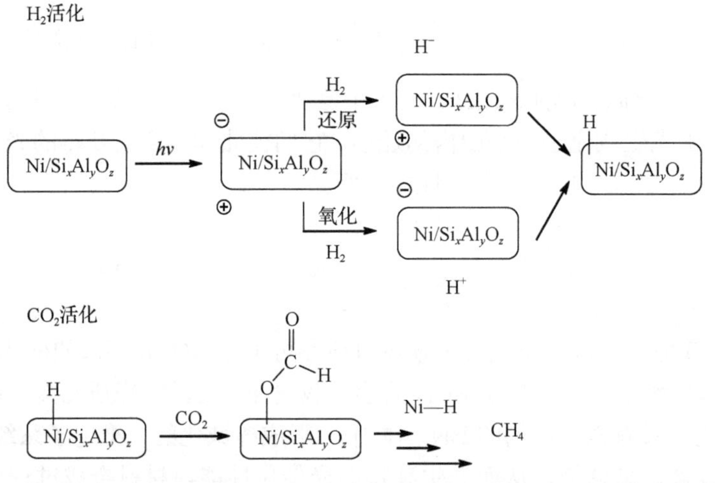

图 5.29 光诱导 $Ni/SiO_2 \cdot Al_2O_3$ 与 H_2 生成金属氢化物用于还原 CO_2 成 CH_4

5.1.3 人工光合作用

自然界中的光合作用是生物利用太阳能，将 CO_2 和水合成碳水化合物的过程。这一过程不仅存储了太阳能，还固定了温室气体 CO_2。但是，自然界光合作用一般效率不高，大部分植物不会超过 1%，生物反应器条件下微藻类的效率也不超过 3%。科学界一直在探索人工光合作用，以期代替目前对石油资源的过渡依赖。人工光合作用的思路有多种，其中细菌/无机纳米杂化材料可高效实现人工光合作用，下面介绍几种典型实例。

硫化镉(CdS)的禁带宽度为 2.42eV，是一种高效的可见光响应半导体。热醋穆尔氏菌(*Moorella thermoacetica*，*M. thermoacetica*)是一个“产乙酸菌”，能以～90%的光合特异性直接产生乙酸。以 CdS 纳米粒子改造 *M. thermoacetica* 细菌，可模拟光合作用实现还原 CO_2 制乙酸[68]。*M. thermoacetica* 的改造过程如图 5.30(a)所示，将细菌 *M. thermoacetica* 置于含有镉离子和半胱氨酸的溶液中，细菌 *M. thermoacetica* 将镉离子和半胱氨酸转化为 CdS 纳米粒子，并析出在细胞表面上，形成 *M. thermoacetica*/CdS 细菌复合结构。在光照条件下，CdS 纳米粒子被激发产生电子，然后将这些电子转移至细菌体内，通过 Wood-Ljungdahl 途径将 CO_2 还原成乙酸，其效率和产量可与自然光合作用相媲美，甚至可超过后者。而 CdS 中的光生空穴则被细菌胞外的半胱氨酸猝灭。用低强度的模拟太阳光照射 CdS/*M. thermoacetica* 细菌复合体系，获得 CO_2 还原的唯一产物——乙酸。在明/暗循环周期中，光照和非光照条件下均以相对高的量子产率转化 CO_2 生成乙酸(图 5.30)。这种细菌/无机半导体混合人工光合作用系统，可以通过生物沉淀 CdS 纳米粒子进行自我复制。这些纳米粒子可以作为光收集器，以维持细菌的代谢。

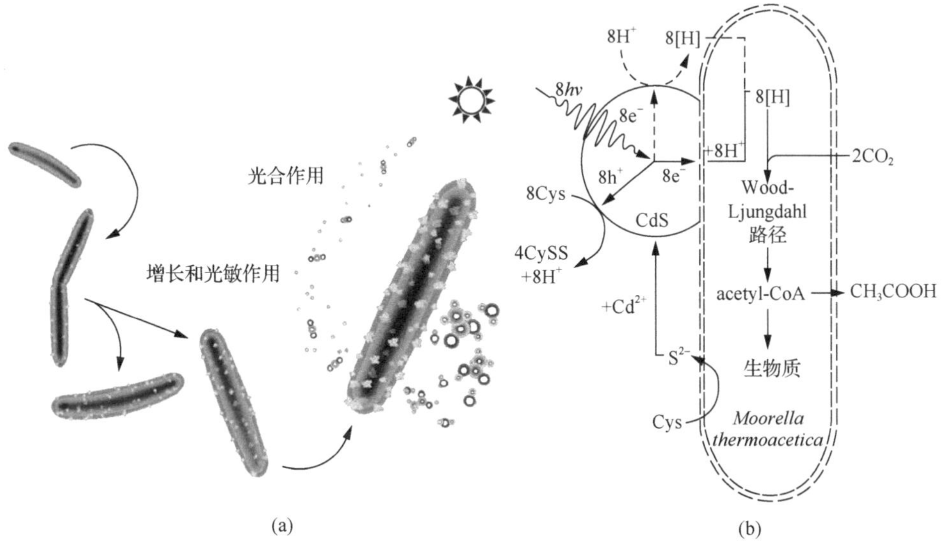

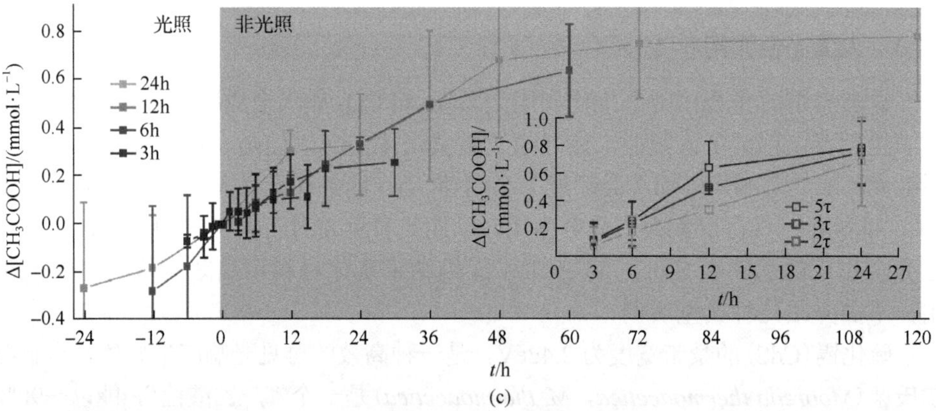

图 5.30 (a)*M. thermoacetica*/CdS 还原 CO_2 系统；(b)细胞外发生的半胱氨酸猝灭空穴和细胞内发生的 Wood-Ljungdahl 路径示意图；(c)在光照和非光照条件下乙酸的收率以及光照时间对乙酸收率的影响(插图)

人工光合系统“人工树叶”初建于 2011 年，其核心思想是利用阳光分解水产生 O_2 和 H_2[69]。氢气可用于燃料电池产生电能，但受气体的能量密度低及存储和运输问题的制约，研究人员希望由 H_2 和 CO_2 反应制备能量密度更高的液态有机物。基于以上理念，研究者构建了基于钴-磷(Co-P)水分解催化剂和细菌(真氧产碱杆菌 *Ralstonia eutropha*)的高效率人工光合作用系统。利用太阳能，前者可以将水分解成 H_2 和 O_2，而后者则利用 H_2 并消耗 CO_2 生产生物质或生物燃料。整个人工光合作用系统的效率可达 10%，是植物系统的 10 倍。这一系统的关键是钴-磷(Co-P)催化剂(图 5.31)，它是具有良好生物相容性的水分解催化剂，不产生活性氧族，使得水分解的操作电压大大降低，而能量转化效率得以大大提高。另外，在氧气存在的开放环境中，整个系统也可以利用低浓度的 CO_2 正常工作，这意味着该系统可以利用大气中的 CO_2，而无需高纯度的 CO_2[70]。

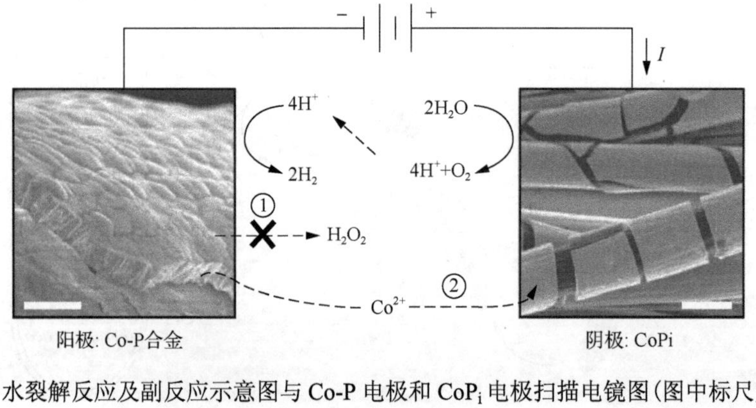

图 5.31 水裂解反应及副反应示意图与 Co-P 电极和 CoP_i 电极扫描电镜图(图中标尺为 10μm)

该系统可以生产聚三羟基丁酸酯[poly(3-hydroxybutyrate)，PHB]和 C_3～C_5 醇类。在细菌生产生物质和液体醇燃料时，每消耗 1 千瓦时的电能可以转化 CO_2 质量达 180g，即 CO_2 还原能量效率约为 50%。该系统可使用现有的太阳能光伏器件供电。也就是说，这一系统可以和现有的太阳能、风能、潮汐能等可再生能源发电系统联用，将多余电能转换为化学能储存，有希望解决可再生能源发电供电不稳定的问题。

5.1.4　光电催化 CO_2 还原

将具有光催化活性的材料固定在导电基底上做成电极，通过微小的外电场作用迫使光生电子向对电极移动而实现光生电子-空穴的分离，进而参与电极表面的氧化还原反应的过程，称为光电化学反应。如图 5.32 所示，CO_2 的光电催化还原中，将光催化剂做成阴极，CO_2 和 H^+ 的还原反应发生在阴极表面，生成燃料；而水的氧化发生在阳极，生成氧气和 H^+。CO_2 的还原反应和水的氧化反应分别发生在两个不同的电极上，能够有效地分离氧化/还原产物。光电催化 CO_2 还原可视为将光催化的能量供给优势与电化学的可控性特点结合起来的优化过程，在未来可再生能源驱动的 CO_2 转化利用中将占据越来越重要的地位。鉴于水氧化反应的过电势较高、动力学较慢，光电化学还原 CO_2 制备燃料迈向实用化的关键在于开发出高效吸收太阳光，并氧化水的半导体薄膜光阳极。如何将光能、电能耦合协调好，并设计、构建出合适的光电催化剂及其反应体系是光电催化 CO_2 还原过程亟待解决的问题。

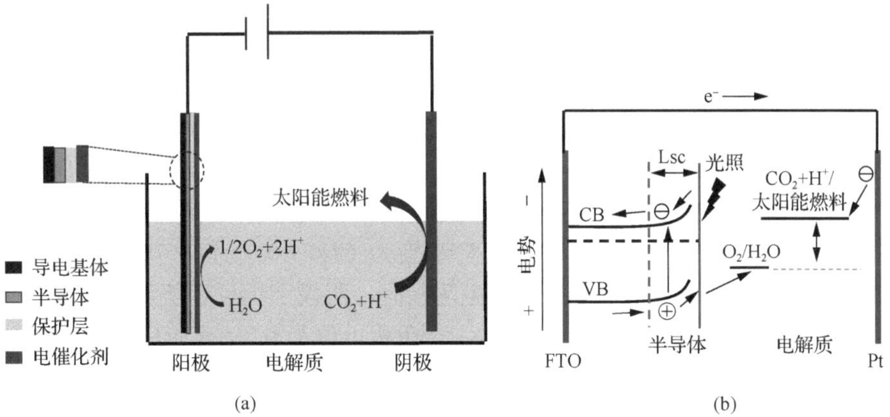

图 5.32　(a)光电化学电池还原 CO_2 制备太阳燃料的电池结构及(b)其工作原理

Halmann[71]首次报道了 CO_2 的光电还原，采用 p-GaP 光阴极和碳棒阳极，在水溶液中将 CO_2 催化还原为 HCOOH、HCHO 及 CH_3OH。Aurian-Blajeni 等[72]研究了不同压力和电位下 CO_2 在 p-GaP(111)和 p-GaAs(111)晶面上的还原。以

$0.5mol\cdot L^{-1}$ 的 KCl 溶液为电解液，在 1atm CO_2 条件和–1.29V vs. SCE 电位下 CO_2 在 p-GaAs(111) 晶面上主要还原为 HCOOH 和 HCHO，且两种产物的法拉第效率分别为 6.7%和 59%。当阴极电位增大到–1.84V vs. SCE 时，CO_2 还原只生成了 HCOOH，法拉第效率为 15.2%。以 $HClO_4$ 为支持电解液，在 3atm CO_2 条件和–1.00V vs. Ag/AgCl 电位下，CO_2 在 p-GaP(111) 晶面上还原产物的总法拉第效率较低，主要生成 CH_3OH，其法拉第效率达到 7.2%。将支持电解质换为 Na_2CO_3 溶液，CO_2 压力升到 3.5atm，–1.00V vs. Ag/AgCl 电位下，CO_2 在 p-Gap(111) 晶面上还原效率达到峰值，还原产物的总法拉第效率达到 80%，HCOOH 为主要产物(法拉第效率为 74%)。在 7.5atm CO_2 压力下重复上述实验，HCOOH 的法拉第效率显著下降(29%)，而 CH_3OH 产量上升，其法拉第效率达到 8.2%。

Yoneyamat 等[73]在–1.2V vs. SCE 电位下于不同电解质溶液中研究了 CO_2 在 p-CdTe(111) 晶面和 p-InP(100) 晶面的还原特性。相比于 p-CdTe 电极，p-InP 电极上析氢反应更为强烈，H_2 的法拉第效率可高达 60%以上；p-CdTe 电极上 H_2 的法拉第效率为 38%。当以四烷基氨盐溶液作为 CO_2 还原电解质时，P-CdTe 和 p-InP 电极上 CO_2 还原反应增强，析氢反应受到抑制，两电极上 H_2 的法拉第效率分别下降到 10%和 25%。增大阴极 CO_2 还原电位，CO 还原产物选择性下降，HCOOH 和 H_2 的选择性提高。将反应温度降到 0℃，电解液中 CO_2 溶解度增大，CO 和 HCOOH 产生的选择性均有所提高。而当碳酸盐溶液为 CO_2 还原介质时，CO_2 还原产物 HCOOH 的选择性提高，但 CO 的选择性显著降低。此类反应体系中，由于 p 型半导体的价带位置不能满足 H_2O 氧化分解的电位需求，因此光电系统通常需要施加较大偏压，系统能耗较高。

Magesh 等[74]采用可见光响应的 n-WO_3 半导体为光阳极，Cu 或 Sn/SnO_x 电极为电阴极进行了 CO_2 光电还原研究(图 5.33)，发现 CO_2 还原过程中，光阳极与电阴极耦合组成的光电系统外部能量投入，显著低于由光阴极与电阳极耦合组成的光电系统。当 Cu 为电阴极时，CO_2 还原的主要产物为 CH_4，伴随少量 C_2H_4 和 CO 的产生。当光阳极电位从+0.55V vs. RHE 上升到+0.75V vs. RHE，CH_4、CO 和 C_2H_4 的法拉第效率分别从 42.3%、4.0%和 5.1%变为 67%、0.6%和 2.7%，CH_4 的选择性显著上升。当 Sn/SnO_x 为 CO_2 还原电阴极时，阴极上析氢竞争反应严重，此时 CO_2 还原的主要产物为 HCOOH 和 CO。光阳极电位为 0.7V vs. RHE 时，HCOOH 和 CO 的法拉第效率分别为 27.5%和 15.8%。

实现 CO_2 光电催化转化的关键在于制备高效光阴极催化材料。例如，在染料/Pd/S-TiO_2 和染料/Pd/N-ZnO 光阴极上，于–0.56V vs. SCE 电压下将 CO_2 转化成乙醇和甲醇的量子效率分别为 0.56%和 0.38%，其中生成甲醇的速率为 $42.8\mu mol\cdot h^{-1}\cdot cm^{-2}$，通过 Pd、染料 Eosin Y 二钠盐修饰的 TiO_2 光阴极能够将 CO_2 转化为甲醇和极少量的乙醇、丙酮等产物，其中甲醇的生成速率可达 $43.6\mu mol\cdot h^{-1}\cdot cm^{-2}$，并且选择性接近

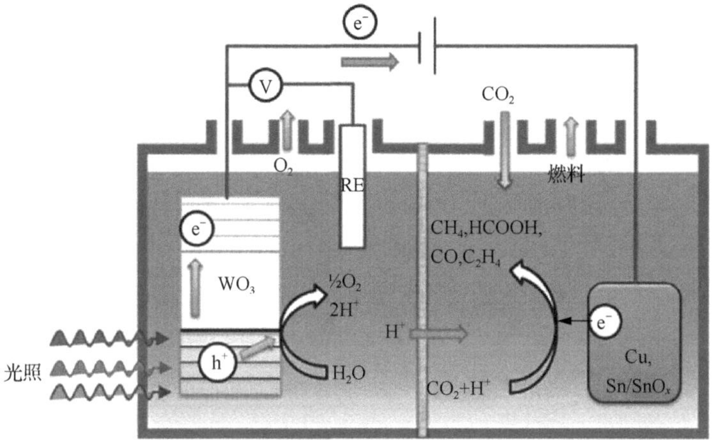

图 5.33 以 n-WO_3 半导体为光阳极和 Cu 或 Sn/SnO_x 电极为电阴极耦合体系光电催化 CO_2 还原

100%。通过 Pd、染料 Nile red 修饰的光阴极 Pd/NR_2@TiO_2，催化转化 CO_2 生成甲醇的速率为 106μmol·h^{-1}·cm^{-2}。而采用泡沫镍负载的胺功能化 TiO_2 作为光阴极组成电解池，可将甲醇的生成速率提高到 153μmol·h^{-1}·cm^{-2}，整个电池($BiVO_4$ 用作光阳极)的光量子效率达到 1.2%，大约是自然界植物的 2 倍[75]。

Salehi-Khojin 等[76]报道了一种二硒化钨(WSe_2)二维纳米片光催化剂，可高效地将 CO_2 光电催化转化为合成气(CO 和 H_2)，其中生成 CO 的效率(TOF)是 Ag 纳米催化剂的 1000 倍。他们设计了一种新型太阳能电池装置[图 5.34(a)]，用两个约 18cm^2 的硅三联光伏电池作"人工树叶"来捕获阳光，WSe_2/离子液体共催化剂在阴极还原 CO_2，钴的氧化物/氢氧化物(磷酸钾缓冲体系 pH=7.0)为阳极氧化水。在模拟太阳光照射下，阴极生成 CO 和 H_2 的比例保持在 10∶1，其能量转换效率约为 4.6%[图 5.34(b)]。该系统稳定性好，可以连续使用 5h，更换硅三联光伏电池，连续使用 100h 后性能未见明显下降。WSe_2 纳米片的电荷转移电阻(R_{ct})仅为 180Ω，明显低于体相的 MoS_2(420Ω)和 Ag 纳米颗粒(550Ω)。R_{ct} 值越小，电子越容易从催化剂表面转移至反应底物，有利于 CO_2 活化。DFT 计算结果表明，在 Ag(111)表面、Ag55 团簇及 Pd、Au、Cu 等原子表面，CO_2 还原生成 COOH*活性物种是吸热过程；而在过渡金属二硫属化合物的表面则是放热过程，且生成 CO*活性物种能量比生成 COOH*活性物种能量更低[图 5.34(c)]。因此，在过渡金属二硫属化合物的表面，CO_2 活化生成 CO*活性物种热力学上更有利。此外，离子液体阳离子可与 CO_2 形成复合物，从而将 CO_2 转移至光阴极表面，提高反应效率。总之，该体系高效的 CO_2 还原性能归因于 WSe_2 纳米片的低过电位和高效的电子转移特性，以及离子液体提高局部 CO_2 浓度。值得注意的是，这种二维 WSe_2 纳米片催化剂的合成成本仅为贵金属催化剂的 1/20，显示出良好的应用前景。

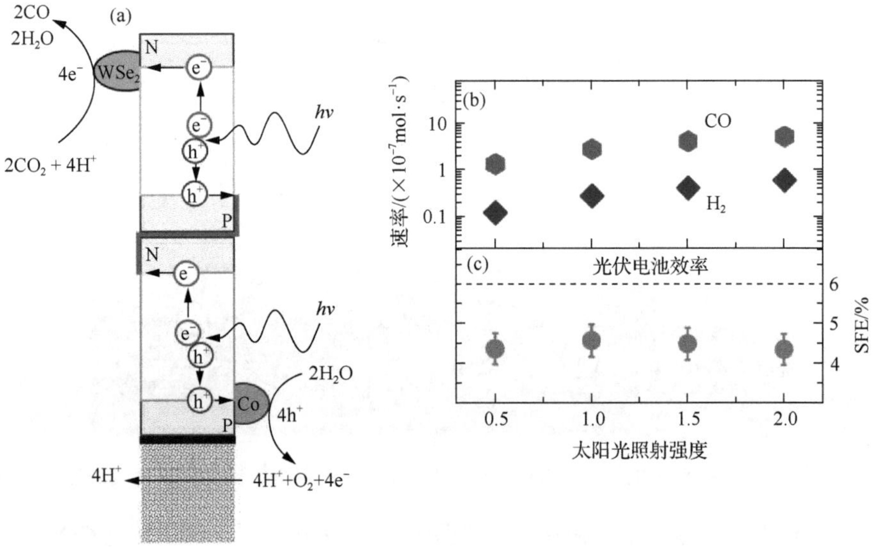

图 5.34 光电催化 CO_2 还原

(a)人工树叶工作原理示意图；(b)不同强度太阳光照射下，光阴极生成产物 CO 和氢气的速率；(c) WSe_2/离子液共催化体系的太阳能至燃料效率(solar-to-fuel efficiency，SFE)

5.2 CO_2 参与合成有机化学品

光催化在有机合成中的应用是绿色化学的一个重要领域。光催化 CO_2 参与的有机合成反应以羧化反应为主，包括苯乙烯类化合物的选择性 β-氢羧化、烯烃羧化、苯乙烯化合物羧化、丙烯酸酯的硫羧基化反应等。

5.2.1 烯烃羧化

以对三联苯(*p*-terphenyl)为催化剂，叔胺为还原剂，在紫外光辐照下诱导 CO_2 与苯乙烯进行选择性 β-氢羧化反应[式(5.1)]，高选择性地得到烯烃反马氏加成产物[77]。

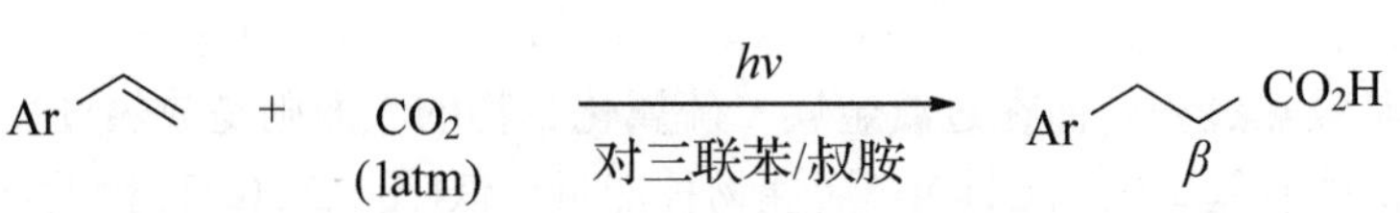

(5.1)

叔胺对反应活性有重要影响。以苯乙烯的 β-氢羧化为例，体系中不加入胺时，反应不进行；在各类叔胺中，三乙胺和 1,2,2,6,6-五甲基哌啶(PMP)对反应有效，其中，PMP 的效果更好，而采用三苯胺不能得到目标产物。反应体系中加入添加剂，可实现对产物选择性的调控。例如，加入过量的 H_2O(>19equiv.)后，反应产率明显提升，选择性得到大大提高。探索反应机理发现，当不通入 CO_2 时，苯乙烯达到很高的转化率(如 88%)，可检测到乙苯生成。苯乙烯在 DMF 中的还原电位为 $E_{1/2}$=−2.58V(vs. SCE)，对三联苯自由基阴离子的还原电位是 E_0=−2.63V(vs. SCE)，因而苯乙烯可以被该自由基阴离子还原；CO_2 的还原电位是 E_0=−2.21V(vs. SCE)，因此反应中可能产生 CO_2 自由基阴离子。另外，在同位素标记反应中，用重水替代水，得到的羧化产物基本全为氘代产物，因此可以推断反应可能经历了苄基自由基还原进而质子化的过程，如图 5.35 所示。光激发对三联苯(Ⅰ)得到激发单线态的 I*，I*与 PMP 发生单电子转移(SET)得到具有强还原性的对三联苯自由基阴离子 I·⁻和 PMP 自由基阳离子(光氧化还原催化循环 A)。I·⁻可以将 CO_2 还原为自由基阴离子 CO_2^{-}·，该物种与苯乙烯反应得到稳定的苄基自由基中间体Ⅱ，Ⅱ通过光氧化催化循环 B 还原得到苄基阴离子Ⅲ，随后质子化得到目标产物Ⅳ。此外，阴离子Ⅲ捕获 CO_2 可以得到双羧基化的副产物，PMP 自由基通过二聚猝灭。

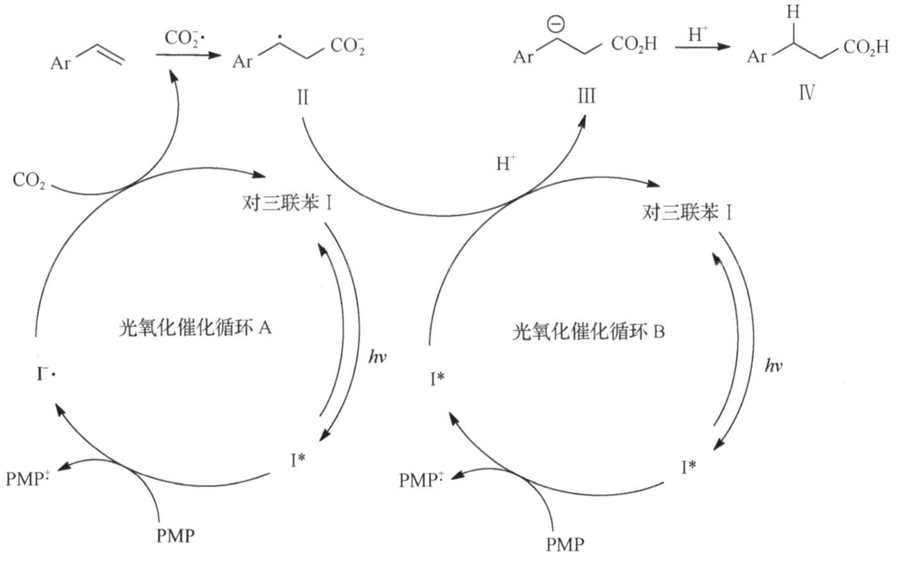

图 5.35　苯乙烯的 β-氢羧化反应机理图

反应体系对一系列官能化的末端苯乙烯、α 位及 β 位取代的苯乙烯类化合物均有很好的适用性。给电子或电中性取代基修饰的苯乙烯底物参与反应，能以中等到良好的收率得到 β-氢羧化的产物；含有游离羟基的底物不需要保护基修饰也能够顺利发生反应；缺电子取代基修饰的底物能够以高收率(如 81%)得到目标产物；反应对杂环芳香烃也同样适用。α-取代的底物都能以中等的收率得到单一构型的产物。顺式与反式 β-取代的苯乙烯也可以顺利地发生反应；烯丙基醇和端基保护的烯丙基胺参与反应都可以得到相应的产物；但位阻更大的 β,β-二取代苯乙烯则无法发生反应。

采用图 5.36 所示的 Ir 光催化剂，DMF 为溶剂，在室温、蓝光 LED 灯的照射下，CO_2(1bar)与烯烃及自由基前体[如 Langlois 试剂(CF_3SO_2Na)]反应，通过烯烃的双官能团化过程可高效合成相应的羧酸产物[式(5.2)][78]。该反应对不同烯烃底物具有良好的适用性，取代基的电子效应及位阻效应均不明显。该方法是对传统的 CO_2 羧化反应的良好补充。非氟自由基前体，如苄基三氟硼酸钾盐及叔丁基草酸酯，可作为苄基自由基及叔丁基自由基供体较好地参与反应，但是需使用具有更强氧化性的光催化剂(如 cat. B，图 5.41)才能使反应顺利进行。

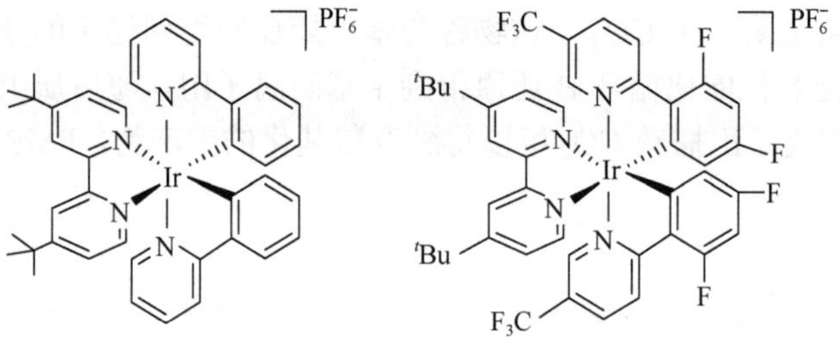

cat. A　　　　cat. B

图 5.36　光催化剂结构式(cat. A 在乙腈中的氧化还原电位 E_{red} [Ir^{III}/Ir^{II}]= –1.51V vs. SCE)

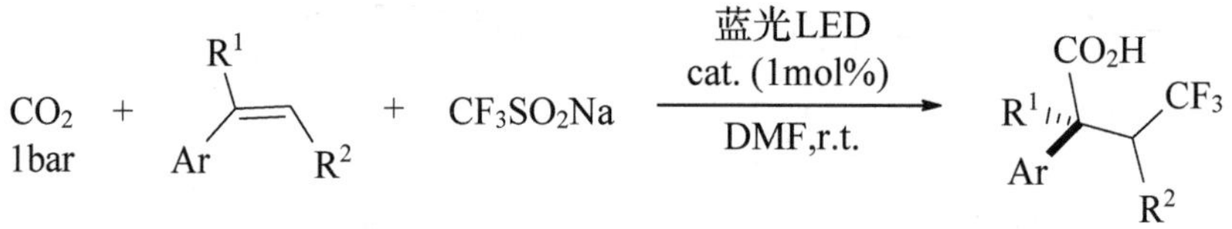

(5.2)

可能的反应机理如图 5.37 所示，激发态的催化剂优先与自由基前体(CF_3SO_2Na)反应，通过单电子转移形成的三氟甲基自由基，进一步与烯烃进行加成反应，形成中间体 **A**，**A** 进而与 CO_2 反应生成目标产物。

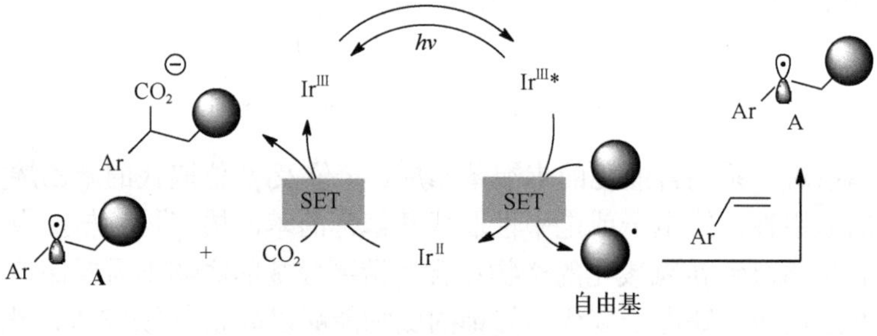

图 5.37　反应机理

5.2.2　CO_2 与叔胺反应合成 *α*-氨基酸

尽管 CO_2 单电子还原在电化学和光化学中已有报道，但 CO_2 自由基阴离子作为反应中间产物在有机合成中鲜有应用。这种 CO_2 活化模式最大的挑战在于还原电势过高(E_0=–2.21V vs. SCE，DMF 溶液)，超过了可见光光氧化还原催化中常用的 Ru 和 Ir 催化剂的还原能力[79]。

采用对三联苯为光催化剂，在紫外光辐照下可实现 CO_2 单电子还原，与叔胺反应生成 α-氨基酸。反应中，加入碱(如三氟乙酸钾、$KCOOCF_3$)，可促进氨阳离子自由基脱质子化生成 α-氨基自由基而提高产率。采用连续流动式反应装置也可高效、高收率地获得目标产物。在最优反应条件下，图 5.38 中所列底物都表现出优异的区域选择性，而且底物兼容性好，对多种含不同取代基团的底物都有不错的收率，均获得相应的 α-氨基酸。

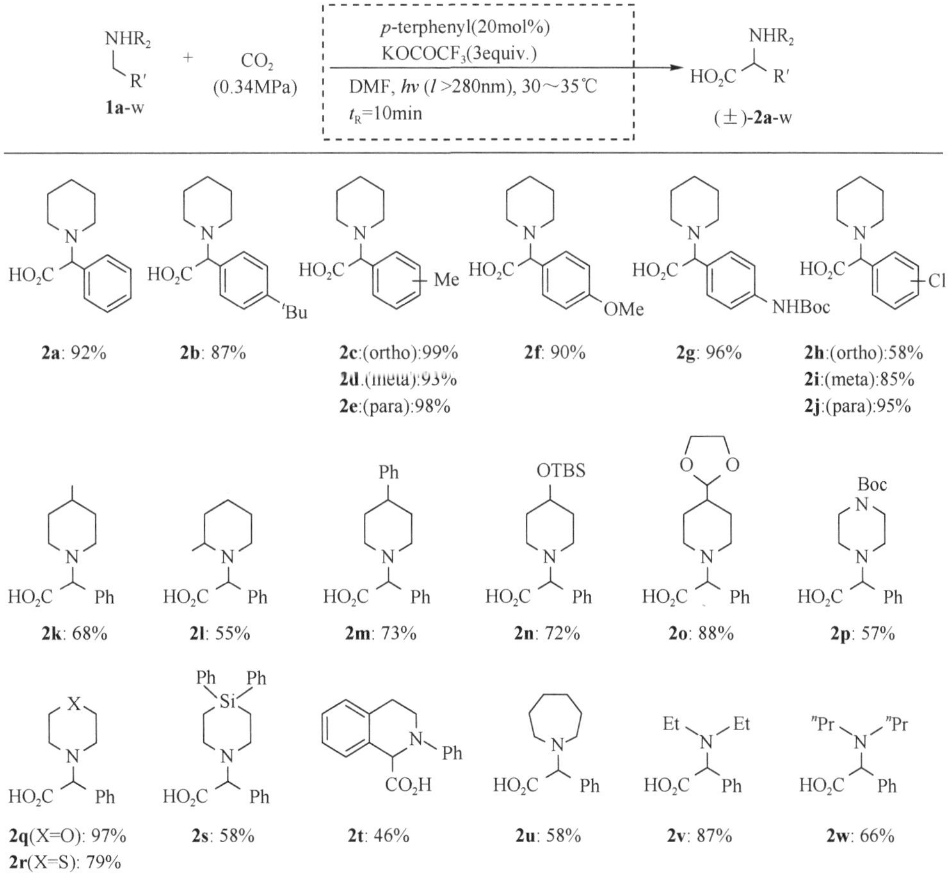

图 5.38　CO_2 与叔胺反应合成 α-氨基酸

反应机理如图 5.39 所示，催化剂对三联苯在紫外光下激发到单线态，然后与叔胺发生单电子转移反应，生成对应的对三联苯自由基阴离子和胺自由基阳离子。对三联苯自由基阴离子具有较强还原性，可提供一个电子给 CO_2，生成 CO_2 自由

基阴离子 CO_2^-·，同时胺自由基阳离子脱质子形成中性的 α-胺基自由基；最后，两个自由基之间发生偶联反应，生产目标产物 α-氨基酸。其中碱未参与反应循环，其主要作用是使产物成盐，防止降解。

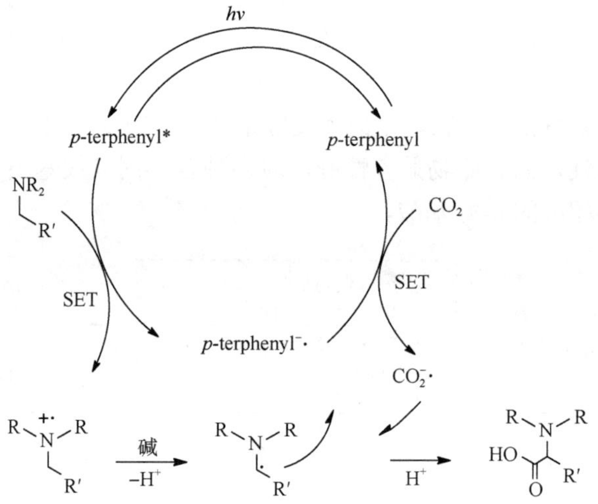

图 5.39　CO_2 与叔胺反应生成 α-氨基酸可能反应机理示意图

采用 30W 的蓝光 LED、5mol%的 $FeCl_3$ 和叔丁醇钾(KO^tBu)，在室温、常压条件下可实现苯乙烯类化合物、苯硫酚和 CO_2 参与的三组分串联反应，高收率和单一 β-选择性得到硫羧化产物[80]。通过改变苯乙烯类底物和苯硫酚底物，可获得一系列硫羧化产物。如图 5.40 所示，含给电子或吸电子取代基的苯乙烯底物与对苯甲硫酚和 CO_2 反应，都能以良好的收率得到目标产物；芳香环上不同位置取代的烯烃、α-或 β-取代的底物及芳香杂环取代的底物，甚至是丙烯酸酯类底物都能够顺利发生反应。富电子和电中性取代基修饰的苯硫酚底物参与反应，能以良好的收率得到目标产物，而强吸电子取代基取代的苯硫酚底物及烷基硫醇类底物则反应活性很低。

在反应中，叔丁醇钾主要起到碱的作用，与苯硫酚形成硫酚钾盐。可能的反应机理为：CO_2 首先与激发态的硫铁复合物通过单电子转移形成 CO_2 自由基阴离子，进而与苯乙烯加成产生苄基自由基。被氧化的低价硫铁复合物与硫酚负离子发生单电子作用实现活性硫铁复合物物种的再生；同时，产生的硫基自由基与苄基自由基进行自由基-自由基交叉偶联反应得到目标产物。值得指出的是，该类反应可进行克级规模的硫羧化产物合成，产物分子作为重要的有机合成子可进一步进行衍生化，得到生物活性分子。

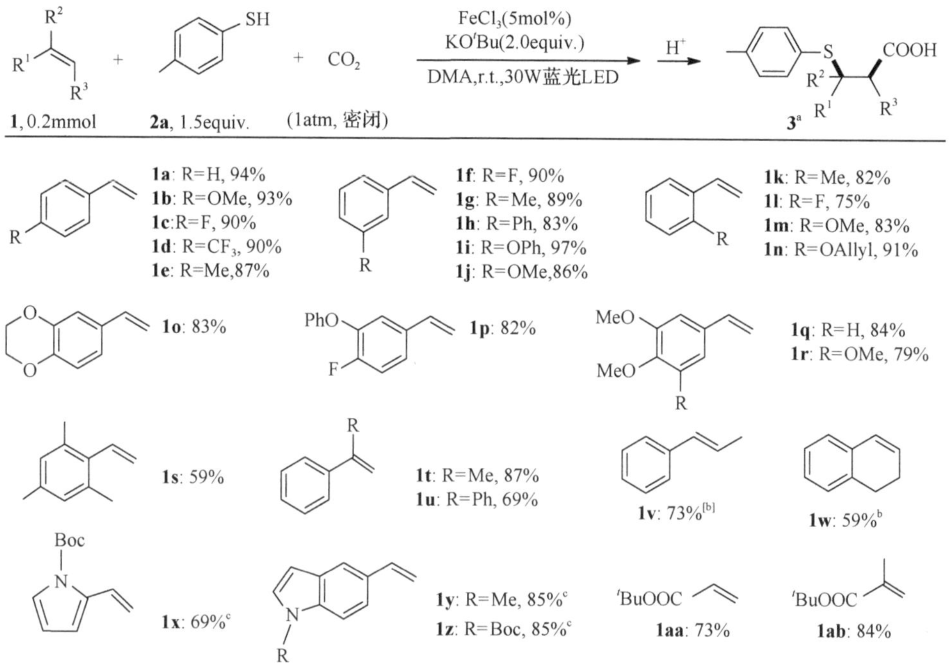

图 5.40 CO_2参与的硫羧化反应

a. 反应条件：DMA (2mL), r.t., 12h，分离收率；b. dr>16∶1, ^{1}H-NMR 确定；c. KO^tBu (3.0equiv.), **2a** (2.0equiv.), 24h

5.2.3 邻烷基二苯甲酮羧化反应

在 DMSO 溶液中，无需光敏剂，紫外线(LED 光源，365nm)甚至太阳光可直接引发邻-烷基苯甲酮的 CO_2 羧化反应，生成一系列邻-酰基苯乙酸化合物[式(5.3)][81]。

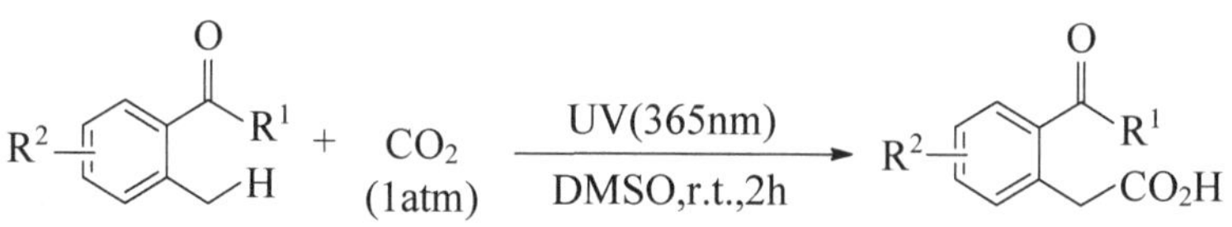

(5.3)

以邻-甲基-二苯甲酮的羧化为例，可能的反应机理如图 5.41 所示。首先，在光照下，邻-甲基-二苯甲酮吸收一个光子处于激发态；激发态的羰基氧夺取邻位甲基的一个 H 生成在 1,4 位具有自由基位点的 A 物种。二价自由基 A 可转化为邻醌二甲烷 B 的反式结构(*E*)-B 和顺式结构(*Z*)-B。(*Z*)-B 经由 1,5-氢转移快速转化为反应底物；而(*E*)-B 有较长寿命，捕获 CO_2 分子，经由中间体 C，生成最终产物。

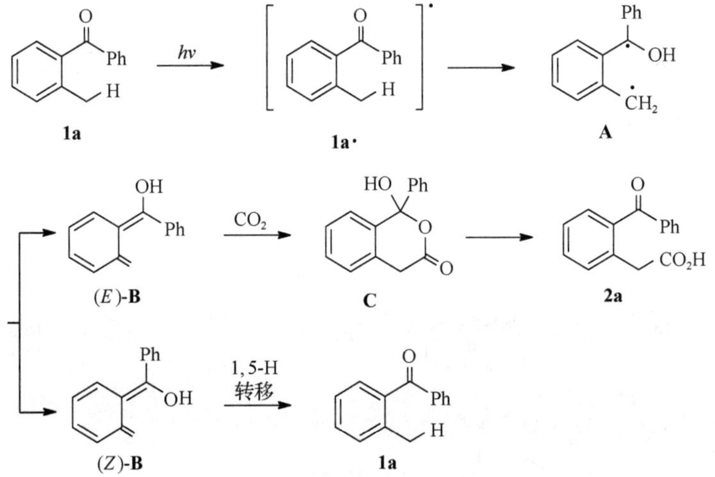

图 5.41 邻-甲基-二苯甲酮 CO_2 羧化机理示意图

2,3-苯并二氮是重要的药物中间体，以上羧化反应为该化合物的合成提供了一个简单而直接的合成路线。在光照下，通过邻-甲基-二苯甲酮的 CO_2 羧化反应获得邻-苯甲酮苯乙酸；随后向反应体系中直接加入水合肼，反应一定时间后，经过酸化处理获得 2,3-苯并二氮(图 5.42)。

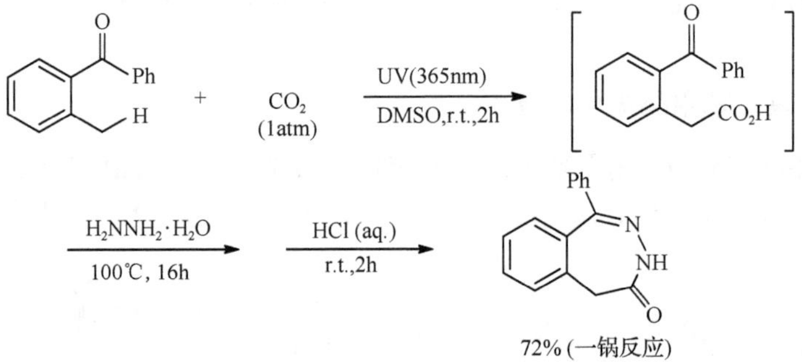

图 5.42 合成 2,3-苯并二氮路线图

5.2.4 卤代芳烃羧化反应

以 Pd(OAc)$_2$ 为羧化催化剂，图 5.43 中所示 Ir(ppy)$_2$(dtbpy)(PF_6)为光氧化还原催化剂，二异丙基乙胺(^{i}Pr$_2$NEt)为电子供体，在配体 PhXphos 和碱($CsCO_3$)存在下，以可见光驱动，在室温下可实现溴代芳烃 CO_2 羧化反应。后续经过与三甲基硅烷重氮甲烷(TMSCHN$_2$)反应，可获得一系列芳香酯化合物(图 5.44)。该方法无需化学计量的金属还原剂，对溴代芳烃和氯代芳烃均具有良好的催化活性，可高收率地获得对应的羧酸酯化合物[82]。

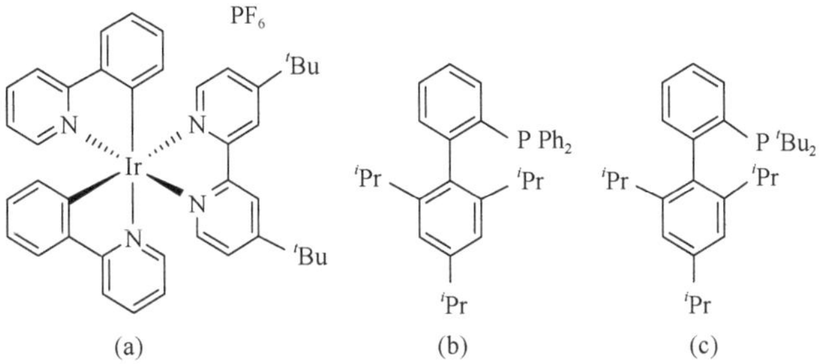

图 5.43 (a) Ir(ppy)$_2$(dtbpy)(PF$_6$)、(b) 配体 PhXphos 和 (c) 配体 ^{t}BuXphos 的化学结构式

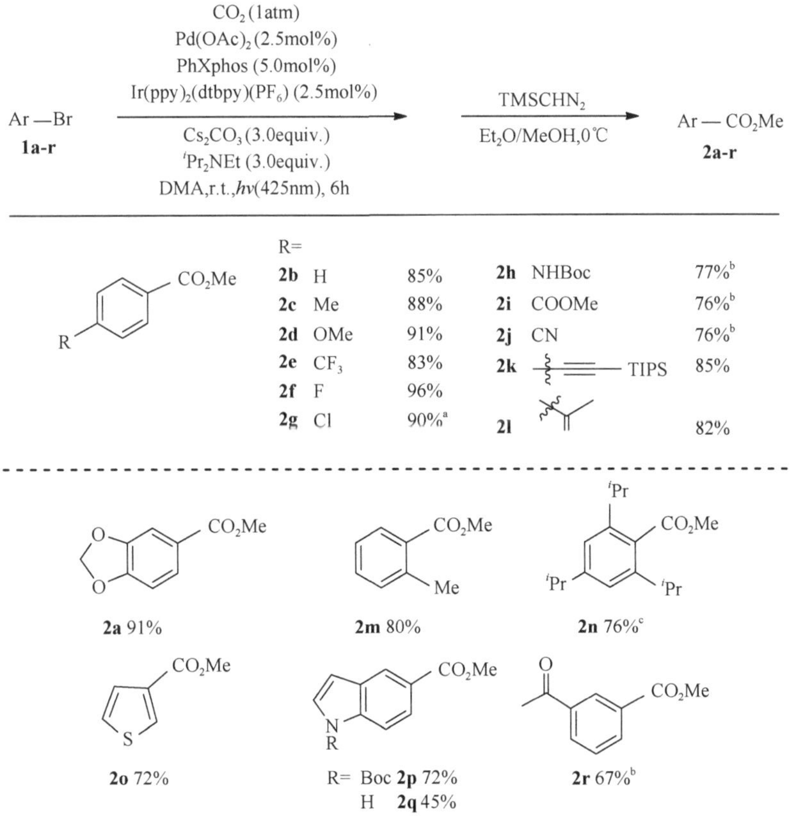

图 5.44 可见光驱动的溴代芳烃 CO_2 羧化反应

a. 反应时间为 4h；b. ^{t}BuXphos 替代 PhXphos；c. 反应时间为 8h

关于羧化反应机理，如图 5.45 所示，Pd(OAc)$_2$ 与配体作用生成 LPd(0) 活性催化组分 A，再与卤代芳烃作用生成中间体 B。然后，有可能经历 a 和 b 两种羧化路径。a 路径，在 CO_2 气氛中，生成少量羧化复合物 C，与 B 达到平衡；光催化单电子还原 C，生成中间体 D，LPd(Ⅰ)-OCOAr，而 D 进一步经历单电子还原生成 LPd(0) 和 $ArCOO^-$。在这种情况下，C 还原是关键步骤，导致羧化反应快速

进行。b 路径，在 CO_2 气氛中，生成 CO_2 配位的中间体 E [ArPd(Ⅱ)X(Xphos)]，这一中间体经单电子还原生成新物种 F [ArPd(Ⅱ)X(Xphos)]，进一步经历 CO_2 环加成，生成 $ArCOO^-$。

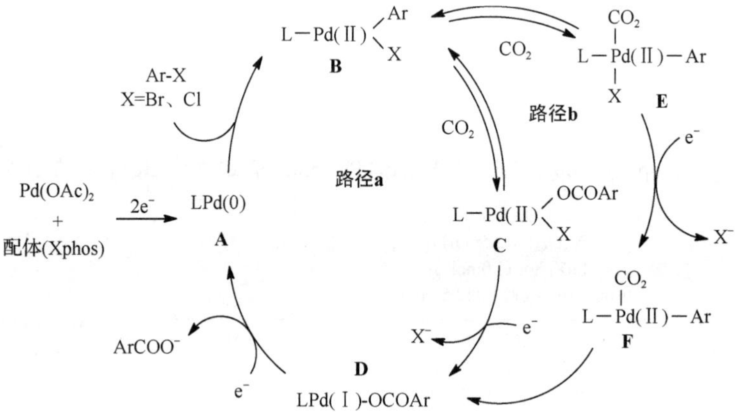

图 5.45　羧化反应机理

以溴化镍乙二醇二甲醚(NiBr₂·glyme)为催化剂，2,9-二甲基-1,10-邻菲咯啉(neocuproine)为配体，1,4-二氢吡啶酯(hantzsch ester，HEH)为还原剂，具有 D-A 结构的有机染料 4CzIPN 为光敏剂，以 K_2CO_3 为 CO_2 供给源，在蓝光 LED 辐照下，可使更广范围的溴化物包括(杂环)溴代芳烃、溴代烷烃、不活泼的环状烷基溴化物，以及三氟甲磺酸酯发生羧化反应，酸化后获得一系列有机酸化合物[83][式(5.4)]。

$$\underset{}{\text{Ar—Br}} + \underset{(1.0\text{equiv.})}{K_2CO_3} \xrightarrow[\substack{\text{HEH(2equiv.), 4Å分子筛(50mg)} \\ CO_2\text{(latm), DMF} \\ \text{蓝光LED, 24h, r.t.}}]{\substack{\text{4CzIPN(1mol\%)} \\ \text{NiBr}_2\cdot\text{glyme (10mol\%)} \\ \text{neocuproine(20mol\%)}}} \xrightarrow{2\text{mol}\cdot\text{L}^{-1}\text{HCl}} \text{Ar—COOH} \tag{5.4}$$

5.2.5　烯胺/醇羧化环化合成环状酯化合物

以 $^nC_4F_9I$ 为自由基源和 F 源，在有机碱 1,5,7-三氮杂二环[4,4,0]癸-5-烯(1,5,7-triazabicyclo[4,4,0]dec-5-ene，TBD)存在下，可见光照射可实现烯胺的羧化环化反应，获得一系列氮杂环化合物[式(5.5)][84]。该反应具有很好的底物普适性，在实验条件下可高收率地获得相应的氮杂环化合物。以 *N*-苯甲基-烯丙基胺的羧化环化为例，反应机理如图 5.46 所示，可经历两条路径。首先，在碱 TBD 促进下，CO_2

被胺捕获生成氨基甲酸盐中间体 E；而在光照下，$^nC_4F_9I$ 发生 C—I 键断裂生成 $^nC_4F_9$ 和 I· 自由基。·$^nC_4F_9$ 自由基在中间体 E 的 π 键处加成生成中间体 F，然后被 I。自由基捕获生成中间体 A-1（路径 I）。A-1 也可以由 E 与 $^nC_4F_9I$ 反应获得（路径 II）。最后，A-1 经分子内亲核环化生成最终产物，释放出离子化合物[TBDH]$^+$I$^-$。

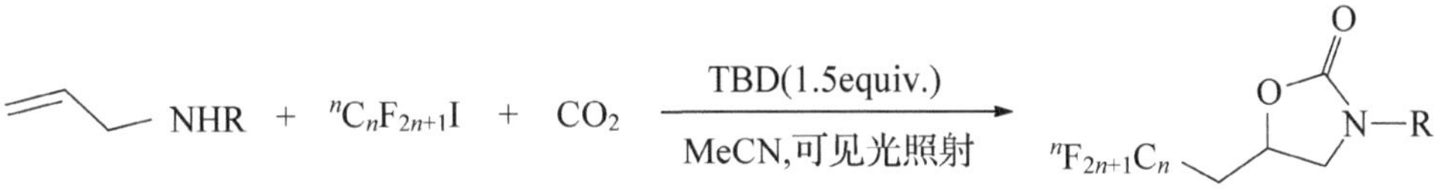

(5.5)

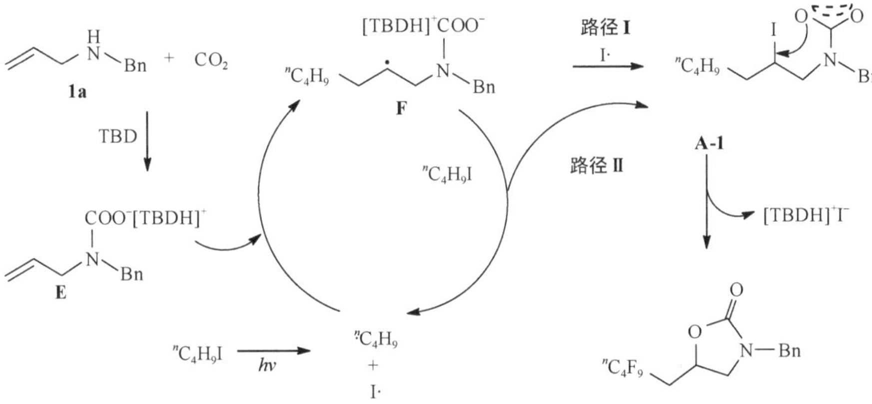

图 5.46 烯胺的羧化环化可能的反应机理示意图

该方法同样适用于烯醇的羧化环化，获得一系列环状碳酸酯化合物[式(5.6)]。这是一条简单、无金属、可见光驱动的合成环状胺酯和环状碳酸酯化合物的绿色途径。

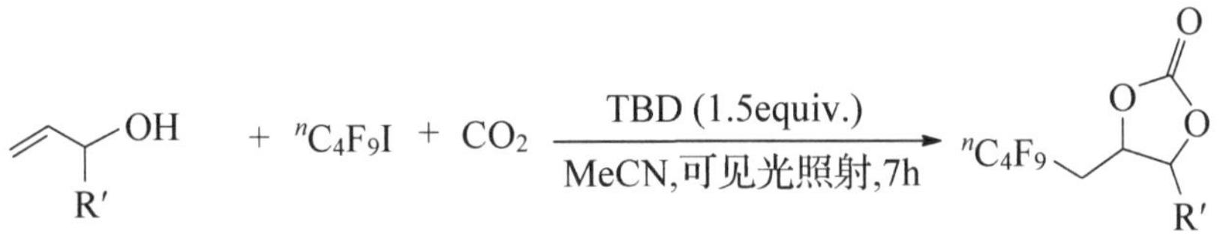

R′= H
R′= $^nC_5H_{11}$

R' = H,收率96%
R' = $^nC_5H_{11}$,收率47%,dr=18 : 7

(5.6)

5.3 小结与展望

利用半导体材料和太阳光催化还原 CO_2 合成碳氢燃料是目前净化环境和碳资

源可再生利用的理想模式之一。目前，通过科学家们的努力已经取得了一些进展和突破，使我们看到了研究的曙光。但是，光催化材料依然存在太阳能利用率低、光生电子-空穴分离效率差及 CO_2 转化效率低和还原产物选择性差等一系列问题。因此，需要开发新型光催化材料，以解决这些问题，这将是光催化还原 CO_2 的重要发展方向。研究光催化材料表面反应的具体过程，有助于提示催化材料的表面微结构、能带结构等对光催化性能的影响。研究半导体光吸收性质、光生电荷有效分离的机制和向材料表面迁移的规律，有助于提高光催化材料的催化效率。因此，关于光催化材料研究，本章认为可以在如下三个方面进行一些尝试。第一，研究双担载助催化剂的担载形式和制备方法来提高光催化还原 CO_2 活性。第二，由于半导体材料的复合可以提高其电荷分离率，拓展其光谱响应范围，因此在复合半导体光催化材料方面可以开展研究。其中可以关注光催化材料与二维材料的复合，这是由于光生电子在二维材料中高迁移率增加了电荷分离效率。第三，微结构控制也是提高半导体光催化活性的重要因素之一。由于光催化反应发生在材料表面，具有特殊表面微观结构的材料，会显著影响其光催化活性。此外，我们还可以通过材料的设计、引入新的制备方法开发和探索新型的光催化材料，最终寻找出新型高效光催化材料。

CO_2 参与的光催化有机合成反应，反应条件温和，反应效率高，产物选择性好，可实现一些热化学方法或其他催化方法难以实现的反应，显示出独特的优势。目前，反应类型已经涉及苯乙烯类化合物的选择性 β-氢羧化、烯烃羧化、苯乙烯化合物羧化、丙烯酸酯的硫羧基化反应等，有广阔的应用前景。随着科学技术的不断进步，新能源的开发及各种敏化过程的研究，将会大大促进光催化化学的发展。由于其独特优越性和在某些反应中的不可代替性，光催化有机合成化学将越来越多地受到科学界和工业界的重视，有望取得突破性进展。

利用太阳能光催化 CO_2 转化，为我们描绘出低碳经济的美好未来。可以预计，通过全世界科技工作者的共同努力，它终将实现新的突破，造福于人类。

参 考 文 献

[1] Inoue T, Fujishima A, Konishi S, et al. Photoelectrocatalytic reduction of carbon dioxide in aqueous suspensions of semiconductor powders. Nature, 1979, 277(5698): 637-638.

[2] Ma Y, Wang X, Jia Y, et al. Titanium dioxide-based nanomaterials for photocatalytic fuel generations. Chem Rev, 2014, 114(19): 9987-10043.

[3] Wang F, Li Q, Xu D. Recent progress in semiconductor-based nanocomposite photocatalysts for solar-to-chemical energy conversion. Adv Energy Mater, 2017, 7(23): 1700529.

[4] Ran J, Jaroniec M, Qiao S Z. Cocatalysts in semiconductor-based photocatalytic CO_2 reduction: achievements, challenges, and opportunities. Adv Mater, 2018, (30): 1704649.

[5] Meng X, Liu L, Ouyang S, et al. Nanometals for solar-to-chemical energy conversion: from semiconductor-based photocatalysis to plasmon-mediated photocatalysis and photo-thermocatalysis. Adv Mater, 2016, 28(32): 6781-6803.

[6] Kou Y, Nabetani Y, Masui D, et al. Direct detection of key reaction intermediates in photochemical CO_2 reduction sensitized by a rhenium bipyridine complex. J Am Chem Soc, 2014, 136(16): 6021-6030.

[7] Sato S, Morikawa T, Kajino T, et al. A highly efficient mononuclear iridium complex photocatalyst for CO_2 reduction under visible light. Angew Chem Int Ed, 2013, 52(3): 988-992.

[8] Rao H, Schmidt L C, Bonin J, et al. Visible-light-driven methane formation from CO_2 with a molecular iron catalyst. Nature, 2017, 548(7665): 74-77.

[9] Thoi V S, Kornienko N, Margarit C G, et al. Visible-light photoredox catalysis: selective reduction of carbon dioxide to carbon monoxide by a nickel *N*-heterocyclic carbene-isoquinoline complex. J Am Chem Soc, 2013, 135(38): 14413-14424.

[10] Takeda H, Koizumi H, Okamoto K, et al. Photocatalytic CO_2 reduction using a Mn complex as a catalyst. Chem Commun, 2014, 50(12): 1491-1493.

[11] Guo Z, Cheng S, Cometto C, et al. Highly efficient and selective photocatalytic CO_2 reduction by iron and cobalt quaterpyridine complexes. J Am Chem Soc, 2016, 138(30): 9413-9416.

[12] Takeda H, Ohashi K, Sekine A, et al. Photocatalytic CO_2 reduction using Cu(I) photosensitizers with a Fe(II) catalyst. J Am Chem Soc, 2016, 138(13): 4354-4357.

[13] Bonin J, Robert M, Routier M. Selective and efficient photocatalytic CO_2 reduction to CO using visible light and an iron-based homogeneous catalyst. J Am Chem Soc, 2014, 136(48): 16768-16771.

[14] Hong D, Tsukakoshi Y, Kotani H, et al. Visible-light-driven photocatalytic CO_2 reduction by a Ni(II) complex bearing a bioinspired tetradentate ligand for selective CO production. J Am Chem Soc, 2017, 139(19): 6538-6541.

[15] Ye L, Mao J, Peng T, et al. Opposite photocatalytic activity orders of low-index facets of anatase TiO_2 for liquid phase dye degradation and gaseous phase CO_2 photoreduction. Phys Chem Chem Phys, 2014, 16(29): 15675-15680.

[16] Yu J, Low J, Xiao W, et al. Enhanced photocatalytic CO_2-reduction activity of anatase TiO_2 by coexposed {001} and {101} facets. J Am Chem Soc, 2014, 136(25): 8839-8842.

[17] Li P, Zhou Y, Zhao Z, et al. Hexahedron prism-anchored octahedronal CeO_2: crystal facet-based homojunction promoting efficient solar fuel synthesis. J Am Chem Soc, 2015, 137(30): 9547-9550.

[18] Liu Y, Huang B, Dai Y, et al. Selective ethanol formation from photocatalytic reduction of carbon dioxide in water with $BiVO_4$ photocatalyst. Catal Commun, 2009, 11(3): 210-213.

[19] Mao J, Peng T, Zhang X, et al. Selective methanol production from photocatalytic reduction of CO_2 on $BiVO_4$ under visible light irradiation. Catal Commun, 2012, 28: 38-41.

[20] Yamashita H, Fujii Y, Ichihashi Y, et al. Selective formation of CH_3OH in the photocatalytic reduction of CO_2 with H_2O on titanium oxides highly dispersed within zeolites and mesoporous molecular sieves. Catal Today, 1998, 45(1-4): 221-227.

[21] Ikeue K, Yamashita H, Anpo M, et al. Photocatalytic reduction of CO_2 with H_2O on Ti-β zeolite photocatalysts: effect of the hydrophobic and hydrophilic properties. J Phys Chem B, 2001, 105(35): 8350-8355.

[22] Anpo M, Yamashita H, Ikeue K, et al. Photocatalytic reduction of CO_2 with H_2O on Ti-MCM-41 and Ti-MCM-48 mesoporous zeolite catalysts. Catal Today, 1998, 44(1-4): 327-332.

[23] Wang W N, An W J, Ramalingam B, et al. Size and structure matter: enhanced CO_2 photoreduction efficiency by size-resolved ultrafine Pt nanoparticles on TiO_2 single crystals. J Am Chem Soc, 2012, 134(27): 11276-11281.

[24] Willner I. Selective photoreduction of CO_2/HCO_3^- to formate by aqueous suspensions and colloids of Pd-TiO_2. J Phys Chem, 1990, 94(9): 3784-3790.

[25] Tseng I H, Chang W C, Wu J C. Photoreduction of CO_2 using sol-gel derived titania and titania-supported copper catalysts. Appl Catal B: Environ, 2002, 37(1): 37-48.

[26] Neatu S, Maciá-Agulló J A, Concepción P, et al. Gold-copper nanoalloys supported on TiO_2 as photocatalysts for CO_2 reduction by water. J Am Chem Soc, 2014, 136(45): 15969-15976.

[27] Li K, Lin L, Peng T, et al. Asymmetric zinc porphyrin-sensitized nanosized TiO_2 for efficient visible-light-driven CO_2 photoreduction to CO/CH_4. Chem Commun, 2015, 51(62): 12443-12446.

[28] Huang H, Lin J, Zhu G, et al. A long-lived mononuclear cyclopentadienyl ruthenium complex grafted onto anatase TiO_2 for efficient CO_2 photoreduction. Angew Chem Int Ed, 2016, 128(29): 8454-8458.

[29] Bae K L, Kim J, Lim C K, et al. Colloidal zinc oxide-copper(I) oxide nanocatalysts for selective aqueous photocatalytic carbon dioxide conversion into methane. Nat Commun, 2017, 8(1): 1156.

[30] Li H, Gao Y, Zhou Y, et al. Construction and nanoscale detection of interfacial charge transfer of elegant Z-scheme WO_3/Au/In_2S_3 nanowire arrays. Nano Lett, 2016, 16(9): 5547-5552.

[31] Sekizawa K, Maeda K, Domen K, et al. Artificial Z-scheme constructed with a supramolecular metal complex and semiconductor for the photocatalytic reduction of CO_2. J Am Chem Soc, 2013, 135(12): 4596-4599.

[32] Yan S C, Ouyang S X, Gao J, et al. A room-temperature reactive-template route to mesoporous $ZnGa_2O_4$ with improved photocatalytic activity in reduction of CO_2. Angew Chem Int Ed, 2010, 122(36): 6544-6548.

[33] Yan S, Yu H, Wang N, et al. Efficient conversion of CO_2 and H_2O into hydrocarbon fuel over $ZnAl_2O_4$-modified mesoporous ZnGaNO under visible light irradiation. Chem Commun, 2012, 48(7): 1048-1050.

[34] Guan G, Kida T, Harada T, et al. Photoreduction of carbon dioxide with water over $K_2Ti_6O_{13}$ photocatalyst combined with Cu/ZnO catalyst under concentrated sunlight. Appl Catal A: Gen, 2003, 249(1): 11-18.

[35] Arakawa H, Sayama K. Solar hydrogen production. Significant effect of Na_2CO_3 addition on water splitting using simple oxide semiconductor photocatalysts. Catal Surv JPN, 2000, 4(1): 75-80.

[36] Chen D, Xing H, Wang C, et al. Highly efficient visible-light-driven CO_2 reduction to formate by a new anthracene-based zirconium MOF via dual catalytic routes. J Mater Chem A, 2016, 4(7): 2657-2662.

[37] Xu H Q, Hu J, Wang D, et al. Visible-light photoreduction of CO_2 in a metal-organic framework: boosting electron-hole separation via electron trap states. J Am Chem Soc, 2015, 137(42): 13440-13443.

[38] Dhakshinamoorthy A, Asiri A M, García H. Metal-organic framework (MOF) compounds: photocatalysts for redox reactions and solar fuel production. Angew Chem Int Ed, 2016, 55(18): 5414-5445.

[39] Zeng L, Guo X, He C, et al. Metal-organic frameworks: versatile materials for heterogeneous photocatalysis. ACS Catal, 2016, 6(11): 7935-7947.

[40] Li Y, Xu H, Ouyang S, et al. Metal-organic frameworks for photocatalysis. Phys Chem Chem Phys, 2016, 18(11): 7563-7572.

[41] Fu Y, Sun D, Chen Y, et al. An amine-functionalized titanium metal-organic framework photocatalyst with visible-light-induced activity for CO_2 reduction. Angew Chem Int Ed, 2012, 124(14): 3420-3423.

[42] Sun D, Liu W, Fu Y, et al. Noble metals can have different effects on photocatalysis over metal-organic frameworks (MOFs): a case study on M/NH_2-MIL-125 (Ti) (M= Pt and Au). Chem-Eur J, 2014, 20(16): 4780-4788.

[43] Sun D, Fu Y, Liu W, et al. Studies on photocatalytic CO_2 reduction over NH_2-Uio-66 (Zr) and its derivatives: towards a better understanding of photocatalysis on metal-organic frameworks. Chem-Eur J, 2013, 19(42): 14279-14285.

[44] Wang D, Huang R, Liu W, et al. Fe-based MOFs for photocatalytic CO_2 reduction: role of coordination unsaturated sites and dual excitation pathways. ACS Catal, 2014, 4(12): 4254-4260.

[45] Zhang H, Wei J, Dong J, et al. Efficient visible-light-driven carbon dioxide reduction by a single-atom implanted metal-organic framework. Angew Chem Int Ed, 2016, 128(46): 14522-14526.

[46] Ong W J, Tan L L, Ng Y H, et al. Graphitic carbon nitride (g-C_3N_4)-based photocatalysts for artificial photosynthesis and environmental remediation: are we a step closer to achieving sustainability? Chem Rev, 2016, 116(12): 7159-7329.

[47] Zhang J, Chen X, Takanabe K, et al. Synthesis of a carbon nitride structure for visible-light catalysis by copolymerization. Angew Chem Int Ed, 2010, 49(2): 441-444.

[48] Zhang J, Zhang G, Chen X, et al. Co-monomer control of carbon nitride semiconductors to optimize hydrogen evolution with visible light. Angew Chem Int Ed, 2012, 124(13): 3237-3241.

[49] Mao J, Peng T, Zhang X, et al. Effect of graphitic carbon nitride microstructures on the activity and selectivity of photocatalytic CO_2 reduction under visible light. Catal Sci Technol, 2013, 3(5): 1253-1260.

[50] Qin J, Wang S, Ren H, et al. Photocatalytic reduction of CO_2 by graphitic carbon nitride polymers derived from urea and barbituric acid. Appl Catal B: Environ, 2015, 179: 1-8.

[51] Niu P, Yang Y, Yu J C, et al. Switching the selectivity of the photoreduction reaction of carbon dioxide by controlling the band structure of a g-C_3N_4 photocatalyst. Chem Commun, 2014, 50(74): 10837-10840.

[52] Huang Y, Wang Y, Bi Y, et al. Preparation of 2D hydroxyl-rich carbon nitride nanosheets for photocatalytic reduction of CO_2. RSC Adv, 2015, 5(42): 33254-33261.

[53] Liu G, Niu P, Sun C H, et al. Unique electronic structure induced high photoreactivity of sulfur-doped graphitic C_3N_4. J Am Chem Soc, 2010, 132(33): 11642-11648.

[54] Wang K, Li Q, Liu B, et al. Sulfur-doped g-C_3N_4 with enhanced photocatalytic CO_2-reduction performance. Appl Catal B: Environ, 2015, 176: 44-52.

[55] Ong W J, Tan L L, Chai S P, et al. Heterojunction engineering of graphitic carbon nitride (g-C_3N_4) via Pt loading with improved daylight-induced photocatalytic reduction of carbon dioxide to methane. Dalton Transactions, 2015, 44(3): 1249-1257.

[56] Cao S W, Liu X F, Yuan Y P, et al. Solar-to-fuels conversion over In_2O_3/g-C_3N_4 hybrid photocatalysts. Appl Catal B: Environ, 2014, 147: 940-946.

[57] Raziq F, Qu Y, Zhang X, et al. Enhanced cocatalyst-free visible-light activities for photocatalytic fuel production of g-C_3N_4 by trapping holes and transferring electrons. J Phys Chem C, 2015, 120(1): 98-107.

[58] Li M, Zhang L, Wu M, et al. Mesostructured CeO_2/g-C_3N_4 nanocomposites: remarkably enhanced photocatalytic activity for CO_2 reduction by mutual component activations. Nano Energy, 2016, 19: 145-155.

[59] Ohno T, Murakami N, Koyanagi T, et al. Photocatalytic reduction of CO_2 over a hybrid photocatalyst composed of WO_3 and graphitic carbon nitride (g-C_3N_4) under visible light. J CO_2 Util, 2014, 6: 17-25.

[60] Li M, Zhang L, Fan X, et al. Highly selective CO_2 photoreduction to CO over g-C_3N_4/Bi_2WO_6 composites under visible light. J Mater Chem A, 2015, 3(9): 5189-5196.

[61] He Y, Zhang L, Teng B, et al. New application of Z-scheme Ag_3PO_4/g-C_3N_4 composite in converting CO_2 to fuel. Environ Sci Technol, 2014, 49(1): 649-656.

[62] Kuriki R, Sekizawa K, Ishitani O, et al. Visible-light-driven CO_2 reduction with carbon nitride: enhancing the activity of ruthenium catalysts. Angew Chem Int Ed, 2015, 54(8): 2406-2409.

[63] Lin J, Pan Z, Wang X. Photochemical reduction of CO_2 by graphitic carbon nitride polymers. ACS Sustain Chem Eng, 2013, 2 (3) : 353-358.

[64] Sekizawa K, Maeda K, Domen K, et al. Artificial Z-scheme constructed with a supramolecular metal complex and semiconductor for the photocatalytic reduction of CO_2. J Am Chem Soc, 2013, 135 (12) : 4596-4599.

[65] Yuan Y P, Cao S W, Liao Y S, et al. Red phosphor/g-C_3N_4 heterojunction with enhanced photocatalytic activities for solar fuels production. Appl Catal B: Environ, 2013, 140: 164-168.

[66] Huang C, Chen C, Zhang M, et al. Carbon-doped BN nanosheets for metal-free photoredox catalysis. Nat Commun, 2015, 6: 7698.

[67] Sastre F, Puga A V, Liu L, et al. Complete photocatalytic reduction of CO_2 to methane by H_2 under solar light irradiation. J Am Chem Soc, 2014, 136 (19) : 6798-6801.

[68] Sakimoto K K, Wong A B, Yang P D. Self-photosensitization of nonphotosynthetic bacteria for solar-to-chemical production. Science, 2016, 351 (6268) : 74-77.

[69] Reece S Y, Hamel J A, Sung K, et al. Wireless solar water splitting using silicon-based semiconductors and earth-abundant catalysts. Science, 2011, 334 (6056) : 645-648.

[70] Liu C, Colón B C, Ziesack M, et al. Water splitting-biosynthetic system with CO_2 reduction efficiencies exceeding photosynthesis. Science, 2016, 352 (6290) : 1210-1213.

[71] Halmann M. Photoelectrochemical reduction of aqueous carbon dioxide on p-type gallium phosphide in liquid junction solar cells. Nature, 1978, 275 (5676) : 115-116.

[72] Aurian-Blajeni B, Halmann M, Manassen J. Electrochemical measurement on the photoelectrochemical reduction of aqueous carbon dioxide on *p*-Gallium phosphide and *p*-Gallium arsenide semiconductor electrodes. Solar Energy Materials, 1983, 8 (4) : 425-440.

[73] Yoneyama H, Sugimura K, Kuwabata S. Effects of electrolytes on the photoelectrochemical reduction of carbon dioxide at illuminated p-type cadmium telluride and p-type indium phosphide electrodes in aqueous solutions. J Electroanal chem Interfac, 1988, 249 (1-2) : 143-153.

[74] Magesh G, Kim E S, Kang H J, et al. A versatile photoanode-driven photoelectrochemical system for conversion of CO_2 to fuels with high faradaic efficiencies at low bias potentials. J Mater Chem A, 2014, 2 (7) : 2044-2049.

[75] Wang L, Jia Y, Nie R, et al. Ni-foam-supported and amine-functionalized TiO_2 photocathode improved photoelectrocatalytic reduction of CO_2 to methanol. J Catal, 2017, 349: 1-7.

[76] Asadi M, Kim K, Liu C, et al. Nanostructured transition metal dichalcogenide electrocatalysts for CO_2 reduction in ionic liquid. Science, 2016, 353 (6298) : 467-470.

[77] Seo H, Liu A, Jamison T F. Direct β-selective hydrocarboxylation of styrenes with CO_2 enabled by continuous flow photoredox catalysis. J Am Chem Soc, 2017, 139 (40) : 13969-13972.

[78] Martin R, Yatham V R, Shen Y. Catalytic intermolecular dicarbofunctionalization of styrenes with CO_2 and radical precursors. Angew Chem Int Ed, 2017, 56 (36) : 10915-10919.

[79] Seo H, Katcher M H, Jamison T F. Photoredox activation of carbon dioxide for amino acid synthesis in continuous flow. Nat Chem, 2017, 9 (5) : 453-456.

[80] Ye J H, Miao M, Huang H, et al. Visible-ight-driven Iron-promoted thiocarboxylation of styrenes and acrylates with CO_2. Angew Chem Int Ed, 2017, 56 (48) : 15416-15420.

[81] Masuda Y, Ishida N, Murakami M. Light-driven carboxylation of *o*-alkylphenyl ketones with CO_2. J Am Chem Soc, 2015, 137 (44) : 14063-14066.

[82] Shimomaki K, Murata K, Martin R, et al. Visible-light-driven carboxylation of aryl halides by the combined use of palladium and photoredox catalysts. J Am Chem Soc, 2017, 139(28): 9467-9470.

[83] Meng Q Y, Wang S, König B. Carboxylation of aromatic and aliphatic bromides and triflates with CO_2 by dual visible-light-nickel catalysis. Angew Chem Int Ed, 2017, 56(43): 13426-13430.

[84] Wang M Y, Cao Y, Liu X, et al. Photoinduced radical-initiated carboxylative cyclization of allyl amines with carbon dioxide. Green Chem, 2017, 19(5): 1240-1244.

第 6 章 二氧化碳合成聚合物

利用 CO_2 作原料直接合成高分子是 CO_2 资源化利用的重要方面。由 CO_2 制备聚合物的研究始于 1969 年，由 CO_2 和环氧丙烷共聚合成了交替型脂肪族聚碳酸酯。自此，利用 CO_2 制备聚合物的研究发展迅速，制备了不同种类的酯类高分子材料[1]。尤其，随着共聚技术的发展和高效催化剂体系的不断开发成功，利用 CO_2 制备聚合物材料已进入产业化阶段，成为高分子合成化学的重大成就之一。本章主要介绍 CO_2 与环氧化物、胺类化合物、氮杂环丙烷、炔烃、二元胺、二卤化物、环硫化物、二烯烃等发生共聚或缩聚反应，合成聚碳酸酯、聚氨酯、聚脲等聚合物的研究成果。

6.1 聚碳酸酯

聚碳酸酯(polycarbonate，PC)是分子主链中含有碳酸酯基(—OR—CO—O—)链节的热塑性树脂。根据主链的结构差异，可以分为脂肪族聚碳酸酯、芳香族聚碳酸酯及脂肪-芳香族聚碳酸酯三类。芳香族聚碳酸酯由于苯环和碳酸酯基共存，具有突出的抗冲击能力、使用温度范围广(100～130℃)、可长期使用、稳定性好、绝缘性能优良等特点，广泛应用于建筑业、汽车工业、电器工业、玻璃装配业等。传统的芳香族聚碳酸酯的制备工艺一般使用剧毒的光气、苯酚及大量的有机试剂，对反应设备有特殊的要求，同时不可避免地对环境造成污染。基于 CO_2 资源化制备芳香族聚碳酸酯能避免使用光气。以双酚 A 型聚碳酸酯的制备为例，首先由 CO_2 合成碳酸二甲酯[式(6.1)]，然后通过酯交换得到碳酸二苯酯[式(6.2)]，再与双酚 A 酯交换制备双酚 A 型聚碳酸酯[式(6.3)]。该技术是环境友好的绿色技术，对于高分子合成化学、碳资源的利用和环境保护均具有重大意义。

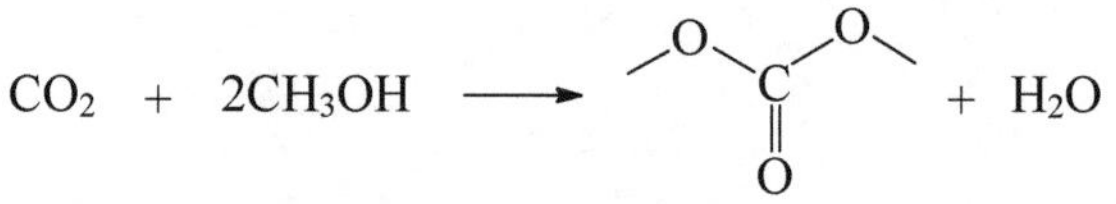

(6.1)

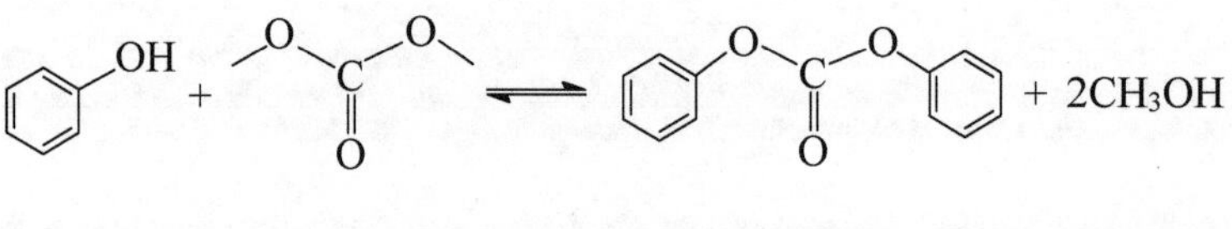

(6.2)

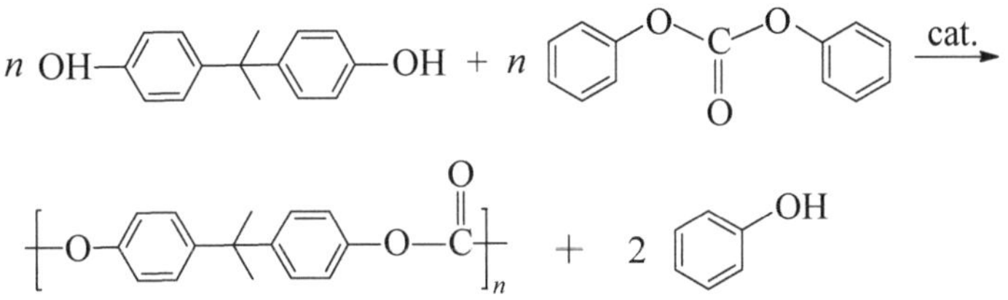

(6.3)

脂肪族聚碳酸酯具有生物可降解、不污染环境的独特优势，因此广泛用于生产一次性包装材料、一次性餐具、板材等。脂肪族聚碳酸酯可由 CO_2 与环氧化物在催化条件下共聚直接获得[式(6.4)]，工艺路线简单。自 1969 年 Inoue 等首次报道 CO_2 与环氧化物共聚生成脂肪族聚碳酸酯以来[1]，关于 CO_2 路线的脂肪族聚碳酸酯合成的基础研究和技术开发受到广泛关注，在新合成路线、催化剂设计、机理研究、工艺开发等方面均取得重要进展，并获得了性能优良的脂肪族聚碳酸酯材料，包括聚碳酸亚乙基酯(PEC)、聚甲基乙撑碳酸酯(PPC)和聚碳酸环己烯酯(PCHC)等。环氧化物来源广泛，种类繁多，因此通过 CO_2 与环氧化物反应可获得不同结构和性能的脂肪族聚碳酸酯。迄今用于聚碳酸酯合成的环氧化物主要有环氧乙烷、环氧丙烷、环氧己烷、环氧氯丙烷、环氧丁烷、氧化苯乙烯等。环氧化物结构和性质的差异，合成聚合物所需催化体系、反应条件及反应机制等均有所不同，导致材料性能差别很大。根据环氧化物的不同，以下主要介绍脂肪族聚碳酸酯的发展状况。

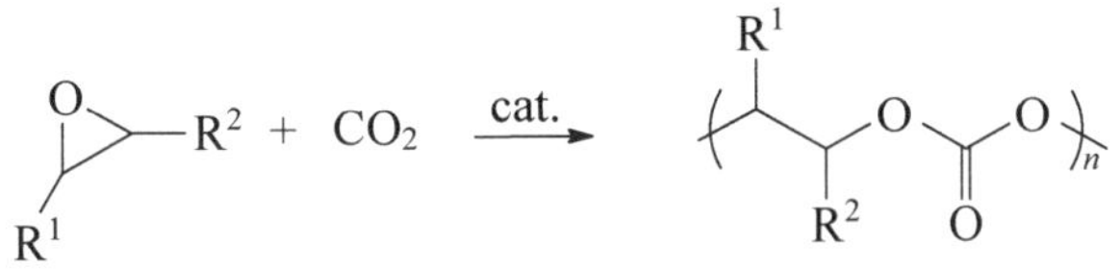

(6.4)

6.1.1　CO_2 与环氧乙/丙/己烷共聚

高分子材料的性能取决于其分子链结构和凝聚态结构。对于脂肪族聚碳酸酯，结构中脂肪醚链的存在使得材料的极性减小，柔性增大，导致其强度低于芳香族聚碳酸酯强度。但也正是因为主链中没有刚性的芳香基团，使其具有良好的生物降解性。脂肪族聚碳酸酯的机械性能受分子量和结晶度影响。一般地，分子量低的材料，其拉伸强度和冲击强度都低，而分子量增大则有利于提高材料的拉伸强度和冲击强度。但分子量超过一定数值后，其拉伸强度增加变小，而冲击强度则会继续增大。结晶度增加有利于提高拉伸强度、弯曲强度和弹性模量。但是结晶度过高，则导致冲击强度和断裂伸长率降低，使聚合物材料变脆。基于 CO_2 与环氧化物反应合成的脂肪族聚碳酸酯，其分解温度一般在 180～200℃以上，封端能增加共聚物的热稳定性。例如，将端羟基转化为 O—S 键、O—C 键、O—P 键或 O—N 键，聚合物的分解温度可从 210℃提高至～250℃。因此，要得到性能优良的聚碳酸酯需综合考虑聚合单体、催化剂的催化效率、聚合物的数均分子量(M_n)和分子量分散指数(PDI)、醚链或者碳酸酯链的比例、区域规整性、玻璃化温度(T_g)、熔融温度(T_m)等。

烷基金属[如二乙基锌($ZnEt_2$)]催化环氧乙烷和 CO_2 共聚制备 PEC 是最早报道的由 CO_2 合成聚碳酸酯的反应，其反应机理如图 6.1 所示。首先，共聚单体环氧乙烷取代烷基金属的一个配体与金属配位，然后被 Lewis 酸金属中心活化，通过合适的引发剂亲核进攻，开环形成醇盐，再与 CO_2 反应形成碳酸盐。该碳酸盐作为环氧乙烷开环的亲核试剂，不断与环氧乙烷和 CO_2 反应，促进链增长，进而获得聚合物 PEC。同时，当聚碳酸酯或者醇盐发生回咬反应时，生成副产物环状碳酸酯。该反应体系研究较早且比较成熟，烷基锌是催化该反应的有效催化剂之一。由 $ZnEt_2$-H_2O、$ZnEt_2$-乙二醇体系催化得到的 PEC 碳酸酯含量高，PDI 值小，但其分子量相对较低。而双金属氰化物催化剂，如 $Zn_3[Co(CN)_6]_2$[2]，可以通过控制反应温度和压力获得较高的数均分子量(2.7～247kg · mol^{-1})。

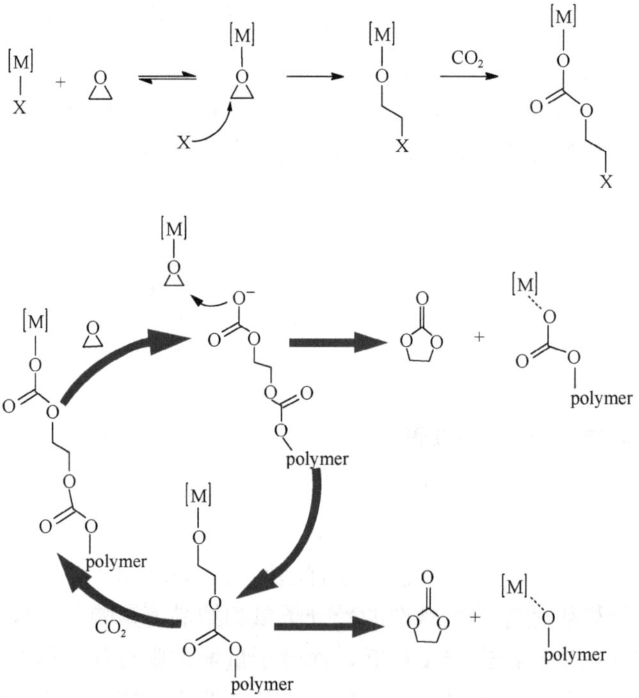

图 6.1 CO_2 和环氧化物共聚的链引发、增长步骤的反应机理示意图

polymer 表示聚合物

在众多 CO_2 与环氧化物共聚反应中，最具代表性的是 CO_2 与环氧丙烷(PO)共聚[式(6.5)]生成聚丙烯碳酸酯(PPC)，以及与环氧环己烯(CHO)共聚[式(6.6)]生成聚环己烯碳酸酯(PCHC)的反应。实现共聚反应的关键是催化剂，迄今已经

发展了众多高效催化体系，包括均相和多相催化体系，实现了对聚合物分子量(M_n或 M_w)、PDI、热力学性能和机械性能的有效调控。以下按催化体系的分类，介绍 CO_2 与 PO 或 CHO 共聚的研究成果。

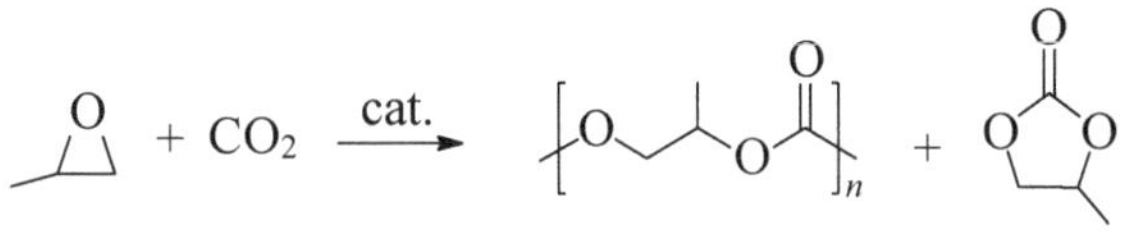

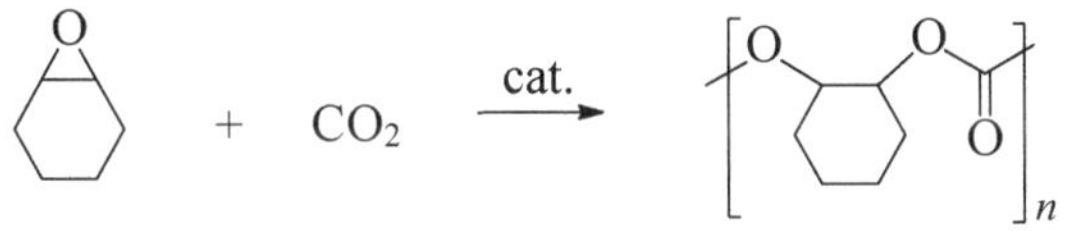

1. 均相催化体系

1) Zn 配合物催化剂

最早报道的催化体系是 $ZnEt_2$-H_2O 混合物(1∶1)，在 80℃和 5～6MPa 压力下，可催化环氧化物(包括环氧乙烷、PO、环氧苯乙烯和环氧氯丙烷)与 CO_2 共聚，TOF 很低(只有 $0.12h^{-1}$)，产生低分子量的聚碳酸酯[1]。20 世纪 70 年代和 80 年代研究了多种基于 $ZnEt_2$ 的催化体系，如 $ZnEt_2$ 与含有两个或两个以上活泼氢化合物(包括 1,2,3-联苯三酚、间苯二酚、叔丁基邻苯二酚、伯胺、氨基酚、二元羧酸等)组成的催化体系，但这类催化体系普遍效率低，对水分敏感，反应操作难度大。而且，难以确定催化剂的活性位点，影响了它们的推广使用。

1978 年，报道了一种均相催化剂——四苯基卟啉铝配合物(图 6.2)，它对催化 PO 或 CHO 与 CO_2 的共聚反应均具有活性。以 $EtPh_3PBr$ 为助催化剂，可以得到分子量在 3500～6000 之间、PDI 低于 1.10 的共聚物，但反应时间长(13d 才能完成反应)[3]。双苯氧基锌配合物催化剂的发现是高效催化环氧化合物与 CO_2 共聚反应的一次重大突破。该类催化剂因苯环上取代基及其他配体等结构的不同，催化性能产生较大差别。当苯酚环上没有取代基时，获得的聚合物具有很高的 PDI (可能是由于催化剂发生聚集)，并且这种催化剂有利于环氧化物均聚反应，导致

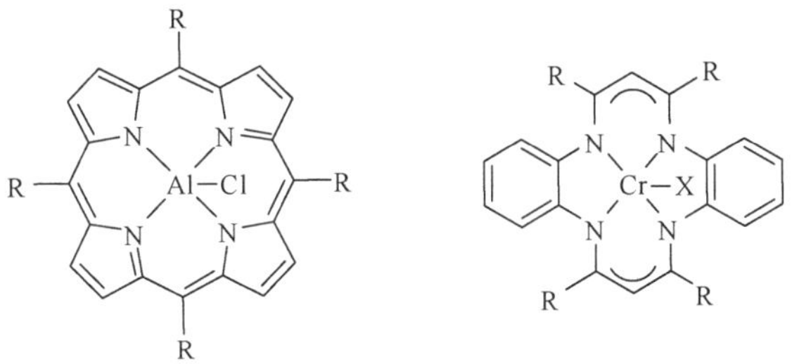

图 6.2 用于催化环氧烷烃与 CO_2 共聚反应的金属卟啉类配合物

聚醚的比例较高。当酚羟基邻位连有两个较大的取代基时，催化剂活性中心具有一定的空间位阻，有利于 CO_2 和环氧化物交替共聚，能大大降低聚醚在聚合物中的比例。当反应体系中加入其他供电子配体(如 PR_3、THF、THT)与金属锌配位时，催化剂的新配体阻碍了环氧环己烯的插入，即减少了其均聚发生的概率。

1998 年，报道了一类比苯氧基锌活性更高的 *β*-二亚胺锌催化体系(*β*-二亚胺，BDI)，其部分结构列于图 6.3 中。该类催化剂对 CO_2 与 CHO 交替共聚有很好的催化效果，并且反应条件温和，可以得到分子量高、PDI 分布窄的共聚物。但是，该类催化剂对环氧化物的均聚没有催化活性，因而得到聚合物中交替结构含量很高。例如，图 6.3 中催化剂 **3**，催化 CHO 与 CO_2 共聚反应 2h 后，即可得到分子量为 $213kg \cdot mol^{-1}$、PDI 为 1.07、交替结构含量达到 95%的聚环己烷碳酸酯[4]。需要指出的是，这类催化剂多数不能催化 CO_2 与 PO 共聚。

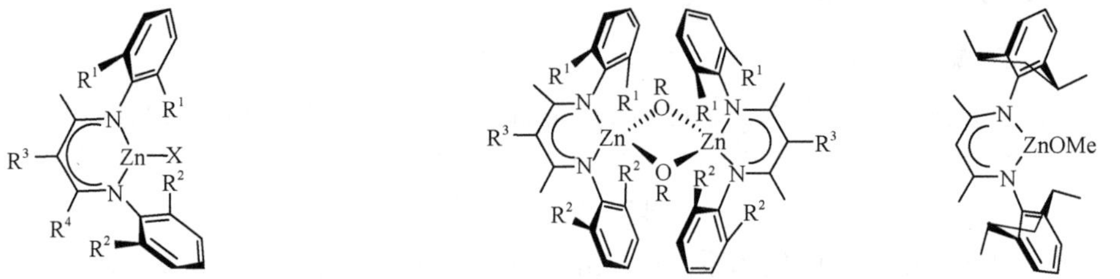

1 **2** **3**

a：R^1=^{i}Pr, R^2=^{i}Pr, R^3=H, R^4=Me, X=OMe
b：R^1=^{i}Pr, R^2=^{i}Pr, R^3=H, R^4=Me, X=OAc
c：R^1=^{i}Pr, R^2=^{i}Pr, R^3=H, R^4=Me, X=N$(SiMe_3)_2$
d：R^1=Et, R^2=^{i}Pr, R^3=H, R^4=CF_3, X=OAc
e：R^1=^{i}Pr, R^2=Et, R^3=H, R^4=CN, X=OAc

a：R^1=^{i}Pr, R^2=^{i}Pr, R^3=H, R=Me
b：R^1=Et, R^2=Et, R^3=H, R=Me
c：R^1=^{i}Pr, R^2=Et, R^3=H, R=^{i}Pr
d：R^1=^{i}Pr, R^2=Et, R^3=CN, R=Me
e：R^1=^{i}Pr, R^2=Me, R^3=CN, R=Me

图 6.3　部分 *β*-二亚胺锌催化剂结构

β-二亚胺锌催化体系的出现使催化剂研究进入单活性中心、高活性阶段，使 CO_2 共聚机理研究前进一步。研究发现其催化活性不仅取决于与氧相连的基团，而且与配体的结构(位阻效应、电子效应等)密切相关。随着中心金属锌原子的缺电子程度增加，催化剂活性增加，这可能与环氧化物的开环配位有关。但随着亚胺配体上取代基的体积增大，催化剂的活性下降。通过对双亚胺配体进行修饰，可提高其催化效率。当配体不同时，其反应机理也会有所差别。图 6.4 所示为不同催化剂催化 CO_2 与 CHO 共聚反应的机理图。以(BDI)ZnN$(SiMe_3)_2$ 为催化剂，由于催化剂中 Zn—N 键的存在，首先 CO_2 插入 Zn—N 键中；然后—$SiMe_3$ 基团迁移到氧原子上，消去三甲基硅烷异氰酸酯，形成 Zn—O 键；CO_2 与氧化环己烯交替插入 Zn—O 键，发生交替共聚，形成聚碳酸酯。而以(BDI)ZnOAc 催化 CO_2 与 CHO 共聚，催化剂先使 CHO 的环氧环开环，形成 Zn—OR 键，然后 CO_2 插入该键中，形成 Zn—O—C(O)—OR 键，继而发生交替共聚，形成聚碳酸酯[5-6]。

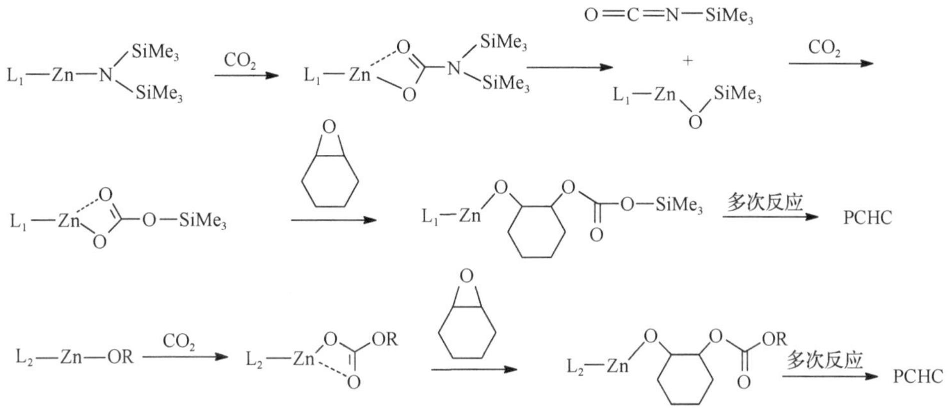

图 6.4 β-二亚胺锌的催化机理

L$_1$、L$_2$为β-二亚胺

虽然β-二亚胺锌催化体系催化 CO_2 共聚效率高，但催化剂制备工艺复杂，成本较高。如果能够进一步提高其催化活性或降低制备成本，该类催化剂将会有较好的工业应用前景。目前，β-二亚胺锌催化体系是 CO_2 共聚催化体系研究中较为活跃的方向之一。

在单锌催化剂研究基础上，发展了一系列双锌配合物催化剂，显示良好的催化性能。苯胺亚胺双锌配合物(图 6.5)应用于 CO_2/CHO 的共聚反应，显示非常高的催化活性，可获得分子量较高($90\sim280kg\cdot mol^{-1}$)、PDI 略宽(1.30～1.70)的共聚物[3,7]。由于催化剂的使用量很低，因此可获得较高的 TON。研究表明配体取代基显著影响催化剂活性。苯环上大的 R 基团与配体耦合，会降低催化剂的活性；而苯环末端 R 基团较大时，其活性反而增加。后者的活性规律与研究双亚胺锌配合物时提出的结构和活性关系相似。氟化的双金属配合物有更高的催化活性，其

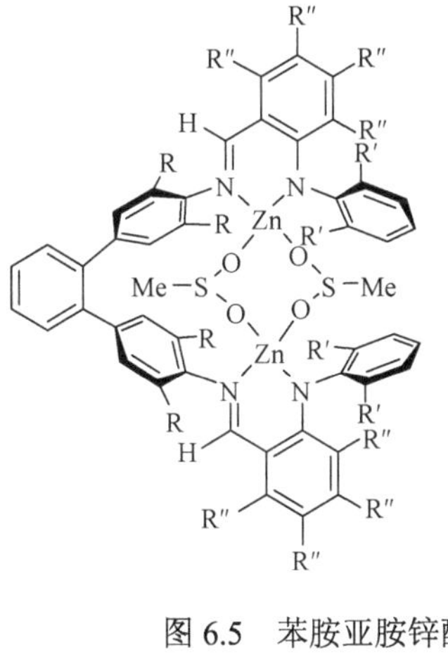

4a：R, R′=Et, R″=H
4b：R, R′=Me, R″=H
4c：R=Me, R′=^{i}Pr, R″=H
4d：R=Et, R′=Me, R″=H
4e：R=Et, R′=^{i}Pr, R″=H
4f：R=^{i}Pr, R′=Et, R″=H
5：R=Me, R′=^{i}Pr, R″=F

图 6.5 苯胺亚胺锌配合物结构

主要原因：一是吸电子的氟取代基可以降低金属中心的电子密度，促进 CO_2/环氧化物反应；二是吸电子的氟取代基可以降低苯胺氮给体的碱性，使配合物对质子杂质不敏感。这也解释了为什么较低的催化剂用量下，TON 高，并且络合物更稳定。含氟配合物催化剂可制备高分子量（>100kg·mol^{-1}）的聚合物，但聚合物的 PDI 值稍高，且碳酸酯的含量有所降低。以上苯胺亚胺双锌配合物催化剂对 CO_2/PO 共聚没有任何活性。

Trost 酚配位的双锌配合物（图 6.6）是通过配体之间的原位反应制备而得，对 CHO/CO_2 共聚反应具有中等活性。在 20atm CO_2、80℃的条件下，制备 PCHC 的 TOF 可达到 142h^{-1}。有趣的是，该催化剂在 1atm CO_2 下仍然具有活性。当用 Mg 取代 Zn 时，所得 Trost 酚配位的双镁配合物在 60℃下的 TOF 与双锌配合物 80℃下的 TOF 接近[8]。

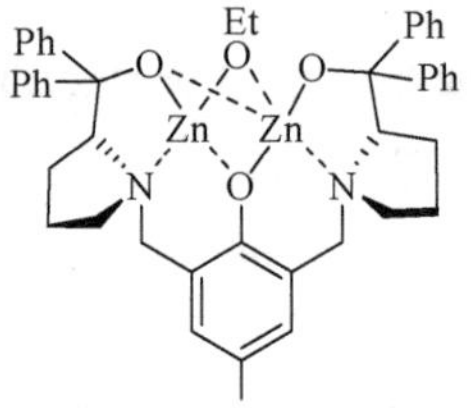

图 6.6　Trost 酚配位的双锌配合物结构

大环配体 Robson 型的双锌配合物（图 6.7 中 **1a**～**1c**）能催化常压 CO_2 与 CHO 的聚合反应，显示较高的催化活性[9-10]。苯环对位取代基对催化剂活性有重要影响。当对位取代基为供电子基团时（如 **1c**），催化剂活性显著降低。该类催化剂催化制备的聚合物，一般具有羧基、羟基和醇端基，分子量较小（3～9kg·mol^{-1}），但是 PDI 分布较窄（<1.2）。醇端基的存在可能来自催化剂与 CHO 之间的 MPVO（Meerwein-Ponndorf-Verley-Oppenauer）副反应。因此，使用 Robson 型的双锌配合物催化 CO_2 与 CHO 共聚，醇类和水是降低分子量的有效链转移试剂。

将图 6.7 中 **1a** 的锌中心位点换成二价钴获得的双钴催化剂 **2** 和双钴催化剂 **3**，对催化常压 CO_2 与 CHO 共聚反应显示更高的催化活性，生成聚合物的选择性达到 100%，聚合物分子量和 **1a** 制备的分子量接近。这些催化剂的高活性源于配体的灵活配位和两个金属中心的邻近性，二者促进了二齿羧酸链的结合，降低了 CO_2 的插入能垒。钴配合物催化活性的显著增加，是因为钴-碳酸酯增长剂的亲和效应增强，而聚合反应的决速步可能正是碳酸酯链亲核进攻环氧化物的开环过程。

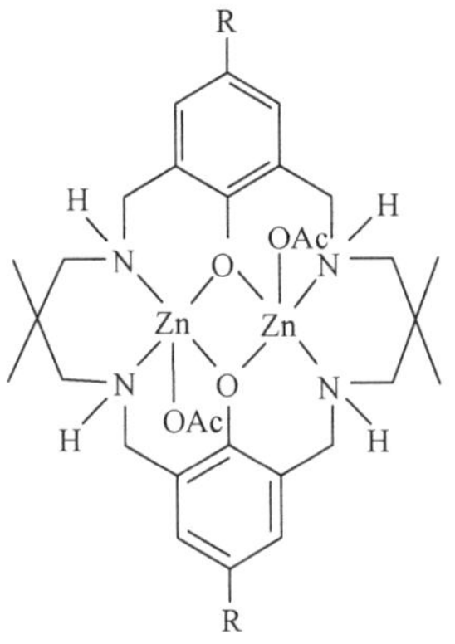

1a, R=^{t}Bu
1b, R=Me
1c, R=OMe

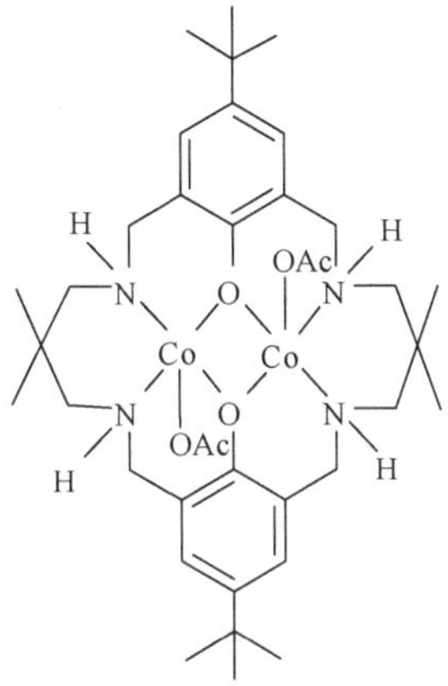

2

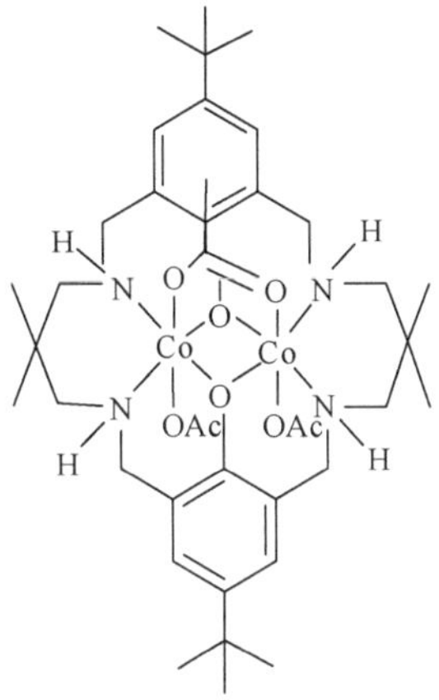

3

图 6.7　Robson 型双锌(1a～1c)和双钴(2、3)金属配合物

2) Salen 催化剂

Salen 的中心位置有 O、N、N、O 四个原子，可以作为某些金属(M=Ti、Zr、Fe、Mn、Ni、V、Cu、Co、Cr、Zn、Al、Sm 等)的配体，形成 M-Salen，称为 Salen-金属。对 Salen 配体进行结构修饰，可获得性能不同的 Salen-金属配合物。Salen 配体一般只占据金属平面内的四个配位，而把轴向配位空出。图 6.8 和 6.9 中所示为常用于催化 CO_2/环氧化物共聚的 Salen-Cr、Salen-Co 配合物。

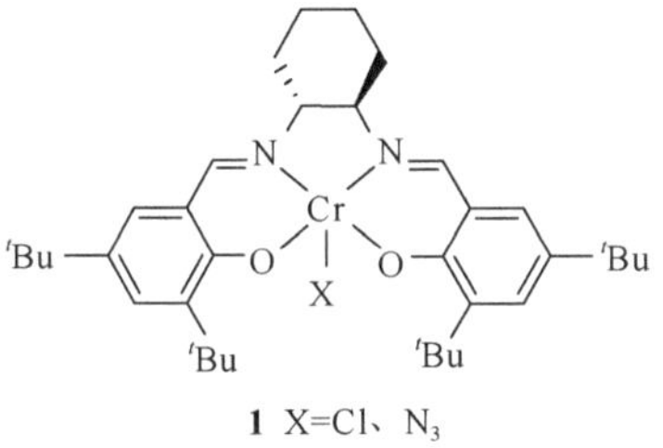

1 X=Cl、N_3

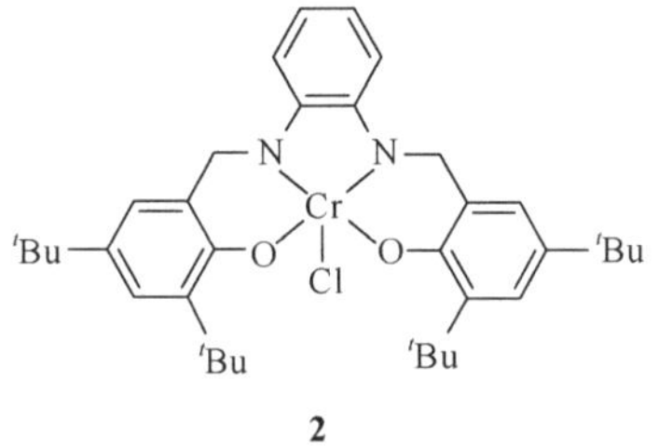

2

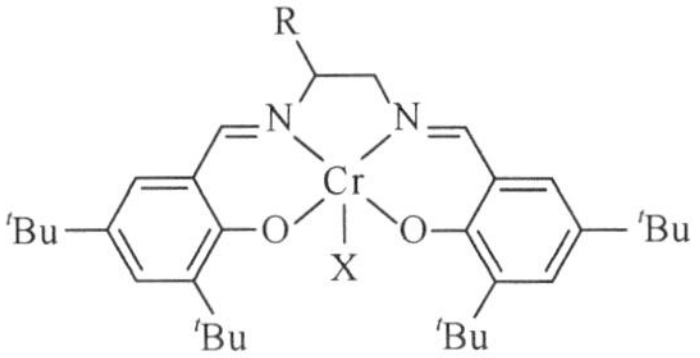

3

3a R=CH_3, X=NO_3
3b R=H, X=NO_3
3c R=CH_3, X=Cl
3d R=H, X=Cl

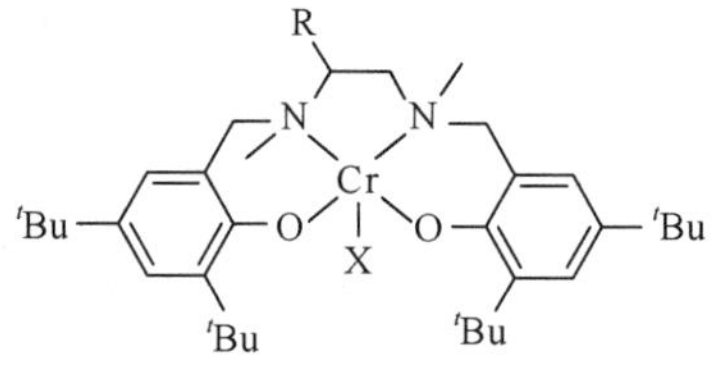

4

4a R=CH_3, X=NO_3
4b R=H, X=NO_3
4c R=CH_3, X=Cl
4d R=H, X=Cl
4e R=H, X=N_3

图 6.8 (Salen) CrX (1～3) 和 (Salan) CrX (4) 催化剂结构式

(Salen) CrX 催化剂能够有效催化环氧化物与 CO_2 的共聚反应。Darensbourg 和 Yarbrough 利用图 6.8 所示的 (Salen) CrX 催化剂研究了 CO_2 与 CHO 共聚反应，考察了配体取代基和助催化剂对催化活性及聚合物的影响[11]。图 6.8 中催化剂 (Salen) CrCl 单独使用时，在 80℃、5.9MPa CO_2 下，得到聚合物的 PDI=1.2，M_n = 8.9kg · mol^{-1}，TOF 达到 10.4h^{-1}，碳酸酯链节含量接近 100%[11]。而由催化剂 1 (Salen) CrCl 和 *N*-甲基咪唑 (*N*-MeIm) 组成的双组分催化体系，可大大提高 CHO 与 CO_2 共聚反应的速度，TON 和 TOF 分别增加 3 倍以上。其可能的原因是，*N*-MeIm 与 (Salen) CrCl 轴向空位结合，增加了金属中心的亲核性，从而加快了 CHO 的开环，以及随后的 CO_2 插入速率[12]。图 6.8 中配合物 (Salen) CrN_3 和 [PPN]N_3 (PPN=双三苯基膦胺) 组成的双组分催化体系[13]，在 80℃、3.5MPa CO_2 下，催化 CHO 与 CO_2 共聚的 TOF 的最大值达到了 1153h^{-1}。这些催化剂还可以用于 PO 与 CO_2 的共聚反应。例如，利用配合物[(Salen) CrCl]和 4-二甲氨基吡啶组成的双组分催化体系催化 CO_2 与 PO 共聚，在 75℃、3.5MPa CO_2 条件下，聚合物的 PDI =1.38，M_n 约为 16.7kg · mol^{-1}，而 TOF 达到 160h^{-1}，碳酸酯链节含量为 98%[14]。

图 6.8 中催化剂 4 的 Salan 配体是 Salen 配体的还原形式，在 CO_2 共聚反应中得到应用。以 DMAP 为助催化剂，(Salan) CrX 配合物 (图 6.8，4a～4d) 催化 PO/CO_2 的聚合反应，其效率比相应的 Salen 配合物 (图 6.8，3a～3d) 的活性高出约 30 倍[15]。与 (Salen) CrX 催化剂不同，(Salan) CrX 催化剂无需反应诱发时间。其高活性的主要原因是 Salan 配体中 sp^3 杂化的氨基给体降低了中心金属的亲电性，从而促进了环氧化物和 DMAP 的可逆结合。不同取代基的催化剂和不同的助催化剂会产生不同的催化效果。例如，图 6.8 中 4a 对外消旋 PO 的聚合反应有很好的立体选择性和区域选择性，可制备高规整的 PPC。而图 6.8 中 4e 和 [PPN]N_3 对 CHO 和 PO 与 CO_2 的共聚反应及三聚反应均有活性。

(Salen) CoX 配合物 (图 6.9) 比相应的 (Salen) CrX 配合物有更高的催化活性和聚合物选择性，特别是能很好地催化 CO_2 与 PO 的共聚反应。图 6.9 中配合物 (Salen) Co (OAc) 是最早报道的 (Salen) CoX 催化剂，以图 6.9 中 1 和 2 为催化剂，在室温、5.5MPa CO_2 压力下催化 PO 与 CO_2 共聚，这两种催化剂表现了中等活性，其 TOF 分别为 $71h^{-1}$ 和 $81h^{-1}$，对 PPC 的选择性均在 99%以上。其中，1 为催化剂时，聚合物中碳酸酯键的含量高于 99%，但 M_n 较低，仅为 $6.9kg \cdot mol^{-1}$，PDI 较宽(1.58)；2 为催化剂时，聚合物中含有 95%的碳酸酯键，M_n 达到了 $15.3kg \cdot mol^{-1}$，PDI=1.22。当在该催化体系中加入助催化剂($^nBu_4NX$)时，其催化活性明显提升，TOF 增大到 $257h^{-1}$[16]。研究表明，当钴催化剂单独使用时，每个钴中心有一条共聚物链生长；而当使用助催化剂时，由于共同催化剂的引发，每个钴中心有两条共聚物链生长。

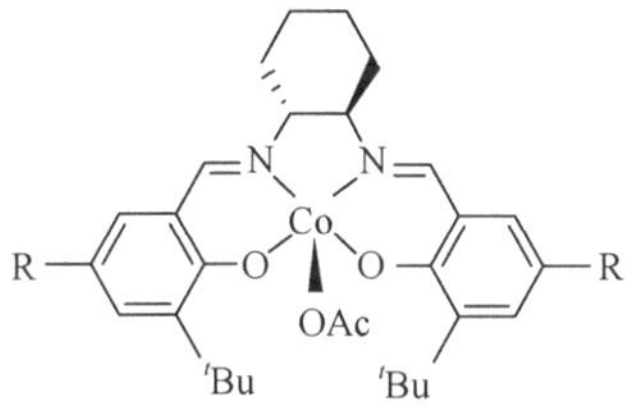

1: R=ᵗBu
2: R=Br

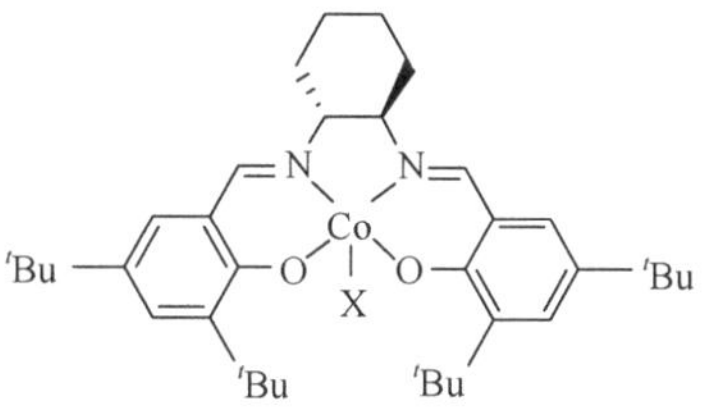

3: X=2,4-dinitrophenolate(DNP)

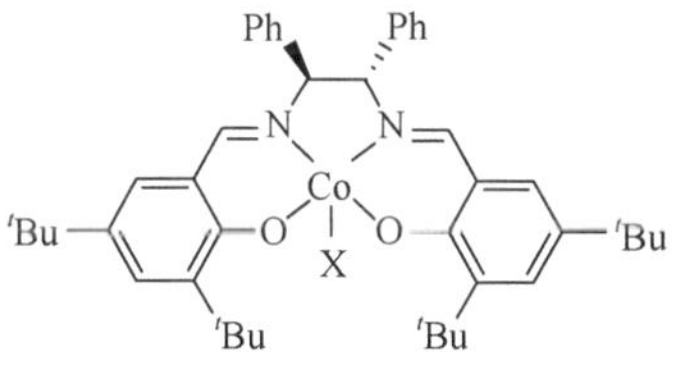

4: X=DNP

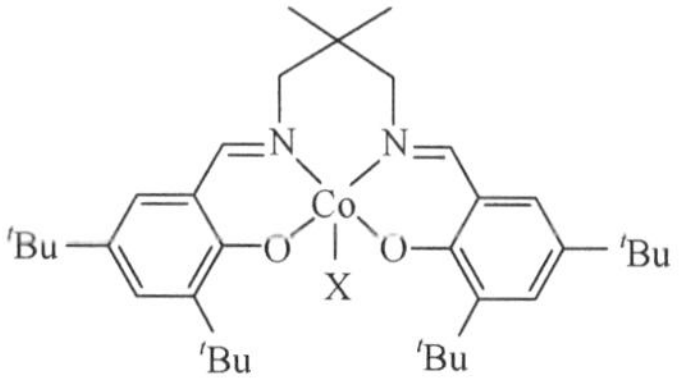

5: X=DNP

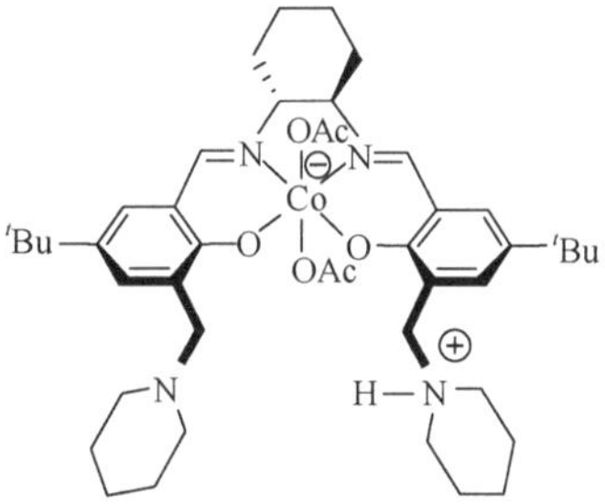

6

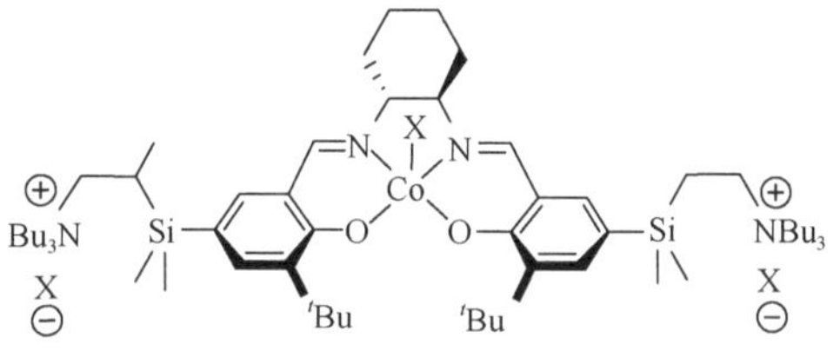

7: X=DNP

图 6.9　(Salen)CoX 催化剂结构式

与(Salen)Cr 催化剂类似，(Salen)Co 配合物通常需要与助催化剂构成双组分体系，才有更好的催化性能。Salen 配体取代基、引发基团(如 Cl、Br、NO_3、ClO_4)及助催化剂[包括 R_4NX、[PPN]X、MeIm、7-甲基-1,5,7-三氮杂二环[4.4.0]癸-5-烯(MTBD)]均对催化活性和聚合物结构有重要影响。例如，图 6.9 中配合物 3 单独使用，对共聚反应没有活性；而与不同类型的助催化剂构成双组分催化体系，则显示良好的催化性能。离子型助催化剂(如[PPN]Cl)与配合物 3 构成双组分催化剂，能有效催化 PO/CO_2 共聚，但是环状碳酸酯副产物的大量生成，导致聚合物的分子量较低，这一结果与(Salen)Cr 催化剂的结果一致。理想的离子型助催化剂由大的阳离子和离域能力差的亲核阴离子构成，可获得较好的催化活性和聚合物选择性。当采用中性的 Lewis 碱作助催化剂时，体积大的亲核试剂的体积越大，是非常高效的助催化剂，且有很高的对映选择性。例如，MTBD 或[PPN]Cl 能大大提高催化体系的活性，但是用量不宜过高，否则会导致共聚物分子量下降。当采用无位阻效应的碱(如 MeIm)时，由于该碱与金属中心结合力很强，阻碍了环氧化物与金属的结合，催化体系完全失活。即便体系中再加入有活性的助催化剂(如 MTBD 和[PPN]Cl)，该体系仍然没有活性。

(Salen)Co 和(Salen)Cr 的催化机理类似。催化剂与助催化剂形成的共聚物链可以分解，其本身作为亲核试剂，使环氧化物开环。在中性和离子型助催化剂存在情况下，聚合物分子量和共聚物链的数量，取决于助催化剂的浓度而不是助催化剂本身。

对映体 Salen 配合物 4(图 6.9)与 DMAP 组成的催化体系，催化 PO 与 CO_2 共聚反应，TOF 可高达 $501h^{-1}$，获得 M_n=5.4kg·mol^{-1} 和 PDI=1.10 的聚合物；延长反应时间，甚至可得到 M_n=70kg·mol^{-1} 的聚合物[17]。当(Salen)Co(图 6.9 中配合物 5)催化剂使用位阻较小的碳骨架作配体时，与催化剂 4 相比，活性降低(TOF 为 $123h^{-1}$)，而 M_n 有所提升(为 11.5kg·mol^{-1})，并且 PDI 没有明显变化[18]。

对 Salen 配体进行功能修饰，使其具备助催化剂功能，在无需额外助催化剂条件下单一组分的(Salen)Co 催化剂即可催化 CO_2/环氧化物的共聚反应，而且能够得到高分子量的聚碳酸酯[19]。例如，图 6.9 所示的配合物 6(Salen)Co$(OAc)_2$，配体两侧带有哌啶基团，质子化的哌啶通过使聚合物链质子化致使其从金属中心分离，阻止回咬反应的发生，从而阻止环状碳酸酯的生成，高选择性获得聚合物。图 6.9 中配合物 7 是在 Salen 配体的侧向上有两个叔胺阳离子，可使游离的阴离子在金属中心附近，有利于增长聚合物链。这一催化剂可用以制备分子量高达 95kg·mol^{-1} 的聚合物，远远高于前面介绍的两组分催化体系催化制备的聚合物分子量。同时，该催化剂分子的内助催化剂性质使其在较高的温度(如 80℃)下仍具有活性，并保持共聚物的合理选择性(84%～100%)。Salen 配体上取代基种类和位置均影响催化剂活性，当用—CH_2 基取代对位的—$SiMe_2$ 基团时，(Salen)Co 的活性大大降低；而改变苯基的邻位取代基叔丁基为甲基时，其活性显著增强。

其他(Salen)M 催化剂，如(Salen)Al 催化剂在四丁铵($^nBu_4NX$，X=Cl、OAc、N_3)或 Lewis 碱(DMAP、*N*-MeIm、吡啶)作助催化剂情况下，能够催化 CO_2 与 CHO

共聚反应，但活性远低于相似结构的(Salen)Cr 和(Salen)Co 催化剂。而 Fe(III)、Zn(II)、Ga(III)和 Mn(II)等 Salen 金属配合物或者没有活性，或者是只对生成环状碳酸酯有活性。

3) 其他金属配合物催化体系

图 6.10 所示的金属配合物也在 CO_2 与环氧化物共聚中得到应用。受叶绿素卟啉镁配合物结构启发，人们研发了不同结构的卟啉金属催化剂[(TPP)MX](图 6.10，配合物 1)[20]。第一个在常压下催化 CO_2/CHO 聚合反应的卟啉催化剂是卟啉锰，虽然其效率不高，获得聚合物的分子量较小，但是聚合物中碳酸酯链的比例高达 95%。之后出现的卟啉钴催化剂活性稍有提高，制备的聚合物性能也有了一定的提升，但是聚碳酸酯的分子量分布出现了双峰，分别对应于含有两个羟基端位基团的高分子链和带有一个 Cl 与一个羟基的端位基团的高分子链。[(TPP)MX]催化剂与 Et_4NBr、$EtPh_3PBr$、DMAP 等组成双组分催化体系，催化效果较好。例如，四苯基卟啉锰配合物[(TPP)MnOAc]单独使用，不能催化 CO_2/PO 的交替共聚；而通过加入助催化剂则显示良好的催化效果。卟啉金属和 Salen 金属催化剂有相似的催化机理。卟啉类催化剂虽然反应时间长、共聚物分子量低、价格高，但分子量分布窄、催化效率较高。

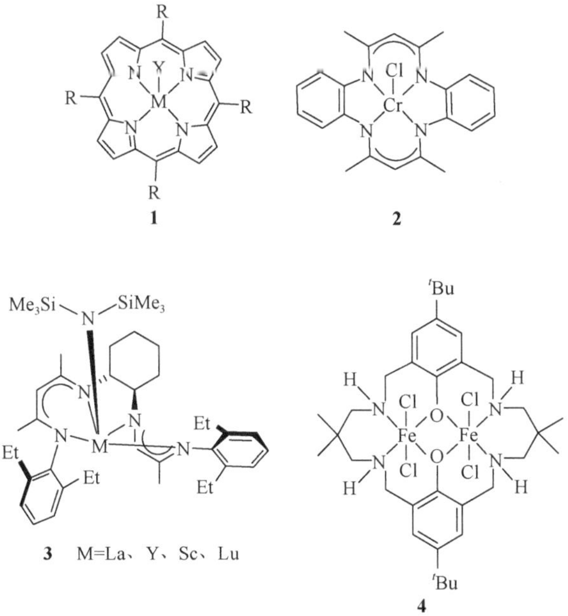

图 6.10 其他金属配合物催化剂结构式

此外，一些给电子性能更强的大环配体，如四甲基四氮杂烯配体，应用于合成金属配合物催化剂。图 6.10 中 Cr 配合物 2 与离子型助催化剂组成的双组分催化体系，可高效催化 CO_2/CHO 共聚，且聚合物性能优良。增加助催化剂的用量，虽然聚合物分子量降低，但环状碳酸酯含量并没有增加。

一些稀土金属包括钇、镧和钕等金属配合物也应用于 CO_2 的聚合反应中[21-22]。例如，稀土金属镧(图 6.10 中催化剂 3)在 1atm CO_2、75℃条件下，制备 PCHC 的 TON 和 TOF 分别为 $304h^{-1}$ 和 $13h^{-1}$，可获得 $M_n>10.0kg\cdot mol^{-1}$ 的聚合物，但是 PDI 较大(PDI 为～1.6)[21]。其催化活性远高于双亚胺锌催化剂。此外，金属镥和钪等同样表现了中等的催化活性。

当采用新颖的稀土-锌杂三金属配合物催化环氧环己烷和 CO_2 共聚反应时，由于稀土金属与锌的协同作用，在较温和的条件下(25℃，0.7MPa CO_2)可制备聚酯含量高达 99%，且 TOF 为 $82h^{-1}$，M_n 高达 $295.8kg\cdot mol^{-1}$，PDI 分布为 1.65 的聚碳酸酯[式(6.7)][22]。

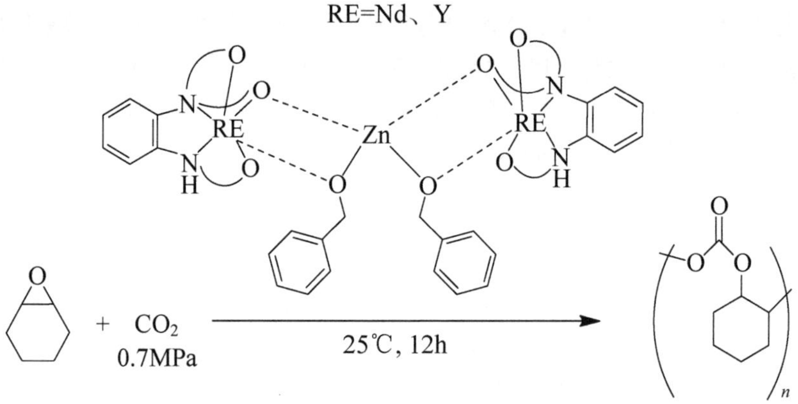

(6.7)

图 6.10 中的双铁配合物 4，其配体为还原的 Robson 型大环配体。该催化剂催化 CHO/CO_2 共聚，在较苛刻的条件下(10atm CO_2，80℃)可以制备 M_n>较高($17.2kg\cdot mol^{-1}$)、分子量分布极窄(PDI=1.03)的聚合物。铁和镧的杂双金属配合物与铁锌的杂双金属配合物也曾用在 PO 和 CO_2 的共聚反应中，但效果不及双铁配合物催化剂[23]。

2. 非均相催化体系

用于催化 CO_2/CHO 或 CO_2/PO 的非均相催化剂主要是基于羧酸锌的催化体系和双金属氰化物(CMC)催化体系。二元羧酸锌$[Zn(O_2C(CH_2)_3CO)]_n$ 是研究较早的 CO_2 与环氧化物共聚催化体系之一。该类催化剂以锌的前驱体[如 $Zn(OH)_2$、ZnO、$ZnEt_2$]和二元羧酸(如戊二酸、己二酸、庚二酸)为原料制备而得。然而，由于表面积小，活性位点少，该类二酸锌的催化效率很低，大约每克催化剂可制备 23g 聚碳酸酯。研究发现，当以环氧化物作为溶剂时，其催化效率可提高到 64～73 $g_{聚合物}\cdot g_{催化剂}^{-1}$，且用氧化锌和戊二酸为原料制备的戊二酸锌具有的活性最高[24]。

二元羧酸锌催化剂的活性除与前体有关外，还与催化剂的结晶度、晶粒的大小和晶体的完美程度有关。结晶的戊二酸锌，在 40～50atm CO_2、60℃条件下，过量 PO(PO∶Zn 摩尔比为 300∶1)为溶剂时，共聚反应速度较慢，在 40h 后才达到>90%转化率，获得的 PPC 具有较高的分子量(>$10kg \cdot mol^{-1}$)，但是 PDI 很大(2～3)，催化效率低($70g_{PPC} \cdot g_{Zn}^{-1}$)。用全氟代的 7～12 碳的化合物负载的戊二酸锌作为催化剂，其催化效率可达到$126g_{PPC} \cdot g_{催化剂}^{-1}$[25]。在该催化剂的催化过程中，分子间或分子内配位键 X—Zn(O—Zn)的形成有利于共聚单体插入极性键 X—Zn(O—Zn)。在戊二酸锌晶体中，只能形成分子间的 O—Zn 配位键，高的结晶度能增加这种配位键的数目，从而提高催化活性。因此，完美的小晶粒和大的表面积是提高该类催化剂活性的重要因素。虽然不能确定催化活性位点，但是机理研究间接证明了多位点金属催化是实现高选择性获得聚合物的关键。

庚二酸锌催化环氧化物与 CO_2 的共聚反应的效率得到了提升，60℃下反应 40h，催化剂的催化效率达到$95.2g_{PPC} \cdot g_{催化剂}^{-1}$，聚合物分子量高达 $40kg \cdot mol^{-1}$，且 PDI 变窄(1.4～1.7)[26]。

戊二酸锌和庚二酸锌对水都较为敏感，水能影响其催化效果和聚合物结构。而苯甲酸锌催化剂($[Zn(O\text{-}2,6\text{-}F_2C_6H_3)_2\text{-}THF]_2$，图 6.11)则克服了这一缺陷，不仅对催化 CO_2/CHO 共聚反应具有很高的催化活性($874g_{聚合物} \cdot g_{锌}^{-1}$，TOF 达 $16.7h^{-1}$)，并且聚合物全部是聚醚和聚碳酸酯交替结构的聚碳酸酯。该催化剂对水和空气不敏感，是羧酸类锌催化剂中最优秀的一种[27]。

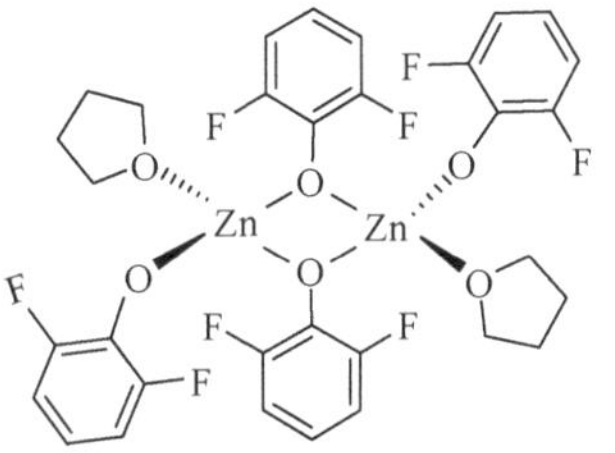

图 6.11　苯甲酸锌催化剂示意图

将 $ZnEt_2$ 或其他锌化合物活性催化组分分散到载体上(如金属氧化物、金属氢氧化物和带有羟基的聚合物等)，能有效提高催化剂的催化效率，且可实现催化剂的循环利用。采用的氧化物载体包括 ZrO_2、Cr_2O_3、MgO、$\gamma\text{-}Al_2O_3$、ZnO、TiO_2、SiO_2 等，氢氧化物载体有 $Mg(OH)_2$ 和 Mg(OH)Cl 等，制备的负载型 $ZnEt_2$ 催化剂能高效催化 CHO 与 CO_2 的共聚反应。将 $Zn(CH_3COO)_2$ 负载到氧化物 SiO_2、MgO、$\gamma\text{-}Al_2O_3$ 上，获得的催化剂，也能催化 CO_2/PO 的共聚，显示较好的催化效果。例如，将 β-亚胺锌负载于 SiO_2 上，催化 CO_2/PO 的共聚，获得聚合物的分子量为 15.9～$23.4kg \cdot mol^{-1}$，PDI 为 1.29～1.62，其 TON 达到 78～126[28]。

双金属氰化物(CMC)是环氧化物均聚的催化剂，也能催化环氧化物与CO_2的共聚反应，但存在的一个缺点就是聚合物中碳酸酯含量低。例如，Fe-Zn 氰化物催化CO_2与 PO 和 CHO 共聚，由于 PO 比 CHO 更容易发生均聚，所得 PPC 中碳酸酯链的含量通常低于 PCHC 中碳酸酯含量。该催化体系也属于多位点引发，所以制备的共聚物分子量中等($10\sim30kg\cdot mol^{-1}$)，PDI 指数较大。与戊二酸锌催化剂不同的是，最好的 CMC 催化剂是非晶态材料，在某些情况下高度结晶的材料完全没有活性。

环氧丙烷是单取代的环氧化物，手性碳原子的存在，导致聚合物区域结构不同。在与CO_2的共聚过程中，根据环氧丙烷开环方式的不同，共聚物中存在头头(H-H)、头尾(H-T)、尾尾(T-T)相连三种区域结构(图 6.12)。研究表明，当增加连段中头-尾相连链段比例时，PPC 结构趋于规整，聚合物的玻璃化转变温度得以提升。手性 Salen 钴配合物和不同的助催化剂体系能同时提高 PPC 的区域选择性和立体选择性。比较成熟的催化剂有[(*R*,*R*)-(Salen)CoOAc]，能得到 80%头-尾结构的 PPC。同样，手性(Salen)CoX 催化剂与季铵盐构成的双组分催化体系，可以在更加温和的条件下(25℃，2atm CO_2)得到大于 95%头-尾结构的聚合物[29]。

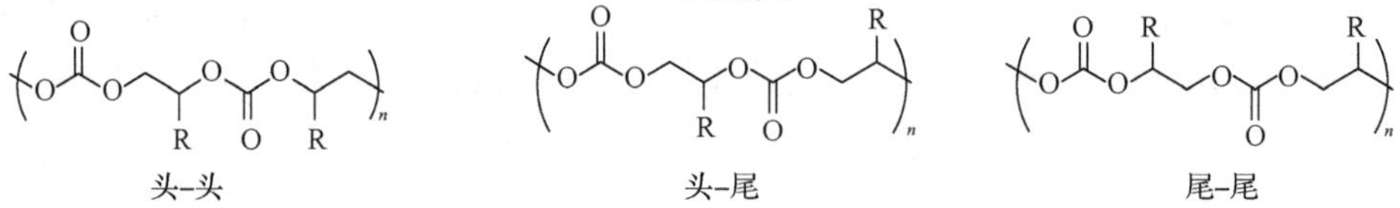

图 6.12　聚合物 PPC 中三种区域结构

内消旋分子(如 CHO)和手性催化剂的不对称聚合，是合成丰富的对映体结构聚合物的有效手段。内消旋环氧化物的开环伴随着立体中心的反转，所以环氧化物的不对称开环有望制备具有光学性能的聚碳酸酯。例如，1999 年报道的手性氨基醇锌配合物(图 6.13 中配合物 1)，可催化CO_2/CHO 共聚，制备具有光学性能的 PCHC，对映选择性达到 70%，T_g高达 117℃[30-31]。用手性噁唑啉-锌配合物(图 6.13 中配合物 2)催化该反应时，可以得到相似的对映选择性，催化剂的活性更高，聚合物的

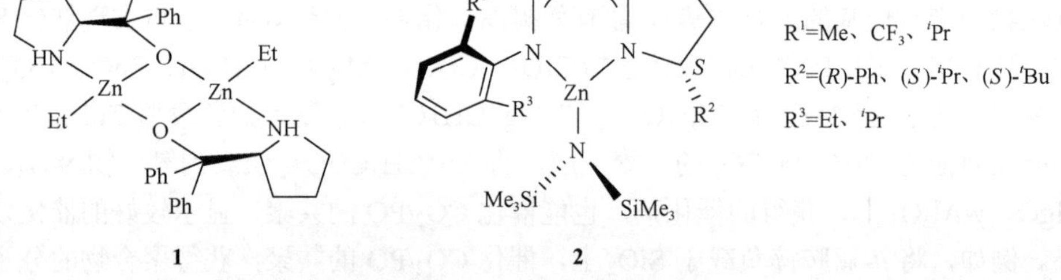

1　　2

图 6.13　手性配合物

T_g和 T_m分别为 120℃和 220℃，并能控制分子量。通过改变配合物 2 的取代基 R^1、R^2和R^3，可实现对聚合物分子量和对映选择性的有效调控。保持R^2[(*R*)-Ph]和R^3(^{i}Pr)结构不变，甲基和异丙基取代基具有最佳的对映选择性(70%)；当 R^1 为异丙基，R^2 为(*S*)-^{t}Bu，R^3 为异丙基时，产物的对映选择性可达到 86%。通过调节取代基，聚合物 M_n 可以在 1.37～27.1kg·mol^{-1} 范围内变化[32]。

6.1.2 CO_2与其他环氧化物共聚

以上脂肪族聚碳酸酯，包括聚碳酸亚乙基酯、聚甲基乙撑碳酸酯和聚碳酸环己烯酯得到广泛研究。但是，它们热稳定性较差，受热易变形，阻碍其广泛应用。因此，人们不断探索新的环氧化物共聚单体和高效催化体系，以获得性能优良的脂肪族聚碳酸酯材料。

带有吸电子基团的环氧苯乙烷(SO)，由于苯环方便修饰和改性，这类环氧化物与 CO_2 共聚，有望获得功能化的 CO_2 基聚碳酸酯。环氧苯乙烷与环氧丙烷的亲核进攻机理不同，由于苯环的吸电子作用，亲核试剂会优先进攻 SO 的次亚甲基碳，因此聚合过程中易生成环状碳酸酯(图 6.14)。

图 6.14 亲核试剂进攻 SO 和 PO 开环位置的不同

大多数适用于 PO/CO_2 和 CHO/CO_2 共聚的催化体系不适用于 SO/CO_2 共聚反应。例如，*β*-二亚胺锌配合物对催化 PO/CO_2 和 CHO/CO_2 的交替共聚反应有良好的催化性能，而将其用于 SO/CO_2 共聚，得到聚碳酸酯的选择性仅为 35%；铬-锌双金属氰化物催化剂等也有类似的情况。采用四齿席夫碱钴配合物的双组分及双功能催化体系(图 6.15)能实现高活性和高选择性的催化 SO/CO_2 共聚反应。

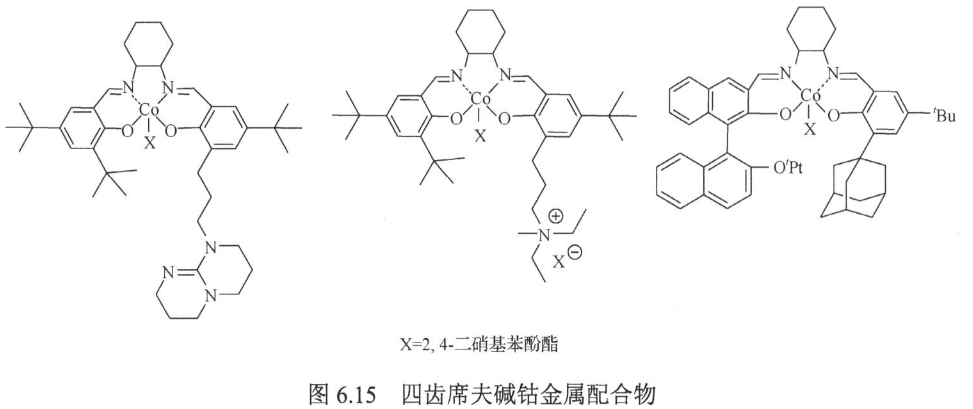

图 6.15 四齿席夫碱钴金属配合物

Inoue 等首次尝试了应用环氧氯丙烷（ECH）与 CO_2 共聚[1]。他们采用 $ZnEt_2$-H_2O（1∶1）催化体系，但仅有不到 1%的单体发生了聚合反应，并伴有一定量的聚醚生成。广泛应用于 PO/CO_2 和 CHO/CO_2 交替共聚的催化体系，如 β-二亚胺锌催化体系和（Salen）CoX 催化体系，都不能单独催化 ECH/CO_2 共聚反应。采用图 6.16 所示的稀土配合物/三异丁基铝[$Y(P_{204})_3$-$Al(^iBu)_3$]催化体系，在 60～70℃、3～4MPa CO_2 条件下，催化 ECH/CO_2 共聚反应，每克催化剂可获得 1.749kg 聚合物，CO_2 嵌入率为 30%[33]。所得共聚物分子链中含有大量的聚醚键，聚合物有较好的热稳定性。

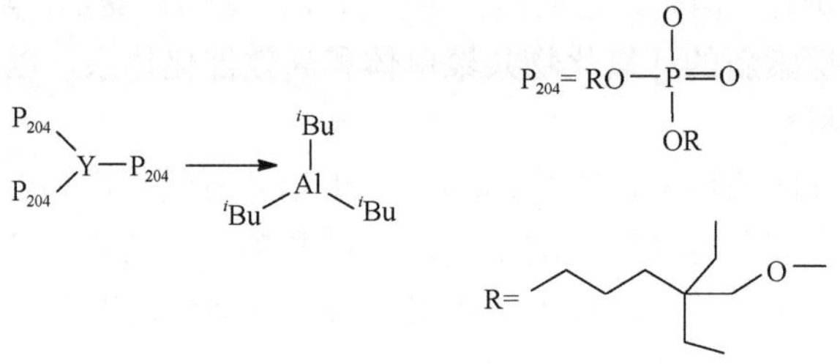

图 6.16　钇的稀土配合物/三异丁基铝

此外，环氧丁烷和带有不同取代基的环氧乙烷作为单体，亦可用于与 CO_2 共聚生成聚碳酸酯，但研究相对较少，其共聚物仍受限于催化剂的活性，催化体系有待进一步的研究和开发。

单一环氧化物，由于其结构特点，与 CO_2 共聚生成的聚碳酸酯往往存在一些不足。例如，PO/CO_2 共聚生成的 PPC 玻璃化转变温度较低、力学性能差；CHO/CO_2 共聚生成的 PCHC 较脆，因此限制了它们的应用。为了克服这些问题，采用两种环氧化物与 CO_2 进行三元共聚，实现了对聚合物材料热力学性质和机械性能的有效调节。例如，EO/CO_2 共聚生成的 PEC 具有良好的生物降解性，但是其力学性能较差，当加入 PO 或者 CHO 进行三元共聚[式（6.8）]，可以增大碳酸酯链中碳链长度，从而提高聚合物的力学性能。当在 PO/CO_2 或者 CHO/CO_2 中加入 SO 进行三元共聚时，可以利用 SO 的区域选择性开环，提高两组分共聚物的玻璃化转变温度和热分解温度。但是，由于聚合反应的复杂性或聚合速率的差异，三元共聚反应成功与否取决于催化体系。例如，CHO/PO/CO_2 三元共聚，如果催化剂不合适[如二（2, 6-二氟苯氧基）锌]，生成的聚合物主要是 PCHC 和 PPC，几乎没有三元共聚产物的生成[27]。而采用[$Y(CCl_3COO)_3$]-[$ZnEt_2$]-丙三醇三元体系的催化剂，可成功制备三元嵌段共聚物[34]。

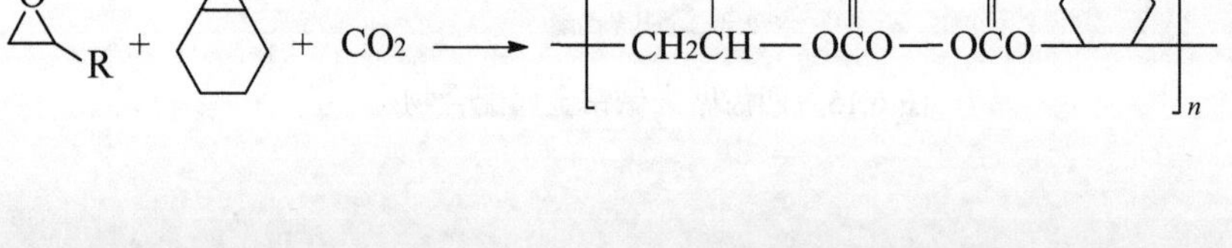

(6.8)

6.2 聚氨酯

聚氨酯(PU)是大分子主链中含有氨基甲酸酯基(—OOC—NH—)结构单元的聚合物，广泛应用于化工/轻工、电子、纺织、医疗、建筑、汽车、国防、航天/航空等领域。根据其结构特点，聚氨酯可分为聚酯型和聚醚型聚氨酯两大类。传统的 PU 合成路线，首先通过光气合成异氰酸酯，而后异氰酸酯与聚酯或多元醇进一步反应而获得 PU。该过程不仅用到剧毒的光气，而且中间产物异氰酸酯也具有很高的毒性，因此是一种逐渐被淘汰的技术路线。CO_2 作为清洁可再生原料，可直接或间接地应用于 PU 的合成生产，所得基于 CO_2 的聚氨酯(CPU)具有诸多优点，如耐化学腐蚀、比常规 PU 更耐磨/耐湿、可在低温条件下固化等。

一般合成 CPU 的技术路线：首先由 CO_2 合成碳酸二酯或二氨甲酸酯，然后经过与二胺(或二醇)的缩聚或者加成聚合获得聚氨酯。链状二碳酸二酯与二胺的缩聚反应[式(6.9)]和二氨基甲酸酯与二醇的缩聚反应[式(6.10)]，均可制得线型非异氰酸酯聚氨酯。由环状碳酸二酯与二胺加成聚合也能生成聚氨酯[式(6.11)]，并且没有小分子副产物，获得的聚合物通过成型工艺可以制备热固性聚氨酯。以上式中碳酸二甲酯和二胺甲酯均可由 CO_2 制备得到，相关反应路线在第 3 章中已经介绍，这里不再赘述。

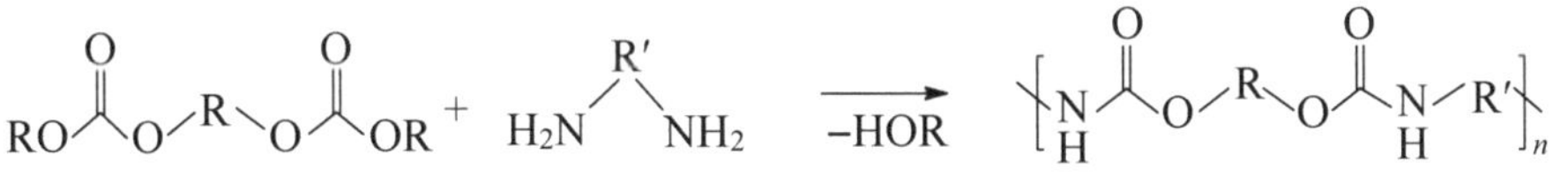

(6.9)

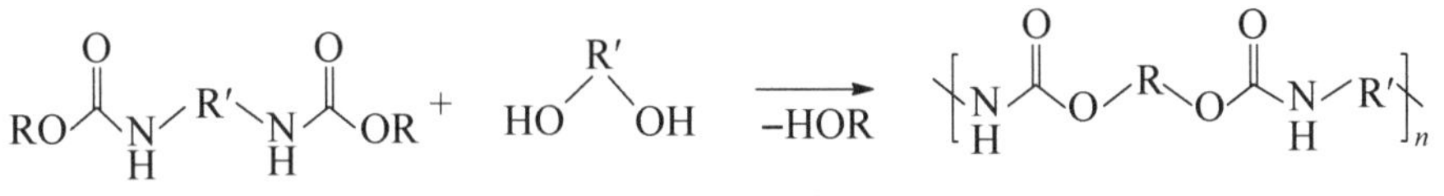

(6.10)

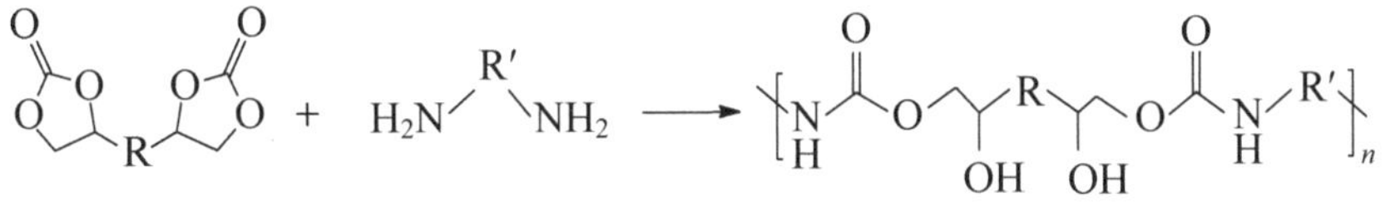

(6.11)

6.2.1 链状二碳酸二酯与二胺缩聚反应

如式(6.9)所示，链状二碳酸二酯与二胺缩聚反应主要通过碳酸甲酯的一个羰基和二胺的一个氨基发生缩聚反应失去一分子醇实现链增长。以碳酸二甲酯和二胺反应为例(图 6.17)，由于碳酸二甲酯中有两个亲电中心(羰基碳和甲基碳原子)，在亲核试剂(NuH)存在下碳酸二甲酯可能经历两种不同的反应路径：①亲核试剂通过加成/消去机理进攻羰基碳，得到羧基甲基化产品($NuCOOCH_3$)；②亲核试剂进攻甲基碳原子发生 S_N2 甲基化反应。一般，这两种情况的发生可以通过反应温度来进行调控。在碱性催化作用下，①路径在低温（碳酸二甲酯回流 90℃）的情况下是有利的，而②路径主要在 120℃以上发生[35-36]。

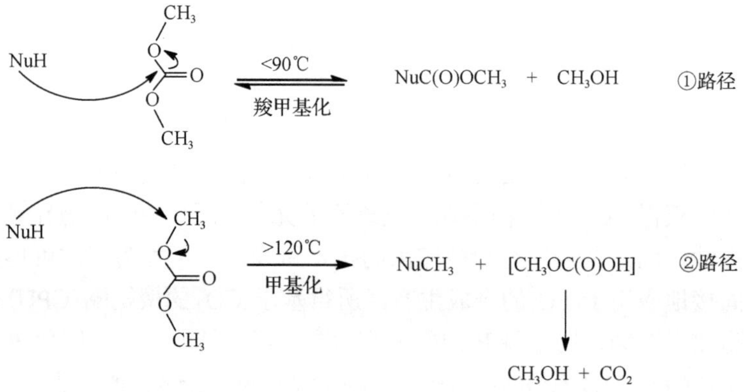

图 6.17 不同温度下碳酸二甲酯与亲核试剂反应的机理

以 THF 为溶剂，在无催化剂条件下，式(6.12)所示的链状二碳酸二酯与二胺在 80℃下反应 24h，可得到重均分子量为 16kg·mol^{-1}、PDI=1.6 的 CPU，产率达到了 63%。该 CPU 的分解温度 T_d=186℃，玻璃化转变温度 T_g=52℃[37]。

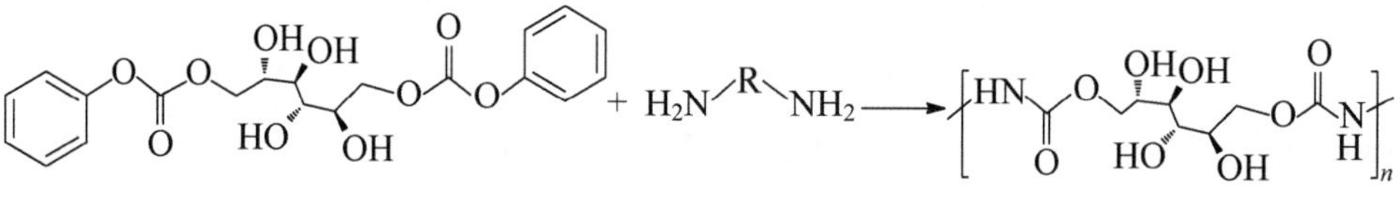

(6.12)

6.2.2 二环状碳酸酯与二胺加聚反应

如式(6.11)所示，二环状碳酸酯与二胺通过加成聚合反应，生成主链中含有 β-羟基的聚氨酯。以二氧化碳和对苯二甲酸二缩水甘油酯为原料，吡咯烷酮(NMP)为溶剂，LiBr 作催化剂，100℃和 1atm CO_2 条件下，合成了双官能团五元环碳酸酯。然后，在 DMF 溶剂中，室温下与烷基二胺（乙二胺、丙二胺、戊二胺和己二胺等）进行聚加成反应，得到相应的聚羟基氨基甲酸酯[式(6.13)]，收率均在 80%以上，数均分子量在 7.8～13.2kg·mol^{-1}之间，但是其 PDI 较宽，为 1.54～1.80。聚合物的玻璃化转变温度较低，在 3～29℃之间变化，分解温度为 177～208℃[38]。

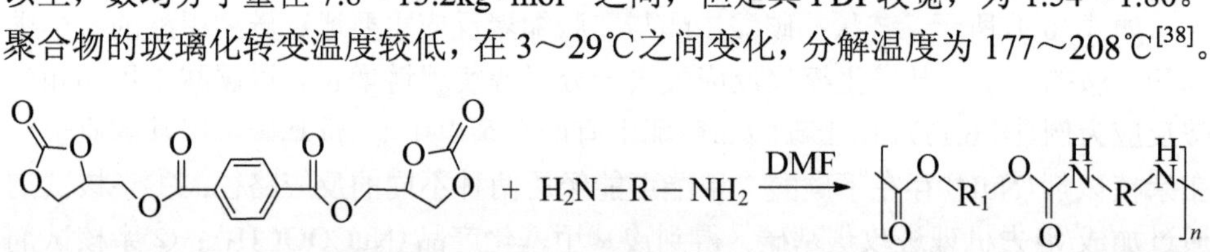

(6.13)

6.2.3 氨基甲酸酯与二醇的缩聚反应

以二甲苯为溶剂，Bu_2SnO 或者 $Bu_2Sn(OCH_3)_2$ 作催化剂，145～150℃下反应 5～6h，1,4-二羟基-乙氧基-羰基氨基丁烷和 1,6-二羟基乙氧基羰基氨基己烷与二醇（*n* 大于等于 6 个碳）进行共聚[式(6.14)]，反应得到的聚氨酯产率可达 60%左右，聚氨酯的数均分子量在 1.58～3.5kg·mol^{-1} 之间，PDI=1.8～1.9[39]。

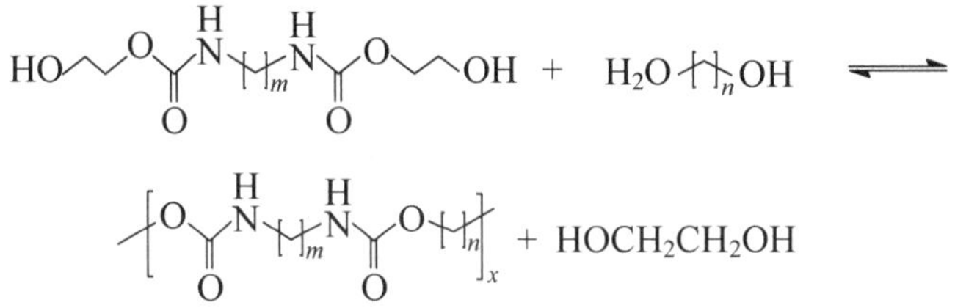

(6.14)

与传统光气法合成的 PU 相比，基于 CO_2 合成的 CPU 在重复单元的骨架碳原子上存在羟基，可以形成分子内氢键，从而改善了聚氨酯材料的耐化学腐蚀、耐水解和抗渗透压性能。当用骨架相似的原料制备聚氨酯时[式(6.15)～式(6.16)]，通常 PU 的分子量会低于 CPU 分子量。相似结构的 PU 和 CPU 相比，二者的热降解性相似。与 PU 相反，CPU 不溶于有机溶剂如二氯甲烷、氯仿或丙酮。因为分子链上羟基的存在，CPU 极性更高，其吸水性也远高于 PU。

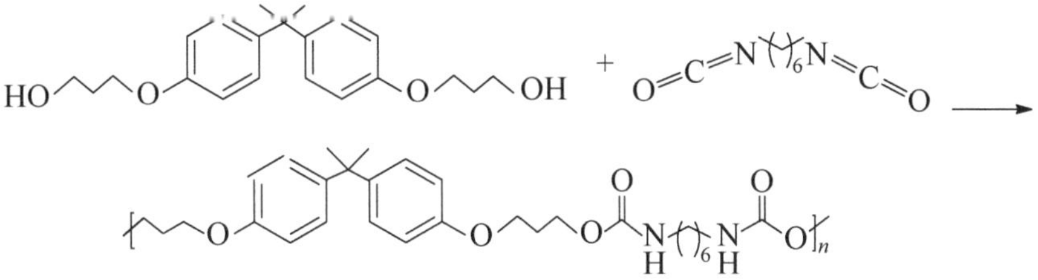

(6.15)

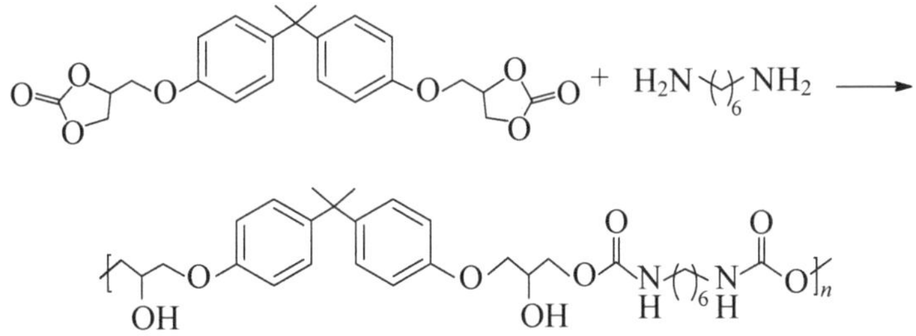

(6.16)

6.3 聚脲

聚脲(PUA)是含有脲基(NH—CO—NH)结构单元、由软硬链段交替构成的一类线型嵌段共聚物。在室温下，软链段呈橡胶态，硬链段呈玻璃态。PUA 中两个脲基团间可形成双齿氢键，其键能(21.8kJ · mol^{-1})大于单齿氢键键能(18.4kJ · mol^{-1})。大量分子间氢键的存在不仅增强了材料的微相分离程度，同时赋予了聚脲比聚氨酯等同类材料更好的热稳定性和更优异的力学性能。与 PU 相比，尽管 PUA 分子链中也含有碳碳键、醚键、酯键、氨酯键、脲键，但聚氨酯中对其性能起关键作用的官能团为氨酯键，而聚脲中脲键决定其性能。由于脲键强度远超过氨酯键强度，并且脲键很稳定，所以 PUA 具有比 PU 更加优异的综合性能。

PUA 作为一种功能多样性材料，其性质可通过化学组成、分子量和分子量分布等因素调控。PUA 特殊的化学结构和分子间相互作用使其具有很高的弹性、耐候性、机械稳定性和耐磨性。因此，在涂料、汽车工业、润滑脂、催化剂载体和微胶囊等多种工业应用中得到了广泛的应用，尤其喷涂聚脲弹性体技术实现了商业化。脂肪族 PUA 材料的发展，弥补了芳香族 PUA 易黄变、涂层附着力差等缺点，使 PUA 在涂层领域的应用优势更加明显。

传统的PUA制备方法是采用异氰酸酯与胺类物质或者水进行反应(图 6.18)，而异氰酸酯来源于光气。以 CO_2 为原料，直接或间接制备聚脲的反应路径避免了有毒化学品使用所带来的一系列问题。并且，二氧化碳基聚脲(CPUA)也是一类性能优异的新材料，具有良好的力学强度、良好的抗溶剂性及可加工性强，能够满足许多现有制品的性能要求，符合绿色化学和经济可持续发展的要求。

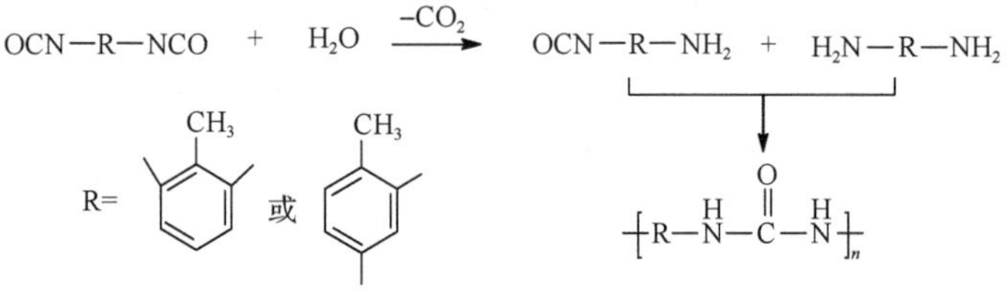

图 6.18　二异氰酸酯与水反应合成聚脲

6.3.1　CO_2 直接法合成 CPUA

早在 1951 年研究人员就报道了二胺类物质能够与 CO_2 反应生成 CPUA[式(6.17)]，在高温(150～300℃)、高压(>10.0MPa)、无催化剂条件下，尤其超高压(20～100MPa)条件更有利于 CPUA 的生成。这里的二胺类物质可以为脂肪族、脂环族伯二胺和聚醚胺等。CPUA 的生成需要经过两个反应过程：第一，室温下多胺与 CO_2 发生亲核加成反应生成氨基甲酸盐[式(6.18)]，这一过程相对容易，压力对反应影响不大。第二，在高温下氨基甲酸盐脱水获得聚脲[式(6.19)]。副产物水对反应影响很大，反应过程中水的及时去除有利于反应朝产物方向进行，提高产物分子量。

$$nH_2N-R-NH_2 + CO_2 \longrightarrow \left[R-NH-\overset{O}{\overset{\|}{C}}-NH \right]_n + n\,H_2O \tag{6.17}$$

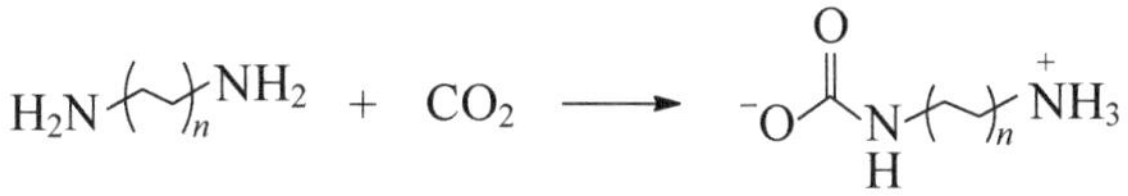

(6.18)

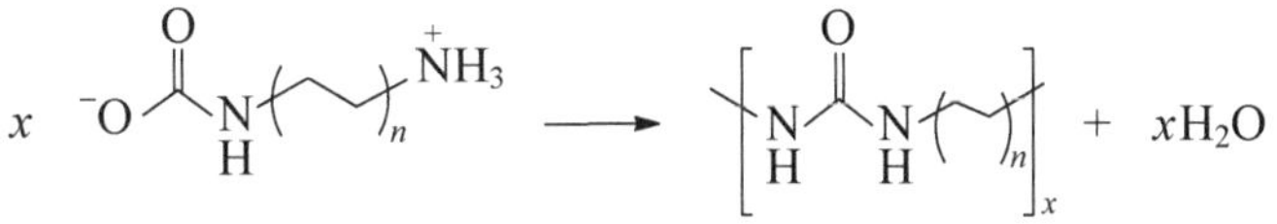

(6.19)

二胺与 CO_2 的共聚反应受到多种因素影响，包括引发剂、溶剂、催化剂、二胺单体类型、温度/压力条件等。在该共聚反应研究中，多采用亚磷酸二苯酯、磷酸芳香酯、二氯磷酸苯酯等磷化物作为引发剂，亚磷酸二苯酯、磷酸芳香酯的活性较二氯磷酸苯酯的活性要高。

以吡啶为溶剂，亚磷酸二苯酯作为催化剂和引发剂，在 40℃、2MPa 压力条件下，CO_2 和芳香族二胺反应 4h，可制备数均分子量达到 54kg · mol^{-1} 的 CPUA 高分子材料[40]。反应方程式如式(6.20)所示。

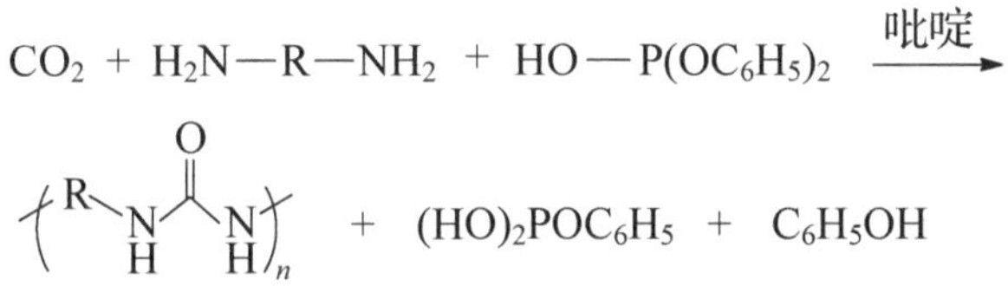

(6.20)

采用亚磷酸二苯酯和吡啶作引发剂，在一定范围内提高温度和压力可以增大反应速率，提高聚合物的分子量。当温度＞40℃，CO_2 压力＞2MPa 时，聚合物分子内和分子间的交换反应，导致聚脲产率和分子量均有所下降。二胺单体也影响缩聚反应，以芳香二胺为单体与 CO_2 进行缩聚反应的聚脲产率几乎接近 100%，分子量可达 50kg · mol^{-1}。而脂肪族二胺单体，由于其强碱性引起了中间产物结构的变化和溶解度的减小，缩聚反应的聚脲产率只有 33%，其特性黏度为 0.08dL · g^{-1}，分子量较低。溶剂和叔胺的碱性影响产物的黏度，在极性溶剂(如吡啶、二甲基甲酰胺、*N*-甲基吡咯烷酮)中，40℃下反应 4h，聚合物产率达到 100%，得到产物的特性黏度较高，最大可达到 1.45dL · g^{-1}。当叔胺的 pK_a 值为 5.23～6.02 时，在 DMF 溶剂中，40℃下反应 4h，其聚合产率达到了 100%，特性黏度为 0.43～0.68dL · g^{-1}[41]。

在一定条件下，亚磷酸二苯酯与吡啶可以有效催化芳香类伯胺与 CO_2 反应生成相应的聚脲。但是当把亚磷酸二苯酯换为亚磷酸三苯酯时，其催化效率较低，需要将吡啶换成吡啶磷酸盐，才可以有效提高其催化活性。例如，以吡啶和 NMP 为混合溶剂，亚磷酸三苯酯为引发剂，在 60℃、5.0MPa CO_2 条件下，芳香二胺与 CO_2 共聚反应进行 5h[式(6.21)]，反应产率仅为 58%，产物为较低分子量且没黏性特征的聚脲高分子材料。当向该反应体系中加入吡啶盐酸盐时，在同样的反应条件下，反应产率几乎达到了 100%，得到了具有较高分子量，特性黏度为 1.45～2.24dL · g^{-1} 的聚脲高分子[42]。

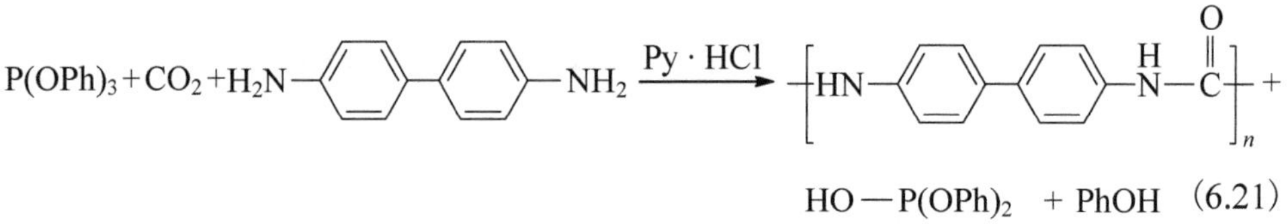

(6.21)

N-乙酰基磷酸酰胺也可以作为催化剂催化 CO_2 与多胺的共聚反应，并且具有较高活性。以乙腈为溶剂，在 40℃、2MPa 条件下，CO_2 与多胺进行共聚，反应 20h 后，聚脲产率＞90%，特性黏度为 $0.3dL \cdot g^{-1}$[43]。

以 *N*-甲基吡咯烷酮为溶剂，四正丁基钨胺为催化剂，在 160℃、3MPa 压力条件下，丁二胺与 CO_2 共聚可制备获得表面呈花瓣状形貌的聚脲微粒（2～10μm），如图 6.19 所示。所得聚脲对除浓硫酸外的常规溶剂都表现出好的抗溶剂性，且能耐受 300℃的高温，有良好的热稳定性。由于聚脲对金属离子或金属纳米粒子有较强的配位能力，因此这些聚脲微球可用作载体负载 Au、Pt 等金属粒子（粒子尺寸在 3.0nm 左右），得到了一系列聚脲负载型金属纳米催化剂[44]。

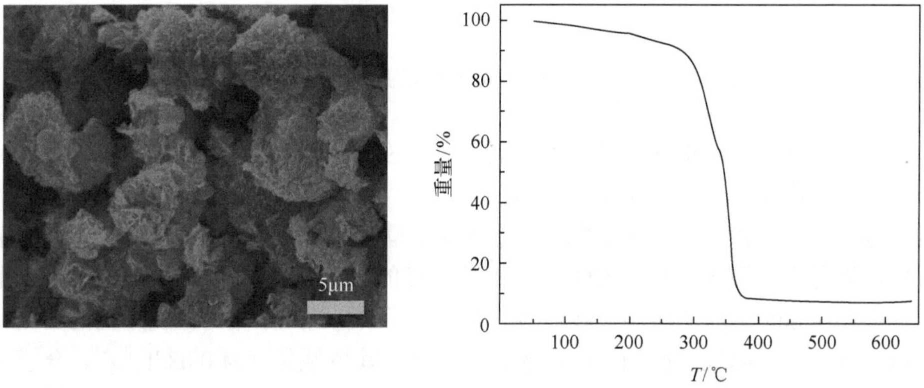

图 6.19　丁二胺与 CO_2 共聚制备聚脲的扫描电镜图片和热重曲线

在超临界状态下，无需任何催化剂，图 6.20 中二元伯胺化合物可直接与 CO_2 共聚生成低分子量聚脲[45]。所得材料中 CO_2 与二胺的组成比例为 1∶1，CO_2 的利用率极高。所得聚脲具有良好的耐溶剂性，能够在大部分极性溶剂和非极性溶剂（如 *N,N'*-二甲基甲酰胺、*N*-甲基吡咯烷酮、四氢呋喃、氯仿、甲苯和水）中保持结构和性能的稳定；熔点高于 200℃，与同类型的聚酰胺材料相比，其熔点高出 15℃左右，具有较高的热变形温度和较宽的使用温度范围；具有良好的热稳定性，初始分解温度超过 300℃，最高分解温度大约在 360℃。但聚脲合成反应存在反应条件苛刻、需要较高的温度和压力（180℃，11MPa）、聚合物的分子量有待提高等问题。

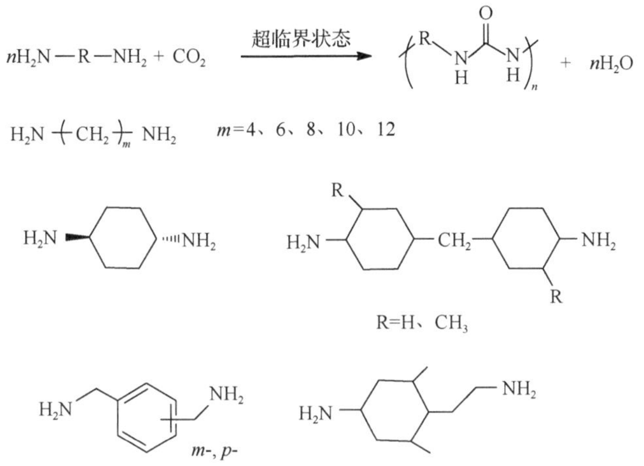

图 6.20 二元伯胺化合物与 CO_2 的共聚

除上述二胺与 CO_2 的共聚，聚醚胺也能与 CO_2 反应制备聚醚脲，氧原子引入分子主链中使聚脲变得比较柔软，增加了聚脲的韧性，尤其弥补了脂肪族聚脲溶解性差、硬度大而韧性不足的缺点。如图 6.21 所示，在无需任何溶剂或添加剂情况下，通过 CO_2 与聚醚二胺的直接反应，180℃、11MPa CO_2 下反应 12h，可获得水溶性寡脲，平均分子量为 2.1kg·mol^{-1}。寡脲的熔融温度约为 110℃，初始分解温度为 220℃。随着聚合温度升高，聚脲的聚合度可得到升高。这种水溶性聚脲在环保型涂料和亲水性润滑脂中有良好的应用前景。此外，这种寡脲具有化学活性的氨基端基，因此可用作进一步合成二氧化碳基高分子材料的原料。例如，聚脲可与二异氰酸酯、二酯或二元酸等扩链剂反应，制备发泡塑料、润滑脂、纺丝纤维和高强度聚合物材料[46]。

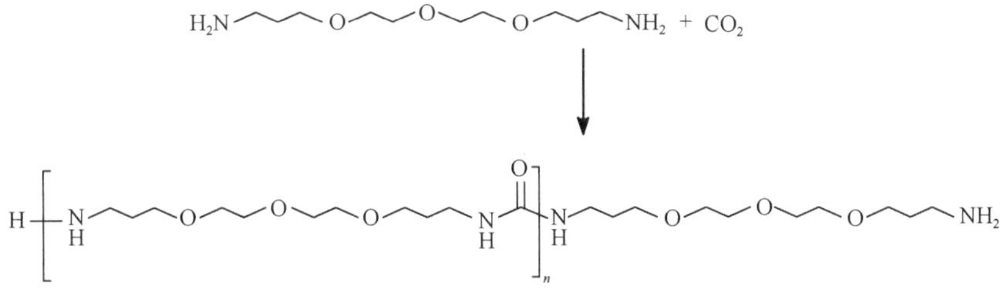

图 6.21 CO_2 和聚醚胺的反应

此外，富含氨基的低聚物也能通过与 CO_2 形成脲键，获得更高分子量的聚合物。例如，氨基改性的聚硅氧烷与 CO_2 反应得到了一种新型的疏水聚脲凝胶（图 6.22）。该凝胶对部分有机溶剂（如三氯乙烷、四氢呋喃等）有很强的吸附能力，可以用来清理排放到河流中的有机污染物[47]。

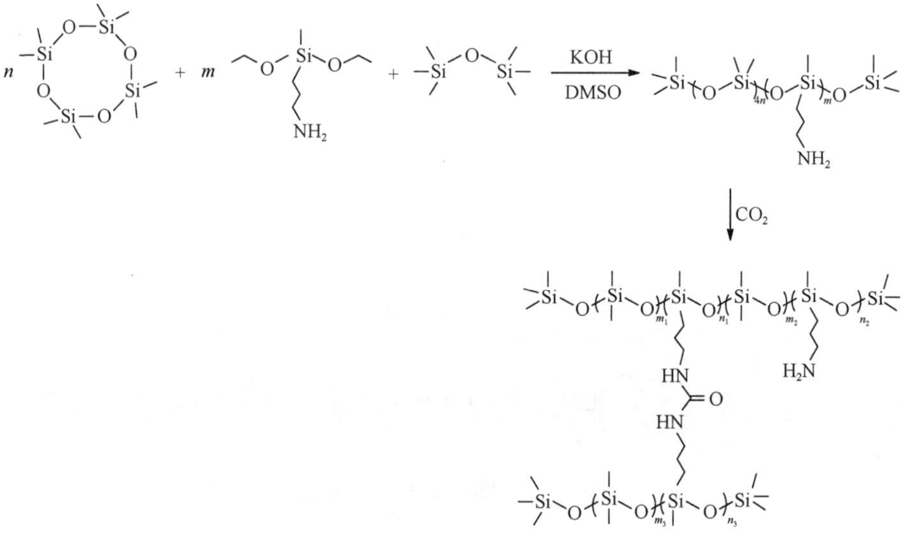

图 6.22 疏水聚脲凝胶的制备

以上由 CO_2 与二胺共聚生成的聚脲，其性能受多种因素影响，其中二胺单体性质对聚脲性能影响最大。例如，由 1,6-己二胺、1,8-辛二胺与 CO_2 共聚制备的聚脲-6 和聚脲-8 具有很好的溶剂耐受性，能够耐受极性溶剂(如水、乙醇、丙酮、DMF、NMP、5%氯化锂溶液)和非极性溶剂(四氯化碳和苯等)，并且能够耐受酸(盐酸、硫酸)和碱(NaOH 和 KOH)腐蚀。当在主链中引入硅氧烷或碳酸酯基团时，可以使聚氨酯-脲在一些非质子溶剂(NMP、THF)中具有较好的溶解性和弹性，以及对其他聚合材料有较好的兼容性。不同结构的二胺与 CO_2 反应可以合成不同长度的聚脲，脲基团之间形成的双齿氢键起到物理交联的作用并促使聚合物部分结晶，相对于短链聚脲，长链聚脲的熔点较低，可加工性更好。

聚合过程中，溶剂影响聚脲链状结构的形成。例如，以含有氧杂原子的 4,7,10-三氧-1,13-三烷柔性二胺为单体，直接与 CO_2 共聚(图 6.23)，得到的聚脲齐聚物重均分子量为～$2kg \cdot mol^{-1}$，具有中等的热稳定性能。引入溶剂，以制得的聚脲齐聚物为反应物，在一定温度和压力下继续与 CO_2 进行后聚合反应。室温下，齐聚物不溶于 NMP 和 HMPA；而温度升高至 180℃时，齐聚物可以很好地溶解在 NMP 和 HMPA 中。当采用亲 CO_2 的 NMP 为溶剂，CO_2 的压力达到 11MPa 时，体系形成均相。反应发生在 CO_2 膨胀的 NMP 相中，由于齐聚物的浓度较低，降低了齐聚物分子间基团的反应概率，但有利于分子内的氨基基团与 CO_2 反应形成环状分子。在 NMP 体系中得到的所有产物完全溶解，且相行为几乎没有变化。相比之下，HMPA 由于是疏 CO_2 溶剂，不与 CO_2 互溶，反应发生在 CO_2 与溶剂的相界面处，齐聚物分子和 CO_2 集中于中间相中，这增加了齐聚物分子间发生反应的可能性。因此，在 HMPA 中形成了更大的线型聚脲齐聚物。而且在 CO_2 和 HMPA 界面中出现了一些沉淀物质，这说明较大的聚脲齐聚物不溶于 HMPA[48]。

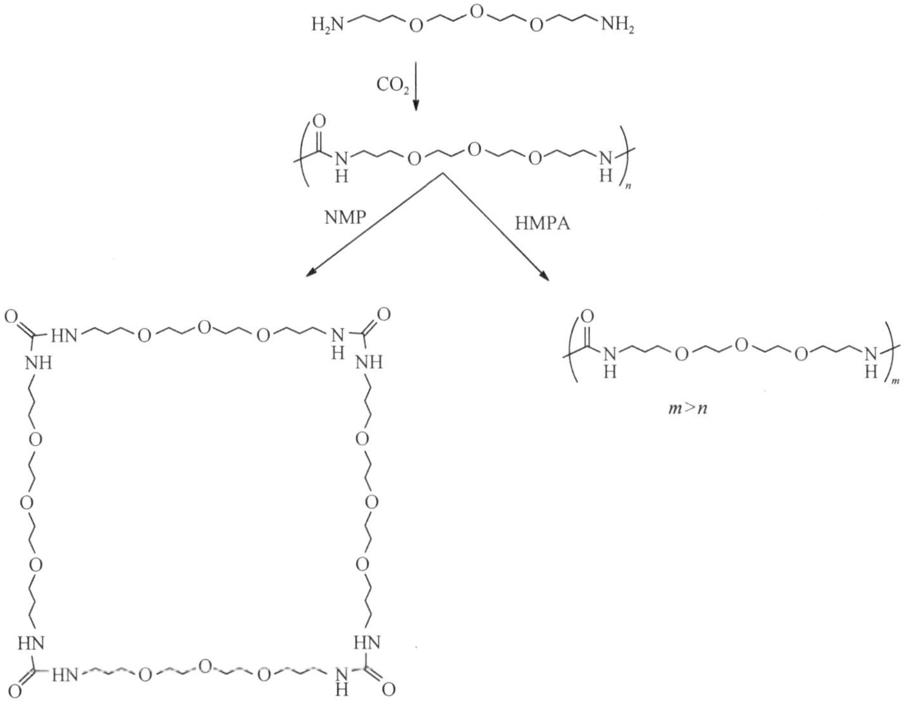

图 6.23　NMP 或 HMPA 溶剂中 CO_2 与二胺制备聚脲示意图

6.3.2　二氧化碳间接法合成聚脲

1. 聚碳酸酯二醇与二胺合成聚脲

式(6.22)为 CO_2 与环氧化物合成聚碳酸酯二醇的反应方程式。以聚碳酸酯二醇为单体，与二胺反应，可制备聚氨基甲酸酯脲。如图 6.24 所示，以 CO_2 和环氧丙烷聚合得到的聚丙烯碳酸酯二醇作为软段部分，以 CO_2 和二胺合成得到的寡聚脲作为硬段部分，软段和硬段通过扩链剂一锅法即可制备聚氨酯-脲[49]。以 Zn-Co CMC 为催化剂，葵二酸(SA)为链转移剂，CO_2/PO 共聚制备碳酸酯二醇；1,3-二(3-氨基丙基)四甲基二硅氧烷和 CO_2 在 180℃、7.5MPa 下反应 6h 制备寡聚脲。最后，在正丁酮溶剂中采用多步反应工艺，先使碳酸酯二元醇与 MDI 或 TDI 扩链剂反应一段时间后，再加入寡聚脲进一步反应，获得高分子量的聚氨酯-脲。所得聚脲的数均分子量在 6.9～12.8kg · mol^{-1} 之间，PDI 分布也较窄(1.21～1.44)。

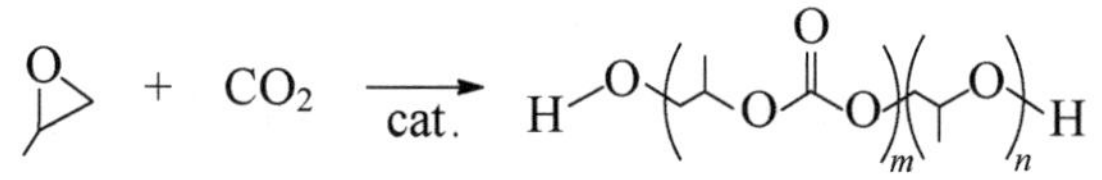 (6.22)

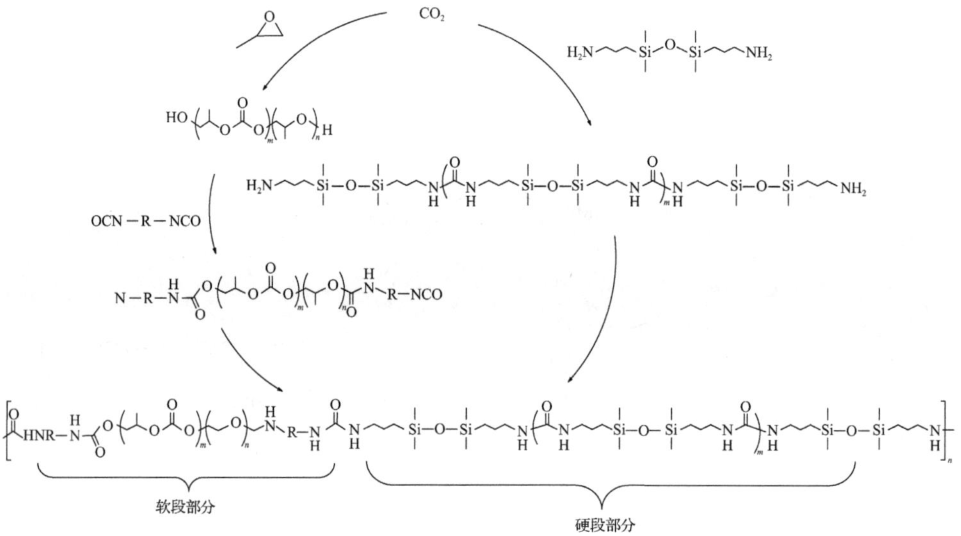

图 6.24　聚氨酯-脲的合成机理示意图

如图 6.25 所示，环状碳酸酯可以与二胺化合物发生开环反应，生成含醇羟基的二氨基甲酸酯，再与二胺进行缩聚反应，可生成同时含有聚脲链段和聚氨酯链段的嵌段共聚脲。在无催化剂条件下，哌嗪和五元环状碳酸酯在 80℃下得到中间产物双羟乙基哌嗪二氨基甲酸酯(BHDPU)，然后异佛尔酮二胺与中间产物 BHDPU

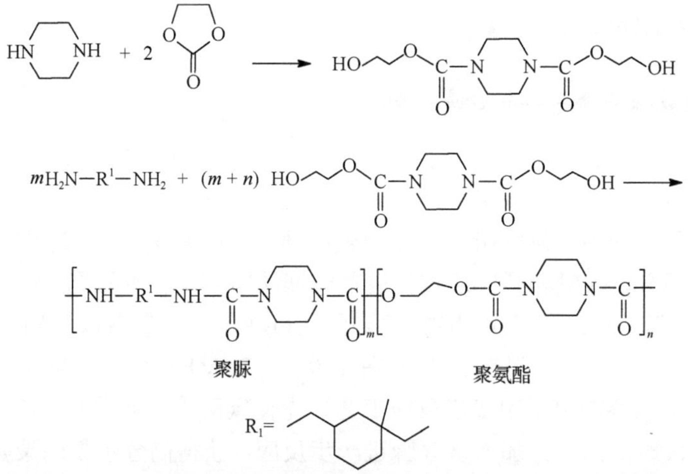

图 6.25　环状碳酸酯与二胺制备聚脲

减压蒸馏反应(170℃，30mmHg，1mmHg=1.33322×10^2Pa)，获得数均分子量为 3.3kg·mol^{-1}、PDI 为 1.34 的聚氨酯-脲高分子材料，其玻璃化转变温度 T_g 达到 113.3℃，初始分解温度 T_d 为 239.1℃[50]。

Zhao 等[49]以二胺和 CO_2 为原料，设计合成了一种低聚异脲，其中 CO_2 含量接近 15%；由环氧丙烷和 CO_2 合成了聚碳酸酯二醇，其中 CO_2 含量大于 60%。以合成的聚碳酸酯二醇和低聚脲作为软、硬链段，用扩链剂试剂，制备了一系列脂肪族热塑性聚氨酯-脲嵌段共聚物。聚氨酯-脲的数均分子量在 7～10kg·mol^{-1}，PDI 为 1.27～1.44。所获得的聚氨酯-脲为无定型，初始分解温度高于 170℃，最高分解温度为～250℃。聚氨酯脲的玻璃化转变温度在−6.5～9.8℃，取决于分子量和扩链剂试剂种类。硅氧烷和碳酸酯基团赋予无定形聚氨酯脲较好的溶解性，与氯仿、四氢呋喃(THF)，*N*-甲基吡咯烷酮(NMP)和一些弱质子性溶剂能很好地相溶。这种新型聚氨酯脲作为高分子增塑剂有良好的应用前景。

2. 二氨基甲酸酯与二胺共聚合成聚脲

链状碳酸酯与二胺反应生成二氨基甲酸酯。以二氨基甲酸酯作为单体，与聚醚胺共聚，可获得聚脲[式(6.23)]。例如，以 1,5,7-三氮杂二环[4.4.0]癸-5-烯(TBD)为催化剂，用 1,4-丁二胺与碳酸二甲酯为原料，通过控制反应条件，可以得到三种聚合程度不同的二氨基甲酸酯(Bu2，Bu3，Bu4)，其结构如图 6.26 所示。二氨基甲酸酯与聚醚胺(PPG，M_n =400 或 2000g·mol^{-1})[结构如式(6.23)中 R^1 所示]反应，得到相应的聚脲。通过控制二氨基甲酸酯和 PPG 比例，以及反应温度和溶剂等条件，能够得到不同软硬段比例的聚脲材料，其玻璃化转变温度 T_g、流动温度 T_{fl}、弹性模量和断裂应变的性质均表现出差异性，其性能如表 6.1 所示[49]。

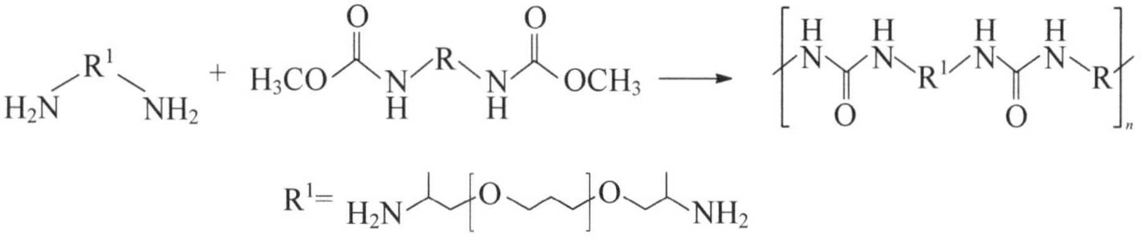

(6.23)

表 6.1 聚脲的性质

	M_n/(kg·mol^{-1})	PDI	T_g/℃	T_{fl}/℃	弹性模量	断裂应变
Bu2-PPG_{2000}	35.7	1.64	62.4	90.7	5.12	42.4
Bu2-PPG_{400}	29.1	1.85	17.8	175.1	114.5	509.5
Bu3-PPG_{2000}	27.3	1.48	62	130.0	—	—
Bu3-PPG_{400}	32.8	1.47			易碎固体	
Bu4-PPG_{400}	27.1	1.41			易碎固体	

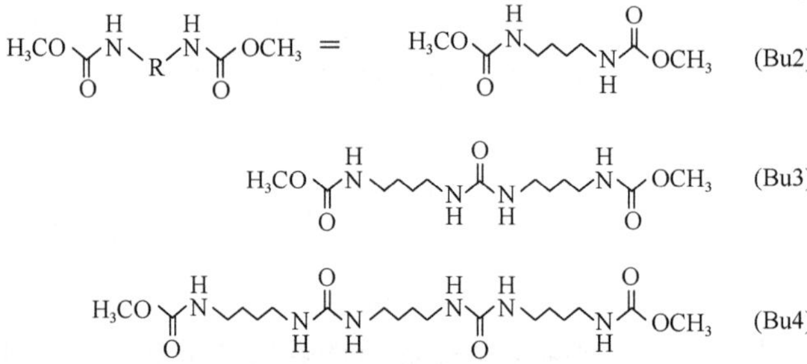

图 6.26　二氨基甲酸酯结构

3. 碳酸酯与二胺共聚合成聚脲

式(6.24)为 4,4′-二氨基联苯醚与碳酸二苯酯共聚生成聚脲的反应方程式。以吡啶和氯化镁为共催化剂，回流温度下反应 6h，聚脲的产率达到 91%，其特性黏度为 $0.44dL \cdot g^{-1}$[51]。

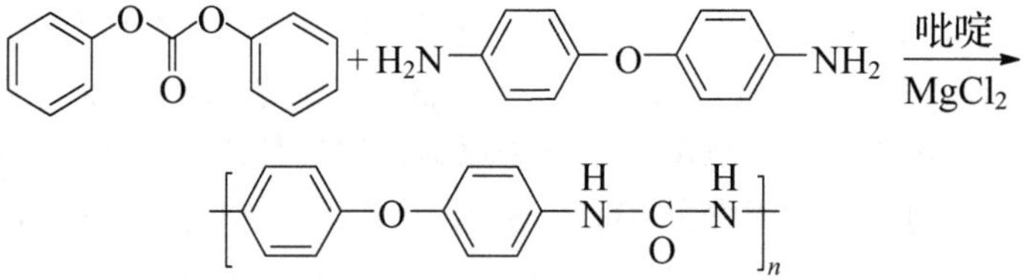

(6.24)

以 1,5,7-三氮杂双环[4.4.0]葵-5-烯(TBD)为催化剂，经微波作用，碳酸丙烯酯与己二胺可直接生成聚六亚甲基脲齐聚物[式(6.25)]，其分解温度为 352℃，熔融转变温度为 286℃[52]。该体系同样适用于其他脂肪族二胺与碳酸丙烯酯的共聚反应，为二氧化碳基聚脲的开发提供新思路。

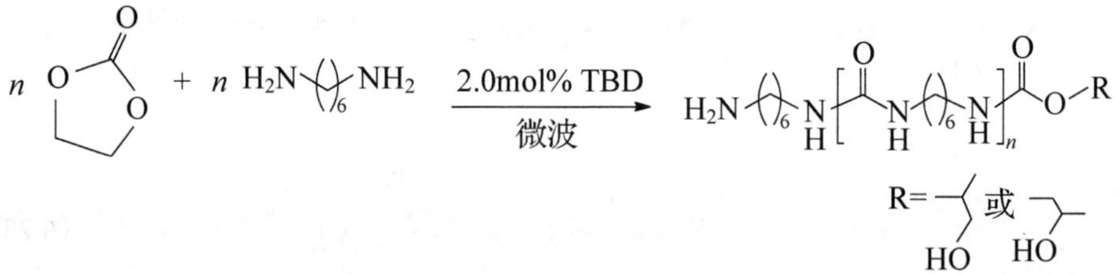

(6.25)

6.4　其他含氮聚合物

氮杂环丙烷(包括环氮乙烷)与 CO_2 的反应，可获得氨基链的聚氨酯[式(6.26)]。但反应过程中，氮杂环丙烷的均聚反应和氮杂环丙烷与 CO_2 的共聚反应并存，并且前者的反应速率优于后者，导致聚合物中氨基甲酸酯的链段含量一般不超过 30%。

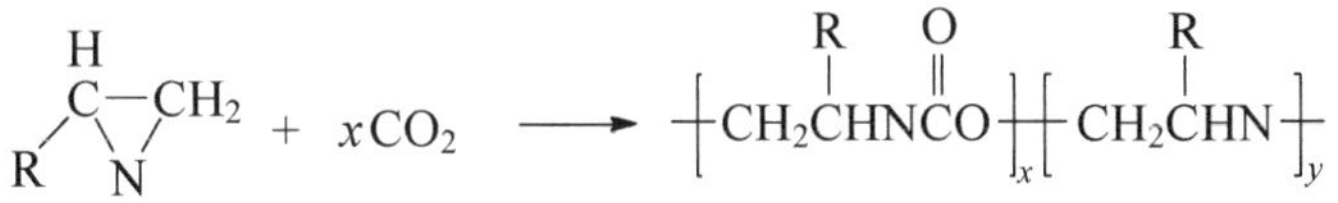

(6.26)

该反应在 $scCO_2$ 状态下，无需任何溶剂、催化剂或添加剂即可实现。在没有 CO_2 的情况下，氮杂环丙烷不发生任何反应；而随着 CO_2 压力增加，聚合物产率及聚合物中氨基甲酸酯含量均随之增大。如图 6.27 所示，在 100℃下，反应 24h，CO_2 压力由 3MPa 增至 22MPa 时，产物中聚氨酯嵌段含量可由 32%增加至 62%。CO_2 压力也影响聚合物的重均分子量，在压力较低或者较高情况重均分子量会有

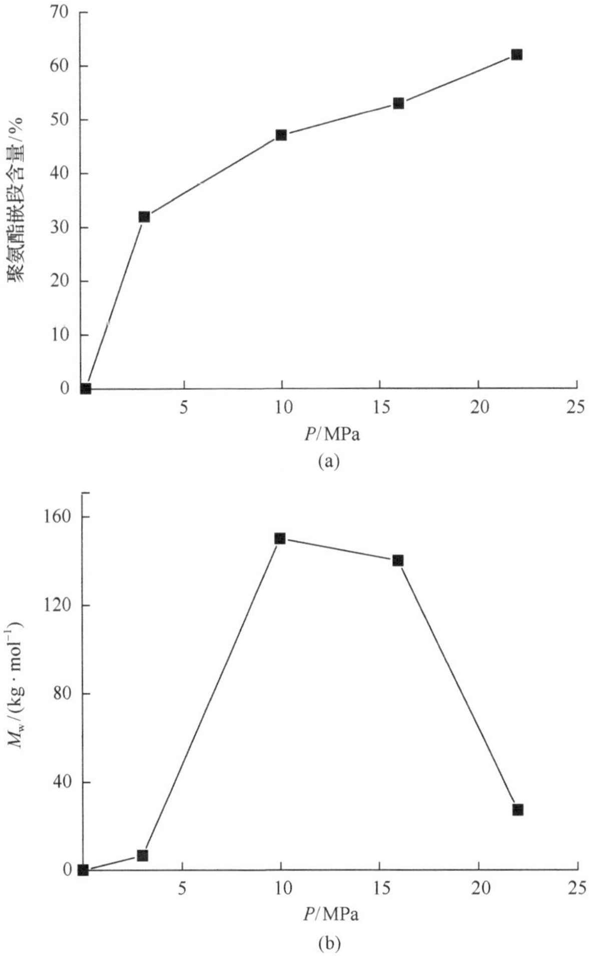

图 6.27　CO_2 压力对产率(a)和总均分子量(b)的影响

所下降；当压力为 10MPa 时，重均分子量达到最大值($150kg \cdot mol^{-1}$)[53]。CO_2 与杂环氮丙烷的摩尔比影响共聚物产率和黏度，二者均随着 CO_2/氮杂环丙烷摩尔比增加而增大，但共聚物中 CO_2 的含量几乎保持不变。

尽管反应可在无溶剂情况下发生，但随着聚合反应的进行，聚合物逐渐从反应相中析出，导致链增长反应减慢或终止。而加入溶剂，可提高反应混合物的溶解度，从而易于控制反应速率和产物分子量。例如，在环氮丙烷与 CO_2 反应体系中加入溶剂 DMF，在 22MPa 压力条件下，可导致聚合物分子量大大提高，氨基甲酸酯含量增加到 74%。反应温度影响聚合物的产率和聚合物中 CO_2 的含量，以及聚合物黏度。如表 6.2 所示，共聚物的收率和共聚物的黏度随聚合温度的增加而增大。在–78℃下没有获得固体产物，而在 20℃以上获得白色结晶聚合物。温度为 100℃时，反应 24h，所得聚脲的分子量可达到 $140kg \cdot mol^{-1}$[54]。

表 6.2 温度对氮杂环丙烷与 CO_2 共聚的影响

序号	温度/℃	产率/g	转化率/%	黏度/($dL \cdot g^{-1}$)
1	–78	0	0	—
2	–20	0.1967	27.40	—
3	0	0.2016	32.93	0.114
4	20	0.3915	58.14	0.285
5	40	0.2634	38.44	0.294
6	60	0.5418	78.50	0.434
7	80	0.5609	75.94	0.528
8	100	0.7564	93.87	0.515

注：反应条件：丙烯亚胺 0.567g，丙烯亚胺/二氧化碳=1/5，反应 3h。

图 6.28 中(Ⅰ)、(Ⅱ)、(Ⅲ)分别描述了环氮乙烷与 CO_2 反应过程中，环氮乙烷自聚及其与 CO_2 共聚的可能机理[55]。(Ⅰ)中，环氮乙烷吸收 CO_2 形成氨基甲酸铵阴离子，同时存在部分环氮乙烷阳离子；(Ⅱ)中，环氮乙烷亲核进攻环氮乙烷阳离子上的碳原子生成中间产物 A，A 继续重复上述亲核反应，生成自聚合产物聚胺；(Ⅲ)中，氨基甲酸酯阴离子亲核进攻环氧乙烷阳离子上的碳原子生成中间产物 B，B 中的氨基与 CO_2 反应，生成氨基甲酸酯阴离子，CO_2 与环氧乙烷交替共聚得到最终聚氨酯产物。在较高 CO_2 压力下，(Ⅰ)中反应向生成氨基甲酸铵的方向移动，故而在环氮乙烷和 CO_2 的共聚反应中氨基甲酸酯容易形成。事实上，在超临界条件下，来自环氮乙烷的共聚产物中氨基甲酸酯含量可高达 62%，而在 3.0MPa 的 CO_2 压力下，获得的产物中仅具有 33%的氨基甲酸酯含量。

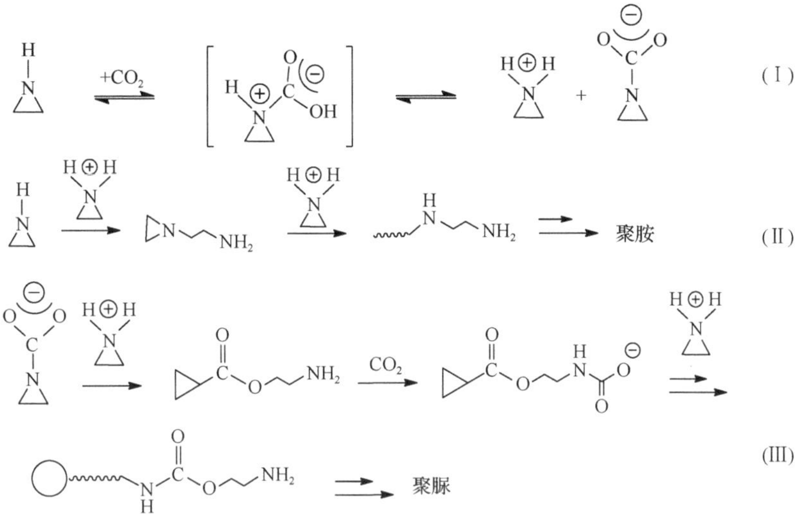

图 6.28 环氮乙烷与 CO_2 反应的可能机理

当使用取代的氮杂环丙烷作为单体时，在聚氨酯的形成中，存在两种可能的开环模式，如图 6.29 所示。如果氮杂鎓阳离子中的碳-氮键断裂发生在空间位阻一侧(A)，则得到的氨基甲酸乙酯氮将连接到亚甲基上，而在开环反应较少位阻的碳原子上，则得到含亚甲基单元和氨基甲酸酯的氧相连的产物(B)。聚氨的形成(C 或 D)机理与此类似。

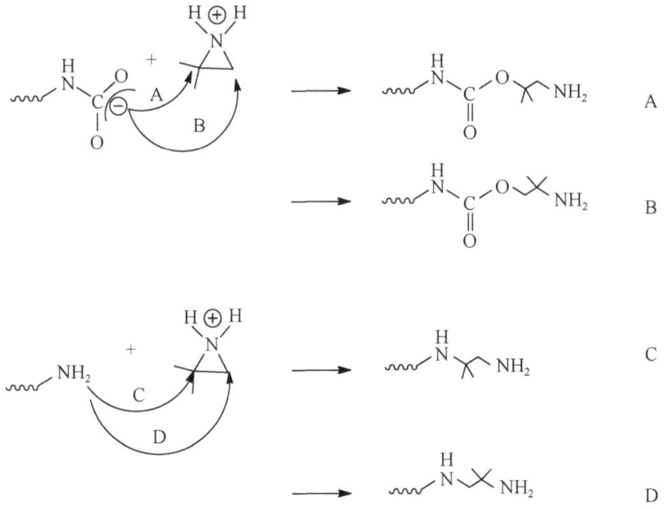

图 6.29 带有取代基的氮杂环丙烷与 CO_2 共聚的可能机理

6.5 其他共聚物

二氧化碳除能够与环氧化物共聚外，还可以与环硫化物、炔烃和二卤代物、烯烃、二炔等化合物发生共聚或者缩聚反应，获得不同性能的聚合物。

6.5.1 二氧化碳与环硫化物共聚反应

二氧化碳和环硫化物共聚可以得到聚硫代碳酸酯，其反应方程式如式(6.27)所示：

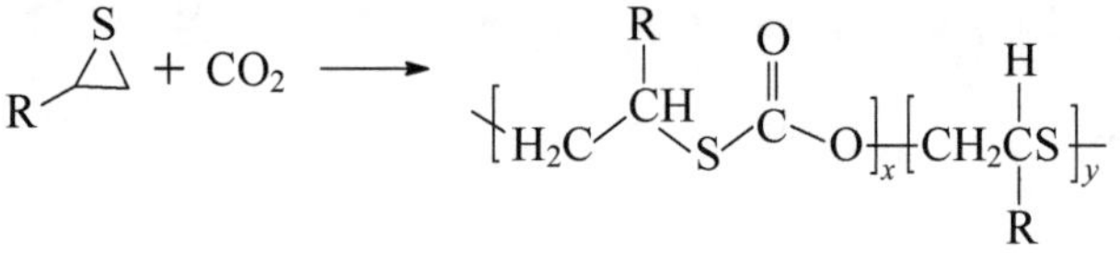

(6.27)

以上聚合反应的发生，催化剂是关键。以 1,4-二氧六环作溶剂，$AlEt_3$/焦酚为催化剂，在 3MPa CO_2、45℃下反应 92h，可获得共聚产物，二氧化碳嵌入量达到 42%；而以 $ZnEt_2$/焦酚为催化剂，相同反应条件下，主要发生氧硫交换反应，生成环硫化物。二氧化碳与环硫化物制备的聚合物为黄色或白色固体，溶解性较差[56]。

6.5.2 二氧化碳与炔烃、二卤代物的缩聚反应

以 DMF 为溶剂，CuI 为催化剂，K_2CO_3 为碱助剂，在 80℃、1atm 条件下，1,4-二乙炔苯和二溴丁烷与二氧化碳进行聚合[式(6.28)]，反应 24h 后可得到数均分子量约为 6kg·mol^{-1} 的聚合物，产率高达 82%[57]。

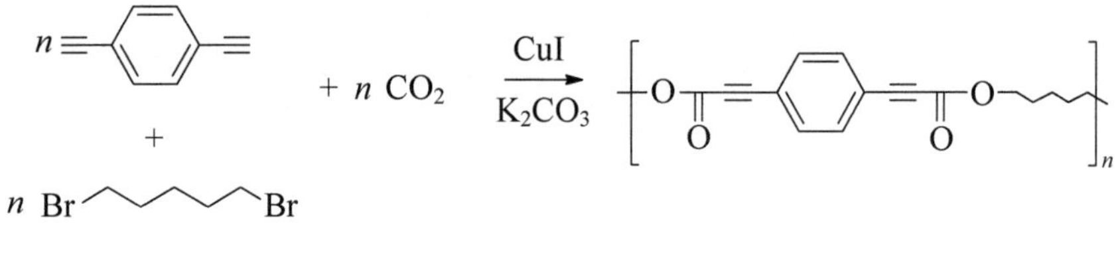

(6.28)

6.5.3 二氧化碳与二炔类化合物的共聚反应

如式(6.29)和式(6.30)所示，二氧化碳可与双炔发生共聚反应，生成聚合物。可以催化这类共聚反应的催化体系主要是过渡金属络合物催化剂[如双(三环己基膦基)-镍的络合物]、环辛二烯与三乙基膦镍的络合物等。此外，二氧化碳和二炔胺可以在无催化剂的条件下进行共聚。

以零价镍为催化剂，在 70～110℃的条件下制备的聚合物数均分子量可达到 2.1～17.9kg·mol^{-1}。以 DMF 或 THF、CH_2Cl_2 为溶剂，在无催化剂、60℃或者 90℃

条件下，二氧化碳与二炔胺反应 20h，得到了数均分子量为 4.4～8.8kg · mol^{-1}、分子量分布指数约为 2.0 的交替共聚的聚合物[式(6.31)][58]。由于该反应无需催化剂，反应后真空蒸发溶剂，并用乙醚进行洗涤即可得到聚合产物。

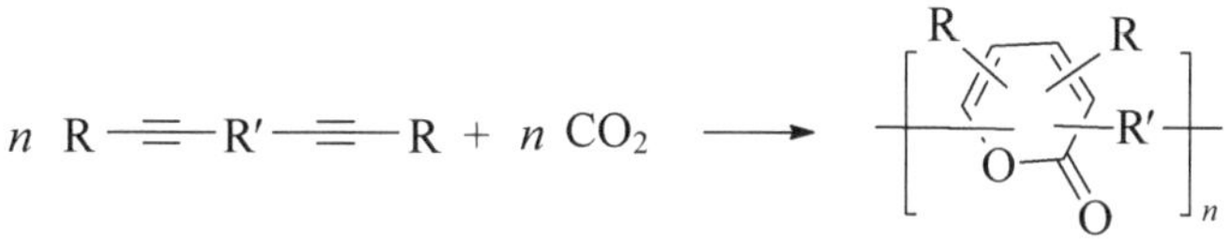
(6.29)

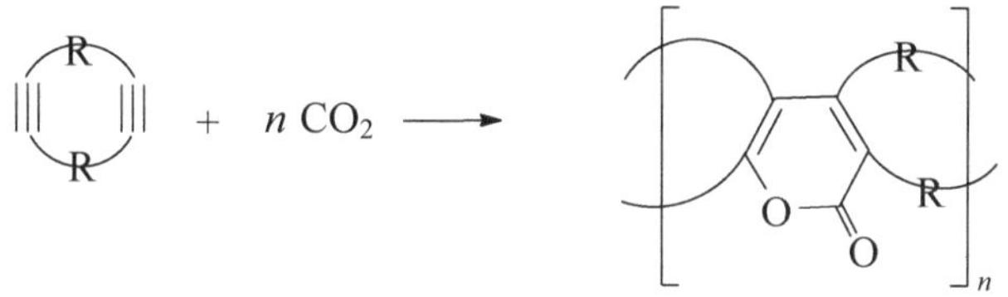
(6.30)

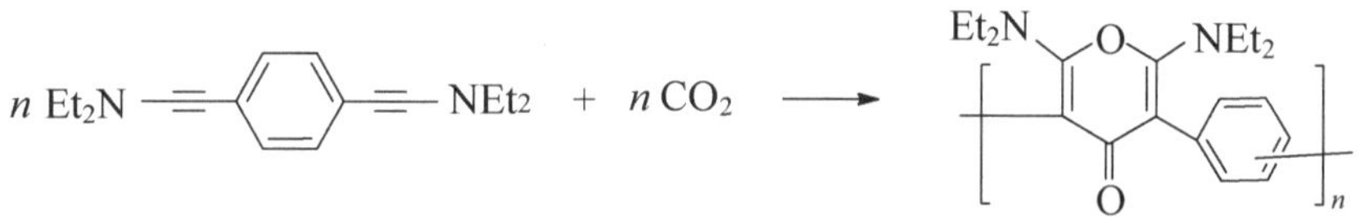
(6.31)

6.5.4　二氧化碳与烯烃化合物的共聚反应

二氧化碳与带官能团的单烯烃或二烯烃均能发生共聚反应[式(6.32)]。这种方法获得的聚合物既具有聚酯结构，又具有聚酮、聚醚结构，还具有独特的性能。

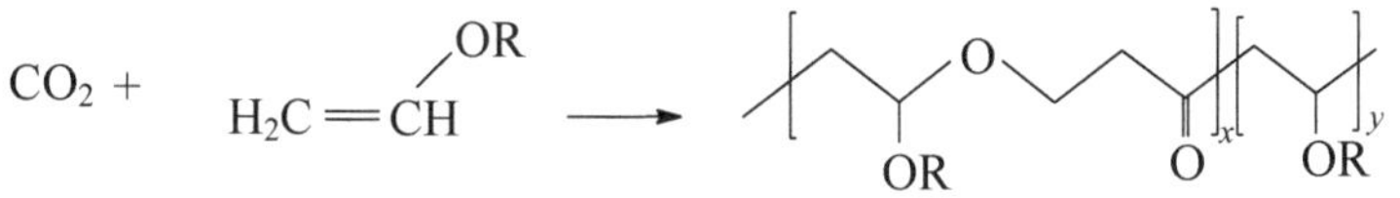
(6.32)

此外，当将二氧化碳、乙烯基苯基磷酸酯和丙烯类化合物(如丙烯腈、丙烯酸甲酯等)加热到 100℃以上时，可发生三元共聚反应，得到组成为 1∶1∶1 的三元交联共聚体。

将二氧化碳与丁二烯或异戊二烯等共轭双烯烃共聚反应，可得到聚酯、聚酮、聚醚结构的共聚体[59]。例如，以碳酸亚乙酯为溶剂，$Pd(acac)_2$ 为催化剂，PPh_3 为磷配体添加剂，80℃下，二氧化碳和丁二烯反应 3h，获得重要的中间产物 1(图 6.30)。反应结束后，除去反应体系中的气体，加入 1,1-偶氮(环己烷-1-碳腈)和氯化锌，升温至 100℃，继续反应 24h，可得到数均分子量为 19kg · mol^{-1}、PDI 为 1.6 的二氧化碳/丁二烯共聚物，其玻璃化转变温度达到 102℃。该体系同样适用于二氧化碳和 1,3-戊二烯的共聚反应，以 1,3 戊二烯为单体进行共聚反应时，可以得到数均分子量为 16kg · mol^{-1}、分子量分布指数为 2.0、玻璃化转变温度较低(33℃)的共聚物。

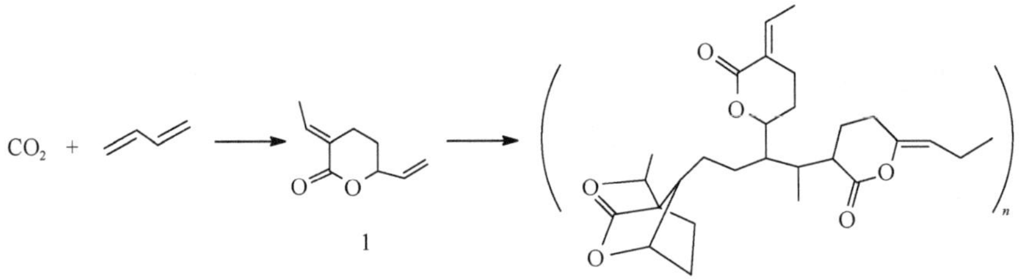

图 6.30　二氧化碳与丁二烯制备聚合物

6.6　小结与展望

自 1969 年发现二氧化碳可以合成高分子以来，二氧化碳直接参与或间接参与的聚合物制备得到了巨大发展。迄今，二氧化碳作为有效的 C_1 资源可以直接与环氧化物共聚制备聚碳酸酯、与二胺和环氮杂环等共聚制备聚氨酯或者聚脲、与环硫化物共聚制备聚硫代碳酸酯、与二炔烃和二烯烃等共聚制备含有三键或者双键链段的高分子材料等。这些高分子材料具有独特的生物适应性和生物可降解性，可用作医用高分子材料，是一类新型功能高分子材料。二氧化碳作为间接合成高分子聚合物的原料，替代有毒光气或者异氰酸酯，在合成聚碳酸酯、聚氨酯和聚脲等高分子材料上得到应用，形成绿色技术路线。基础研究取得的成果推动了相关技术发展，如二氧化碳与环氧丙烷制备聚碳酸酯技术已实现工业化[60]。

但是，目前基于二氧化碳合成高分子聚合物的技术发展仍处于初级阶段，其在材料性能、经济效益等方面与传统的高分子材料相比，还存在一定的差距，因此需要开发高效的催化体系和有效的合成工艺及成型加工技术，以提高二氧化碳制备高分子材料的竞争力，这些也是二氧化碳制备高分子材料需要攻克的技术难关。

参 考 文 献

[1] Inoue S, Koinuma H, Tsuruta T. Copolymerization of carbon dioxide and epoxide. J Polym Sci Pol Lett, 1969, 7(4): 287-292.

[2] Lin G, Yonggang G, Yusheng Q, et al. Biodegradable poly(carbonate-ether)s with thermoresponsive feature at body temperature. J Polym Sci Pol Chem, 2013, 51(2): 282-289.

[3] Takeda N, Inoue S. Polymerization of 1,2-epoxypropane an co-polymerization with carbon-dioxide catalyzed by metalloporphyrins. Makromole Chem-Macromol Chem Phys, 1978, 179(5): 1377-1381.

[4] Cheng M, Lobkovsky E B, Coates G W. Catalytic reactions involving C_1 feedstocks: new high-activity Zn(II)-based catalysts for the alternating copolymerization of carbon dioxide and epoxides. J Am Chem Soc, 1998, 120(42): 11018-11019.

[5] Sita L R, Babcock J R, Xi R. Facile metathetical exchange between carbon dioxide and the divalent group 14 bisamides $M[N(SiMe_3)_2]_2$ (M=Ge and Sn). J Am Chem Soc, 1996, 118(44): 10912-10913.

[6] Cheng M, Darling N A, Lobkovsky E B, et al. Enantiomerically-enriched organic reagents via polymer synthesis: enantioselective copolymerization of cycloalkene oxides and CO_2 using homogeneous, zinc-based catalysts. Chem Comm, 2000, (20): 2007-2008.

[7] Lee B Y, Kwon H Y, Lee S Y, et al. Bimetallic anilido-aldimine zinc complexes for epoxide/CO_2 copolymerization. J Am Chem Soc, 2005, 127(9): 3031-3037.

[8] Xiao Y, Wang Z, Ding K. Intramolecularly dinuclear magnesium complex atalyzed copolymerization of cyclohexene oxide with CO_2 under ambient CO_2 pressure: kinetics and mechanism. Macromolecules, 2006, 39(1): 128-137.

[9] Kember M R, Knight P D, Reung P T R, et al. Highly active dizinc catalyst for the copolymerization of carbon dioxide and cyclohexene oxide at one atmosphere pressure. Angew Chem In Ed, 2009, 48(5): 931-933.

[10] Kember M R, White A J P, Williams C K. Highly active di- and trimetallic cobalt catalysts for the copolymerization of CHO and CO_2 at atmospheric pressure. Macromolecules, 2010, 43(5): 2291-2298.

[11] Darensbourg D J, Yarbrough J C. Mechanistic aspects of the copolymerization reaction of carbon dioxide and epoxides, using a chiral salen chromium chloride catalyst. J Am Chem Soc, 2002, 124(22): 6335-6342.

[12] Darensbourg D J, Rodgers J L, Fang C C. The copolymerization of carbon dioxide and [2-(3,4-epoxycyclohexyl) ethyl] trimethoxysilane catalyzed by (salen)CrCl. formation of a CO_2 soluble polycarbonate. Inorg Chem, 2003, 42(15): 4498-4500.

[13] Darensbourg D J, Mackiewicz R M, Billodeaux D R. Pressure dependence of the carbon dioxide/cyclohexene oxide coupling reaction catalyzed by chromium salen complexes. Optimization of the comonomer-alternating enchainment pathway. Organometallics, 2005, 24(1): 144-148.

[14] Eberhardt R, Allmendinger M, Rieger B. DMAP/Cr(III) catalyst ratio: the decisive factor for poly(propylene carbonate) formation in the coupling of CO_2 and propylene oxide. Macromole Rapid Comm, 2003, 24(2): 194-196.

[15] Rao D Y, Li B, Zhang R, et al. Binding of 4-(*N,N*-dimethylamino) pyridine to Salen- and Salan-Cr(III) cations: a mechanistic understanding on the difference in their catalytic activity for CO_2/epoxide copolymerization. Inorg Chem, 2009, 48(7): 2830-2836.

[16] Qin Z, Thomas C M, Lee S, et al. Cobalt-based complexes for the copolymerization of propylene oxide and CO_2: active and selective catalysts for polycarbonate synthesis. Angew Chem In Ed, 2003, 115(44): 5642-5645.

[17] Niu Y, Zhang W, Pang X, et al. Alternating copolymerization of carbon dioxide and propylene oxide catalyzed by (*R*,*R*)-SalenCo^{III}- (2,4-dinitrophenoxy) and lewis-basic cocatalyst. J Polym Sci Pol Chem, 2007, 45(22): 5050-5056.

[18] Niu Y, Li H, Chen X, et al. Alternating copolymerization of carbon dioxide and propylene oxide catalyzed by cobalt schiff base complex. Macromole Chem Phys, 2009, 210(15): 1224-1229.

[19] Noh E K, Na S J, Sujith S, et al. Two components in a molecule: highly efficient and thermally robust catalytic system for CO_2/epoxide copolymerization. J Am Chem Soc, 2007, 129(26): 8082-8083.

[20] Sugimoto H, Ohshima H, Inoue S. Alternating copolymerization of carbon dioxide and epoxide by manganese porphyrin: the first example of polycarbonate synthesis from 1 atm carbon dioxide. J Polym Sci Pol Chem, 2003, 41(22): 3549-3555.

[21] Vitanova D V, Hampel F, Hultzsch K C. Rare earth metal complexes based on *β*-diketiminato and novel linked bis(*β*-diketiminato) ligands: synthesis, structural characterization and catalytic application in epoxide/CO_2-copolymerization. J Organomet Chem, 2005, 690(23): 5182-5197.

[22] Qin J, Xu B, Zhang Y, et al. Cooperative rare earth metal-zinc based heterometallic catalysts for copolymerization of CO_2 and cyclohexene oxide. Green Chem, 2016, 18(15): 4270-4275.

[23] Buchard A, Kember M R, Sandeman K G, et al. A bimetallic iron(III) catalyst for CO_2/epoxide coupling. Chem Comm, 2011, 47(1): 212-214.

[24] Ree M, Bae J Y, Jung J H, et al. A new copolymerization process leading to poly (propylene carbonate) with a highly enhanced yield from carbon dioxide and propylene oxide. J Polym Sci Pol Chem, 1999, 37 (12) : 1863-1876.

[25] Eberhardt R, Allmendinger M, Zintl M, et al. New zinc dicarboxylate catalysts for the CO_2/propylene oxide copolymerization reaction: activity enhancement through Zn (II) -ethylsulfinate initiating groups. Macromole Chem Phys, 2004, 205 (1) : 42-47.

[26] Zhu Q, Meng Y Z, Tjong S C, et al. Catalytic synthesis and characterization of an alternating copolymer from carbon dioxide and propylene oxide using zinc pimelate. Polym Int, 2003, 52 (5) : 799-804.

[27] Darensbourg D J, Wildeson J R, Yarbrough J C, et al. Bis 2,6-difluorophenoxide dimeric complexes of zinc and cadmium and their phosphine adducts: lessons learned relative to carbon dioxide/cyclohexene oxide alternating copolymerization processes catalyzed by zinc phenoxides. J Am Chem Soc, 2000, 122 (50) : 12487-12496.

[28] Reinartz S, Mason A F, Lobkovsky E B, et al. Titanium catalysts with ancillary phenoxyketimine ligands for living ethylene polymerization. Organometallics, 2003, 22 (13) : 2542-2544.

[29] Lu X B, Wang Y. Highly active, binary catalyst systems for the alternating copolymerization of CO_2 and epoxides under mild conditions. Angew Chem In Ed, 2004, 43 (27) : 3574-3577.

[30] Nozaki K, Nakano K, Hiyama T. Optically active polycarbonates: asymmetric alternating copolymerization of cyclohexene oxide and carbon dioxide. J Am Chem Soc, 1999, 121 (47) : 11008-11009.

[31] Nakano K, Hiyama T, Nozaki K. Asymmetric amplification in asymmetric alternating copolymerization of cyclohexene oxide and carbon dioxide. Chem Comm, 2005, (14) : 1871-1873.

[32] Cheng M, Darling N A, Lobkovsky E B, et al. Enantiomerically-enriched organic reagents via polymer synthesis: enantioselective copolymerization of cycloalkene oxides and CO_2 using homogeneous, zinc-based catalysts. Chem Comm, 2000, (20) : 2007-2008.

[33] Shen Z, Chen X, Zhang Y. New catalytic systems for the fixation of carbon dioxide, 2. synthesis of high molecular weight epichlorohydrin/carbon dioxide copolymer with rare earth phosphonates/triisobutyl-aluminium systems. Macromole Chem Phys, 1994, 195 (6) : 2003-2011.

[34] Quan Z, Min J, Zhou Q, et al. Synthesis and properties of carbon dioxide-epoxides copolymers from rare earth metal catalyst. Macromole Symp, 2003, 195 (1) : 281-286.

[35] Selva M. Green approaches to highly selective processes: reactions of dimethyl carbonate over both zeolites and base catalysts. Pure Appl Chem, 2007, 79 (11) : 1855-1867.

[36] Rokicki G, Parzuchowski P G, Mazurek M. Non-isocyanate polyurethanes: synthesis, properties, and applications. Polym Adv Technol, 2015, 26 (7) : 707-761.

[37] Prompers G, Keul H, Hocker H. Polyurethanes with pendant hydroxy groups: polycondensation of 1,6-bis-*O*-phenoxycarbonyl-2,3 ∶ 4,5-di-*O*-isopropylidenegalactitol and 1,6-di-*O*-phenoxycarbonylgalactitol with diamines. Green Chem, 2006, 8 (5) : 467-478.

[38] Steblyanko A, Choi W M, Sanda F, et al. Addition of five-membered cyclic carbonate with amine and its application to polymer synthesis. J Polym Sci Pol Chem, 2000, 38 (13) : 2375-2380.

[39] Rokicki G, Piotrowska A. A new route to polyurethanes from ethylene carbonate, diamines and diols. Polymer, 2002, 43 (10) : 2927-2935.

[40] Yamazaki N, Iguchi T, Higashi F. Studies on reactions of *N*-phosphonium salts of pyridines. 13. direct polycondensation reaction of carbon-dioxide or disulfide with diamines under mild conditions. J Polym Sci Pol Chem, 1975, 13 (4) : 785-795.

[41] Yamazaki N, Higashi F, Iguchi T. Polyureas and polythioureas from carbon-dioxide and disulfide with diamines under mild conditions. J Polym Sci Pol Chem Pol Lett, 1974, 12(9): 517-521.

[42] Higashi F, Murakami T, Taguchi Y. Polyureas from carbon-dioxide and diamines by means of triphenyl phosphite and pyridine hydrochloride. J Polym Sci Pol Chem, 1982, 20(1): 103-108.

[43] Rokicki G. Direct method of synthesis of polyureas by *N*-acylphosphoramidites. Makromol Chem, 1988, 189(11): 2513-2520.

[44] Liu Z, Yang Z, Hao L, et al. Polyureas derived from CO_2 and diamines: highly efficient catalysts for C—H arylation of benzene. New J Chem, 2017, 41(1): 51-55.

[45] Wu C, Wang J, Chang P, et al. Polyureas from diamines and carbon dioxide: synthesis, structures and properties. Phys Chem Chem Phys, 2012, 14(2): 464-468.

[46] Ying Z, Zhao L, Zhang C, et al. Utilization of carbon dioxide to build a basic block for polymeric materials: an isocyanate-free route to synthesize a soluble oligourea. RSC Adv, 2015, 5(52): 42095-42100.

[47] Ying Z, Zhang C, Jiang S, et al. Synthesis of a novel hydrophobic polyurea gel from CO_2 and amino-modified polysiloxane. J CO_2 Util, 2016, 15: 131-135.

[48] Ying Z, Dong Y, Wang J, et al. Carbon dioxide as a sustainable resource for macrocyclic oligourea. Green Chem, 2016, 18(8): 2528-2533.

[49] Ying Z, Wu C, Jiang S, et al. Synthesis of polyurethane-urea from double CO_2-route oligomers. Green Chem, 2016, 18(12): 3614-3619.

[50] Li S, Zhao J, Zhang Z, et al. Aliphatic thermoplastic polyurethane-ureas and polyureas synthesized through a non-isocyanate route. RSC Adv, 2015, 5(9): 6843-6852.

[51] Noboru Y, Tadao I, Fukuji H. The reaction of diphenyl carbonate with amines and its application to polymer synthesis. J Polym Sci Pol Chem Ed, 1979, 17(3): 833-841.

[52] Qaroush A K, Al-Hamayda A S, Khashman Y K, et al. Highly efficient isocyanate-free microwave-assisted synthesis of [6]-oligourea. Catal Sci Technol, 2013, 3(9): 2221-2226.

[53] Ihata O, Kayaki Y, Ikariya T. Synthesis of thermoresponsive polyurethane from 2-methylaziridine and supercritical carbon dioxide. Angew Chem In Ed, 2004, 43(6): 717-719.

[54] Soga K, Chiang W, Ikeda S. Copolymerization of carbon-dioxide with propyleneimine. J Polym Sci Pol Chem, 1974, 12(1): 121-131.

[55] Paddock R L,Nguyen S T. Alternating copolymerization of CO_2 and propylene oxide catalyzed by Co-Ⅲ(salen)/Lewis base. Macromolecules, 2005, 38(15): 6251-6253.

[56] Kuran W, Rokicki A, Wielgopolan W. Copolymerization of carbon dioxide and propylene sulfide. Makromol Chem, 1978, 179(10): 2545-2548.

[57] Oi S, Fukue Y, Nemoto K, et al. Synthesis of poly(alkyl alkynoates) from diynes, CO_2, and alkyl dihalides by a copper(Ⅰ) salt catalyst. Macromolecules, 1996, 29(7): 2694-2695.

[58] Tsuda T, Morikawa S, Sumiya R, et al. Nickel(0)-catalyzed cycloaddition of diynes and carbon dioxide to give bicyclic α-pyrones. J Org Chem, 1988, 53(14): 3140-3145.

[59] Nakano R, Ito S, Nozaki K. Copolymerization of carbon dioxide and butadiene via a lactone intermediate. Nat Chem, 2014, 6(4): 325-331.

[60] 王献红. 二氧化碳捕集和利用. 第 1 版. 北京: 化学工业出版社, 2016.

第 7 章
二氧化碳矿化制备无机材料和化学品

大规模储存与固定 CO_2 是碳减排的重要途径，主要包括地质封存、海洋封存及矿化封存。地质封存和海洋封存采用物理方法将 CO_2 封存，存在诸多弊端和潜在风险；相对而言，CO_2 矿化封存最为安全可靠。其基本原理是通过模仿自然界 CO_2 的矿物吸收过程，将 CO_2 固定，同时制取高值化材料和化学品。在自然界中，硅酸盐矿物的风化过程是自然发生的，过程非常缓慢。因此，需要通过过程强化加速反应进程，达到工业上可行的反应速率并使工艺流程更节能，才能实现有效的 CO_2 矿化固定。目前，发展相对成熟的技术主要包括 CO_2 矿化制备碳酸盐、CO_2 矿化磷石膏制硫酸铵和碳酸钙，以及 CO_2 铵化矿化制备三聚氰酸和碳酸氢铵等。

7.1 CO_2 矿化制备碳酸盐

CO_2 矿化制备碳酸盐是模仿 Ca/Mg 硅酸盐矿物的风化过程，该设想首次由 Seifritz[1]提出，可用如下通式表示：

$$(\text{Ca, Mg})_x\text{Si}_y\text{O}_{x+2y}\cdot z\text{H}_2\text{O(s)}+x\text{CO}_2\text{(g)} \longrightarrow$$
$$x(\text{Ca, Mg})\text{CO}_3\text{(s)}+y\text{SiO}_2\text{(s)}+z\text{H}_2\text{O(l/g)} \qquad (7.1)$$

其原料来源丰富、储量巨大、价格低廉，因此具有大规模固定的潜力和经济效益。

7.1.1 原料选择

CO_2 矿化制备碳酸盐的原料主要来自天然矿石和富含钙镁的固体废弃物。天然矿石主要包括富含钙元素的碱土金属[硅灰石($CaSiO_3$)]、富含镁元素的碱土金属{镁橄榄石(Mg_2SiO_3)、蛇纹石[$Mg_3Si_2O_5(OH)_4$]、滑石[$Mg_3SiO_{10}(OH)_2$]}等。富含钙镁的废弃物主要包括钢铁渣、煤飞尘、废弃物的焚化炉灰、废弃的建筑材料及某些金属冶炼过程中的尾矿等。以固体废弃物为原料进行 CO_2 矿化制备碳酸盐具有诸多优点：首先原料来源丰富，且靠近 CO_2 产生源；其次这些固体废弃物具有较高的反应活性，无需额外处理，利于改善环境；最后利用这些固体废弃物固定 CO_2 的同时可以回收某些贵金属及其他高附加值产物，从而降低经济成本。

7.1.2 反应热力学研究

在 CO_2 和所有碳酸盐化合物中，碳元素均处于最高价态。然而，在标准状态下，CO_2 的标准 Gibbs 自由能要比碳酸盐的标准 Gibbs 自由能高出 60～180kJ · mol^{-1}(图 7.1)，因此碳酸盐是碳元素的最稳定形式。

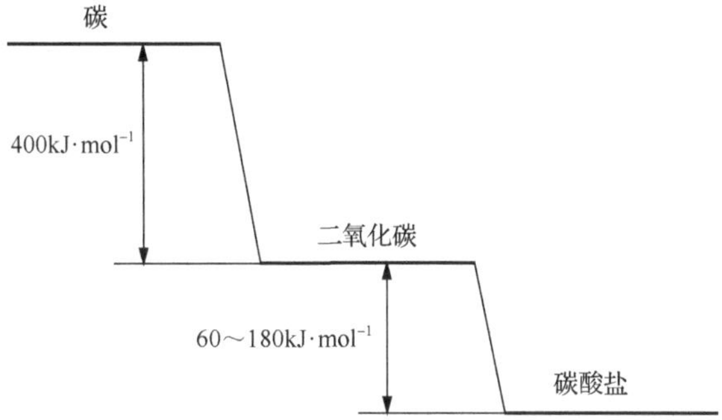

图 7.1 含碳物质的能量状态图

热力学计算表明，含钙镁的硅酸盐矿石与 CO_2 之间的反应焓变均为负值，这说明该类反应为放热反应。表 7.1 为 CO_2 矿化反应涉及的物质的标准生成 Gibbs 自由能。根据表 7.1 数据计算可知，CO_2 与硅酸盐矿石在常温常压下的标准 Gibbs 自由能变化 $\Delta_r G_m^{\ominus} = \sum_i v_i \Delta_f G_m^{\ominus}$ 为负值，这说明 CO_2 矿化制备碳酸盐在常温、常压下可以自发进行。然而自然界中矿物风化过程极其缓慢，为提高反应速率，通常采用改变温度和压力的方法。升高温度能够提高反应速率，但由于这类反应为放热并且体积减小的反应，因此升高温度又会使反应向着逆反应方向进行，不利于 CO_2 的矿化固定。因此 CO_2 矿化反应通常在高压条件下进行。此外，选择合适的催化剂也可促进反应进行。

表 7.1 物质的标准吉布斯自由能

物种	$\Delta_f G_m^{\ominus}$ / (kJ · mol^{-1})
C(s)石墨	0
H_2O(g)	–241.83
H_2O(l)	–237.12
CO_2(g)	–394.38
CO_2(aq)	–386.22
CO_3^{2-}(aq)	–528.1

续表

物种	$\Delta_f G_m^\ominus$ / (kJ · mol^{-1})
HCO_3^- (aq)	–587.06
$H_2CO_3^-$ (aq)	–623.42
SiO_2 (s)	–856.3
$MgCO_3$ (s)	–1012.19
$CaCO_3$ (s)	–1128.76
Mg_2SiO_4 (s)	–2051.33
$Mg_3Si_2O_5(OH)_4$ (s)	–4034.05

7.1.3 CO_2矿化反应动力学和机理

CO_2矿化制备碳酸盐的过程有干法和湿法之分。干法过程是CO_2气体直接与原料发生气固反应，湿法过程是碳酸化反应在水溶质中进行。含钙化合物通常具有较高的活性，其反应速率大于含镁化合物，因此相关的机制研究大多围绕含镁化合物，特别是含镁硅酸盐矿石的湿法碳酸化过程而展开。湿法碳酸化过程的反应动力学较为复杂，主要包括三步：①CO_2的溶解；②钙镁离子的浸出；③碳酸盐沉淀的生成。以结构最为简单的氧化镁的湿法碳酸化过程为例，其反应机理为：首先，氧化镁水化电离出镁离子，同时CO_2溶解达到电离平衡，如式(7.2)所示：

$$MgO(s) + H_2O(l) \longrightarrow Mg^{2+}(aq) + 2OH^-(aq) \tag{7.2}$$

再经过两种路径生成碳酸镁沉淀。①镁离子和碳酸根或碳酸氢根离子直接反应生成碳酸镁沉淀，如式(7.3)和式(7.4)所示；②镁离子经过中间产物碱式碳酸盐，间接生成碳酸镁沉淀，如式(7.5)和式(7.6)所示。

$$Mg^{2+}(aq) + CO_3^{2-}(aq) \longrightarrow MgCO_3(s) \tag{7.3}$$

$$Mg^{2+}(aq) + HCO_3^-(aq) \longrightarrow MgCO_3(s) + H^+(aq) \tag{7.4}$$

$$5Mg^{2+}(aq) + 4CO_3^{2-}(aq) + 2OH^-(aq) + 4H_2O(l) \longrightarrow Mg_5(CO_3)_4(OH)_2 \cdot 4H_2O\,(s) \tag{7.5}$$

$$Mg_5(CO_3)_4(OH)_2 \cdot 4H_2O\,(s) + CO_3^{2-} \longrightarrow 5MgCO_3(s) + 2OH^-(aq) + 4H_2O(l) \tag{7.6}$$

在上述反应过程中，通常矿物的溶解，即钙离子或者镁离子的浸出是整个反应的决速步。但是由于矿物组成和结构存在差异，使得反应机理也存在差异。矿石表面钙镁原子的分布不均一导致钙镁离子的浸出不一致，矿石颗粒表面形成含硅的惰性层，从而对矿石溶解速率和反应机理产生不同程度的影响。例如，对于含镁硅酸盐，矿石的溶解过程可能是整个反应的控制步骤；而硅灰石湿法碳酸化反应的控制步骤则是硅酸钙矿石溶解以及碳酸化反应过程。为加速矿物的溶解，可以采用增大颗粒的反应界面、移去生成的惰性表面层、改变矿物颗粒表面的分子结构及降低溶液中钙镁离子活度等措施。例如，热活化、机械研磨等物理活化的方法可以用来增大颗粒的反应界面，化学方法如添加酸或复杂的螯合剂不仅可以增大颗粒的反应界面，而且可以降低钙镁离子的活度，从而促进矿物的溶解。在某些特定条件下，碳酸化反应也可能成为整个反应的控速环节。例如，蛇纹石、镁橄榄石和硅灰石在高温下反应时，由于 CO_3^{2-}/HCO_3^-活度的降低，阻碍了碳酸化过程中碳酸镁或碳酸钙的结晶及其晶体的生长，从而碳酸化过程成为整个反应的决速步。

此外，CO_2 的溶解和原料的选择也是影响整个碳酸化过程的重要因素。为了增大钙镁离子的浸出，酸及螯合剂的加入会阻碍 CO_2 的溶解，不利于反应的进行；同时溶液的 pH 值降低使得碳酸盐沉淀出来变得困难。不同原料，其湿法碳酸化反应生成碳酸盐沉淀的位置也不尽相同。以含镁硅酸盐矿石为原料反应时，碳酸镁在溶液中独立形成了粒径小于 10μm 的小球。然而，以废弃的钢渣为原料进行湿法碳酸化反应时，碳酸钙沉淀是在钢渣颗粒表面形成，从而阻碍了反应的进一步进行。

7.1.4 矿物碳酸化固定工艺路线

CO_2 矿化制备碳酸盐的工艺路线主要分为直接路线和间接路线。直接路线是指矿物原料进行一步碳酸化反应得到碳酸盐产物的过程；间接路线是指矿物原料中的有效成分(钙离子和镁离子等)首先被媒介质浸出，然后进行碳酸化反应生成碳酸盐。

1. 直接路线

根据反应过程是否加水，直接路线可分为直接干法碳酸化、直接湿法碳酸化两种过程。

1) 直接干法碳酸化

直接干法气固碳酸化首先由 Lackner 等提出[2]，即 CO_2 直接与矿石发生反应生成碳酸盐。虽然该法直接、简单，但其在常温常压下进行得非常缓慢，不利于大规模的工业化。如前面所述，升高温度在提高反应速率的同时，不利于反应的正向进行，因此该路线一般采取升高压力的办法来促进反应进行。利用超临界 CO_2 与矿石反应时，由于产物水能溶解于超临界 CO_2 中，从而大大提高了反应速率。

虽然直接碳酸化过程是放热反应，理论上不需要输入额外的能量，但是其反应速率相对较慢，因此相关研究较少。

2) 直接湿法碳酸化

湿法碳酸化路线首先由 O'Connor 等提出[3]，其工艺流程如图 7.2 所示[4]。该工艺的反应路径如图 7.3 所示，即 CO_2 溶于水形成碳酸，在碳酸的作用下，矿石逐步溶解并沉淀出碳酸盐。

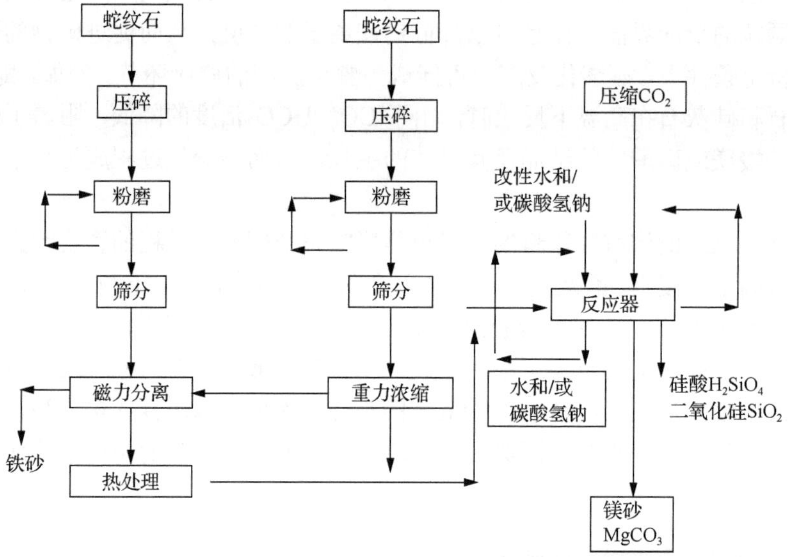

图 7.2　湿法碳酸化过程示意图

$$CO_2+H_2O \longrightarrow H_2CO_3 \longrightarrow H^++HCO_3^-$$

$$Mg_2SiO_4+4H^+ \longrightarrow 2Mg^{2+}+H_4SiO_4\text{或}SiO_2+2H_2O$$

$$Mg^{2+}+HCO_3^- \longrightarrow MgCO_3+H^+$$

图 7.3　湿法碳酸化反应路径

通过控制反应温度和压力、添加催化剂、对矿石进行处理(如加热活化、蒸汽活化、强酸化学活化、机械研磨)及移去生成的 SiO_2 惰性表面层等方法可以有效提高湿法碳酸化反应的速率。此外，通过向溶剂中添加矿物催化剂如碳酸氢钠($NaHCO_3$)和氯化钠(NaCl)的混合物也能有效提高反应速率。$NaHCO_3$ 的加入增大了溶液中碳酸氢根离子的浓度，从而增大了碳酸化反应速率；NaCl 的加入使得溶液组成变得复杂，降低了溶液中镁离子的活度，从而加速了镁离子的浸出过程。

普遍认为该过程最具应用前景，得到了广泛研究。特别是，CO_2 和矿物接近完全碳酸化所需要的时间已经从几十小时缩短到 1h 之内。但是该工艺路线需要挖掘大量的矿石，且矿石的预处理过程耗能高，引起诸多环境问题难以解决。因此，以固体废弃物代替矿石的湿法碳酸化路线更受青睐。该路线不仅能够减少能耗，而且实现了以废制废，从而减轻了环境负担，具有更加广阔的应用前景。

2. 间接路线

媒质的筛选是间接路线工艺中的关键一环。反应媒质需要同时具备以下两个特点：一是有利于钙、镁离子浸出，二是在碳酸化反应过程中媒质容易回收及循环利用。常见的媒质主要包括盐酸、熔盐、乙酸和氢氧化钠。

1) 以盐酸为媒质的间接碳酸化工艺过程

以盐酸为反应媒质时，矿石可以迅速溶解在盐酸溶液中，形成氯化镁或者氯化钙和二氧化硅。以蛇纹石为例，反应机理如图 7.4 所示，首先盐酸溶解蛇纹石产生氯化镁，这种溶液中还含有过量的盐酸；然后将水和过量的盐酸煮沸，加热至 150℃，氯化镁分解生成 Mg(OH)Cl 的同时盐酸再生；得到的 Mg(OH)Cl 继续分解得到氢氧化镁和氯化镁，氯化镁循环回收利用，最后氢氧化镁在 CO_2 氛围下进行碳酸化反应得到碳酸镁。由于该路线盐酸的再生回收过程需要消耗大量的能量，并且盐酸对设备的腐蚀性较强，因此限制了其工业化应用。

$$6HCl + Mg_3Si_2O_5(OH)_4 \longrightarrow 3MgCl_2 + 2SiO_2 + 5H_2O$$

$$MgCl_2 \cdot 6H_2O(s) \longrightarrow Mg(OH)Cl(s) + HCl(g) + 5H_2O(g)$$

$$2Mg(OH)Cl(s) \xrightarrow{H_2O} Mg(OH)_2(s) + MgCl_2(aq)$$

$$Mg(OH)_2 + CO_2 \longrightarrow MgCO_3(s) + H_2O(l)$$

图 7.4 以盐酸为媒质蛇纹石的碳酸化反应机理

2) 以熔盐 $MgCl_2 \cdot n(H_2O)$ 为媒质的间接碳酸化工艺过程

该工艺流程 CO_2 的矿化路线如图 7.5 所示。该工艺在 500℃或 600℃的高温下，碳酸化反应几乎在 30min 内完成；此外，通过减小矿物的粒径尺寸(减小颗粒尺寸则需要消耗较多的能量)可以有效降低反应压力。但是岩石中的杂质会与氯离子

$$3MgCl_2 \cdot 3.5H_2O(l) + Mg_3Si_2O_5(OH)_4(s) \longrightarrow 6Mg(OH)Cl(l) + 9.5H_2O(l) + 2SiO_2(aq)$$

$$2Mg(OH)Cl(l) + nH_2O(l) \longrightarrow MgCl_2 \cdot nH_2O(l) + Mg(OH)_2(s)$$

$$MgCl_2 \cdot nH_2O(l) \longrightarrow MgCl_2 \cdot 3.5H_2O(l) + (n-3.5)H_2O(l)$$

$$Mg(OH)_2(s) + CO_2(g) \longrightarrow MgCO_3(s) + H_2O(g)$$

图 7.5 以熔盐 $MgCl_2(H_2O)_n$ 为媒介的碳酸化路径

反应造成氯的损耗，并且该工艺操作困难、过程复杂、能耗高，因此不具备工业应用价值。

3) 以乙酸为媒质的间接碳酸化工艺过程

该工艺由 Kakizawa 等提出[5]，主要利用弱酸代替强酸使得媒质的回收相对容易，能耗相对降低，主要的反应过程如式(7.7)和式(7.8)所示。

$$CaSiO_3(s)+2HAc(1) \longrightarrow Ca^{2+}(aq)+2Ac^-(aq)+H_2O(1)+SiO_2(s) \tag{7.7}$$

$$Ca^{2+}(aq)+2Ac^-(aq)+CO_2(g)+H_2O(l) \longrightarrow CaCO_3(s)+2HAc(1) \tag{7.8}$$

然而研究表明，当 CO_2 分压为 3MPa 时，碳酸化反应结晶过程的转化率不到 20%，远远低于理论计算所得的平衡转化率(75%)，因此造成了大量物料无效循环，能耗增加。此外，碳酸盐产物生成和乙酸媒质再生同时进行，不利于两者的分离。因此，如果能强化产物和媒质的分离过程，同时减少原料成本和预处理能耗，并且将 CO_2 的分离和压缩集成到矿物碳酸化固定工艺过程中，该工艺路线有望得到更好的发展。

4) 以氢氧化钠为媒质的间接碳酸化工艺

该工艺一般不需要活化等预处理过程，使能耗降低，主要的反应过程如图 7.6 所示。然而该路线同样存在一些缺点，主要包括：①反应时间长，反应温度高，导致能耗大；②如果原料中硅含量高，则需要消耗大量的碱；③产物的分离困难。如果能在碱耗和产物分离方面取得突破，该间接工艺有实用价值。

$$3CaAl_2Si_2O_x(s) + 8NaOH(aq) \longrightarrow 3Ca(OH)_2 + Na(AlSiO_4)_6(OH)_2$$

$$2NaOH(aq) + CO_2(g) \longrightarrow Na_2CO_3(aq) + H_2O(l)$$

$$2Na_2CO_3(aq) + Ca(OH)_2 + Na_8(AlSiO_4)_6(OH)_2 + H_2O(l) \longrightarrow 4NaOH(aq) + CaCO_3 + Na_8(AlSiO_4)_6CO_3 \cdot 2H_2O$$

图 7.6　以氢氧化钠为媒质的间接碳酸化工艺过程

3. 其他矿物碳酸化工艺

此外，还发展了生物碳酸法来实现 CO_2 矿化制备碳酸盐，该法利用富含金属的工业飞灰和还原性铁酸菌与不同混合气(H_2-CO_2，N_2-CO_2)在重碳酸盐溶液中进行碳酸化反应[6]，在 25℃的条件下，培养了 21～30d 后生成碳酸盐沉淀。该方法处理 CO_2 废气的同时处理了工业飞灰，因而具有很强的吸引力，但是其反应过程较慢，不适宜大范围的应用。

7.2　CO_2 矿化磷石膏联产硫酸铵和碳酸钙

磷石膏作为钙基资源，是 CO_2 矿化的可用原料。同时，磷石膏是湿法磷酸生产过程的工业废渣，其排放量逐年增加，却未得到有效利用。采用堆存处理的方式不仅需要占用大量土地，对环境污染严重，还给磷化工企业造成很大的经济负担。因此利用磷石膏实现 CO_2 矿化固定对可持续发展和环境保护具有重要意义。

利用氨水($NH_3 \cdot H_2O$)和 CO_2 处理石膏或磷石膏制备硫酸铵[$(NH_4)_2SO_4$]和碳酸钙($CaCO_3$)的工艺被称为默斯伯格流程(Merseburg process)。其原理是利用氨气、CO_2 和石膏($CaSO_4 \cdot 2H_2O$)的复分解反应制备硫酸铵和碳酸钙，总反应方程式如式(7.9)所示。

$$CO_2 + 2NH_3 + CaSO_4 \cdot 2H_2O = (NH_4)_2SO_4 + CaCO_3 \downarrow + 2H_2O \tag{7.9}$$

2004 年，四川大学在国内外率先提出低浓度尾气 CO_2 直接矿化磷石膏联产硫酸铵与碳酸钙的一步法新工艺。该方法实现了以废治废，把捕集与利用两个环节合二为一，提高了 CO_2 和磷石膏资源化利用的经济性。

CO_2 的铵化矿化反应是一个复杂的气-液-固三相反应过程，主要遵循以下三个连串、可逆反应步骤，如图 7.7 所示。首先发生 CO_2 和 NH_3 的吸收反应，形成中间产物氨基甲酸铵(NH_2COONH_4)，该反应主要发生在气相和液相界面附近的液膜之内；其次发生氨基甲酸根(NH_2COO^-)的分解反应，生成了铵根和碳酸根；最后发生钙离子和碳酸根的结晶反应，生成了碳酸钙沉淀。后两步反应主要在液相主体中发生，所以反应主要按如下步骤进行：CO_2 与 NH_3 在液膜中反应生成中间产物氨基甲酸铵，氨基甲酸铵从膜内扩散到液相主体，同时进行水解反应，释放出 NH_4^+ 和 CO_3^{2-} 离子；当溶度积 $[Ca^{2+}] \cdot [CO_3^{2-}] > K_{sp}[CaCO_3]$ 时，立即发生结晶反应生成碳酸钙沉淀。反应的推动力是由 $CaSO_4 \cdot 2H_2O$ 和 $CaCO_3$ 在硫酸铵溶液中的溶度积差异决定的。由于 $CaCO_3$ 的溶度积比 $CaSO_4 \cdot 2H_2O$ 的溶度积要小得多，反应向右进行的趋势很大，理论上石膏转化相当完全。

$$CO_2 + 2NH_3 = NH_2COO^- + NH^{4+}$$

$$NH_2COO^- + H_2O = NH^{4+} + CO_3^{2-}$$

$$Ca^{2+} + CO_3^{2-} = CaCO_3$$

图 7.7　CO_2 的铵化矿化反应路径

7.2.1　CO_2 矿化磷石膏的影响因素

在 CO_2 矿化磷石膏制硫酸铵和碳酸钙过程中，CO_2 铵化矿化能力与氮硫摩尔比、反应温度、CO_2浓度、反应时间、液固比、磷石膏的预处理等因素有关。

氮硫摩尔比：随着氮硫摩尔比的增加，反应体系中氨水的浓度也随之增大，这可以促使矿化反应向右进行，提高单位时间内磷石膏-废氨水体系对CO_2的矿化能力。理论上，氮硫摩尔比为 2.0 时，矿化反应即可达到平衡，由于氨水在反应过程中会有一定程度的挥发损失，致使实际参与反应的氨水小于加入的量，故实际加入的氨水量要大于理论量。但当氮硫摩尔比为 2.0 时，大部分磷石膏已参与反应，继续增加氨水量对提高单位时间内磷石膏-废氨水对CO_2的矿化能力收效甚微。因此，当氮硫摩尔比<2 时，氨的转化率很高，而石膏的转化率随着氮硫摩尔比的增加而增加，并且转化率的增长与氮硫比的增大几乎成正比；而当氨过量、氮硫摩尔比>2.25 以后，石膏的转化率基本保持不变。

反应温度：选择合适的温度对 CO_2 的铵化矿化反应至关重要。一般来说，升高反应温度可以增大反应速率常数，提高矿化能力。温度高时，氨基甲酸铵的水解速度增加，碳酸钙的结晶速度随之增加，能促进 CO_2 吸收反应的进行；但同时 CO_2和 NH_3的气相平衡分压都随温度的升高而增加，降低了气液界面传质推动力，不利于 CO_2 吸收反应的进行，并且增加了氨的损失。温度低时，氨的挥发度小，有利于 CO_2 吸收和氨基甲酸铵的生成，但低温不利于氨基甲酸铵的水解，氨基甲酸铵在液相主体中逐渐积累，水解过程缓慢，达到石膏平衡转化率的停留时间增加。

CO_2 浓度：CO_2 浓度影响气液接触面和界面浓度，从而影响传质速率。CO_2浓度较低时，气相的传质推动力小，CO_2 的吸收速率越慢，石膏的转化速率就越低，增加 CO_2的流量，可以增加体系中 CO_2的溶解量，促使矿化反应向右进行，从而提高磷石膏-废氨水对 CO_2 的矿化能力。当 CO_2浓度较高时，决定反应速率的主要因素转入液相，氨基甲酸铵的水解反应成为速控环节。合成氨工业中原料气的 CO_2浓度一般控制在 18%～35%范围内。由此可见，工业过程必须充分重视石膏氨水悬浮液与原料气的气液传质设计。

反应时间：磷石膏和氨水的浓度在反应初始阶段较高，与 CO_2的反应速度较快，因而反应体系对 CO_2的矿化能力随着反应时间的增加而快速升高。但当反应进行到一定程度后，大部分的磷石膏和氨水已经参与反应，少量未反应的磷石膏表面被生成的碳酸钙包裹，阻碍了反应的进行，继续增加反应时间只能缓慢提高反应体系对 CO_2 的矿化能力。

液固比：增大液固比，即增加了磷石膏颗粒的分散介质，有利于磷石膏颗粒更好地分散。同时，增大液固比，有利于碳酸钙固体产物的分散，减少其对磷石膏颗粒的包裹。因而，增大液固比，可以提高单位时间内反应体系对 CO_2的矿化能力。但当液固比增大到一定程度时，反应物的浓度降低过多，反而降低了体系的矿化速率，也降低了单位时间内磷石膏-废氨水对 CO_2的矿化能力。

磷石膏的预处理：磷石膏中含有的可溶性磷、氟及其他金属离子会抑制磷酸钙的反应，水洗处理会去除这些可溶性杂质，有利于矿化反应的快速进行，提高单位时间内磷石膏-废氨水对 CO_2 的矿化能力。但可溶性杂质的去除，并不能增加磷石膏中硫酸钙的绝对量，因而水洗预处理次数的增加仅能提高矿化反应的速率，而不能大幅度提高磷石膏-废氨水对 CO_2 的矿化能力。

7.2.2 CO_2 矿化磷石膏工艺

通常采用默斯伯格流程的两种方法进行 CO_2 矿化石膏或磷石膏：①将碳酸铵溶解后加入石膏中反应，或将石膏直接加入碳酸铵母液中反应制备硫酸铵和碳酸钙，用过滤机分离，滤液经过浓缩、结晶再分离得到产品硫酸铵和碳酸钙。从工艺条件和技术的角度看，磷石膏转化制备硫酸铵并无困难，但是目前其制备成本较高，经济性较差，这也是工业废物资源化利用普遍存在的问题。②将氨气及 CO_2 直接通入石膏浆状液中制得硫酸铵，其中石膏可以是天然石膏或者工业副产物磷石膏。其中，以含有 CO_2 的尾气为原料矿化磷石膏制硫酸铵和碳酸钙的技术主要有捕集前矿化和捕集后矿化两种方法。

1）捕集前矿化

捕集前矿化即在烟气捕集前直接矿化磷石膏，从而省去了烟气中 CO_2 的捕集环节。该方法直接以烟气为原料参与反应，工艺过程更为简单。如图 7.8 所示，其工艺流程主要有主反应、碳捕集和氨吸收以及尾气处理三个部分组成。

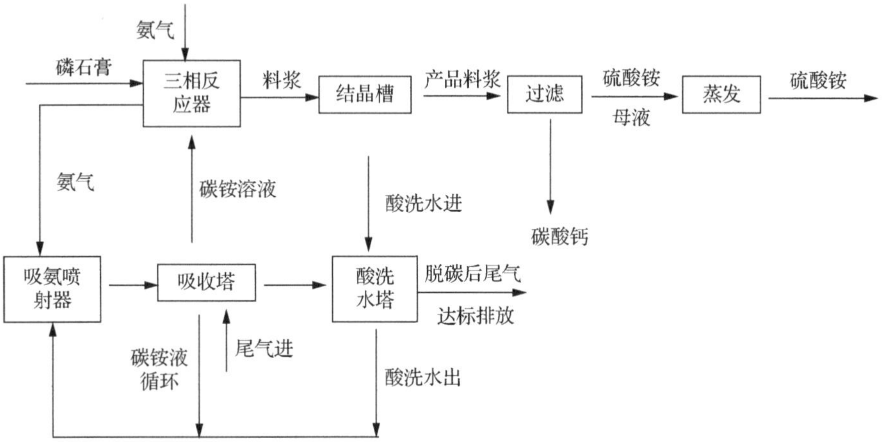

图 7.8 CO_2 直接矿化磷石膏工艺流程

(1) 主反应：该工艺路线的主反应发生在三相反应器中，磷石膏、氨气和碳铵溶液（CO_2 和氨气反应而来）进入三相反应器中，反应后产生的料浆是 $CaCO_3$（固体）和 $(NH_4)_2SO_4$（溶液）的混合物，之后反应料浆被送到结晶槽，结晶生长后的产品料浆经过过滤得到碳酸钙固体，滤液经过蒸发处理得到最终的产物硫酸铵。

(2) 碳捕集和氨吸收：进入三相反应器的碳铵溶液(阳离子为铵根离子，阴离子为碳酸根和碳酸氢根离子，另有部分游离的氨构成的混合溶液体系)由氨吸收和碳捕集 2 个步骤循环完成。三相反应器中的氨被吸氨喷射器吸收，吸收了氨的富氨溶液再进入吸收塔反应器和含有 CO_2 的尾气反应，吸收 CO_2 后的溶液重新回到吸氨喷射器，在这一循环过程完成了对 CO_2 的捕集，制备的碳铵溶液送入三相反应器参与主反应。

(3) 尾气处理：经过碳捕集后的尾气经过磷石膏酸洗水洗涤处理后，可以除去其中夹带的氨气后达到排放标准，吸收氨后的酸洗水送入吸氨喷射器作为制备碳铵液的水源。

2) 捕集后矿化

捕集后矿化是将 CO_2 捕集技术和利用磷石膏废渣制硫酸铵技术相结合，先将 CO_2 捕集，再进行 CO_2 的矿化铵化，得到目标产品，该方法在对磷石膏资源化利用的同时实现 CO_2 减排，其工艺流程如图 7.9 所示。

(1) CO_2 的捕集：CO_2 与氨水在碳化槽内反应得到碳铵溶液；

(2) 矿化：碳铵溶液中的一部分与预处理过的磷石膏固体在反应器内进一步反应得到硫酸铵、碳酸铵的混合浆料；另一部分碳铵溶液和尾气返回碳化槽中继续吸收 CO_2，同时定量补给氨水。

(3) 后处理：混合浆料通过充分反应后对下层进行过滤、洗涤，干燥后即得到副产物碳酸钙；上层硫酸铵、碳氨溶液用稀硫酸中和得到硫酸铵晶浆，所产生尾气返回碳化槽继续反应。硫酸铵晶浆通过结晶、离心分离、干燥等步骤后得到硫酸铵产品；分离产物返回硫酸铵反应器循环利用。

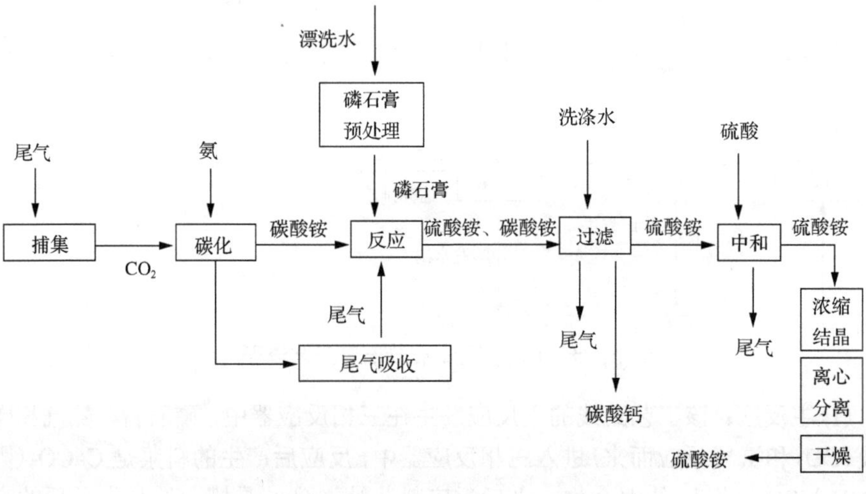

图 7.9　CO_2 捕集后矿化工艺路线图

7.3　CO_2 铵化矿化制备三聚氰酸和碳酸氢铵

CO_2 的铵化反应可制备多种高附加值的化学品，如尿素、三聚氰酸和碳酸氢铵等[8]。与其他类型的反应相比，CO_2 铵化反应不需要使用昂贵的催化剂，经济成本低，可以达到 CO_2 高值化利用的目的。目前这类反应研究的比较深入，已经有较为成熟的工艺路线和设备。

7.3.1　CO_2 铵化矿化制备三聚氰酸

三聚氰酸是一种白色固体，无色无味，热稳定好，温度≥350℃时热解，其具有三嗪的独特结构，可以通过加成、取代、缩合等反应合成各种工业产品，以 CO_2 和氨气为原料制备三聚氰酸，每合成 1mol 的三聚氰酸，需消耗 3mol CO_2；该反应具有原料用量少及来源简单等特点，并且整个工艺过程只产生副产物 H_2O，不释放 CO_2，如式(7.10)所示。

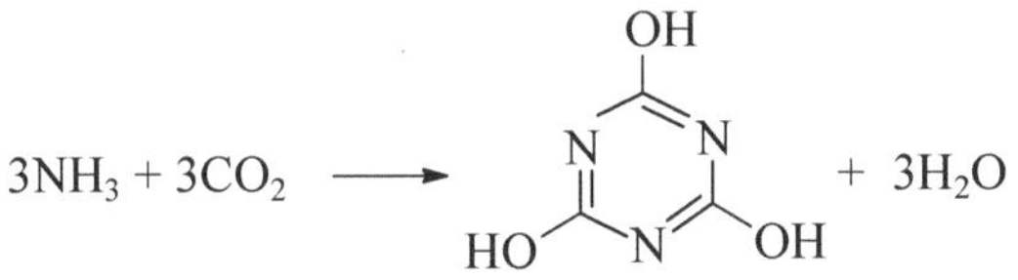

(7.10)

热力学分析表明(图 7.10)，以 CO_2 为原料和以碳为原料制备三聚氰酸的总反应的总反应热量分别为–690.4kJ·mol^{-1} 和–227.4kJ·mol^{-1}，均小于 0，表明此类反应为放热反应。在工艺耗能低于反应热的条件下，整个工艺过程会有部分能量释放，这样不仅可以节能，还能实现 CO_2 零排放，高效固定 CO_2。

$$C + O_2 \longrightarrow CO_2 \quad \Delta H = -393.71 \text{kJ} \cdot \text{mol}^{-1}$$

$$C + H_2O \longrightarrow CO + H_2 \quad \Delta H = +131.00 \text{kJ} \cdot \text{mol}^{-1}$$

$$CO + H_2O \longrightarrow CO_2 + H_2 \quad \Delta H = -41.24 \text{kJ} \cdot \text{mol}^{-1}$$

$$N_2 + 3H_2 \longrightarrow 2NH_3 \quad \Delta H = -92.40 \text{kJ} \cdot \text{mol}^{-1}$$

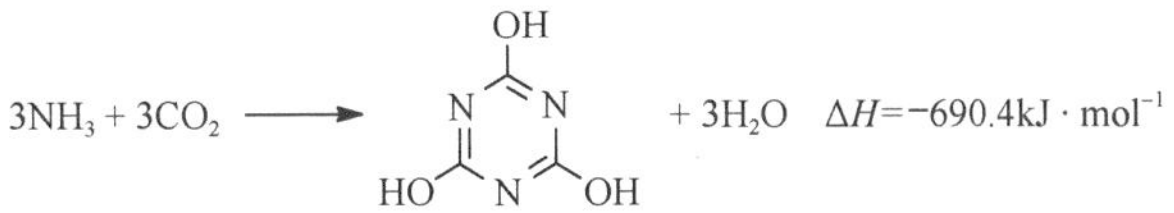

图 7.10　能量方程式

1. CO_2 铵化反应制备三聚氰酸工艺

直接利用 CO_2 和 NH_3 在催化条件下合成三聚氰酸的工艺由朱维群提出[7]，其合成过程主要分为两步。首先 NH_3 和 CO_2 在 160℃、11MPa 下生成尿素中间体，然后将温度提高至 230℃，脱水反应生成三聚氰酸。煤的化学利用过程(煤变油、煤制烯烃、煤制天然气等)中一般都伴有高纯度的 N_2、CO_2、H_2 等原料的产生，通过改变反应过程和目标产品即可实现 CO_2 的铵化矿化。工业上以此法制备三聚氰酸的工艺是尿素合成工艺的进一步发展，在工艺上是完全可行的。其工艺流程如图 7.11 所示，即空气、水和煤经煤气化反应得到 N_2、H_2 和 CO_2，N_2 与 H_2 反应合成氨，氨与 CO_2 反应生成三聚氰酸等固体产品。

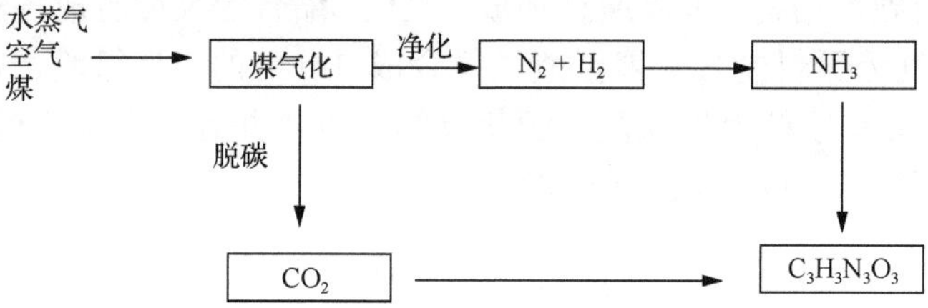

图 7.11　CO_2 铵化矿化工艺流程图

此外，在化工企业中，该反应还可以与富氧燃烧 CO_2 捕集技术相结合，利用空分过程的副产物 N_2 与 H_2 反应来合成氨；氨作为 CO_2 铵化反应的原料，而产生的氧气可用于富氧燃烧锅炉用，形成 CO_2 零碳排放模式。该模式进一步与现代煤化工耦合，形成集成新工艺，充分利用煤气化过程中产生的氢气，减少氢源的额外输入，同时大幅降低甚至实现煤化工的 CO_2 零排放，提升煤化工的市场竞争力，流程如图 7.12 所示。

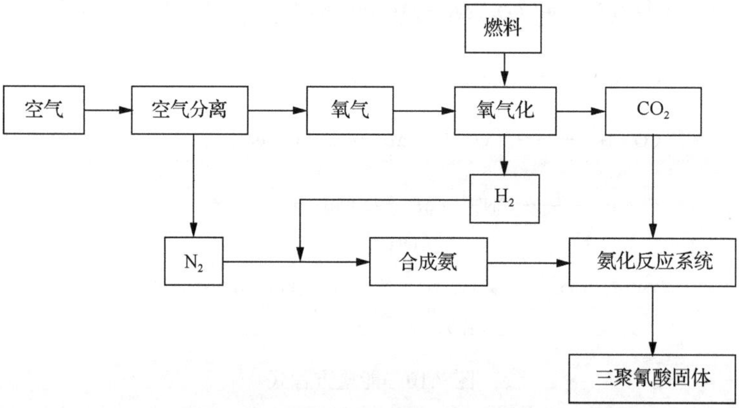

图 7.12　富氧燃烧与 CO_2 铵化技术流程图

2. 三聚氰酸的应用

1) 三聚氰酸用于烟气脱硝

三聚氰酸可作为一种高反应活性的氨基还原剂用于烟气脱硝。它的特点是：脱硝温度低，无需催化剂，脱硝效率高，脱硝率可达 70%～90%。该产品可代替具有多种缺点的尿素、液氨或氨水脱硝还原剂，在国内的市场容量可达千万吨。

2) 三聚氰酸用于缓释肥

目前尿素的肥效利用率在 30%左右，未被利用的尿素造成水体和空气污染。三聚氰酸作为缓释的氮肥和碳肥应用于农业，有望提高肥料利用率，这样就可构成一个生态循环体系，具有很强的生命力。

3) 由三聚氰酸、三聚氰胺合成高分子材料

如式(7.11)所示，由 CO_2 铵化合成三聚氰酸，进一步合成三聚氰胺，进而合成高分子材料是一条利用 CO_2 生产各种功能材料易于实现的工艺路线，也是一条煤清洁利用的优选路线，比煤制烯烃具有低碳、低成本优势，发展潜力很大。

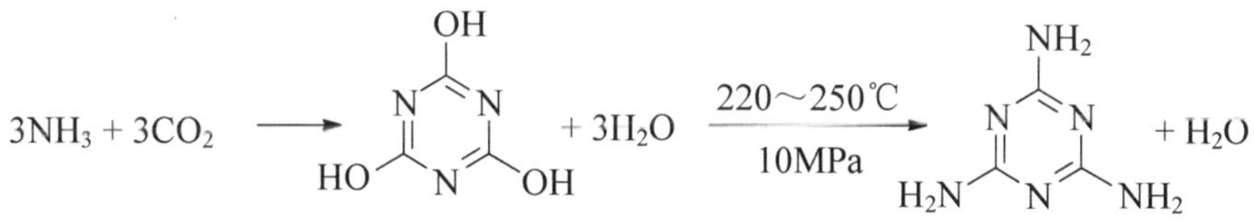

(7.11)

7.3.2 CO_2 铵化制备碳酸氢铵

碳酸氢铵是我国独自开发的氮肥工业品种，是一种比较常用的肥料，含氮量 17%。碳酸氢铵是 CO_2 最简单、最直接的加工产品。如式(7.12)和式(7.13)所示，生产碳酸氢铵的原料为氨、CO_2 和水。

$$NH_3 + H_2O \longrightarrow NH_3H_2O \tag{7.12}$$

$$NH_4OH + CO_2 \longrightarrow NH_4HCO_3 \tag{7.13}$$

碳酸氢铵的生产过程有造气、合成氨、碳化、分离四个阶段组成(图 7.13)。氨气与水生成氨水，浓氨水吸收 CO_2 生成碳酸氢铵；碳化部分又分为碳化和回收两个部分，一方面，生成的碳酸氢铵经过冷却、过滤、干燥和洗涤得到碳酸氢铵晶体；另一方面，将碳化塔出口气体中的氨回收下来，重新碳化。

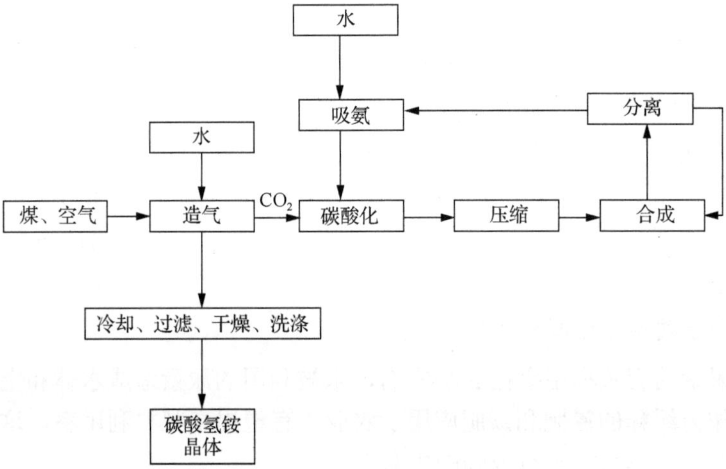

图 7.13 CO_2与氨合成碳酸氢铵的生产工艺流程

7.4 小结与展望

CO_2矿化制备无机材料和化学品是实现碳减排的重要途径，对可持续发展和环境保护具有重要意义。碳酸盐、含硫复合肥、三聚氰酸、碳酸氢铵等高值化学品的相关研究已经取得了重要进展，已经进入工业生产或技术推进阶段。为了实现 CO_2 矿化封存技术的大规模工业化应用，还需深入研究不同原料的高效活化机理，探索加快矿化反应速率的方法，优化工艺路线、联产高值化的副产品，提高过程的经济性。

参 考 文 献

[1] Seifritz W. CO_2 disposal by means of silicates . Nature, 1990, 345: 486.

[2] Lackner K S, Butt D P, Wendt C H. Progress on binding CO_2 in mineral substrates. Energy Convers Manage, 1997, 38: S259-S264.

[3] Schmidt R B. Program Overviews: CO_2 Mineral Sequestration. Pittsburgh, USA: M.C. Workshop (Ed.), 2001.

[4] O'Connor W K, Dahlin D C, Nilsen D N, et al. Carbon dioxide sequestration by direct mineral carbonation with carbonic acid. Proceedings of the 25th international technical conference on coal utilization and fuel systems. Clearwater, Florida, 2000.

[5] O'Connor W K, Dahlin D C, Nilsen D N, et al. CO_2 storage in solid form: a study of direct mineral carbonation. Proceedings of the 5th international conference on greenhouse gas technologies. Cairns, Australia, 2000.

[6] Kakizawa M, Yamasaki A, Yanagisawa Y. A new CO_2 disposal process using artificial rock weathering of calcium silicate accelerated by acetic acid. Energy, 2001, 26: 341-354.

[7] RohRoh Y, Phepps T J, Mcmillan A D, et al.Utilization of biomineralization processes with fly ash for carbon sequestration. First national conference on carbon sequestration. US DOE,Washington, 2001.

[8] 朱维群. 二氧化碳的有效封存与利用. 氮肥技术, 2013, 34(5): 14-17.